中国互联网发展报告 2019

中国互联网协会　编

电子工业出版社

Publishing House of Electronics Industry

北京·BEIJING

内 容 简 介

　　《中国互联网发展报告 2019》客观、忠实地记录了 2018 年以来中国互联网行业的发展状况，对中国互联网发展环境、资源、重点业务和应用、主要细分行业和重点领域的发展状况进行了总结、分析和研究，既有宏观分析和综述，也有专项研究。本书内容丰富、重点突出、数据翔实、图文并茂，对互联网相关从业者具有重要的参考价值。

图书在版编目（CIP）数据

中国互联网发展报告. 2019 / 中国互联网协会编. —北京：电子工业出版社，2019.11

ISBN 978-7-121-37665-8

Ⅰ. ①中…　Ⅱ. ①中…　Ⅲ. ①互联网络—研究报告—中国—2019　Ⅳ. ①TP393.4

中国版本图书馆 CIP 数据核字（2019）第 243589 号

责任编辑：徐蔷薇　　文字编辑：赵　娜
印　　刷：天津画中画印刷有限公司
装　　订：天津画中画印刷有限公司
出版发行：电子工业出版社
　　　　　北京市海淀区万寿路 173 信箱　邮编　100036
开　　本：787×1092　1/16　印张：30.75　字数：787.2 千字
版　　次：2019 年 11 月第 1 版
印　　次：2019 年 11 月第 1 次印刷
定　　价：1280.00 元

凡所购买电子工业出版社图书有缺损问题，请向购买书店调换。若书店售缺，请与本社发行部联系，联系及邮购电话：（010）88254888，88258888。

质量投诉请发邮件至 zlts@phei.com.cn，盗版侵权举报请发邮件至 dbqq@phei.com.cn。

本书咨询联系方式：xuqw@phei.com.cn。

张朝阳　　搜狐公司董事局主席兼首席执行官、中国互联网协会副理事长

陈忠岳　　中国电信集团公司副总经理、中国互联网协会副理事长

赵志国　　工业和信息化部网络安全管理局局长

侯自强　　中国科学院原秘书长

钱华林　　中国互联网络信息中心首席科学家

高卢麟　　中国互联网协会副理事长

高新民　　中国互联网协会副理事长

黄澄清　　中国互联网协会副理事长

曾　宇　　中国互联网络信息中心主任

曹国伟　　新浪公司董事长

曹淑敏　　北京航空航天大学党委书记、中国互联网协会副理事长

韩　夏　　工业和信息化部信息通信管理局局长、中国互联网协会副理事长

雷震洲　　中国信息通信研究院教授级高工

廖方宇　　中国科学院计算机网络信息中心主任、中国互联网协会副理事长

总 编 辑

刘　多

副总编辑

何桂立

主　　编

宋茂恩

执行主编

王　朔　张姗姗

编　　辑

李　娟　张　威　邢　新

撰稿人（按章节排序）：

侯自强	王　朔	张　威	李　娟	郭　丰	李　原	汤子健	苏　嘉
杨　波	李　想	沈　辰	王智峰	曹　磊	杨　哲	栗　蔚	马　飞
陈屹力	郭　雪	徐恩庆	牛晓玲	王思博	夏　磊	关　欣	罗　松
陈　敏	汤立波	葛雨明	于润东	余冰雁	刘　玮	周光涛	胡金玲
高永强	殷　骏	闫　树	魏　凯	姜春宇	吕艾临	徐贵宝	张奕卉
陈　曦	胡可臻	葛涵涛	高　宏	朱　亮	曹　玥	從　申	董　宇
刘秋江	陈　才	崔　颖	刘小林	周　旗	李强治	王甜甜	王海鹏
魏　翔	董宏伟	李文宇	冯　哲	毕春丽	王　潇	杨　楠	连　迎
李　珂	张宏宾	杨春白雪		陈　湉	崔现东	王玉环	魏　薇
赵文聘	何文情	王　跃	肖荣美	张恒升	刘　阳	刘棣斐	马　娟
袁　林	陈丽坤	李海花	于　莹	石友康	聂秀英	丁　艺	殷　红
何　阳	李　京	冯　橙	马　聪	曹开研	郑夏育	付　彪	马世聪
唐　亮	王　涛	许　珊	庞基敏	西京京	申涛林	尹艳鹏	邢　新
向　坤	李思明	王　磊	唐　亮	苏博川	张　震		

前　　言

《中国互联网发展报告 2019》（以下简称《报告》）是一套记录中国互联网行业发展轨迹，分析互联网行业前沿热点的编年体综合性大型研究报告。《报告》由中国互联网协会理事长、中国工程院院士邬贺铨担任编委会主任委员；中国工程院院士胡启恒担任编委会顾问；中国互联网协会秘书长刘多担任总编辑。

《报告》自 2002 年以来，每年出版一卷，已经持续 18 年，为互联网管理部门、从业企业、研究机构以及专家学者提供翔实的数据、专业的参考和借鉴，是一本对互联网从业者具有重要参考价值的工具书。

结构上，《报告》分为综述篇、资源与环境篇、应用与服务篇、回顾篇、附录篇 5 篇，共 37 章，力求保持《报告》整体结构的延续性。

《报告》通过翔实客观的数据分析及大量典型案例剖析，全面梳理了 2018 年我国互联网行业的发展状况，展现了基础设施、网络资本、公共政策等环境支撑层面的建设进展及电子商务、网络音视频、在线教育、网络游戏、网络媒体、工业互联网等多领域的新技术、新业态、新应用发展成效，深度分析和展望了今后我国互联网发展面临的新形势、新问题、新挑战。

回顾 2018 年，中国互联网行业机遇与挑战并存。2018 年我国上市互联网企业市值有所下降，企业 IPO 频频受挫，资本市场于下半年逐渐趋冷，电子商务、网络游戏等垂直领域的市场增长也逐年放缓。在此背景下，互联网企业纷纷将视线转向三四线城市，深度挖掘市场增量新空间，探寻新的蓝海市场。在互联网治理方面，《电子商务法》等一系列法律法规及指导性文件的推出正引导着我国互联网产业从野蛮生长逐步走向规范式发展。

《报告》的编撰工作得到了政府、科研机构、互联网企业等社会各界的支持和帮助，来自中国信息通信研究院、国家互联网应急中心、中国科学院计算机网络信息中心、北京易观智库网络科技有限公司、艾瑞咨询集团、滴滴出行科技有限公司等诸多单位的专家和研究人员等 111 人参与了本卷《报告》的编撰工作，编委会委员对《报告》内容进行了认真和严格的审核，保障了《报告》的质量和水平。

历年《报告》的积累积极促进着行业研究与咨询服务。协会在研究领域不断加大力度，聚焦互联网前沿技术、产品和应用及行业创新成果，为政府的决策服务，为行业的发展服务，为产业的繁荣服务。

《中国互联网发展报告》以其权威性和全面性得到政府、业界的持续关注及高度评价，为互联网管理部门、从业企业及业界专家提供了翔实的数据、专业的参考和借鉴，成为带动互联网行业研究、产业发展和政府决策的重要支撑。

目　　录

第一篇　综述篇

第二篇　资源与环境篇

第三篇 应用与服务篇

第四篇　回顾篇

第五篇 附录篇

第一篇

综述篇

 2018 年中国互联网发展综述

 2018 年国际互联网发展综述

第1章 2018年中国互联网发展综述

1.1 中国互联网发展总体情况

2018年，习近平总书记在全国网络安全和信息化工作会议上强调："敏锐抓住信息化发展历史机遇，自主创新推进网络强国建设。"总书记的讲话为加快推进网络强国建设明确了前进方向，提供了根本遵循。2018年，"互联网+"持续助推传统产业升级，大数据、人工智能和实体经济的融合纵深推进，不断从网络空间向实体空间扩展，驱动新业态层出不穷、传统业态升级换代，我国数字经济异军突起，为供给侧结构性改革贡献新动力。2017年年底，我国数字经济规模达到了31万亿元，占GDP的1/3。互联网新技术、新业态加快了新旧发展动能接续转换，中国数字经济随之扬帆起航。

具体来看，2018年，中国互联网行业机遇与挑战并行。2018年我国上市互联网企业市值有所下降，企业IPO频频受挫，资本市场于下半年逐渐趋冷，电子商务、网络游戏等垂直领域的市场增长也在逐年放缓。在此背景下，互联网企业纷纷将视线转向三四线城市，深度挖掘市场增量新空间，探寻新的蓝海市场。网络音视频服务的火热，成为2018年互联网产业发展的重要增长点，而长期以来被视为盈利乏力、处于公共服务领域的在线教育产业再度发力，其产业规模已超越长期以来被视为"现金牛"的网络游戏行业，展现了勃勃生机。在互联网治理方面，《电子商务法》等一系列法律法规及指导性文件的推出正引导着我国互联网产业从野蛮生长逐步走向规范式发展。

1.1.1 网民

截至2018年年底，中国网民规模达到8.29亿人，全年新增网民5653万人，互联网普及率达59.6%，较2017年年底提升了3.8个百分点，如图1.1所示。超过全球平均水平（57%）2.6个百分点。2018年，中国网民规模延续了近年来平稳增长的态势，但增速逐年放缓。互联网覆盖范围进一步扩大，居民入网门槛进一步降低，信息交流效率进一步提升，接入和费用问题已不再是困扰人民群众使用互联网的主要因素，用得上、用得起互联网已成为现实，互联网普惠化成果显著。

截至2018年年底，中国手机网民规模达8.17亿人，较2017年年底增加手机网民6433万人，其中网民中使用手机上网的比例由2017年年底的97.5%提升至2018年年底的98.6%，如图1.2所示。

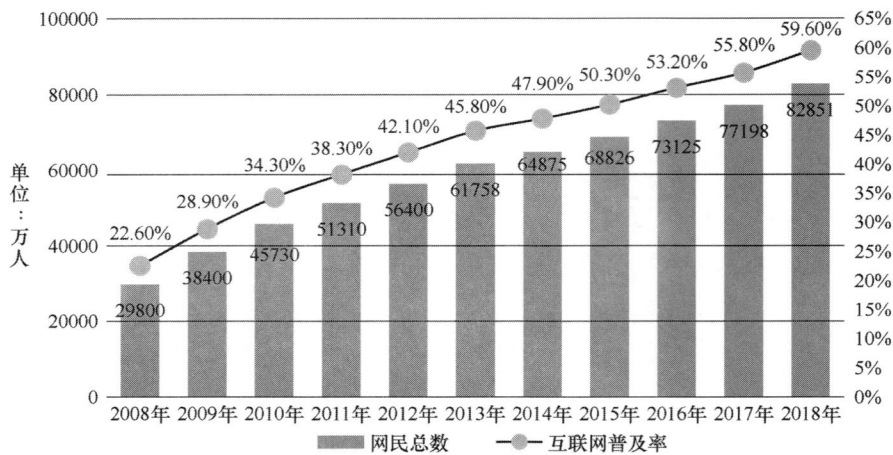

图1.1　2008—2018年中国网民规模及互联网普及率

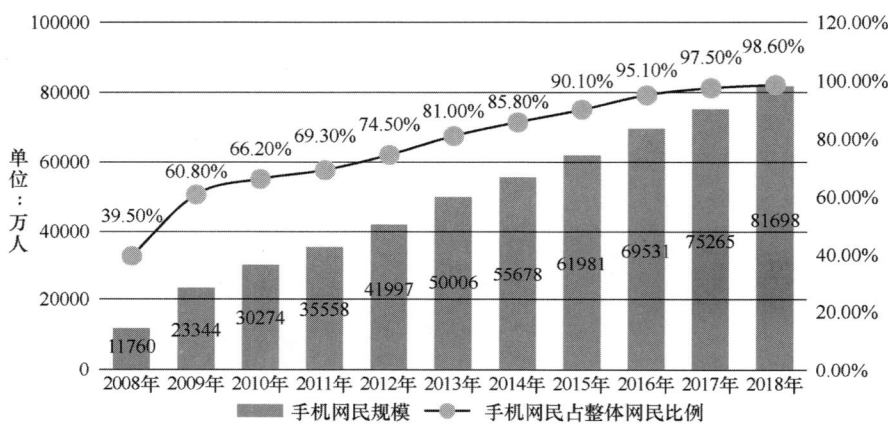

图1.2　2008—2018年中国手机网民规模及占比

　　截至 2018 年年底，我国农村网民占比为 26.7%，规模为 2.22 亿人，较 2017 年年底增加 1291 万人，年增幅为 6.2%；城镇网民占比 73.0%，规模为 6.07 亿人，较 2017 年年底增加 4362 万人，年增幅为 7.7%，如图 1.3 所示。

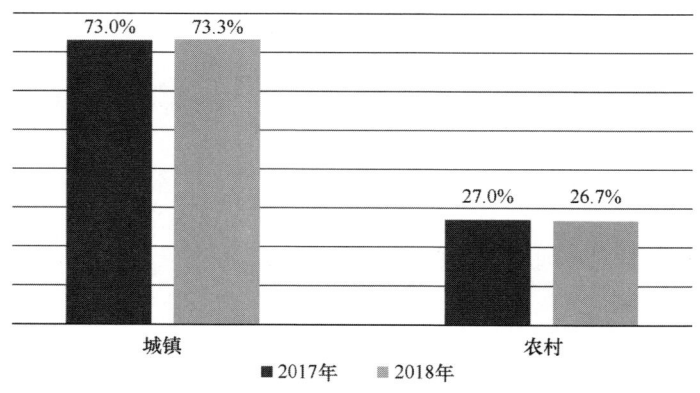

图1.3　2018年中国网民城乡结构

2018 年，我国城镇地区互联网普及率为 74.6%，农村地区互联网普及率为 38.4%，相差 36.2 个百分点。在数字经济时代，乡村振兴战略的实施面临互联网、大数据、人工智能和实体经济深度融合的经济环境。由于农村信息基础设施建设获得了显著改善，农村居民信息消费潜力蓄势待发，农村网民数量稳步增长，互联网在城乡地区的普及率同步提升。

1.1.2　互联网基础资源

截至 2018 年年底，我国 IPv4 地址数量为 338924544 个，拥有 IPv6 地址 41079 块/32。得益于政府对下一代互联网部署的强力推动，2018 年我国 IPv6 地址申请量在快速增长，如表 1.1 所示。

表 1.1　2017—2018 年中国 IP 地址数量

	2017 年	2018 年	年增长量	年增长率
IPv4（个）	338704640	338924544	219904	0.06%
IPv6（块/32）	23430	41079	17649	75.3%

2018 年，我国域名总数约为 3792.8 万个。其中，".CN"域名总数约为 2124.3 万个，在域名总数中约占比 56.0%，如表 1.2 所示。

表 1.2　2017—2018 年中国域名数量

	2017 年 12 月	2018 年 12 月	年增长量	年增长率
域名	38480355	37927527	−552828	−1.4%
.CN 域名	20845513	21243478	397965	1.9%

截至 2018 年年底，我国网站总数量为 523 万个，较 2017 年年底约下降了 1.9%，如图 1.4 所示。

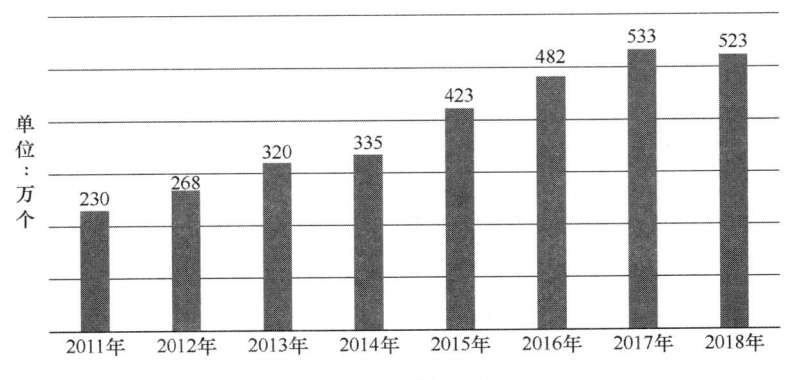

图1.4　中国网站数量

截至 2018 年年底，我国国际出口带宽数为 8946570Mbps，年增长 22.2%，较 2017 年年底增速提升了 12 个百分点，如图 1.5 所示。

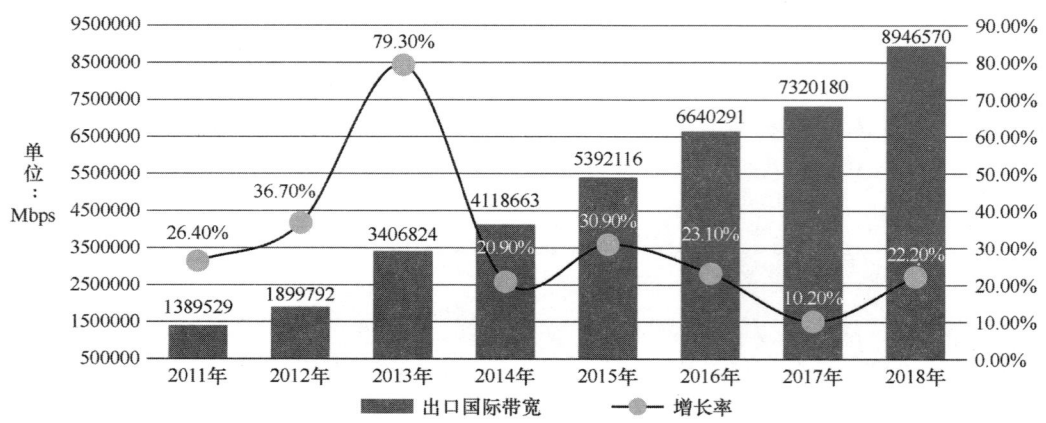

图1.5 中国国际出口带宽数及增长率

1.1.3 互联网经济态势

2018 年，受宏观经济经济下行压力影响，以及网络资本驱动逐渐趋冷、网民红利见顶等多重因素的共同影响，我国互联网行业发展迎来周期性发展困难，多年以来高歌猛进的势头有所放缓，开始步入产业发展重心转移，新旧动能接续转换的关键发展时期。

中国信通院发布的《中国互联网行业发展态势暨景气指数报告2019》显示：2018 年上市互联网企业营收达 1.86 万亿元，同比增长 30%，增速仍然是科技服务业（15%）、战略性新兴服务业（14.9%）、高技术服务业（13.4%）的两倍左右。与此同时，企业营收增速下滑幅度明显加大，2018 年企业营收增速较 2017 年年底下降了 8.1 个百分点，总体运营效率有所下降，资本开支占企业营收比重呈现平缓上升态势。

从垂直领域产业来看，电子商务、网络游戏、社交服务、搜索引擎四类业务的收入合计达 15927.23 亿元，占总收入比重的 86%。其中，电子商务收入同比增长 33.4%，增速较 2017 年下降了 8 个百分点；网络游戏、搜索引擎业务较 2017 年下降了 23 和 22 个百分点；社交业务虽然同比增长达 48.2%，但增速较 2017 年下降了 28 个百分点。在新兴技术产业方面，云计算、大数据、人工智能等业务虽然增长较快，但是其产业规模较小，尚无法对行业增长形成有效支撑。

1.2 中国互联网细分领域发展情况

1.2.1 移动互联网

2018 年，随着基础设施逐步完善，移动互联网已基本完成对用户诉求的多角度触及，涵盖社交、娱乐、生活服务、教育、医疗、金融等重点领域。与此同时，移动互联网模式创新潜力告竭、行业次元壁被打破、数字用户地位上升，市场格局和竞争环境呈现出不稳定的态势，中国移动互联网市场规模与用户规模增速双双放缓，正在从"拓荒期"进入"守成期"，基于存量市场的运营和业务创新成为新的增长活力，"生态"与"连接"演化为市场发展的核心特征。

截至 2018 年年底，移动互联网活跃用户规模达到 11.3 亿人，较 2017 年增长 4600 万人，同比增速已放缓至 5% 以下。在用户黏性方面，移动互联网人均单日使用时长突破 341.2 分钟，流量资费的下调与 4G 网络的普及大幅提升了用户的上网时长，人均每天使用时长较 2017 年猛增 62.9 分钟。

中国手机市场总体出货量 4.14 亿部。同比下降了 15.6%，降幅较 2017 年多了 3.4 个百分点。智能手机出货量约 3.9 亿部，同比下降了 15.5%，占同期手机出货量的 94.1%，智能手机出货量与上市新机型数量进一步下降。国内 4G 手机出货量 3.91 亿部，同比下降了 15.3%，在同期国内手机出货量中占比 94.5%。3G 手机已逐渐被 4G 手机替代，2G 手机面向特定市场尚存在部分需求。

第三方移动应用平台累计分发量超过 1.8 万亿次。游戏类、系统工具类、影音播放类、社交通信类、日常工具类、生活服务类、金融类、电子商务类应用下载量均超过千亿次，应用宝仍然是手机应用第一大下载渠道，月活跃用户高达 2.69 亿人，全网渗透率为 27%。

中国移动互联网市场规模达 11.39 万亿元，发展增速降至 38.35%。受宏观经济形势变化和网民红利触顶的双重因素影响，自 2014 年以来移动互联网市场发展迎来拐点，其发展增速开始逐年下降，已由高速发展步入平稳发展阶段。与此同时，虽然整体增速放缓，但是在部分细分领域及下沉市场仍然有发展空间，随着经营者的进一步深度挖掘，有望重新激发市场活力。

2018 年，中国移动互联网在短视频、移动社交等方面增长突出，社交裂变和下沉带来新的红利，助推用户增长。拼多多、趣头条等应用在 2018 年先后 IPO，微信小程序成为新的裂变营销载体，拓展了社交裂变新方式。快手、拼多多、趣头条等应用将用户下沉使三四线及以下城市月度活跃设备达到 6.18 亿台，占整体的 54.7%。竞争边界愈发模糊，BAT（百度、阿里巴巴、腾讯）已布局或通过投资进入移动互联网社交、电商、支付等赛道。今日头条系也"跨界"进入社交和电商领域。

1.2.2　互联网金融

央行数据显示：2018 年中国网络支付交易金额达 2126.30 万亿元，同比增长 2.47%；网络支付业务交易频次约 570.13 亿笔，同比增长 17.36%；移动支付业务交易金额达 277.39 万亿元，同比增长 36.69%；移动支付业务交易频次约 605.31 亿笔，同比增长 61.19%；移动电话支付业务交易金额 7.68 万亿元，同比下降了 12.54%；移动电话支付业务交易频次约 1.58 亿笔，同比下降了 0.99%。

其中，非银行支付机构发生网络支付业务 5306.10 亿笔，同比增长 85.05%；支付金额达 208.07 万亿元，同比增长 45.23%。

我国网络支付用户规模达 6.00 亿人，较 2017 年年底增加 6930 万人，年增长率为 13.0%，使用比例由 68.8% 提升至 72.5%。手机网络支付用户规模达 5.83 亿人，年增长率为 10.7%，在手机网民中的使用比例由 70.0% 提升至 71.4%。网民在线下消费时使用手机网络支付的比例由 2017 年年底的 65.5% 提升至 67.2%。

我国购买互联网理财产品的网民规模达 1.51 亿人，同比增长 17.5%，网民使用率为 18.3%。行业逐步朝稳健、规范的方向发展，一方面降低了理财市场规模过大带来的金融风险；另一方面降低了金融机构融资成本，促进了资金回流银行，有效提升了资金社会利用效率。

2018 年我国已有超过 90% 的跨机构业务通过互联网处理。互联网平台的建设提高了清算效率，更加有利于保护客户数据与资金安全，也有利于监管部门对社会资金流向的实时监测。网贷方面，随着 2018 年 8 月网贷行业雷潮爆发，监管层相继展开了整改验收、P2P（Peer to Peer，点对点网络借款）逃废债对接征信、AMC 进场化解风险等举措稳定市场。

1.2.3 电子商务

随着国内居民消费能力的持续提升与网上购物习惯的逐步养成，2018 年中国网络零售市场交易规模持续增长。基于消费体验重构的融合、供应链效率提升与渠道下沉及消费场景延伸是线上线下融合的三类突出表现形式，线上线下融合加速落地。线上线下融合的新业态模式不仅是对实体零售的赋能，也是对线上零售结构的重新调整，更多精准、高质量的流量导入使网络零售焕发出新的活力。

国家统计局数据显示：2018 年中国电子商务交易额达 31.63 万亿元，同比增长 8.5%，增速较 2017 年下降了 3.2 个百分点，市场增长略有放缓。其中，商品、服务类电子商务交易额为 30.61 万亿元，同比增长 14.5%。网络零售额达 9.01 万亿元，同比增长 23.9%，增速较 2017 年下降了 8.3 个百分点，市场增长有所放缓。其中，实物商品网上零售额为 7.02 万亿元，同比增长 25.4%，占社会消费品零售总额的比重提升至 18.4%，网络零售在社会消费品零售总额中的占比持续提升。

我国电子商务 B2C 零售额占全国网络零售额的 62.8%，较 2017 年提升了 4.4 个百分点；B2C 零售额同比增长 34.6%，增速高于 C2C 零售额 22.1 个百分点。在消费升级的浪潮下，消费者对于品质和服务的需求不断升级，电商卖家的品牌化、规模化仍然是大势所趋，可以预期在未来几年，B2C 仍是网络零售市场的主角。从垂直领域发展来看，生鲜、跨境、母婴依然是高速增长的热门品类。

截至 2018 年年底，我国网络购物用户规模达 6.10 亿人，较 2017 年年底增长 14.4%，占网民整体比例达 73.6%。手机网络购物用户规模达 5.92 亿人，较 2017 年年底增长 17.1%，使用比例达 72.5%。我国网上外卖用户规模达 4.06 亿人，较 2017 年年底增长 18.2%，继续保持较高增速。手机网上外卖用户规模达 3.97 亿人，增长率为 23.2%，使用比例达 48.6%。2018 年网络消费继续保持升级态势，消费升级为行业增长提供了强劲动力，也进一步推动了市场成熟发展。与此同时，电商流量加速分化，拼购模式、电商等新模式交易规模呈指数增长。

1.2.4 网络音视频

2018 年中国网络音视频行业市场规模突破千亿元，成为网络文化娱乐产业乃至总体文化产业发展的重要支柱。经过多年的发展，网络音视频行业总体已经具有较强实力，商业模式比较成熟，平台拥有更加稳健增长的现金流。特别是短视频、直播等移动端新视频形态成为行业爆发式增长点，网络音视频行业头部平台纷纷在资本市场寻求更大发展空间。据测算，2018 年网络视频内容行业市场规模达 2016.8 亿元，同比增长 39.1%。

截至 2018 年年底，我国网络视频用户规模达 6.12 亿人，较 2017 年年底增加 3309 万人，占网民整体的 73.9%。手机视频用户规模达 5.90 亿人，较 2017 年年底增加 4101 万人，占手机网民的 72.2%。短视频用户规模达 6.48 亿人，用户使用率为 78.2%。随着短视频市场的逐步成熟，内容生产的专业度与垂直度加深，同质化内容已无法立足，优质内容成为各平台的核心竞争力。

网络直播用户规模达 3.97 亿人，较 2017 年年底减少 2533 万人，用户使用率为 47.9%，较 2017 年年底下降了 6.8 个百分点。游戏直播用户使用率基本稳定；体育直播用户使用率略有下降；演唱会、真人秀直播用户使用率分别下降了 6.2 和 8.8 个百分点。网络直播行业内部逐渐分化，进入转型调整期。

1.2.5　网络广告

2018 年，中国广告市场的发展出现诸多结构性变化，市场监管也更加精细化和具有针对性，新兴广告形式也在监管不断完善的情况下迅速成长，监管力度与市场创新变得越来越有默契。中国网络广告市场各产业环节不断完善和成熟，逐渐完成了从品牌或效果广告向"品效合一"为主流的转变。能够形成这样的转变，除广告主需求驱动之外，广告技术、内容与渠道的多方配合、新广告评估标准的逐步建立及广告投放背后多元数据与产品的打通，都成为主要的推动力。

截至 2018 年年底，中国网络广告市场规模约 4914 亿元，同比增长 31%，增速保持在 30% 以上。移动广告市场规模约为 3800 亿元，同比增长 49.6%，依然保持高速增长，移动广告的整体市场增速远远高于网络广告市场增速。原生广告市场规模达 2419.9 亿元，占总体网络广告的比例超过四成。搜索广告市场规模约 1352 亿元，环比增长达到 21%，搜索广告增速在 2018 年触底反弹，进入平稳增长阶段。

中国网络广告市场仍旧是互联网产业重要的商业模式，并且市场随着互联网企业形态和格局的变化而变化。网络营销新模式不仅为广告主找到了更有利于收入增长的发展模式，还引领着新消费需求的崛起。以今日头条、小米、美团为代表的新生力量，已成为拉动互联网广告收入持续增长的新动能。它们的加入，进一步推升了互联网广告的集中度，2018 年收入前十的互联网平台占据了全行业 92.67% 的市场份额，流量向移动端转移的趋势加剧，移动端广告收入占比较 2017 年上升了 6 个百分点，增至 68%。随着 5G 的普及，这种转移还将持续。

随着互联网产业经历人口红利期、移动风口期，近年来进入精细化运营期，网络广告市场也在各阶段不断打破原有天花板的限制，拓展形式和边界。未来 5～10 年，网络广告将继续跟随互联网产业发展，进入以互联网作为连接点，以技术为驱动，打通多种渠道和资源，进行精细化管理，以内容创意和基于数据分析的优化能力作为核心竞争力的阶段。

广告投在高质量的精准流量上，应用平台正在成为最主流的广告平台。按媒体平台划分，电商与搜索类收入占比超过 50%；按广告形式划分，展示、电商与搜索类收入占比超过 80%。食品饮料品类占据互联网广告收入品类的头把交椅，个护及母婴品类排在第二位，这两个品类总计占比达 49.31%。交通、网络通信及房地产三大品类分列第三至第五位，较 2017 年增幅均超过 15%。数码电子产品、金融保险、零售物流品类收入增幅均超过 20%，分列第六至第八位。医药保健品类在互联网广告收入中所占份额呈现负增长态势，2018 年较 2017 年下降了 23.66%，占比降至 2.69%。

1.2.6 搜索引擎

PC 时代搜索的入口价值在移动时代快速下滑，移动端用户搜索行为主要转移到浏览器 App 和头部大流量应用内部，对前者来讲，搜索广告形式仍以传统关键字广告为主；对后者而言，搜索已经成为产品内部底层常规性应用，除以淘宝为代表的电商平台外，搜索已经难以产生新的广告资源，2018 年搜索行为的用户覆盖率首次出现下滑。

截至 2018 年年底，我国搜索引擎用户规模达 6.81 亿人，使用率为 82.2%，用户规模较 2017 年年底增加 4176 万人，增长率为 6.5%。手机搜索用户规模达 6.54 亿人，使用率为 80.0%，用户规模较 2017 年年底增加 2998 万人，增长率为 4.8%。主流搜索引擎利用平台入口优势，通过链接新闻、短视频等内容，推出信息流产品，以持续提升用户使用黏性。信息流广告为搜索引擎收入增长提供了新动力，正在成为业务收入的重要部分。

1.2.7 网络游戏

2018 年，中国网络游戏市场规模约为 2871 亿元，同比增长 21.9%，增速较 2017 年年底减少 9.7 个百分点。2018 年网络游戏市场发展增速虽然有所放缓，但超过 20%的市场增速意味着游戏市场仍然具有一定发展空间。游戏行业的监管趋严，制定更加严格的行业规范，虽然在短期内对游戏市场形成一定影响，但是对游戏市场的持续性规范发展起到更好的促进作用，待政策调整完成、厂商适应之后，游戏市场仍会在很长一段时间内保持可观的增长力度，在未来几年会保持稳定增长态势。

中国网络游戏产业以移动游戏占据主导地位，移动游戏市场规模进一步上升，产业结构占比也进一步攀升至 66.8%，较 2017 年年底提升了 3.6 个百分点，随着用户移动化、碎片化娱乐需求的提升，以及移动终端性能上的更新，预计未来移动游戏的产业结构占比会进一步提升。

截至 2018 年年底，我国网络游戏用户规模达 4.84 亿人，占整体网民的 58.4%，较 2017 年年底增长 4224 万人。手机网络游戏用户规模达 4.59 亿人，较 2017 年年底增长 5169 万人，占手机网民的 56.2%。

1.2.8 社交网络平台

截至 2018 年年底，中国移动社交市场活跃用户规模达到 9.882 亿人，占移动互联网全网用户的 99.3%。微信朋友圈、QQ 空间用户使用率分别为 83.4%、58.8%，较 2017 年年底分别下降了 3.9 和 5.6 个百分点；微博使用率为 42.3%，较 2017 年年底上升了 1.4 个百分点。

社交应用商业模式不断成熟，广告依然是社交平台变现的主要方式，而内容生产者能通过社交平台实现商业变现。社交应用与传统媒体互为补充、融合发展。一方面，传统媒体大规模入驻各类社交平台，成为社交平台优质内容的重要来源，既实现了自身向全媒体角色的转型，也提升了社交平台的可信度。另一方面，社交平台助力传统媒体实现大众化传播，同时也提升了自身的影响力。社交平台以用户为核心，注重用户之间的互动、分享、传播，实现了传统媒体"内容"与社交"渠道"的深度融合。随着网络用户向移动端和社交媒体迁移，在微信、微博等社交应用的推动下，越来越多的正能量信息依托社交网络实现大众传播。

1.3　中国互联网发展能力建设情况

1.3.1　云计算

2018 年，我国云计算市场规模达到 962.8 亿元，增速为 39.2%。其中，公有云市场规模达 437 亿元，同比增长 65.2%；私有云市场规模为 525 亿元，同比增长 23.1%，预计未来几年仍将保持快速增长态势。

在公有云细分市场方面，IaaS 市场规模达 270 亿元，同比增长 81.8%；PaaS 市场规模达 22 亿元，同比增长 87.9%。在私有云方面，硬件市场规模达 371 亿元，增比增长 70.6%；软件市场规模达 83 亿元，同比增长 15.8%；服务市场规模达 71 亿元，同比增长 13.6%。

在市场格局方面，阿里云、天翼云、腾讯云占据公有云市场的前三位；光环新网、UCloud、金山云处于第二梯队；阿里云、腾讯云、百度云占据公有云 PaaS 市场的前三位；用友、金蝶、畅捷通处于公有云 SaaS 市场的第一梯队；中国电信、浪潮、华为、曙光处于政务云市场的第一梯队。

伴随着互联网进入大流量、广互联时代，业务需求和技术创新并行驱动加速网络架构发生深刻变革，云和网高度协同，不再各自独立。云计算业务的开展需要强大的网络能力的支撑，网络资源的优化同样要借鉴云计算的理念，随着云计算业务的不断落地，网络基础设施需要更好地适应云计算应用的需求，更好地优化网络结构，以确保网络的灵活性、智能性和可运维性。

1.3.2　大数据

2018 年，大数据产业规模达 5405 亿元，较 2017 年的 4700 亿元同比增长 15%，2019 年有望达到 6216 亿元。大数据产业持续促进传统产业转型升级，激发经济增长活力，促进新型智慧城市和数字化建设。

我国如今已经建设了 8 个国家大数据综合示范区和 5 个国家大数据新型工业化示范基地，开展大数据方面的实践探索，区域布局持续优化。8 个国家大数据综合示范区包括全国首个大数据综合试验区——贵州，两个跨区域类综试区——京津冀、珠江三角洲，四个区域示范类综试区——上海、河南、重庆、沈阳，以及一个大数据基础设施统筹发展类综试区——内蒙古。5 个国家大数据新型工业化示范基地分别是河北承德县高新技术产业开发区新型工业化产业示范基地、内蒙古和林格尔新区新型工业化产业示范基地、上海静安区新型工业化产业示范基地、成都崇州经济开发区新型工业化产业示范基地和贵州贵安综合保税区。大数据产业园和基地的快速发展，带动了毗邻省份大数据产业园区和基地建设，增强了数字经济发展实力，加速了产业转型升级。

国家大数据综合示范区和新型工业化示范基地的设立，将在大数据制度创新、公共数据开放共享、大数据创新应用、大数据产业聚集、大数据要素流通、数据中心整合利用、大数据国际交流合作等方面进行试验探索，推动我国大数据的创新发展。

大数据专用服务在企业端最主要的应用首先是风险控制，其次是运营优化、企业管理等，热度较低的包括广告营销、供应链管理等；在行业端，则以服务业为主，热点相对集中于互联网、政府、金融和交通等领域，其次是社会治理、电信等。

1.3.3 人工智能

2018 年，中国人工智能市场规模约为 339 亿元，同比增长 52.8%，我国占全球的市场份额由 2017 年的 9.41%增长至 12.56%，我国人工智能产业已经成为全球范围内的第二大力量。在人工智能企业方面，全球共创办人工智能企业 15916 家，我国以 3341 家企业位居全球第二。在市场结构方面，计算机视觉领域市场份额最高，占整个市场规模的 34.9%；智能语音市场份额紧随其后，占整个市场规模的 24.8%。我国人工智能已经开始渗透至各行各业，人工智能与实体经济正在深度融合，并进一步推进当前的智能安防、智能制造、智慧教育、智慧金融、智慧出行等领域的建设，人工智能也已经成为中国实体经济的巨大推动力。

目前人工智能浪潮以从实验室走向商业化为主要特征，其发展驱动力主要来自计算力的显著提升、多方位的政策支持、大规模多频次的投资及逐渐清晰的用户需求。总体来看，中国的人工智能仍处于发展初级阶段，基础研究、芯片、人才方面的多项关键指标与美国相比差距较大。

1.3.4 物联网

2018 年，我国物联网总体产业规模达到 1.2 万亿元，完成"十三五"期末目标值 80%。截至 2018 年 6 月，我国公众网络 M2M（端对端）连接数共计 5.4 亿个，完成"十三五"期末目标值 31.8%，产值超 10 亿元的骨干企业超过 120 家，完成"十三五"期末目标值 60%。在区域布局方面，我国物联网产业集聚发展水平稳步提升，形成环渤海、长三角、珠三角、中西部等产业集聚区。江苏、浙江、广东、福建、北京等省市汇聚一批具有全国影响力的龙头企业，产业链逐渐完善，研发机构和公共服务等配套体系基本完备。

从细分行业看，物联网在交通、物流、环保、医疗、安防、电力等领域逐渐得到规模化验证。"物联网+行业应用"的细分市场开始出现分化，智慧城市、工业物联网、车联网、智能家居成为四大主流细分市场。芯片、智能识别、传感器、区块链、边缘计算等物联网相关新技术的迭代演进，加快驱动物联网应用产品向智能、便捷、低功耗及小型化方向发展。

1.3.5 工业互联网

自 2018 年以来，我国工业互联网平台发展取得显著进展，平台应用水平得到明显提升，多层次系统化平台体系初步形成。涌现出更多知名工业互联网平台产品。全国各类型平台已有数百家之多，具有一定区域、行业影响力的平台也超过了 50 家。既有传统工业技术解决方案企业面向转型发展需求构建平台，除了航天云网、海尔、树根互联、宝信、石化盈科、用友、索为、阿里巴巴、华为、浪潮、紫光、东方国信、寄云等起步较早的平台，还有华能、国网青海电力、北汽、浙江中控、朗坤、中科院沈阳自动化研究所等行业领先企业也纷纷推出平台产品，将工业技术能力和先进制造经验转化成高效、灵活且低成本的平台服务。也有大型制造企业孵化独立运营公司专注平台运营，如徐工、TCL、中联重科、富士康等大型集团企业剥离和整合内部相关资源，注资成立聚焦工业互联网平台业务的独立运营子公司，在服务好集团的基础上对外输出成果。还有各类创新企业依托自身特色打造平台。

1.4　中国互联网新技术发展情况

1.4.1　以云计算为基石和各种新兴技术深度结合

2018 年，AI、大数据、IoT、区块链、边缘计算、VR/AR 等前沿技术进一步与云计算深度结合，迸发出核聚变般的耀眼光芒。2018 年，国内各公有云公司纷纷调整架构，将之前的云计算部门升级为智能云计算部门：9 月 30 日，腾讯架构调整，新成立云与智慧产品事业群；11 月 26 日，阿里巴巴架构调整，阿里云事业群升级为阿里云智能事业群；12 月 18 日，百度调整架构，将之前的智能云事业部升级为智能云事业群。

目前，主流云服务商均已推出自己的物联网战略，供广大合作伙伴及客户方便快捷地接入。阿里云希望 5 年内，连接 1 千个城市、1 万个工厂、1 亿个家庭、100 亿台设备；腾讯云推出加速物联网开发套件（IoT Suite）打造全栈式物联网开发平台；金山云依靠小米物联网平台 MIoT 来进行布局；华为云发布 IoT 云服务 2.0。

1.4.2　数据中台与专有云

中台（middle office）最早出现在金融服务机构。金融服务机构可分为三个部分：前台、中台和后台。前台由销售人员等面向客户的员工组成。中台由风险经理和管理风险及维护信息资源的信息技术经理组成。后台办公室由人力资源部、办公室经理和客户关怀代表组成，提供支持、行政和支付服务。一般来说，后台和中台涉及与风险管理相关的非创收业务，并确保适当执行交易。中台的作用是确保在金融交易中协商的交易得到处理、登记和完成。员工管理有关业务交易、风险管理和损益的全球协议。信息技术中心设计软件来支持交易策略。

2015 年 12 月，阿里巴巴集团启动 2018 年中台战略，构建符合 DT（Data Technology，数据处理技术）时代的更创新灵活的"大中台、小前台"组织机制和业务机制。中台的设置就是为了提炼各个业务条线的共同需求，并将这些打造成组件化产品，然后以接口的形式提供给前台各业务部门使用。中台强调资源整合，是能力沉淀的平台体系，为"前台"的业务开展提供底层的技术、数据等资源和能力的支持，中台将集合整个集团的运营数据能力、产品技术能力，对各前台业务形成强力支撑。中台可以使公司在产品更新迭代、创新拓展的过程中研发更灵活、业务更敏捷，最大限度地减少"重复造轮子"的 KPI（Key Peformance Indicator，关键绩效指标）项目。

2018 年 9 月腾讯架构升级，成立技术委员会和提出"技术中台"的概念。华为则提出"共同平台"，打造支撑业务的黑土地。京东在 2017 年年末将京东商城技术团队拆分为前台和中台，前台职能部门对接商城各事业部，中台研发聚焦解决共性需求。

云徙科技成立 3 年，分别获得银杏谷资本、云锋基金和红杉资本投资，600 名员工中技术团队占 85%，立足消费品、地产和汽车三大行业，打造"业务+数据"双中台，成为阿里云智能生态核心伙伴。

大型企业要在自己的数据中心 DIY 中台是很困难的，阿里云等提出用技术输出的形式帮助政府和大型企业在自己的数据中心建设自己的中台能力——专有云。Apsara Stack 专有云是第一个大规模商用的专有公共云。阿里云专有云在 4 年来已经服务了诸多客户。中国海关建设了数据中台处理海量数据，使得亿级数据达到秒级响应，进而使海关的查货能力提高了 5 倍。中国邮政 EMS 业务采用混合云架构，EMS 订单查询是通过阿里云公共云为客户提供服务的，核心业务中台跑在阿里云专有云上，可以更好地支撑"双十一"千万级订单的流量。

腾讯推出两种专有云：建立在公有云基础设施上的腾讯云企业版 TCE（Tencent Cloud Enterprise），和腾讯云 TStack（Tencent Cloud Tstack）基于开源架构所的云服务平台，支持私有化部署和云化部署，具备混合云管理能力。

1.4.3　边缘计算和雾无线接入网

物联网和智能移动终端有大量实时、交互的计算将在边缘节点完成，边缘计算能够有效避免数据向云端传输时所面临的带宽限制、数据泄露风险和时延问题，边缘计算/雾计算正在兴起。2018 年，云计算开始了深度布局。阿里云推出边缘计算产品 Link Edge，发展"云+边+端"三位一体的计算模式；腾讯云在边缘计算上采取了"CDN+云"的路线；金山云联合小米发布了"1km 边缘计算"解决方案；华为云发布智能边缘平台 IEF，提供从 AI 芯片、智能硬件到边缘云服务的全栈能力。在海外，亚马逊携 AWSGreengrass 进军边缘计算领域；微软推出了 Azure IoTEdge 解决方案；谷歌发布了硬件芯片 Edge TPU 和软件堆栈 Cloud IoT Edge，意在更好地改善边缘联网设备的开发。

从 4G 开始，移动通信网络就发展 MEC 和 HeNet，在热点地区部署拥有计算能力的基站，用网络将其互联即构成雾无线接入网 F-RAN。F-RAN 不仅可以共享接入能力，还可共享基站和大量移动客户端的计算能力以提供边缘计算。F-RAN 采用多业主多租户模式。可以由多个不同业主建设和管理维护，采用区块链通证实现多业主分配收入。基于网络切片提供多租户服务。各运营商作为租户，付费租用共享资源。

1.4.4　WiFi 6 快速兴起

2018 年 10 月，WiFi 联盟正式宣布将下一代 WiFi 技术 802.11ax 命名为 WiFi-6。由于采用 OFDMA、8x8 MU-MIMO、1024QAM 等技术，在使用 2.4GHz 频段 40MHz 和 5GHz 频段 160MHz 带宽时其最高速率可达 9.6Gbps。无线局域网达到万兆级速率。这将彻底改变无线局域网的面貌，对智慧家庭物联网乃至智慧城市的建设产生重大影响。仿真结果表明其性能基本满足 5G 接入网的需求，将影响未来 5G HeNet 的发展。

1.4.5　区块链

2018 年，区块链经历了飞速上升期之后，在下半年集体进入沉寂期。抛开各种炒作与骗局，区块链在 2018 年还是获得了长足发展，在跨境汇款、供应链金融、电子票据和司法存证等众多场景中，区块链已经开始融入人们的日常生活。国内主流云服务商正在该领域布局。

阿里云发布区块链服务，定位于基础设施。腾讯云发布了区块链 TBaaS 产品白皮书和区块链金融级解决方案。金山云发布区块链云解决方案，推出了金融联盟链；华为云虽然表示区块链处于公司"非主航道"上，但也发布了华为云区块链服务 BCS（Block Chain Service）。

1.5　中国互联网资本市场情况

2018 年，我国投融资规模整体呈现快速增长态势，投融资案例共 2685 件，相比 2017 年的 1296 件增长 107.2%，披露的总交易金额为 697 亿美元，相比 2017 年的 484.8 亿美元增长 43.8%。其中，超过 1 亿美元的融资案例共 125 起，同比增长 60.3%，融资金额达 555 亿美元，同比增长 59.2%。

在细分市场方面，互联网投融资领域主要集中在互联网金融、企业服务、电子商务和在线教育领域，融资笔数分别为 452 笔、371 笔、368 笔、262 笔，占到整个融资笔数的 54.1%。总交易金额集中在互联网金融、电子商务、出行旅游、本地生活等领域，融资金额分别为 263 亿元、118 亿元、56.3 亿元、45.8 亿元，融资金额占到所有细分领域的 69.3%。

在投融资区域分布方面，北京市投融资案例 916 起，数量较第 2 名上海市高出 90.8%。北京凭借 4 个中心的区位优势、活跃的创新氛围，进一步巩固了互联网核心区域地位。第二梯队包括上海市、浙江省和广东省，上海市、广东省综合优势显著，互联网投融资持续活跃，融资案例分别为 480 起、415 起；浙江省快速崛起，融资案例 237 起排名第 4 位，得益于蚂蚁金服一笔大额融资，融资额度跃居全国第 2 位。江苏、华中地区、成渝地区构成第三阵营，具有较大发展潜力。

从 2018 年第三季度开始，我国投融资总交易金额连续两个持续环比下滑 44.6% 和 9.2%，投融资双方均表示感受到了"资本寒冬"。投融资氛围趋于谨慎主要是受以下几方面影响：一是投资决策更加谨慎。投资方加强了对营收、盈利、技术认证等经营考核的要求。二是投资审批更加严格。投资决策的层级更高、流程更长，从投资意向到项目落地往往延长至数月。三是投融资向头部集中，头部企业业务发展稳健、前期估值合理、拥有核心技术，更加容易获得融资，有短板的公司风险逐渐暴露。

2018 年，我国 167 家上市互联网企业总市值约为 8 万亿元，环比下跌 11.7%，有近 85% 的企业市值出现负增长，若剔除 2018 年新上市企业，互联网企业总市值降幅超 28%。在 167 家上市互联网企业中，披露 2018 年第三季度财报数据的共 119 家，营收总计 4929.5 亿元，同比增长 32.2%，增速较 2017 年同期下降近 6 个百分点。

1.6　中国互联网信息安全与治理情况

2018 年我国共监测网络安全威胁约 12341 万个，包括恶意 IP 地址、恶意域名等恶意网络资源约 2787 万个，木马、僵尸程序、病毒等恶意程序约 8997 万个，网络安全漏洞等安全隐患约 21 万个，主机受控、数据泄露、网页篡改等安全事件约 536 万个。

网络安全威胁态势总体呈现以下几个特点：一是用户个人信息安全防护态势依旧严峻；二是安全漏洞仍然是公共互联网面临的主要威胁之一；三是挖矿木马和勒索病毒是企业安全

两大核心威胁；四是工业互联网平台和智能设备成为网络威胁的重要目标；五是移动应用程序的恶意行为表现突出。

2018年，工业和信息化部（以下简称"工信部"）指导中国信息通信研究院，协调基础电信企业、网络安全专业机构、重点互联网企业和网络安全企业等推进网络安全威胁共享平台和网络安全突发事件应急指挥平台的建设，为相关网络安全工作提供有力的支撑；组织搭建工信部网络安全威胁共享平台，基本完成了功能开发，具备威胁信息填报、威胁委托认定、认定结果和处置建议反馈、处置通知发送、处置结果跟踪等功能，实现用户角色和权限的管理，预留威胁信息自动化报送、查询、发布等开发接口；组织严查用户数据安全风险问题，并推动网络安全企业在用户数据保护方面形成产品化的用户数据保护能力，针对用户数据泄露形成了风险评估、监测发现等系统化手段，用户数据安全保护能力日趋加强。

在网络安全工作部署方面，有以下几点成果：一是5G安全标准制定进入关键阶段，试验规范2019年年底完成，5G安全研究及标准制定与5G总体架构相关工作保持同步；二是工业互联网安全建设扎实推进，车联网/物联网安全转入部署实施，相关安全工作已由基础预研状态进入企业落地实施状态，整体安全防范能力不断增强。

在网络安全产业方面，2018年我国网络安全产业规模达到545.49亿元，较2014年237.21亿元增长130%，年度复合增长率超过23%。电子政务、金融、电信、能源等重点行业领域应用领先，占据整体市场份额的半壁江山。据不完全统计：国内从事网络安全相关业务的企业数量已达2681家，上市安全企业达到16家，新三板挂牌企业超过69家，获得融资支持的初创企业超过150家。网络安全产品体系日益完备，产业活力日益增强。

为防范和打击通信信息诈骗，政府各部门、互联网运营商、银行和互联网企业间形成协同联动机制，共建共享共治，针对通信信息诈骗犯罪形成一套实用高效的防范打击协同联动机制。公安部门通过与银行对接，在堵截诈骗"资金流"方面建立紧急冻结账户与迅速停止支付模式。2018年，我国共破获电信网络诈骗案件13.1万起，抓获违法犯罪人员7.3万名，劝阻疑似被骗人3.2万名，挽回直接经济损失20.3亿元；联合银监会和各金融机构利用紧急止付和快速冻结机制，成功止付被骗金额97亿元，先后返还群众被骗钱款20亿元，电信网络诈骗预警拦截机制发挥了重要作用；累计查处"黑广播"违法犯罪案件1570起，"伪基站"违法犯罪案件244起。

1.7 产业互联网

产业互联网是相对消费互联网而言的。中国在前端消费侧的数字化程度在全球领先，消费行为高度数字化，数字化创新应用和商业模式不断涌现。而在后端产业互联网方面总体上仍处于发展阶段，这主要受我国制造业整体发展水平的影响。随着互联网人口红利增速放缓，互联网企业急需从线下寻找业务增长点。以前端消费互联网带动后端产业互联网的发展成为大势所趋。这正是中国特色的数字化道路。2019年政府工作报告提出中国未来重点发展目标之一："新旧动能接续转换。这包括传统产业升级和新兴产业规模化。产业互联网构建新型的、产业级的数字生态，打通各产业间、内外部连接，以新兴产业的技术提高传统产业效率、以传统产业的市场带动新兴产业规模，达到1+1＞2的效果，从而能够支持动能转换更好更快地实现。"

产业互联网的内涵包括工业互联网、互联网+、智能+等概念。产业互联网实际已经在各行各业展开实践。广度上不仅覆盖服务业、工业和农业，还从商业扩展到公益和政府，整个社会走向全面互连；深度上从营销服务、生产研发到运营管理，互连渗透到组织内部的各个环节。数据信息由此实现从消费端到供给端的高效流通，数字产业与传统产业相互协同带动，推助中国经济迈向高质量发展新阶段。具体来看，在服务业方面包括智慧零售、智慧文旅、智慧出行、智慧金融等商业服务及智慧医疗、智慧教育、智慧政务等公共服务；对工业而言，通过机器与人的配合，实现更加柔性、质量和效率更高的生产运营，主要体现为数字化供应链、个性化设计及智能制造；对农业而言，人对自然环境的把握，实现更加可预测和调整、产量和质量更高的种植和养殖，主要体现为精准农业。

《国务院关于积极推进"互联网+"行动的指导意见》（国发〔2015〕40 号）提出，"到2018 年，互联网与经济社会各领域的融合发展进一步深化，基于互联网的新业态成为新的经济增长动力，网络经济与实体经济协同互动的发展格局基本形成"。截至 2017 年年底，国务院及其相关部门积极落实上述要求，分别在农业、金融、制造业、健康养老、两化融合及人工智能等领域发布行动计划。这一立法趋势在 2018 年得到了延续，呈现以下趋势。

一是持续发布相关产业互联网+行动计划。如 2018 年 4 月 25 日，国务院办公厅发布《促进"互联网+医疗健康"发展的意见》（国办发〔2018〕26 号），通过健全"互联网+医疗健康"服务体系，完善"互联网+医疗健康"支撑体系，加强行业监管和安全保障，提升医疗卫生现代化管理水平，满足人民群众日益增长的医疗卫生健康需求。

二是部分主管部门针对互联网+行业应用展开试点。如 2018 年 2 月 12 日，交通运输部发布《关于加快推进新一代国家交通控制网和智慧公路试点的通知》（交办规划函〔2018〕265 号）。2018 年 3 月 8 日，国家旅游局发布《交通运输部办公厅、国家旅游局办公室关于加快推进交通旅游服务大数据应用试点工作的通知》（交办规划函〔2018〕244 号）。

三是注重人工智能等新技术新业务的创新发展。如 2018 年 12 月 25 日，工信部印发关于《车联网（智能网联汽车）产业发展行动计划》的通知 （工信部科〔2018〕283 号），提升汽车网联化、智能化水平，实现自动驾驶，发展智能交通，促进信息消费。2018 年 12 月21 日，工信部发布《工信部关于加快推进虚拟现实产业发展的指导意见》（工信部电子〔2018〕276 号）加快我国虚拟现实产业发展，推动虚拟现实应用创新，培育信息产业新增长点和新动能。

四是进一步整合互联网+发展相关资源和应用。如 2018 年 4 月 2 日，教育部关于印发《高等学校人工智能创新行动计划》的通知（教技〔2018〕3 号），引导高等学校瞄准世界科技前沿，不断提高人工智能领域科技创新、人才培养和国际合作交流等能力，为我国新一代人工智能发展提供战略支撑。2018 年 9 月 18 日，国家发展改革委、教育部、科技部等发布《关于发展数字经济稳定并扩大就业的指导意见》（发改就业〔2018〕1363 号），大力发展数字经济稳定并扩大就业，促进经济转型升级和就业提质扩面互促共进。

五是司法部门首次发布互联网相关案例。2018 年 8 月 16 日，最高人民法院发布《最高人民法院发布第一批涉互联网典型案例》（国办发〔2018〕79 号），密切关注并主动研究互联网相关的新类型案件、及时总结审判经验，快速回应"互联网+"模式下经济社会发展面临的新情况、新问题，为涉互联网领域经济社会健康发展提供司法保障。

六是重点关注网络安全管理及配套措施建设。落实习近平总书记在"全国网络安全和信息化工作会议"中关于网络安全和信息化发展的相关要求，2018年7月9日，自然资源部发布关于发布《海洋信息云计算服务平台安全规范》等8项行业标准的公告（自然资源部公告2018年第25号），加强海洋信息方面云计算安全。2018年9月10日，交通运输部办公厅、公安部办公厅发布《关于进一步加强网络预约出租汽车和私人小客车合乘安全管理的紧急通知》（交办运〔2018〕119号）。2018年9月3日，国家林业和草原局发布《关于进一步加强网络安全和信息化工作的意见》（林信发〔2018〕89号）进一步加强林业与草原网络安全和信息化工作。

在产业互联网的建设发展过程中，伴随数字科技与传统产业的融合加深，各种新问题也不断涌现。从信息爆炸、隐私安全到算法歧视，缺乏约束的科技滥用对社会治理带来新挑战。因此建立科技伦理、引导科技向善，成为全球普遍关注和倡导的责任。

产业互联网的实现，最终需要跨界共建数字生态共同体，形成新价值网络。一方面更需要各行各业，尤其是传统行业机构发挥主导作用，从自身经营和发展的角度主动融入互联网，构建适合自身特点的新型数字生态网络，从而获得新动能、实现新价值；另一方面也需要互联网为代表的新一代信息科技公司，从助力和服务产业升级的角度，作为各行各业的连接器、工具箱和生态共建者，共同完成新型数字生态的建设。这两方面互为基础，互相赋能，共生共存。

1.8　数字经济

数字经济是指以使用数字化的知识和信息作为关键生产要素，以现代信息网络作为重要载体，以信息通信技术的有效使用作为效率提升和经济结构优化的重要推动力的一系列经济活动（来自2016年《二十国集团数字经济发展与合作倡议》）。数字经济包括三大部分：一是数字产业化，即信息通信产业，具体包括电子信息制造业、电信业、软件和信息技术服务业、互联网行业等；二是产业数字化，即传统产业由于应用数字技术所带来的生产数量和生产效率提升，其新增产出构成数字经济的重要组成部分；三是数字化治理，包括治理模式创新，利用数字技术完善治理体系，提升综合治理能力等。党的十九大以来，习近平总书记就加快发展数字经济发表了一系列重要讲话，对"实施国家大数据战略，构建以数据为关键要素的数字经济，加快建设数字中国"等工作做出重大战略部署。2018年11月在G20阿根廷峰会上，习近平总书记再次强调，要鼓励创新，促进数字经济和实体经济深度融合。

2018年，我国数字经济规模达到31.3万亿元，按可比口径计算，名义增长20.9%，占GDP的比重为34.8%。但相对于发达国家（美、德、英）数字经济占GDP比重超过50%，仍有很大的提升空间。目前我国数字经济增速将近20%，已超过上述发达国家。各地数字经济发展情况：广东省规模最大，超过4万亿元；贵州省增速最快，超过20%；北京市占比最高，超过50%。

2018年我国数字产业化规模达到6.4万亿元，占GDP的比重为7.1%。其中，软件和信息技术服务业、互联网行业增长较快，收入同比分别增长14.2%和20.3%。信息消费、数字经济领域投资、数字贸易等需求活力不断释放，助力数字产业化发展提速，我国的数字产业化结构在逐年优化。

2018 年我国产业数字化规模超过 24.9 万亿元，同比名义增长 23.1%，占 GDP 比重的 27.6%。工业、服务业、农业数字经济占行业增加值比重分别为 18.3%、35.9% 和 7.3%。地方转型实践案例不断涌现，在离散型行业中，如北京、浙江等省市的计算机、通信和其他电子设备制造业，江苏、重庆等省市的汽车制造业，在流程型行业中，如浙江、广东等省市的化学原料和化学制品制造业，广东、四川等省市的医药制造业，利用数字技术进行数字化转型，有效降低企业交易成本，提升运营效率。

多年以来，我国秉持着鼓励创新、包容审慎的原则，为数字经济的活跃发展提供了宽松的环境。同时，数字经济的发展也推动着数字化治理实践不断适应和完善。我国数字化治理已逐渐形成多方共治格局，依法治理、协同治理能力不断提升，营造出规范有序、包容审慎、鼓励创新的发展环境。

数字经济吸纳就业能力也在 2018 年显著提升。2018 年我国数字经济领域就业岗位为 1.91 亿个，占当年总就业人数的 24.6%，同比增长 11.5%，显著高于同期全国总就业规模增速。其中，第三产业劳动力数字化转型成为吸纳就业的主力军，第二产业劳动力数字化转型吸纳就业的潜力巨大。

（侯自强、王朔）

第 2 章 2018 年国际互联网发展综述

2.1 国际互联网发展概况

当前全球正处于新一轮科技革命和产业革命突破爆发的历史交汇期，以互联网为代表的信息技术和人类的生产生活深度融合，成为引领创新和驱动转型的先导力量，正在加速重构全球的经济版图。网络空间国际治理逐渐步入深水区。互联网新技术新应用加快推广落地，对全球互联网治理不断提出新需求和新挑战，安全与稳定成为当前网络空间治理的阶段性重心。网络空间治理逐渐由技术议题发展演变成为综合性议题，各国均从国内治理与国际合作等方面探索应对之策，在维护网络主权的探索中推动形成全球规则。

2.1.1 网民

We Are Social 发布的《2019 年全球数字报告》显示：截至 2018 年年底，全球有 51.1 亿名独立移动用户，较 2017 年年底增加了 1 亿人（2%）。截至 2018 年年底，全球互联网用户为 43.9 亿人，较 2018 年年初增加了 3.66 亿人（9%）。截至 2019 年 1 月，全球有 32.6 亿人在移动设备上使用社交媒体，新用户增加 2.97 亿人，同比增长超过 10%。

国际电信联盟发布的《2018 年衡量信息社会报告》显示：2018 年，全球近一半的家庭至少拥有一台计算机。发达国家 83.2%的家庭拥有计算机，发展中国家该比例为 36.3%。2005—2018 年，最不发达国家在此方面的增长最为强劲，突出体现在阿拉伯国家和独联体国家。在非洲，可获取计算机的家庭比例从 2005 年的 3.6%增加到 2018 年的 9.2%。

2.1.2 基础资源

1. 域名

截至 2018 年 9 月，全球域名注册市场规模约为 3.5 亿个，较 2017 年 9 月同比增长 3.4%，较 2018 年 6 月环比增长 0.7%。其中，国家和地区代码顶级域（ccTLD）域名注册市场规模约为 1.49 亿个，同比增长 3.2%，环比小幅下降了 0.3%；通用顶级域（gTLD）域名注册市场规模为 2.01 亿个，同比、环比分别增长 3.6%和 1.4%。新 gTLD 市场规模延续回升势头，同比、环比分别增长 9.3%和 7.8%，达 2588.4 万个；新 gTLD 占全球域名注册市场比例达 7.4%，同比、环比分别增长 0.4%和 0.5%；gTLD 域名注册市场的比例达和 12.9%，同比、环比分别增长 0.7%和 0.8%。

2. IPv4 地址

中国教育和科研计算机网（China Education and Research Network，CERNET）2018 年上半年报显示：2018 年上半年全球 IPv4 地址分配数量为 295 B，获得 IPv4 地址数量名列前三位的国家/地区，分别为美国 198 B，毛里求斯、赞比亚和突尼斯并列第二，为 8B（见表 2.1）。

表 2.1 2016—2018 年 IPv4 地址分配情况（B）

年份	2016 年	2017 年	2018 上半年
国家地区\分配数量	578	789	295
1	US 256	US 555	US 198
2	MA 48	EG 28	MU 8
3	SC 33	BR 18	ZM 8
4	CN 20	GH 17	TN 8
5	BR 19	ZA 17	BR 6
6	ZA 18	TN 12	CA 5
7	IN 16	MA 12	RU 4
8	EG 16	KE 10	DE 4
9	KE 16	CA 10	CI 4
10	DZ 16	DE 9	ZA 3
...	...	...	...

数据来源：CERNET

2018 上半年，亚太地区有 275 条 IPv4 地址转让记录，其中跨地区的转让交易有 90 条记录，在亚太地区内部转让有 185 条，其中国家/地区内部转让的有 130 条，如日本 43 条、印度 21 条、澳大利亚 17 条、中国境内 14 条等，另外有 20 条从境外转让到中国境内。

3. IPv6 地址

2018 上半年全球 IPv6 地址分配数量为 9876 块/32。2018 上半年获得 IPv6 地址分配数量名列前三位的国家/地区分别为俄罗斯 1877 块/32，德国 848 块/32，英国 751 块/32（见表 2.2）。

截至 2018 年 6 月底，全球 IPv6 地址申请量总计 30486 块/32，分配地址总数为 235741 块/32。

表 2.2 近年来 IPv6 地址分配情况对比（块/32）

年份	2016 年	2017 年	2018 上半年
国家地区\分配数量	25293	19979	9876
1	GB 9587	CN 2245	RU 1877
2	DE 1511	US 1481	DE 848
3	NL 1305	RU 1359	GB 751
4	US 1135	DE 1357	ES 567
5	RU 1005	NL 1321	NL 501
6	FR 926	ES 1170	US 497
7	BR 732	IN 1087	BR 464

续表

年份	2016 年	2017 年	2018 上半年
8	ES 702	GB 1080	IT 356
9	IT 687	BR 1049	FR 337
10	CN 597	FR 722	PL 333
...	...	...	...

数据来源：CERNET

截至 2018 年 6 月底，全球 IPv6 用户数排名前十的国家/地区依次是印度、美国、巴西、德国、日本、英国、法国、加拿大、比利时、马来西亚，中国 IPv6 用户数列在第 13 位。而全球 IPv6 用户普及率排在前十位的国家/地区依次是比利时、印度、德国、美国、希腊、瑞士、卢森堡、乌拉圭、英国、日本，中国 IPv6 用户普及率排在第 72 位。

4. 4G 网络

Open Signal 报告显示：截至 2018 年年底，大多数欧洲国家保持 4G 平均 20Mbps 的最低下载速度，但有三个国家表现欠佳，分别是英国（19.7Mbps）、意大利（19Mbps）和乌克兰（18.8Mbps）。在参与调查的 77 个国家中，最稳定的国家为处在欧洲的捷克，24 小时内最好的 4G 下载速度和最差的 4G 下载速度之间的差距只有 20%。截至 2018 年 11 月底，全球范围内有 886 家运营商对 LTE 网络进行了投资，其中 710 家运营商推出了 745 张商用 LTE 网络。

截至 2018 年年底，中国 4G 用户总数已达 11.7 亿，占全国移动用户总数的 74.4%，较 2017 年提高了 4.2 个百分点。2018 年年底，中国移动用户移动流量消费达 6.25GB/户/月，是 2017 年同期的 2.3 倍。

5. 5G 网络

2018 年 7 月，位于全球 66 个国家的 154 家运营商进行了 5G 技术演示、测试、试验等工作。截至 2018 年 12 月中旬，全球 197 家运营商对 226 张 5G 移动网络和 5GFWA 网络进行了测试、试验、计划部署、试商用部署和商用部署；全球有 212 家运营商拥有 TDD（Test Driven Development，测试驱动开发）服务频谱牌照，其中 148 家已经推出了 TDD 服务；326 家运营商投资了 LTE-Advanced（LTE-A）或 LTE-Advanced Pro（LTE-A Pro）技术，其中 281 家已经推出了 LTE-A 或 LTE-A Pro 网络。

随着 5G 技术的应用逐渐成为现实，5G 概念股的市场关注度也日益增加。5G 有望成为 2019 年关注度高、确定性强的投资主题之一，关注热度有望延续至 2020 年，而 5G 概念中 5G 主设备商有望在 5G 时代之初率先受益。

2.2 全球独角兽企业分布

2.2.1 地域分布

《2018 年中美独角兽研究报告》显示：从 2018 年全球独角兽企业地域分布情况来看，中国以 205 家独角兽企业位居第 1 位,占比为 47.79%;美国紧随其后,共 149 家,占比为 34.73%;此外,英国、印度、德国、韩国独角兽企业数量同样很多,占比分别为 3.5%、3.03%、1.86% 和 1.4%。

2.2.2　行业分布

《2018 年中美独角兽研究报告》显示:全球独角兽企业共分布在 27 个行业。其中,分布最多的为企业服务行业,全球共有 79 家;其次为金融和汽车交通行业,分别为 52 家和 42 家,如图 2.1 所示。分布在前三行业的独角兽企业数量占总数的 40.33%,可见这 3 个行业市场容量大且更容易受到资本的关注。

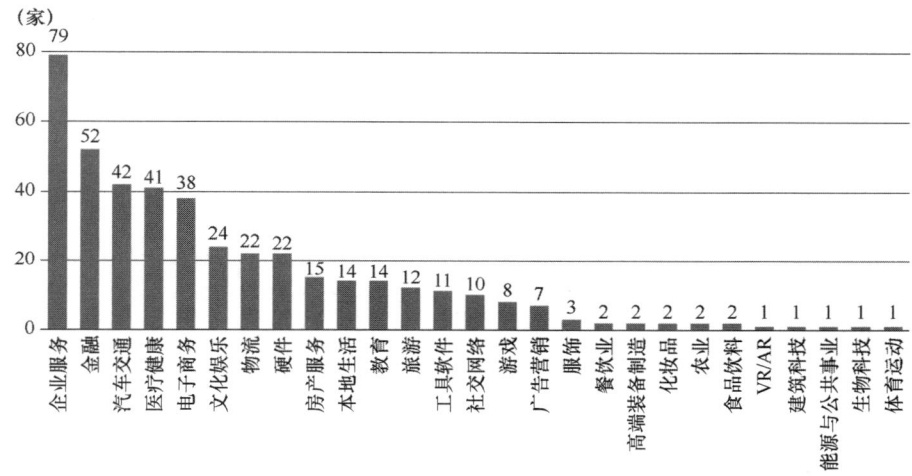

图2.1　2018年全球独角兽企业行业分布情况

2.2.3　估值分布

《2018 年中美独角兽研究报告》显示:凭借数量优势,中国的 205 家独角兽企业累计估值达 9573 亿美元,居全球首位;美国紧随其后,累计估值达 5548 亿美元,如图 2.2 所示。中美两国独角兽企业累计估值占全球总量的 88.83%。

2.3　国际互联网应用

2.3.1　社交媒体

2018 年全球社交媒体用户超过 31 亿人,较 2017 年增长了约 13%。91%的用户使用手机、平板电脑和智能设备访问社交媒体。2018 年 1 月,Facebook 月活跃用户达 22 亿人,成为第一个月活跃用户超过 10 亿人的社交网站。YouTube 突破了 15 亿名用户大关,成为全球最受欢迎的观看和下载视频的网站。Instagram 在美国和西班牙最流行,占美国和西班牙总社交媒体使用量的 15%。Snapchat 成为法国年第二大主流社交媒体,其用户占全国社交媒体用户的 18%。2018 年，Facebook 仍然是增速最快的社交媒体，在过去两年用户数量增长了 5 亿 2700 万左右，其次是 WhatsApp 和 Instagram。沙特阿拉伯成为社交媒体使用量增长最多的国家。

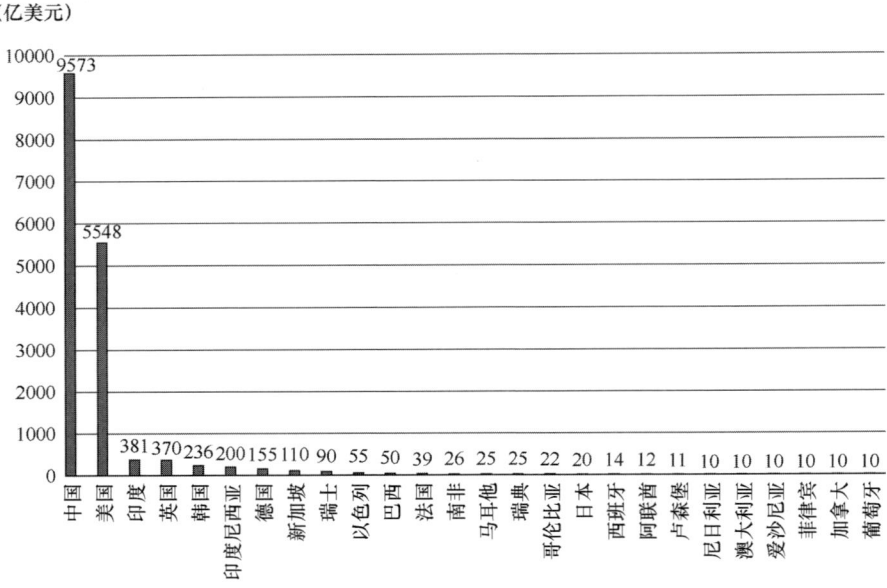

图2.2　2018年全球独角兽企业累计估值分布情况

2.3.2　电子商务

Statista 数据显示：2018 年全球电子商务用户数量为 2.585 亿，同比增长 1.2%，普及率为 78.8%，预计到 2023 年将达 80.4%。2018 年，中国是全球最大的电子商务市场，年收入达 6360.87 亿美元；美国以 5045.82 亿美元紧随其后，同比增长 12.9%；英国、日本和德国也是全球五大电子商务市场之一，但收入水平远不如中国和美国。预计，美国电子商务市场在 2018—2023 年的复合年均增长率在 7.8%左右，在 2023 年市场交易额将达 7353.58 亿美元。

中国国际电子商务中心（CIECC）《2018 年世界电子商务报告》数据显示：2018 年有 16 亿人在网上购物，占所有互联网用户的 50%以上。其中，亚太地区占比近 50%，占比份额最大。从网购人数增长区域来看，未来几年增长最快的地区将是中东和非洲。全球有超过 100 万家公司从事电子商务，包括完全依赖互联网渠道的专业电商公司，也包括利用互联网策略的传统企业。全球收入排名前 3 位的零售电商分别是亚马逊、京东和苹果。

近年来，已有超过 60 个国家的电子商务初创企业获得了投资，从投资角度衡量，中国、美国、印度是最大的市场，分别占全球投资额的 30%、24%和 17%。按投资交易频次排序，美国的交易活动最为频繁，占全球交易总频次的 47%，印度排在第 2 位，占 12%。

2.3.3　直播平台

德勤发布的《2018 科技、传媒和电信行业预测》显示：电视与广播仍然是现场直播内容的最大平台。2018 年，现场直播将创造 5450 亿美元的直接收入。实时播报（电视与广播）占总收入的 72%，其中电视直播占比最大，电视广告与订阅费达 3580 亿美元。

2018 年，基于现场直播内容的电视广告费达 1880 亿美元，广播广告达 320 亿美元。直播广告收入成为电视台重要的收入来源之一，美国全国广播公司（NBC）直播 2018 年的超级碗，广告费达每 30 秒 450 万美元，至少获得了 5 亿美元的广告收入；美国广播公司（ABC）奥斯卡颁奖礼的收入达每秒 260 万美元。

2.3.4　虚拟现实

虚拟现实是新一代的信息通信技术的关键领域，具有产业潜力大、技术跨度大、应用空间广的特点。目前，虚拟现实正处于发展初期的部分沉浸体验阶段。中国信通院发布的《2018 虚拟现实白皮书》显示：2018 年全球虚拟现实终端出货量约为 900 万台，其中 VR、AR 终端出货量占比分别为 92%、8%；预计 2022 年终端出货量接近 6600 万台，其中 VR、AR 终端出货量占比分别为 60%、40%；预计 2018—2022 年五年期间虚拟现实出货量增速约为 65%，其中 VR、AR 终端增速分别为 48%、140%。此外，随着 Facebook 的 Oculus Go、Quest，联想的 Mirage Solo、Pico、大朋等一体机的发展，一体式有望成为虚拟现实主要终端形态，出货量份额将从 2018 年的 17%快速发展至 2022 年的 53%。

中国积极推动虚拟现实发展。虚拟现实已被列入"十三五"信息化规划、互联网+等多项国家重大文件中，工信部、国家发展改革委员会（以下简称"发改委"）、科学技术部（以下简称"科技部"）、文化和旅游部（以下简称"文化部"）、商务部也出台相关政策，推动虚拟现实发展。此外，各省市地方政府从政策方面积极推进产业布局，已有十余地市相继发布针对虚拟现实领域的专项政策。

2.3.5　人工智能

中国信通院数据研究中心的全球 ICT（In Circuit Tester，自动在线测试仪）监测平台实时监测的数据显示：截至 2018 年上半年，在全球范围内共监测到人工智能企业 4998 家。其中，美国人工智能企业数量位列全球第一位（2039 家），其次是中国（不含港澳台地区）1040 家，其后依次是英国 392 家、加拿大 287 家、印度 152 家。除此之外以色列、法国和德国人工智能企业的数量也超过了 100 家。

从国家政策方面来讲，美国和中国都把人工智能当作未来战略的主导方向，出台发展战略规划，从国家战略层面进行整体推进。从城市维度看，在全球人工智能企业数量排名 TOP20 的城市中，美国 9 家，中国 4 家，加拿大 3 家，英国、德国、法国和以色列各 1 家。其中北京成为全球人工智能企业数量最多的城市，有 412 家企业；其次是旧金山和伦敦，分别有 289 家和 275 家。

从全球范围来看，人工智能企业主要集中在 AI+各个垂直领域、大数据和数据服务、视觉、智能机器人领域。其中 AI+企业主要集中在商业（主要包含市场营销和客户管理领域）、医疗健康和金融领域。此外，各垂直领域的企业同样集中。在各类垂直行业中，人工智能渗透较多的领域包括医疗健康、商业、金融、教育和网络安全等，其中，商业领域占比最大达到 11%，其次是医疗健康和金融领域占比分别达 9%和 5%。

2.4 国际互联网投融资并购

2.4.1 互联网产业投融资情况

中国信通院发布的《2018 年第四季度互联网投融资运行情况》报告显示：2018 年，全球互联网资本市场活跃度大幅下滑，投融资案例数环比下降了 43.9%，同比增长 6.9%，行业投资活跃下滑的原因主要是经济面临下行压力、行业监管趋严、发展缺乏亮点。另外，投资额度继续下行，披露的投融资金额环比下降了 10.3%，同比下降了 12.6%，除资本环境趋紧外，也受到二级市场持续低迷的影响。

Renaissance Capital 研究显示：2018 年第三季度，有 10 家中国公司上市，累计募集了 33 亿美元融资。而同时期美国有 4 家科技公司完成了 IPO。总体来说，2018 年的 IPO 显然是一个浪潮，一个月内 14 家科技公司 IPO（包括 10 家中国公司和 4 家美国公司）总共筹集了约 40 亿美元，比一年前同期的科技公司 IPO 增加了约 5 倍。这也是 2010 年以来，中国公司 IPO 最多的一年，刷新了 8 年来中国公司 IPO 的纪录。

2.4.2 IT 产业并购情况

贝恩公司发布的《2018 全球并购市场年度报告》（M&A in Disruption：2018 in Review）显示：2018 年全球战略并购交易金额为 3.4 万亿美元，接近历史最高点，范围交易数量首次超过规模交易数量。在交易额超过 10 亿美元的战略交易中，范围交易数量占 51%，成为过去 10 年来并购市场最大的变化之一。在范围交易中，以收购新能力为目的的交易数量飞速增长。2018 年，在交易额超过 10 亿美元的战略交易中，能力并购占 15%，相比之下 2015 年仅占 2%。企业风险投资自 2013 年来增长了 4 倍，证明在小型交易方面这一趋势更为明显。

（1）奇力新并购美磊

1 月 3 日，被动元件大厂奇力新与美磊双双宣布将以换股方式进行合并，并购金额 15.44 亿元。此次并购后，奇力新将跻身全球第三大电感厂。双方合并后，奇力新的一体成型扼流器的月产能达 7.5 亿颗，成为全球最大厂。

（2）Synopsys 收购 Kilopass

1 月 11 日，全球顶先的 EDA 和 IP 供应商 Synopsys 以非公开的价格收购了非易失性内存 IP 供应商 Kilopass，通过收购的方式继续构建其庞大的知识产权组合。收购将进一步完善 Synopsys 公司汽车、物联网、工业和移动应用的现有非易失存储器 IP 产品组合。

（3）Microchip 收购美高森美

3 月 2 日，汽车和计算机芯片制造商 Microchip 宣布约以 83.5 亿美元收购美国最大军用、航天半导体设备商业供应商美高森美。计入美高森美持有的现金和投资，这笔交易的规模达 101.5 亿美元。

（4）Lumentum 并购 Oclaro

3 月 13 日，苹果 3D 感测供应商 Lumentum 宣布以 18 亿美元收购 Oclaro。根据两家公司董事会签订的最终协议，每股 Oclaro 可换取 5.6 美元现金及 0.0636 股的 Lumentum 普通股，

Oclaro 每股收购价格为 9.99 美元。

（5）ADI 并购 Symeo

3 月 19 日，ADI 宣布收购 Symeo，Symeo 专注于新兴无人驾驶汽车和工业应用的 RADAR 硬件和软件。Symeo 公司创新的信号处理算法将有助于 ADI 为客户提供角精度和分辨率均显著改善的 RADAR 平台。

（6）阿里巴巴并购中天微

4 月 20 日，阿里巴巴宣布收购杭州中天微系统有限公司，但投资金额并未对外透露。中天微是当前中国唯一基于自主指令架构研发嵌入式 CPU 并实现大规模量产的 CPU 供应商。

（7）贝恩资本收购东芝存储

6 月初，全球领先的存储解决方案提供商希捷科技公司出资 12.7 亿美元与以贝恩资本为首的财团投资者完成了对东芝存储公司的收购。除希捷外，贝恩资本财团中还包括苹果、韩国芯片商 SK 海力士、戴尔和金士顿。

（8）ARM 收购 Stream Technologies

6 月 13 日，芯片设计公司 ARM 宣布收购 Stream Technologies，旨在为物联网（IoT）设备提供更好的连接性。成立于 2000 年的 Stream Technologies，是一家资深的连接管理技术提供商，为超过 77 万名托管用户提供维护服务，日均流量约 2TB。

（9）联电并购三重富士通半导体

6 月 29 日，联电与富士通半导体有限公司共同宣布，联电将购买与富士通半导体所合资的 12 英寸晶圆厂三重富士通半导体股份有限公司（MIFS）全部股权，交易金额不超过 576.3 亿日元。为联电进一步建立多元化量产 12 英寸厂提供生产基地。

（10）英特尔收购 eASIC

7 月 13 日，英特尔宣布收购 eASIC 公司，eASIC 可为"结构化 ASIC"开发 FPGA 设计工具。从技术上讲，英特尔自 2015 年以来一直在其定制 Xeons 中使用 eASIC 技术，但这次收购意味着 eASIC 团队将成为英特尔可编程解决方案组（PSG）的一部分。

（11）赛灵思收购深鉴科技

7 月 17 日，全球最大的 FPGA 厂商赛灵思宣布收购中国 AI 芯片领域的明星创业公司——深鉴科技。本次收购的财务细节没有披露，深鉴科技由此成为近年来的 AI 芯片创业热潮中第一家被收购的中国明星创业公司。

（12）Skyworks 收购 Avnera

8 月 6 日，美国射频模拟和混合信号半导体厂商 Skyworks 签署了一项最终协议，将以 4.05 亿美元现金收购私人无晶圆半导体供应商 Avnera。收购完成之后，Avnera 的超低功耗模拟电路技术将助力 Skyworks 通过声学信号处理技术、传感器和集成软件实现智能接口，提升 Skyworks 在无线连接方面的技术能力，使公司的可寻址市场扩大到 50 亿美元以上，目标应用包括智能音箱、虚拟助手、智能游戏控制器和车载仪表系统及有线/无线耳机等。

（13）韦尔股份收购北京豪威

8 月 15 日，韦尔股份发布公告以 33.88 元/股发行约 4.43 亿股股份，收购北京豪威 96.08% 股权，标的资产股权预估值为 149.99 亿元。根据公告，韦尔股份与标的公司业务高度协同，收购标的主营业务均为 CMOS 图像传感器的研发和销售，符合上市公司未来发展战略布局。

（14）瑞萨并购 IDT

9 月 11 日，日本芯片厂商瑞萨电子同意以约 67 亿美元收购美国 Fabless 厂商 IDT，通过这笔收购，瑞萨将获得 IDT 在无线网络和数据存储用芯片方面的技术，而这些技术对于自动驾驶汽车而言至关重要。

（15）英特尔收购 NetSpeed

9 月 11 日，英特尔对外宣布收购 NetSpeed Systems 公司，收购价格暂未披露。收购 NetSpeed 将有助于英特尔改进其芯片设计工具，同时有助于英特尔设计、开发并测试能够将一个完整工作系统放在一块单晶硅片上的一体机芯片。

（16）三星收购 Zhilabs

10 月 17 日，三星电子宣布公司收购人工智能技术公司 Zhilabs，以增强其 5G 能力。这是三星努力进入 5G 市场的一个举措，Zhilabs 将继续在原管理层下独立运作。

（17）IBM 收购红帽

10 月 29 日，IBM 以每股 190 美元的价格收购红帽全部已发行的普通股，对红帽公司的估值接近 340 亿美元。双方的合作已有 20 年，收购红帽是双方长期合作关系的发展。

2.5　国际互联网安全发展情况

纵观 2018 年的全球互联网治理重要会议和重大事件，网络安全、数据保护受到普遍关注。2018 年，国家对于网络安全的重视程度日益提升，互联网用户对于隐私保护、个人数据保护的诉求日益高涨，欧美等国家针对网上行为、互联网内容的监管趋严。国际社会关于加强构建网络空间国际规则的呼声日益强烈，全球合作开展网络空间国际治理的共识加强。

2.5.1　各国政府主要网络安全政策

国内方面，中国密集出台了一系列配套法规文件，全面加强互联网网络安全。1 月，工信部印发《工业控制系统信息安全行动计划（2018—2020 年）》。2 月，国家互联网信息办公室发布《微博客信息服务管理规定》，旨在促进微博客信息服务健康有序发展，保护公民、法人和其他组织的合法权益，维护国家安全和公共利益。3 月，国务院发布《快递暂行条例》，规定经营快递业务的企业营房建立快递运单及数据管理制度，妥善保管用户信息等电子数据。5 月，中国人民银行下发《关于进一步加强征信信息安全管理的通知》。6 月，公安部发布《网络安全等级保护条例（征求意见稿）》，该条例是继《网络安全法》之后的又一极为重要的法规，是各机构部门、重点行业部署与开展安全工作的核心基础，必将促进全社会对网络安全的重视，推动整个网络安全行业的全面发展。8 月，十三届全国人民代表大会常务委员会（以下简称"全国人大常委会"）第五次会议表决通过《电子商务法》，为我国电子商务的发展奠定基本的法律框架，为电子商务健康发展奠定法律框架。9 月，随着社会信息化进程的深入，个人信息成为整个网络空间中最为重要的数据类型，《个人信息保护法》被列入《十三届全国人大常委会立法规划》。11 月，公安部网络安全保卫局发布《互联网个人信息安全保护指引（征求意见稿）》。12 月，为加强金融信息服务内容管理，提高金融信息服务质量，促进金融信息服务健康有序发展，保护自然人、法人和非法人组织的合法权益，维护国家安全和公共利益，国家互联网信息办公室制定了《金融信息服务管理规定》。

国际方面，各国在安全政策方面都在做出不断努力。4 月，美国发布《提升关键基础设施网络安全的框架》，是一套着眼于安全风险，应用于关键基础设施广阔领域的安全风险管控的流程。5 月，《通用数据保护条例》（General Data Protection Regulations，GDPR）颁布，是在欧盟法律中对所有欧盟个人关于数据保护和隐私的规范，涉及欧洲境外的个人资料出口。在欧洲，事实上也在目前世界范围中，GDPR 是最完善、最严格的隐私保护规定。同月，美国发布《网络安全战略》，旨在使国土安全部（Department of Homeland Security，DHS）的网络安全工作规划、设计、预算制定和运营活动按照优先级协调开展。该战略将致力于协调各部门的网络安全活动，以确保相关工作的协调一致。6 月，英国政府与国家网络安全中心合作，推出了一套新的安全标准《最低网络安全标准》，以应对新的威胁或新型漏洞，融入新主动网络防御措施，这些标准还会随时间进程不断增多。8 月，埃及公布《反网络及信息技术犯罪法》。12 月，澳大利亚发布《反加密网络法——援助获取法案》，将使科技公司帮助澳大利亚当局解密用户的在线通信，或将对世界其他地方的数据隐私权，造成严重影响。

2.5.2　网络安全事件

（1）Facebook 剑桥分析事件

2018 年 3 月 17 日，美国《纽约时报》和英国《卫报》曝光，Facebook 上超过 5000 万名用户信息数据被剑桥分析咨询公司用于 2016 年美国总统大选中政治广告的定向投放，帮助特朗普团队参选美国总统，此事在世界范围内掀起了轩然大波。事件发生后，Facebook 同步进行了一系列补救措施，提升用户对其个人信息的控制力，优化隐私条款的告知效果，规范第三方应用管理等。

本次事件对全球未来个人信息保护格局和互联网平台发展产生深远影响。首先是撼动了全球互联网平台现有的商业模式。当前，互联网企业的主要收入来源于在用户画像基础上的定向广告投放。Facebook 正在寻找新的商业模式，如"付费版 Facebook"，迎合民众隐私保护期望，将逐步引导网民接受互联网付费服务。其次是 Facebook 等互联网科技巨头市场垄断地位或进一步加固。互联网平台通过将数据限制在本平台之内，降低数据共享后的安全风险，但客观上阻碍了数据流动，造成数据资源垄断，互联网科技巨头市场垄断地位或进一步加固。

（2）《通用数据保护条例》实施

2018 年 5 月 25 日，《通用数据保护条例》（以下简称"GDPR"）在 28 个欧盟成员国内正式生效实施。作为史上最严苛的数据保护条例，GDPR 的监管范围涵盖了处理欧盟公民数据的所有公司，任何为欧盟公民提供商品或服务的企业都受该条例的管制。国际互联网巨头（如微软、苹果、谷歌和脸书）纷纷采取措施，调整隐私政策、更新用户协议、加大技术投入，但仍面临合规性挑战。

GDPR 不仅会增加合规成本，还将引发监管与创新平衡的挑战，对数字经济的发展造成一定影响。根据德勤会计师事务所评估，仅就直销、广告、网页分析、信贷四大产业，GDPR 将直接或间接地导致 1730 亿欧元的 GDP 损失及 280 万元的就业损失。GDPR 提高了企业成本，减弱了创新动力。为符合 GDPR 规定，企业需付出较大成本更新系统、设置数据保护官等，创新动力会受到一定影响。

（3）ICANN 高级别政府间会议

2018 年 10 月 22 日，第四届互联网名称与数字地址分配机构（ICANN）高级别政府间会议（HLGM）在西班牙巴塞罗那召开。来自中国、美国、英国、德国、欧盟等国家和地区的 124 个代表团的 200 余人参会。会议围绕后 IANA 时代，政府在 ICANN 中的作用和机遇、数据保护和隐私、互联网政策等议题展开讨论，指出政府和政府间组织应在互联网公共政策问题上发挥重要作用，应加强合作，共同参与国际互联网治理和 ICANN 事务。各国对加快发展数字经济、平衡网络安全与隐私保护等达成共识。

（4）第五届世界互联网大会

2018 年 11 月 7 日，第五届世界互联网大会在乌镇开幕，大会以"创造互信共治的数字世界——携手共建网络空间命运共同体"为主题，来自 76 个国家和地区约 1500 名嘉宾齐聚乌镇，围绕人工智能、5G、大数据、网络安全、数字丝路等热点议题进行探讨。作为中国近年来开展网络空间国际治理的亮点，世界互联网大会（World Internet Conference，WIC）成为中国与世界互联互通、共享共治的平台。

（5）《巴黎网络空间信任和安全倡议》发布

2018 年 11 月 12 日，在第 13 届 IGF 会上，法国总统马克龙发表了《巴黎网络空间信任和安全倡议》（以下简称《巴黎倡议》），呼吁网络空间的信任和安全，建议各国政府、企业和社会公民应该共同努力，保护网络安全，防范网络威胁。倡议发布后十余天内，得到 57 国政府、200 余家公司、100 余家非营利组织的签名支持，产生了广泛国际影响。

《巴黎倡议》在全球网络空间国际治理进程中具有标志意义，建立网络空间国际规则呼声日益强烈，政府更多介入网络空间治理，共识逐步加强。

（张威）

第二篇

资源与环境篇

2018 年中国网络资本发展状况

 2018 年中国互联网政策法规建设情况

 2018 年中国互联网知识产权保护状况

 2018 年中国网络信息安全状况

 2018 年中国互联网治理状况

 2018 年中国互联网公益发展状况

第 3 章　2018 年中国互联网基础资源发展情况

3.1　网民

3.1.1　网民规模

1. 总体网民规模

截至 2018 年年底，中国网民规模达到 8.29 亿人，全年新增网民 5653 万人，互联网普及率达 59.6%，较 2017 年年底提升了 3.8 个百分点，如图 3.1 所示。2018 年，中国网民规模延续了近年来平稳增长的态势，但增速放缓。互联网覆盖范围进一步扩大，居民入网门槛进一步降低，信息交流效率进一步提升，接入和费用问题已不再是困扰人民群众使用互联网的主要因素，用得上、用得起互联网已成为现实，互联网普惠化成果显著。

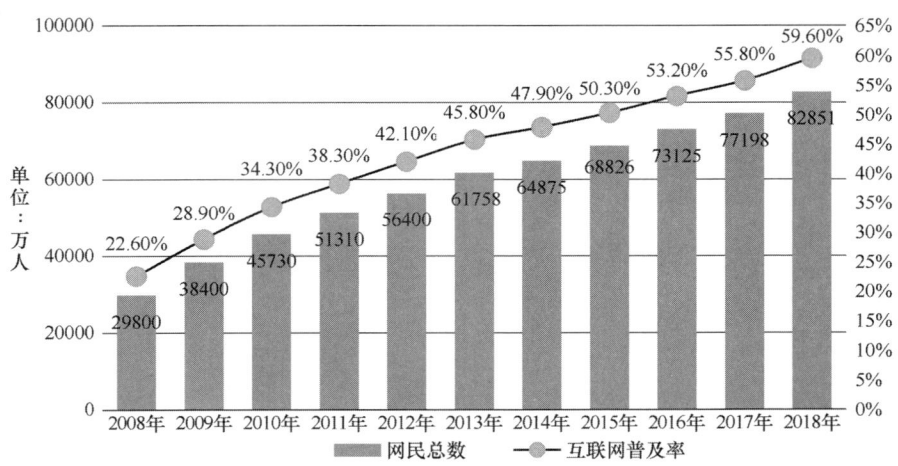

图3.1　2008—2018年中国网民规模和互联网普及率[1]

2. 手机网民规模

截至 2018 年年底，中国手机网民规模达 8.17 亿人，较 2017 年年底增加手机网民 6433

---

[1] CNNIC. 第 43 次中国互联网络发展状况统计报告.

万人，其中网民中使用手机上网的比例由 2017 年年底的 97.5%提升至 2018 年年底的 98.6%，如图 3.2 所示。使用台式电脑上网的比例为 48.0%，较 2017 年年底下降了 5 个百分点，笔记本电脑及平板电脑上网的比例分别为 35.9%和 29.8%，较 2017 年年底均有所上浮。个人上网设备继续向移动端集中，以手机为中心的智能设备，愈发普及成为最主要的上网形式，成为"万物互连"的基础。

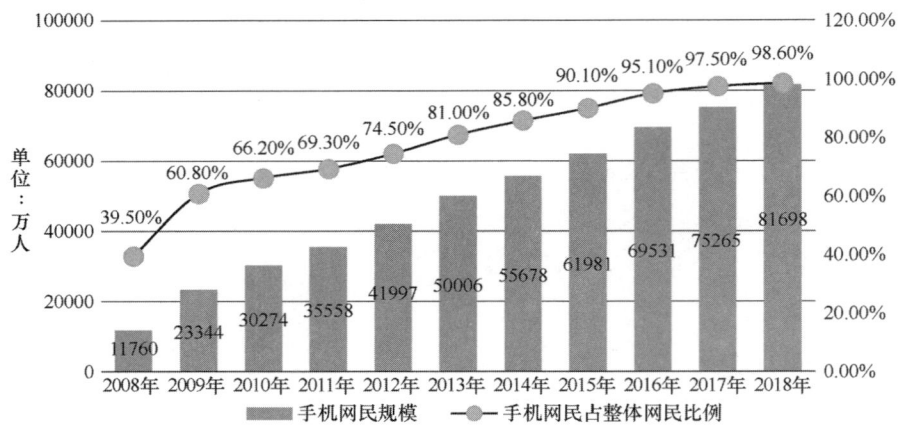

图3.2 2008—2018年中国手机网民规模及占比

2018 年，随着互联网赋能传统行业加快转型升级，线上线下互动互补，消费领域创新变革，移动互联网呈现出智慧化和精细化特点，仍旧表现出十足的韧劲。移动上网设备的逐渐普及、网络环境日趋完善、应用场景不断扩大，所能承载的服务越来越多，电子商务、网上购物、移动支付等移动互联网模式正在引领世界潮流，成为数亿位中国网民获得信息服务的便捷渠道，促使手机网民规模进一步增长。

3. 农村网民规模

截至 2018 年年底，我国农村网民占比为 26.7%，规模为 2.22 亿人，较 2017 年年底增加 1291 万人，增幅为 6.2%；城镇网民占比为 73.0%，规模为 6.07 亿人，较 2017 年年底增加 4362 万人，增幅为 7.7%，如图 3.3 所示。

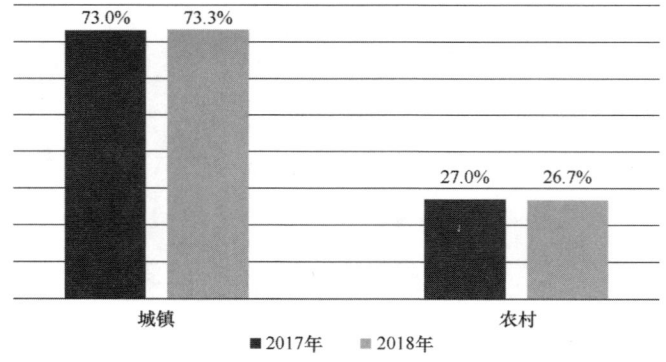

图3.3 中国网民城乡结构[1]

---

[1] CNNIC. 第 43 次中国互联网络发展状况统计报告.

2018 年，我国城镇地区互联网普及率为 74.6%，农村地区互联网普及率为 38.4%，相差 36.2 个百分点。在数字经济时代，乡村振兴战略的实施面临互联网、大数据、人工智能和实体经济深度融合的经济环境。由于农村信息基础设施建设获得了显著改善，农村居民信息消费潜力蓄势待发，农村网民数量稳步增长，互联网在城乡地区的普及率同步提升。

4．非网民现状分析

农村地区人群在非网民人口中占比较大。截至 2018 年年底，我国非网民规模为 5.62 亿人，其中城镇地区非网民占比为 36.8%，农村地区非网民占比为 63.2%。

上网技能缺失及文化水平限制仍是阻碍非网民上网的重要原因。调查显示：因不懂计算机、网络技能和不懂拼音等文化程度限制导致非网民不上网的占比分别为 54.0% 和 33.4%。由于年龄太大/太小而不上网的非网民占比为 11.2%；受没有计算机等上网设备而无法上网的非网民占比为 10.0%；不需要/不感兴趣、没时间上网及当地无法连接上网设施等造成非网民不上网的占比均低于 10%，如图 3.4 所示。

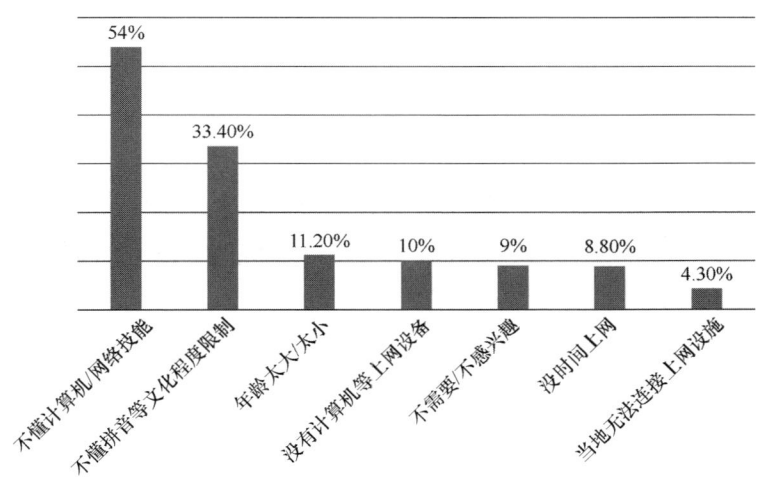

图3.4　非网民不上网原因[1]

提升上网技能、降低上网成本及满足日常需求依然是推动非网民上网的主要动力。调查显示：22.7% 的非网民愿意接受免费上网培训而上网；由于上网费用降低及提供免费无障碍上网设备而愿意上网的非网民占比分别为 20.6% 和 20.8%；出于联络沟通、增加收入、获取专业信息和方便购物等需求因素而愿意上网的非网民占比分别为 24.7%、20.5%、19.2% 和 16.4%，如图 3.5 所示。

3.1.2　网民结构

1．性别结构

截至 2018 年年底，我国网民男女比例为 52.7∶47.3，与 2017 年同期基本持平。网民性别结构趋向均衡，与人口性别比例接近，如图 3.6 所示。

---

[1] CNNIC. 第 43 次中国互联网络发展状况统计报告.

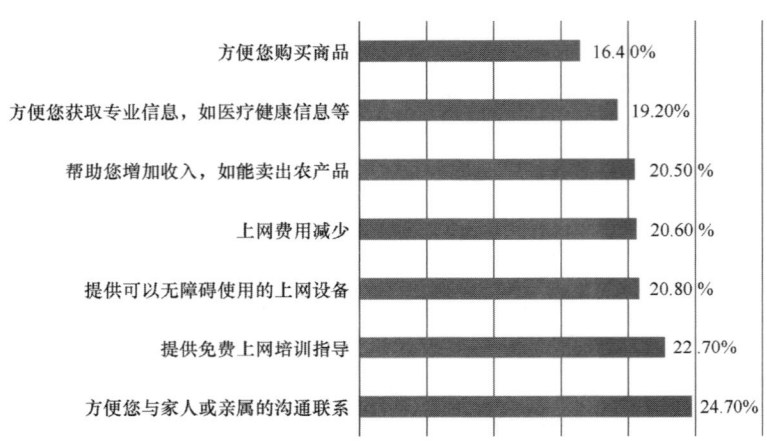

图3.5　非网民上网促进因素

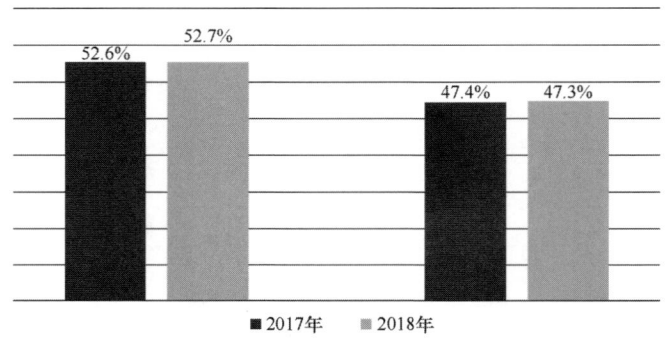

图3.6　中国网民性别结构[1]

2. 年龄结构

中青年群体是我国网民的主体力量。截至 2018 年年底，10～39 岁群体占整体网民的 67.8%，其中，20～29 岁年龄段的网民占比最高，达 26.8%；40～49 岁中年网民群体占比由 2017 年年底的 13.2%扩大至 15.6%，50 岁及以上的网民比例由 2017 年年底的 10.5%提升至 12.5%，并持续向中高龄人群渗透，如图 3.7 所示。

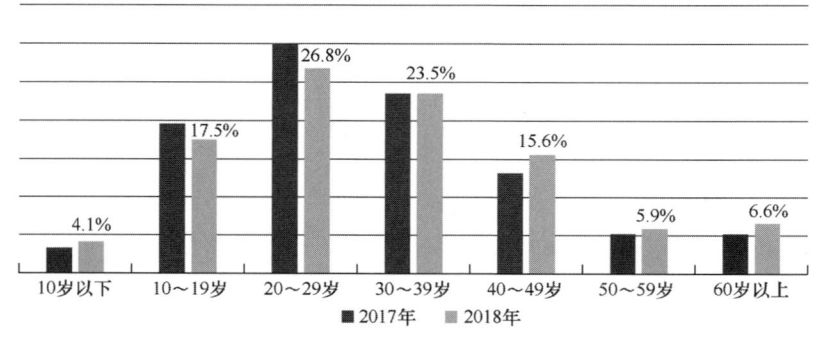

图3.7　中国网民年龄结构

---

[1] CNNIC. 第 43 次中国互联网络发展状况统计报告.

3. 学历结构

从学历角度看，我国网民以中等教育水平的群体为主，年轻人仍是中国网民的主力人群。截至 2018 年年底，网民的学历结构变化不大，初中学历网民占比最高，为 38.7%；高中/中专/技校学历的网民数量为第 2 位，占比 24.5%；仅 9.9% 的网民拥有本科或本科以上学历，网民学历尚待提升，如图 3.8 所示。

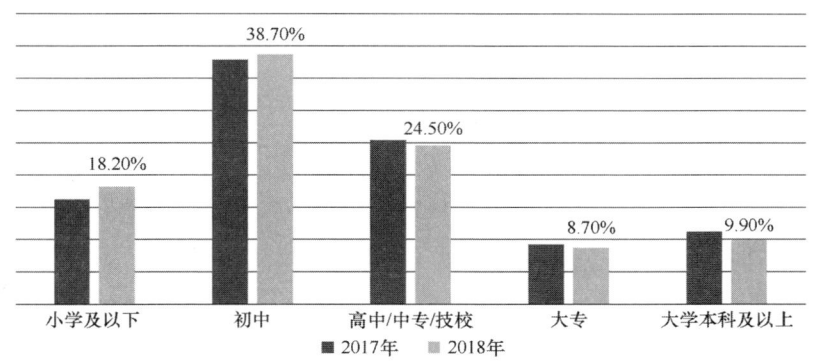

图3.8　中国网民学历结构[1]

4. 职业结构

截至 2018 年年底，在我国网民结构中，排名前 4 位的是学生、个体户、一般员工和无业人员，占比分别为 25.4%、20.0%、10.1%和 8.8%。而网民最少的职业是党政机关事业单位领导干部，占比仅为 0.2%，如图 3.9 所示。我国网民职业结构基本保持稳定。

5. 收入结构

截至 2018 年年底，网民的月收入结构主要分布在月薪 3000～5000 元，占比 20%以上，而最少的则是无收入群体的网民。月收入在 5000 元以上的人群占比为 24.1%，较 2017 年年底提升了 3.9 个百分点；有收入但月收入在 1000 元以下的人群占比大幅下降，已由 2017 年年底的 20.4%下降至 15.8%，如图 3.10 所示。

3.2　IP 地址

截至 2018 年年底，我国 IPv4 地址数量为 338924544 个，拥有 IPv6 地址 41079 块/32，年增长 75.3%，如表 3.1 所示。

3.2.1　IPv4

IP 地址是互联网发展不可或缺的核心基础资源。IPv4 是首个被广泛使用的互联网协议版本，地址总量约 43 亿个，至今已经使用了 30 多年，由于需求量越来越大，IPv4 地址的发放愈趋严格，全球 IPv4 地址数已于 2011 年 2 月分配完毕，自 2011 年开始我国 IPv4 地址总数基本维持不变，如图 3.11 所示。

---

[1] CNNIC. 第 43 次中国互联网络发展状况统计报告.

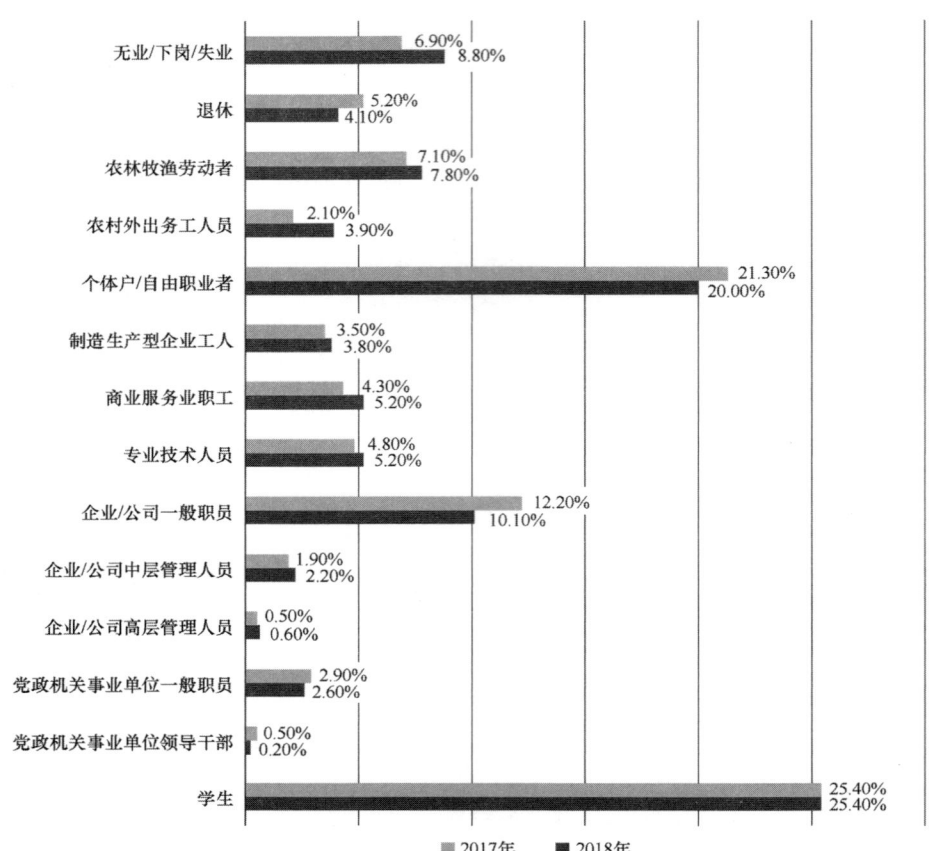

图3.9　中国网民职业结构[1]

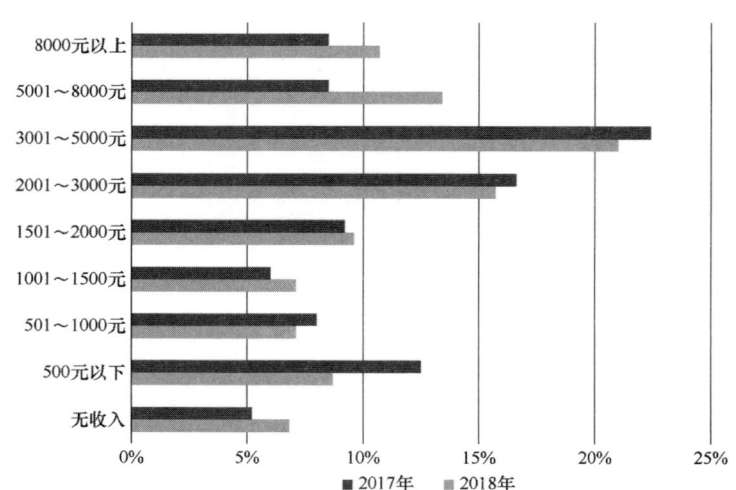

图3.10　中国网民个人月收入结构[2]

---

[1] CNNIC. 第 43 次中国互联网络发展状况统计报告.

[2] CNNIC. 第 43 次中国互联网络发展状况统计报告.

表 3.1　2017—2018 年中国 IP 地址数量

	2017 年	2018 年	年增长量	年增长率
IPv4（个）	338704640	338924544	219904	0.1%
IPv6（块/32）	23430	41079	17649	75.3%

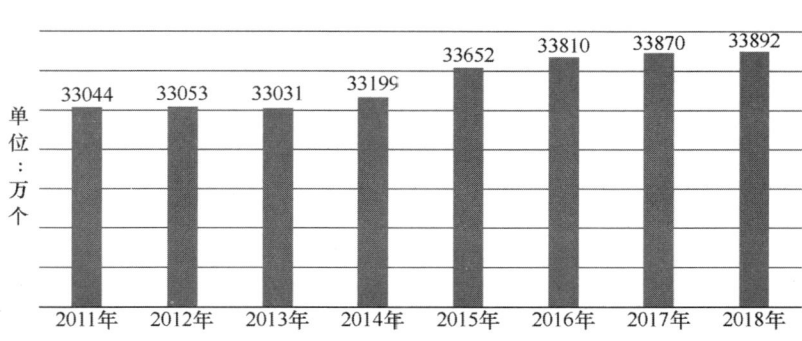

图3.11　中国IPv4地址资源变化情况[1]

3.2.2　IPv6

当前，全球 IPv6 技术与应用发展迅猛，其商业化部署进入了新的高速发展阶段。在我国，自 2017 年 11 月中共中央办公厅、国务院办公厅印发《推进互联网协议第六版（IPv6）规模部署行动计划》以来，IPv6 应用进入了高速发展期，IPv6 产业发展得到巨大推动。2018 年 5 月 2 日发布的《工信部关于贯彻落实〈推进互联网协议第六版（IPv6）规模部署行动计划〉的通知》，就相关任务向有关单位进行了明确部署。

2018 年，推进 IPv6 规模部署专家委员会先后在北京召开"2018 中国 IPv6 发展论坛"和"中国 IPv6 产业发展研讨会"。会议指出，推进 IPv6 规模部署工作一年来，相关工作取得了积极进展、成效显著。一是网络设施的 IPv6 改造取得阶段性成果，三大基础电信企业在全国 30 个省（区、市）移动宽带接入（LTE）网络均已完成端到端 IPv6 改造并开启 IPv6 业务承载功能，骨干网设备已全部支持 IPv6，全国 13 个骨干直联点中有 5 个直联点开通 IPv6 互联互通。截至 2018 年 11 月，基础电信企业分配 IPv6 地址的 LTE 和固定宽带接入网络用户总数超 8.65 亿；二是政府和中央企业发挥示范带头作用，重点互联网应用的 IPv6 升级进一步提速。截至 2018 年 11 月，我国大陆 93 家省部级政府网站中可通过 IPv6 访问的网站共有 63 家，97 家中央企业网站中已有 92 家支持 IPv6 访问；三是支撑 IPv6 发展的产业环境趋于成熟。总体而言，当前我国 IPv6 发展已初步形成政企联动、高效协同、多方参与，网络、应用和终端协同推进的良好局面。图 3.12 给出了中国 IPv6 地址的数量。

[1] CNNIC. 第 43 次中国互联网络发展状况统计报告.

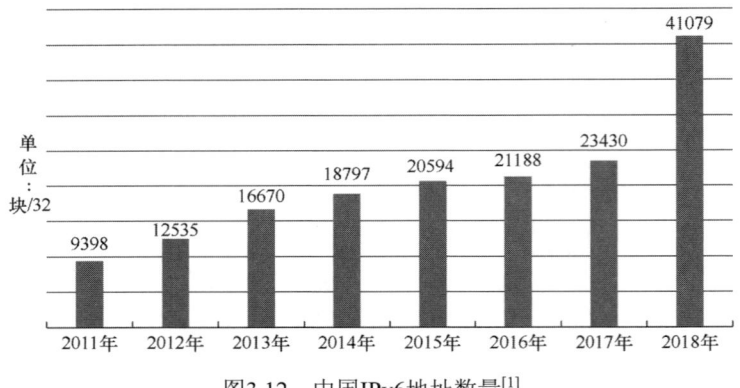

图3.12　中国IPv6地址数量[1]

3.3　域名

域名是互联网的关键基础资源，是数字时代的重要网络入口和人机交互标识，具有商业性、战略性、公共性等多重属性，承载着丰富的政治、经济、文化意义和内涵，是促进互联网与经济社会各领域融合发展，推动我国由网络大国向网络强国迈进的基础支撑和重要引擎。受我国互联网发展与 ICANN 全球政策共同影响，我国域名行业高速发展，拥有庞大体量，在全球域名版图中占有重要地位。

近年来，全球域名产业不断涌现新型业务形态，域名产业的价值链条正处于丰富发展的过程中。截至 2018 年年底，我国域名总数约为 3792.8 万个，较 2017 年年底减少 1.4%（见表 3.2）。《全球域名发展统计报告》显示：截至 2018 年年底全球域名总量已经达到 3.57 亿个，年度新增 1454 万个；我国域名保有量达 5030 万个，居世界第二位。2018 年中国分类域名数如表 3.3 所示。

表 3.2　2017—2018 年中国域名数量

	2017 年 12 月	2018 年 12 月	年增长量	年增长率
域名	38480355	37927527	−552828	−1.4%
.CN 域名	20845513	21243478	397965	1.9%

表 3.3　2018 年中国分类域名数[2]

	数量（个）	占域名总数比例
.CN	21243478	56.0%
.COM	12783290	33.7%
.中国	1723524	4.5%
.NET	1112169	2.9%
.BIZ	468799	1.2%
.INFO	282214	0.7%

[1] CNNIC. 第 43 次中国互联网络发展状况统计报告.

[2] CNNIC. 第 43 次中国互联网络发展状况统计报告.

续表

	数量（个）	占域名总数比例
.ORG	199631	0.5%
其他	114422	0.3%
合计	37927527	100.0%

3.3.1 ".CN" 域名

".CN" 域名是以 CN 作为域名后缀的国家和地区顶级域名（ccTLD），是在全球互联网上代表中国的英文国家顶级域名。截至 2018 年年底，我国域名总数约为 3792.8 万个，较 2017 年年底减少 1.4%。其中，".CN" 域名总数约为 2124.3 万个（见表 3.4），较 2017 年年底增长 1.9%，占我国域名总数的 56.0%；".COM" 域名数量约为 1278.3 万个，占比为 33.7%；".中国" 域名总数约为 172.4 万个，占比为 4.5%。《全球域名发展统计报告》显示：截至 2018 年年底全球域名总量已经达到 3.57 亿个，年度新增 1454 万个；我国域名保有量达 5030 万个，居世界第 2 位。经过多年自主管理与建设，".CN" 域名在解析服务、运行安全、良性应用率等方面均达到国际水平，国家级域名保有量的不断突破，推动了我国互联网的稳步发展。

表 3.4　2018 年中国分类 CN 域名数量

	数量（个）	占.CN 域名总数比例
.CN	18569565	87.4%
.COM.CN	2135978	10.1%
.NET.CN	255965	1.2%
.ORG.CN	155793	0.7%
.ADM.CN	70418	0.3%
.GOV.CN	39147	0.2%
.AC.CN	10269	0.0%
.EDU.CN	6256	0.0%
其他	87	0.0%
合计	21243478	100.0%

3.3.2 中文域名

中文域名是指含有中文字符的域名，".中国" 域名是指以 ".中国" 作为域名后缀的中文国家顶级域名，它是在全球互联网上代表中国的中国顶级域名，同 ".CN" 一样，全球通用，具有唯一性，是用户在互联网上的中文门牌号码和身份标识，具有 "语言认同、身份认同、文化认同" 等属性。中文借助域名这一载体，在网络世界树立了鲜明的中国特色。

经过 20 年的努力，中文域名的技术和应用环境逐渐成熟，其技术标准、应用示范效应极大带动了全球多语种域名的整体发展，多语种域名已成功纳入全球域名体系和根服务器中，使世界上各语言社群使用母语上网成为现实，这对于推动我国信息化建设，弥合数字鸿沟有着重要意义，为其他非英语国家树立了典范。

截至 2018 年年底，全球新通用顶级域名保有量为 2774 万个，其中中国的注册量为 1122

万个，总占比为 40%，中国市场对新通用顶级域的接受度和欢迎度均很高，应用环境持续向好。中文顶级域名后缀数量和中文域名注册数量都位列全球多语种域名第 1 位[1]。

2018 年，全球中文通用后缀数量为 56 个，域名保有量达 53.94 万个，占全球国际化通用后缀注册量的 85.08%。在全球域名注册量排名前十位的国际化通用后缀中，有 8 个是中文后缀，依次为".网址"".公司"".在线"".手机"".我爱你"".网络"".商标"".商城"。其中排名第 1 位的".网址"全球注册量达 23.70 万个，占全球国际化通用后缀注册量的 37.9%[2]。

3.4　网站

截至 2018 年年底，我国网站总数量为 523 万个，较 2017 年年底下降了 1.9%，如图 3.13 所示。

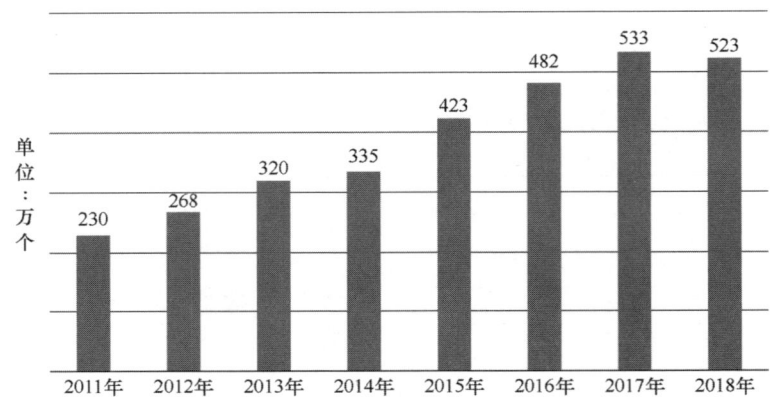

图3.13　2011—2018年中国网站数量

注：数据中不包含.EDU.CN 下网站

在互联网飞速发展的同时，网站安全问题日益凸显，不容小觑。2018 年 CNCERT 共监测发现我国境内被篡改网站数量累计 23459 个，较 2017 年的 60684 个下降了 61.3%，如图 3.14 所示。

3.5　网页

截至 2018 年年底，我国网页数量约为 2816 亿个，较 2017 年年底增长 8.2%。其中，静态网页数量约为 1971 亿个，占网页总数量的 70.0%；动态网页数量约为 846 亿个，占网页总量的 30.0%，如图 3.15 和表 3.5 所示。

---

[1] 2018 年全球域名发展统计报告.
[2] 2018 年全球域名发展统计报告.

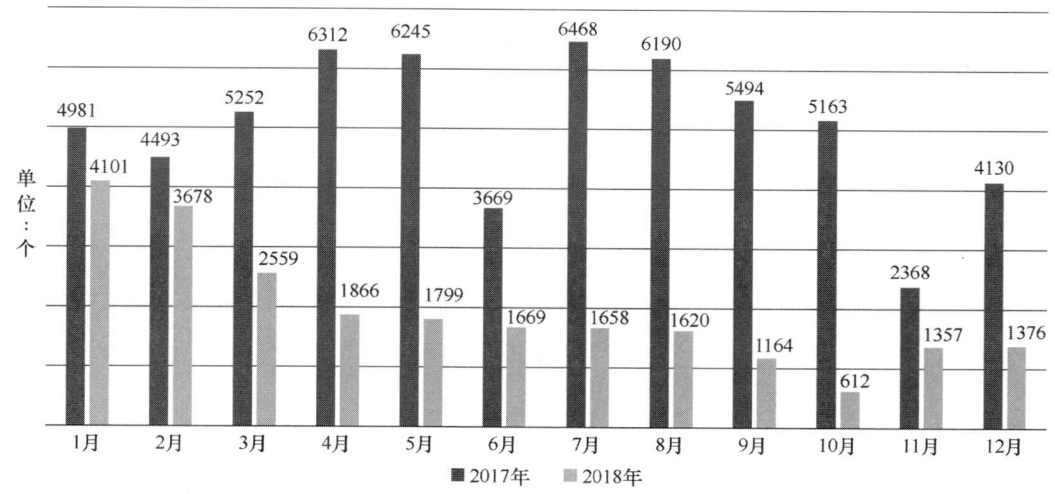

图3.14　中国境内被篡改的网站数量

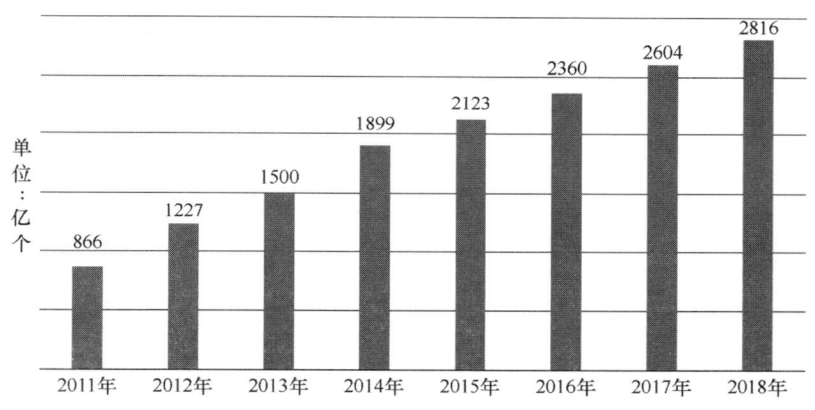

图3.15　中国网页数量

表 3.5　2018 年中国网页数量

	单位	2017 年	2018 年	增长率
网页总数	个	260399030208	281622406489	8.2%
静态网页	个	196908897175	197066105957	0.1%
	占网页总数比例	75.6%	70.0%	—
动态网页	个	63490133033	84556300532	33.2%
	占网页总数比例	24.4%	30.0%	—
网页长度（总字节数）	kB	17107296355296	19061579332918	11.4%
平均每个网站网页数	个	48828	53810	10.2%
平均每个网页的字节	kB	66	68	3.0%

3.6　网络国际出口带宽

截至 2018 年年底，我国国际出口带宽数为 8946570Mbps，年增长 22.2%，较 2017 年年底增速提升了 12 个百分点，如图 3.16 所示。

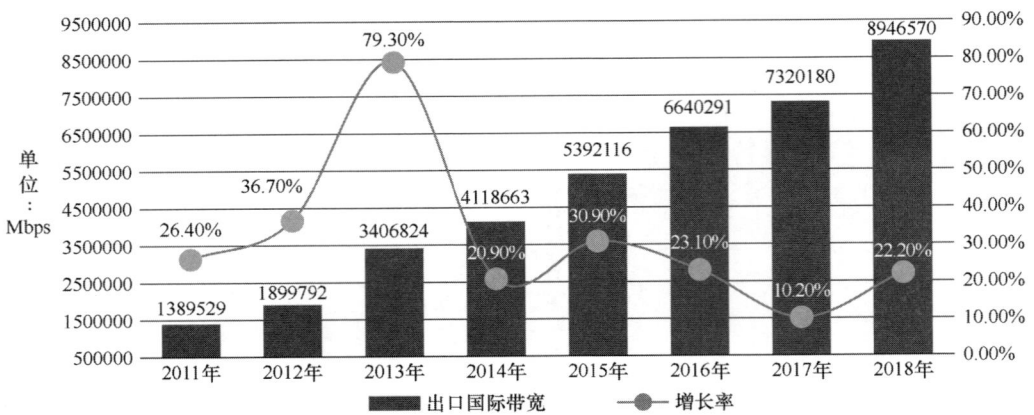

图3.16 中国国际出口带宽及增长率

我国 2018 年主要骨干网国际出口带宽（见表 3.6）以基础电信运营商为主要通道，其出口带宽占比约为 98.02%。

表 3.6 2018 年主要骨干网络国际出口带宽

	国际出口带宽（Mbps）
中国电信	4537680
中国联通	2234738
中国移动	1997000
中国教育和科研计算机网	115712
中国科技网	61440
合计	8946570

（李娟、郭丰）

第4章　2018年中国互联网络基础设施建设情况

4.1　基础设施建设概况

2018年，在党中央、国务院决策部署下，我国各级政府与行业多方入手，深入开展网络强国建设，着力提升基础设施能力，大力推进宽带提速、降费，加快构建高速、移动、安全、泛在的新一代信息基础设施。我国高速光纤网络升级继续加快，骨干网与互联互通带宽大幅扩容，国际传输网络全球布局加速延伸，宽带和移动网络基础设施建设水平保持国际先进水平，下一代互联网IPv6推进加速，应用基础设施发展迅猛，整体覆盖和服务能力显著提升，网络技术的创新能力不断提升，应用部署水平基本与国际保持同步。互联网网络基础设施的建设带动了我国设备制造业和网络信息服务的发展，推动速度更快、成本更低的互联网网络基础设施成为国家数字化转型的重要基石，全面服务于数字经济各领域的健康发展。

截至2018年年底，我国3家基础电信企业固定互联网宽带接入用户净增5884万户，总数达到4.07亿户，光纤接入（FTTH/O）用户3.68亿户，占固定互联网宽带接入用户总数的90.4%，较2017年年底提升了6.1个百分点。宽带用户持续向高速率迁移，100Mbps及以上接入速率的固定互联网宽带接入用户总数达2.86亿户，占固定宽带用户总数的70.3%，占比较2017年年底提高了31.4个百分点。3G和4G移动宽带用户总数达13.1亿户，全年净增1.74亿户，占移动电话用户的83.4%。4G用户总数达到11.7亿户，全年净增1.69亿户。

2018年，我国基础电信运营企业网络架构不断优化，IP骨干网新平面建设持续推进并已初步投入使用，骨干直联点持续扩容并基本按计划完成流量疏导，互联网顶层网间架构进一步优化。新型业务驱动骨干网络容量持续高速增长，多样化新型技术开展验证并逐步进入骨干网络。100G继续引领干线传送网络建设，ROADM网络商用规模持续扩大，200G/400G试点有序推进。我国国际互联网出入口扩容提速，总带宽达到7.8Tbps，同比2017年增长34.5%。国际信道出入口数量与通达范围双增长，全国国际数据专用通道建设继续快速增长，地方通过网络基础设施建设拉动区域经济发展的意愿日益强烈。云网协同初见成效，网络智能化承载能力日新月异，有力地支撑了数据中心网络的发展需求。

基础电信运营企业进一步落实宽带提速要求，光纤网络改造成果显著，FTTH网络覆盖巨幅增长。2018年，互联网宽带接入端口数量达到8.86亿个，较2017年年底净增1.1亿个，同比增长14.1%。互联网宽带接入端口"光进铜退"趋势更加明显，xDSL端口比2017年减少 578 万个，总数降至 1646 万个，占互联网接入端口的比重由 2017 年的 2.9% 下降至 1.9%。光纤接入（FTTH/0）端口比 2017 年净增 1.25 亿个，达到 7.8 亿个，占互联网接入端口的比重由 2017 年的 84.4% 提升至 88%。全国新建光缆线路 578 万千米，光缆线路总长度 4358 万千米，同比增长 15.4%，整体保持较快增长态势。

随着 4G 业务的发展和服务不断优化，我国基础电信企业移动网络设施建设步伐加快，2018 年我国移动通信基站总数达 648 万个，其中 4G 基站新增 43.9 万个，总数达到 372 万个，移动网络覆盖范围和服务能力继续提升。移动互联网接入流量消费达 711 亿 GB，同比增长 189.1%，比 2017 年提高了 26.9%。其中，通过手机上网的流量达到 702 亿 GB，同比增长 198.7%，在总流量中的比重达到 98.7%。全年月户均移动互联网接入流量达到 4.42GB，同比增长 2.6 倍。

2018 年，多方协力共推我国 IPv6 网络规模部署进入加速阶段，三家基础电信企业网络 IPv6 改造初见成效，骨干设备已全部具备支持 IPv6 的能力，开通 IPv6 互联互通带宽达 3.5Tbps，国际带宽达 100Gbps。三大运营商骨干网络设备已全部具备支持 IPv6 的能力，全国 30 省 LTE 改造均已完成，并在全国 30 省开始为固网用户提供 IPv6 服务，全国 IPv6 用户数增加明显。运营商的超大型和大型数据中心已全部完成 IPv6 改造，CDN 和云平台 IPv6 改造已起步。

2018 年我国前 5 名云企业市场份额超过 75%。知名云计算企业积极拓展 CDN 业务，打破传统市场格局。根据 Gartner 统计，2018 年全球 TOP18 CDN 服务商中我国网宿、蓝汛外，阿里云、腾讯云、白山云 5 家入选。我国大型云企业数据中心和著名公共域名解析服务商的海外节点布局进一步加速完善，大型 ICP 的网络互联顶层架构积极实施 SDN，企业骨干网络的智能调度能力快速提升。

在网络性能方面，我国 IP 骨干网性能持续提升，网内平均时延已优于国际主要运营商平均水平，网络丢包率连年提升比例超 50%，整体趋好明显，但与国际仍有差距。固定宽带接入速率大幅提升。据 Ookla 统计，2018 年 12 月，我国固定宽带接入速率 89.17Mbps，在全球 178 个国家和地区中排名第 17 位。视频平均首次播放时延可满足视频流畅播放的需求，用户体验良好。

4.2 互联网骨干网络建设

（1）网间互联架构持续优化调整，网间互通性能持续提升

2018 年我国互联网顶层架构进一步优化调整。随着杭州、福州和贵阳 3 个新增骨干直联点开通后一年多的建设，基本已完成全国到本省流量的疏导并进行全网路由调整，全国网间互联网总体架构进一步优化。目前，我国 13 个骨干直联点整体上实现各互联单位网间互通流量的统一调度承载、均衡协调，全国网间互联路由策略持续优化。

自新增骨干直联点建设开通以来，随着网间互联架构持续优化，互通质量总体不断改善。我国网间互联互通总体时延性能近几年不断提升，从 2014 年的开通前的 68.18ms 降至 2018 年的 46.15ms，降幅达 32.31%；其中联通和电信全国网间互通时延从 70.73ms 降至 40.75ms，降幅达 42.39%。各直联点所在省份近两年到全国的网间互通性能总体上改善更为明显。图 4.1 给

出了首批直联点开通后所在省份与全国互通性能变化情况。

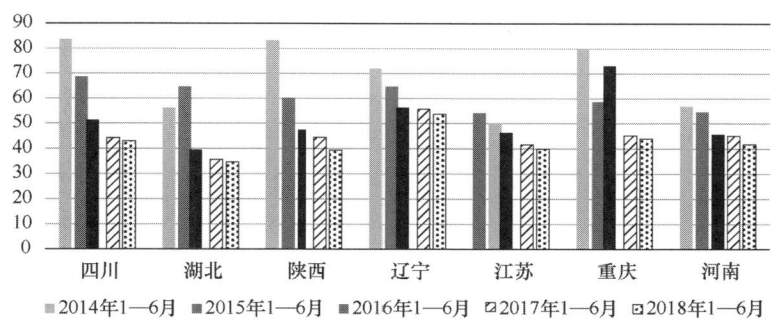

图4.1　首批直联点开通后所在省份与全国互通性能变化情况

数据来源：中国信通院互联网监测分析平台

（2）骨干网络与云协同程度不断提高，智能化承载水平提升

2018 年，我国骨干网络架构优化调整工作持续进行，各基础电信运营企业积极推动网络重构，云网协同程度不断提高。同时，网络智能化建设不断推进。

2018 年，我国电信运营商面向云数据中心建设发展，进一步深入推进以云为核心的骨干网络重构。一方面，随着骨干网络东西向流量的迅速增长，数据中心网络（DCI 网络）建设起步推进。中国电信 2017 年开始建设 DCI 网络，2018 年持续采用 SDN 技术优化网络，更好地实现云网协同。中国联通基于其产业互联网构建数据中心网络，一期建设已实现 65 个自有优质数据中心的接入，2018 年年底实现地市全部支持 SDN。中国移动建设一张全新的 4+45 的 DCI 网络，用于全国的数据流量疏导。另一方面，随着云基地建设发展和新业务流量增长变化，各企业不断推进骨干网新平面建设，在重点业务流量省份之间建设的直达链路也越来越多，进一步促进了网络扁平化发展。2018 年，中国电信 ChinaNet 新平面建设在实现 6 个地区 10 个核心节点建设的基础上持续推进新平面其他节点建设和流量承载优化。中国移动完成 CMNet 新平面 30 个骨干核心节点建设并实现与老平面的互通，流量承载更加高效。中国联通继续推进全网重点省份直连，China169 网络在网内有选择性地进行跨省汇聚路由器的直接互联，实现了超过 20 个以上重点省份间的直接网状互联，图 4.2 给出了骨干网络架构变化趋势。

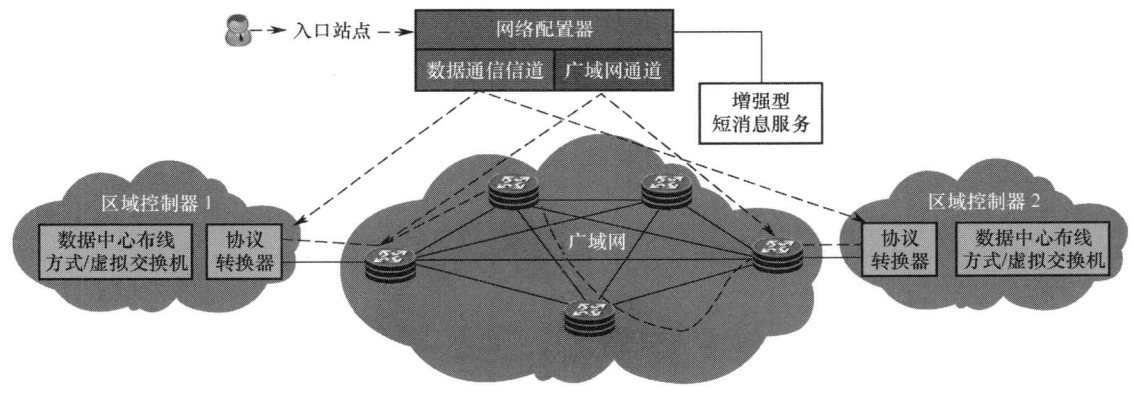

图4.2　骨干网络架构变化趋势

同时，电信运营企业逐步加大骨干网的智能化改造力度，改造成效也正逐步显现。中国电信发布 CTNet2025 计划以来，致力于打造简捷、敏捷、开放、集约的新型网络。2018 年随着 SDN 技术在骨干网络中的优化试点推进，基于自主研发的协同编排系统应用，其业务性能取得了较大的提升，如 CN2 网络杭州到西安的 VPN 时延下降了约 50%。中国联通随着 CUBE-NET 2.0 的推进，2018 年取得骨干网 SDN 重构的系列创新成果。通过引入 SDN 技术，将其覆盖全球的大客户 IP 承载专网升级重构为产业互联网（CUII）。未来，将基于 CUII 提供云网协同连接服务。

（3）我国国际互联网建设进一步推进

2018 年，我国国际通信需求更为凸显，各部委及地方纷纷加大了对国际通信基础设施建设的关注和投入。2018 年，我国新增珠海横琴新区、山西综改示范区、桐乡、克拉玛依 4 个国际互联网数据专用通道，提升了 4 个城市/园区企业的国际访问质量；在中国港澳台地区、东南亚分别新增 2 个和 5 个 POP 点，进一步扩展了全球网络布局。截至 2018 年年底，我国共设立 9 个国际通信业务出入口、8 个区域性国际通信业务出入口、3 个海峡两岸通信局、15 个国际互联网转接点、27 条国际互联网数据专用通道和 124 个海外 POP 点。

我国国际通信传输网络建设持续推进，已辐射周边绝大多数国家和地区，并且横跨太平洋、贯穿印度洋，连通了我国与亚太地区、欧亚大陆及北美洲国家和地区之间的信息通道。截至 2018 年年底，我国拥有 10 条登陆海缆和 44 条跨境陆缆，通过 24 个国际信道出入口疏通。

4.3　下一代互联网建设与应用

在政府的大力推动下，产业各方积极协作，我国下一代互联网 IPv6 升级建设取得了较为显著的成效。

各级政府积极推动 IPv6 规模部署。2018 年，国资委、网信办、工信部、教育部等部委相继发布了关于贯彻落实《推进互联网协议第六版（IPv6）规模部署行动计划》的通知，河北、湖南、辽宁、江苏、江西、四川、陕西、云南、浙江、佛山市、温州市等省市印发了推动 IPv6 规模部署的相关文件。

IPv6 地址数量全球领先，IPv6 用户数显著增长。2018 年年底，我国 IPv6 地址申请数量达 41060 块/32，同比增长 75.2%（见图 4.3），居世界第 2 位。中国移动、中国电信和中国联通已分配 IPv6 地址的 LTE 和固定宽带接入网络用户总数超过 8.65 亿，其中 LTE 用户数超过 7.7 亿，增长了 10 多倍。

基础网络和应用基础设施的 IPv6 改造取得阶段性成果。2018 年年底，三大基础电信企业全国 30 省 LTE 网络均已完成端到端 IPv6 改造并开启 IPv6 业务承载功能，骨干网设备已全部支持 IPv6，中国电信、中国移动、中国联通分别完成 29 个省、30 个省、26 个省的城域网改造，国际出入口 IPv6 总带宽达到 100Gbps。北京、上海、广州、郑州、成都 5 个直联点开通了 IPv6 互联互通，互联带宽达 3.5Tbps。三大基础电信企业的递归服务器和常用公共递归解析服务器全面支持 IPv6 地址解析。三大基础电信企业的超大型、大型数据中心已全部完成 IPv6 改造，可以为用户提供 IPv6 资源服务。同时，为配合 CDN 及网络应用的改造进度，基础电信企业也加快了中小型 IDC 的改造。

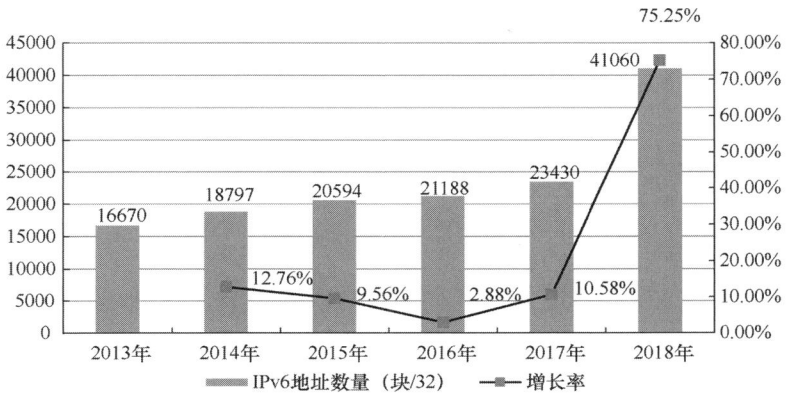

图4.3　2013—2018年我国IPv6地址数量变化

数据来源：APNIC

2018 年中国政府和中央企业网站的 IPv6 支持度快速提升。2018 年年底，中国大陆 93 家省部级政府网站中可通过 IPv6 访问的网站共有 63 家，占比为 67.7%；97 家中央企业网站中可通过 IPv6 访问的网站有 92 个，占比为 94.8%，如图 4.4 所示。互联网企业对于 IPv6 升级改造的积极性和主动性进一步增强。国内用户量排名前 100 位的商业网站及应用均制定了较明确的升级改造方案，其中 9 个商业网站已完成 IPv6 升级改造。

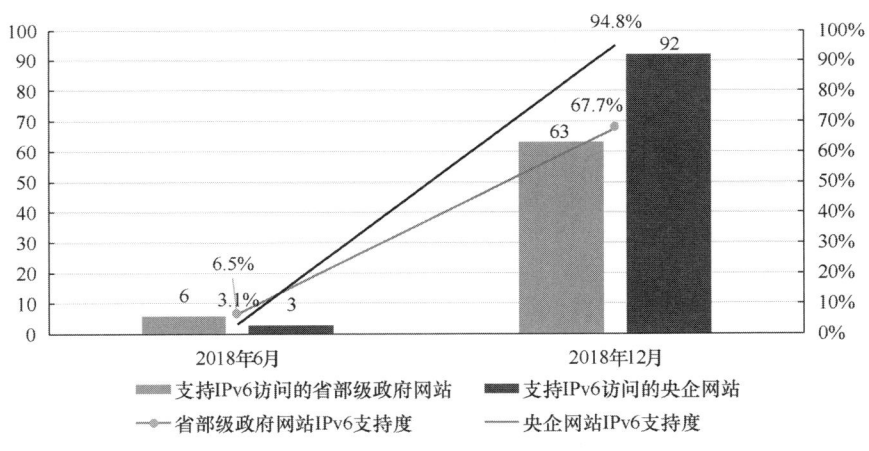

图4.4　2018年中国政府和中央企网站的IPv6支持度

数据来源：中国信息通信研究院监测平台

我国互联网骨干网络 IPv6 网内、网间性能总体保持稳定，部分指标相比 IPv4 网络仍有差距。一方面，我国主要电信运营企业互联网 IPv6 网内总体性能稳定，持续优化。2018 年 12 月，我国主要电信运营企业 IPv6 网内平均时延达到 34.37ms，已经接近 IPv4 网内时延，网内平均丢包率为 0.4%，相比 IPv4 还有一定差距。另一方面，我国主要电信运营企业互联网 IPv6 网间总体性能保持稳定。2018 年 12 月，我国主要电信运营企业互联网 IPv6 网间平均时延为 45.98ms，网间平均丢包率为 3.36%。由于网络仍在调整，总体性能不及 IPv4，网间时延性能差距较小，逐月趋好；网间丢包与 IPv4 差距较大，如图 4.5 和图 4.6 所示。

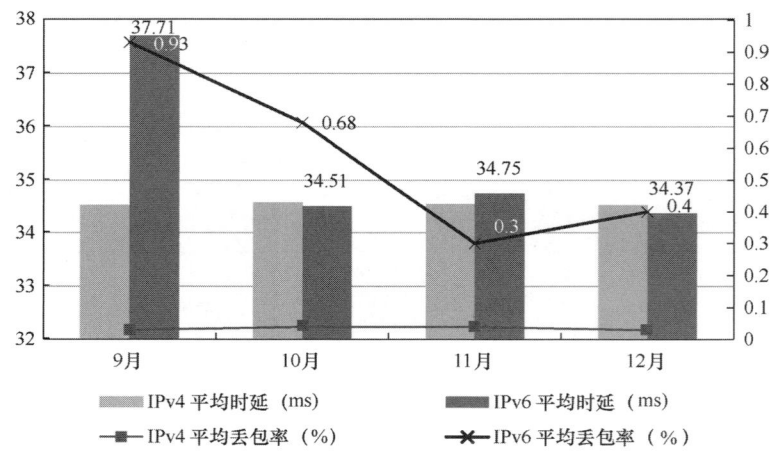

图4.5　2018年中国主要电信运营企业互联网网内性能

数据来源：中国信息通信研究院互联网监测与宽带测速平台

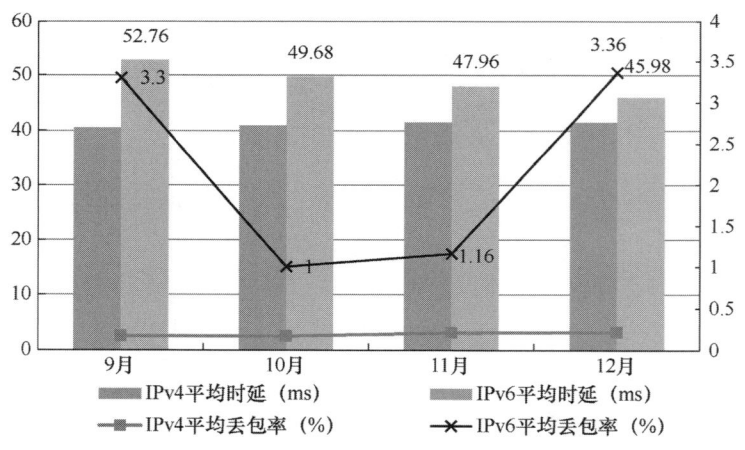

图4.6　2018年中国主要电信运营企业互联网网间性能

数据来源：中国信息通信研究院互联网监测与宽带测速平台

4.4　移动互联网建设

2018 年我国 4G 网络建设进入优化提升阶段，深度覆盖效果显著。随着 4G 网络的大规模商用，我国移动电话用户数和普及率进一步提升。我国持续深入推进 4G 网络建设，网络深度覆盖取得显著进展，已覆盖超 98% 的全国人口。截至 2018 年年底，4G 基站总规模超过

370 万个，继续保持全球最大 4G 网络的地位。其中，中国移动累计建成 4G 基站约 206 万个，中国电信累计建成 4G 基站约 89 万个，中国联通累计建成 4G 基站约 77 万个。综合来看，2018 年运营商基站数量呈缓慢增长态势，我国 4G 网络建设进入优化提升阶段。

我国稳步推进 5G 商用进程。我国进行的 5G 技术研发试验第三阶段测试工作，2018 年年底已基本完成，测试结果表明，5G 基站与核心网设备均可支持非独立组网和独立组网模式，主要功能符合预期，达到预商用水平。自 2018 年下半年起，运营商主导的 5G 产品研发试验启动，在产业链主要环节基本满足商用需求的条件下，我国将启动 5G 商用服务。在商用初期，我国将重点在中频频段（2.6GHz～6GHz）开展 5G 网络部署，在实现良好覆盖的同时，可有效支持智慧城市、车联网、工业互联网等垂直行业应用。

移动物联网（NB-IoT、eMTC）加快建设步伐。当前全球多个运营商紧跟 NB-IoT 和 eMTC 发展步伐，在标准协议完成之后第一时间进行技术验证、测试和现网部署。根据 GSA 统计，截至 2018 年 7 月底，全球 58 个国家/地区的 117 家运营商投资 NB-IoT，其中 38 个国家/地区的 60 家运营商正式商用 NB-IoT 网络，全球 28 个国家/地区的 44 家运营商投资 eMTC，其中 13 个国家/地区的 18 家运营商正式商用 eMTC 网络。2018 年全国持续推进 NB-IoT 网络建设，并启动 eMTC 网络建设。截至 2018 年 7 月，NB-IoT 基站将近达到 57 万个，其中，中国电信已开通 NB-IoT 基站 29 万个，中国移动已开通 NB-IoT 基站 14.6 万个，中国联通已开通 NB-IoT 基站 13.3 万个。NB-IoT 应用示范加速推进，多省市开展了 NB-IoT 示范应用。2018 年起国内对 NB-IoT 设备开展进网管理，截至 2018 年 7 月底，共核发 NB-IoT 设备进网许可证 29 张，全部为 NB-IoT 无线数据终端。

4.5　互联网带宽

我国宽带用户持续向高速率迁移。截至 2018 年年底，全国固定宽带用户达到 4.07 亿户，全年净增 5884 万户。其中，100Mbps 及以上接入速率的固定宽带用户超过 7 成，天津、内蒙古、甘肃、青海、宁夏五省/自治区/直辖市的 100Mbps 以上接入速率固定宽带用户超过 8 成，发达城市开始发展 200Mbps 甚至 500Mbps 固定宽带用户。

我国骨干网带宽保持大幅增长。2018 年，随着网络设备更新迭代加快，一方面，骨干网络从 400G 平台开始迈向 1T 平台；另一方面，中国电信、中国移动继续推动建设骨干网新平面，新平面带宽规模数倍于原有公众互联网，预计将于 2019 年全面建成，所有公众互联网流量也将割接至新平面。随着骨干网新平面的建设完成，我国骨干网带宽还将保持大幅增长。

我国骨干网网间带宽扩容再创新高。在工信部的大力推动下，网间互联带宽扩容继续保持高增长，截至 2018 年年底，网间互联带宽达到 7550Gbps，年增长率 34.8%，扩容 1950Gbps，为历年最高，如图 4.7 所示。

国际互联网出入口带宽大幅提升。根据 Telegeography 统计，截至 2018 年年底，我国国际互联网出入口带宽（含港澳）达 27.93Tbps，年增长率 41.0%，扩容 8.1Tbps，为历年最高，如图 4.8 所示。

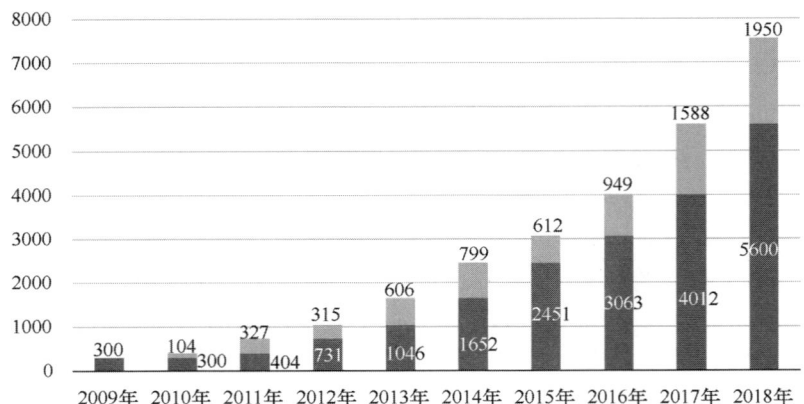

图4.7　2009—2018年中国互联网网间带宽扩容情况

国际出入口带宽（含港澳）　　单位：Gbps

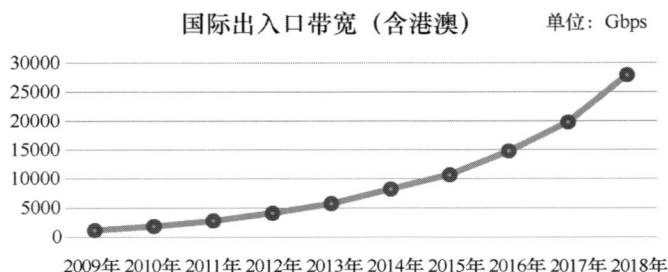

图4.8　2009—2018年国际互联网出入口带宽

4.6　互联网交换中心

互联网交换中心作为流量集中交换平台具有重要作用。众所周知，互联网是由不同区域、不同主体、不同规模的网络互联形成的。网间互联是互联网整体架构的关键内容。互联网内容持续膨胀激发了多种类型网络间的互联需求，以实现"一点互联，多点连通"为目标的互联网交换中心已成为国际上重要的信息基础设施和网络关键节点。PCH 数据显示：全球数据中心数量已经达到 955 个，并逐渐向非洲、拉美、亚洲等新兴地区延伸。同时，国际大型互联网数据中心的接入网络成员已经达到数百家，以 AMS-IX、DE-CIX、LINX 等为代表的互联网交换中心交流峰值流量已经超过 5Tbps。互联网交换中心在全球的流量互通枢纽地位日益凸显。

新形势与新需求呼吁国内交换中心实现创新发展。2000 年开始，我国陆续建成国家级和地区互联网交换中心，前者一度成为国内网间流量交换中心。但由于国内政策环境、市场竞争等因素限制，我国交换中心还存在建设数量少、参与主体有限、网络规模小、业务模式单一等诸多问题。当前，伴随宽带接入市场开放及互联网业务高速发展，一方面，二三级 ISP 用户市场占比将稳步提升，互联网交换中心有望成为中小 ISP 与互联网企业互联的理想场所，将有效提升服务质量、降低服务成本。另一方面，随着国内百万企业上云计划的落地实施，企业信息系统往往会选择部署于多个云平台或传统 IDC，公有云、私有云、企业数据中心成为互联互通重要主体，多层次云间互联场景日渐丰富。交换中心提供了集中互联的平台，为云服务商和用户提供了快速、便捷的上云及云互联的重要方式。

当前，我国正在探索新型互联网交换中心发展模式。近期，在"全方位、立体化"网间架构目标指导下，工信部与多省市地方政府正积极研究与探索开展新型互联网交换中心的试点建设工作。新型互联网交换中心将秉承更加开放的态度，以中立、公益性为原则，允许中小 ISP 企业、ICP 企业、CDN 企业及云服务接入交换中心，着力在我国当前产业环境下探索交换中心互利共赢的机制，促进多方合作形成合力，率先形成开放式交换中心的应用模式。

4.7　内容分发网络

内容分发网络（CDN）市场保持稳定增长，行业格局重塑各有千秋。2018 年，我国 CDN 市场保持稳定增长态势，市场规模达 181 亿元左右，同比增长 33%。随着万物互联、在线直播、短视频、AR 及 AI 等各类新型互联网服务的兴起与爆发，数据总量呈现指数级增长，催生了海量 CDN 市场需求，预计 2019 年中国 CDN 市场规模将接近 250 亿元，增长率将保持在 39% 左右。截至 2018 年 12 月，我国共有 257 家企业获得了 CDN 牌照，包括传统 CDN 服务商、云计算服务商、电信运营商、共享 CDN 服务商及融合 CDN 服务商等，但企业规模参差不齐，仅有 17 家企业获得全国 CDN 经营资质。

国内企业加速出海，重点向东南亚市场倾斜。2018 年国内企业加速出海，阿里云、腾讯云等企业在全球广泛建设数据中心。目前阿里云在全球建立 12 大区，运营 56 个可用区，国际 CDN 节点超过 300 个；腾讯云在全球 25 个地理区域内运营 51 个可用区，国际 CDN 节点超过 200 个。国内企业重点向东南亚市场倾斜，包括阿里云、腾讯云、网宿科技、金山云、UCloud 等众多服务商在东南亚地区建设了数据中心。随着我国"一带一路"倡议逐步实施，我国 CDN 服务商将继续加大海外市场建设投入。

边缘计算成为 CDN 建设发展的重要方向。随着 5G 即将到来，VR/AR、车联网、物联网等高流量应用将得以实现并逐渐走向普及。万物互联时代的到来，对 CDN 提出了更高的要求。CDN 作为边缘计算的基础设施，可在接近应用端提供以计算为主、网络为辅的边缘计算服务。国内一些 CDN 服务商已开始推出边缘计算服务，如阿里云 2018 年宣布战略投入边缘计算技术领域，并推出边缘计算产品 Link Edge，将阿里云在云计算、大数据、人工智能的优势拓宽到更靠近端的边缘计算上，打造云、边、端一体化的协同计算体系；网宿科技升级原有 CDN 网络，推出边缘计算平台，目前成功将边缘计算应用于视频直播中的弹幕分发；腾讯云将边缘计算网络与 IoT Suite 结合，形成了物联网边缘计算服务，为用户自有设备提供本地计算、消息收发、缓存及同步服务。

4.8　网络数据中心

2018 年 IDC 市场规模持续增长，逐渐从高速发展期向成熟期过渡，大规模数据中心向信息化发展水平较低区域发展。随着视频、电商、云计算和物联网对数据存储及计算需求不断增加，IDC需求持续增长。2017年我国IDC市场总规模为946.1亿元，同比增长率32.4%，2018年超过1200亿元。到2020年，随着5G、车联网、物联网等技术的大规模商用及应用场景的快速发展，IDC市场将迎来新一轮大规模增长。

截至2018年年底，我国IDC企业达到1923家，IDC机房数量达到5580个，较2017年新增51家企业，机房数量增长48%。全国数据中心总体利用率不断提升，平均上架率为53%，其中超大型数据中心上架率为34%，大型数据中心为55%。同时，全国大型规模以上的数据中心接入网络层级较高，近一半数据中心直连骨干网，其中大型、超大型数据中心比例达到78%。受地方政府政策的引导，新建大规模数据中心在我国中西部信息化发展水平较低的地区加速落地。内蒙古、贵州等政策重点扶持地区，数据中心建设规模快速提升，吸引国内外大型互联网企业陆续入住。2018年中国大规模数据中心区域分布如图4.9所示。

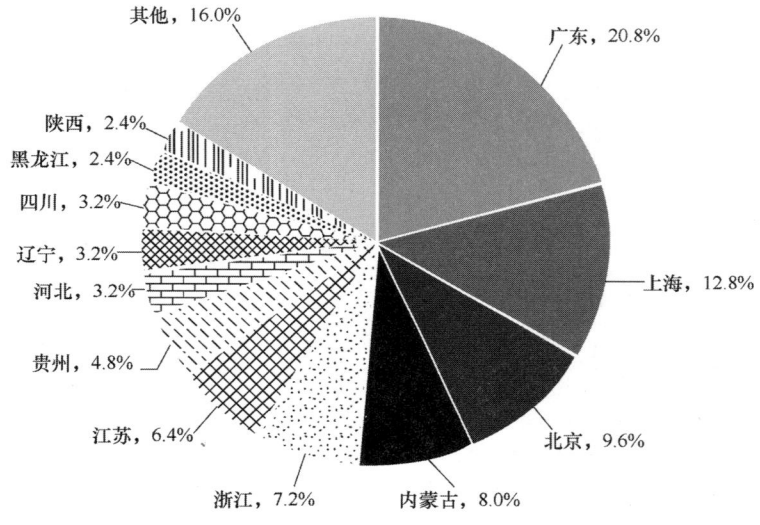

图4.9　2018年中国大规模数据中心区域分布

数据来源：工信部

IDC云化发展成必然趋势，模块化数据中心成为数据中心建设的新模式。传统IDC企业仅提供基础设施，增值空间有限，同时云计算也使得IDC面临更加复杂的竞争，IDC云化已成为必然趋势。截至2018年年底，我国IDC企业中云服务企业共517家，较2017年新增262家；提供云服务的IDC机房1334个，同比增长118%。同时，模块化数据中心因其解决了大量建设运营问题，目前进入大批量投产应用阶段，在互联网、电信、金融、政府等多个行业得到了快速应用。

我国IDC行业监管政策不断完善，地方政府引导数据中心向绿色节能发展。2018年1月，工信部发表了《清理规范IDC、ISP、CDN市场的通知》，规范跨境经营的主管审批制度，要求云服务企业只能通过工信部批准的互联网国际业务出入口与境外互联。北京、浙江、上海、广东等省市地区出台了数据中心产业相关政策，推进建设绿色节能数据中心。2018年全国超大型数据中心平均PUE为1.63，大型数据中心平均PUE为1.54，全国规划在建数据中心平均设计 PUE 为 1.5，超大型、大型平均数据中心平均 PUE 分别为 1.41、1.48，数据中心总体能效水平逐步提升。

4.9　软件定义网络/网络功能虚拟化

软件定义网络/网络功能虚拟化（SDN/NFV）迅猛发展，逐步进入商用试点部署阶段。伴随着 CT 技术的 IT 化，SDN/NFV 作为热门网络技术，已经成为当前的产业大趋势。一方面，SDN 通过控制平面和转发平面的解耦，实现网络可编程及重构，并提供给更强的网络掌控能力。随着云计算和大数据的快速发展，SDN 已不局限应用于数据中心，基于 SDN 的云网一体化将成为 SDN 发展主要诉求之一。另一方面，NFV 通过改变传统网元结构与状态，采用符合工业标准的 x86 架构构建云资源池，使网络与业务管理更加灵活、高效。目前，NFV 进入早期试验阶段，如移动核心网（vIMS、vEPC）、城域网（vBRAS、vCPE）等率先进入现网试验阶段。

我国基础电信运营企业积极推进基于 SDN/NFV 技术的网络重构研究与商用部署。2015年，中国移动、中国联通及中国电信相继发布下一代网络重构白皮书。经过两年多的发展，SDN/NFV 已逐步实现了部分领域的商用部署。中国电信在广东、江苏、浙江、江西等公司面向中小企业提供"可视""随选""自服务"的全新网络体验，基于 SDN 完成 163 网络智能流量调度和 CN2 网络的差异化业务调度试验，并开始在广东、浙江、江苏三省开展 vBRAS 试验。中国联通推进云网一体化战略，基于 IP 承载 A 网构建 DCI 网络，部署 SDN 控制系统，快速建立 DCI 连接。同时，在山东、天津及江苏地区持续进行城域网 vBRAS 新技术试验，验证 PPPoE、MPLS VPN、Portal 和 IPTV 等基本业务，并在江苏接入部分现网用户。中国移动与 AT&T 开展合作，在 ONAP 开源社区进行 OPEN-O 和 ECOMP 合并，形成全球最大的 NFV/SDN 网络协同与编排器开源社区。同时在广东、浙江、福建、北京四省市开展基于 SDN/NFV 的随选网络商用，实现分钟级专线开通，大幅提升了用户体验。

我国大型互联网企业基于 SDN/NFV 技术优化业务系统部署。随着腾讯、阿里巴巴等企业业务急剧扩展，大型社交流量平台、在线游戏、公有云、移动应用、开放平台、互联网金融等业务对系统自身架构和性能优化产生了巨大需求。基于 SDN/NFV 的云网融合架构已成为业务系统核心。一是在数据中心，企业通过 SDN+VxLAN 组网来实现业务区域的大二层互通。采用 leaf-spine 架构，提供低延迟无阻塞的网络性能，满足在虚拟化和大规模计算集群环境下对网络的要求。二是在数据中心网络方面，企业通过 SD-WAN 实现全球数据中心的路径集中控制和业务差异化服务。三是在边缘网络，通过对接 ISP 的边界网络，利用 SDN 实现多出口的集中控制，端到端选择出口和调度流量。

我国产业各方纷纷开展 SD-WAN 探索，积极推动 SDN 技术在广域网的应用。近年来，随着 SDN 技术逐渐进入广域网，实现企业互联及数据中心、云互联的 SD-WAN 受到了广泛关注。一方面，H3C、华为、中兴等传统通信厂商纷纷推出 SD-WAN 解决方案，希望开拓新的市场蓝海；另一方面，以大河云联、Algoblu 为代表的初创公司利用自身软件化优势，寻找发展机遇。

4.10　标识解析节点

在政策和措施引导下，我国工业互联网标识解析顶层布局初步形成。工业互联网标识解析体系是工业互联网网络体系的重要组成部分，是支撑工业互联网互联互通的神经枢纽，其作用类似于互联网领域的域名解析系统（DNS）。2017 年 11 月 27 日，《国务院关于深化"互联网+先进制造业"发展工业互联网的指导意见》发布，明确指出要"构建标识解析服务体系，支持各级标识解析节点和公共递归解析节点建设"。2018 年 6 月 7 日，工信部发布《工业互联网发展行动计划（2018—2020 年）》，提出了"标识解析体系构建行动"的发展目标。我国工业互联网标识解析体系由国际根节点、国家顶级节点、二级节点、企业节点、公共递归解析节点等要素组成。截至 2018 年年底，北京、上海、广州、武汉、重庆 5 个国家标识解析顶级节点上线试运行，工业互联网标识解析"东西南北中"的顶层布局初步形成。

以顶级节点建设为牵引，工业互联网标识解析产业加速发展。在二级节点方面，作为行业或者区域内部的标识解析公共服务节点，二级节点面向行业或区域提供标识编码注册、标识解析、标识业务管理及标识应用对接等服务，成为工业大数据按需共享、数据合理流转、激发数据应用的重要枢纽，具有承上启下、打造标识解析产业生态的重要作用。在应用创新方面，基于工业互联网标识解析二级节点逐步打造多样的工业互联网应用，涵盖供应链协同管理、全生命周期管理、产品追溯等典型应用，并不断与智能化生产、网络化协同、个性化定制、服务化延伸等工业互联网应用模式结合，通过对工业领域的人、机、物进行唯一身份标识和解析，实现信息采集、信息关联、信息共享。从实际推进来看，目前，标识解析应用创新主要采用与工业互联网平台协同推进，基于已有标识应用探索促进规模化发展，挖掘需求创新标识应用三条路径。截至 2018 年年底，中车四方、徐工信息、航天云网、海尔集团、佛山鑫兴等一批二级节点及标识解析行业应用启动建设，初步覆盖高端装备、工程机械、航天制造、高速列车等领域，标识注册量超过 5000 万个。未来，我国将重点打造标识解析创新开源社区，整合资源推进标识解析关键技术研究，研发安全可控的标识注册和标识解析等核心软硬件产品，提升标识解析供给侧服务能力。

（李原、汤子健、苏嘉、杨波、李想、沈辰、王智峰、曹磊、杨哲）

第5章　2018年中国云计算发展状况

5.1　发展现状

（1）政策环境

近几年，国内云计算产业发展、行业推广、市场监管等重要环节的宏观政策环境已经日趋完善。2015年，国务院先后出台三项与云计算密切相关的政策文件，为云计算发展奠定了重要的政策基础；中央网信办发布了关于党政部门云计算安全管理的文件，在政务云领域发挥重要影响；新版《电信业务分类目录》针对云计算业务形态，明确了互联网资源协作服务业务的概念，相关市场管理政策相继配套出台；工信部于2017年发布《云计算发展三年行动计划（2017—2019年）》，提出了我国云计算发展的指导思想、基本原则、发展目标、重点任务和保障措施。

- 2015年1月，《国务院关于促进云计算创新发展培育信息 产业新业态的意见》（国发〔2015〕5号）
- 2015年5月，《关于加强党政部门云计算服务网络安全管理的意见》（中网办发文〔2015〕14号）
- 2015年7月，《国务院关于积极推进"互联网+"行动的指导意见》（国发〔2015〕40号）
- 2015年8月，《促进大数据发展行动纲要》（国发〔2015〕50号）
- 2015年12月，《电信业务分类目录（2015）》
- 2016年，《关于规范云服务市场经营行为的通知（公开征求意见稿）》
- 2016年12月，《"十三五"国家信息化规划》（国发〔2016〕73号）
- 2017年3月，《云计算发展三年行动计划（2017—2019年）》（工信部）
- 2017年，《电信业务经营许可管理办法》（工信部令第42号）
- 2018年8月，《推动企业上云实施指南（2018—2020年）》（工信部）

（2）产业发展路径

《云计算发展三年行动计划（2017—2019年）》明确了五项重点工作。一是技术增强行动。重点是建立云计算领域制造业创新中心，完善云计算标准体系，开展云服务能力测评，加强知识产权保护，夯实技术支撑能力。二是产业发展行动。重点是建立云计算公共服务平台，支持软件企业向云计算加速转型，加大力度培育云计算骨干企业，建立产业生态体系。三是应用促进行动。积极发展工业云服务，协同推进政务云应用，积极发展安全可靠云计算解决方案。支持基于云计算的创新创业，促进中小企业发展。四是安全保障行动。重点是完善云计算网络安全保障制度，推动云计算网络安全技术发展，积极培育云安全服务产业，增强安全保障能力。五是环境优化行动。重点推进网络基础设施升级，完善云计算市场监管措施，落实数据中心布局指导意见。

（3）协同治理

随着越来越多的企业进入云服务领域，市场竞争日益加剧，一些不理性的竞争行为开始出现，规范发展已经成为云服务行业关注的重点，行业自律的重要性日渐凸显。在工信部信息通信管理局的指导下，中国信息通信研究院牵头组织国内主流云服务商于 2017 年成立了我国首个以云服务经营自律为使命的第三方组织——云服务经营自律委员会，截至 2018 年年底，已经有包括中国电信、中国移动、中国联通、阿里云、华为、腾讯云等在内的 60 家成员企业。

云服务经营自律委员会发挥了企业和政府之间的桥梁和助手作用，有效促成了云服务行业多方参与的协同治理模式。2018 年年初，云服务经营自律委员会正式发布《云服务经营自律规范》，重点明确了云服务技术合作和公平竞争方面的要求，从场地设施、合同票据、商标品牌、数据安全、SLA 权责等方面予以细化和规范，并配有真实性检查手段，对云服务企业开展规范经营有较强指导意义。

（4）信用管理成为市场监管新抓手

近年来，为贯彻落实国务院"简政放权、放管结合、优化服务"有关要求，创新监管方式，工信部将信息通信领域监管重心由事前逐步转向事中事后，并积极探索推动市场信誉管理机制建设。一方面，推出"两单机制"强化对违规主体和不法行为的约束；另一方面，支持和引导各行业组织建设正向信用体系，促进重点领域健康发展。

为了保障云服务行业的信用水平，云服务经营自律委员会制定出台《云服务企业信用评价办法》，并组织开展云服务企业信用评级。评级对象是持有互联网资源协作服务业务许可资质的云服务经营自律委员会成员，并倡议国内其他云服务企业积极参加。

云服务企业信用评级主要参考如下三方面的工作情况。

不良失信行为记录情况，主要指云服务企业被记录在工信部电信业务经营不良名单和失信名单的情况。依据《电信业务经营许可管理办法》（工信部令第 42 号），电信业务经营不良名单和失信名单是工信部建立信用管理制度、落实失信惩戒机制的具体措施。通常来说，企业可能根据受到电信管理机构行政处罚的不同程度被列入不良名单或失信名单。

自律工作开展情况，主要指云服务企业在签署《云服务经营自律规范》和具体遵守相关自律要求的实际情况。《云服务经营自律规范》目前主要聚焦在"规范资质与合作"与"公平竞争"两个方面。

服务能力可信情况，主要指云服务企业通过第三方机构的服务质量可信度的评估情况。企业可通过可信云主机分级评估结果，或者其他方式证明达到相应要求。

5.2　发展特点

（1）规模效应凸显，全球公有云 IaaS 市场巨头竞争格局已定

近几年，云计算巨头厂商在不断地扩大自己的领先优势。以数据中心布局为例，截至 2018 年年底，亚马逊（AWS）在全球有 20 个基础设施区域，主要分布在美国、欧洲和亚太地区等。微软 Azure 在全球 50 个区域建立了数据中心，覆盖 140 个国家和地区，包括美国、加拿大、巴西、法国、英国、澳大利亚、印度、日本、韩国等国家和地区。国内云服务商方面，中国信息通信研究院可信云监测数据显示，阿里云、腾讯云、UCloud 等国内厂商的全球数据中心节点数也都在 20 个以上。

在市场方面，Gartner 的调查数据显示，AWS、微软 Azure、阿里云、Google、IBM 占据了 2017 年全球公有云 IaaS 市场份额的前 5 名，且增长率均超过了 25%，而其他厂商的整体增长率只有 8%。在国内市场，中国信息通信研究院的可信云评估数据显示，阿里云、腾讯云、中国电信、金山云、UCloud、中国联通、中国移动等云服务商占据了国内大部分 IaaS 市场份额，并且领先优势还在不断扩大。

由于公有云不仅需要大规模的资金、技术、管理与服务投入，而且技术门槛和成熟度也都比较高，经过几年的发展，IaaS 的市场壁垒已经形成。因此，后来者很难以技术革新形成突破，几大巨头云服务商的优势明显，整体格局难以动摇。

（2）业务需求驱动，多云成为企业上云的必然阶段

随着云计算的发展，单纯的公有云或私有云已很难满足现有业务的需求，企业需要多种云环境并存来适应新的业务发展。混合云解决方案在部署互联网化应用并提供最佳性能的同时，还可以保障私有云本地数据中心所具备的安全性和可靠性。同时，混合云将企业 IT 运营模式由基础架构为核心转变为以应用为核心，使得企业 IT 可以结合本地传统数据中心和云服务来找到部署应用程序的"最佳执行地点"。

2017 年中国市场云计算使用率调查结果，如图 5.1 所示。

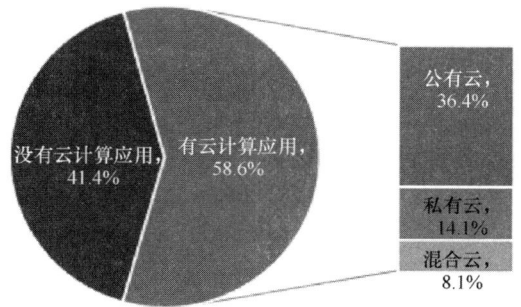

图5.1　2017年中国市场云计算使用率调查结果

数据来源：中国信息通信研究院

中国信息通信研究院的调查显示，2017 年我国企业采用混合云的比例为 12.1%，预计未来几年中国混合云的应用比例将大幅提升。IDC 预测，全球未来混合云将占据整个云市场份

额的 67%。可见，多云形态将被越来越多的企业采用。

（3）公有云普遍进入 PE 期，私有云集中于 VC 期

近年来，国内资本市场特别看好云计算行业，亿元级别的大额投融资频频出现。例如，2017 年 6 月，青云完成了 10.8 亿元的 D 轮融资；2017 年 11 月，清华同方宣布收购开源云创业公司 UnitedStack 有云；金山云在 2018 年 1 月前后完成了累计 7.2 亿美元的 D 轮融资；2018 年 6 月，华云数据完成了 Pre-IPO 轮 10 亿元的融资，如表 5.1 所示。

表 5.1　2017—2018 年云计算厂商主要融资情况

时间	厂商	融资金额	厂商主要领域
2017.1	ZStack	A 轮数千万元	私有云、混合云
2017.3	UCloud	D 轮 9.6 亿元	公有云
2017.5	云英	A 轮 7000 万元	私有云
2017.5	博云	B 轮近 1 亿元	私有云、混合云
2017.6	迅达云	B 轮 1 亿元	公有云、私有云
2017.6	数梦工场	A 轮 7.5 亿元	私有云、混合云
2017.6	青云	D 轮 10.8 亿元	私有云、混合云
2017.12	云途腾	B+轮 1.08 亿元	私有云、混合云
2018.1	金山云	D 轮 7.2 亿美元	公有云
2018.5	EasyStack	C+轮 3 亿元	私有云、混合云
2018.6	华云	Pre-IPO 轮 10 亿元	私有云、混合云
2018.6	UCloud	E 轮融资	公有云
2018.8	EasyStack	C++轮	私有云、混合云
2018.12	ZStack	B 轮 1 亿元	私有云、混合云

目前，巨头厂商在公有云市场的布局已基本完成，私有云、混合云市场还未形成绝对巨头，市场上存在非常多可以纵深切入的方向，成了投资机构重点关注的领域。

（4）行业科技公司纷纷建立云体系，各领域行业云服务百花齐放

当前，我国云计算的应用正从互联网行业向政府、金融、工业、交通、物流、医疗健康等传统行业渗透，各大云计算厂商纷纷进军行业云市场，各垂直领域的行业云服务百花齐放。

政务云市场方面，包括中国电信、中国联通等基础电信企业，浪潮、曙光、华为等 IT 企业，以及腾讯、阿里巴巴、京东、数梦工场等互联网企业均在政务云市场重点发力。金融云市场方面，银行纷纷建立科技公司，兴业数金、融联易云、招银云创、建信金融、民生科技等银行科技公司已经开始在银行云方面发力。工业云市场方面，海尔、中国移动物联网公司、阿里云、浪潮等产业链各环节厂商纷纷搭建有自己特色的工业云平台。

现阶段，各行业云市场还处在起步阶段，尚未形成稳定的行业格局，个别行业市场产品存在同质化严重的问题，低价竞标的情况屡有发生。因此，各行业市场亟须形成一批在行业发展中具有引领作用的高信用级别的标杆企业。

5.3　市场规模

5.3.1　公有云

2018 年我国云计算市场规模测算达到 907.1 亿元，增速为 31.1%。其中，公有云市场规模测算达 382.5 亿元，增速 44.4%，如图 5.2 所示。

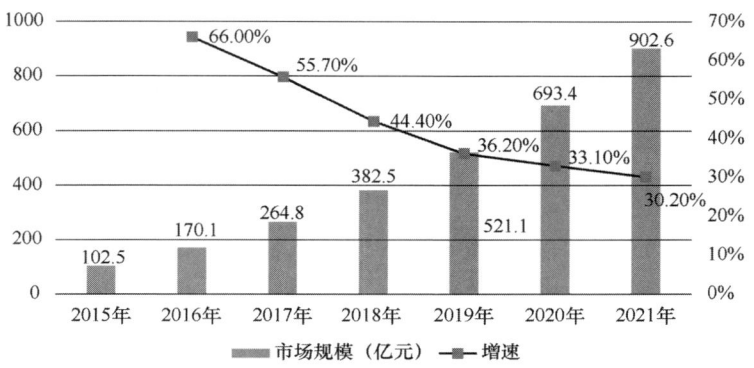

图5.2　2015—2021年中国公有云市场规模及增速

数据来源：中国信息通信研究院

2017 年公有云 IaaS 市场规模达到 148.7 亿元，相比 2016 年增长 70.1%。截至 2018 年年底，共有 300 多家企业获得了工信部颁发的云服务（互联网资源协作服务）牌照，随着大量地方行业 IaaS 服务商的进入，预计未来几年 IaaS 市场仍将快速增长。PaaS 市场整体规模偏小，2017 年仅为 11.6 亿元，较 2016 年增加 52.6%。SaaS 市场规模达到 104.5 亿元，与 2016 年相比增长 39.1%，如图 5.3 所示。

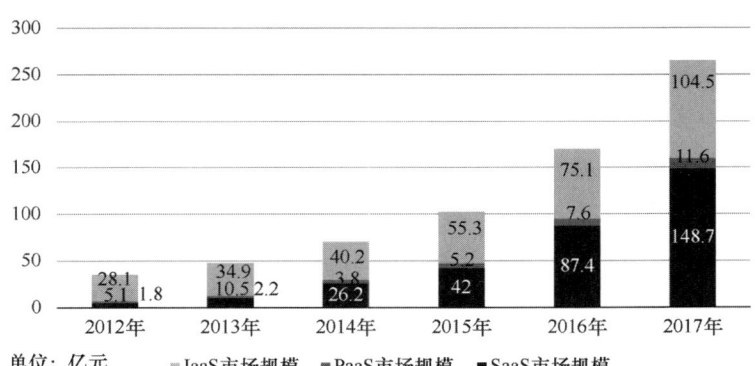

图5.3　2012—2017年中国公有云细分市场规模

数据来源：中国信息通信研究院

根据 IDC 统计显示，2018 年上半年我国公有云 IaaS 厂商排名前 5 名的分别为阿里云、腾讯云、中国电信、AWS 和金山云，如图 5.4 所示。

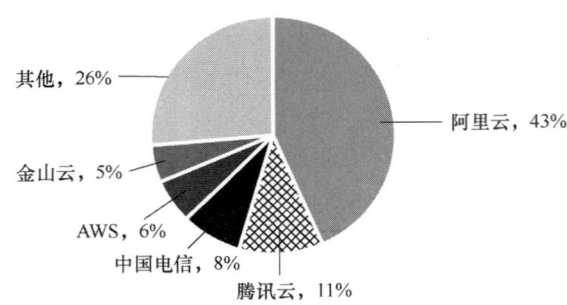

图5.4　2018年上半年中国公有云IaaS厂商市场份额

数据来源：IDC

5.3.2　私有云

2018 年私有云市场规模测算为 524.6 亿元，增速 22.9%。预计未来几年仍将保持快速增长态势，到 2021 年市场整体规模将接近 1000 亿元，如图 5.5 所示。

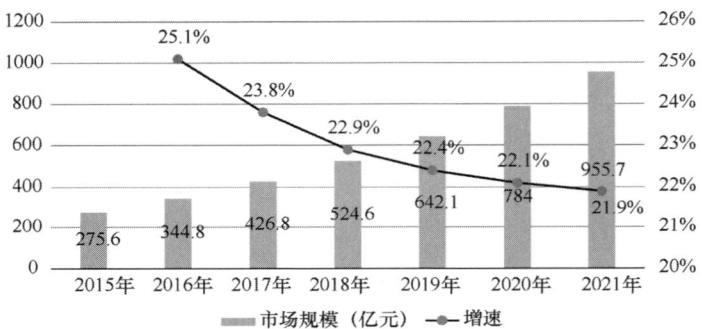

图5.5　2015—2021年中国私有云市场规模及增速

数据来源：中国信息通信研究院

2017 年私有云硬件市场规模为 303.4 亿元，占比 71.1%，较 2016 年略有下降；软件市场规模为 66.6 亿元，占比达到 15.6%，与 2016 年相比上升了 0.2%；服务市场规模为 56.8 亿元，较 2016 年提高了 0.4%，如图 5.6 所示。根据调查统计，超过半数的企业采用硬件、软件和服务整体采购的方式部署私有云，少数企业单独购买软件和服务。未来，随着硬件设备标准化程度和软件异构能力的提升，软件和服务的市场占比预计将有明显提升。

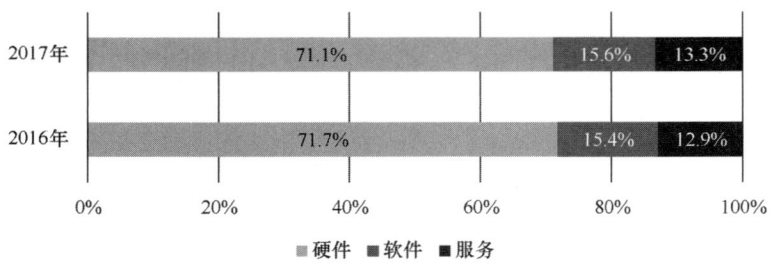

图5.6　2016—2017年中国私有云细分市场构成

数据来源：中国信息通信研究院

5.3.3　混合云

混合云是在云计算演进到一定程度后才出现的一种云计算形态，它不是简单地将几种云，如公有云、私有云等叠加堆砌，而是以一种创新的方式，利用各种云部署模型的技术特点，提高用户跨云的资源利用率，催生出新的业务，更好地为业务服务。

从广义上来讲，混合云的形态可以包括云与云的组合、云与传统 IT 系统的组合、云与虚拟化技术的组合等。这些都是根据具体的业务场景需求，使用混合 IT 的方式解决具体的问题。例如，Gartner 认为所有 IT 环境都是混合的环境，混合 IT 既包含传统的 IT 系统也包含云系统（公有云、私有云）。

从狭义上来讲，混合云指的是至少使用了两种不同部署模式（公有云、私有云、社区云）的云部署模式。例如，公有云与私有云的组合、公有云与社区云的组合、私有云与社区云的组合等，都可以称为混合云。目前，应用较多的混合云形式为公有云+私有云的组合。

目前，混合云的典型应用场景包括应用负载扩充、灾难恢复、数据备份等。

总体来看，当前我国云计算市场整体规模较小，与全球云计算市场相比存在 3～5 年的差距。从细分领域来看，国内 IaaS 市场处于高速增长阶段，以阿里云、腾讯云、UCloud 为代表的厂商不断拓展海外市场，并开始与 AWS、微软等国际巨头展开正面竞争。国内 SaaS 市场较国外差距明显，与国外相比，国内 SaaS 服务成熟度不高，缺乏行业领军企业，市场规模偏小。

5.4　云服务案例

1. 某集团双活灾备混合云案例

（1）用户需求

某集团的核心综合管控系统集中部署在某地数据中心，此前并没有完备的异地备份和容灾措施，一旦发生区域性的自然灾害或不可预料的意外事件，将导致数据丢失、所有系统无法对外提供服务等情况，不满足 IT 审计和上级监管需求，严重影响集团生产经营活动的正常开展。

因此，该集团提出利用混合云服务实现双活灾备，其核心需求是建设应用级双活灾备中心，打造分钟级灾备应急能力，确保系统可持续、稳定、安全地运行。同时，提出从小型机向 x86 架构的迁移，希望借助灾备云资源池的建设，彻底解决 DB（数据资源）层的虚拟化问题，并在云平台上实现小型机向 x86 架构的迁移。

（2）解决方案的实现

云服务商结合该集团需求，提出了利用公有云与该集团私有云组成双云数据中心的思路，通过双数据中心高速互联，资源互为备份，实现业务双活。在这一方案中，在公有云资源池中为客户提供了专属云、专用物理机、虚拟私有云、STN 云专线、云托管、系统迁移等服务，并重点对双活网络方案进行规划，设计云平台灾备中心的 VPC 和各种网络流向，实现了云平台能力、专线能力、IDC 托管能力等解决方案能力的完美融合。

（3）效果描述

该项目为业内首个基于异构云平台之间的双活设计，开创了首个大型国企私有云与公有云的双活灾备中心实践。借助云平台资源+云专线等资源能力，实现了应用级双活灾备中心的建设，两个中心负载分担业务流量，打造分钟级灾备应急能力，使系统的计算力得以显著提升，确保该集团综合管控系统可持续、稳定、安全地运行。

2. 某公司多云混合案例

（1）用户需求

某公司的云平台希望构建"娱乐+平台"的引擎，统一为集团内上市公司提供基础设施IaaS、与视频相关的PaaS、内容分发、大数据运营平台、运营和安播保障等服务。

云计算中心在技术上需要采用基于公有云和自建私有云的混合云模式，以互联网架构和广电级安播模式逐步构建安全、稳定、可扩展和承载海量视频内容的生态云平台，同时需要通过混合云平台承载上市公司的统一数据平台。

（2）解决方案的实现

使用云管平台对公有云和私有云进行统一管理，通过专线对接各种云平台。

公有云：使用多个公有云服务商提供的包括计算、存储、数据库等在内的服务产品，为自身提供用以承载集团业务的集群。

私有云：利用某私有云厂商一键部署、全异步无锁架构、无状态服务、开源全API化特点，快速建立自动化、标准化运维体系。

混合云：通过专线与VPN打通，业务主机数据可灵活迁移，同时借助于公有云丰富的产品与功能，也为私有云业务提供了可能性。

业务调度：通过混合云管理平台，利用应用提供的API接口对业务在混合云上的承载进行调度，实现业务价值与成本的统一。

目前，该公司混合云主要承载业务包括直播类服务、媒资处理类服务、关键数据和内容分发和归档等。

（3）效果描述

该项目中的多个云服务商共同合作，借助最新技术、平台的号召力和凝聚力之优势与集团的行业领导力、泛娱乐内容和融合渠道之优势，使线上线下服务资源相结合，以"娱乐+"战略为目标，建设和发展云和人工智能时代的中国新媒体内容生态圈，为广大最终用户提供丰富多彩的精神娱乐产品及寓教于乐的良好媒体内容生态环境。

3. 某化工行业上云案例

（1）用户需求

该企业为国有大型骨干中央企业。主业分布在能源、农业、化工、地产、金融五大领域。信息化建设诉求如下。

自有机房空间不足，基础设施资源需求大；业务迅猛发展，新应用不断上线，传统采购模式响应滞后，需要更灵活的资源部署；信息系统繁多且复杂，协同能力差且运维工作负担重，需要统一平台、统一管理；信息化系统可以有效满足不同国家的合规性需求。

（2）解决方案的实现

以云主机、云硬盘、VPC、弹性 IP 和带宽为基础的标准公有云服务，主要面向 B2B 等业务及内部测试使用；以裸金属服务器为基础的安全可靠、可定制化的私有云服务，主要面向财务、金融等业务板块；公有云、私有云、集团总部和分支机构间高速、快捷、灵活的高性价比网络通道，使云和互联网、专线深度融合；提供定制化的私有云网络和安全设备集成服务，以及等保测评服务；实现公有云、私有云和安全网络设备的统一管理，包括资源申请、审批流程和性能监控等。

（3）效果描述

大大缩短了扩容及业务系统的部署时间，同时有效释放运维压力，支撑集团业务快速上线及调整；使"互联网+"与能源产业充分互通互融，逐渐实现了产业全环节的打通，打破产业链上下游壁垒，整体生产及运营能力有显著提升，为打造一个多方共赢的石化贸易产业新"生态圈"带来了全新的价值；获得了满足客户五大板块业务发展和符合集团战略转型的统一的混合云平台，基于统一云平台，实现业务云端共享，促进数据共享及信息流动，为业务决策提供智力支持；统一的混合云平台满足等保三级要求，符合央企信息化建设的合规和审计要求，并且国际认证资质齐全，满足全球业务运营的合规性需求。

5.5　企业数字化转型

（1）云计算提升企业敏态竞争能力

由于科学技术的不断进步和经济的飞速发展，企业所处的市场竞争环境日趋激烈。技术进步和需求多样化使得产品生命周期不断缩短，企业面临着缩短交付周期、降低成本、提高产品质量、改进服务等一系列压力。企业的信息化建设对提升企业综合竞争力具有重要作用。当前，企业传统信息化模式面临和业务发展速度脱节的问题，对企业发展产生了很大影响。在此背景下，各大企业纷纷通过信息化升级促进业务变革，即使传统业务发展相对趋缓的企业，市场竞争也正在倒逼这些企业进行业务转型，以期在市场中占据一席之地。

云计算可以让企业快速获得可持续、敏捷发展的能力。利用云计算弹性和灵活扩展能力，满足企业业务快速上线的需求，提升企业创新速度。同时，新兴技术也在不断推动着云计算的变革，例如，在容器快速发展的同时，利用容器编排技术，为容器化的应用提供部署运行、资源调度、服务发现和动态伸缩等一系列完整功能，提高了大规模容器集群管理的便捷性；利用微服务化整为零的概念，将复杂的 IT 部署分解成更小、更独立的微服务，实现从软件、硬件到基础架构朝着轻量化方向发展的目标；利用 DevOps 通过高度自动化工具链打通软件产品交付过程，使得软件构建、测试、发布更加快捷、频繁和可靠。

（2）云计算助力企业重塑协同方式

目前，很多企业在进行信息化建设的过程中，由于缺乏对未来形势的预判，没有根据企业的发展战略，组织制定统一的整体规划，而是本着"先上项目，事后调整"的思想进行信息化建设，从而导致了在建设过程中出现各种信息系统种类繁多、孤立建设和实施、不同厂商之间互不兼容等一系列问题，致使信息资源无法实现共享，多数企业应用系统处于"信息孤岛"状态，极大地影响了信息系统效率。利用云计算可以集中建设整合 IT 资源，同时由于其标准化、规范化、智能化的 IT 模式，使企业内部效率提升，实现信息共享、协同办公、互通互联。同时，依托云计算的分布式处理、分布式数据库和云存储、虚拟化技术、可扩展存储系统等，能够为数据汇聚、数据挖掘和数据分析提供支撑。

云计算能够切实促进产业链协同创新。目前，我国诸多领域存在产能过剩的问题，引起产品恶性竞争的不利局面。企业需要产销一体化的新价值链传导，根据市场的需求来安排整体的生产目标，从而缓解整个市场产能过剩的现状，同时通过供应链管理减少损耗，降低成本，提升质量。云计算能够促进产业链上下游的高效对接与协同创新，基于统一的云平台，打通上下游壁垒。在采购端，利用数据的实时互通，实现资源的精准调度、匹配，从而实现去库存、提升产品合格率、减少供应链综合成本的目标；在营销端，通过"千人千面"的精细化运营，满足消费者个性化需求。

（3）云计算驱动企业运营颠覆式创新

随着信息技术的发展，互联网快速普及，全球数据呈现爆发增长、海量聚集的特点，对经济发展、人民生活产生了极大的影响，众多企业也逐渐意识到大数据的重要性。同时，人工智能技术的发展也引发诸多领域的变革，越来越多的企业希望通过使用"大数据+人工智能"联合的方式来优化制造、营销服务等环节，实现企业业务流程改造，优化自身的业务、提升生产效率。但在实际操作过程中很难推进，因为传统信息系统架构并不能很好地支撑大数据和人工智能技术的开展，使得企业的数字化、智能化转型道路存在瓶颈。

云计算能够很好地支撑大数据、人工智能等技术在企业中开展，从而激发企业创新。以云计算为基础的大数据服务，可以更好地理解用户偏好，为企业提供导向性策略，深挖个性化、高价值的产品。同时，云端的大数据处理，可以帮助企业精准捕获和保留客户，实现商业模式的创新。而云计算和大数据的应用，又能助力企业更好地开展人工智能技术，实现智能设计、智能研发、智能制造、智能协同、智能营销、智能决策、智能客服等多方面的业务创新。

5.6 发展趋势

（1）开源成为共识，云计算厂商纷纷拥抱开源技术

如今，开源社区逐渐成为云计算各巨头的战场，云计算厂商加大了对开源的重视程度。

容器方面，2017 年，微软、AWS 等云计算巨头厂商先后以白金会员身份加入 Linux 基金会旗下的云原生计算基金会（CNCF），以加强对 Kubernetes 开源技术的支持。阿里云更是在 2017 年两度晋级，从黄金会员到白金会员。截至 2018 年 12 月，CNCF 白金会员的数量达到 17 家，黄金会员数量 14 家，银牌会员的数量 270 家。

虚拟化管理方面，以全球最大的云计算开源社区 OpenStack 为例，截至 2018 年 12 月，共有白金会员 8 家，黄金会员 19 家，合作伙伴 104 家。其中，我国企业占据了一半的黄金会员席位。同时，华为、九州云、烽火通信、EasyStack、中兴等厂商在 OpenStack 各版本贡献中持续处于全球前列。此外，OpenStack 基金会的会员还包括 Intel、Red Hat、Rackspace、爱立信等国际巨头厂商。

（2）云计算运维进入 DevOps 时代，AIOps 尚处起步阶段

随着云计算的发展，IT 系统变得越发复杂，运维对象开始由运维物理硬件的稳定性和可靠性演变为能够自动化部署应用、快速创建和复制资源模版、动态扩缩容系统部署、实时监控程序状态，以保证业务持续稳定运行的敏捷运维。同时，开发、测试、运维等部门的工作方式由传统瀑布模式向 DevOps（研发运营一体化）模式转变。从软件生命周期来看，第一阶段开发则需运用敏捷实践处理内部的效率问题；第二阶段需基于持续集成构建持续交付，解决测试团队、运维上线的低效问题；第三阶段持续反馈需使用可重复、可靠的流程进行部署，监控并验证运营质量，并放大反馈回路，使组织及时对问题做出反应并持续优化更改，以提高软件交付质量，加快软件发布速度。

同时，在大数据技术的背景下，智能运维 AIOps 被提出。AIOps 将人工智能应用于运维领域，通过机器学习的方式对采集的运维数据（日志、监控信息、应用信息等）做出分析、决策，从而达到运维系统的整体目标。AIOps 虽然在互联网、金融等行业有所应用，但仍处于发展初期，未来智能化运维将成为数据分析应用的新增长点和发展趋势。

（3）边缘计算与云计算协同助力物联网应用

边缘计算是指在靠近物或数据源头的网络边缘侧，融合网络、计算、存储、应用核心能力的开放平台，就近提供边缘智能服务，满足行业数字化在敏捷联接、实时业务、数据优化、应用智能、安全与隐私保护等方面的关键需求。

边缘计算与云计算互为补充。在当今物联网迅猛发展的阶段，边缘计算作为物联网的"神经末梢"，提供了对于计算服务需求较快的响应速度，通常情况下不将原始数据发回云数据中心，而直接在边缘设备或边缘服务器中进行处理。云计算作为物联网的"大脑"，会将大量边缘计算无法处理的数据进行存储和处理，同时会对数据进行整理和分析，并反馈到终端设备，增强局部边缘计算能力。

边缘计算与云计算协同发展，打造物联网新的未来。在边缘设备上进行计算和分析的方式有助于降低关键应用的延迟、降低对云的依赖，能够及时地处理物联网生成的大量数据，同时结合云计算特点对物联网产生的数据进行存储和自主学习，使物联网设备不断更新升级。以自动驾驶汽车为例，通过使用边缘计算和云计算技术，自动驾驶汽车上的边缘设备将传感器收集的数据在本地进行处理，并及时反馈给汽车控制系统，完成实时操作；同时，收集的数据会发送至云端进行大规模学习和处理，使自动驾驶汽车的 AI 在可用的情况下从云端获取更新信息，并增强局部边缘的神经网络。

（4）云网融合加速网络结构深刻变革

伴随着互联网进入大流量、广互联时代，业务需求和技术创新并行驱动加速网络架构发生深刻变革，云和网高度协同，不再各自独立。云计算业务的开展需要强大的网络能力的支撑，网络资源的优化同样要借鉴云计算的理念，随着云计算业务的不断落地，网络基础设施需要更好地适应云计算应用的需求，更好地优化网络结构，以确保网络的灵活性、智能性和可运维性。

云间互联是云网融合的一个典型场景。以云间互联为目标的网络部署需求日益旺盛。随着云计算产业的成熟和业务的多样化，企业可根据自身业务需求和实际成本情况选择不同的云服务商提供的云服务，这也形成了丰富的云间互联业务场景，如公有云内部互通、混合云

和跨云服务商的公有云互通。当前混合云的组网技术主要以 VPN 和专线为主，而 SD-WAN 由于其快速开通、灵活弹性、按需付费等特性也逐渐被人们所关注。在云间互联场景下，云网融合的趋势逐渐由"互联"向"云+网+ICT 服务"和"云+网+应用"过渡，云间互联只是过程，最终目的是达成云网和实际业务的高度融合，包括服务资源的动态调整、计算资源的合理分配及定制化的业务互通等。

云网融合的另一个场景是电信云。电信云基于虚拟化、云计算等技术实现电信业务云化，基于 NFV、SDN 实现网络功能自动配置和灵活调度，基于管理与编排实现业务、资源和网络的协同管理和调度。电信云与云间互联不同，它更关注的是运营商网络的云化转型，包括核心网、接入网、传输网及业务控制中心等多个层面的网元都可以以云化的方式部署，最终实现运营商网络的软化和云化。

（栗蔚、马飞、陈屹力、郭雪、徐恩庆、牛晓玲）

第 6 章　2018 年中国物联网发展状况

6.1　发展环境

（1）基础能力建设加速数字化转型，驱动物联网应用需求全面升级

从物联网概念兴起至今，基础设施建设、信息消费升级等多轮外部作用成波次地推动物联网发展。近年来，面对全球经济复苏艰难曲折的大形势，我国将发展数字经济作为培育壮大新动能、推动经济高质量发展的重要举措。以制造业为代表的基础行业深入实施数字化转型，成为现阶段物联网发展加速的重要驱动力。物联网持续创新并与制造业深度融合，推动传统产品、设备、流程、服务向数字化、网络化、智能化发展，加速重构产业发展新体系。包括我国在内的主要国家纷纷量身定制国家制造业新战略，为物联网发展创造巨大市场需求。同时，在城市安防、交通出行、公共事业等行业，正形成多个联网设备数量多、附加值高、商业模式清晰的规模化市场，视频监控、车联网、智能抄表等成为热点应用，带动了物联网产业应用的快速发展。

（2）IT（信息技术）、CT（通信技术）、OT（运营技术）交汇融合，促进物联网技术体系泛在、开放、智能化发展

物联网历经多年发展，在互联网企业、电信运营商、IT 企业和传统行业企业的全面布局下，各层技术加速迭代演进，内生动力持续增强，呈现新趋势。一是泛在化，低功耗广域网络、第五代移动通信、蜂窝车联网通信等无线网络技术演进取得重大进展，极大地提升了物联网连接传输能力，为真正实现万物互联提供了基础条件。二是开放化，物联网开放平台发展迅速，促进了产业链企业、行业专家、用户之间数据资源的开放共享，同时区块链、边缘计算等新兴技术也持续注入物联网技术体系，使得创新发展活力不断增强。三是智能化，高性能人工智能芯片支撑各场景物联网终端的实时计算交互能力大幅提升，各大物联网平台也将人工智能能力作为重点提升方向，驱动物联网向"智联网"升级。

（3）国家和地方层面多方位部署，持续优化物联网发展政策环境

历经多年发展，我国已经建立了较为全面的物联网政策体系，并在 2018 年持续加强布局。一是赋予物联网更为基础的战略定位。2018 年 12 月召开的中央经济工作会议提出加强物联网等新型基础设施建设，标志着物联网在我国的定位从战略性新兴产业下沉为新型基础设施，投资力度将进一步加大。二是聚焦重点领域应用精准发力。《乡村振兴战略规划（2018—2022 年）》《工业互联网发展行动计划》（2018—2020 年）》《扩大和升级信息消费三年

行动计划（2018—2020 年）》《国务院办公厅关于加强电梯质量安全工作的意见》等文件相继出台，对推动物联网在农业、工业、消费等领域的规模应用进行重点部署。三是省市层面积极谋划。江西省在 2018 年年初出台《江西省移动物联网发展规划（2017—2020 年）》进行全面布局，福建福州、山西阳泉等地市围绕打造物联网产业和应用基地出台相关政策加大支持，国家和省市协同的政策体系不断完善。

6.2 发展特点

（1）物联网在各行业新一轮应用已经开启，落地增速加快

一是开拓了新的应用范畴，物联网技术和方案在各行业渗透率不断提升，智慧政务、智慧产业、智慧家庭等方面产生大量创新性应用方案。二是逐步形成了新的技术演进。基于更低成本和更成熟技术的解决方案开始对传统技术方案形成补充完善，成为推动物联网在部分垂直领域大规模应用的关键。典型代表是物联网解决方案中技术重点从有线技术向无线技术的转移，从高功耗技术向低功耗技术的转移。三是促进了新的业务变革，为企业创造新的业务内容、新的商业模式，推动数据驱动的决策实现。如在物联网赋能下，共享经济扩展到中低价值资产领域，催生了共享单车、共享充电宝、共享按摩椅等新业态。

（2）物联网产业力量不断增强，围绕关键环节进行布局

在人口红利和流量红利增长趋缓的背景下，互联网企业纷纷瞄准物联网作为新一轮战略的重要支撑，通过物联网获取物理世界的数字化数据，实现云计算、人工智能等能力输出和行业赋能。物联网成为通信企业连接数增量拓张的主力，战略意义明显。当前物联网专用网络部署已经取得初步成果，大规模连接管理平台初步形成。IT 服务商构建以平台为基础的物联网端到端服务模式并推进水平化多行业解决方案、纵向边管云一体化扩展。工业、交通、能源、汽车等垂直行业领军企业也在逐步开发物联网能力，为同行业或其他行业物联网应用赋能。

（3）物联网生态之争愈演愈烈，边云双核心加快布局

一方面，物联网平台的产业价值被普遍看好，竞争态势加剧，平台建设主体涵盖了物联网产业链各个环节。龙头企业倾力投入，促使物联网平台迅速从野蛮生长期进入调整洗牌期，平台发展的"马太效应"开始显现。另一方面，为了满足大量物联网设备的计算处理需求，云端数据处理能力开始下沉，更加贴近数据源头，使得边缘端成为物联网产业的重要关口，边云协同生态构建成为新一轮布局重点。

物联网与多样化技术加快融合，创新能力持续提升。一是人工智能从消费物联网向行业物联网渐次渗透，已经在医疗自动诊断、智能制造、智能安防等众多领域开展应用，当前正处于规模起量阶段。二是边缘计算助力物联网边缘侧赋能，不仅可以帮助满足物联网应用场景对更高安全性、更低功耗、更短时延、更高可靠性、更低带宽的要求，还可以最大限度地利用数据，进一步缩减数据处理的成本。三是基于区块链拓展去中心化、去平台化分布式架构，保障物联网数据跨环节、跨行业流动的真实性，形成多方参与，信息透明、共享保真的溯源链，拓展物联网应用。

6.3　市场规模

（1）我国产业保持高速发展，成为全球最大市场

我国将物联网明确为积极培育和大力扶持的重点产业，工信部在 2017 年发布的《信息通信行业发展规划物联网分册（2016—2020 年）》中指出，我国物联网产业规模在"十三五"期末将达到 1.5 万亿元。根据工信部相关数据，我国物联网产业规模在 2009 年约为 1700 亿元，2016 年已经达到 9300 亿元，年均复合增长率超过 25%。在巨大的需求拉动和有力的政策支持下，我国物联网产业正进入实质性发展阶段，总体规模在全球实现领先。近两年我国物联网产业发展势头较好，中国经济信息社数据表明 2017 年我国市场规模已突破 1 万亿元[1]，中国信息通信研究院研究指出 2018 年我国产业规模达到 1.2 万亿元[2]，预计未来几年将继续保持高速增长，如图 6.1 所示。2018 年全球物联网支出达到 6460 亿美元，预计 2019 年将达到 7450 亿美元，并在未来几年保持两位数增长率，而中国则已成为全球最大的物联网支出国家[3]。

物联网产业规模（亿元）　增长率

图6.1　2009—2020年中国物联网产业规模及预测

（2）主要集聚区发展成效显著，引领带动作用凸显

我国物联网产业集聚发展水平稳步提升，形成环渤海、长三角、珠三角、中西部等产业集聚区。江苏、浙江、广东、福建、北京等省市汇聚一批具有全国影响力的龙头企业，产业链逐渐完善，研发机构和公共服务等配套体系基本完备，产业规模达到千亿级。依托这些重点省市，推进新型工业化产业示范基地（物联网基地）建设已初见成效，打造无锡、重庆、杭州、福州、鹰潭成为我国物联网产业发展的重要战略支点。无锡作为我国物联网发展的起航点，构建了以高新技术产业开发区为依托的物联网产业核心区，聚集超过 2000 家物联网企业，涵盖感知、网络通信、处理应用、基础支撑等产业链各环节，并在 2018 年进一步制

---

[1] 中国经济信息社. 2017—2018 年中国物联网发展年度报告.

[2] 中国信息通信研究院. 物联网白皮书（2018 年）.

[3] IDC. 全球物联网半年度支出指南 2019.

订三年行动计划，提出 2018 年物联网产业营收增长 20%的目标。福州市马尾区将物联网作为经济发展新动能重点培育，初步构建了较完善的产业链条，2018 年聚集 62 家规模以上物联网企业，实现营业收入 338.03 亿元[1]。重庆市南岸区以龙头企业为基础、大规模物联网运营平台为支撑，积极发展物联网硬件制造、软件与平台、应用与服务三大产业，2018 年带动全市物联网相关产值超过 1000 亿元[2]。

（3）领军企业加速生态建设，中小企业深耕垂直领域

近年来，全球产业巨头都在积极推进"平台化"战略，以构建物联网产业生态，争抢产业发展主导权。国内领军企业也继续加强物联网平台布局，整合上下游合作伙伴，推进生态建设和竞争。电信运营商充分发挥在连接管理方面的优势，2018 年物联网业务收入较 2017 年增长 72.9%[3]，并以"以连接为基础，以平台为核心，以方案为延伸"的发展思路，依托平台发展面向各领域的产品和服务体系。中国移动自主开发 OneNET 开放平台已吸引 36000 名开发者，提供 30 余种专网 API 能力，供客户和第三方开发商调用，承载近 2 万个应用。互联网企业发挥云计算、大数据、人工智能等领域技术创新优势和用户集聚优势，相继提出以物联网平台为核心的生态战略，从消费领域向产业和智慧城市等领域应用市场拓展。阿里巴巴在 2018 年 3 月宣布全面进军物联网，提出 5 年内连接 100 亿台设备的目标，将城市、汽车、生活和制造四大领域作为未来布局核心。各大 IT 服务商也持续发力，华为围绕一个操作系统、两个网络接入方式、一个运维管理平台的"1+2+1"战略已建立上千家企业规模的合作伙伴生态，联想在 2018 年 9 月发布物联网平台 LeapIOT 拓展物联网市场。在中小企业方面，新三板挂牌的物联网企业发展相对平稳，但在智慧城市、智慧物流、智慧能源等垂直领域，一批聚焦应用的企业积极推出综合解决方案和个性化服务，实现快速发展。

6.4 关键技术

（1）MEMS 传感器

我国 MEMS 传感器发展取得一定进展，但短板仍较为突出。一方面，我国传感器市场规模保持较快增长，2017 年达到 1300 亿元，同比增长 15.45%，近 5 年均保持两位数的增长率[4]。我国在 MEMS 设计、代工生产、封装测试、应用上已形成完整的 MEMS 产业链。MEMS 传感器形成华东、珠三角、环渤海及东北、中西部四大产业聚集区，其中，华东地区 MEMS 企业数量最多，约占全国企业总数的 60%，珠三角地区约占 15.5%，环渤海及东北地区约占 16%，中西部地区约占 8.5%[5]。另一方面，受限于基础技术创新困难、产业竞争力缺失，我国 MEMS 传感器仍面临诸多问题。一是技术积累不足，全球排名前 30 位的 MEMS 企业中仅有歌尔和瑞声是中国企业,但产品以单一的 MEMS 麦克风为主。国内企业基础研发能力不足，

---

[1] 福州市马尾区统计局. 2018 年马尾区经济运行情况分析.

[2] 重庆市物联网产业协会，中国信息通信研究院西部分院. 2018 重庆市物联网发展蓝皮书.

[3] 工信部. 2018 年通信业统计公报.

[4] 前瞻产业研究院. 中国传感器制造行业发展前景与投资预测分析报告.

[5] 国家智能传感器创新中心.

多以采购核心的传感器和借助国内的电路设计企业来完成整个系统的开发，使国内的 MEMS 企业不得不依靠国外的技术，只能从事技术含量较低的 MEMS 产品，因此国内的企业过早地陷入了红海市场。二是产业生态不完善。产业链上总体发展不均衡，代工平台和研发用的专业软件等关键技术节点存在瓶颈，大批量量产能力欠缺。三是产品种类不完整，现阶段全球范围内已有 2 万多种传感器产品，但国内仅有 6000 多种传感器[1]，传感器功能类别严重不足。四是缺乏领军企业，与国外博世、Dalsa、Amkor、高通、苹果等相比，国内仅终端应用领域稍有优势，其他环节技术能力差距明显。

（2）物联网芯片

芯片呈现多层次供应商格局，模组低价格竞争明显。物联网芯片作为未来重要发力领域之一，已形成大型厂商和创业团队共存的、多层次和多家竞争的供应商格局，供应商数量超过 10 家，包括移芯通信、智联安科技、芯翼信息、创新维度等创业团队推出自研芯片。LoRa 芯片开始打破单个供应商的局面，阿里巴巴获得了 Semtech LoRa IP 授权，与国内芯片厂商翱捷科技合作推出 LoRa SiP 级芯片并形成批量供货。在芯片成本降低、模组厂商设计优化、运营商补贴出货量增加的推动下，物联网模组成本快速下降，目前国内已有数十家模组企业，面对当前有限的需求，低价竞争非常激烈。物联网芯片发展仍面临诸多问题。一是安全问题，目前除少数智能手机芯片外，用于物联网的 MCU、SoC、通信芯片基于成本的考虑均未加入安全芯片。绝大多数物联网芯片不具备抗网络攻击能力，使得物联网设备大都暴露在不安全状态。二是开放性不够，当前大部分通信芯片均关注通信功能本身的技术实现，内部应用处理器没有统一的操作系统，只能通过繁复的、困难的特别定制以应对碎片化的物联网应用需求，需要在通信模块基础上增加 MCU/SoC 作为应用系统主控，导致成本增加。三是功耗较高，物联网许多应用场景需要电池供电，如表计应用、消防烟感、智能停车等，功耗的优化直接关联到落地场景能效的优化。四是集成度不高，当前很多物联网领域采用的芯片不是专门针对物联网设计的，导致产品中需要多颗芯片实现，如接入芯片和安全芯片、主控应用芯片和接入芯片都是分立芯片，造成功能实现成本上升。

（3）物联网网络

中国形成规模最大公共物联网网络，私有网络同步发展。以华为为代表的国内企业引领 NB-IoT 国际标准的制定和产业化，国际话语权不断提升。在电信运营商、设备厂商、芯片厂商的推动下，3 家运营商完成超百万个 NB-IoT 基站商用，中国已建成全球最大的 NB-IoT 网络，形成庞大的产业生态群体，应用行业数量不断增多。LoRa 在国内的产业生态力量大大加强，形成低功耗广域网络的另一较为明显的阵营，2018 年阿里巴巴、腾讯两家互联网公司以最高级别成员身份加入 LoRa 联盟，在 LoRaWAN 标准、认证和全球市场中开始发挥作用，通过搭建平台方式吸引生态圈企业，并在杭州、深圳等地开始部署城域级试点网络。另外，全国多地广电厂商将 LoRa 作为其布局物联网业务的网络部署主要选择。

（4）物联网平台

物联网平台之争进一步升级，增强自身能力和转型同步发展。物联网平台市场步入沉淀阶段。电信运营、互联网、设备制造等领域大型企业不断完善设备管理、连接管理、应用使

---

[1] 国家智能传感器创新中心.

能和业务分析等平台功能，强化连接灵活、规模扩展、数据安全、应用开发简易、操作友好等能力，推动国产平台竞争力不断提升。此外，大型企业除不断强化自身平台功能外，还重点加强对边缘计算、AI 等能力及对工业、汽车、家居等垂直行业的支持，如阿里云 IoT Link 平台、华为 Oceanconnect 平台不断联合行业合作伙伴持续孵化多样化解决方案。第三方中小平台厂商面对大型企业物联网平台，逐渐调整竞争策略，一部分为大型企业平台提供专业模块的支持，成为大型平台的紧密供应商，另一部分更专注于自身优势的垂直行业，不断加强方案落地能力。

6.5 应用场景

（1）我国物联网应用规模化发展加快

一方面，随着 NB-IoT、LoRa 等网络设施建设不断完善，梅特卡夫定律正在显现。2018年，中国移动物联网连接数已超过 5 亿个，中国电信和中国联通连接数也大幅增长，表明新一轮物联网应用在各领域加速落地。另一方面，很多行业在政府相关政策驱动下，形成了相关行业物联网的刚性需求，促成物联网在这些行业的快速落地。总体来看，物联网应用出现三大主线：一是面向需求侧的消费性物联网，即物联网与移动互联网相融合的移动物联网，创新高度活跃，孕育出可穿戴设备、智能硬件、智能家居、车联网、健康养老等规模化的消费类应用；二是面向供给侧的生产性物联网，即物联网与工业、农业、能源等传统行业深度融合形成行业物联网，成为行业转型升级所需的基础设施和关键因素；三是智慧城市发展进入新阶段，基于物联网的城市立体化信息采集系统正加快构建，智慧城市成为物联网应用集成创新的综合平台。

（2）生产性物联网应用成为主战场

我国深入推进制造强国战略，大力发展智能制造和工业互联网，驱动工业物联网的集成创新和规模应用上升至新高度。当前，我国设备制造、石化、金属冶炼、服装、食品加工传统制造业的数字化转型升级正在快速推进，物联网广泛应用在供应链管理、生产过程工艺优化、产品设备监控管理、工业安全生产管理等环节，支撑智能化生产、网络化协同、个性化定制、服务化转型等新模式推广，对效率提升、成本控制等作用显著。2018 年，工信部组织 72 个工业互联网试点示范项目，包括基于蜂窝物联网的智能工厂、跨行业设备全生命周期柔性物联网云平台、基于互联网远程运维服务的智能环卫装备等典型物联网应用项目。据分析，2018 年全球工业物联网市场规模达到 640 亿美元，亚太地区增速最高，中国则是促进亚太地区市场增长的主要因素[1]。

（3）智慧城市物联网应用全面升温

2018 年，我国智慧城市已步入实质性实施阶段，NB-IoT 等城市级网络设施建设不断完善，"数字孪生城市"等新理念逐步落地，促进物联网应用在我国主要城市的规模化部署。上海市将建设新型城域物联专网作为打造新一代信息基础设施的重要组成，2018 年 6 月 19 日印发《新型城域物联专网建设导则》，统筹推进市、区、街镇各层级感知节点、平台和应

---

[1] MarketsandMarkets.

用发展，提出到 2020 年实现接入超过 3000 万个传感器。阿里巴巴与无锡市政府也积极协作，以飞凤云平台为依托打造鸿山物联网小镇，计划在 3 年内发展 500～1000 个城市治理领域的物联网应用。在应用领域方面，平安城市和雪亮城市建设带动联网的智慧安防设备快速增长，基于 NB-IoT 等低功耗广域网络的物联网应用在城市管网、照明、消防、停车、供水、供气、供热等领域也正在形成百万级、千万级部署规模。

（4）消费性物联网应用热点领域增长迅猛

随着产业链和技术体系的不断成熟，一批规模化的消费性物联网产品涌现，对人们的衣食住行等各方面产生重要影响。一方面，我国互联网、智能家居等龙头企业围绕消费性物联网构建开放的产业生态，布局推广物联网平台化服务，整合各类初创企业，形成丰富的产品体系。另一方面，人工智能、虚拟现实与物联网相互融合，显著提升产品的用户体验，提升了消费性物联网应用的市场表现。智能音箱、智能门锁、可穿戴设备等产品出货量不断提升，尤其智能音箱已经成为智能家居最佳交互终端，在 2018 年实现市场规模的迅速猛增。

6.6　标识解析体系

物联网标识体系既是支撑网络互联互通的神经枢纽，又是决定网络治理格局的核心环节。以传统编码管理组织和电信业国际标准化组织为主的运营机构，已经推出多种不同的标识编码方案和解析系统。其中最为典型的主要有 3 种体系。

一是由国际电信联盟 ITU 提出的 OID 标识解析体系。OID 编码是一种多级的可扩展标识，其解析系统是以域名系统为基础进行改进的 ORS 解析系统。目前该体系的根注册系统由法国电信公司负责运营，而根解析节点由韩国负责运营。

二是由全球物品编码协会 GS1 提出的 ONS 标识解析体系。EPC 编码是一种分段的固定长度标识，其解析系统是以域名系统为基础进行改进的 ONS 解析系统。目前 EPC 编码的注册分配和 ONS 解析系统都由全球物品编码协会及其遍布全球各国的分会来负责管理，其中注册量和解析量最大的根解析节点由美国威瑞信公司负责运营。

三是由数字对象管理机构 DONA 组织提出的 Handle 标识解析体系。Handle 标识是一种两级的可扩展标识，其解析系统是可脱离域名系统独立运行的 Handle 系统。目前 Handle 标识注册分配和顶级解析由 DONA 组织的多个并联顶级前缀管理机构负责，首批参与者包括国际电信联盟 ITU、美国、中国、德国，下一步可能包括俄罗斯、印度、巴西、日本、韩国。

以高等院校、研究院所为主的研究机构，正在以未来网络为基础，研究新型标识解析技术并开发相应原型系统。如美国 MobilityFirst 网络中使用的 Auspice 解析系统、德国洪堡大学提出的 OIDA 解析系统；中国北京交通大学提出的一体化网络解析系统等都是基于动态哈希算法（DHT）技术的全新标识解析体系；中国科学院计算机网络信息中心为解决物联网标识异构性而提出并建设的国家物联网标识管理公共服务平台（NIOT）将有助于实现不同标识解析体系之间的互联互通。

面向工业互联网发展需求，按照《工业互联网发展行动计划（2018—2020 年）》部署，根节点、国家顶级节点、二级节点、企业标识解析系统等工业互联网标识解析体系建设持续推进。以工业制造企业、工业服务企业、物流企业、互联网企业为主的商业公司，已经根据自身需求开始部署和应用标识解析系统。如三一重工在湖南邵阳的汽车生产线管理中成功应用 RFID 标识技术，实现了大型汽车生产线的流水作业智能化统计、生产过程实时工序监控、各工位耗时自动统计等，取代了传统人工统计方式，最大限度地实现大型生产型企业的信息化和智能化。再如互联网公司阿里巴巴在受到奢侈品巨头 Gucci 等对其鼓励售假的指控后，为了让使用户和投资者相信其打假的力度和决心，启动了"满天星计划"，即通过二维码形式为每个商品设置唯一身份标识，利用手机淘宝的扫码功能，将亿万个商品与亿万名消费者连接起来，使传统企业实行在线化、数据化升级。目前已拥有总计 25 亿个商品"身份码"，涵盖快销品、美妆、酒类、农产品等多个品种及恒大冰泉、联合利华等数百个品牌。

6.7 典型案例

（1）设备远程监测

设备远程监测是我国工业物联网应用推进的一大重要场景，工程机械、汽车、机床等厂商运用各类传感器和智能终端，将动态采集的设备状态信息统一接入工业物联网平台，发展设备健康管理、预测性维护、共享租赁、物联网金融等拓展业务。树根互联开发的根云平台已成长为国家级工业物联网平台，截至 2018 年年底，已经连接超过 47 万台设备，管理资产超过 4300 亿元[1]。

在根云平台上的众多成功案例中，广柴公司与树根互联开展软硬件全方位合作，为柴油机加装物联盒采集各类运行参数，取得设备管理成本降低 30%、管理反应时间缩短 20%的显著成效。同样作为工业物联网典型代表，徐工信息以 Xrea 平台为基础，面向机械、石化、建材、军工等 50 多个细分行业，已连接超过 60 万台设备进行数据分析，提供预测性维护等多种微服务，2018 年上半年营收已超 1 亿元[2]。徐工信息依托 Xrea 平台开展设备的全生命周期管理，目前平台上管理资产超过 3000 亿元，融资租赁率超过 80%。

（2）智能音箱

我国智能音箱发展相较于国外虽起步较晚，但在互联网领军企业的争相布局下，于 2018 年取得爆发性增长，展现出巨大的潜在市场空间。阿里巴巴持续探索不同形态的智能音箱产品，在 2018 年 3 月发布天猫精灵 M1 曲奇，6 月发布天猫精灵方糖，凭借对图像识别、物体检测、情感反馈等人工智能技术的集成，不断提升产品竞争力，打造国内最大智能音箱品牌。京东作为国内较早布局智能音箱的互联网企业，与英特尔联合在 2018 年 5 月发布叮咚 PLAY 和叮咚 mini2，拓展人脸识别、摄像头拍照、视频通话等应用场景，不断丰富产品线。百度在 2018 年 3 月、6 月陆续推出小度在家和低价小度智能音箱，后来居上迅速占领较大市场份额。据分析，中国 2018 年智能音箱出货量达到 2190 万台，且 2019 年预计将

---

[1] 树根互联.

[2] 徐工信息.

实现 35%增长[1]。

（3）智慧路灯

通过在灯杆上搭载各种传感器和感知设备，并集成充电桩、信息显示屏、无线 WiFi、通信基站、应急报警、城市广播等功能的智慧路灯，已经成为智慧城市建设的重要载体设施，2018 年在国内多个城市加快试点建设。天津市生态城在 2018 年 3 月建设 379 组智慧路灯，在照明调节的基础上集成信息显示屏、交通路况监测、安防监控、空气质量监测、语音报警求助等功能，成为智慧生态城建设的重要支撑。重庆市永川区新城针对原有市政道路照明灯存在的能耗高、灯光暗、维护成本高等问题，在 2018 年 1 月实施绿色照明科技节能改造，部署 3389 盏基于物联网技术的智能路灯，预计每年可节约电费约 180 万元和管理费用约 40 余万元。在雄安新区智能城市建设中，数知科技在 2018 年年底中标洪渠智慧路灯项目，将部署 400 余根集成多种智能化应用的智慧路灯。

6.8　发展趋势

（1）物联网新型基础设施支撑能力进一步加强

中央经济工作会议提出 2019 年将加强物联网等新型基础设施建设，促进行业转型和高质量发展，形成强大国内市场。物联网定位开始下沉，从战略新兴产业到基础设施，成为全面构筑经济社会数字化转型的关键基础设施。网络基础设施方面，国内 NB-IoT 基站已超过 100 万个，从广覆盖开始走向深度覆盖，网络优化和深度覆盖将为助力开拓更多的创新应用场景。而中国 5G 将于 2019 年试商用，2020 年规模商用。5G 三大应用场景，包括增强移动宽带、超高可靠低时延通信、海量机器类通信，均为万物互联提供重要支撑，5G 时代从人到物将打开垂直行业新空间。物联网平台逐步完成首轮洗牌，形成"龙头企业+创新企业"互补融合态势，平台开放性不断提升，龙头企业重要组件开源，向各行各业赋能，水平化通用平台和垂直领域服务平台互相渗透，平台之间的互连互通逐步增强。

（2）规模应用渗透领域不断扩展和深化

一是传统产业智能化升级将驱动物联网应用进一步深化。当前物联网应用正在向工业研发、制造、管理、服务等业务全流程渗透，农业、交通、零售等行业物联网集成应用试点也在加速开展。二是消费物联网应用市场潜力将逐步释放。全屋智能、健康管理可穿戴设备、智能门锁、车载智能终端等消费领域市场保持高速增长，共享经济蓬勃发展，"双创"新活力持续迸发。三是新型智慧城市全面落地实施将带动物联网规模应用和开环应用。全国智慧城市由分批试点步入全面建设阶段，促使物联网从小范围局部性应用向较大范围规模化应用转变，从垂直应用和闭环应用向跨界融合、水平化和开环应用转变。

（3）物联网安全、治理等重要性不断凸显

物联网节点分布广、数量多、应用环境复杂，计算和存储能力有限，无法应用常规的安全防护手段，使得物联网的安全性相对脆弱。当前，物联网在工业、能源、电力、交通等国

---

[1] Canalys.

家战略性基础行业应用不断深化，在消费领域采集信息涉及大量隐私数据，一旦发生安全问题，将造成难以估量的损失。物联网安全问题已经引起全球高度重视，美国政府持续加大物联网安全的政策部署，德国出于隐私数据泄露问题也对可穿戴设备制定相关条例。我国也在尽快提升物联网安全保障能力，研发国家级工业互联网安全监测与态势感知平台，形成覆盖工业互联网平台、工业互联网应用设备及系统、数据安全的综合性安全监测平台，并不断扩大联动范围、深化监测能力，为工业互联网安全监管提供支撑。

（王思博、夏磊、关欣、罗松、陈敏）

第7章　2018 年中国车联网发展状况

7.1　发展环境

2018 年是中国车联网发展的关键之年，多个国家级顶层设计政策文件陆续发布，多项重点瓶颈取得突破，车联网产业政策环境逐步完善，产业发展开始进入快车道。

2018 年 1 月，国家发改委发布《智能汽车创新发展战略（征求意见稿）》，提出我国智能汽车发展的战略思路。

2017 年 11 月至 2018 年 6 月，工信部与国家标准委联合陆续印发了《国家车联网产业标准体系建设指南（总体要求）》《国家车联网产业标准体系建设指南（智能网联汽车）》《国家车联网产业标准体系建设指南（信息通信）》《国家车联网产业标准体系建设指南（电子产品和服务）》系列文件，指导我国车联网产业标准制定。

2018 年 4 月，工信部、公安部、交通运输部联合发布了《智能网联汽车道路测试管理规范（试行）》，我国智能联网汽车上路测试取得政策突破。在该文件指导下，北京、上海、保定、重庆、深圳、平潭、长春、长沙、广州、天津、杭州、江苏省、肇庆、济南、广东省等省或市级政府纷纷出台道路测试管理规定或组则。

2018 年 11 月，工信部于印发了《车联网（智能网联汽车）直连通信使用 5905～5925MHz 频段管理规定（暂行）》，授权 5905～5925MHz 频率资源用于 LTE-V2X 直连通信技术，LTE-V2X 向规模化商用迈出重要一步。2019 年 2 月，海南省无线电监督管理局、天津市工业和信息化局分别向中国铁塔股份有限公司海南省分公司和天津市马可尼信息技术有限公司颁发 5905～5925MHz 频段车联网（智能网联汽车）试验频率使用许可。

2018 年 11 月 17 日，国家制造强国建设领导小组"车联网产业发展专项委员会"第二次全体会议在河北雄安召开，会议将 LTE-V2X、5G 等通信网络部署与汽车、智能交通、交通管理协同推进作为工作重点。同时，工信部、公安部、交通运输部和雄安新区共同签署了《关于在雄安新区开展车联网及智能交通示范应用的合作协议》。

2018 年 12 月，工信部印发《车联网（智能网联汽车）产业发展行动计划》，提出明确的阶段性发展目标，以及关键技术、标准、基础设施、综合应用、安全保障等重点任务，指导我国车联网和智能网联汽车产业发展。

7.2 发展特点

（1）LTE-V2X 技术作为车联网重要演进方向，已达成业界共识

V2X 技术是车联网产业的重要技术方向，2018 年我国 LTE-V2X 研发取得积极进展，已初步形成覆盖 LTE-V2X 芯片、终端和系统的完整产业链。大唐、华为等公司全球首批发布 LTE-V2X 通信芯片，涌现出大唐、华为、星云互联、东软、金溢、万集科技、华励智行、千方科技、中国移动等一批 LTE-V2X 终端提供商。汽车、交通、通信和交通管理等行业正在协同推动 LTE-V2X 应用和发展。

2017 年 11 月，大唐发布了 LTE-V2X 通信模组 DMD31，2018 年大唐陆续与吉利、福特、长城、广汽、北汽、东风等十余家国内外知名汽车企业合作验证 LTE-V2X 技术与产品，支持国内领先的十余家企业开展车载 LTE-V2X 终端产品研发。2018 年 8 月重庆智博会期间，i-VISTA 自动驾驶挑战赛首次引入 LTE-V2X 技术，大唐为 13 家参赛队伍提供 LTE-V2X 解决方案。2018 年 9 月，大唐与厦门市公交集团合作，采用 LTE-V2X 和 5G 设备打造面向商用的 BRT 智能网联车路协同系统。2019 年 4 月，中国信科集团与阿尔卑斯共同发布了"车规级"LTE-V2X 模组 DMD3A，提供更适用于车载前装市场的 LTE-V2X 车载终端产品。

2018 年 2 月，华为在巴塞罗那世界移动通信大会发布 Balong765 芯片，实现 LTE-V2X Uu 和 PC5 双空口支持。2018 年 6 月，华为在上海 MWC 大会发布 LTE-V2X 商用 RSU 解决方案，在德国汉诺威"2018 国际消费电子信息及通信博览会（CEBIT 2018）"上发布 OceanConnect 车联网平台。2018 年 9 月，在无锡世界物联网博览会推出 LTE-V2X T-Box 和 V2X server，华为已形成覆盖云、管、端 LTE-V2X 系列解决方案。2018 年 12 月，北京首发集团、华为、奥迪联合发起全球首条 LTE-V2X 智慧高速在北京延崇高速路段开通试验。2019 年 2 月世界移动大会期间，华为端到端 LTE-V2X 车路协同商用解决方案获得最佳汽车移动创新奖（Best Mobile Technology for Automobile）。2019 年 3 月，海南博鳌亚洲论坛年会期间，华为联合相关单位承建了海南博鳌乐城智能网联示范区项目，将 LTE-V2X 技术与 5G eMBB 应用结合。

2018 年下半年，中国信息通信研究院联合产业力量共同完成了实验室和外场环境下的 LTE-V2X 端到端通信功能、性能和互操作测试。中国智能网联汽车产业创新联盟、IMT-2020（5G）推进组 C-V2X 工作组、上海国际汽车城（集团）有限公司等在上海开展了世界首例跨通信模组、跨终端、跨整车厂商的"三跨"LTE-V2X 互联互通应用示范，有效验证了 LTE-V2X 互联互通效果和能力。

2018 年 11 月 17 日，国家制造强国建设领导小组"车联网产业发展专项委员会"第二次全体会议期间，全国汽车标准化技术委员会、全国智能运输系统标准化技术委员会、全国通信标准化技术委员会和全国道路交通管理标准化技术委员会共同签署了《关于加强汽车、智能交通、通信及交通管理 C-V2X 标准合作的框架协议》，四方将共同推动 C-V2X 等新一代信息通信技术在汽车、智能交通及交通管理中的应用。

（2）车联网示范区建设陆续落地

近几年，工信部大力支持车联网、智能网联汽车和智能交通示范区建设，陆续形成了北

京、河北、上海、浙江、重庆、吉林、湖北、江苏无锡、广州、成都等示范区和测试基地。2018 年 11 月，工信部授牌湖南湘江新区建设"国家智能网联汽车（长沙）测试区"，我国初步形成了覆盖全国并各具区域特色的测试示范区。2018 年年底，工信部已启动"车联网先导区"建设工作，推动技术和应用从试验走向商用，通过先导区形成一系列可复制、可推广的产品和解决方案，为车联网普遍服务和规模发展提供支持。

交通运输部也在积极推动智慧公路和自动驾驶发展，2018 年 2 月，交通运输部发布《关于加快推进新一代国家交通控制网和智慧公路试点的通知》，支持北京、河北、吉林、江苏、浙江、福建、江西、河南、广东九省市开展新一代国家交通控制网和智慧公路试点。2018 年 12 月，北京市首都公路发展集团有限公司及其下属北京速通科技有限公司、华为和奥迪于延崇高速公路封闭路段进行了 L4 级自动驾驶，以及基于 C-V2X 的车路协同演示，车路协同及支持自动驾驶的智慧道路发展成为各界关注重点。

7.3　市场规模

2018 年，我国车联网产业发展迅速，中国移动、中国电信、中国联通三大运营商车联网终端连接数突破 1.4 亿，互联网移动出行用户数接近 5 亿。

截至 2019 年 3 月，中国移动车联网终端连接数约 6100 万，占中国移动物联网终端总数 12.3%。同时，中国移动正在积极布局 C-V2X 核心技术研发，2018 年 6 月发布了自主研发的 V2X 平台，支持路侧单元与车载终端之间实时 V2X 通信及辅助驾驶业务。2018 年 12 月，中国移动联合上海移远通信发布支持 Uu+PC5 接口的 LTE-V2X 车载通信模组。2018 年，中国移动、公安部交科所、华为、无锡交警、中国信息通信研究院、天安智联共同发起，并联合一汽、奥迪、福特等 23 家合作伙伴在无锡打造全球首个 C-V2X 车联网城市级规模示范应用。2018 年 6 月，中国移动联合上汽集团、华为在上海世界移动通信大会上展示基于 5G 远程遥控编队驾驶与 V2X 车路协同应用。

截至 2018 年年底，中国电信车联网终端连接数 2000 余万，其中前装用户超过 400 万名。2018 年，中国电信在雄安新区开展 5G 智能车联网示范区自动驾驶外场测试建设运营项目，目前已开通 50 个 5G 站点，联合百度、京东、美团、驭势、中兴在雄安开展 5G 无人驾驶协同测试，并与百度合作建设雄安无人载具综合监管调度平台。另外，中国电信分别与百度、大唐、安波福等合作在北京、重庆、苏州等地进行 LTE-V2X、5G 网络建设和试验，与华为和爱立信合作搭建车联网全球连接平台，与中兴软创合作搭建 eSIM 运营平台，与高新兴合作推出车载终端产品，在车联网云、管、端多层面开展探索。

截至 2019 年 3 月，中国联通整车企业客户达 75 家，车联网终端连接数约 6000 万。2018 年 8 月，联通智网科技有限公司入选国务院国企改革"双百行动"开展混合所有制改革，与百度、阿里巴巴、腾讯、滴滴等互联网企业在自动驾驶、车路协同、智慧交通领域深度合作。2018 年 9 月，中国联通与宝马签署面向 2021 宝马互联驾驶的"下一代移动通信业务合作协议"。2018 年 10 月，联通智网科技成立了中国联通车辆智能网联研究院，聚焦 5G/ V2X 技术的前瞻布局和产品研发。截至 2019 年 3 月，联通智网科技呼叫中心座席数达 1300 个，成为全球最大车联网呼叫中心服务提供商。

除电信运营商车联网市场外，我国互联网企业也在积极发展车联网移动出行业务，其中，滴滴已经成为中国最大的移动出行平台，在中国400余座城市提供出租车、专车、快车、顺风车、豪华车、公交、小巴、代驾、租车、企业级等出行服务，用户规模超过4亿人，签约司机和车主约3000万人，日订单峰值达3000万单。2018年全年提供超过70亿次的移动出行服务。除移动出行服务外，滴滴正积极布局智慧交通与无人驾驶，截至2018年年底，陆续在北京、苏州、硅谷、多伦多等建立自动驾驶研发测试中心或实验室。2018年4月，滴滴与大众、丰田、一汽、比亚迪等31家汽车产业链企业发起成立"洪流联盟"，开展未来共享出行汽车和智能驾驶技术研发。2018年5月，滴滴获得美国加利福尼亚州上路测试许可。滴滴等互联网移动出行企业正在致力于出行服务和自动驾驶的融合发展。

7.4 关键技术

7.4.1 汽车电子技术

汽车电子技术主要分为三类，第一类是利用电子系统对车辆机械系统进行管理、控制和状态显示，如动力、底盘、车身机电控制、数字仪表显示系统等；第二类是通信、运算、存储及影音多媒体等网联化、信息化功能被集成到汽车上，通过连网和服务提高车辆驾驶环境的舒适性和便捷性，形成车载信息娱乐系统；第三类是通过引入环境感知系统、增强的通信技术、控制决策和学习计算能力，增强汽车的智能化和网联化水平，提高汽车主动预警、辅助和自动驾驶的能力，形成环境感知、中央决策与底层控制等主动安全驾驶系统。目前，第一类汽车电子已相对成熟，创新重心转移到第二类和第三类汽车电子领域，信息娱乐、辅助/自动驾驶处于快速发展期。

7.4.2 V2X通信

车用无线通信技术（Vehicle to Everything，V2X）是将车辆与一切事物相连接的新一代信息通信技术，支持实现车与车（Vehicle to Vehicle，V2V）、车与路侧基础设施（Vehicle to Infrastructure，V2I）、车与人（Vehicle to Pedestrian，V2P）、车与云平台（Vehicle to Network/Cloud，V2N/V2C）的全方位连接和信息交互。目前，国际上主流的V2X无线通信技术有IEEE802.11p和C-V2X（Cellular-V2X）两条技术路线，其中C-V2X现阶段以LTE-V2X为主，未来向5G V2X演进。

V2V是指通过车载终端进行车辆间的通信，可以实时获取周围车辆的车速、车辆位置、行车情况等信息，车辆间也可以构成一个互动的平台，实时交换文字、图片和视频等信息，V2V通信主要应用于避免或减少交通事故、车辆监督管理等。V2I是指车载设备与路侧基础设施（如红绿灯、交通摄像头、路侧单元等）进行通信，路侧基础设施也可以获取附近区域车辆的信息并发布各种实时信息，V2I通信主要应用于实时信息服务、车辆监控管理、不停车收费等。V2P是指弱势交通群体（包括行人、骑行者等）使用用户设备（如手机、穿戴设备等）与车载设备进行通信，V2P通信主要应用于避免或减少交通事故、信息服务等。V2N/V2C是指车载设备通过接入网/核心网与云平台连接，云平台与车辆之间进行数据交互，并对获取的数据进行存储和处理，提供车辆所需的各类应用服务，V2N/V2C 通信主要应用于车辆导航、车辆远程监控、紧急救援、信息娱乐服务等。

7.4.3　多接入边缘计算

多接入边缘计算（Multi-access Edge Computing，MEC）技术通过在网络边缘处部署平台化的网络节点，为用户提供低时延、高带宽的网络环境及高算力、大存储、个性化的服务能力。MEC 技术与车联网融合，可将车联网业务部署在 MEC 平台上，借助 C-V2X 的 Uu 接口或 PC5 接口支持实现"人—车—路—云"协同交互，可以降低端到端数据传输时延，缓解终端或路侧智能设施的计算与存储压力，减少海量数据回传造成的网络负荷，提供具备本地特色的高质量服务。

7.4.4　车联网安全

车联网安全涉及面广，包括智能网联汽车和智能终端安全、无线通信安全、车联网信息服务云平台安全等重点内容，跨越"云""管""端"三层结构。同时，车联网数据安全和用户个人信息保护贯穿于车联网的各个环节。V2X 通信安全身份认证、车联网终端安全防护、数据和隐私保护等关键技术急需加快研究部署，为车联网高速发展保驾护航。网络安全视角下的车联网如图 7.1 所示。

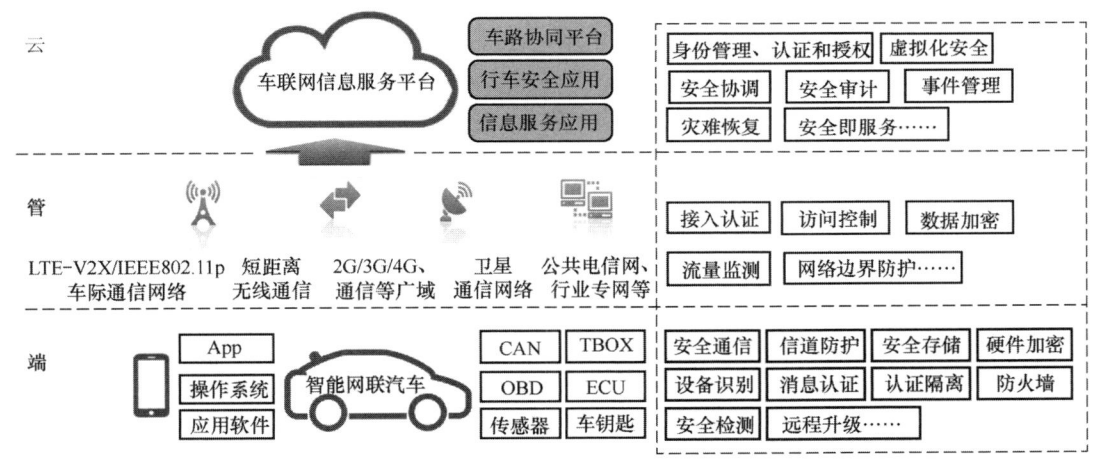

图7.1　网络安全视角下的车联网

数据来源：中国信息通信研究院

7.5　典型案例

（1）无锡车联网（LTE-V2X）城市级示范应用重大项目

2018 年 5 月，在工信部、公安部和江苏省政府的支持下，中国移动、公安部交通管理科学研究所、华为、无锡公安交警支队、中国信息通信研究院、江苏天安智联 6 家核心单位发起，联合产业链上下游 23 家企业在无锡启动了全球首个城市级车联网（LTE-V2X）示范应用项目。

项目以"人—车—路—云"系统协同为基础，建设了包括核心城区、5 条城市快速路、1 条城际高速公路的 240 个交通路口，覆盖约 170 平方千米的大规模城市级车联网 LTE-V2X 网络。建成了 6 千米半封闭城市道路、4.1 千米封闭高速道路和 180 亩国家智能交通综合测试基地 3 种自动驾驶综合测试环境。项目基于 LTE-V2X 技术，提供覆盖 V2I、V2V、V2P、V2N 的交通红绿灯信息推送、车速引导、交通事件提醒、主动安全预警、周边交通状况实时获取等 12 大类 26 项应用场景信息服务，面向全市急救车、消防车、公交车等社会服务车辆，测试验证了优先通行的服务场景。

项目于 2018 年 9 月正式上线运行，目前已发展 LTE-V2X 车载前后装用户、行业用户 2.2 万，初步形成了涵盖测试、应用、运营的车联网生态。下一步，无锡示范应用项目将继续丰富道路类型、扩展应用场景，探索应用模式，并计划在 2020 年在无锡全市实现车联网全覆盖。

（2）世界首例 V2X"三跨"互联互通应用展示

2018 年 11 月 4—8 日中国汽车工程学会年会暨展览会（SAECCE2018）期间，中国智能网联汽车创新联盟、IMT-2020（5G）推进组 C-V2X 工作组、上海国际汽车城（集团）有限公司在上海联合举办了世界首例跨通信模组、跨终端、跨整车厂商的"三跨"LTE-V2X 互联互通应用展示。

参与此次活动的单位包括大唐、华为、高通 3 家通信模组厂家，大唐、华为、星云互联、东软睿驰、金溢、SAVARI、华砾智行、千方科技共 8 家 LTE-V2X 终端提供商，北汽、长安、上汽、通用、福特、宝马、吉利、奥迪、长城、东风、北汽新能源共 11 家中外整车企业，中国信息通信研究院提供了实验室的端到端互操作和协议一致性测试验证。

V2X"三跨"活动采用 3GPP R14 LTE-V2X PC5 直连通信技术，使用工信部《车联网（智能网联汽车）直连通信使用 5905～5925MHz 频段的管理规定（暂行）》的工作频段，采用《合作式智能运输系统 专用短程通信 第 3 部分：网络层和应用层规范》《合作式智能运输系统 车用通信系统 应用层及应用数据交互标准》等 LTE-V2X 网络层和应用层中国标准。"三跨"展示选取了典型的车与车、车与路应用场景，全球范围首次实现了来自不同产业环节、不同国家、不同品牌之间的产品和应用互联互通，验证了我国 LTE-V2X 全协议栈标准的有效性，成为推动我国 LTE-V2X 大规模应用部署和产业生态体系构建的重要一步。

（3）百度 Apollo 自动驾驶平台

百度 Apollo 自动驾驶平台整合国内外优势资源，已成长为全球顶级自动驾驶生态体系。截至 2018 年年底平台上开发者已遍布五大洲，拥有 130 余家生态合作伙伴，覆盖整车厂、Tier 1（一级供应商）、零部件厂商、出行服务商、研究院校等产业链各个环节，具体如表 7.1 所示。

表 7.1　Apollo 自动驾驶平台主要合作伙伴

序号	产业链环节	主要厂商
1	整车厂	戴姆勒、大众、宝马、福特、本田、沃尔沃、雪铁龙等
2	Tier 1（一级供应商）	博世、大陆、德尔福、威伯科等

续表

序号	产业链环节	主要厂商
3	关键零部件厂商	英伟达、英特尔、恩智浦、瑞萨电子、威力登等
4	出行服务商	首汽、千方科技等
5	通信厂商	中兴、大唐电信等

Apollo 平台保持快速迭代，目前已发布了支持复杂城市道路自动驾驶能力的 3.5 版本，已开源超过 39 万条代码，在全球有 97 个国家超过 1.5 万名开发者已经加入 Apollo 自动驾驶开源项目（见表 7.2）。平台全面支持英特尔、恩智浦、英伟达、瑞萨四大主流软硬件计算平台，已经在卡车、挖掘机、巴士、物流车、清扫车、农机等多种产品上应用。

表 7.2　Apollo 自动驾驶平台发布情况

序号	开放版本	自动驾驶能力	发布时间	状态
1	Apollo 1.0	封闭场地循迹自动驾驶能力	2017 年 7 月	已开放
2	Apollo 1.5	固定车道自动驾驶能力	2017 年 9 月	已开放
3	Apollo 2.0	简单城市路况自动驾驶能力	2018 年 1 月	已开放
4	Apollo 2.5	限定区域视觉高速自动驾驶能力	2018 年 4 月	已开放
5	Apollo 3.0	可量产园区低速自动驾驶能力	2018 年 7 月	已发布
6	Apollo 3.5	复杂城市道路的自动驾驶等能力	2019 年 1 月	已发布

2018 年 7 月，百度量产下线 L4 级园区微循环巴士"阿波龙"和自动驾驶物流车。2018 年 11 月，百度与一汽红旗达成合作，双方联合推出 L4 级自动驾驶乘用车量产计划；2018 年 11 月，与沃尔沃达成合作，打造 L4 自动驾驶乘用车深度定制联合研发车型；2018 年年底，Apollo 平台正式开源车路协同方案。截至 2018 年年底，百度累计申请获得 52 辆车辆的测试牌照，覆盖北京、天津、保定、长沙、重庆等城市。

（汤立波、葛雨明、于润东、余冰雁、刘玮、周光涛、胡金玲、高永强、殷骏）

第 8 章　2018 年中国大数据发展状况

8.1　发展环境

过去几年，大数据理念已经深入人心，"用数据说话"已经成为所有人的共识，数据也成了堪比石油、黄金、钻石的战略资源。近年来，我国大数据产业政策日渐完善，技术、应用和产业都取得了非常明显的进步。

2016 年"国家大数据战略"在《中华人民共和国国民经济和社会发展第十三个五年规划纲要》中被正式提出。2018 年 4 月，习近平总书记在全国网络安全和信息化工作会议上明确指出，要发展数字经济，加快推动数字产业化，依靠信息技术创新驱动，不断催生新产业、新业态、新模式，用新动能推动新发展。要推动产业数字化，利用互联网新技术新应用对传统产业进行全方位、全角度、全链条的改造，提高全要素生产率，释放数字对经济发展的放大、叠加、倍增作用。要推动互联网、大数据、人工智能和实体经济深度融合，加快制造业、农业、服务业数字化、网络化、智能化。

数据作为数字经济时代的关键生产因素，持续受到中央及地方政府重视。自 2015 年开始，国务院、工信部、财政部、教育部等部门相继制定了一系列大数据产业政策。各部委出台大数据产业政策的情况如图 8.1 所示。

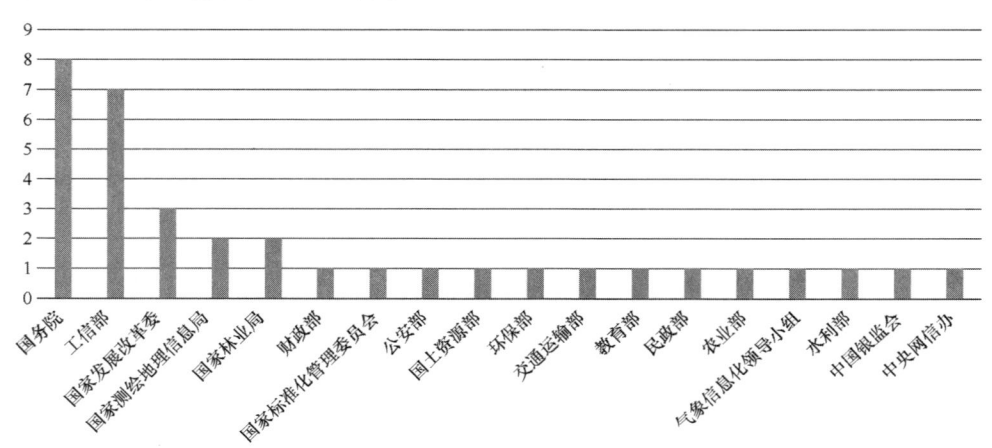

图8.1　各部委出台大数据产业政策的情况

截至 2018 年 8 月底，全国 31 个省级政府均发布了大数据相关的政策，各地大数据政策已达 160 份，涉及总体规划、实施方案、年度任务要点及专项政策等文件。十余个省（直辖市、自治区）专门设置了大数据的管理部门，统筹推进大数据发展，为大数据发展营造了良好的氛围，呈现出京津冀、长三角、珠三角、中西部、东北部等全面开花的格局。

总体来看，我国的大数据产业政策环境正在从宏观指导的阶段，逐步向更加务实、更具可操作性的方向发展，与各地实际工作结合得更为紧密，提出的工作任务、配套措施更聚焦，对产业发展更具推动力。

8.2　发展特点

（1）顶层设计持续完善，政策机制日益健全

党的十九大提出"推动互联网、大数据、人工智能和实体经济深度融合"，习近平总书记在政治局集体学习中深刻分析了我国大数据发展的现状和趋势，对我国实施国家大数据战略提出了更高的要求。

2018 年，全国各地加强贯彻落实《促进大数据发展行动纲要》《大数据产业发展规划（2016—2020 年）》及相关政策，10 多个地方已经设置了省级大数据管理机构，30 多个省市制定实施了大数据相关政策文件，多层次协同推进机制基本形成。

（2）区域布局逐步优化，产业规模不断壮大

目前，我国已经建设了 8 个国家大数据综合试验区和 5 个国家大数据新型工业化示范基地，开展大数据方面的实践探索，区域布局逐步优化。

8 个国家大数据综合试验区包括全国首个大数据综合试验区——贵州，两个跨区域类综合试验区——京津冀、珠江三角洲，四个区域示范类综合试验区——上海、河南、重庆、沈阳，以及一个大数据基础设施统筹发展类综合试验区——内蒙古。

5 个国家大数据新型工业化示范基地分别是河北承德县高新技术产业开发区新型工业化产业示范基地、内蒙古和林格尔新区新型工业化产业示范基地、上海静安区新型工业化产业示范基地、成都崇州经济开发区新型工业化产业示范基地和贵州贵安综合保税区（贵安电子信息产业园）。

国家大数据综合试验区和新型工业化示范基地的设立，将在大数据制度创新、公共数据开放共享、大数据创新应用、大数据产业聚集、大数据要素流通、数据中心整合利用、大数据国际交流合作等方面进行试验探索，推动我国大数据创新发展。

（3）技术不断创新突破，软硬件产品界限被打破

过去几年，我国大数据软、硬件自主研发的实力快速提升，一大批大数据的技术和平台处理能力也开始跻身世界的前列。国内骨干企业已经具备了自主开发建设和运维超大规模大数据平台的能力，一批大数据及智慧城市方面的独角兽企业快速崛起，大数据领域的专利申请数量逐年增加。

为更广泛地覆盖数据生产加工流程，延长其产品和服务在数据生命周期中的作用范围，大数据产业的参与企业逐渐打破硬件和软件的产品界限，形成了"硬件带动软件"和"软件带动硬件"两种新型商业模式。浪潮推出的 SmartRack 系列整机柜服务器，针对深度学习应

用、社交数据存储、热数据处理等不同数据处理场景制定了多种混搭架构方案，以一体机的方式实现硬件设施和软件管理的集成交付。阿里巴巴发布的数据平台率先探索以"软件带动硬件"的市场营销模式，该平台通过提供数据计算引擎、机器学习等开放服务，将阿里云的计算、存储等多种资源有机地组织在一起形成解决方案，有效扩展了阿里云在实际生产环境中的部署推广途径。

（4）行业应用逐渐深入，不断带动经济发展

全国各地积极组织了大数据产品和应用的解决方案的案例集，以及优秀解决方案的遴选等工作，并积极组织开展了大数据产业发展试点和示范项目活动，加快推动大数据和实体经济深度融合。目前，我国的大数据技术已经在电商、广告和搜索等行业得到比较广泛的应用并不断深入。金融、电信、医疗、教育、制造等行业也正在以大数据作为重要抓手来发展跨界的应用，推进"互联网+"发展。

随着互联网各类网络应用的不断深入，中国的大数据技术与应用的快速发展已成为不容忽视的事实。国内各 IT 企业，特别是大型互联网企业，都开始对大数据的存储、处理和应用进行战略布局。百度凭借其长期积累的用户搜索记录推出了开放"大数据引擎"，通过百度搜索服务提供"即搜即得"的高效数据展现。阿里云从基础的弹性资源供给逐渐扩展服务类型，研发并提供了支持 PB 级数据存储的分布式关系型数据库（PetaData）等一系列数据支撑产品。腾讯不仅在各大产品线中都设置了数据挖掘团队，还在和一些第三方数据挖掘公司、营销公司展开合作洽谈，充分挖掘用户在网上的行为、关系、UGC（用户产生的内容）等数据，从而提高营销效率。

总体来说，我国大数据产业快速发展，为提升政府治理能力，优化公共民生服务、促进经济转型和创新发展做出了积极贡献，成为推动经济社会发展的新动能。

8.3　市场规模

根据中国信通院调研测算，未来几年我国大数据产业将保持在 10%～15%的发展增速，2018 年产业规模达到 5405 亿元，较 2017 年的 4700 亿元同比增长 15%，2019 年有望达到 6216 亿元，如图 8.2 所示。这里对大数据产业的统计口径为：指以数据生产、采集、存储、加工、分析、服务为主的相关活动，包括数据资源建设、大数据软硬件产品的开发、销售和租赁活动，以及相关信息技术服务。

上述大数据产业市场规模的测算结果，是基于我国电子信息产业发展速度趋缓的情况下，综合考虑欧盟等国家组织加大数据保护、中美贸易摩擦等因素的影响后得到的。

根据工信部发布的数据，我国自 2013 年以来的 5 年时间，电子信息产业呈现稳步发展态势，其中 2014—2017 年，整个电子信息产业增速均小幅减少。造成这种状况的原因是多方面的。一是我国的电子信息产业自改革开放以来，经历了从无到有、从小到大的发展过程，目前整个产业规模已经非常巨大，其增长速度必然放缓。二是由于按照摩尔定律，电子产品价格稳步下降。三是最近几年我国整体经济面临较大下行压力，对电子信息产业造成影响。2013—2017 年中国电子信息产业的市场规模如图 8.3 所示。

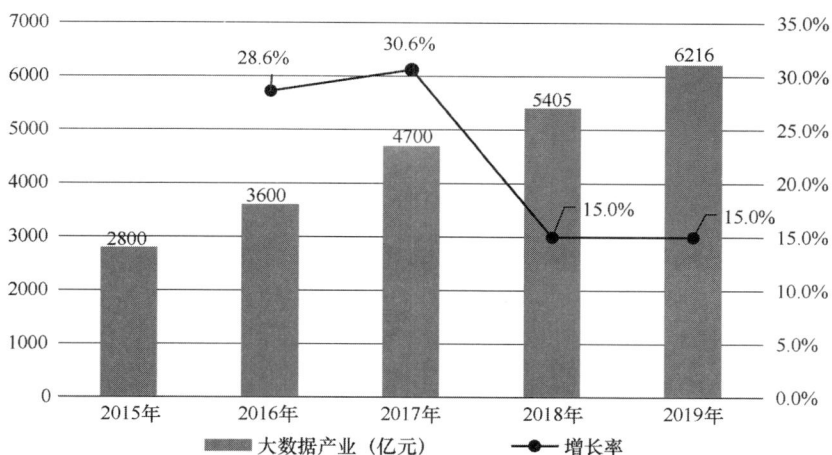

图8.2　2015—2019年中国大数据产业市场规模趋势

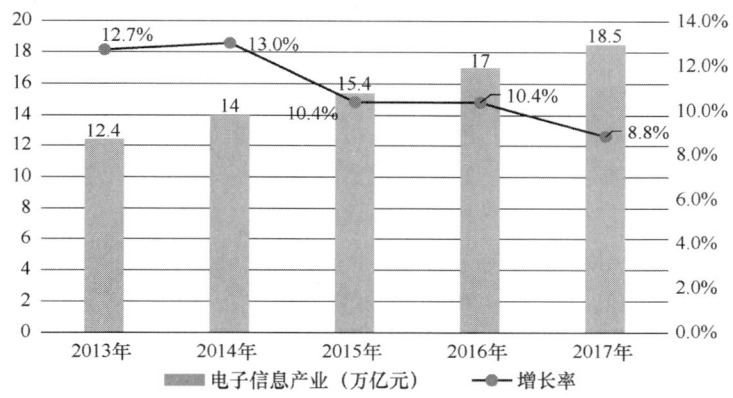

图8.3　2013—2017年中国电子信息产业的市场规模

数据交易市场方面，近年来受合规性因素影响，下滑趋势明显。2018—2019 年无新增的大规模数据交易机构，之前已有的数据交易机构也在积极调整业务中。随着相关法律法规实施细则的落实与相关标准的推出，预期 2019—2020 年数据交易产业将回暖。

8.4　关键技术

2018 年，以分析类技术、事务处理技术和流通类技术为代表的大数据技术得到了快速发展。以开源为主导、多种技术和架构并存的大数据技术架构体系已经初步形成。大数据技术的计算性能进一步提升，处理时延不断降低，硬件能力得到充分挖掘，与各种数据库的融合能力继续增强。

8.4.1　数据分析技术

从数据在信息系统中的生命周期看，数据分析技术生态主要有 5 个发展方向，包括数据采集与传输、数据存储与管理、计算处理引擎、数据查询与分析、数据可视化展现。

（1）数据采集与传输

在数据采集与传输领域渐渐形成了 Sqoop、Flume、Kafka 等一系列开源技术，兼顾离线和实时数据的采集和传输。

（2）数据存储与管理

在存储层，HDFS 已经成为大数据磁盘存储的事实标准，针对关系型以外的数据模型，开源社区形成了 K-V（key-value）、列式、文档、图这四类 NoSQL 数据库体系，Redis、HBase、Cassandra、MongoDB、Neo4j 等数据库是各个领域的领先者。

（3）计算处理引擎

在计算处理引擎方面，Spark 已经取代 MapReduce 成为大数据平台统一的计算平台，在实时计算领域，Flink 是 Spark Streaming 强有力的竞争者。

（4）数据查询与分析

在数据查询和分析领域形成了丰富的 SQL on Hadoop 的解决方案，Hive、HAWQ、Impala、Presto、Spark SQL 等技术与传统的大规模并行处理（Massively Parallel Processor，MPP）数据库竞争激烈，Hive 还是这个领域当之无愧的王者。

（5）数据可视化展现

在数据可视化领域，敏捷商业智能（Business Intelligence，BI）分析工具 Tableau、QlikView 通过简单的拖拽来实现数据的复杂展示，是目前最受欢迎的可视化展现方式。

经过 10 多年的发展，数据分析的技术体系渐渐在完善自己的不足，也融合了很多传统数据库和 MPP 数据库的优点，从技术的演进来看，大数据技术正在向计算性能更高、流处理能力加强、硬件能力重充分挖掘、支持 SQL、支持深度学习的方向不断发展。

8.4.2　事务处理技术

传统事务技术模式以集中式数据库的单点架构为主，但随着移动互联网的快速发展，智能终端数量呈现爆炸式增长，传统技术并不能支持大规模的并发事务处理，新一代分布式数据库技术应运而生。事务型数据库架构演进图如图 8.4 所示。

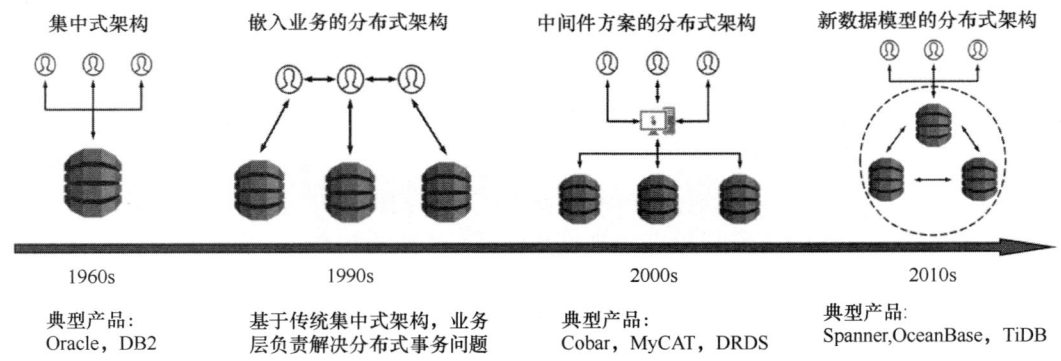

图8.4　事务型数据库架构演进图

经过多年发展，当前分布式事务架构正处在快速演进的阶段，综合学术界及产业界工作成果，目前主要分为三类。

（1）基于原有单机事务处理关系数据库的分布式架构改造

利用原有单机事务处理数据库的成熟度优势，通过在独立应用层面建立起数据分片和数据路由的规则，建立一套复合型的分布式事务处理数据库的架构。

（2）基于新的分布式事务数据库的工程设计思路的突破

通过全新设计关系数据库的核心存储和计算层，将分布式计算和分布式存储的设计思路和架构直接植入数据库的引擎设计中，提供对业务透明和非侵入式的数据管理和操作/处理能力。

（3）基于新的分布式关系数据模型理论的突破

通过设计全新的分布式关系数据管理模型，从数据组织和管理的最核心理论层面，构造出完全不同于传统单机事务数据库的架构，从数据库的数据模型的根源上解决分布式关系数据库的架构。

大数据事务处理类技术体系的快速演进正在消除日益增长的数字社会需求同旧式的信息架构缺陷，未来人类行为方式、经济格局及商业模式将会随大数据事务处理类技术体系的成熟而发生重大变革。

8.4.3　数据流通技术

数据流通是释放数据价值的关键环节。然而数据流通也伴随着权属、质量、合规性、安全性等问题，这些问题成为制约数据流通的瓶颈。为解决这些问题，大数据从业者从诸多方面进行了探索。目前来看，从技术角度的探索是卓有成效和富有潜力的。

安全多方计算和区块链是近年来常用的两种技术框架。由于创造价值的往往是对数据进行加工、分析等运算的结果而非数据本身。所以对数据需求方来说，不触碰数据，但可以完成对数据的加工、分析操作，也是可以接受的。安全多方计算这个技术框架就实现了这一点。其围绕数据安全计算，通过独特的分布式计算技术和密码技术，有区分地、定制化地提供安全性服务，使得各参与方在无须对外提供原始数据的前提下实现了对与其数据有关的函数的计算，解决了一组互不信任的参与方之间保护隐私的协同计算问题。区块链技术中多个计算节点共同参与和记录，相互验证信息有效性，既进行了数据信息防伪，又提供了数据流通的可追溯路径。业务平台中授权和业务流程的解耦对数据流通中的溯源、数据交易、智能合约的引入有了实质性的进展。

除以上两种技术框架外，近年来还涌现出多种数据流通的技术工具，这里将其列表总结，如表 8.1 所示。

表 8.1　数据流通技术工具对比[1]

技术工具	同态加密	零知识证明	群签名	环签名	差分隐私
原理概述	对原始数据进行加密，使得加密数据和原始数据进行相同处理时，结果相同	证明者向验证者证明一个声明的有效性，而不会泄露除有效性之外的任何信息	允许群体中的任意成员以匿名方式代表整个群体对消息进行签名，并可公开验证	一种简化的群签名，环签名中只有环成员没有管理者，不需要环成员间的合作	通过添加噪声来达到隐私保护的目的

[1] 大数据发展促进委员会. 数据流通关键技术白皮书（1.0 版）2018 年.

续表

技术工具	同态加密	零知识证明	群签名	环签名	差分隐私
技术特点	可在不解密的情况下对密文进行计算和分析	证明者不需要任何事件相关数据，就能向验证者证明事件的真实可靠	能为签名者提供较好的匿名性，同时在必要时又通过可信管理方追溯签署者身份	不需要分配指定的密钥，无法撤销签名者的匿名性	具有严谨的统计学模型，能够提供可量化的隐私保证
适用领域	云计算、电子商务、物联网等	电子商务、金融、银行、电子货币等	公共资源管理、电子商务、金融等	云存储、电子货币等	电子商务、物联网等
成熟度	全同态加密理论上可行，商用化程度还需提高	通用场景的零知识证明理论较为成熟，性能优化后逐渐商用	广泛应用在网络安全中，需要提高计算效率	建立更好的安全性模型，与群签名、CPK 结合，优势互补	还需研究复杂数据的差分隐私保护和有效控制连续数据的累计误差

8.5　行业应用

近年来，在全球经济数字化浪潮的带动下，我国大数据与实体经济的融合应用不断拓展。大数据企业正在尝到与实体经济融合发展带来的"甜头"。利用大数据可以对实体经济行业进行市场需求分析、生产流程优化、供应链与物流管理、能源管理、提供智能客户服务等，这不但大大拓展了大数据企业的目标市场，更成为众多大数据企业技术进步的重要推动力。

随着融合深度的增强和市场潜力不断被挖掘，大数据在各行业的融合应用给企业带来的益处和价值正在日益显现。

电信大数据的应用场景主要有客户分析、客户迁移、精确营销、客户服务提升等，且不断对现有应用场景进行优化。

交通大数据通过减少拥堵、保障运行安全、提高货运效率、升级通行方式和构建服务管理监督机制 5 个方面提升交通效率。

医疗大数据有包括临床决策支持、健康及慢性病管理、医疗支付、医药研发、医疗管理等在内的多个主要应用场景。

城市规划大数据利用 GIS 技术等进行分析挖掘和可视化及商业选址决策。

然而总体来看，目前我国在大数据与实体经济融合领域整体上还处于发展初期。相对于发达国家，在融合行业数量、融合应用深度、融合业务规模、融合发展均衡性等方面还有一定差距。这一阶段主要特点如下。

（1）业务类型不均衡

大数据融合应用主要集中在外围业务上，而在核心业务方面的渗透程度还有待提高。调查显示[1]，在应用大数据的行业企业中，营销分析、客户分析和内部运营管理是应用最广泛的 3 个领域。61.7%的企业将大数据应用于营销分析，50.2%的企业将大数据应用于客户分析，将近 50%的企业将大数据应用于内部运营管理。相比之下大数据分析在产品设计、产品生产、

---

[1] 大数据发展促进委员会. 中国大数据发展调查报告. 2018.

企业供应链管理等核心业务的应用比例还有待提升，大规模应用尚未展开。

（2）地域分布不均衡

大数据融合应用在地区之间发展不均衡，各地大数据应用发展程度差距较大。受经济发达程度、人才聚集程度和技术发展水平影响，大数据应用的产学研力量仍主要分布在北京、上海、广东、浙江等东部发达地区。相关的数据显示[1]，中西部地区的大数据应用虽然市场需求较大，但发展水平仍较低。

（3）行业分布不均衡

大数据融合应用主要集中在部分行业中，大数据与金融、政务、电信等行业的融合效果较好，而在其他众多行业的融合效果则有待提高。

8.6　数据监管与治理

大数据时代数据安全监管更加迫切。由于大数据的泛在性、规模性和隐蔽性，使数据的管理产生了 3 个难题：难以监管、难以评估和难以应对。数据随时随地实时产生，但监管不能无孔不入，特别是冗杂的隐蔽数据，如果全面禁止商业收集和使用，就会影响相关行业发展，也会使监控成本飙升；如果不加以监控，又会引发数据滥用的风险，可能造成持续性、大范围、不可估量的结果。

近年来，各国政府开始通过立法等方式加强数据监管。我国虽然在顶层设计中对数据安全问题高度重视，但在各操作层面仍然有着认识不高、办法不多、措施乏力的安全隐患。我国在数据安全建设上仍然任重道远。

（1）个人数据保护的法治建设

大数据的发展使得个人信息保护面临的形势更加复杂，个人信息泄露事件频发，引发各界高度关注，全球个人信息保护立法活动持续升温。韩国于 2011 年颁布《个人信息保护法》，适用范围涵盖公共与私人部门管理的所有个人数据信息。俄罗斯出台了《个人数据保护法》，规定任何网络媒体在收集、存储、处理俄罗斯公司或公民个人信息时，必须使用俄境内服务器。2018 年 5 月，欧盟《全面数据保护法规》（GDPR）生效，限定互联网公司必须使用清晰、简捷的方式告知用户数据的收集和使用范围，并明确说明这些数据的用途。

我国个人数据保护立法起步较晚。2012 年年底，全国人大常委会通过了《关于加强网络信息保护的决定》，首次以法律的形式明确规定保护公民个人及法人信息安全。2013 年 7 月，工信部出台了《电信和互联网用户个人信息保护规定》，明确了电信业务经营者、互联网信息服务提供者收集、使用用户个人信息的规则和信息安全保障措施等。2016 年 11 月，全国人大常委会通过《网络安全法》，将个人信息保护纳入网络安全保护的范畴，其中，第四章"网络信息安全"也被称为"个人信息保护专章"。

《关于加强网络信息保护的决定》《电信和互联网用户个人信息保护规定》《网络安全法》的相继发布，标志着我国个人信息保护工作取得了重大进展。此外，我国在《刑法》《消费者权益保护法》《身份证法》《征信业管理条例》等法律法规中也对个人信息保护做了相关规

---

[1] 中国大数据产业发展评估报告（2017 年）.

定，进一步补充健全了我国的个人信息保护法律体系。

（2）跨境数据流通的法治建设

在数字经济的驱动下，跨境数据流动日益频繁，如何应对跨境数据流动带来的数据安全风险成为当前国际社会争论最为激烈的话题。2014 年，俄罗斯通过《关于信息、信息技术和信息保护法》《俄罗斯联邦个人数据法》的修改确立了数据跨境流动的本地存储规则。2016 年，欧盟和美国商务部达成了《欧美隐私屏障》，对美欧之间的跨境数据流通提供了弹性的规范制度。

我国现有部分法律法规已经对跨境数据流动管理做了相关规定。例如，《保守国家秘密法》要求防止含有国家秘密的数据流出中国；《征信管理条例》规定征信机构对在中国境内采集的信息的整理、保存和加工，应当在中国境内进行；《地图管理条例》规定互联网地图服务单位应当将存放地图数据的服务器架设在我国境内。

为应对日益严峻的国际跨境数据流动风险，我国《网络安全法》也对涉及关键信息基础设施的数据做了相关要求。其第三十七条规定：关键信息基础设施的运营者在中华人民共和国境内运营中收集和产生的个人信息和重要数据应当在境内存储。因业务需要，确需向境外提供的，应当按照国家网信部门会同国务院有关部门制定的办法进行安全评估；法律、行政法规另有规定的，依照其规定。

全球数字经济的发展对跨境数据流动提出了一定要求，完全禁止数据的跨境流动也不符合我国大数据产业发展的现实需要，平衡数据跨境流动与确保安全成为当前和未来我国立法的一个重要探索方向。

8.7 发展趋势

与互联网行业的发展规律类似，大数据领域的发展呈现明显的集中化趋势。拥有较多数据资源和较强数据分析能力的巨型企业在"数据为王"的时代将占据更有利的地位，然后凭借优势地位占据更多数据资源。在大数据时代，BAT 能够持续保持优势就是因为它们分别通过搜索、电商、社交积累了大量数据，并且借此吸引到其他有技术和创意优势的数据资源企业，构建由自己主导的生态圈。同样线下龙头企业可以效仿 BAT 的成功路径，成为大数据时代的赢家。从长期来看，大数据行业的集中化趋势还会继续加强，主要有以下 3 个方面原因。

一是数据可能造成进入壁垒或扩张壁垒，主要体现在数据优势、技术门槛和行业政策等方面。在数据优势方面，信息通信领域大量的用户和数据都集中在少数巨型企业平台上，大企业往往不愿意将价值无可估量的数据"金矿"共享给其他企业。在技术门槛方面，大型企业的数据采集能力和数据分析技术要比小型企业强大得多，因此对一些想要进入到大数据领域的小企业产生了技术壁垒。此外，在数据采集和使用过程中采取的隐私保护政策也在一定程度上有利于巨型互联网企业保护自己的数据资产。

二是拥有数据资源的主体能够形成市场支配地位，且对产业上下游的控制能力更强。由于大数据本身具有很强的网络效应，数据量需要足够"大"才能有更高的数据分析准确性，进而产生有竞争力的大数据产品。因此，在横向竞争领域，大数据行业具有更强的"马太效应"，容易形成强者恒强的局面。在对产业链上下游的合作方面，上游的数据商或下游的应用软件开发商都更加倾向于和实力强大的公司合作。

三是大型企业可以通过结盟并购产生数据垄断优势。大型企业通过投资、合作等方式拉拢其他企业形成联盟，垄断大量数据资源，再依托数据资源进一步提升自身竞争力，从而能够长期保持其领先地位。近年来，有关大数据并购案例越来越多，OECD 在 2015 年的报告中指出，与数据有关的并购案例在 2008 年是 55 件，到 2012 年就增长为 164 件。在 Microsoft/Yahoo、Google/ Doubleclick、Facebook/Whatsapp 等并购案中，反垄断机构都表达了对大数据竞争的关切。

在新技术和国家政策的推动下，"大数据"已经从概念层面发展到实际应用阶段，并成为支撑社会有效运行的战略资源。在大数据价值日益凸显的过程中，企业间关于数据的竞争也日趋激烈。这反映出市场竞争开始由争夺用户向争夺数据转移，由同行业竞争向跨行业竞争转变等态势。

总体来看，我国大数据产业发展态势良好，也具备了一定的产业发展基础，但要实现从"数据大国"向"数据强国"的转变，还有以下诸多方面的障碍需要克服：第一，我国大数据技术缺乏自主创新，开源技术处于跟随状态，大数据分析技术大多来源于谷歌等国外大公司；第二，大数据相关的法律法规还不够完善，对个人隐私保护、企业数据应用和国家数据安全等方面提出了更高的要求；第三，在数据资源流动方面，跨企业跨行业数据资源的融合仍然面临诸多障碍；第四，大数据领域的发展呈现明显的集中化趋势，拥有数据资源优势的企业将会在大数据的发展潮流下获得更多优势。

（闫树、魏凯、姜春宇、吕艾临）

第 9 章　2018 年中国人工智能发展状况

9.1　发展概况

（1）战略布局及落地

我国政府一直非常重视人工智能的发展，尤其是近年来陆续推出一系列促进政策，并逐渐从宏观战略向战略落地转变。继 2016 年四部委联合发布《"互联网+"人工智能三年行动实施方案》，2017 年国务院发布《新一代人工智能发展规划》、工信部发布《促进新一代人工智能产业发展三年行动计划（2018—2020 年）》之后，我国相关部委在 2018 年先后发布了多个相关的政策文件。

一是教育部 2018 年 4 月 2 日发布了《高等学校人工智能创新行动计划》，提出要加快构建高校新一代人工智能领域人才培养体系和科技创新体系，全面提升高校人工智能领域人才培养、科学研究、社会服务、文化传承创新、国际交流合作的能力，推动人工智能学科建设、人才培养、理论创新、技术突破和应用示范全方位发展，为我国构筑人工智能发展先发优势和建设教育强国、科技强国、智能社会提供战略支撑。

二是科技部 2018 年 10 月 12 日发布了《科技创新 2030——"新一代人工智能"重大项目 2018 年度项目申报指南》，在新一代人工智能基础理论、面向重大需求的关键共性技术、新型感知与智能芯片 3 个技术方向启动 16 个研究任务，拟安排国拨经费概算 8.7 亿元。

三是工信部 2018 年 11 月 8 日发布了《新一代人工智能产业创新重点任务揭榜工作方案》，聚焦智能产品、核心基础、智能制造、支撑体系四大重点方向，征集并遴选一批掌握关键核心技术、具备较强创新能力的单位集中攻关，重点突破技术先进、性能优秀、应用效果好的 17 类人工智能标志性产品、平台和服务，为产业界创新发展树立标杆和方向，培育我国人工智能产业创新发展的主力军。

人工智能从 2017 年第一次出现在政府工作报告后，2019 年已经是第三年出现在政府工作报告中。2019 年的政府工作报告将人工智能升级为"智能+"。3 月 5 日上午，国务院总理李克强作政府工作报告时称，要打造工业互联网平台，拓展"智能+"，为制造业转型升级赋能。

全国人大常委会已将一些与人工智能密切相关的立法项目，如制定《数字安全法》《个人信息保护法》和修改《科学技术进步法》等，列入本届五年立法规划，同时把人工智能立法列入抓紧研究项目，围绕相关法律问题进行深入调查论证，努力使人工智能创新发展，为人工智能的创新发展提供有力的法治保障。

（2）地方性支持政策频频出台

继 2017 年国家出台《新一代人工智能发展规划》之后，各地方省市也开始纷纷结合本地实际，编制本地人工智能发展规划。2018 年以来，先后有广东、安徽、浙江、四川等省发布了"新一代人工智能发展规划"或"促进新一代人工智能发展行动计划"。河北、黑龙江、辽宁、吉林、浙江、湖北、湖南、江西、贵州、江苏、福建、河南、广西等一些城市也发布了人工智能规划，包括《沈阳市新一代人工智能发展规划》《北京市加快科技创新培育人工智能产业的指导意见》《关于本市推动新一代人工智能发展的实施意见》（上海）等。发布人工智能规划的城市还有天津、重庆等。

9.2　发展特点

（1）人工智能技术加快与实体经济融合

2018 年，工信部首次开展人工智能与实体经济深度融合创新项目申报评选工作。申报范围包括核心基础产品、智能控制产品、智能理解类产品、制造业智能化提升、产业智能升级、民生服务智能化、训练资源服务平台、标准测试评估体系及安全保障体系九大类，共有北京中星微、浙江大华、埃夫特、新松、中车、美的、航天云网、巨能机器人、泰丰智能、通号智慧城市、中科院沈阳自动化研究所、机械工业仪综所等 106 家科技公司和机构的 106 个项目上榜。这充分表明，我国人工智能已经开始渗透至各行各业，人工智能与实体经济正在深度融合，并进一步推进当前的智能安防、智能制造、智慧教育、智慧金融、智慧出行等领域的建设，人工智能也已经成为中国实体经济的巨大推动力。

（2）人工智能专利数量步入国际领先行列

中国是世界上人口最多的发展中国家，国土面积居世界第 3 位，是世界第二大经济体，而且是全球唯一拥有联合国产业分类目录中所有工业门类的国家，因此在智慧出行、智慧金融、智慧城市、智能家居、智能制造、智能客服等方面都有非常丰富的应用场景。

在丰富的场景基础上，我国学术和科研领域也产出了数量可观的论文、专利，而且质量也相对较高。2018 年中国在 AAAI、CVPR 等 21 个国际顶级人工智能大会上发表论文的作者数达到了 2725 人，同比增长了 19%，论文总数同比增长了 16%。中国已经成为全球人工智能专利布局最多的国家，数量略微领先于美国和日本。

（3）人工智能初创企业快速成长

由于中国在技术上取得了一些举世瞩目成绩，并且在应用市场上具有得天独厚的优势，2018 年中国人工智能领域的投融资占到了全球的 60%，成为全球最"吸金"的国家。在巨额的投融资下，产生了多家独角兽公司。寒武纪科技发布了新一代 AI 产品处理器 IP、芯片和 AI 开发平台，获得了数亿美元的投资，目前估值已经超过 160 亿元。地平线机器人推出了新一代的处理器产品"征程 2.0"，可以为更高性能的四级自动驾驶提供处理计算方案，并在 B 轮融资中获得了 6 亿美元的投资，估值达 30 亿美元。商汤科技则分别在 4 月、5 月、10 月获得了 6 亿美元、6.2 亿美元和 10 亿美元的投资，获得了"融资机器"的称号。

（4）人工智能产业聚集效应逐渐显现

从国际整体形势来看，受政策、市场、人才、资金等因素影响，中国人工智能产业集聚效应已逐渐显现。在就业人数排名最多的国家中排名第2位，在顶尖研究人员集中的国家中排名也是第2位。中美之间的AI交流非常活跃，与在中国获得博士学位后为美国雇主工作的人数相比，在美国获得博士学位后为中国雇主工作的人数略微高些。

从国内来看，北京、上海、广州、深圳等已经初步形成产业优势聚集区。京津冀、长三角、珠三角等地区，企业数量占全国总量超过85%。北京围绕中关村创新高地，基本建成了覆盖芯片、平台、技术、产品、应用各环节的完整产业链，形成了协同发展的良好态势。

（5）人工智能产业薄弱环节突出显现

美国商务部于2018年4月16日晚发布公告称，美国政府在未来7年内禁止中兴通讯向美国企业购买敏感产品。缺乏了美国相关产品尤其是芯片的供应，一时间使得中兴陷入了"万劫不复"的境地，因为几乎不能生产任何产品。受到美国制裁中兴事件的影响，我国充分感受到芯片在产业链环节中的重要性，并进一步认识到产业基础的重要性。由于人工智能所需的算法、算力和数据等都必须要有芯片的支持，也使得我国人工智能面临基础不稳的尴尬境地。

9.3 市场规模

2018年，中国人工智能市场规模约为339亿元，同比增长52.8%，我国占全球的市场份额由2017年的9.41%增长至12.56%，我国人工智能产业已经成为全球范围内的第二大力量，如图9.1所示。

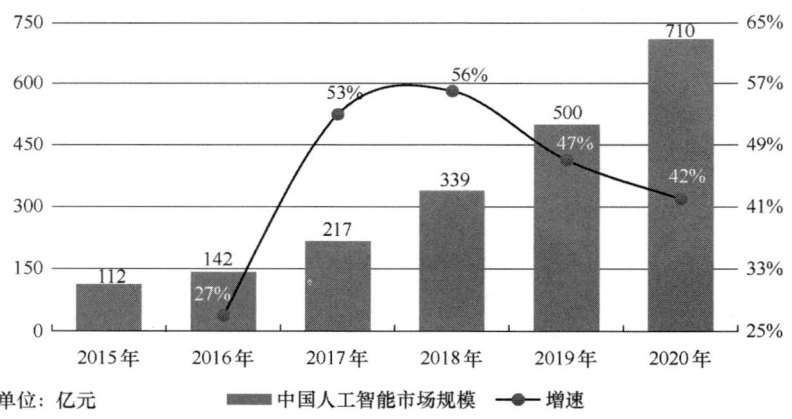

图9.1 2015—2020年中国人工智能产业发展规模

截至2018年年底，全球共创办人工智能企业15916家，其中我国人工智能企业数量为3341家，位居全球第2位。

我国人工智能企业营收在2018年也获得了大幅增长，其中计算机视觉领域市场份额最高，占整个市场规模的34.9%。从市场格局角度来看，商汤科技仍位居2018年计算机视觉应用市场的首位。海康威视、大华股份等得益于对人工智能技术的重视和投资，在人工智能相关市场的收入表现也开始越来越显著。据相关年报数据，海康威视全年营收498.10亿元，同比增长 18.86%，净利润 113.36 亿元，同比增长 20.46%；大华股份全年营收 236.66 亿元，同比增长 25.58%，净利润达到 25.29 亿元，同比增长 6.34%。2018 年中国计算机视觉应用市场份额如图 9.2 所示。智能语音市场份额紧随其后，占整个市场规模的 24.8%。目前，我国智能语音市场的主要份额被科大讯飞、百度及苹果分割。科大讯飞市场占有率排名第 1 位，市占率达到 44%，全年营收达到了 79.17 亿元，同比增长 45.41%，净利润达到 5.42 亿元，同比增长 24.71%。2018 年中国智能语音市场份额如图 9.3 所示。

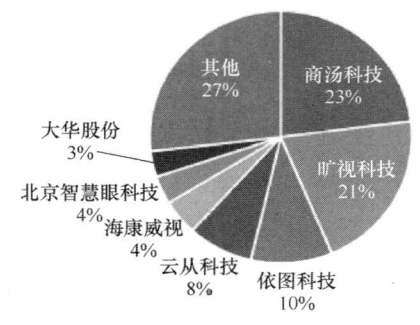

图9.2　2018年中国计算机视觉应用市场份额

数据来源：前瞻产业研究院

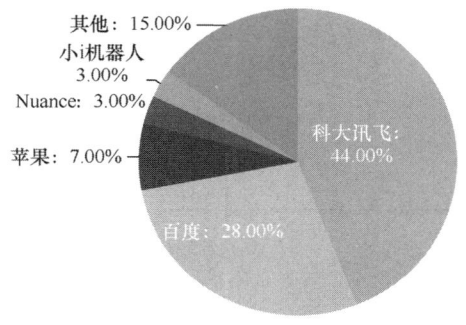

图9.3　2018年中国智能语音市场份额

数据来源：前瞻产业研究院

9.4　关键技术

9.4.1　自然语言处理领域

我国在自然语言处理领域研发实力一直保持世界领先状态。科大讯飞在国际权威大赛中继续保持领头羊位置。2018 年 1 月，科大讯飞在业界权威的斯坦福 SQuAD 评测中第三次获得世界第一名，其融合式层叠注意力系统也是全球首个模糊准确率超过 89％的系统。随后，在第十二届国际语义评测比赛（SemEval2018）中，哈工大讯飞联合实验室获得了机器阅读理解评测任务第一名。另外，科大讯飞还获得了首个美国 CES 展 "2017 年度优秀人工智能产业领导者" 奖。科大讯飞在第五届国际多通道语音分离和识别大赛（CHiME-5）中包揽了大赛中单麦克风阵列任务、分布式麦克风阵列任务和两种麦克风阵列对应的两个端到端的语音识别任务全部 4 个项目的冠军，并刷新了各项目的最好成绩。包括上述奖项在内，科大讯飞 2018 年在语音合成、语音识别、机器翻译、机器阅读理解、语义纠错、文本检索等自然语言处理领域共获得了 8 项国际权威赛事第一名。搜狗公司在智能语音方面成长速度惊人。在 2018 年 IWSLT 国际口语机器翻译评测大赛中，搜狗与讯飞分别夺得了 baseline 模型和端到端（end-to-end）模型的冠军。

9.4.2　机器视觉领域

在机器视觉领域，我国的依图科技、大华股份、科大讯飞等在国际大型赛事中都取得了优异的成绩，有着举足轻重的地位。

2018 年 11 月，依图科技、商汤科技、中国科学院深圳先进技术研究院在美国国家标准技术局（NIST）的人脸识别竞赛（FRVT）中包揽了前 5 名，旷世科技还获得了第 8 名的好成绩。依图科技已经连续两次获得了该项赛事的第 1 名，最新成绩达到千万分之一误报率下的识别准确率超过 99%。

大华股份 2018 年在 2D 车辆目标监测、MOT 跟踪、行人重识别等国际竞赛中分别取得了第 1 名的成绩。2019 年年初又在实例分割国际竞赛中取得了第 1 名。4 月初，其基于深度学习算法的图像语义分割技术取得了 KITTI 语义分割排行榜第 1 名，刷新了该项赛事的全球最好成绩。

科大讯飞 2018 年在机器视觉领域也有相当优秀的成果，先后在 IDRiD 眼底图分析竞赛、ICPR MTWI 图文识别挑战赛中斩获桂冠，还获得了国际自动驾驶领域权威评测任务 Cityscapes 的第 1 名，并刷新了其全部两项子任务的世界纪录。

9.4.3　芯片领域

在芯片理论研究方面，我国科研成果在国际顶会上获得认可。在第 45 届国际计算机体系结构大会（International Symposium on Computer Architecture，ISCA）上，清华大学微纳电子系研究团队在大会上做了题为"RANA：基于刷新优化嵌入式 DRAM 的神经网络加速框架"的口头报告，该研究成果大幅提升了 AI 计算芯片的能量效率。

在通用芯片领域，自主芯片技术的产品性能获得了大幅度提升。芯片新秀寒武纪 2018 年 5 月发布了一系列的产品，包括面向低功耗场景视觉应用的寒武纪 1H8，性能更好、能耗更低和功能更完备的寒武纪 1H16，以及面向智能驾驶领域的寒武纪 1M，其性能将达到寒武纪 1A 处理器的 10 倍以上。

在专用芯片领域，自主研发的芯片开始满足不同行业的需求。地平线机器人自 2017 年 12 月推出面向智能驾驶的征程（Journey）1.0 处理器和面向智能摄像头的旭日（Sunrise）1.0 处理器之后，又在 2018 年 4 月发布了最新一代基于全新征程 2.0 处理器架构。云知声于 5 月 16 日在北京发布其全球首款面向 IoT 的 AI 芯片，采用云知声自主 AI 指令集，可提供面向物联网跨设备形态的 AI 感知能力及本地推理能力，并在全新的深度学习网络架构下，支持 DNN、LSTM 等网络模型，性能提升超 30 倍。

9.5　应用场景

2018 年我国加大力度推动人工智能与实体经济深度融合，在语音交互、身份识别、内容识别、智能驾驶等领域都产生了丰富的应用场景，被称为人工智能全面落地应用的元年。总体来看，智能语音与计算机视觉领域发展较好，已经在家居、安防、交通、金融等行业部分场景下推出了较成熟的产品、应用和服务，并在内容识别、智能驾驶、智能装备、智能机器人等部分场景下取得了较好的效果。

9.5.1　语音交互

语音交互已经成为新的人机交互入口。2018 年，语音识别产业占国内人工智能市场份额的 60%左右。百度、阿里巴巴、腾讯、搜狗、科大讯飞、思必驰、云知声等，都推出了较为成熟的产品和服务，特定场景下的语音识别服务准确率已经达到 97%。尤其是智能音箱产品已经开始走进千家万户，如百度的小度音箱、阿里巴巴的天猫精灵、小米的小爱音箱等，都取得了较好的销量。

9.5.2　身份识别

身份识别是在图像识别与理解领域的最大应用场景，包括车牌识别、人脸识别、步态识别等技术已经广泛应用于包括安防、银行、交通、会展等在内的诸多行业，为用户提供车辆分析、人员分析、行为分析和图像分析等诸多服务。仅就安防领域来讲，海康威视、依图科技、浙江大华等都已经能够为诸多用户提供较为成熟的解决方案。艾瑞咨询研究报告称，我国 2018 年 AI+安防软硬件市场规模达到 135 亿元，同比增长接近 250%，部分头部安防厂商 AI 业务在总营收中占比从大约 4%提升至超过 8%，部分公司的安防业务则占接近一半的营业收入。

9.5.3　内容识别

随着互联网应用的深度普及，微信、抖音、火山小视频等新型应用的出现，使得互联网内容规模出现了巨幅增长。但随着内容的不断增长，很多应用中的涉黄、暴恐、垃圾广告等文本、图片、视频、音频等内容也逐渐增多，纯粹靠人力已经完全无法完成相关的内容审核任务。有些互联网内容服务企业的内容审核员数量已经达到了 1 万名以上，但仍然难以保证不会出现违规的漏网之鱼。因此，2018 年图文和音视频内容语义的智能识别与分析成为网络内容监管的突破口，相关需求出现了爆发式增长。

9.5.4　智能驾驶

2018 年，我国智能驾驶领域取得了长足的进展。地平线机器人地平线智能驾驶方案全面亮相 2018CES，向世界展示了其面向智能驾驶的征程（Journey）1.0 处理器及基于该处理器的量产级后装高级辅助驾驶 ADAS 和驾驶员监控系统 DMS、基于第二代 BPU 芯片架构的自动驾驶方案，获得了国际上的高度认可。百度于 7 月宣布其阿波龙无人车实现了量产，并在世界互联网大会上亮相。此外，天津市、西安市等还发布了无人驾驶汽车相关的路测政策，并开放了部分测试道路，这也说明了我国智能驾驶已经进入到道路测试和示范性应用阶段。

9.5.5 智能制造装备

制造业是一个国家经济发展的基石，具有感知、分析、推理、决策、控制功能的智能制造装备和机器人，融合了先进制造技术、信息技术和智能技术等先进科技，是人工智能与实体经济结合的典型代表。目前，我国智能制造装备领域的重点发展方向包括数控机装、自动化生产线、精密仪器与试验设备等，目的是使生产过程实现自动化、智能化、精密化，从而带动整个工业技术水平得到提高。2018 年，有 99 家企业的相关项目进入了工信部智能制造试点示范项目名单。河南省于 2019 年年初印发了智能装备产业发展行动方案，提出经过 3~5 年的努力，力争全省智能装备重点领域产业规模超过 1000 亿元。

9.5.6 赋能增值

人工智能作为一种通用型技术，为传统行业提供颠覆性的辅助性工具，对传统行业具有巨大的赋能增值作用，在机器人服务、金融资本、医疗健康等诸多领域起到了积极作用，促进了各行业进步。

机器人市场发展迅速，在家庭儿童教育、线下零售店、养老陪护及家务生活等多种场景中开始获得应用，如教育机器人、无人商店、扫地机器人、养老机器人等。

人工智能在金融资本领域产生了巨大的影响。从身份认证、资产管理、信用评估到趋势预测、智能风控、投资研判等领域，智能算法都已经开始为用户提供有效的帮助。

在医疗健康领域，人工智能在导医服务、病历录入、医疗影像分析、疾病诊疗、药物研发、健康管理等方面开始发挥较大的作用，并在帮助改善医疗资源分布不均等问题方面取得了显著成效。

9.6 用户需求

由于看到了人工智能强大的颠覆性作用，地方政府、企业、居民等各个方面都已经对人工智能产生了巨大的需求，全国各地对人工智能的需求各有侧重。北京作为拥堵指数和通勤压力最大的城市，在交通场景方面的需求尤其强烈，而且作为首都，在安全场景方面有极大的需求；上海在金融场景方面的应用需求处于领先梯队；成都则在文娱场景方面需求处于领先梯队；广州、上海、深圳等人口密度较大的城市在零售场景方面的应用较为明显；二线城市在医疗服务场景方面也表现出了较大的需求。此外，教育需求和城市的教育资源正相关。2018 年六大城市居民 AI 需求指数如图 9.4 所示。

9.7 发展趋势

（1）产业培育环境将持续优化

人工智能在走出实验室之后，表现出了其强大的颠覆能力，世界上各主要国家都已经将其作为国家级战略。美国在连续发布了多个国家级战略文件后，又于 2019 年 2 月启动了《美国人工智能倡议》（American AI Initiative）的项目。法国、加拿大和韩国在内的十几个国家也已经在近几年相继发布了国家级人工智能战略，在新的研究项目、人工智能增强的公共服务和更智能的武器等方面进行更大的投入。因此，中国必须抓住机会发展人工智能，积极提升人工智能时代发展的话语权和主动权。2019 年 3 月，中央全面深化改革委员会第七次会议已经审议通过《关于促进人工智能和实体经济深度融合的指导意见》，就是这一趋势的最好注解。

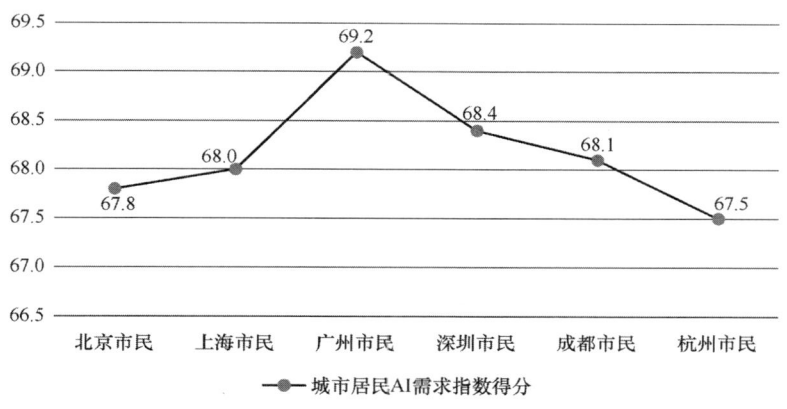

图9.4　2018年六大城市居民AI需求指数

另外，中国将持续推动人工智能的规范化发展。随着人工智能在各行业的深度渗透，已经出现了一些新的挑战，包括技术滥用、法律空白等，世界上已经出现了对人工智能监管的需求。欧盟在 2019 年 4 月初发布了《可信人工智能道德准则》，标志着欧盟在寻求推广人工智能产业发展的同时，将立足于强化人工智能产业道德水准。目前，全国人大常委会已将一些与人工智能密切相关的立法项目列入本届五年的立法规划，同时把人工智能方面立法列入抓紧研究项目，这标志着我国下一步将会强化人工智能法律与伦理道德准则，以保证人工智能造福人类的发展方向。

（2）人工智能将进一步推动传统产业转型升级

中国作为应用场景最为丰富的国家，正处于产业转型升级的关键时期，各行各业都对人工智能具有巨大的需求，目前各行业的应用都已经初步展开，并取得了一定的成绩，产生了惊人的效果。因此，接下来各行业必将会加快智能化转型的脚步。据测算，2019 年中国人工智能核心产业规模预计达到 960 亿元，增长 40%；人工智能股权投资规模预计达到 652 亿元，增速高达 45%。

（3）人工智能解决方案仍在探索中

当前的人工智能是以深度学习为主的，需要强大的数据、算法、算力支持。然而，产业智能化基础还相当薄弱。首先，数据量不足、质不高、流不动的问题仍然严重，还需要继续寻找有效的解决方案；其次，芯片、高端传感器、伺服机、减速器等零部件仍然没有达到自主、可控，还需要加大力度进行技术攻关。最后，平台与操作系统还基本上处于空白阶段，还需要集中优势力量进行技术与思想创新。

（4）前沿算法及理论布局有待加强

虽然目前深度学习已经成为主流算法，然而随着应用的逐步深入，深度学习也暴露出必须有大数据为前提、分析过程黑箱、结论不可解释性及无法解决常识性问题等弱点。因此，需要继续探索新型的理论与算法。一个技术方向是通过改良的方法，继续按照深度学习的路线进行修补，解决其不可解释性等问题。另一个技术方向是通过革命的方法，探索新的技术路线，如类脑智能等。这两个技术方向都需要进行充分的投入，才能兼顾近期与长远利益。

（徐贵宝）

第10章 2018年中国区块链发展状况

10.1 发展环境

2018 年 5 月，习近平总书记在两院院士大会上的讲话中指出，"以人工智能、量子信息、移动通信、物联网、区块链为代表的新一代信息技术加速突破应用"。区块链凭借其独有的信任建立机制，成为金融和科技深度融合的重要方向。在政策、技术、市场的多重推动下，区块链技术正在加速与实体经济融合，助力高质量发展，对我国探索共享经济新模式、建设数字经济产业生态、提升政府治理和公共服务水平具有重要意义。

（1）政策环境

全球对区块链技术持开放态度，各国争先布局抢占高地。美国、英国、澳大利亚、日本、韩国、欧盟等国家和地区积极支持区块链技术研究，由政府部门出台产业推进政策或资助试验项目数量多于其他国家。值得注意的是，格鲁吉亚、马耳他、波多黎各、列支敦士登等一些"小国"凭借营造宽松的监管环境，在税收、投资方面予以支持，成为区块链、虚拟货币投资的热土。

（2）产业环境

2018 年科技与金融巨头纷纷进军区块链领域，初创公司赶上发展"新风口"。国外互联网巨头谷歌、微软、甲骨文、IBM 等纷纷布局研究区块链技术，推出了技术解决方案和应用。2018 年，腾讯推出基于区块链技术的供应链金融、电子发票等解决方案，阿里巴巴（蚂蚁金服）为杭州互联网法院打造司法区块链平台，百度布局内容版权等区块链平台。国际上一大批初创公司专注于区块链核心技术，成为技术创新的重要力量。

（3）学术环境

全球科研机构对区块链的关注度显著提升，但我国尚未形成产学研用联动的学术生态。截至 2018 年 11 月，全球区块链学术论文总量达到 1192 篇，美国、中国分列一、二位，2017 年和 2018 年两年呈现快速增长趋势。但从绝对数量来看，总体数量仍然较低，区块链在学术研究领域仍处于早期阶段。相对国外主流院校围绕性能、技术、应用等形成产学研一体化的良好生态，我国在关键技术、核心问题方面仍缺少系统性的研究，尚未形成产学研用联动的学术生态。

在专利申请方面，我国区块链专利虽居首位，但授权发明数量并不乐观。2013 年至 2018

年 11 月，全球区块链专利申请总量达到 7377 件，中国的申请总量达到 3508 件，居第 1 位。同时，授权专利多为实用新型。此外，全球仅有 771 件区块链发明专利获得授权，大多是美国和韩国的授权发明，中国授权发明数量不到 60 件。

10.2 发展现状

2018 年我国区块链产业发展呈现"脱虚向实"趋势。科技巨头、初创企业正积极探索区块链与垂直领域的融合创新，落地场景从金融领域向溯源、存证等实体经济逐步延伸；重点领域试点应用和示范推广不断开展，监管合规等政策研究加速推进，为区块链产业提供良性发展空间。

我国区块链技术发展如今正处于初级阶段。当前保障区块链技术实现其特性并发挥价值的关键技术主要包括共识机制、智能合约、跨链及隐私保护等。区块链专利数量大多处于审查阶段，授权发明数量并不乐观；虽然行业生态初步成形，但底层平台缺乏自主研发能力，尚未形成产学研用联动的学术生态。我国区块链标准化工作有序推进。ITU、W3C、ISO、IEEE 等国际标准化组织纷纷意识到区块链产业对标准的迫切需求，在已有相关研究基础上，不断推进区块链的标准化工作。中国是 ITU-T 区块链标准研究的主要贡献者，中国信息通信研究院等单位牵头设立了区块链参考架构、评测方法等多项国际标准。

10.3 关键技术

区块链（Blockchain）技术本质上是一种由密码学、点对点网络通信、共识算法、智能合约等多种技术集成创新的新型分布式数据库系统（也称为分布式账本技术）[1]。典型的区块链以块—链结构存储数据。相对于传统的分布式数据库，区块链主要的技术优势包括：一是从集中式记账演进到分布式记账；二是替代传统中心化的信任建立机制；三是数据安全且难以篡改；四是以智能合约方式驱动业务应用。

当前，保障区块链技术实现其特性并发挥价值的关键技术主要包括共识机制、智能合约、跨链及隐私保护等方面。

10.3.1 共识机制

常见的共识机制包括 PoW、PoS、DPoS、拜占庭容错等，根据适用场景的不同，也呈现出不同的优势和劣势。共识机制各自有其缺陷。区块链正发展为根据场景切换共识机制，并且将从单一的共识机制向多类混合的共识机制演进，运行过程中支持共识机制动态可配置，或系统根据当前需要自动选择相符的共识机制。

10.3.2 智能合约

智能合约负责将区块链系统的业务逻辑以代码的形式实现、编译并部署，完成既定规则

---

[1] 区块链白皮书（2018）.

的条件触发和自动执行，最大限度地减少人工干预。智能合约的操作对象大多为数字资产，数据上链后难以修改、触发条件强等特性决定了智能合约的使用具有高价值和高风险，可插拔、易用性、安全性成为发展重点，如何规避风险并发挥价值是当前智能合约大范围应用的难点。

10.3.3　跨链技术

让价值跨过链和链之间的障碍进行直接的流通是区块链越来越凸显的需求之一。跨链技术使区块链适合应用于场景复杂的行业，以实现多个区块链之间的数字资产转移，如金融质押、资产证券化等。目前主流的跨链技术包括公证人机制（Notary schemes）、侧链/中继（Sidechains/Relays）和哈希锁定（Hash-locking）。

10.3.4　隐私保护

区块链技术在提高效率、降低成本、提高数据安全性的同时，也面临严重的隐私泄露问题。针对身份隐私和交易隐私，目前区块链技术在隐私保护方面存在多种方法[1]，如交易溯源技术、账户聚类技术、网络层恶意节点检测和限制接入技术、区块链交易层的混币技术、加密技术、零知识证明和限制发布技术，以及针对区块链应用的防御机制等。

10.4　应用场景

作为一项新兴技术，区块链具有在诸多领域开展应用的潜力。然而，区块链不是万能的，技术上去中心化、难以篡改的鲜明特点，使其在限定场景中具有较高的应用价值，可以总结为"新型数据库、多业务主体、彼此不互信、业务强相关"。

首先，源自应用场景对数据库的需要。区块链本质上是一种带时间戳的新型数据库，从对数据真实、有效、不可伪造、难以篡改的组织需求角度出发，相对于传统的数据库来说，可谓是一个新的起点和新的要求。其次，需要是一个跨主体、多方写入的应用场景。多个主体各自维护账本，往往因为数据信息不共享、业务逻辑不统一等原因，导致"账对不齐"的现象。与之相反，区块链中每个主体都可以拥有一个完整的账本副本，通过即时清结算的模式，保证多个主体之间数据的一致性，规避了复杂的对账过程。再次，适合于在不可信的环境中建立基于数学的信任。区块链在技术层面保证了系统的数据可信（密码学算法、数字签名、时间戳）、结果可信（智能合约、公式算法）和历史可信（链式结构、时间戳），因此区块链提供了一种"机器中介"，尤其适用于协作方不可信、利益不一致或缺乏权威第三方介入的行业应用。最后，根据系统控制权和交易信息公开与否进行归类。公有链允许任一节点的加入，不对信息的传播加以限制，信息对整个系统公开；联盟链只允许认证后的机构参与共识机制识别，交易信息根据共识机制进行局部公开；相比而言，私有链范围最窄，只适用于限定的机构之内，如图 10.1 所示。

---

[1] 区块链隐私保护研究综述. 计算机研究与发展.

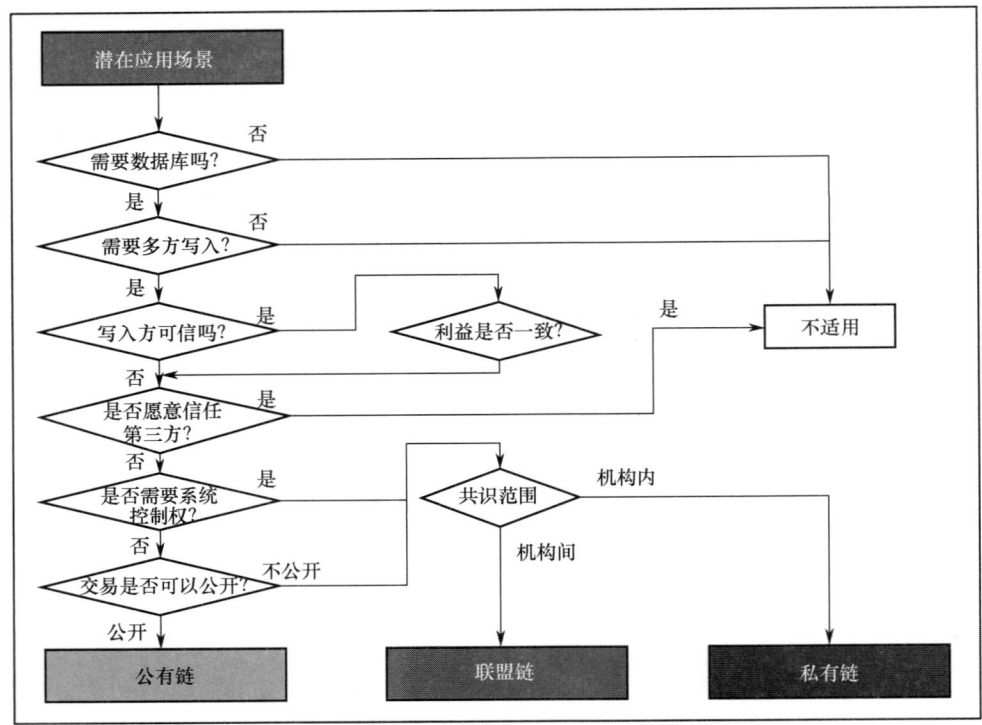

图10.1　区块链适用的场景条件判定

10.4.1　区块链+供应链金融

供应链金融是近年供应链管理和金融理论发展的新方向，是解决中小企业融资难题、降低融资成本、减少供应链风险等的一个有效手段。供应链金融围绕银行和核心企业，管理供应链上下游中小企业的资金流和物流，并把单个企业的不可控风险转变为供应链企业整体的可控风险，将风险控制在最低的金融服务。相比传统的融资模式，供应链金融在融资方面具有独特优势和价值。

随着供给侧改革和工业转型发展推进工作不断深入，为推动金融业增强服务能力，支持工业加快转型升级，国家各部委制定一系列相关政策，鼓励供应链金融产业快速健康发展。然而在传统供应链金融业务开展过程中仍存在诸多问题与挑战，包括供应链上存在信息孤岛，核心企业信用不能传递，中小企业难以自证偿还能力，清结算不能自动化完成，融资难融资贵现象突出。传统场景下的业务痛点，正是区块链等新兴技术的施展之处。

以区块链技术为底层的供应链金融解决方案能确保数据可信、互认流转、隐私保护，解决供应链上存在的信息孤岛难题，能释放核心企业信用到整个供应链条的多级供应商，提升全链条的融资效率，降低业务成本，丰富金融机构的业务场景，从而提高整个供应链上资金的运转效率。区块链在供应链金融的运用，主要基于以下方面：基于加密数据的交易确权、基于存证的真实性证明、基于共享账本的信用拆解、基于智能合约的合约执行。最终，可以满足供应链上多元信息来源的相互印证与匹配，解决资金方对交易数据不信任的痛点。例如，腾讯微企链通过区块链连通供应链中的各个公司/机构，完整真实地记录资产（基于核心企业应付账款）的发行、流通、拆分、兑付，使得小微企业、核心企业和金融机构均从中受益。传统供应链金融与区块链供应链金融的对比如表 10.1 所示。

表 10.1　传统供应链金融与区块链供应链金融的对比

	信息流转	核心企业信任传递	业务场景	回款控制	中小企业融资
传统供应链金融	信息孤岛明显	一级供应商	核心企业与一级供应商	不可控	难、贵
区块链供应链金融	全链条贯通	多级供应商	渗透全链条	封闭可控	更便捷、成本更低

10.4.2　区块链+食品溯源

食品供应链是从产品的初级生产者到消费者各环节的经济利益主体（包括其前端的生产资料供应者和后端的作为规制者的政府）所组成的整体。换言之，针对"从农场到餐桌"的全过程，通过采购、生产、配送的平稳运作来打通上下游信息流，降低成本，整合产业链。

供应链十分复杂，汇集了农民、仓储公司、食品加工商、食品制造商、包装公司、运输公司、分销商和零售店面等环节。在这么多的环节中，信息记录方式可能涵盖从 Excel 表格到电子邮件，再到纸张记录等各种形式。多重记录方式效率低下且不准确。一旦出现质量问题，无法及时追溯信息、应对召回。

无论是智链的"大米溯源"，还是纸贵科技的"二维码苹果"，都是基于区块链通过物联网的标识码为每一个/一批食品进行"链上登记"的，利用这些标识码可以记录食品的来源、加工信息、存储温度保质期及其他实时数据信息，区块链将实现跨越检查点安全地追踪产品。食品公司可以更迅速地追溯到食品问题的源头。一方面可以帮助消费者降低风险，提供安全保障，另一方面可以通过有针对性的召回来降低财务损失。

10.4.3　区块链+司法存证

司法存证是涉及社会民生的重要领域。随着信息化的快速推进，诉讼中的大量证据以电子数据存证的形式呈现，电子证据在司法实践中的具体表现形式日益多样化。不同类型电子证据的形成方式不同，但普遍具有易消亡、易篡改、技术依赖性强等特点。与书证、物证等传统实物证据相比，电子证据的真实性、完整性、关联性和合法性司法审查认定难度更大。随着电子证据量的激增，司法机构在电子数据存证、取证、示证等方面，都面临新的问题和挑战。

互联网时代，产生了海量电子数据作为证据，与其他传统证据形式相比，电子数据证据有着海量、实时、多样、易灭失、易被篡改、易伪造、不易保存等特点。面对电子证据的上述特点，公证处在响应时间、人员、应用环境、成本等方面都难以满足电子化数据存证的需求，令传统公证模式面临取证难、存证难、真实性认定难、人工信用成本高昂等挑战。此外，电子存证最大的问题是无法自证清白，互联网的中心化也令电子证据因缺乏公信力支持而遭遇难以逾越的信任壁垒。

基于区块链的司法存证，即利用区块链技术构建的系统平台中所保存的电子数据，且系统平台能够为司法机构提供真实有效的证据和验证手段，从而让司法机构有效判定这些电子数据的真实性，并认定为电子证据。换句话说，利用区块链及其扩展技术在电子数据的生成、收集、传输、存储的全生命周期中，对电子数据进行安全防护、防止篡改，并进行数据操作的审计留痕，从而为司法机构审查提供有效手段。区块链存证有了底层数学的支撑，有了法律和判例的认可，借助区块链技术固化原始电子数据，令证据更真实、便捷、高效。

10.5 发展趋势

（1）技术研发

区块链底层不断迭代更新，提升技术成熟度。区块链核心技术组件包括区块链系统所依赖的基础组件、协议和算法，进一步可以细分为存储、通信、共识机制、安全机制等，正不断迭代、融合突破：架构方面，公有链和联盟链融合持续演进；部署方面，区块链即服务加速应用落地；性能方面，跨链及高性能的需求日益凸显；共识方面，共识机制从单一向混合方式演变；合约方面，可插拔、易用性、安全性成为发展重点。区块链正在经历从链上清结算到链下批处理、从确定共识范围到随机动态共识、从孤链封闭到跨链互动、从整片操作到分片处理等技术的迸发突破和演化升级，技术成熟度不断提升。

（2）应用落地

向多领域垂直细分行业展开探索，多维度助力实体经济。区块链技术正在贸易金融、供应链、社会公共服务、选举、司法存证、税务、物流、医疗健康、农业、能源等多个垂直行业探索应用。借助区块链技术分布式共享、难以篡改、透明可追溯等优势特征，实现数据保全，加强穿透监管；推进互联互通，服务数字经济；构建信任体系，重塑生产逻辑和商业模式。随着技术迭代升级，区块链正与云计算、物联网、大数据、安全等前沿技术融合创新，促进区块链在赋能工业互联网、数据共享流通和新一代安全技术等方面的发展。

（3）标准制定

各国积极部署争夺标准制定权。世界经济论坛调查报告预测，7 年后全球 GDP 总量的 10%将基于区块链技术保存。这意味着，制定区块链技术标准将成为引领推动整个区块链行业健康发展的突破口。ITU、W3C、ISO、IEEE 等国际标准化组织纷纷意识到区块链产业对标准的迫切需求，在已有相关研究基础上，不断推进区块链的标准化工作。在全球区块链标准制定权的竞争中，一些欧洲国家和亚太国家走在前列。欧盟已于 2018 年发布区块链技术标准和众筹法规的特定草案，以激活金融科技行业。中国是 ITU-T 区块链标准研究的主要贡献者，中国信息通信研究院等单位牵头设立了区块链参考架构、评测方法等多项国际标准。

（张奕卉）

第 11 章　2018 年中国虚拟现实发展状况

11.1　发展概况

作为新一代人机交互平台，虚拟现实聚焦身临其境的沉浸体验，强调用户连接交互深度。虚拟现实由来已久，钱学森院士称其为"灵境技术"，指采用以计算机技术为核心的现代信息技术生成逼真的视、听、触觉一体化的、一定范围内的虚拟环境，用户可以借助必要的装备以自然的方式与虚拟环境中的物体进行交互、相互影响，从而获得身临其境的感受和体验。随着技术和产业生态的持续发展，虚拟现实的概念不断演进。业界对虚拟现实的研讨不再拘泥于特定终端形态，而是强调关键技术、产业生态与应用落地的融合创新。本书对虚拟（增强/混合）现实（Virtual Reality，VR；Augmented Reality，AR；Mixed Reality，MR）的内涵界定是：借助近眼显示、感知交互、渲染处理、网络传输和内容制作等新一代信息通信技术，构建身临其境与虚实融合沉浸体验所涉及的产品和服务。早期学界通常在 VR 研讨框架内下设 AR/MR 主题，随着产业界在 AR/MR 领域的持续发力，部分业者将 AR/MR 从 VR 的概念框架中抽离出来。两者在关键器件、终端形态上相似性较大，而在关键技术和应用领域上有所差异。VR 通过隔绝式的音视频内容带来沉浸感体验，对显示画质要求较高；AR/MR 强调虚拟信息与现实环境的"无缝"融合，对感知交互要求较高。VR 侧重于游戏、视频、直播与社交等大众市场，AR/MR 侧重于工业、军事等垂直应用。

虚拟现实产业链条长，参与主体多，主要分为内容应用、终端器件、网络平台和内容生产。内容应用方面，聚焦文化娱乐、教育培训、工业生产、医疗健康和商贸创意领域，呈现出"虚拟现实+"大众与行业应用融合创新的特点。终端器件方面，涉及一体式与主机式头显、追踪定位与多通道交互等感知交互外设、屏幕、芯片、传感器等关键器件。网络平台方面，除互联网厂商主导的内容聚合与分发平台外，电信运营商以云化架构为引领，实现业务内容上云、渲染上云，以期降低优质内容的获取难度和硬件成本，探索虚拟现实现阶段规模化应用。内容生产方面，主要涉及面向虚拟现实的操作系统、开发引擎、SDK，360 视频、拼接缝合、3D 重建、光场等开发环境、工具与内容采集系统，如图 11.1 所示。

我国积极推动虚拟现实发展。虚拟现实已被列入"十三五"信息化规划、互联网+等多项国家重大文件中，工信部、发改委、科技部、文化部、商务部出台相关政策。此外，各省市地方政府从政策方面积极推进产业布局，已有北京、青岛、成都、南昌、福州等十余地/市相继发布针对虚拟现实领域的专项政策。

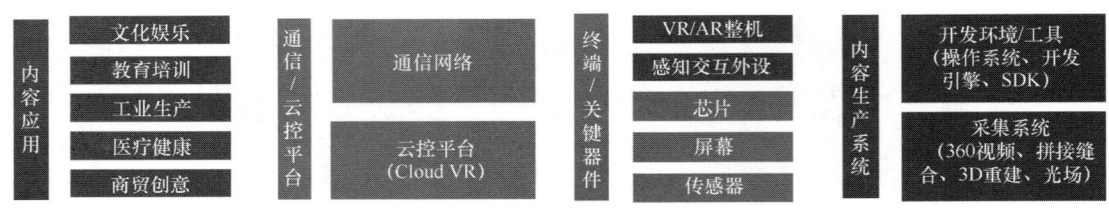

图11.1　虚拟现实产业结构

11.2　市场规模

全球虚拟现实市场快速发展，虚拟现实终端出货量持续提升，AR 一体式终端增长显著。2018 年全球虚拟现实终端出货量约为 900 万台，其中 VR、AR 终端出货量占比分别为 92% 和 8%，预计 2022 年终端出货量接近 6600 万台，其中 VR、AR 终端出货量占比分别为 60% 和 40%，预计 2018—2022 年虚拟现实出货量年（复合）增速将达到 65%，其中 VR、AR 终端增速分别为 48% 和 140%。此外，随着 Facebook 的 Oculus Go、Quest，联想的 Mirage Solo、Pico、大朋等一体式终端的发展，一体式终端有望成为虚拟现实主要终端形态，出货量份额将从 2018 年 17% 快速发展至 2022 年 53% 的水平，如图 11.2 所示。

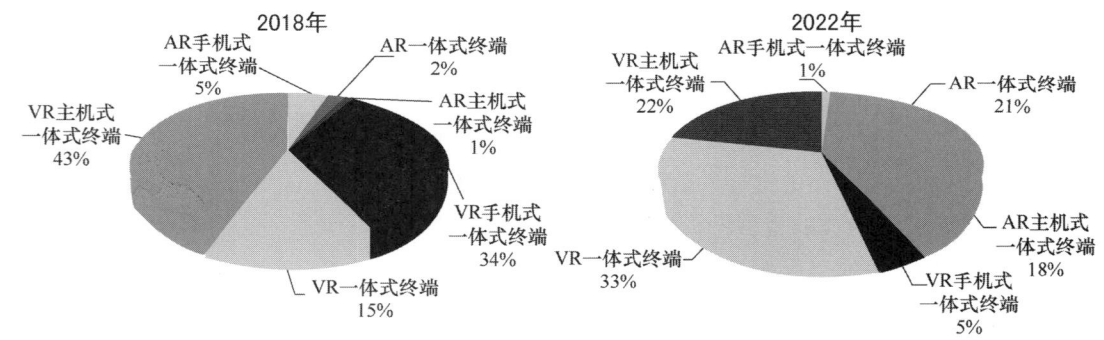

图11.2　虚拟现实终端出货量份额

数据来源：IDC

随着硬件技术得快速发展，内容应用成为市场增长主要的驱动力。2018 年全球虚拟现实市场规模将超过 700 亿元，同比增长 126%。其中，VR 整体市场超过 600 亿元，AR 整体市场超过 100 亿元，预计 2020 年全球虚拟现实产业规模将超过 2000 亿元，其中 VR 市场 1600 亿元，AR 市场 450 亿元。预计 2017—2022 年全球虚拟现实产业规模年均复合增长率超过 70%，VR 为占据主体地位，AR 增速显著。从产业结构看，终端器件领域市场份额占据首位，内容应用市场快速增长，其中工业、医疗、教育等行业应用市场规模将由 2018 年的 8% 增长到 2022 年的 19%，如图 11.3 所示。

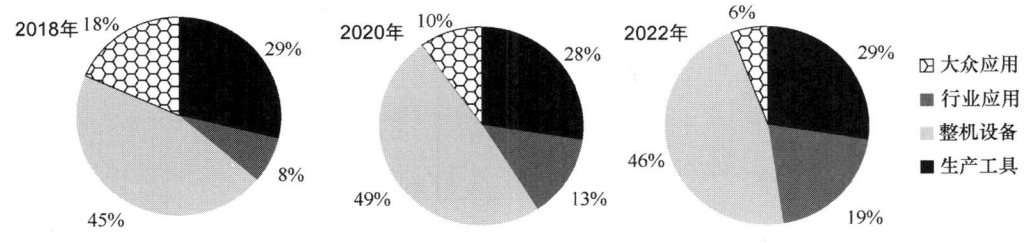

图11.3　全球虚拟现实市场规模

11.3　关键技术

虚拟现实涉及多个技术领域，可划分为五横两纵的技术架构。"五横"是指近眼显示、感知交互、网络传输、渲染处理与内容制作，"两纵"是指 VR 与 AR，两者技术体系趋同，且技术实现难度均高于手机等传统智能终端。总体上看，VR 通过对现有手机技术体系的"微创新"实现产业化，AR 更多需要从无到有的技术储备与重大突破，其技术实现难度高于 VR，这一差异主要反映在近眼显示与感知交互领域。对 VR 而言，近眼显示聚焦高画质的视觉沉浸体验。感知交互侧重于多通道交互。由于虚拟信息覆盖与外界隔绝的整个用户视野，重点在于交互信息的虚拟化。对 AR 而言，由于用户大部分视野呈现真实场景，如何识别和理解现实场景和物体，并将虚拟物体更为真实可信地叠加到现实场景中成为 AR 感知交互的首要任务。此外，由于现有技术方案在分辨率（清晰程度）、视场角（视野范围）、重量体积（美观舒适）等方面的潜在冲突，除保证视觉体验外，如何满足类似眼镜全天佩戴的便捷成为 AR 近眼显示领域的重大技术挑战。图 11.4 给出了虚拟现实技术架构，图 11.5 给出了虚拟现实/增强现实技术树。

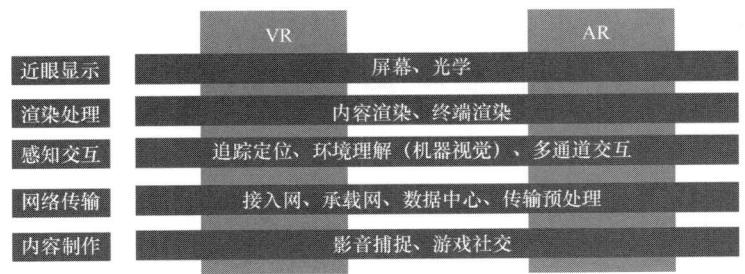

图11.4　虚拟现实技术架构

11.3.1　近眼显示

在近眼显示方面，变焦显示与光波导成为热点，显示计算化初见端倪。相比虚拟现实技术体系中的其他领域，近眼显示技术轨道呈现螺旋上升的发展态势，即近眼显示关键体验指标间的权衡取舍与 VR/AR 的差异化功能定位成为推动各类近眼显示技术演进突破的主要动因。其中，高角分辨率、广视场角、可变焦显示成为核心发展方向，VR 近眼显示技术侧重提高视觉沉浸体验的发展路线，AR 侧重低功耗、全天可佩戴、外观轻便的近眼显示发展路线。

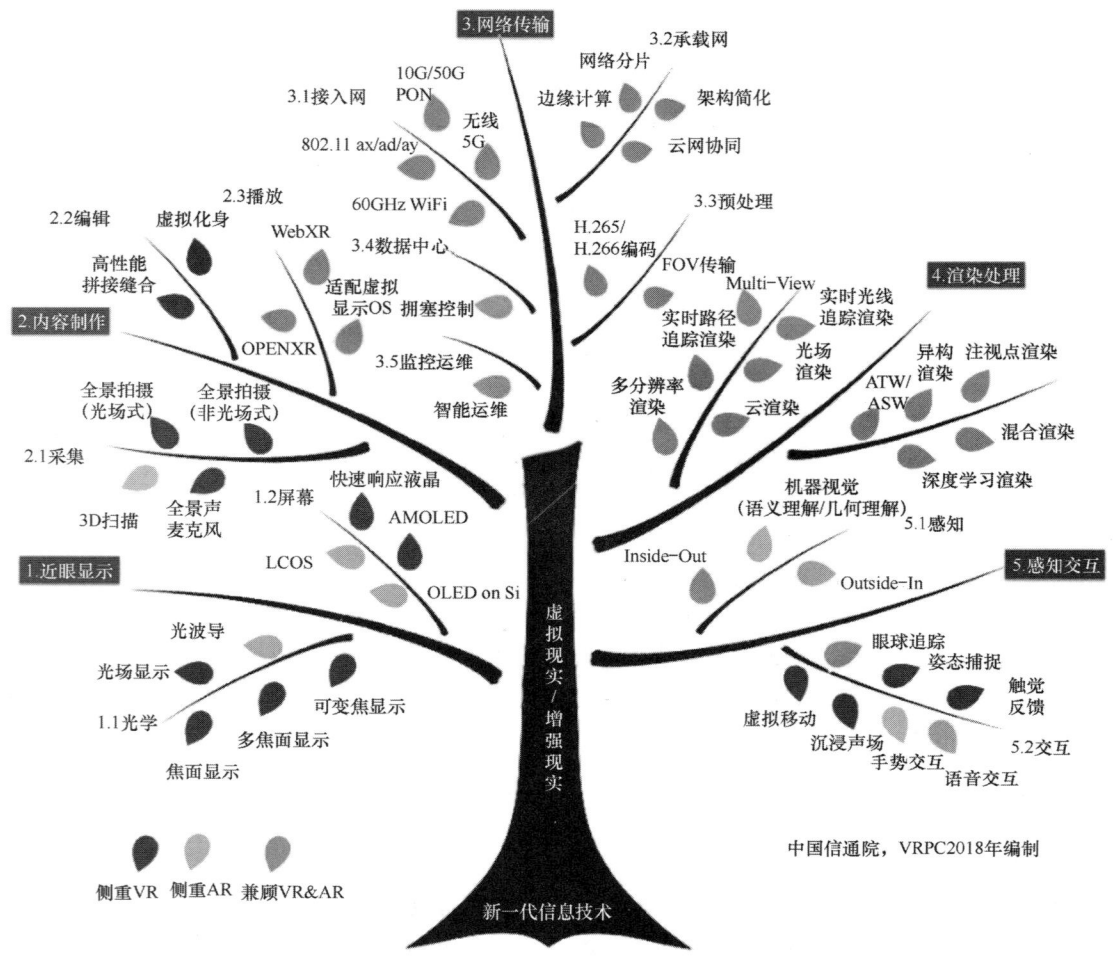

图11.5　虚拟现实/增强现实技术树

11.3.2　渲染处理

在渲染处理方面，注视点渲染与混合渲染快速升温，端云协同、软硬耦合的精细化渲染成为趋势。渲染处理领域的主要矛盾表现为用户更高的体验需求与渲染能力的不足。相比主流游戏画面渲染与电影制作渲染的负载要求，时下虚拟现实渲染负载（部分沉浸体验级 PI）将分别提高 7 倍与 2 倍，相当于 4K 超高清电视每秒像素吞吐量。其次，为获得即时反馈，虚拟现实用户交互延迟要求低于 20ms，远低于传统视频游戏的 150ms。因此，更优的静态画质、视觉保真度、渲染时延与功耗开销成为该领域的技术动因。目前，业界聚焦面向虚拟现实的注视点渲染、深度学习渲染与混合云渲染等热点领域，旨在探索软硬件耦合的精细化渲染之路。

11.3.3　网络传输

在网络传输方面，网联式云化虚拟现实（Cloud VR）加速发展，5G 赋能云 VR。针对虚拟现实带宽、时延双敏感的业务特性，将优化适配各类网络传输技术，打破当前"单机版"的发展定势，探索网联式云化虚拟现实技术路径，旨在保证在不断进阶视觉沉浸性与内容交互性的同时，着力提升用户使用移动性，降低软硬件购置成本，加速虚拟现实普及推广。与 VR 相比，由于 AR 侧重于真实环境的人机交互，须将摄像头捕捉到的图片/视频上传云端，云端实时下载需要增强叠加显示的虚拟信息，需求更多的上行带宽，WiFi6、5G、10 PON 有望在 5 年内成为面向虚拟现实业务的主流传输技术。云化虚拟现实有望切实加速推动 VR 规模化应用，预计到 2020 年，VR 用户渗透率将达 15%，视频用户渗透率达 80%。通过将 VR 应用所需的内容处理与计算能力置于云端，可有效大幅降低终端成本，且维持良好的用户体验，为 VR 业务的流畅性、清晰度、无绳化等提供保障。

11.3.4　感知交互

在感知交互方面，眼球追踪成为焦点，多感官交互技术路径多元化。感知交互强调与近眼显示、渲染处理与网络传输等的技术协同，通过提高视觉、触觉、听觉等多感官通道的一致性体验，以及环境理解的准确程度，实现虚拟现实"感"。当前，由内向外的空间位置跟踪已取代由外向内的技术路线，成为主流定位跟踪技术。继此之后，眼球追踪有望成为虚拟现实感知交互领域最为重要的发展方向之一。感知交互技术在 VR、AR 领域的发展路线有所差异，就 VR 而言，由于虚拟信息覆盖整个视野，重点在于现实交互信息的虚拟化。对 AR 而言，由于大部分的视野中呈现现实场景，感知交互侧重于基于机器视觉的环境理解。

11.3.5　内容制作

在内容制作方面，内容交互性不断提高，助推媒体采、编、播创新。作为新一代人机交互界面，虚拟现实契合时下新媒体所追求的视觉沉浸感与用户交互性的发展趋势。虚拟现实内容制作技术开始广泛应用于《纽约时报》与美国有线电视新闻网等纸媒电视、谷歌旗下视频网站 YouTube 与爱奇艺等互联网视频平台、美国 Verizon 与中国移动等电信运营商视频网络，并在"采、编、播"环节注入了创新活力。内容采集环节，由于虚拟现实可提供 360 度、720 度的全景视频，双目、阵列乃至光场式 VR 相机取代了传统画面视角受限的单目摄影机，可采集 4～12K 全景分辨率的 3D 视频内容。内容编辑环节，由于虚拟现实相机涉及多镜头同时拍摄，从而产生出视频间精准拼接缝合这一全新的内容编辑技术，进一步可分为实时、离线拼接与自动、手动拼接等。内容播放环节，由于虚拟现实需要解决如何将内容编制时的平面媒体格式转化为用户最终看到的全景球面视频，所以运用了传统视频没有涉及的投影技术，多面体投影成为发展方向。

11.4　应用场景

目前，虚拟现实应用可分为行业应用和大众应用，行业应用主要包括工业、医疗、教育、

军事、电子商务等，大众应用包括游戏/社交和影视/直播。虚拟现实应用正在加速向生产与生活领域渗透，"VR/AR+"的时代业已开启。

11.4.1　VR+工业

在 VR+工业方面，虚拟现实成为智能制造领域的发展重点。在《中国制造 2025》重点领域技术路线图中，虚拟现实被列为智能制造核心信息设备领域的关键技术之一，其基础是智能制造各个环节信息获取、实时通信，以实现动态交互、决策分析和控制。以汽车产业为例，虚拟现实在需求分析、总体设计、工艺设计、生产制造、测试实验、使用维护等环节的应用，实现了汽车设计制造测试的一体化。汽车厂商凭借虚拟现实可视化、可交互的技术特点，在与真实汽车同比例的虚拟空间中，动态调整设计细节与总体原型，同时进行各类路试、碰撞、风洞测试，通过虚拟设计、生产模拟、工艺分析与虚拟试验，大幅缩短了新车研发周期，降低了研发成本。目前，美国车联网与自动驾驶试验基地 MCity 通过虚拟现实方式将虚拟试验中的信息发送给真实场景下的车辆决策控制系统，以进行不同交通情景下的用例测试。此外，奥迪、福特、宝马、克莱斯勒、丰田、沃尔沃等主流车企积极引入 VR 技术用于汽车研发。福特使用 VR 技术检查汽车的整个外观与内饰设计，并查看特定细节，深入优化人体工程学设计。宝马计划把 VR 技术引入汽车研发的早期工作中，在汽车设计环节，身处不同地区的开发设计团队通过 VR 实现远程协作，并针对模拟的试驾场景，帮助工程师快速修正设计草案。

11.4.2　VR+医疗

在 VR+医疗方面，虚拟现实在医疗领域应用于手术培训/导航、心理治疗和康复训练等领域。虚拟现实与医疗行业的结合正在逐步展开，将成为未来医疗行业的重要技术手段之一。例如，上海瑞金医院成功借助 VR 技术直播了 3D 腹腔镜手术，开创了国内 VR 直播手术的先河，无法现场观摩的医生可以通过 VR 眼镜学习高难度手术中的技巧；谷歌曾与多家医院合作测试谷歌眼镜，医生利用谷歌眼镜投射 CT 扫描和核磁共振结果，扫描条形码来获得医药信息等，提升了医疗效率；MindMaze 公司利用 VR 逼真的沉浸式体验来帮助病人康复，包括为患有"幻肢痛"的退伍军人解决心理障碍，为中风患者提供临床治疗等。

11.4.3　VR+游戏/社交

在 VR+游戏/社交方面，虚拟现实在游戏方面的应用将成为当前拉动产业发展的重要动力。虚拟现实与视频游戏的结合将为用户带来更为真实而强烈的感官刺激，而庞大的用户基数及核心玩家对于新技术的开放性态度使得视频游戏有望成为最先发展起来的 VR 大众市场。以 VR+电竞为例，Super Data 报告显示，2018 年全球 VR 游戏市场规模在 66 亿美元左右，并且处于不断增长的态势。目前，VR+游戏过往存在的一些问题正在被解决，如早期 VR设备带来的眩晕感及高硬件价格等。

11.4.4　VR+影视/直播

在 VR+影视/直播方面，云化虚拟现实催化应用落地普及。VR 影视/直播赋予了观众身临其境的沉浸体验，一方面表现为对分辨率、刷新率、色深、视场角、3D、低时延等更高画质的持续追求。另一方面，凸显出虚拟现实人机交互这一核心特质，影视游戏化趋势显现，即观众能够自主选择观影视角，甚至影响情节走向，实现"一千个人眼中，有一千个哈姆雷特"的多结局电影。

11.5　发展趋势

现阶段技术发展进程处于部分沉浸期，业界对虚拟现实的界定认知由特定终端设备向联通端管云产业链条的沉浸体验演变。参考国际上其他行业（如自动驾驶汽车等）的分级标准，将虚拟现实技术发展划分为如下 5 个阶段，不同发展阶段对应相应的体验层次。目前处于部分沉浸期，主要表现为 1.5～2K 单眼分辨率、100°～120° 视场角、百兆位码率、20 毫秒 MTP 时延、4K/90 帧率渲染处理能力、由内向外的追踪定位与沉浸声等技术指标，如图 11.6 和表 11.1 所示。

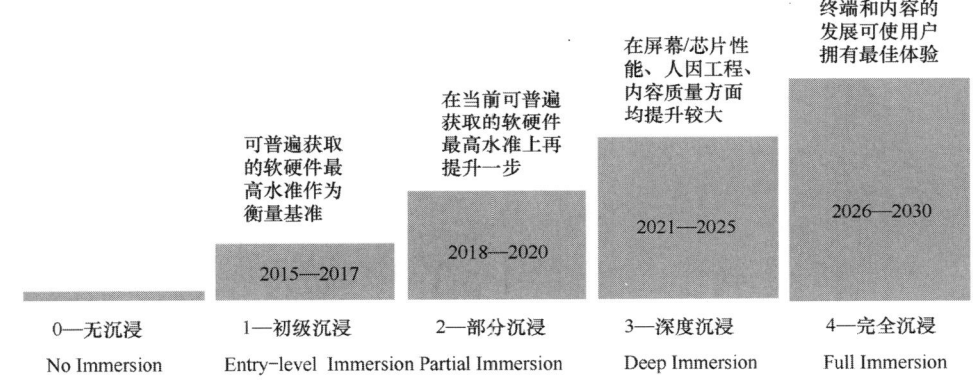

图11.6　虚拟现实沉浸体验阶梯

数据来源：中国信通院

表 11.1　虚拟现实沉浸体验分级

技术体系	技术指标　　　　　体验层级	初级沉浸（EI）	部分沉浸（PI）	深度沉浸（DI）	完全沉浸（FI）
近眼显示	单眼屏幕分辨率门槛	接近 1K	1.5～2K	3～4K	≥8K
	视场角（FOV）	90°～100°	100°～120°	140°左右	200°
	角分辨率（PPD）	≤15	15～20	30 左右	60 左右（人眼极限）
	可变焦显示	否	否	是	是
内容制作	360 全景视频分辨率（弱交互）	4K	8K	12K	24K
	游戏等内容分辨率（强交互）	2K	4K	8K	16K
	虚拟化身	—	—	虚拟化身	精细化虚拟化身
网络传输	码率（Mbps）——弱交互	≥40	≥90	≥290/≥160	≥1090/≥580
	码率（Mbps）——强交互	≥40	≥90	≥360	≥440
	MTP 时延（ms）	20	20	20	20
	移动性	有线连接	有线/无线并存	无线	

续表

技术体系	技术指标 体验层级	初级沉浸（EI）	部分沉浸（PI）	深度沉浸（DI）	完全沉浸（FI）
渲染处理	渲染计算	2K/60 FPS	4K/90 FPS	8K/120 FPS	16K/240 FPS
	渲染优化	—	—	注视点渲染	
感知交互	追踪定位	Outside-In	Inside-Out		
	眼动交互	—	—	眼球追踪	
	声音交互	—	沉浸声	个性化沉浸声	
	触觉交互	—	触觉反馈	精细化触觉反馈	
	移动交互	—	虚拟移动（行走重定向等）	高性能虚拟移动	

数据来源：中国信通院

（1）云化虚拟现实催化应用落地普及

用户体验、终端成本、技术创新与内容版权成为 Cloud VR 发展的动因。用户体验与终端成本的平衡是目前影响虚拟现实产业发展的关键问题。低成本终端确实有助于提升 VR 硬件普及率，但有限的硬件配置也限制了用户体验，影响了消费者对 VR 的持续使用和真正接纳。另外，以 HTC VIVE、Oculus Rift 等为代表的高品质 VR 设备，其配置套装价格高达数千乃至万元，过高的终端成本明显制约了高品质 VR 的普及。在这一背景下，Cloud VR 有望切实加速推动 VR 规模化应用，预计到 2020 年，VR 用户渗透率将达 15%，视频用户渗透率达 80%。通过将 VR 应用所需的内容处理与计算能力置于云端，可大幅降低终端成本，且维持良好的用户体验，为 VR 业务的流畅性、清晰度、无绳化等提供保障。同时，随着 VR 终端逐渐普及，VR 内容须不断适配各类不同规格的硬件设备。在 Cloud VR 架构下，VR 内容处理与计算能力驻留在云端，可以便捷地适配差异化的 VR 硬件，同时针对高昂的虚拟现实内容制作成本，也有助于实施更严格的内容版权保护措施，遏制内容盗版，保护 VR 产业的可持续发展。此外，由于 Cloud VR 的计算和内容处理在云端完成，VR 内容在云端与终端设备间的传输需要相比 4G 时代更优的带宽和时延水平，利用 5G 网络的高速率、低时延特性，电信运营商可以开发基于体验的新型业务模式，为 5G 网络的市场经营和业务发展探索新的机会，探索 5G 时代的杀手级应用，加快投资回收速度。在这一过程中，运营商凭借拥有的渠道、资金和技术优势，聚合产业资源，通过 Cloud VR 连接电信网与 VR 产业链，促进生态各方的共赢发展。

（2）我国三大电信运营商积极开展云 VR 创新业务布局

中国移动通信集团福建有限公司于 2018 年 7 月开启全球首个电信运营商云 VR 业务试商用。2018 年 9 月中国联通发布了 5G+视频推进计划，将从技术引领、开放合作、重大应用、规模推广 4 个方面启动 5G+视频未来推进计划，以 8K、VR 为代表的 5G 网络超高清视频应用将构成未来中国联通 5G+视频战略核心。中国电信同期发布了云 VR 计划，将立足中国电信 1.5 亿名宽带用户产业基础，依托于网络、云计算和智慧家庭等方面的优势资源，联合合作伙伴制定云 VR 规范，加速推进云 VR 技术的产品化和商业模式创新。此外，为加速虚拟现实产业普及推广，工信部在 2018 年 12 月印发《关于加快推进虚拟现实产业发展的指导意见》，这个意见提出发展端云协同的虚拟现实网络分发和应用服务聚合平台（Cloud VR），旨在提升高质量、产业级、规模化产品的有效供给。

11.6　发展建议

牢牢把握技术创新与产业变革的窗口期，发挥虚拟现实带动效应强的特点，以技术创新为支撑，以应用示范为突破，以产业融合为主线，以平台聚合为中心，突破虚拟现实产业就事论事的发展定势，着力构建"虚拟现实+"融通发展生态圈。

（1）强化技术预研与趋势预判，提高创新资源利用效率

支持具有技术优势的龙头企业联合高校、科研院所组建虚拟现实创新中心与实验室，避免闭门造车、孤立片面的创新模式；围绕近眼显示、感知交互、渲染处理、网络传输、内容制作等重点技术领域，加大研发投入，深化知识产权储备，跟踪技术产业化发展进程；坚持市场业务导向与技术断点弥合的研发思路，提高创新资源利用效率与产出水平，由传统强调虚拟现实技术层面的创新性和价值点，转变为更加看重技术产业化的落地价值，推动各类创新要素在产、学、研、用间的聚焦、流动与增值。

（2）开展规模化应用试点，探索具备落地潜力的解决方案

紧抓 5G 时代机遇窗口期，以云化架构为引领，降低优质内容的获取难度和硬件成本，保护虚拟现实内容版权，突破业界惯有展厅级、孤岛式、小众性、雷同化的应用示范发展瓶颈，坚持走群众路线，在工业互联网、田园综合体等实体经济特色领域中，深化"虚拟现实+"行业应用的探索融合，实现产业级、网联式、规模性、差异化的应用普及之路；在文旅、教育、党建等具备业务变现能力、政府带头示范效应显著、方案相对成熟优良的细分应用领域，落地一批应用示范，"让能跑的先跑起来"。

（3）推动产业集聚融合，优化扶持政策

打破传统彼此封闭、烟囱式的产业发展框架，串联起产业链不同领域的骨干企业，将虚拟现实深入彻底地导入信息产业生态圈。围绕关键器件、整机终端、感知交互外设、内容拍摄、开发工具、编辑渲染、传输分发等领域，丰富产品有效供给，建立虚拟现实产业基地，发展一批面向新兴业态与跨界创新的市场主体，培育招引一批虚拟现实细分领域优势企业；充分发挥各类技术研发平台的先导作用，支持虚拟现实关键器件厂商与终端企业、内容聚合分发运营商、解决方案提供商间的协同创新，推动单点突破向产业集聚的转变；优化虚拟现实扶持政策，鼓励平台生态与产业协作，提高财税政策利用效率，实现由政策输血向政策造血的转变。

（4）构建公共服务平台，深化发展支撑环境

以市场需求为导向，以开放合作为主线，构建虚拟现实软硬件工程体系，形成关键器件供应、试验验证、制造咨询等公共服务能力；建立针对虚拟现实领域的关键技术、产业链生态与内容应用数据监测平台，为产业运行分析、政策制定、知识产权、人才培养、外部合作、

标准编制等奠定基础；提供面向用户体验、安全可靠、软硬件协同与性能指标的产品测评与检测认证服务；充分发挥资本和地方投资对新兴技术的激励作用，鼓励和引导地方加大资源投入力度，通过设立专项资金、政府和社会资本合作模式等多种形式，支持虚拟现实产业发展与应用推进。

（陈曦、胡可臻）

第 12 章　2018 年中国互联网泛终端发展状况

12.1　智能手机

随着国内手机市场人口红利的消失，各大手机厂商在国内由蓝海市场转为对存量市场的竞争，手机总出货量的下滑代表着消费者换机频率及意愿的降低，消费者的换机周期已延长到了 20～24 个月。曾经各家手机企业赖以冲量的廉价手机所受到的冲击较大，高端机型越来越高的售价也降低了人们换代升级的欲望。

中国信息通信研究院公布的《2018 年中国手机市场运行分析报告》显示，2018 年全年，国内手机市场总体出货量为 4.14 亿部，同比下降了 15.6%。在手机品牌构成方面，2018 年全年，国产品牌手机出货量 3.71 亿部，同比下降了 14.9%，占同期手机出货量的 89.5%（见图12.1）；上市新机型 695 款，同比下降了 29.4%，占同期手机上市新机型数量的 91.0%。

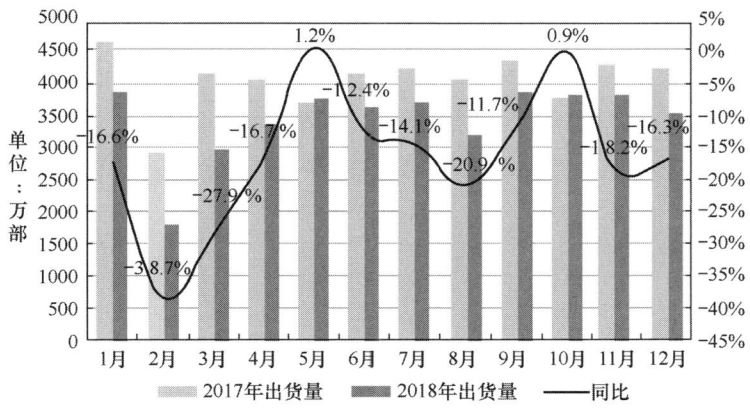

图12.1　2018年中国手机市场出货量

数据来源：中国信通院

2018 年全年，国内智能手机出货量 3.90 亿部，同比下降了 15.5%，占同期手机出货量的 94.1%，其中 Android 手机在智能手机中占比 89.3%。2018 年全年，智能手机共上市新机型 587 款，同比下降了 26.5%，占同期上市新机型数量的 76.8%（见图 12.2），其中支持 Android 操作系统的手机 569 款。从智能手机厂商的分布情况来看，排名前十的厂商合计出货量份额达到 93.0%，较 2017 年同期提高了 7.9%。手机制式方面，2018 年出货 4G 手机 3.91 亿部，同比下降了 15.3%，在同期手机出货量中占比 94.5%，另有 2G、3G 手机出货量分别为 2251.0 万部和 24.7 万部。

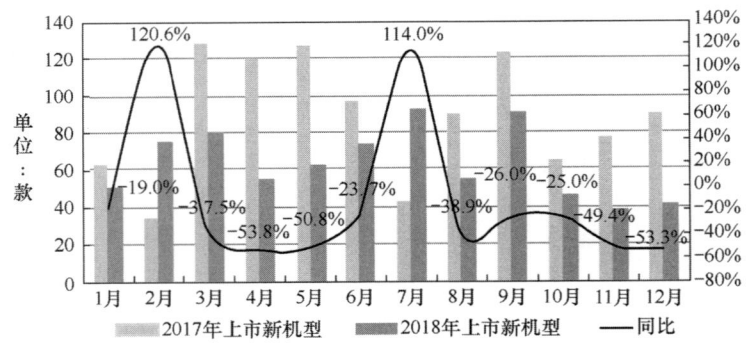

图12.2　2018年中国手机市场上市新机型数量

数据来源：中国信通院

对于中国手机市场出货量不断下滑的原因，除人口红利和 4G 红利逐渐消耗殆尽外，市场需求减弱、创新不足、产品同质化严重等问题均导致了智能机市场的饱和。为在激烈的智能手机大战中取得有利位置，各大手机厂商除了争相开启"高清摄像大战""全面屏大战""AI 芯片大战""柔性屏"，现在又开始了 5G 手机市场的竞争，包括华为、小米、OPPO、中兴、努比亚、三星等在内的各大手机厂商均将 5G 手机的发售时间提前到了 2019 年上半年，试图抢占市场先机。但 5G 网络的全面布设及 5G 手机的全面普及还需要几年时间，在整体市场下行的大环境下，2019 年中国智能手机市场整体份额预计将继续向华为、OPPO、Vivo、小米、苹果五大手机厂商集中，中小手机厂商生存日益艰难。

预计 2019 年手机产业环境会变得更加恶劣，会加速非主流手机品牌的洗牌。手机企业如果想生存下去，除积极布局海外，拓展新兴国家市场外，还要加强产业链的掌控，强化产品的差异化，加强软件及综合服务能力，构建并扩大手机终端之外的多屏多终端生态。

12.2　可穿戴设备

近年来，随着主流科技企业涌入，智能可穿戴设备市场无论是在消费级市场还是商业应用领域都处于快速增长阶段。智能可穿戴式设备市场的爆发始于 2012 年 Google 发布智能眼镜，之后进入快速发展阶段，经过 7 年左右的市场发展和磨合，智能可穿戴设备已成为大量消费者随身必备设备之一，从而促使全球智能可穿戴设备形成规模化的出货量。

随着市场需求的逐步完善，目前的可穿戴设备以手环手表类、头戴设备类、追踪器类产品形态为主，逐渐形成了以苹果、小米、华为、三星、奇虎 360 等为代表的企业。当前智能可穿戴设备的主流产品形态分为腕带类：智能手表、智能手环、智能饰品；头戴类：智能眼镜、智能头盔、头戴显示器；其他：智能服装、智能鞋、智能戒指等。其中智能手表和智能手环的市场占有率最高。

市场研究机构 IDC 的《中国可穿戴设备市场季度跟踪报告，2018 年第四季度》显示，2018 年中国可穿戴设备市场出货量约为 7321 万台，同比增长 28.5%。整体市场排名前五大厂商分别是小米、华为、苹果、步步高和奇虎 360。预计到 2023 年，市场出货量将达到 1.2 亿台，2018 年中国市场前五大可穿戴式设备企业排名如表 12.1 所示。

表 12.1　2018 年中国市场前五大可穿戴式设备企业排名

公司	2018 年出货量（单位：千台）	2018 年市场份额	2017 年出货量（单位：千台）	2017 年市场份额	出货量同比增长率
1. 小米	16974	23.2%	14084	24.7%	20.5%
2. 华为	9282	12.7%	3932	6.9%	136.1%
3. 苹果	8213	11.2%	6659	11.7%	23.3%
4. 步步高	5241	7.2%	3766	6.6%	39.2%
5. 奇虎 360	2415	3.3%	2824	5.0%	14.5%
其他	31083	42.4%	25715	45.1%	20.9%
合计	73208	100.0%	56980	100.0%	28.5%

数据来源：IDC 中国

在 2018 年中国智能可穿戴设备市场的主要产品形态中，以手表和耳机类产品发展速度最快，耳机类产品的快速增长与骨传导技术、语音控制技术的发展密不可分，耳机类产品同时具备防水防尘等功能，深受户外运动爱好者青睐。而智能手表类产品的快速增长，也与智能语音交互技术、移动支付技术的快速发展和普及有关，消费者普遍对智能手表的功能有了更多预期。未来，智能可穿戴式设备将会向更加多元化的方向发展，将会吸引更多企业和消费者的关注，IDC 预测未来几年中国市场的可穿戴设备出货量还将持续增长，如图 12.3 所示。

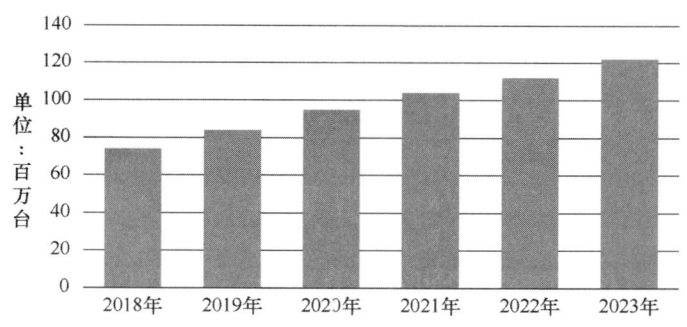

图12.3　2018—2023年中国可穿戴设备市场出货量预测

数据来源：IDC 中国

在行业应用方面，健康将成为智能腕带类产品未来发展的重要场景之一，随着 Apple Watch 第四代产品开始配备心电功能，更多国内可穿戴式设备企业坚定了向健康场景拓展的决心。除传统的心率检测外，与其他智能健康设备（体重秤、智能床垫等）的关联和互通，成为智能腕带类产品的一个应用趋势。而针对慢病人群和老人群体的需求，开发识别准确率更高、待机时间更长、交互体验更简便、运动计算算法优化升级的产品是重要趋势。垂直行业方面，智能手环和智能手表也应用在智慧环卫、民航地勤、医院病房、监狱等场景。

预计 2019 年，中国智能腕带产品市场中，以小米、华米、华为、荣耀为首的几大品牌将占据 80%的市场份额。而随着传感器性能的增强、eSIM 卡业务的推进、算法的优化、电池续航能力的提升和交互方式的改进，智能可穿戴式设备作为与人接触最为紧密的物联网终端设备，在日常生活、娱乐、运动、医疗、健康等领域的应用前景会更加广阔。

12.3　智能家居

随着 ICT 技术、IoT、AI 技术的快速发展，在物联网行业广阔的应用场景中，智能家居及关联场景（社区、楼宇、家居）已经成为前景最广阔的应用场景之一。在 2013 年后，科技企业、家电企业、互联网企业等各大科技企业均开始密集布局智能家居，智能家居同时还成为物联网技术及人工智能技术的重要应用和落地领域。

据 Gartner 预测，2017 年后智能家居将成为全球物联网领域最大的增量市场，到 2020 年中国智能家居市场规模将达到 3000 多亿元。全球 TOP100 的电信运营商中已有 60%计划进军智能家居市场。在国内，TOP10 的地产开发商均在积极布局全屋智能化精装以及智慧社区，其中基于场景的语音交互是必选的交互方式之一，预计未来 2～3 年智能家居及关联场景将有可能成为智能语音交互技术发展最快的领域。另据艾瑞咨询 2018 年发布的《中国智能家居行业研究报告》分析，预计未来几年内，我国智能家居市场将保持 21.4%的年复合增长率，到 2020 年市场规模将达到 5819.3 亿元，如图 12.4 所示。

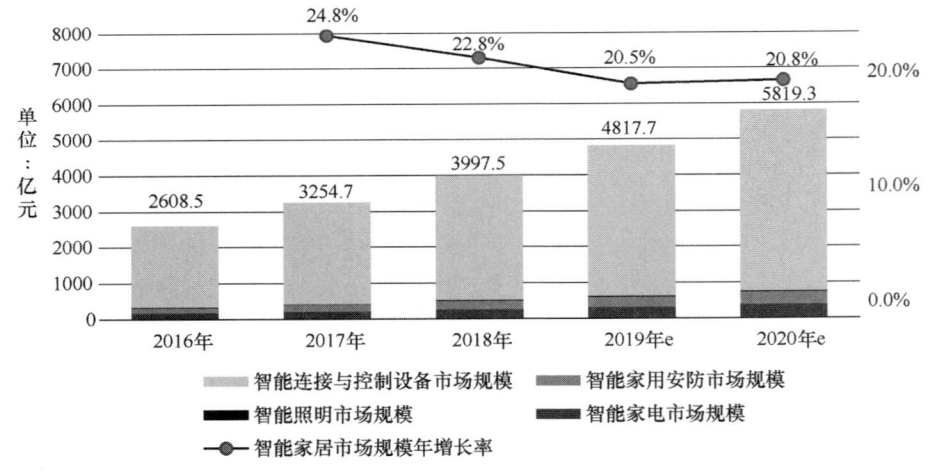

图12.4　2016—2020年中国智能家居市场规模预测

数据来源：艾瑞咨询

在政策方面，2017 年 12 月工信部发布了《促进新一代人工智能产业发展三年行动计划（2018—2020 年）》，其中提出重点培育和发展智能语音交互系统、智能翻译系统、智能家居产品等智能化产品，推动智能产品在经济社会的集成应用。

从 2016 年至今，依托于人工智能技术的快速发展及市场布局，语音交互技术、机器视觉等技术已经在消费级市场被广泛认知和使用，而且除 PC、智能音箱、手机、手表四大终端设备外，语音交互技术和机器视觉等技术已经融入智能家居场景中：智能猫眼、扫地机器人、智能镜子、马桶盖、油烟机、电冰箱、开关面板、智能网关、晾衣架、电视、游戏机等；以及智慧楼宇领域：门禁机、梯控、停车锁等和智慧社区的大门出入系统、周界巡检、停车场、消防、环卫、安防等场景中。

Strategy Analytics 公布数据显示，2018 年第四季度，全球智能音箱出货总量达到 3850 万台，环比增长 95%，单季度就已超越了 2017 年全年的出货总量。2018 年智能音箱全球出货量达到 8620 万台。在市场格局方面，亚马逊以 1370 万台的出货量和 35.5% 的市场份额居首位；谷歌以 1150 万台的出货量和 30% 的市场份额紧随其后；3～6 位依次为阿里巴巴、百度、小米和苹果。其中，阿里巴巴智能音箱出货量达 280 万台，约占全球市场份额的 7.3%，环比增长约 19%；百度智能音箱出货量达 220 万台，约占全球市场份额的 5.7%，环比增长约 30%；小米智能音箱出货量达 180 万台，约占全球市场份额的 4.6%，环比下降了 50%。

Canalys 数据显示，截至 2019 年第一季度，中国智能音箱销量达 1060 万台，较 2017 年同比增长近 500%，环比增长 23%，在国内各类促销活动的推动下，中国智能音箱销量已占据全球 51% 的市场份额，居全球首位。

随着越来越多的场景中的传感器和终端设备连入到家居、楼宇和社区环境中，如何对传感器、终端设备进行管理、了解它们的运营状态、获取它们的运营数据，并进行故障预警等，已经成了物业及社区运营方等面临的一个重要问题，为对不同的应用场景和传感器、各种智能终端进行统一运营状态的检测和管理，催生了物联网云管理平台的出现。物联网云管理平台通过信息化管控手段并依托移动互联网、智能传感技术、云计算大数据技术、实现对物业信息化管控、智能监控综合管理、健康、养老及社区商业等应用及集成，从而保障了社区管理的服务质量、工作效率，同时降低了物业设施管理及企业运营的人力和能耗成本。

当前，智能家居及智慧社区已经逐步投入商用，预计未来 1～3 年智能家居不仅只是应用在样板社区和样板房，将快速拓展到各个新建社区和楼盘。在某些垂直方向，随着房屋租赁市场（长租/短租）的快速崛起，基于运营方对成本的控制，以及运营效率的提升，对智能终端产品和系统的需求将呈更快的趋势增长，国内领先的长租企业已经率先使用智能终端设备，例如，智能门锁、智能猫眼、智能路由器、智能灯泡、智能窗帘等。以上这些设备也为企业的智能化、精细化运营提供了数据基础，并有助于供给企业做业务的导流。

随着智能家居的快速发展，在家居产品设计、建设、家居新型终端产品质量、用户体验方面，出现了新老问题交织的情况有待解决，例如，需要加强不同云平台之间的互联互通问题。技术标准方面，面临标准老化、缺失、不完善等问题。还有就是，随着智能物联网与智能家居的结合，新的技术标准、集采标准、安全标准、建设过程监理标准、验收标准、智能等级评估标准等都有待建立或更新。在安全和安全管理方面，随着家中联网智能终端的增多，传感器采集了大量业主数据，隐私数据安全、设备端漏洞等问题有待解决。

综上所述，打造改变生活方式的智能家居及关联场景仍有很多挑战，除标准、技术和产品层面的问题外，对应的管理与服务模式也需要同步提升和改进，才能有效地发挥智能家居的价值。今后，随着行业标准不断完善、技术不断进步，我国在智能家居及关联领域将延续良好的发展势头。但无论未来智能家居领域如何发展，都需要坚守以用户体验为中心，为用户打造定制化的生活服务，让家居生活变得安全、简单、舒适、便捷才是最终目标。

12.4　无人机

无人驾驶航空器（Unmanned Aerial Vehicle）简称为无人机，是利用无线电遥控设备和自主程序控制装置操纵的非载人飞行终端设备。它涉及的技术有传感器技术、通信技术、信息处理技术、智能控制技术以及航空动力推进技术等，无人机是物联网时代高技术含量的产物。

目前，无人机主要分为三大类：第一类是面向普通用户的消费级小微型无人机，侧重娱乐市场和自拍。这类产品市场潜力大，终端制造成本比较低，技术门槛偏低，已成为行业"红海"。第二类是工业级小中型无人机，主要面向垂直行业用户，如新闻、水利、工程测绘、林业、消防、警用等行业垂直细分领域。产品侧重可靠性、安全性和实用性。第三类是面向军事用途的，侧重情报采集、侦察、战术打击为一体的中大型军用级无人机。

无人机全球市场在过去 10 年中大幅增长，现在已成为商业、政府和消费应用的重要工具。近些年，随着轻型复合型材料的广泛应用，卫星定位系统的成熟，电子与无线电控制技术的改进，尤其是多旋翼无人机结构的出现，推动了无人机行业进入快速发展阶段。当前，在我国诸多领域已逐渐显现出"无人机+行业应用"的发展势头。无人机在农林植保、电信运营商基站维保、电力及石油管线巡查、气象监测、风力发电机组维保、河海水纹监测、工程建设、矿产勘探等领域应用的技术效果和经济效益显著。另外，无人机在地质灾害数据采集和评估、生化探测及污染监测等应用场景和通信需求采样、遥感测绘、缉毒缉私、边境巡逻、治安反恐、野生动物保护等方面也有着广阔的应用前景。根据深圳市无人机行业协会提供的统计数字显示，截至 2017 年 12 月 31 日，2017 年中国国内民用无人机产量达到 290 万架，同比增长 67%；其中深圳的民用无人机产值已达 300 亿元，占据全球民用无人机市场份额的 70%。

虽然国产无人机市场前景广阔，但行业本身也存在研发短板，国内虽然已有 200 家左右无人机生产企业，但国内消费级航拍无人机行业中仅有少数企业拥有核心技术，消费级航拍无人机的关键技术包括飞行控制系统、智能识别和跟踪、数据传输、平台系统等，国内大多数企业使用大疆创新、零度智控等公司开发的系统平台。而且 90% 以上的无人机企业从事的是组装业务，普遍缺乏自主研发能力。中国航拍无人机市场出货量前三名厂商分别为大疆创新、零度智控和派诺特，其中，大疆创新占据了 52% 的市场份额，零度的小型航拍无人机从2016 年第三季度开始大规模出货，零度无人机夺得了 24.3% 的市场份额。

另一个影响无人机发展的因素与标准有关，因为无人机行业政策和标准的不完善制约了行业发展。由于政策和标准的缺失导致的管理不到位已成为制约我国无人机市场发展的瓶颈之一，从制造角度分析，厂商生产的无人机产品缺乏统一的技术质量标准；从运营过程分析，存在监管不明确的问题；因为政策缺失，飞行控制人员的培训仍不到位。相关标准的缺失，严重影响着无人机的推广工作。我国对民用无人机的管理，如市场准入、适航认证、飞行资质及飞行器的技术参数、专利保护等，尚待从国家层面和行业标准进行立法规范。

随着无人机续航能力的不断增强及 5G 技术即将商用，将无人机平台与 5G 蜂窝网络有效结合，由 5G 网络承载无人机的飞行控制、图像、视频等信息采集将成为可能。无人机与控制台与就近的 5G 基站连接，在 5G 基站侧部署边缘计算服务，实现高清图片和视频、控制信息的本地交互，从而保障了通信时延在毫秒级，通信带宽在 10Mbps 以上。同时还可利用 5G 高速移动切换的特性，使无人机在相邻基站快速切换时保障业务的连续性，从而扩大巡线范围到数千米范围以外，极大地提升了无人机的巡线效率。

未来希望通过 5G 网络对无人机关联产业的助力，能够在垂直应用领域实现持续创新，促进无人机在物流、直播、编队飞行表演、巡检、安防和救援等场景的应用并提升航拍、送货等多种的消费级和商业应用体验，构成一个全新的、由无人机组成的"网联天空"。

12.5　智能机器人

机器人是衡量一个国家科技创新能力和产业综合竞争力的重要指标，机器人已经成为全球科技和产业革命的重要切入维度。近年来，我国机器人产业处于快速发展阶段。中央和地方相关主管部门陆续出台政策规划，在项目支持、平台建设与应用示范等方面营造良好的生态环境。中国信通院和 IDC 共同发布的报告《人工智能时代的机器人 3.0 新生态》显示，中国不仅是全球最大的机器人市场，同时还是全球增长最快的市场，预计到 2020 年中国机器人市场支出将接近 600 亿美元，占全球机器人市场总量的 30% 以上。2019 年我国机器人系统近一半的支出集中在离散制造业，包括汽车、电子、金属加工等，市场规模超过 167 亿美元，其次是流程制造、医疗、零售业和消费类。

从机器人技术分类看，中国市场的机器人种类包括工业机器人、商用服务机型器人和消费级机器人本体、配件、应用软件、网络设备和相关咨询服务等。2019 年机器人市场的支出主要集中在硬件采购，包括机器人系统、售后机器人硬件和系统硬件，约占总支出的 2/3。与机器人相关的软件支出，将主要用于购买指挥和控制应用程序及机器人专用应用程序；服务支出将分散在多个领域，包括系统集成、应用程序管理及硬件部署和支持。

工业机器人主要用于制造业，主要包括离散制造业和流程制造，IDC 预测全球工业机器人在制造业领域的市场规模在 2020 年将达到 1110 亿美元。我国从 2013 年起，成为世界上最大的工业机器人市场并保持至今，2015 年市场份额超过 1/4，2018 年达到 1/3。

由于工业机器人产业的发展对地区的工业基础和相关科研实力有较高要求，目前我国工业机器人产业主要集中于东北、京津冀和长三角地区。东北地区是国内的老工业基地，是最早从事于工业机器人生产的地区；京津冀地区因为其技术优势，工业机器人产业也有所发展，主要企业覆盖领域包括工业机器人及其自动化生产线、工业机器人集成应用、工业机器人技术咨询等产品和服务；长三角地区是中国汽车制造业、电子制造企业集中地，也是重要的机器人公司集聚地，江苏省有多座城市正在建设机器人产业园区；珠三角工业机器人企业主要集中深圳、顺德、东莞、广州和中山等地。

在行业需求快速变化，在个性化生产、柔性生产等的影响下，新松机器人、库卡、ABB 等工业机器人知名企业纷纷推出人机协作型机器人产品，以适应业内对机器人柔性化和感知能力等方面提出的要求。人机协作型机器人柔性化程度更高，与传统汽车产业那些体型大、移动范围大、重型的机器人相比，协作型机器人具备工序轻量化、小型化、精细化的特点，能够满足未来以 3C 为主导的消费电子产业对工业机器人的供应需求和要求；另外就是以机器视觉为代表的人工智能技术规模应用在工业机器人领域，机器视觉技术是通过机器代替人眼对工业生产过程或产品进行测量和判断，主要用计算机软件来模拟人的视觉功能，从摄像头捕捉的客观事物图像中提取信息进行处理并最终用于实际检测、测量和控制。现在机器视觉技术已经广泛应用于智能工厂、工厂车间和物流仓库等。从行业结构变化趋势来看，国内工业机器人的主要应用领域仍为汽车、电子工业等领域，但随着其他应用领域的不断拓展，其占比份额将有所下降。未来在食品、制药、高污染等领域将成为工业机器人的重要发展方向。

在商用机器人领域，随着近年来人口红利逐步消失，劳动力成本持续提升，商用机器人一定程度上可以实现对可标准化操作流程的重复工种人员的替代，从而降低成本。但因为技术的限制，通常商用机器人只能在特定领域相对固定的场景执行指令，例如，管道清理机器人、问询机器人、送货机器人、码货机器人、微创手术机器人等；未来商用机器人将在医疗、交通、公共事业等领域快速发展，商用机器人目前处于爆发的临界点。

在消费级机器人即服务机器人领域，《2018 年中国机器人产业发展报告》显示，2018 年中国服务机器人的市场规模快速扩大，成为机器人市场应用中颇具亮点的领域。目前，随着人口老龄化趋势加快，以及医疗、教育需求的持续旺盛，中国服务机器人存在巨大市场潜力和发展空间。2018 年中国服务机器人市场规模有望达到 18.4 亿美元，同比增长约 43.9%，高于全球服务机器人市场增速。其中，中国家用服务机器人、医疗服务机器人和公共服务机器人市场规模分别为 8.9 亿美元、5.1 亿美元和 4.4 亿美元，家用服务机器人和公共服务机器人市场增速相对领先。预计到 2020 年，随着停车机器人、超市机器人等新兴应用场景机器人的快速发展，中国服务机器人市场规模有望突破 40 亿美元。

在我国家用服务机器人产品形态主要有吸尘器类机器人、教育类机器人、娱乐类机器人、安防类机器人、智能轮椅类机器人、智能玩具机器人等。近些年来，因为信息高速发展带来生活、工作节奏的加快，人们需要从繁杂的家庭劳动中解脱出来；另外随着中国社会加速老龄化，更多的老人需要照料，社会保障和服务的需求也更加紧迫。而且随着生活节奏的加快和工作压力的增大，也使得年轻人没有更多时间陪伴孩子，随之产生的将是广大的家庭服务机器人市场，例如，清扫机器人、陪护机器人、玩具机器人、安防控制机器人等都将是市场所需要的。相信随着中国随着市场潜在需求的成熟，也将有更多的服务机器人走入寻常百姓家。仍需明确的是，虽然家用服务机器人的普及是趋势，但是当前家用服务机器人的智能化水平非常有限，实用程度、交互方式和用户体验还存在诸多问题，短期内还难以适应全家庭场景的应用需求，仅局限于解决家中复杂环境中的某一个问题或某几个问题。

从 2015 年"双十一"后，以科沃斯地宝、窗宝为代表的扫地机器人、擦窗机器人分别已经进入各大主流电商平台智能硬件类产品销量的前列，之后小米、海尔、华为等企业也纷纷进入家庭服务机器人市场。以云迹科技为代表的服务型机器人已经进驻了数百家酒店和写字楼，为企业或客人提供问询、物品送递等服务。以科大讯飞 "晓医"为代表的智能导医导诊机器人基于科大讯飞领先的语音识别、语音合成和自然语言理解等技术，为院内患者提供导航、导医、咨询等服务，支持声音、图像等多种交互方式，减少了导诊人员重复性咨询工作，实现对患者的合理分流，改善就医体验，提高了医疗服务质量。

可以预计，随着中国人口老龄化的加剧，人口出生率的进一步下降，三四五线人口会继续向一二线城市聚集，老人、小孩远程看护、家政服务、陪护等应用方向将优先爆发，预计服务机器人在未来 3～5 年将大量进入家庭，从而引发服务机器人家庭化的浪潮。

（葛涵涛、高宏、朱亮、曹玥、従申、董宇、刘秋江）

第13章 2018年中国智慧城市建设情况

建设新型智慧城市是党中央、国务院立足于中国信息化和新型城镇化发展实际，为提升城市管理服务水平、促进城市科学发展而做出的重大决策，是落实新型工业化、信息化、城镇化、农业现代化、绿色化同步发展的积极实践。新型智慧城市建设是实现网络强国、数字中国、智慧社会战略目标的重要组成部分，也是事关国计民生的重大任务和长期工作。2018年以来，中国新型智慧城市建设取得长足进展。

13.1 发展环境

（1）新型智慧城市形成相对完善的政策体系

《国家信息化战略纲要》《数字经济发展纲要》《"十三五"国家信息化规划》等国家重大政策文件中，均明确提出要加强顶层设计，分级分类推进新型智慧城市建设，提高城市基础设施、运行管理、公共服务和产业发展的信息化水平。国务院发布的《新一代人工智能发展规划》明确，部署智慧城市国家重点研发计划重点专项，加强人工智能技术的应用示范。《2019年推进新型城镇化建设的重点任务的通知》提出，优化提升新型智慧城市建设评价工作，指导地级以上城市整合建成数字化城市管理平台，增强城市管理综合统筹能力。

（2）新型智慧城市建设开启新一轮成效评估

在2016年国家智慧城市评价工作基础上，新型智慧城市建设部际协调工作组按照新形势新要求，于2018年年底启动了新一轮国家新型智慧城市评估评价工作。2018年指标优化调整后，8项一级指标项基本没变，二级指标调整为24项，二级指标分项调整为52项。最大的调整是将市民体验权重从原来的20%提升为40%。希望从市民获得感和满意度的角度，更好地促进和引导新型智慧城市建设，彰显"以人为本，以人民为中心"的核心理念，以评促建，以评促改，推进国家新型智慧城市健康发展。

（3）国家级智慧城市标准规范相继出台

我国2016年出台了首个智慧城市国家标准《GB/T 33356—2016新型智慧城市评价指标》，2017年发布了5项智慧城市国家标准，2018年发布高达11项，覆盖顶层设计、平台、技术应用和数据融合等方面，如《智慧城市领域知识模型核心概念模型》（GB/T 36332—2018）、《智慧城市顶层设计指南》（GB/T 36333—2018）、《智慧城市软件服务预算管理规范》（GB/T

36334—2018）、《智慧城市 SOA 标准应用指南》（GB/T 36445—2018）、《智慧城市技术参考模型》（GB/T34678—2017）等，智慧城市领域标准的密集发布，为新型智慧城市健康有序发展指明了方向，推动了智慧城市有序、科学发展。

（4）各省市出台智慧城市发展的顶层政策

河北省政府印发《关于加快推进新型智慧城市建设的指导意见》，逐步形成部门协同、上下联动、层级衔接的智慧城市发展新格局。江苏省出台《"十三五"智慧江苏建设发展规划》和《智慧江苏建设三年行动计划（2018—2020）》，大力推进网络强省、数据强省、智造强省建设，高水平建设智慧江苏。陕西省发布《关于加快推进全省新型智慧城市建设的指导意见》，并建立省市两级协调推进机制，省级由省大数据与云计算产业发展领导小组统一领导，各市（区）建立新型智慧城市建设工作机制。截至 2018 年年底，在 658 个县级以上城市中，超过 46%的城市已经开展新型智慧城市顶层设计或总体规划。

（5）地方智慧城市统筹推进机制与法规制度逐渐成形

智慧城市统筹协调机制逐步建立，有力支撑规划、建设和运营。2018 年，各地纷纷筹建大数据管理局或智慧办等统筹协调机构，73.7%的新城新区、69.4%的省级城市、57.1%的地级城市已建立统筹机制，贵州、山东、重庆、福建、广东、浙江、吉林、广西、内蒙古 9 省成立了大数据管理局。2018 年以来，各地纷纷出台智慧城市法规条例，规范各方权责利。银川市率先发布《银川市智慧城市促进条例》，明确提出，将智慧城市建设及其管理纳入国民经济和社会发展规划。此外，山东济南市、山西大同市等地纷纷出台智慧城市地方法规条例，为智慧城市建设保驾护航。

（6）智慧城市形成巨大投资规模

近年来，我国智慧城市建设在经过概念普及期之后，已经进入爆发式增长阶段，各级政府持续推动智慧城市建设工作，相关政策红利不断释放，同时吸引了大量社会资本加速投入。目前我国智慧城市、信息惠民等试点近 500 个，据 IDC 预计，2018 年我国智慧城市技术相关投资达到 208 亿美元，较 2017 年的 173 亿美元增长 20.2%，成为全球第二大的智慧城市技术相关支出市场，并在 2016—2021 年预测期内保持 19.3%的复合增长率稳定增长，到 2021 年投资规模将达到 346 亿美元。

13.2 发展特点

2018 年，是智慧城市在我国由概念步入实践落地的第 10 个年头，也是互联网、大数据、人工智能等新一代信息技术与城市转型发展、融合创新的深化之年，是数字化变革驱动城市大发展、大变革的一年。

（1）在建设理念方面，呈现虚实共生、开放协同、绿色低碳新理念

一是虚实融合共生的数字孪生城市正逐步浮现。随着自动感知、泛在连接、普惠计算、模拟仿真、深度学习、智能控制等技术的不断成熟，尤其是基于三维模型定义的标注技术、建筑信息模型、城市信息模型等建模技术的广泛应用，使得在数字空间中构建一个与物理城

市同步运行的"数字孪生城市"成为可能。二是开放协同成为新型智慧城市关键理念。通过打通城市运行体系与民众共建参与渠道，创新多利益相关方的合作机制，构建包容普惠、汇聚众智、多元共生的大生态体系。三是绿色低碳成为共识。智能化信息技术与节能技术相融合，推动城市对现有资源的有效配置和合理化利用，围绕城市废水气处理、新能源智能并网、建筑节能、生态环保、循环经济等方面，改善城市生产、生态、生活的资源利用。

（2）在基础设施方面，城市级新型智能设施日益普及

智慧城市感知设施统筹部署需求愈加迫切，多功能智能杆柱成为新型感知设施的集成载体。2018 年多地开展统筹部署和共建共享智能杆柱。深圳市开展多功能智能杆建设行动。无人驾驶技术驱动城市道路设施智能化升级。北京亦庄建设全国首条无人驾驶试点道路，对信号、标志、标线等进行改造，便于自动驾驶车辆识别。武汉部署了首批 260 套基于 NB-IoT 的智慧交通标志牌，为无人驾驶奠定了道路设施基础条件。

（3）在技术应用方面，智慧城市产业成为新技术创新应用的实验场

智慧城市正在成为新的创新生态，在开放的体系中，创业者、企业、创新服务机构等创新主体围绕城市治理、公共服务、生产效能等方面的需求，提出各种创意，并通过创新创业过程将创意变成现实。从中关村独角兽企业榜单来看，90%的独角兽企业都与智慧城市领域密切相关，随着大数据应用、虚拟现实、智能硬件、人工智能、智能汽车等领域的重大技术突破，未来在智慧城市领域将出现更多的独角兽企业。

（4）在平台建设方面，集约融合成为新型智慧城市主旋律

新型智慧城市全面推动通信设施、局房管道、数据中心等共建共享，探索 2G、3G、4G 等频率授权综合利用。数据资源加速整合、核心平台统筹谋划。政务数据形成统采统存的数据资源池，部门间按照权限有序共享，并利用城市数据共享交换平台服务和第三方数据服务，实现涵盖政府、企业、行业的城市主数据资源体系。新型智慧城市核心平台基于云设施实现统筹布局，形成核心平台的可重用、可扩展架构，为各类智慧应用系统提供一体化协同管理和服务能力，实现平台与应用松耦合。

（5）在产业生态方面，智慧城市产业形成跨界融合开放竞争格局

智慧城市产业包括规划设计、系统集成、基础设施、平台、解决方案和运营服务等多个环节，吸引了 ICT 设备供应商、电信运营商、系统集成商、软件开发商、互联网企业等纷纷入局，对硬件、软件、服务业等多环节带动作用大。以互联网企业为代表，通过人工智能或互联网服务入口为突破点，抢滩新型智慧城市，以技术、用户、平台和创新能力等优势快速抢占市场份额，丰富了新型智慧城市产业生态体系。腾讯与电信、移动、联通共同出资成立数字广东网络建设有限公司，为广东数字政府改革提供全流程技术支撑，并于 2018 年上线粤省事 App，以微信为入口整合广东省公共服务，形成智慧城市领域的超级 App。

（6）在运营模式方面，积极推进购买服务，PPP 未能达到预期效果

2018 年，各地开展新型智慧城市建设，更加重视服务外包、购买服务与特许经营，利用市场机制推动智慧城市建设从政府主导、大包大揽，走向政府和市场协同运作，持续拓宽智慧城市资金筹措渠道。据统计，被列为国家级和省级示范的智慧城市相关 PPP（政府和社会

资本合作）项目共 31 个，占示范项目比例为 1.9%，总投资 319 亿元，涉及水利、农业、养老、旅游、教育、交通等行业信息化领域。由于经营模式、商业模式不清晰，智慧城市投资获益不明，以及数据资源等安全性运维问题，多个 PPP 项目退出示范库，PPP 模式急需进一步梳理商业模式。

13.3   应用场景

13.3.1   智慧城市大脑

城市大脑作为全域数据收集、信息深度处理与智能反馈调控的智能中枢，正被各类城市所重视。据不完全统计，2018 年我国建设中的"城市大脑"相关项目已经超过 40 个。从最早的 2016 年杭州市联合阿里巴巴建设的"城市数据大脑"到北京市海淀区最新发布的"城市大脑"，在近 3 年的时间里超过 30 座城市开展"城市大脑"建设，包括北京、江浙沪、粤港澳、海南、西安、重庆等。"城市大脑"建设通常是政企合作模式，以阿里巴巴、百度、腾讯、旷视科技、科大讯飞等互联网、人工智能领域的顶尖企业为主。"城市大脑"的覆盖领域包括起步阶段的城市交通、公共安全领域等基础平台建设，以及城管、医疗、旅游、环保等其他领域。

13.3.2   城市多规合一

多规融合、多规合一日益成为新型智慧城市规划与建设重点。2018 年，全国 60% 以上的地市建立了"多规合一"信息平台，以统一的基础数据为支撑，使智能设施布局、产业落地、应用部署、空间功能等最终集聚在一张图上，推动城乡各类规划底图数据集成，逐步实现规划"一张蓝图"的目标。海南省坚持秉承"多规合一"理念推进信息智能岛建设，按照全省一盘棋、集约化建设的思路统筹智慧城市建设，避免重复建设与资源浪费，推动互联网、大数据、人工智能等新一代信息技术与城市发展深度融合。武汉智慧城市进一步延伸拓展"多规合一"的功能，将建筑设计三维建模、地下管网空间、人口分布等应用于具体项目审批，大大提高了审批效率与管理决策能力。

13.3.3   市民多卡合一

目前我国所有正在推进智慧城市建设的省级城市以及绝大部分地级市均已实现智能一卡通覆盖。从应用推广普及路径来看，第一类是基于单一功能实现跨城市互联互通一卡通用，典型如交通部主推的公共交通一卡通，目前已实现全国 110 余个城市公共交通的无缝切换。第二类是基于一张卡片叠加多个领域服务，实现多卡合一。目前通过 App 注册并绑定身份证，实现个人专属的虚拟市民卡正被越来越多的城市所青睐，如北京、厦门、南京等。因为虚拟卡不存在秘钥兼容问题，普及面广，使用便利，将成为新型智慧城市建设的重要领域。

13.3.4 智慧医疗

智慧医疗利用人工智能、大数据等技术，强化问诊、就诊、转诊的服务化水平。对医生而言，可以利用基于 AI 的图像识别技术，提高医生对 CT、核磁、病理切片等影像的分析和决策能力。对病患而言，可以利用区块链等技术实现个人医疗数据的隐私保护，控制个人医疗信息的流转，给予患者最高的权限保护个人数据。在 5G 等新技术支撑下，可以实现更低时延、更可靠的远程医疗。2019 年 3 月，海南总医院在中国移动运营商等协助下，通过操控接入 5G 网络的远程机械臂成功完成了位于北京的患者的远程人体手术。

13.3.5 智能驾驶

伴随 5G、车联网等技术的发展，城市交通的智能化升级，正向智能驾驶、无人驾驶等高端方向发展。经过十多年的智能交通建设，大部分城市的交通通勤能力得到极大的提升。很多一线发达城市与汽车产业集聚城市，均开始高度重视并扶持智能驾驶和无人驾驶产业发展，其商业化探索正进一步提速。北京，无论是已发布的自动驾驶政策、发放智能网联道路测试牌照，还是开放测试道路的情况，都走在全国城市的前列。在过去一年多里，北京市陆续发布了 5 项自动驾驶相关政策，颁发 57 张牌照，开放道路超 123 千米，极大地推动了自动驾驶产业发展。上海、深圳、天津等地也陆续开放自动测试道路，且长度均在 25 千米以上，积极为自动驾驶提供真实的应用场景。阳泉市积极谋划高速公路的自动驾驶测试，部署 Apollo 车路协同系统，建设全国领先的自动驾驶与车路协同示范区。

13.4 典型案例

习近平总书记明确指出"分级分类推进新型智慧城市建设"。不同区域、不同级别、不同类型的城市发展定位和侧重不同，不同城市经济社会、地理区位、自然环境、产业基础条件也不尽相同，因此智慧城市建设程度和发展目标均存在较大差异，没有一套单一的适用于所有城市的统一解决方案。要综合考虑城市发展定位、经济社会发展水平、人口规模、区位特点，因地制宜，找准定位，找到各类城市有针对性的发展路径。

（1）智慧城市群要素资源跨地区、跨层级流动和协同加速

长三角城市群率先布局 5G 网络建设，开展综合应用示范，以新一代信息基础设施建设引领长三角数字经济发展。在国内率先探索形成跨区域的信用联合奖惩模式，在长三角范围内构建起"一处失信、处处受限"格局。上海、杭州、宁波三市实现地铁异地扫码，使长三角城市群智能服务领跑一步。粤港澳大湾区将最大限度地促进经贸要素跨境便捷流通，在国际贸易、创新创业、海洋生态、特殊气象灾害、共同开展境内外旅游、知识产权信息共享等领域开展深入合作，共同打造国际科技创新中心，制订智慧城市指标体系，促进群内智慧城市交流合作。京津冀智慧城市群落探索超大城市、特大城市等人口经济密集地区有序疏解功能、有效治理"大城市病"、交通一体化发展、生态环境保护、产业升级转移的智能优化开发模式。

（2）新城新区承担起智慧发展新路径、创新发展试验田的使命

新城新区往往肩负改革创新的期许，也具备一张白纸好画蓝图的起点优势，在智慧城市规划建设方面走在全国城市前列。雄安新区在全国率先提出数字城市与现实城市同步规划、同步建设的理念，打造虚实结合的数字孪生城市，成为具有深度学习、自我优化能力的全球领先的智能城市。通过建设全覆盖的数字化标识体系，推动基础设施智能化水平达90%以上；通过构建全域智能化环境，实现无人驾驶汽车、智能化物流配送、全时空服务的智能社区等走进人们的生活；通过构建功能强大的"城市大脑"，实现在数字城市中模拟仿真，在现实城市中优化运行，真正实现城市智能治理和公共资源智能化配置。陕西西咸新区提出"以最高标准和最新技术打造西咸智慧城市"，南京江北新区提出"建数字孪生城市，创造'数据石油'"，福州滨海新城基于"数字孪生"理念开创了"规建管一体化"的城市建设新范式。

（3）省级智慧城市积极发展融合创新产业，提升区域辐射影响，多措并举破解"大城市病"

一是在有基础、有条件的中东部的省级城市，纷纷打造具有竞争力的数字产业创新高地。例如，宁波市提出"六争攻坚、三年攀高"的决策部署，成为我国数字经济发展的先行区、示范区，推动数字经济发展成为宁波经济社会发展的新兴力量。二是打造区域智慧枢纽，提升辐射带动能力。"智慧沈阳"提出，打造东北地区的数据资源汇聚地、数据服务能力中枢和数据产业领先区域，形成立足沈阳、带动沈阳经济区、辐射东北区域的国际化区域中心城市。三是加强流动人口精细管理与包容服务。一些超级人口的大型城市，积极建立并完善面向流动人口等特殊群体的城市公共信息服务体系。深圳市设立社区网格管理办公室，向流动人口及随迁家属提供租房购房、子女教育等信息服务。四是积极应用人工智能、区块链、虚拟现实等新技术，破解大城市发展中面临的资源环境趋紧、交通拥堵、承载力不足等大城市病等突出问题。重庆疾控中心利用 AI 技术，进行大城市传染病预测，实现流感/手足口病模型预测准确率达 90%以上。

（4）地级城市辐射带动周边区域和区县，强化城市智能化综合运营管理水平

据不完全统计，71%的地级市发布了（新型）智慧城市总体规划、顶层设计、专项规划，地级市共享交换平台和基础数据库建设进展较快，已有 81.7%的地级市建成或在建共享交换平台，86.9%建成或在建基础数据库。惠民服务全面推行，65.6%地级市启动多卡合一建设，90%地级市推进公共服务热线。在城市管理方面，超过 50%的地级市已着手建设集约化智慧城市管理中心，43%的地级市已开展"多网格合一"工作。

（5）县域智慧城市建设陆续推进，积极打造亮点应用

一是强化区县规划布局瞄准落地实施。超过 50%的县级城市在政府工作报告或"十三五"规划中提出发展智慧城市，并积极与所属地级市对接。专门出台并发布智慧城市相关政策文件的县级城市占所有地级市的 24.5%，多以行动计划、实施方案为主，更加侧重于指导具体工作落地实施。二是注重实施效果，推动单点突破。县级城市规模较小但行政架构完备，具备打造智慧应用"试验场"的基本条件。很多区县集中资源打造亮点应用，力争形成细分领

域示范效应。湖北老河口市举全县之力，积极承担国家地理信息测绘局时空信息云平台试点建设。河北遵化市与蚂蚁金服合作开通互联网+普惠金融服务，完善创新创业投融资市场。三是互联网+政务正成为县域建设智慧城市的重点方向，基层政务办事系统逐步完善，基层代办等模式快速推广，提升惠民服务满意度。

13.5　发展趋势

（1）新型智慧城市着力实现智能设施地上、地下、空中统筹布局

由于地上设施部署建设容易，也属于管理者能看到的部分，传统智慧城市建设往往忽视了地下设施的预埋建设，以及空天地设施的统筹规划建设。未来，新型智慧城市决策者和建设者需要同步关注地上、地下、天空等基础设施建设和智能化改造，尤其要更加关注地下管网及相关市政设施的深度感知与智能监测，以及浮空应急通信平台等新型设施的布局，真正实现一体化的城市智能管控。

（2）新型智慧城市着力实现虚实融合、孪生互动

从技术理念的角度来看，新型智慧城市是各类信息技术的综合集成应用平台和展现载体，通过新一代信息技术的广泛应用，实现城市物理世界、网络虚拟空间的相互映射、协同交互，进而构建形成基于数据驱动、软件定义、平台支撑、虚实交互的数字孪生城市体系。数字孪生城市通过构建城市物理世界、网络虚拟空间的一一对应、相互映射、协同交互的复杂巨系统，在网络空间再造一个与之匹配、对应的"孪生城市"，实现城市从规划、建设到管理的全过程、全要素数字化和虚拟化、城市全状态实时化和可视化、城市管理决策协同化和智能化，推动城市水资源、能源、交通、生态等各类资源要素的优化配置、城市运行的随需响应和智能优化，形成物理维度上的实体世界和信息维度上的虚拟世界同生共存、虚实交融的城市发展新格局。

（3）新型智慧城市着力实现前端服务与后端流程机制的同步优化

随着我国"互联网+政务服务"的全面推进，以及互联网企业抢入口、抢流量、抢数据竞争的加剧，促使各地政府加倍关注城市级公共服务平台建设，并统一入口，提供 PC 端和移动端完善的服务。但由于缺乏有效的数据支撑、系统联动、便捷服务等，致使大部分公共服务平台及移动服务门户的功能大打折扣。未来智慧城市公共服务不能只关注前端建设，更要关注后端的优化，包括数据的汇聚、流程的再造、服务的集成、账号的统一、安全的管控等，只有把这些不易被看到的脏活累活干了，才能真正做到便民和惠民。

（4）新型智慧城市着力实现大中小企业融通发展，引进培育企业协同推进

新型智慧城市建设不是龙头企业的专利，也不能走大集成、大总包的信息系统建设老路，未来城市可围绕要素汇聚、能力开放、模式创新、开放合作等，加强大型企业引进与本地运营企业培育同步，形成智慧城市生态圈，不仅需要鼓励企业积极参与本地智慧城市建设，同时需要真正建立起公平、生态化的竞争机制，不使一家独大，也不使竞争无序，真正发挥各企业优势，为智慧城市创新发展提供良好环境。

（5）新型智慧城市建设运营中或将出现大型运营服务商

目前，我国智慧城市建设基本是通过政府牵头进行投资建设和运营的，会受到政府财政

收支平衡情况等问题的限制和影响，如果政府财政收入降低，智慧城市整体发展都会受到很大影响，同时还会面临业务的运营、推广及后期维护等困难，所以智慧城市项目建设完成后，如何能够长效发展，需要成熟的可持续发展运营模式。对政府而言，他们更希望项目完成后，企业能持续做一些专业化的运营服务，并作为龙头企业吸引和整合更多的生态资源来本地发展，最终带动整个城市或区域的产业发展。随着政府需求日益明朗，真正意义上的智慧城市建设和运营服务商将涌现，为城市提供可持续的业务运营和服务，并跟随城市的演变不断更新自己的角色，运营服务商从传统的管理与被管理、服务与被服务关系转变为利益共享、风险共担的新型合作伙伴关系，在智慧城市建设上把握整体局势，从平台建设到资源整合，从技术服务到创新应用，最后到整体运营，形成端到端的智慧城市一体化服务。

（陈才、崔颖、刘小林、周旗）

第14章 2018年中国共享经济发展状况

14.1 发展环境

我国始终坚持"鼓励创新、包容审慎"的发展原则，深入推进简政放权、放管结合、优化服务改革，不断规范和降低市场准入门槛，持续强化政策保障体系建设。共享经济制度供给日益完善，管理模式进一步创新。

（1）顶层制度安排进一步明确

根据2017年国家发展改革委等部门印发的《关于促进分享经济发展的指导性意见》，提出要加强分类细化管理，强化地方政府自主权和创造性，鼓励与现有社会治理体系和管理制度做好衔接，完善事中事后监管。推动建立科学有效的共享经济市场监管机制，强化对平台企业垄断行为的监管与防范，加强对损害消费者利益、侵犯知识产权、不正当竞争等行为的打击，营造各类主体公平竞争的外部环境。构建政府和企业互动的信用信息共享合作机制，大力推动政府部门数据共享、公共数据资源开放，鼓励创新资源和生产能力的共享，研究完善适应共享经济发展特点的税收征管措施、劳动保障措施、统计评价体系等。有力推动了共享经济发展的体制机制障碍进一步消除，制度环境进一步优化。2018年5月，国家发展改革委等部门又进一步印发《关于做好引导和规范共享经济健康良性发展有关工作的通知》，对推动共享经济高质量发展提出总体要求。

（2）重点领域配套政策不断完善

2018年国务院办公厅印发了《关于深化改革推进出租汽车行业健康发展的指导意见》，明确出租汽车行业定位，推进巡游车深化改革，给予网约车合法地位，有效推动网约车平台公司不断创新规范发展。发布《网络预约出租汽车经营服务管理暂行办法》，在规范网约车经营行为、推进网约车健康发展方面取得积极效果。同年市场监督总局等部委联合印发了《关于加强网络预约出租汽车行业事中事后联合监管有关工作的通知》，提出要进一步加强对网约车的联合监管，以更好地推动网约车健康发展。交通部等部委联合发布了《关于鼓励和规范互联网租赁自行车发展的指导意见》，为互联网租赁自行车的规范发展划清红线、指明方向。

（3）保障措施更加健全

2018年，各地政府纷纷推进"多证合一"、企业登记全程电子化等改革，全面实行"一套材料、一表登记、一窗受理"工作模式，加快一体化网上政务服务平台建设。调整小型微利企业的年应纳税所得额上限，进一步扩大免税适用范围，大力实施"互联网+税务"行动，搭建税务信息平台，大力推动移动开票、电子发票、发票查验的应用等。国务院也印发了《关于做好当前和今后一段时期就业创业工作的意见》，明确灵活就业人员可参加养老、医疗保险和缴纳住房公积金，进一步推动完善适应新就业形态特点的用工和社保等制度。两办引发了《关于推进公共信息资源开放的若干意见》，进一步着力推进和规范公共信息资源开放，释放信息资源的经济价值和社会效应。

（4）信用建设取得积极进展

截至 2018 年年底，全国信用信息共享平台已联通 44 个部委和所有省区市，以及部分市场机构，累计归集各类信用信息 300 亿条。国家企业信用信息公示系统共归集公示涉企信息 6.29 亿条，向各部委提供 5454 万条，已成为企业、社会和政府部门不可或缺的一张网。"信用中国"网站公示行政许可和行政处罚等信用信息超过 1.4 亿条，其中行政许可信息达 10438 万条，行政处罚信息达 3588 万条。发布《关于建立完善守信联合激励和失信联合惩戒制度加快推进社会诚信建设的指导意见》，有效推动信用激励和惩戒机制的建立健全。目前，各部门共签署联合奖惩合作备忘录 51 个。

（5）多方协同治理体系加速构建

各部门、地方政府、行业组织积极推进共享经济管理创新，取得良好成效。如科技部印发《专业化众创空间建设工作指引》，推动众创空间的专业化服务水平提升。教育部发布《国家重大科研基础设施和大型科研仪器开放共享管理办法》和《重大科研基础设施和大型科研仪器开放共享评价考核实施细则》，引导高等学校通过科研资源共享，向社会开放其科研仪器、实验能力的使用权。目前，绝大部分部署高校都已自行建立完善了科研设施与仪器在线服务平台。如杭州市交通、城管、交警等部门与共享单车企业建立了常态化协同机制，通过日常微信工作群，随时向企业反馈车辆堆积等情况，督促企业安排运维人员现场处理。此外，各行业组织积极探索，通过签署自律公约、联合制定行业标准、成立专业委员会等方式推动行业规范发展。

14.2　发展态势

（1）共享经济新动能作用继续显现

从总体规模来看，2018 年，我国共享经济交易规模持续扩大，达 29420 亿元（不包括 P2P 网贷、众筹等金融共享），同比增长 41.6%。从就业情况来看，共享经济对就业依然具有积极带动作用。2018 年，我国共享经济参与者人数约 7.6 亿人，参与提供服务者人数约 7500 万人，同比增长 7.1%。平台员工数为 598 万人，同比增长 7.5%[1]。从企业估值来看，截至 2018 年年底，全球 305 家独角兽企业中我国企业有 83 家，其中具有典型共享经济属性的企业 34 家，占我国独角兽企业总数的 41%[2]。

---

[1] 国家信息中心.

[2] CBinsights.

（2）消费领域共享经济进入发展拐点

近年来，共享经济在消费领域加速渗透、蓬勃发展，网约车、住房共享、共享单车等业态不断壮大。在经历前期快速发展后，消费领域共享经济于 2018 年步入拐点，发展速度显著放缓，这主要是受以下三方面影响：一是行业优胜劣汰加速。各业态在经过几轮激烈的市场竞争之后，部分企业脱颖而出，用户、资本等资源均流向这些头部企业，行业"洗牌"加剧。例如，近 70 家共享单车创业平台目前仅存几家。二是资本逐渐回归理性。共享经济许多业态均经历了在资本推动下加速前行、靠砸钱竞争的阶段。2018 年，随着募资难度增加，投资者变得更加理性，企业融资也更加不易。2018 年我国共享经济领域直接融资规模约 1490 亿元，同比下降了 23.2%。未来，共享经济各业态将由资本驱动转向需求驱动。三是平台合规压力增大。2018 年，共享经济部分业态问题频发，并曝出一些有损公共利益的恶劣事件，政府监管力度明显加大。例如，交通部等 7 个部门建立了网约车行业事中事后联合监管机制。未来，平台企业合规压力将不断增加。

（3）共享制造成为发展新亮点

共享制造是共享经济模式在生产制造领域的创新应用。作为一种新型产业组织模式，共享制造已创造出一系列新模式新业务，显示出很大的发展活力和潜力。在产能对接方面，"按需驱动、先消后产"模式导致订单剧烈波动，呈现小批量、多款式、快速翻单特征，淘工厂搭建产能对接平台，整合匹配存量产能，使订单响应时间缩短到 1 天，生产周期缩短 50%。在产能组织方面，新产品从研发完成到推向市场，通常需要半年甚至一年以上的时间用来组织供应链进行生产，而且失败概率高、成本高。生意帮搭建了多主体协作、虚拟化制造的产能协同组织平台，使产能组织周期缩减 70%，生产成本降低 40%。在产能租赁方面，我国机加工行业多为中小型企业，其设备使用率普遍低于 30%。沈阳机床厂探索建设共享工厂，集中配置通用性强、购置成本高的生产设备，通过分时、计件、按价值计价等灵活服务模式，为区域内企业量大面广的共性制造需求提供服务。

14.3 细分领域

14.3.1 网约车

2018 年，美团、高德、携程等平台相继进入网约车市场，截至 7 月，全国共有 78 个网约车平台在相关城市获得经营许可。截至 2018 年年底，我国网约出租车车用户总体规模达到 3.3 亿人，较 2017 年年底增加 4337 万人，增长率为 15.1%。网约专车或快车用户规模达到 3.33 亿人，增长率为 40.9%，用户使用率由 30.6%提升至 40.2%[1]。从市场格局来看，滴滴出行仍然占据优势地位。据第三方机构统计数据显示，2018 年 5 月，滴滴出行月均日活跃用户数为 1504.4 万，处于明显领先地位，神州专车和首汽约车分别为 31.2 万、20.7 万，分别居第 2 位、第 3 位[2]。

---

[1] 第 43 次中国互联网络发展状况统计报告.
[2] 极光大数据.

14.3.2　共享单车

共享单车在经历爆发式增长后，全行业累计投放单车约 2300 万辆、覆盖城市达 200 个。截至 2018 年 6 月，共享单车用户规模达 2.45 亿人，较 2017 年年底增加 2400 万人，同比增长 11%。占网民总数比例由 28.6%增加至 30.6%，提升了 2 个百分点[1]。从市场格局来看，2018 年，滴滴接管小蓝，美团收购摩拜，哈罗单车获得蚂蚁金服高额增资，共享单车呈现多强竞争态势。但同时，随着资本市场冷却、资本陆续撤离，共享单车押金退还问题不断曝出，整体发展步入低谷。

14.3.3　共享汽车

据不完全统计，截至 2018 年 6 月，全国注册的分时租赁共享汽车企业已超过 400 家，运营车辆超过 10 万辆，滴滴、神州已纷纷入局。2018 年，我国汽车分时租赁市场规模测算达 36.48 亿元，到 2020 年预计市场规模将达到 117.90 亿元。从市场格局来看，目前，传统汽车企业、传统租车企业、互联网初创企业、互联网出行巨头四类主体都已入局共享汽车。但传统汽车企业和租赁企业仍然是目前共享汽车行业的主要参与者，占据市场主导地位。截至 2018 年 3 月，我国汽车分时租赁活跃用户 TOP10 中的企业，GoFun 和 EVCARD 两家企业脱颖而出，活跃用户数量分别达到 84.9 万人和 37.6 万人[2]。

14.3.4　房屋共享

2018 年，我国房屋共享市场规模达 165 亿元，较 2017 年增长 37.5%，预计 2019 年有望达到 221 亿元，其用户规模有望突破 2 亿人[3]。目前，我国房屋共享主要有 C2C 和 B2C 两种运营模式。C2C 模式下，平台运营重心集中在线上，对线下的服务几乎不做运营和监管。国外共享经济代表企业 Airbnb 就是此类模式。C2C 模式的优势在于易扩大供需两端规模，而最大的问题则在于无法保障房源质量和房东的线下服务。在我国信用体系尚不健全的情况下，C2C 模式在我国发展遇到了一定阻碍。我国大部分房屋共享平台都加入了线下运营环节，包括房屋改善、房东培训等。B2C 模式下，平台为自营模式，平台从开发商或个人手中获取全托管房源，为房客提供标准化类酒店式服务。典型代表企业为途家。据监测数据显示，2018 年 4 月，在月活跃用户数方面，途家以 125.4 万人排名第 1 位；Airbnb 排名第 2 位，为 62.6 万人；小猪短租以 38.1 万人排名第 3 位[4]。

14.3.5　科研仪器共享

共享经济在生活服务领域发展的同时开始向生产服务领域渗透。其中，促进闲置科研仪器和中小科技企业供需对接的科研创新共享平台成为共享经济新发展趋势的典型代表。一批

---

[1] 第 42 次中国互联网络发展状况统计报告.

[2] 易观.

[3] 速途研究院.

[4] 必达咨询数据中心.

基于共享经济理念的市场化运营的科研仪器共享平台企业应运而生，如易科学、牵翼网、凡特网、人人实验等，为我国科研仪器共享的发展带来了新的生机与活力。从业务模式来看，有些平台服务于科研仪器设备的共享，有些企业服务于检验检测服务的对接，有些则是提供仪器共享、实验外包、成果转化等综合服务。例如，易科学平台整合了清华大学、北京大学等全国上百所高校的实验室、200 多家科研院所、1000 多家科技服务企业及 8000 余家第三方检测机构，平台累计接入科研仪器 23 万多台（套）、200 多万项实验检测服务及 2 万余名专家人才。

从竞争优势来看，与政府构建的公共服务平台相比，科研仪器共享企业更具创新性和灵活性，其在交易撮合机制、用户增值服务、信用体系建设等方面都具备更多的优势。例如，易科学构建了专家顾问团队，通过在线直播的方式为中小企业科普实验技术、仪器操作、结果分析等方面的知识。又如，科学指南针设计了双向评价机制，以此约束双方行为，从而有效规避了单次交易中故意违约的风险。此外，完备的点评与用户反馈机制能够让用户根据自身的个性化需求通过别人的评价来对目标仪器进行评估。再如，凡特网则是构建了先行赔付制度，以平台信用和资金作为担保，以保证双方在正常履约过后能够得到各自的收益。

14.4 发展瓶颈

（1）过度占用公共资源问题

以共享单车为代表的共享经济模式，给人们的出行带来了巨大的便利。但企业过度投放、用户乱停乱放等问题日益凸显，单车"围城"现象时常发生，给城市管理带来新挑战。如何既促进新模式新业态加快发展，又推动企业规范运营，成为社会广泛关注议题，急需兼顾多方利益统筹解决。

（2）人身和财产安全问题

人身和财产安全问题主要指共享经济平台上的消费者与分享者之间因信息不对称而出现的损害对方人身或财产权益的问题。例如，网约车领域司机侵犯乘客权益的问题、在线短租领域房客损坏房屋的问题等。根据调研，共享经济基于其技术、数据、信用、溯源等方面的优势，总体上来说，相比传统业态，是更加安全的。例如，南京市、上海市公安部门均反映当地未出现网约车或在线短租相关的恶性治安事件。而根据滴滴公司公布的交通安全报告显示，2016 年，滴滴每百万单交通事故死亡率和每亿公里交通事故死亡率分别为 0.021 和 0.28，比传统出租车行业均降低了 40%。

共享经济领域侵犯人身或财产的纠纷问题也逐渐显现。一方面，共享经济领域用户人身或财产安全被恶性侵犯的事件仍然时有发生，如 2018 年全国连续发生两起网约车乘客被害事件。另一方面，共享经济领域消费者与分享者之间一般的权益纠纷问题更是层出不穷。2018年 3 月，北京市消费者投诉分析公示显示，有关通过网络预订家政服务引发的消费投诉较为集中，部分消费者反映充值余额退还较慢。

（3）信息安全问题

信息安全问题互联网行业面临的共性问题，主要包括内容安全和数据安全两个方面。就共享经济来看，内容安全主要表现在知识共享领域，数据安全则在所有共享经济领域都有体现。一是内容违规现象屡禁屡现。例如， 2018 年 3 月，"知乎"平台因管理不严，传播违法违规信息，被北京网信办依法要求 App 下架 7 天。二是用户个人信息泄露与数据安全面临威胁。例如，2018 年 3 月，央视曝出，网络共享平台"WiFi 钥匙"可随意窃取个人和单位的 WiFi 密码，并顺利连接。通过后台，还可进一步查阅详细数据信息。

（4）押金安全问题

共享经济领域用户的押金安全仍未得到有效保障，潜在风险依然突出。主要表现在：一是两家主要共享单车企业的押金挪用情况堪忧。2018 年以来，两家主要共享单车企业 ofo 和摩拜屡被媒体曝光资金告紧，通过挪用押金、抵押车辆来填补资金缺口。2018 年 4 月，美团收购摩拜时曝光的财务报表显示，摩拜挪用用户押金规模已高达 60 亿元。ofo 小黄车陷入挤兑危机，无数用户的押金迟迟无法退还。二是多个共享经济业态都存在潜在的押金风险。除共享单车外，在共享汽车、共享充电宝、在线短租等诸多共享经济领域，由于用户往往是在无人监督的情况下独立使用实物资产，为防止不当行为，平台通常会向用户收取押金。因此，很多共享经济业态都存在押金风险问题，只是规模和影响尚未企及共享单车。

（5）低价竞争问题

低价竞争问题主要是指共享经济平台企业之间通过红包、优惠券、奖励等方式对用户进行补贴的价格竞争现象。由于涉嫌以低于成本的价格进行不正当竞争，受到社会的广泛关注。价格竞争现象在共享经济领域十分普遍，其已成为共享经济企业抢占市场份额，构筑行业壁垒的主要方式之一。2018 年 3 月 21 日，美团打车高调进入上海，对司机端实行"0 抽成、每天 600 元保底、满 600 元额外奖励 200 元"的优厚策略，对新注册用户则直接派发三张面值 14 元的抵用券。作为反制策略，滴滴出行一方面对上海用户和司机给予同等甚至更大力度的补贴，另一方面同样以高额补贴的方式在无锡布局外卖业务。一时间，共享经济领域再次硝烟弥漫。

14.5　发展趋势

2018 年，我国共享经济发展进入瓶颈，各种问题不断显露。但总体来看，共享经济对带动我国经济转型升级、满足日益增长的生产生活服务需求、创造新的就业机会等仍然具有重要的现实意义。我国应继续积极倡导包容审慎理念，发展与监管并重，在共享经济的制度创新上率先探索与实践，努力促进共享经济健康成长。

（1）坚持包容审慎的发展思路，着力消除共享经济发展面临的政策障碍

一方面，继续完善顶层设计，激发市场活力。推进落实《关于促进分享经济发展的指导性意见》，破除行业壁垒和地域限制，充分考虑共享经济跨界融合的特点，鼓励创新监管模式，避免用旧办法管理新业态，提高"放管服"水平，强化政府部门的服务意识，适时出台分行业分领域的共享经济政策，切实保障共享经济发展。另一方面，加强对共享经济的研究和预判。实时跟踪新模式、新业态，及时发现行业发展中出现的新情况、新问题，主动研究制定相关对策措施，切实保障共享经济健康良性发展。

（2）积极践行协同治理理念，构建适应共享经济特点的新型监管体系

一是加强部门与部门之间的协同。针对不同行业领域的共享经济业态，明确牵头部门和

责任分工，同时加强政府各部门之间的沟通交流和监管协同。二是建立政府和企业互动的信息共享合作机制。积极探索政府管平台、平台管主体的分层治理模式，充分发挥平台企业的技术和资源优势，明确其在主体准入和行为治理方面的基础性作用，严格落实平台企业责任，完善相关法律法规，让平台成为政府治理的有效抓手。三是强化社会参与。充分发挥行业协会等有关社会组织的力量，积极推动出台行业服务标准和自律公约，完善社会监督。引导资源提供者和消费者约束自身行为，强化个体的责任意识和道德意识，完善投诉举报等社会监督渠道，进一步推动共享共治，促进共享经济以文明方式发展。

（3）加快完善制度保障措施，为共享经济发展营造有利环境

一是加快推动信用体系建设。依法加强信用记录、风险预警、违法失信行为等信息在线披露，建立政府和企业互动的信息共享合作机制。二是加大公共服务支持力度。继续推进重点领域公共数据开放，加强数据开放标准体系建设，提升开放数据的标准化程度，重视开放数据的机器可读性、互操作性，降低企业数据查询成本。三是强化劳动保障。探索适合共享经济特点的劳动用工政策，完善灵活就业人员社会保险参保缴费措施，为共享经济从业人员参保提供便利。四是加强市场竞争监管和安全保障力度。加强对共享经济领域出现的不正当竞争行为的管控力度，禁止恶意竞争，鼓励和维护公平、有序、有效竞争秩序。同时，加大对客户资金安全和信息安全的保障力度，健全监管制度，引导共享经济健康良性发展。

（4）鼓励共享经济向线下延伸，充分发挥对实体经济和就业的带动作用

一是鼓励共享经济和实体经济融合发展。充分发挥共享经济在网络信息技术和数据资源等方面的优势，推动产业链上下游深入合作，引导制造业根据需求进一步优化生产过程，提升产品质量，不断提高传统制造业数字化、网络化、智能化程度，推动传统制造业向服务型制造业转型升级。二是鼓励人民群众通过共享经济灵活就业。依托共享经济创造的"平台+个人"的新型就业模式，满足自由职业者、兼职客等各个不同层面个体劳动者的就业需求。

（5）响应共建"一带一路"倡议，推动共享经济企业走出去

一是鼓励共享经济企业国际化运营。鼓励具备能力的共享经济企业在"一带一路"沿线国家增设海外机构和业务网点，积极开拓国际市场，鼓励共享经济企业在开展业务的国家和地区设立海外研发中心、客服中心、运营中心等分支机构，构建跨境产业体系，打造国际知名品牌，进一步提升我国品牌形象。二是加大对"走出去"共享经济企业的服务支持力度。引导相关行业协会、联盟及服务机构提供跨国服务，搭建面向共享经济企业的全球化服务平台，鼓励具有竞争优势的共享经济平台企业有序"走出去"。为有实力的共享经济企业开展海外并购、股权投资、创业投资和建立海外分支机构等提供便利和服务。

（李强治、王甜甜、王海鹏）

第15章 2018年中国网络资本发展状况

15.1 创业投资及私募股权投资

2018年，互联网创投行业迎来寒冬，投资机构与创业者经历"大考"。大多数市场化基金遇到了资金募集困难的问题，很多知名基金也面临来自市场的严厉审视。公开披露数据显示，2018年前11个月中国股权投资市场共募集金额1.15万亿元，同比下降了28.7%，募资难度提升导致投资方的出资能力下降。

募资困难所形成的一系列影响相继传至创业企业，融资难融资贵问题愈发凸显。而二级市场作为募资渠道和退出渠道的重要补充市场，在提升资本流动性的同时，其重要性也随之提升。2018年赴美、赴港上市潮迭起，爱奇艺、小米、哔哩哔哩、美团、平安好医生等互联网企业排队敲钟，移动互联网创业迎来收获期。但与上市火热相对的另一番景象是上市破发、市值倒挂的冰冷与尴尬。2018年赴美、赴港上市的内地互联网企业，约有55%的企业按最低发行价发行，8家公司开盘即破发；截至2018年12月，79%的公司市值低于上市首日，其中18%的公司市值几近腰斩。

资本市场寒冬也孕育了新的机会。以高端芯片、人工智能应用为代表的高新技术，以医疗健康、素质教育为代表的社会刚需，不断涌现创业新秀，在"寒冬"中实现跨越式发展，成为赛道的领跑者。创投行业不再盲目追逐风口，过去几年依靠密集融资和大额补贴的商业项目不再受到投资人的青睐，资本回归理性，伪需求、伪痛点正在被市场加速淘汰，中国必然要完成从以模式创新为主到以技术创新为主的转型。创业维艰，科创板为整个行业带来曙光。

15.2 互联网投融资

15.2.1 全球互联网投融资

全球互联网投融资稳定增长。2018年，全球投融资市场较为活跃，投融资案例共19392件，同比增长12.2%，披露的总交易金额为1956亿美元，同比增长29%，如图15.1所示。其中互联网金融、电子商务和企业服务3个领域融资金额最高，占比分别为26.7%、15.1%

和 13%。中美两国成为投融资市场最活跃的市场，总交易金额分别为 697 亿美元和 687 亿美元，英国和印度位于第二梯队，总交易金额分别为 112 亿美元和 88 亿美元。2018 年全球互联网投融资规模，如图 15.1 所示。

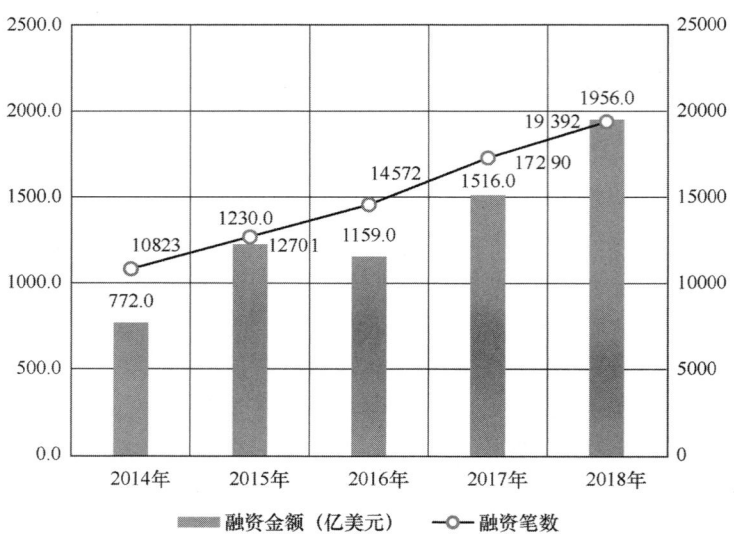

图15.1 2018年全球互联网投融资规模

15.2.2 中国互联网投融资

我国互联网投融资市场保持快速增长。2018 年，国内投融资规模整体呈现快速增长的态势，投融资案例共 2685 笔，相比 2017 年的 1296 笔增长 107.2%，披露的总交易金额为 697 亿美元，相比 2017 年的 484.8 亿美元增长 43.8%，如图 15.2 所示。其中超过 1 亿美元的融资案例共 125 笔，同比增长 60.3%，融资金额达 555 亿美元，同比增长 59.2%。

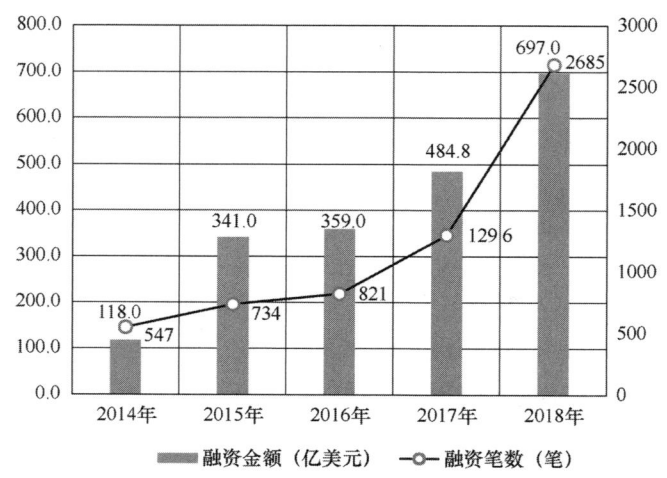

图15.2 2018年中国互联网投融资规模

初创企业投融资高度活跃。2017 年第四季度至 2018 年第四季度，包含种子天使轮和 A

轮的早期投资占比保持高位，2018 年第四季度占比达到 78%，出资人十分看好互联网领域初创企业成长。从投融资案例情况看，我国初创企业梯队保持合理，成长迅速。2018 年中国互联网投融资轮次分布如图 15.3 所示。

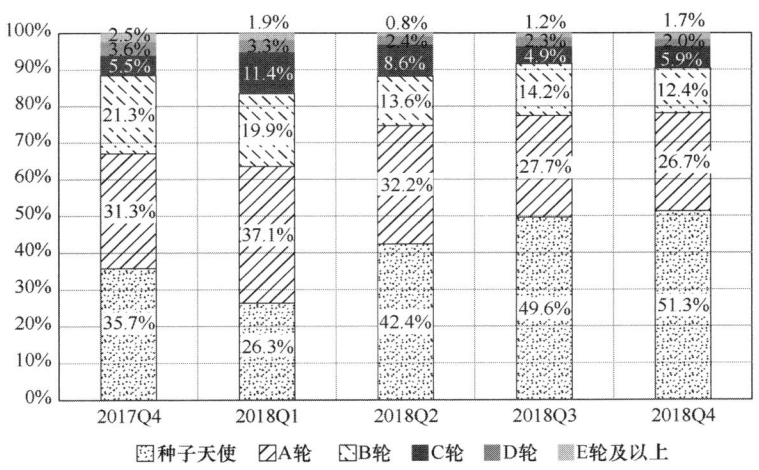

图15.3　2018年中国互联网投融资轮次分布

15.2.3　互联网细分领域投融资

互联网细分领域投融资活跃。2018 年，中国互联网投融资案例在细分市场上主要集中在互联网金融、企业服务、电子商务和在线教育领域，融资笔数分别为 452 笔、371 笔、368 笔、262 笔，占到整个融资笔数的 54.1%。总交易金额集中在互联网金融、电子商务、出行旅游、本地生活领域，融资金额分别为 263 亿元、118 亿元、56.3 亿元、45.8 亿元，融资金额占到所有细分领域的 69.3%，具体如表 15.1 所示。

表 15.1　2018 年中国互联网领域投融资案例

2018 年	融资笔数（笔）	笔数占比	融资金额（亿元）	金额占比
互联网金融	452	16.8%	263	37.7%
电子商务	368	13.7%	118	16.9%
出行旅游	109	4.1%	56.3	8.1%
本地生活	70	2.6%	45.8	6.6%
企业服务	371	13.8%	35.2	5.1%
音视频	92	3.4%	34.2	4.9%
IT 服务	93	3.5%	32.3	4.6%
在线教育	262	9.8%	30.5	4.4%
医疗健康	106	3.9%	16.8	2.4%
房产	24	0.9%	10.3	1.5%
在线信息	152	5.7%	10.1	1.4%
社交网络	97	3.6%	9.94	1.4%
其他	194	7.2%	9.16	1.3%

续表

2018 年	融资笔数（笔）	笔数占比	融资金额（亿元）	金额占比
信息安全服务	83	3.1%	8.5	1.2%
游戏	62	2.3%	6.88	1.0%
广告营销	87	3.2%	6.67	1.0%
文化娱乐体育	34	1.3%	2.1	0.3%
搜索引擎	5	0.2%	0.72	0.1%
应用基础设施	17	0.6%	0.49	0.1%
工具软件	6	0.2%	0.03	0.0%
电子政务	1	0.0%	0.01	0.0%

2018 年，互联网金融、企业服务、在线教育、IT 服务等领域的投融资金额呈现明显增长的态势，电子商务、音视频、本地生活等领域保持较高热度，出行旅游、房产、文化娱乐等领域投融资金额有所下降，如图 15.4 所示。

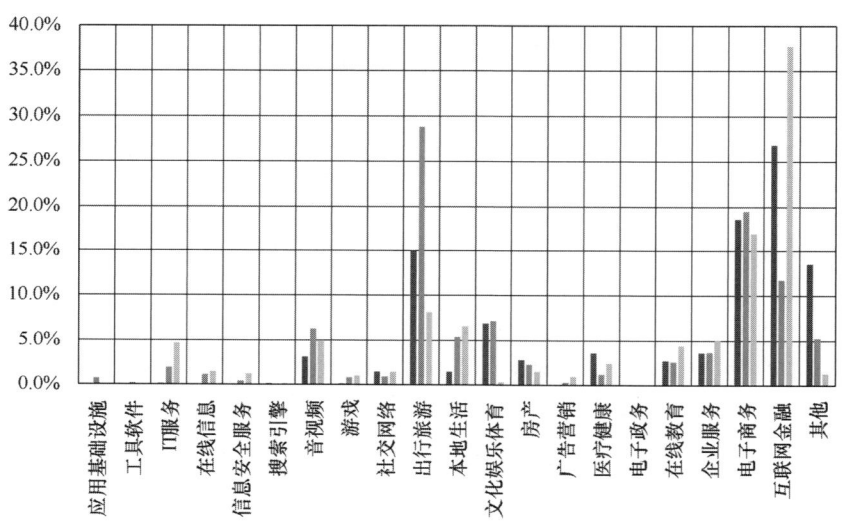

图15.4　2016—2018年我国互联网各领域投融资金额占比

互联网投融资区域梯队保持合理。2018 年，北京市投融资案例 916 起，数量较第 2 名的上海市高出 90.8%。北京凭借四个中心的区位优势，活跃的创新氛围，进一步巩固了互联网核心区域地位。第二梯队包括上海市、浙江省和广东省，上海市、广东省综合优势显著，互联网投融资持续活跃，融资案例分别为 480 起、415 起；浙江省快速崛起，融资案例 237 起排名第 4 位，得益于蚂蚁金服一笔大额融资，融资额度跃居全国第 2 位。江苏、华中地区、成渝地区构成第三阵营，具有较大发展潜力，如图 15.5 所示。

15.2.4　互联网投融资案例

互联网大额融资案例高度活跃。2018 年，我国单笔投融资超过 3 亿美元的案例共 38 起，融资总金额达到 410.8 亿美元，其中互联网金融、电子商务领域投融资金额最大，蚂蚁金服、饿了么、陆金所分别获得 140 亿美元、30 亿美元、28.9 亿美元融资，具体如表 15.2 所示。

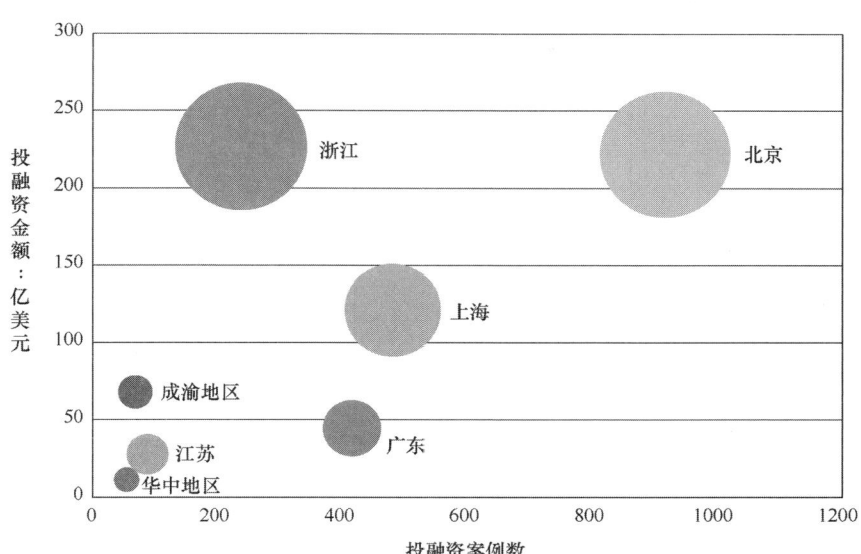

图15.5　2018年中国互联网投融资情况区域分布

表 15.2　2018 年中国互联网企业投融资案例

融资企业	领域	投资方	金额（亿美元）	轮次
蚂蚁金服	互联网金融	阿里巴巴等	140	C 轮
饿了么	电子商务	阿里巴巴、蚂蚁金服等	30	少数股权
陆金所	互联网金融	全明星投资	28.9	C 轮
度小满金融	互联网金融	百度等	19	并购
满帮集团	电子商务	国新基金、软银等	19	VC
紫光云数	IT 服务	清华紫光	18.09	少数股权
摩拜单车	出行旅游	阿里巴巴领投	10	F 轮
车好多	电子商务	58 同城、口国银行等	8.18	C 轮
哈罗单车	出行旅游	蚂蚁金服、复星等	7	E 轮
金融壹账通	互联网金融	IDG、中国平安等	6.5	A 轮
斗鱼	音视频	腾讯控股	6.3	E 轮
百合网	社交网络	缘宏投资	6.28	并购
自如	网络房产	华兴资本等	6.21	A 轮
网易云音乐	音视频	百度风投	6	B 轮
哈罗出行	出行旅游	蚂蚁金服等	5.84	G 轮
ofo	出行旅游	阿里巴巴领投	5.82	E2 轮
大搜车	出行旅游	阿里巴巴、蚂蚁金服等	5.78	F 轮
达达京东到家	电子商务	京东、沃尔玛等	5	少数股权
滴滴出行	出行旅游	Booking	5	少数股权
微医集团	医疗健康	友邦保险等	5	E 轮
大米科技	互联网教育	腾讯等	5	D2 轮

融资企业	领域	投资方	金额（亿美元）	轮次
盛大	网络游戏	腾讯控股	4.76	少数股权
虎牙直播	音视频	腾讯控股	4.6	B 轮
每日优鲜	本地生活	华兴资本等	4.5	E 轮
途虎养车	电子商务	建银国际等	4.5	E 轮
美菜	本地生活	华人文化产业投资基金	4.5	E 轮
平安好医生	医疗健康	软银集团	4	少数股权
草根投资	互联网金融	洲际油气	3.59	D 轮
作业帮	互联网教育	Coatue 基金等	3.5	D 轮
盘石股份	广告营销	工行信托等	3.24	D 轮
微盟	电子商务	新加坡政府投资公司等	3.21	E 轮
G7	IT 服务	中国银行等	3.2	F 轮
哔哩哔哩	音视频	腾讯控股	3.18	少数股权
新潮媒体	音视频	百度等	3.1	未披露
人人车	电子商务	滴滴出行等	3	E 轮
小红书	社交网络	阿里巴巴、元生资本等	3	D 轮
小猪短租	房地产	尚城资本等	3	F 轮
猿辅导	互联网教育	IDG 资本等	3	F 轮

2018 年下半年资本市场普遍冷淡。自 2018 年第三季度开始，我国投融资总交易金额连续两个季度持续环比下滑 44.6%和 9.2%，投融资双方均表示感到"资本寒冬"，如图 15.6 所示。

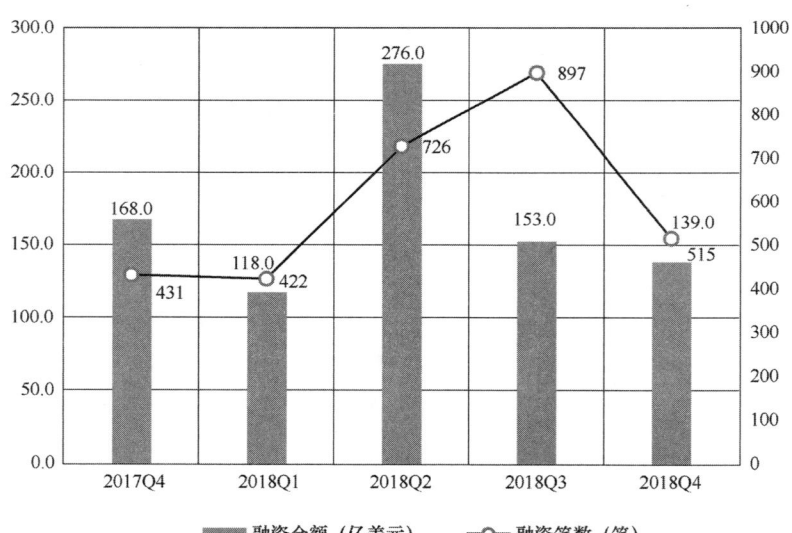

图15.6 中国互联网投融资分季度情况

投融资氛围趋于谨慎。一是投资决策更加谨慎。投资方加强了对营收、盈利、技术认证等经营考核要求。二是投资审批更加严格。投资决策的层级更高、流程更长，从投资意向到项目落地往往延长数月。三是投融资向头部集中，头部企业业务发展稳健、前期估值合理、拥有核心技术，更加容易获得融资，有短板的公司风险逐渐暴露。由于资金面紧张，企业的经营业决策也受到影响，多数初创企业迎来保规模还是保利润的抉择临界点，部分企业被迫战略收缩或转型，同时延缓了技术开发周期。

　　投融资下降受多重因素影响。一是宏观资金面较为紧张。银行业加强金融监管，规范理财产品投向，上市企业融资困难，现金流趋紧，地方政府规范投资基金，都对投资活动产生了影响。资本市场出现恐慌情绪，国内资本市场持续下跌，截至 2018 年 12 月，我国 167 家上市互联网企业总市值 8.09 万亿元，较 2018 年 1 月的峰值下降了 22%，严重影响投资者信心。二是产业发展周期迎来阶段性瓶颈。我国互联网流量红利逐渐缩减，2018 年上市互联网企业营收增速同比下降了 5%，行业发展速度有所放缓，投资方对行业前景产生忧虑。前期投融资存在泡沫，烧钱模式难以持续。2014 年以来，互联网领域掀起一轮投资热潮，资金盲目追逐风口。当项目投资回报率难以覆盖资金成本时，投资行为随之逐步回归理性。三是行业监管力度逐步加强。互联网平台风险集中爆发，引起了监管部门的高度重视。如滴滴顺风车事件、网络游戏审批冻结、自媒体清理整顿、互联网金融风险监管。互联网领域加强监管、提升企业合规性要求，对行业健康发展和理性投资具有长远意义，但也引发了一些投资方的焦虑情绪。四是投融资渠道不够通畅。投融资双方缺少沟通平台和对接渠道。投资方对企业产品战略价值理解不深，对科技未来发展趋势把握不够，不愿意花费大量资金突破技术壁垒。融资方对于长期战略合作、实体资源对接、企业估值、资金运用等问题，也有自己融资规划，难以找到合适的投资方。

　　互联网投融资下降是一把"双刃剑"。一方面，让投融资双方更加理性，有利于行业优胜劣汰，促进行业优胜劣汰走向成熟。一是更利于优秀头部企业成长。头部企业由于业务发展稳健、前期估值合理、拥有核心技术，在投资环境趋紧时期，反而更容易获得融资。二是有短板的公司风险逐渐暴露。"炒概念"企业、空壳企业普遍融资困难，部分企业商业模式不成熟，夸大经营目标，实际没有达到预期宣传效果，将被逐步淘汰出局。另一方面，也会减缓行业整体增长速度，资金紧张影响行业快速发展。一是成长速度受限，由于资金压力，多数初创企业面临保规模还是保利润的困境，被迫战略收缩和转型。二是技术投入意愿减弱，资金缺乏使企业技术研发周期延长，企业采购设备、购买数据资源用于研发的动力减弱。三是影响企业正常经营，宏观经济趋紧使供应商、客户上下游延长账期，融资渠道减少进一步加大初创企业流动资金困难的局面。

15.3　互联网企业上市情况

15.3.1　互联网上市企业营收

　　我国互联网上市企业营收增速趋缓。我国 167 家上市互联网公司中，2018 年第三季度财报披露数据的共 119 家，营收总计 4929.5 亿元，同比增长 45.41%，如图 15.7 所示。受人口、流量等发展红利逐渐缩减的影响，市场竞争空前激烈；受政策和宏观环境等因素影响，互联网游戏、垂直电商等领域业务增速放缓；同时，新业务仍处于投资开发阶段未能对公司业务产生有效支撑。

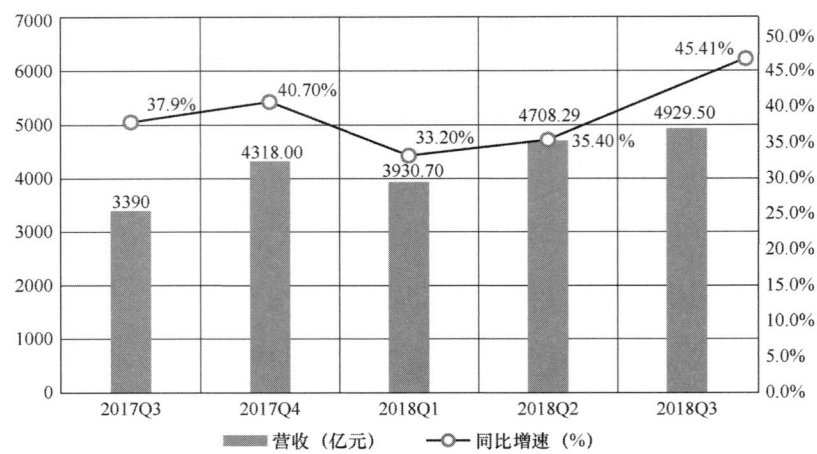

图15.7　中国互联网上市企业营收情况

15.3.2　互联网上市企业市值

我国互联网上市企业市值有所下降。截至 2018 年年底，我国 167 家上市互联网企业总市值为 8 万亿元，较 2018 年第三季度下跌 11.7%（见图 15.8），相较 2018 年第三季度，近 85% 的企业市值出现负增长，若剔除 2019 年新上市企业，互联网企业总市值降幅超 28%。这次市值大幅下降主要是宏观经济下行压力加大影响投资者信心、上市公司业绩增长放缓和国内外金融环境出现变化等多重因素共振的结果。

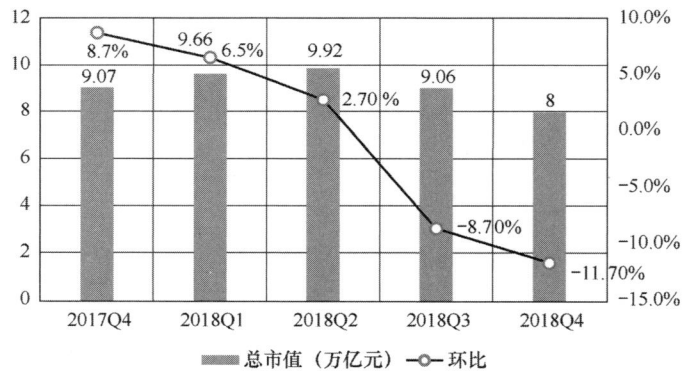

图15.8　中国互联网上市企业市值情况

赴美上市企业市值缩水严重。2018 年第四季度，于美国股市上市互联网企业 63 家，市值合计 4.1 万亿元，较 2018 年第三季度缩水 1 万亿元，环比下跌 19.6%，占比较 2018 年第三季度下降了 5 个百分点。国内上市的有 60 家，市值合计 0.75 万亿元，较 2018 年第三季度下跌 12.8%，占全行业的比重达 9.3%，占比与 2018 年第三季度比下降了 0.7 个百分比。香港交易所上市 44 家，市值合计 3.14 万亿元，较 2018 年第三季度下跌 8.4%，占比达 39%，较 2018 年第三季度增加 5 个百分点。

　　龙头企业市值占比持续下滑。2018 年第四季度，我国市值排名前 10 的互联网企业市值合计为 6.5 万亿元，较 2018 年第三季度下降了 13.9%，占 167 家企业总市值的 81%，占比较 2018 年第三季度下降了 0.7 个百分点，具体如表 15.3 所示。

表 15.3　2018 年中国互联网企业市值及增速

排名	公司名称	上市地	市值（亿元）	环比增长
1	腾讯控股	香港	26192.92	−3.2%
2	阿里巴巴	美国	24195.14	−11.4%
3	百度	美国	3794.09	−29.3%
4	网易	美国	2121.47	5.6%
5	美团点评-W	香港	2112.78	−36.6%
6	京东	美国	2078.26	−12.5%
7	拼多多	美国	1706.10	−9.2%
8	三六零	内地	1377.84	−21.4%
9	携程网	美国	1004.37	−21.1%
10	微博	美国	893.09	−19.7%

15.3.3　互联网企业 IPO

　　我国互联网企业 IPO 情况保持良好。2018 年第一季度至 2019 年第一季度，我国互联网 IPO 企业共 24 家，表明我国互联网产业发展态势良好，企业获得了需要的发展运营资金，资本方也能够获利退出。IPO 主要领域包括电子商务、互联网金融、手机游戏、音视频等领域。上市地点主要为美国纽交所和香港港交所，具体如表 15.4 所示。

表 15.4　2018 年中国互联网企业 IPO 情况

序号	上市企业	领域	上市地点	上市日期
1	360 金融	互联金融	美国	2018.12.14
2	腾讯音乐	音视频	美国	2018.12.13
3	创梦天地	手机游戏	香港	2018.12.06
4	蘑菇街	电子商务	美国	2018.12.06
5	同程艺龙	电子商务	香港	2018.11.30
6	触宝	人工智能	美国	2018.09.28
7	流利说	互联网教育	美国	2018.09.28
8	美团点评-W	生活服务	香港	2018.09.20
9	趣头条	自媒体	美国	2018.09.14
10	1 药网	电子商务	美国	2018.09.12
11	拼多多	电子商务	美国	2018.07.26
12	第七大道	手机游戏	香港	2018.07.18
13	51 信用卡	互联网金融	香港	2018.07.13
14	映客	音视频	香港	2018.07.12
15	指尖悦动	手机游戏	香港	2018.07.12
16	有才天下猎聘	生活服务	香港	2018.06.29

续表

序号	上市企业	领域	上市地点	上市日期
17	优信	电子商务	美国	2018.06.27
18	汇付天下	互联网金融	香港	2018.06.15
19	虎牙直播	音视频	美国	2018.05.11
20	平安好医生	互联网医疗	香港	2018.05.04
21	点牛金融	互联网金融	美国	2018.04.30
22	爱奇艺	音视频	美国	2018.03.29
23	哔哩哔哩	音视频	美国	2018.03.28
24	尚德机构	互联网教育	美国	2018.03.23

（魏翔）

第16章　2018年中国互联网政策法规建设情况

2018年，中国互联网法律政策框架愈发完善，在产业政策、个人数据保护规则、数据治理等方面的立法亮点频现，立法效力明显提升，立法效果进一步增强，全方位的互联网法律治理体系初步构建，行业立法横向扩展与纵深发展的态势进一步显现。

16.1　产业互联网

3月29日，工信部办公厅关于印发了《智能制造综合标准化与新模式应用项目管理工作细则》的通知，进一步明确智能制造综合标准化与新模式应用项目的组织管理和工作流程，规范管理行为，提高投资效益，并就组织管理与职责、立项程序、项目实施与过程管理、验收与绩效评价等做出了明确规定。

5月11日，工信部关于印发了《工业互联网App培育工程实施方案（2018—2020年）》的通知，方案采用了总体目标和细化目标相结合、定性目标和定量目标相结合、规模目标和质量目标相结合的方式，提出了2020年工业App培育的发展目标，并明确了2018—2020年每年的重点任务和目标。在总体目标上，力争到2020年年底，面向特定行业、特定场景培育30万个工业App，全面覆盖制造业关键业务环节的重点需求；在细化目标上，从培育基础、规模、质量和应用生态等方面提出了相应的发展目标。

5月25日，工信部、财政部印发了《关于发布2018年工业转型升级资金工作指南》的通知，指出要围绕制造强国建设目标，主要支持制造业创新中心能力建设、产业链协同能力提升、产业共性服务平台、新材料首批次应用保险4个方面共13项重点任务，明确了工业强基工程实施方案、绿色制造系统集成、工业互联网创新发展工程及智能制造综合标准化与新模式应用、首台（套）重大技术装备保险补偿4个方面的重点工作方向。

6月7日，工信部发布了《工业互联网发展行动计划（2018—2020年）》，提出到2020年年底我国将实现"初步建成工业互联网基础设施和产业体系"的发展目标，具体包括建成5个左右标识解析国家顶级节点，遴选10个左右跨行业跨领域平台，推动30万家以上工业企业上云，培育超过30万个工业App等内容。

6月7日，工信部发布了《工业互联网专项工作组2018年工作计划》，要求以供给侧结构性改革为主线，以全面支撑制造强国和网络强国建设为目标，着力建设先进网络基础设施，打造标识解析体系，发展工业互联网平台体系，同步提升安全保障能力，突破核心技术，促进行业应用，初步形成有力支撑先进制造业发展的工业互联网体系，筑牢实体经济和数字经济发展基础。

7月11日，工信部办公厅发布了《关于进一步加强企业两化融合评估诊断和对标引导工作》的通知，指出要推动开展企业两化融合评估诊断和对标引导工作，持续跟踪监测两化融合发展水平及关键指标情况，加快两化融合发展数据地图建设、应用及推广，推动两化融合发展向数据驱动型创新体系和发展模式转变。

7月19日，工信部印发了《工业互联网平台建设及推广指南》，部署了未来3年工业互联网平台发展的顶层设计和行动纲领，明确了系统推进工业互联网平台创新发展工作的总体思路、发展目标和主要行动，形成建平台与用平台融合发展的机制。

7月19日，工信部印发了《工业互联网平台评价方法》（以下简称《方法》），《方法》聚焦平台资源管理与应用服务两类"工业操作系统"核心能力，按照从"基础共性"到"特定行业、特定区域、特定领域"再到"跨行业跨领域"平台能力要求逐步递增的基本思路，构建五大类17个能力评价要求，着重从平台的设备接入、软件部署、用户服务等角度给出评价内容，为编制具体评价指标和标准提供依据。

7月23日，工信部发布《推动企业上云实施指南（2018—2020年）》，指导和促进企业运用云计算加快数字化、网络化、智能化转型升级，强调到2020年，中国新增上云企业100万家，形成典型标杆应用案例100个以上，形成一批有影响力、带动力的云平台和企业上云体验中心。稳妥有序推进企业上云。支持各类企业和创业者以云计算平台为基础，利用大数据、物联网、人工智能、区块链等新技术，积极培育平台经济、分享经济等新业态、新模式。

9月26日，工信部、国家标准化管理委员会印发了《国家智能制造标准体系建设指南（2018年版）》的通知，明确提出到2018年，累计制修订150项以上智能制造标准，基本覆盖基础共性标准和关键技术标准。到2019年，累计制修订300项以上智能制造标准，全面覆盖基础共性标准和关键技术标准，逐步建立较为完善的智能制造标准体系。建设智能制造标准试验验证平台，提升公共服务能力，提高标准应用水平和国际化水平。

12月28日，工信部、国防科工局联合印发了《推进船舶总装建造智能化转型行动计划（2019—2021年）》，结合新时代我国船舶工业转型升级的发展需要，充分考虑当前智能制造发展趋势，紧扣行业特点与需求，坚持问题导向，以全面推进数字化造船为重点，以关键环节智能化改造为切入点，提出了2019—2021年船舶总装建造智能化转型的总体要求、重点任务和保障措施。

12月29日，工信部、交通运输部、国防科工局联合印发了《智能船舶发展行动计划（2019—2021年）》，明确提出经过3年努力，形成我国智能船舶发展顶层规划，初步建立智能船舶规范标准体系，突破航行态势智能感知、自动靠离泊等核心技术，完成相关重点智能设备系统研制，实现远程遥控、自主航行等功能的典型场景试点示范，扩大典型智能船舶"一个平台+N个智能应用"的示范推广，初步形成智能船舶虚实结合、岸海一体的综合测试与验证能力，保持我国智能船舶发展与世界先进水平同步。

12月29日，工信部印发了《产业发展与转移指导目录（2018年本）》，与2012年本相比，一是增加了新兴产业门类。2018年在原有15个行业的基础上增加了新材料、新能源、智能制造装备和节能环保 4 个行业。二是明确了产业转移的载体。针对优先承接发展产业中的每个条目增加了承接地。三是提出了引导优化调整的产业。全面权衡各地土地资源、环境容量、市场潜力等因素，对现有存量产业提出需要引导调整退出的导向，对未来不宜再承接的产业予以明示。

16.2   互联网金融

3 月 30 日，中央网信办和中国证监会联合印发《关于推动资本市场服务网络强国建设的指导意见》（以下简称《指导意见》），要求规范和促进网信企业创新发展，推进网络强国、数字中国建设。《指导意见》提出，一是加强政策引导，促进网信企业规范发展；二是充分发挥资本市场作用，推动网信企业加快发展；三是加强组织保障。

5 月 30 日，中国证监会、中国人民银行联合印发了《关于进一步规范货币市场基金互联网销售、赎回相关服务的指导意见》，提出对 T+0 赎回提现实施限额管理，并强调持牌经营，禁止除持牌商业银行外的其他机构或个人为"T+0"赎回提现业务提供垫支。

7 月 27 日，中国人民银行发布了《关于加强跨境金融网络与信息服务管理的通知》（以下简称《通知》），通知明确了提供跨境金融网络与信息服务的境外提供人与中国境内银行业金融机构的合规义务。其中，境内使用人拟使用境外提供人服务的，应当于事前以书面形式向境内使用人法人机构所在地中国人民银行省级分支机构履行报告手续。

8 月 24 日，银保监会、中央网信办、公安部、人民银行、市场监管总局联合发布《关于防范以"虚拟货币""区块链"名义进行非法集资的风险提示》，文件针对近期市场上出现的利用区块链概念进行非法集资的不法行为进行了深度揭示，对其犯罪特征、集资手段、运作模式进行了高度总结。

10 月 11 日，中国人民银行、银保监会、证监会联合印发了《互联网金融从业机构反洗钱和反恐怖融资管理办法（试行）》（以下简称《办法》），《办法》要求从业机构制定并完善反洗钱和反恐怖融资内部控制制度，核验客户真实身份，并建立健全大额交易和可疑交易监测系统。客户当日单笔或者累计交易人民币 5 万元以上（含 5 万元）、外币等值 1 万美元以上（含 1 万美元）的现金收支，金融机构、非银行支付机构以外的从业机构应当在交易发生后的 5 个工作日内提交大额交易报告。

12 月 14 日，中国人民银行办公厅关于印发《金融机构互联网黄金业务管理暂行办法》的通知，规定黄金账户作为黄金产品的簿记系统，在互联网黄金业务中，由金融机构提供黄金账户服务，互联网机构不得提供任何形式的黄金账户服务。

12 月 26 日，国家互联网信息办公室公布《金融信息服务管理规定》，旨在加强金融信息服务内容管理，提高金融信息服务质量，促进金融信息服务健康有序发展，保护自然人、法人和非法人组织的合法权益，维护国家安全和公共利益。

16.3   电子政务

6 月 22 日，国务院办公厅印发《进一步深化"互联网+政务服务"推进政务服务"一网、一门、一次"改革实施方案》，要求深化"放管服"改革，进一步推进"互联网+政务服务"，加快构建全国一体化网上政务服务体系，推进跨层级、跨地域、跨系统、跨部门、跨业务的协同管理和服务，推动企业和群众办事线上"一网通办"（一网），线下"只进一扇门"（一门），现场办理"最多跑一次"（一次），让企业和群众到政府办事像"网购"一样方便。

7月31日，国务院印发了《关于加快推进全国一体化在线政务服务平台建设的指导意见》，要求推动"放管服"改革向纵深发展，深入推进"互联网+政务服务"，加快建设全国一体化在线政务服务平台，推动政务服务从政府供给导向向群众需求导向转变，从"线下跑"向"网上办"，"分头办"向"协同办"转变，全面推进"一网通办"，为优化营商环境、便利企业和群众办事、激发市场活力和社会创造力、建设人民满意的服务型政府提供有力支撑。

16.4　电子商务

1月23日，国务院办公厅引发了《关于推进电子商务与快递物流协同发展的意见》（以下简称《意见》），《意见》指出，近年来，我国电子商务与快递物流协同发展不断加深，但仍面临政策法规体系不完善、发展不协调、衔接不顺畅等问题。要全面贯彻党的十九大精神，深入贯彻落实习近平新时代中国特色社会主义思想，落实新发展理念，深入实施"互联网+流通"行动计划，提高电子商务与快递物流协同发展水平。

8月31日，第十三届全国人大常委会第五次会议表决通过了《中华人民共和国电子商务法》（以下简称《电子商务法》），该法历经近5年的时间，由最初的草案到最后的成稿文件，经过了几次审核，对原有的电子商务法律法规进行了梳理，充分借鉴了国际组织和主要国家的经验。重点聚焦对卖家侵权、平台未尽安全保障义务、平台侵权售假未保障安全等行为的规范。

16.5　互联网+医疗健康

4月28日，国务院办公厅印发了《关于促进"互联网+医疗健康"发展的意见》，指出要推进实施健康中国战略，提升医疗卫生现代化管理水平，优化资源配置，创新服务模式，提高服务效率，降低服务成本，满足人民群众日益增长的医疗卫生健康需求。要突出包容审慎、鼓励创新的政策导向，鼓励医疗机构运用"互联网+"优化现有医疗服务，"做优存量"；推动互联网与医疗健康深度融合，"做大增量"，丰富服务供给。

7月17日，国家卫生健康委员会、国家中医药管理局印发了《互联网诊疗管理办法（试行）》《互联网医院管理办法（试行）》《远程医疗服务管理规范（试行）》，三份规范性文件为互联网诊断提供了明确的合规依据，相应的监管条款也有利于保证互联网诊疗活动规范进行，进而保护患者利益。但一些细节层面的问题及尚未到位的资源配置问题亟待主管部门进一步解决，以促使本办法尽快实施，造福于民。

10月26日，国家卫生健康委办公厅印发了《关于公立医院开展网络支付业务的指导意见》，提出要构建科学规范的网络支付管理运行机制。首先要严格账户和资金管理。医院财务部门统一负责网络支付结算银行账户使用和管理，切实履行资金存放管理责任，加强账户资金管理，保障资金安全。用于网络支付业务结算的银行账户，应当是以单位名义开设的银行账户，账户的开立和使用符合财政部门、中国人民银行和国家卫生健康委账户管理有关规定。

16.6　互联网+交通物流

2 月 26 日，交通运输部办公厅发布《网络预约出租汽车监管信息交互平台运行管理办法》，旨在加强网络预约出租汽车监管信息交互平台（以下简称网约车监管信息交互平台）的运行管理工作，规范数据传输，提高网约车行业监管效能，营造良好的营商环境。

2 月 27 日，交通运输部办公厅印发了《关于加快推进新一代国家交通控制网和智慧公路试点的通知》，要求为推动新一代国家交通控制网及智慧公路试点有序开展，防止试点同质化、碎片化，经交通运输部同意，要求试点主题重点但不限于基础设施数字化、路运一体化车路协同、北斗高精度定位综合应用、基于大数据的路网综合管理、"互联网"路网综合服务和新一代国家交通控制网 6 个方向。

3 月 15 日，交通运输部办公厅、国家旅游局办公室印发了《关于加快推进交通旅游服务大数据应用试点工作的通知》，通知公布了试点主题重点：运游一体化服务、旅游交通市场协同监管、景区集疏运监测预警、旅游交通精准信息服务。旅游交通精准信息服务，提出创新运用北斗、大数据分析等技术，实现精准服务；积极推动政府部门与互联网企业间信息双向开放，提供更加丰富、便捷的旅游要素综合信息服务。

4 月 12 日，工信部、公安部、交通运输部联合印发了《智能网联汽车道路测试管理规范》，该规范是一份促进我国智能网联汽车发展的重要管理文件，为我国智能网联汽车产业发展营造了良好环境，明确了道路测试的管理要求和职责分工，规范和统一各地方基础性检测项目和测试规程，加快推动我国智能网联汽车道路测试工作安全、有序进行。

6 月 5 日，交通运输部、中央网信办、工信部、公安部、中国人民银行等 7 个部门联合印发《关于加强网络预约出租汽车行业事中事后联合监管有关工作的通知》，提出要加强网约车行业事中事后联合监管应急响应和处置，探索利用互联网思维创新监管方式，对网约车平台公司的行政处罚行为通过信用系统进行公告，利用信息化手段实现部门间和各部门内部信息互通、资源共享，探索建立政府部门、企业、从业人员、乘客及行业协会共同参与的多方协同治理机制。

6 月 15 日，工信部与国家标准委联合印发了《国家车联网产业标准体系建设指南（总体要求）》，通过强化标准化工作推动车联网产业健康可持续发展，促进自动驾驶等新技术、新业务加快发展。在国家法律政策和战略要求的大框架下，充分利用与整合各领域、各部门在车联网标准研究领域的基础和成果，调动各个行业通力合作，共同制定车联网产业标准体系。

12 月 27 日，工信部印发了《车联网（智能网联汽车）产业发展行动计划》，提出以融合发展为主线，充分发挥我国的产业优势，优化政策环境，加强行业合作，突破关键技术，夯实跨产业基础，推动形成深度融合、创新活跃、安全可信、竞争力强的车联网产业新生态。

16.7　数字内容产业

3 月 16 日，国家新闻出版广电总局办公厅印发了《关于进一步规范网络视听节目传播秩序的通知》，指出近期一些网络视听节目制作、播出不规范的问题十分突出，产生了极坏的社会影响。还有一些节目以非法网络视听平台及相关非法视听产品作为冠名，为非法视听内容在网上流传提供了渠道。提出坚决禁止非法抓取、剪拼改编视听节目的行为，加强网上片花、预告片等视听节目管理，加强对各类节目接受冠名、赞助的管理，以及严格落实属地管理责任 4 点要求。

8 月 1 日，全国"扫黄打非"办公室会同工信部、公安部、文化和旅游部、国家广播电视总局、国家互联网信息办公室联合下发《关于加强网络直播服务管理工作的通知》，部署各地各有关部门进一步加强网络直播服务许可、备案管理，强化网络直播服务基础管理，建立健全长效监管机制，大力开展存量违规网络直播服务清理工作。

12 月 25 日，工信部印发了《关于加快推进虚拟现实产业发展的指导意见》，提出紧密结合国家相关产业政策，利用现有渠道，创新支持方式，重点支持虚拟现实技术研发和产业化。加强对产业发展情况的跟踪监测和发展形势研判。鼓励金融机构开展符合虚拟现实产业特点的融资业务和信用保险业务，进一步拓宽产业融资渠道。

16.8　网络营销

8 月 23 日，工信部印发了《关于进一步规范电信资费营销行为的通知》，要求电信业务经营者要合理制定电信业务资费方案，尽量简化资费套餐结构，鼓励基础电信企业为用户推出根据使用量给予优惠折扣的阶梯定价式资费方案。

16.9　互联网知识产权

8 月 3 日，国家知识产权局印发了《"互联网+"知识产权保护工作方案》，提出要发挥大数据、人工智能等信息技术在知识产权侵权假冒的在线识别、实时监测、源头追溯中的作用，建设基础数据库、侵权假冒线索智能检测系统，实现智能检测系统与相关系统的对接。结合各地实际条件与需求，选择试点地方和单位，选择电子商务、进出口、大型展会等重点领域及地方优势领域，协同推进全国性和区域性智能检测系统的建设运行。

11 月 9 日，国务院知识产权战略实施工作部际联席会议办公室发布了《2018 年深入实施国家知识产权战略 加快建设知识产权强国推进计划》，明确了六大重点任务、15 个重点部分，共 109 项具体措施。在深化知识产权领域改革方面，提出了推进知识产权管理体制机制改革，改革完善知识产权重大政策，深化知识产权"放管服"改革，包括做好重新组建国家知识产权局工作、探索建立国家层面知识产权案件上诉审理机制、落实研发费用税前加计扣除政策、推进知识产权领域军民融合改革试点等措施。

16.10　网络安全

3 月 23 日，公安部发布《网络安全等级保护测评机构管理办法》，旨在加强网络安全等级保护测评机构管理，提高等级测评能力和服务水平。这个办法出台后，全国各地的测评机构面临着新的竞争，等级保护测评行业原先的格局将被打破，弱者淘汰、强者更强，新版测评机构管理办法的出台或许将带来全国测评机构的一次重新洗牌。

4 月 2 日，国务院办公厅公布《科学数据管理办法》，旨在进一步加强和规范科学数据管理，保障科学数据安全，提高开放共享水平，更好地为国家科技创新、经济社会发展和国家安全提供支撑。

7 月 2 日，国家认证认可监督管理委员会发布《网络关键设备和网络安全专用产品安全认证实施规则》，这个规则明确，认证委托人向认证机构递交认证申请，并按要求提交相关资料，认证机构对资料进行初审，确定认证委托人提交资料满足要求后，受理该申请。对认证委托人提交的资料和文档，根据相关标准和/或该产品的技术规范进行审核。这个规则还指出，认证机构负责对型式试验、工厂检查结果等进行综合评价，通过认证决定的，由认证机构对认证委托人颁发认证证书，证书有效期 5 年。

9 月 5 日，公安部出台了《公安机关互联网安全监督检查规定》，规定了公安机关应当根据网络安全防范需要和网络安全风险隐患的具体情况，对互联网服务提供者和联网使用单位开展监督检查。明确了公安机关开展监督检查，可以采取进入营业场所、机房、工作场所、要求监督检查对象的负责人或者网络安全管理人员对监督检查事项做出说明、查阅、复制与互联网安全监督检查事项相关的信息、查看网络与信息安全保护技术措施运行情况等措施。

11 月 15 日，国家互联网信息办公室和公安部联合发布《具有舆论属性或社会动员能力的互联网信息服务安全评估规定》，旨在督促指导具有舆论属性或社会动员能力的信息服务提供者履行法律规定的安全管理义务，维护网上信息安全、秩序稳定，防范谣言和虚假信息等违法信息传播带来危害，是促进互联网企业依法落实信息网络安全义务的重要措施。

16.11　个人信息保护

7 月 30 日，工信部等 13 个部门联合印发了《综合整治骚扰电话专项行动方案》的通知，明确自 2018 年 7 月起至 2019 年 12 月底，在全国开展综合整治骚扰电话专项行动，包括全面清理各类骚扰软件、严格规范金融类电话营销行为等，并将违法违规行为列入相关信用记录。

9 月 14 日，中国互联网协会发布《个人信息保护倡议书》，呼吁业界共同关注个人信息保护问题，促进产业健康有序发展，共筑网络强国之梦。

11 月 2 日，工信部印发了《关于推进综合整治骚扰电话专项行动的工作方案》，明确将全面加强通信资源管理，完善骚扰电话的发现、举报、处置流程，切断骚扰电话传播渠道；加强技术手段建设，提升骚扰电话防范能力；综合调动各方力量，规范电话营销行为，建立骚扰电话长效管控机制，实现商业营销类电话规范拨打、恶意骚扰和违法犯罪类电话明显减少的目标，营造良好的通信环境。

16.12 综合性公共政策

2月2日，国家互联网信息办公室对外公布《微博客信息服务管理规定》，明确国家互联网信息办公室负责全国微博客信息服务的监督管理执法工作，地方互联网信息办公室依据职责负责本行政区域内的微博客信息服务的监督管理执法工作。旨在促进微博客信息服务健康有序发展，保护公民、法人和其他组织的合法权益，维护国家安全和公共利益。

5月2日，中国中央办公厅、国务院办公厅印发了《推进互联网协议第六版（IPv6）规模部署行动计划》，这个计划明确了推进 IPv6 部署的重要意义，提出了部署的总体要求和主要目标，并从互联网应用、网络和应用基础设施、网络安全和关键前沿技术角度，安排了实施步骤。根据这个计划，要用 5～10 年时间，形成下一代互联网自主技术体系和产业生态，建成全球最大规模的 IPv6 商业应用网络，实现下一代互联网在经济社会各领域深度融合应用，成为全球下一代互联网发展的重要主导力量。

11 月 8 日，工信部、国务院扶贫办联合印发了《关于持续加大网络精准扶贫工作力度的通知》，这个通知就支持基础电信企业面向贫困群众给予资费优惠的有关事项进行明确。根据这个通知，工信部、国务院扶贫办将加强统筹指导，引导支持各基础电信企业根据自身情况及贫困地区经济状况，对全国建档立卡贫困户选择使用光纤宽带和移动手机等基础通信服务资费套餐，给予最大幅度的折扣优惠。

（董宏伟）

第 17 章　2018 年中国互联网知识产权保护状况

17.1　整体概况

17.1.1　专利

2018 年，我国发明专利申请量为 154.2 万件，授权发明专利 43.2[1]万件，其中，国内发明专利授权 34.6 万件。每万人口发明专利拥有量达到 11.5 件。在国际申请方面，共受理 PCT 国际专利申请 5.5 万件，同比增长 9.0%。

2018 年，中国互联网企业 100 强共申请专利近 1.4 万件[2]。其中，我国发明专利授权量排名第 1 位的国内互联网百强企业为腾讯科技有限公司（1681 件）。发明专利授权量较多的互联网百强企业还有阿里巴巴、百度、京东、奇虎 360 和小米等。

17.1.2　版权

近年来我国版权产业呈持续增长态势，已经成为国民经济新的增长点和经济发展中的支柱产业。2018 年，我国版权产业的行业增加值已达 60810.92 亿元，占全国 GDP 比重 7.35%；其中，核心版权产业行业增加值为 38155.90 亿元，占全国 GDP 比重 4.61%，比 2017 年提高了 0.03 个百分点[3]。网络版权产业市场规模高达 7400 亿元[4]。网络版权产业已成为推动版权经济高质量发展的重要引擎，为网络版权保护工作带来新气象。

17.1.3　商标

2018 年，我国商标注册申请量为 737.1 万件，商标注册量为 500.7 万件，其中，国内商标注册 479.7 万件。截至 2018 年年底，我国国内有效商标注册量（不含国外在华注册和马德里注册）达到 1804.9 万件，每万户市场主体商标拥有量达到 1724 件。2018 年，马德里商标

---

[1] 国家知识产权局.

[2] 根据 2018 年 8 月中国互联网协会、工信部信息中心联合发布 2018 年中国互联网企业 100 强榜单确定企业名称.

[3] 中国新闻出版研究院 12 月 25 日发布"2017 年中国版权产业的经济贡献"的调研结果.

[4] 腾讯研究院.

国际注册申请量为 6594 件。截至 2018 年年底，我国申请马德里商标国际注册有效量为 3.1 万件，同比增长 23.5%。

17.2 保护成果

17.2.1 政策保障

党中央、国务院高度重视知识产权工作，深入实施知识产权战略。自 2018 年以来，习近平总书记先后在博鳌亚洲论坛 2018 年年会、全国网信工作会议、2018"一带一路"知识产权高级别会议、首届中国国际进口博览会上发表重要讲话，强调"加强知识产权保护是完善产权保护制度最重要的内容，也是提高中国经济竞争力最大的激励"，他还表示，中国将保护外资企业合法权益，坚决依法惩处侵犯外商合法权益特别是侵犯知识产权行为，提高知识产权审查质量和审查效率，引入惩罚性赔偿制度，显著提高违法成本。

2018 年 2 月，中共中央办公厅、国务院办公厅印发《关于加强知识产权审判领域改革创新若干问题的意见》，这个意见是党中央出台的第一个专门面向知识产权审判的里程碑式的纲领性文件，它将"树立保护知识产权就是保护创新的理念"作为指导思想的重要内容，将进一步激发全社会创新热情，推动大众创业和万众创新，不断增强我国经济的创新力和竞争力。

2018 年 7 月，国家知识产权局印发《"互联网+"知识产权保护工作方案》，这个方案探索建立健全网络环境知识产权保护信息化治理新机制，推动发挥大数据、人工智能在知识产权侵权假冒在线识别、实时监测、源头追溯中的作用，提升打击知识产权侵权假冒行为的效率、力度及精准度。

2018 年 9 月，最高人民法院印发《关于互联网法院审理案件若干问题的规定》，对互联网法院的管辖范围、上诉机制和诉讼平台建设，以及在线诉讼的身份认证、立案、应诉、举证、庭审、送达、签名、归档等诉讼规则，做出了一系列明确规范。互联网法院是互联网技术与司法审判相结合的产物，打破诉讼时空，重构审理模式，不断探索创设"依法治网"新规则。

2018 年 11 月，《2018 年深入实施国家知识产权战略 加快建设知识产权强国推进计划》正式印发，在深化知识产权领域改革、知识产权立法、严打知识产权侵权、重点产业海外布局和风险防控等方面都进行具体的规划和部署。

2018 年 12 月，国家发改委、国家知识产权局等 38 个部门和单位联合签署《关于对知识产权（专利）领域严重失信主体开展联合惩戒的合作备忘录》，这是深入贯彻落实强化知识产权保护、加强社会信用体系建设的重大举措。

2018 年 12 月 3 日，最高人民法院审判委员会第 1756 次会议通过《最高人民法院关于知识产权法庭若干问题的规定》，从 2019 年 1 月 1 日起，全国专利等技术类知识产权民事、行政案件将向最高人民法院上诉，统一由最高法知识产权法庭审理。最高法知识产权法庭主要负责专利、植物新品种、集成电路布图设计、计算机软件、技术秘密等专业技术性比较强的知识产权的二审案件，是最高人民法院派出的常设审判机构，设在北京市。知识产权法庭做出的判决、裁定、调解书和决定，是最高人民法院的判决、裁定、调解书和决定。

17.2.2　立法完善

2018 年 8 月，我国电商领域第一部综合性法《电子商务法》诞生，《电子商务法》明确了电商平台经营主体、平台的责任划分，尤其是对平台应尽的知识产权审查义务提出明确要求。至此，我国电子商务的发展步入了"有法可依"的阶段，进一步加强和改进了网络环境下的知识产权保护。

2018 年 12 月，《专利法修正案（草案）》提请十三届全国人大常委会第七次会议进行审议。草案着眼加大侵犯知识产权打击力度，借鉴国际做法，大幅提高故意侵权、假冒专利的赔偿和罚款额，显著增加侵权成本，震慑违法行为；明确了侵权人配合提供相关资料的举证责任，提出网络服务提供者未及时阻止侵权行为须承担连带责任。

经过多年努力，我国现已形成以专利法、商标法、著作权法为核心，多方位多层次，较为系统完备，符合国际规则的知识产权法律规范体系。

17.2.3　司法保护

（1）审判规则日趋完善

2018 年，各级法院不断完善审判规则，使网络版权审判工作做得更加完备、全面、科学。北京市高级人民法院发布《侵害著作权案件审理指南》，从提供信息存储空间服务、链接服务、避风港条款、技术措施等方面完善了侵害信息网络传播权的认定规则，有效提升了网络版权案件的审理质量和效率。最高人民法院发布《关于审查知识产权纠纷行为保全案件适用法律若干问题的规定》，将"时效性较强的热播节目正在或者即将受到侵害"列为"情况紧急"情形之一，确保了热播节目的信息网络传播权受到侵害时能获得及时救济，防止网络侵权行为造成难以弥补的损害。

（2）审理模式不断创新

互联网法院管辖互联网著作权权属和侵权纠纷等涉网案件，在网络版权案件审理方面发挥重大作用。截至 2018 年 9 月，杭州互联网法院共受理互联网案件 12203 件，审结 10747 件，线上庭审平均用时 28 分钟，平均审理期限 41 天，比传统审理模式节约时间 3/5 以上，一审服判息诉率 98%。截至 2018 年 11 月 9 日，北京互联网法院共收到立案申请 6580 件，其中，著作权权属、侵权纠纷 3502 件，占比高达 53%。2018 年 12 月 26 日，北京互联网法院公开宣判了第一起案件"抖音短视频"诉"伙拍小视频"侵害作品信息网络传播权纠纷一案，首次认定涉案短视频是我国《著作权法》保护的作品，是短视频保护的里程碑事件。互联网法院采用"网上案件网上审理"方式，优化诉讼程序，高效便捷地实现在线诉讼。杭州互联网法院审理的涉网案件开庭评价用时 28 分钟，平均审理期限 38 天，比传统审理模式分别节约 60% 和 50% 的时间，有效降低诉讼成本。

（3）技术类或新型案件不断增多

随着我国市场经济的发展和创新驱动发展战略的实施，涉及复杂技术事实认定的技术类案件或其他类型的新颖案件越来越多，使知识产权审判不断面临新挑战。例如，北京法院审结了首例声音商标"嘀嘀"商标申请驳回复审案；上海法院受理了多件涉及基因技术或基因数据案件，包括复旦大学附属华山医院诉弗林特侵犯人类遗传资源信息专属持有权案等。

（4）审判效率逐渐提高

人民法院通过案件审理有效解决各类版权纠纷，不断加大司法救济的及时性和有效性。2018 年，人民法院新收知识产权民事、行政和刑事案件数量达到 334951 件，比 2017 年增加 97709 件，同比上升了 41.19%。其中，竞争类一审案件数量（含垄断民事案件）增幅最为显著，同比上升了 63.04%，达到 4146 件[1]。通过检索查询，2018 年共有"侵害作品信息网络传播权纠纷"案由的民事、刑事判决书共 4785 份[2]。连续两年，网络版权侵权案件数量增长率超过 80%，呈爆发式增长态势。网络版权案件平均审理期限 120 天，98% 的案件赔偿请求获得了法院支持。

从侵权作品类型来看，2018 年，图片作品案件数量占比最高，其次为文字作品、视频作品，音乐作品案件、游戏作品占比很低。图片作品侵权案件数量剧增，比 2017 年增长两倍，占比高达 44%，案件起诉主体集中程度较高；个人诉讼占比仅为 10%，主要是"商业化"维权。视频作品案件增长迅猛，比 2017 年增长 1.5 倍，案件数量占比为 25%；在视频作品案件中，长视频、短视频占比分别为 84%、16%。音乐作品侵权案件数量骤减，下降幅度高达 66%，占比不足 2%，网络音乐领域版权保护环境已有非常明显改善。

从侵权案件传播途径来看，2018 年，通过网站侵权案件数量一家独大，占比 47%；通过微信侵权的案件数量急剧上升，占比 27%，其中四成为文字侵权，公众号抄袭、非法转载现象严重。

从审理法院地域分布来看，2018 年，案件数量排名前 7 位的省市分别是北京市、广东省、湖南省、天津市、浙江省、湖北省、上海市，这 7 个省市集中了全国 90% 的网络侵权案件；其中，北京市 2018 年判决案件数量占比高达 50%，比 2017 年增长 1 倍以上，区域集中态势非常明显。知识产权法院在网络版权案件审理中起到重要作用，审判案件数量占案件审理总量的 17%。

刑事司法是网络版权保护的重要手段，在网络版权保护中发挥着不可或缺的作用，侵犯网络版权的刑事案件数量在整个著作权刑事案件中占比达到 44%。在网络版权侵权刑事案件中，游戏作品仍然是"重灾区"，占比高达 59%。从平均期刑来看，侵权网络版权刑事判决的平均期刑为有期徒刑 1.42 年。从案件罚金来看，大部分案件罚金较低，2/3 的案件罚金小于或等于 10 万元。

17.2.4 执法严格

在专利和商标方面，2018 年 11 月，国家发展改革委、人民银行、知识产权局等 38 个部门联合建立知识产权（专利）领域严重失信行为联合惩戒机制。组织开展"溯源""净化""雷

---

[1] 最高人民法院中国法院知识产权司法保护状况（2018）.

[2] 从最高人民法院主办的"中国裁判文书网"及知产宝数据库、北大法宝数据库中对相关民事、刑事裁判文书进行检索查询，查询案件检索时间截止到 2019 年 2 月 28 日，选取案件的结案时间为：2018 年 1 月 1 日到 2018 年 12 月 31 日。

霆"等商标专利执法专项行动，共查处商标违法案件 3.1 万件，案值 5.5 亿元，查处专利侵权假冒案件 7.7 万件，同比增长 15.9%。其中，专利纠纷办案 3.5 万件，同比增长 22.8%；查处假冒专利案件 4.3 万件，同比增长 10.9%。

近年来，行政执法部门积极探索符合互联网知识产权保护规律的工作模式和机制，推进互联网领域的侵权假冒治理工作。国家知识产权局持续开展电子商务领域执法维权专项行动，电子商务领域专利执法办案量从 2015 年的 7644 件上升至 2018 年的 33025 件，增长 3 倍多。组织成立中国电子商务领域专利执法维权协作调度（浙江）中心，建立了跨省打击电商专利侵权机制。

在版权方面，2018 年，中国网络版权行政保护成果斐然，"剑网 2018"专项行动期间，各级版权执法监管部门共删除侵权盗版链接 185 万条，收缴侵权盗版制品 123 万件，立案调查网络侵权盗版案件 470 件，会同公安部门查办刑事案件 74 件、涉案金额 1.5 亿元，网络版权环境进一步净化，网络版权秩序进一步规范，专项行动取得显著成效。

此外，"剑网 2018"针对重点领域，结合重点作品预警名单，主动出击，查办了一批侵权盗版大要案。为打击盗版传播影视作品，江苏淮安查处"BT 天堂"影视侵权案，判处袁某某有期徒刑 3 年并处罚金 80 万元；为打击盗版手游，江苏徐州查处"天天街机捕鱼"手机游戏侵权案，抓获犯罪嫌疑人 4 人，扣押涉案金额 1000 余万元；为保护动漫行业的发展，四川成都查处"吹妖动漫网"动漫侵权案，判处孙某有期徒刑 3 年 3 个月并处罚金 10 万元；此外，针对有声读物领域，安徽滁州查处"懒人听书网"侵权案，传播有声小说等录音作品 12398 部。

针对数字技术和网络商业模式，我国版权部门不断调整打击网络侵权盗版的重点领域和重点行为。对有影响的网络企业，国家版权局采取重点监管措施。目前，各地版权部门实施重点监管的网站达到了 3000 多家，其中，国家版权局直接开展重点监管的网站就有 58 家。针对新兴的短视频、网络转载领域中的版权问题，"剑网 2018"多措并举、重拳出击，取得了良好的法律效果和社会效果。通过约谈重点企业、行政处罚、推动行业自律等方式，推动企业切实加强内部版权制度建设，全面履行主体责任，进一步规范行业秩序。按照"剑网 2018"行动要求，抖音短视频等 15 家短视频平台切实加强版权保护，积极履行企业主体责任，共下架删除各类涉嫌侵权盗版短视频作品 57 万部，短视频版权秩序得到显著改善；13 家网络服务商不断完善通知—删除机制，为权利人提供便捷多样的维权渠道，积极为本平台用户的原创内容提供版权保护服务，签约各类版权合作单位累计超过 4300 家。

17.2.5　社会共治

（1）集体管理组织改进管理方法，开展多维度合作

中国音乐著作权协会（以下简称"音著协"）不断扩大会员规模，2018 年发展新会员数为 506，较 2017 年增长 25%，截至 2018 年年底，会员总数达 9413[1]（含出版公司和自然人会员）。"音著协"不断改进管理方法，推出网上著作权许可系统；加强维权力度，为会员权

---

[1] 中国音乐著作权协会 2018 年会讯，总第 35 期.

利人办理维权案件共 244 件，其中网络侵权 76 件，包括中国移动"咪咕音乐""小米音乐"和北京"快手"科技有限公司侵权案等；此外，"音著协"还积极与抖音、好看、秒拍等平台企业开展版权合作，加强内容版权管理。

2018 年，中国文字著作权协会（以下简称"文著协"）新增会员数为（公司、单位）656，截至 2018 年年底，会员数达到 99178[1]。"文著协"通过设立剽窃者"曝光台"回应会员和其他著作权人的投诉，追究侵权者法律责任；代表协会会员汪曾祺起诉中国知网侵权、支持李迪等 6 位作家起诉出版社维权均获胜诉；2018 年《文著协》为文字作者收取版权费首破1000 万元。

中国摄影著作权协会在 2018 年的全国"两会"期间，联合近 50 名著名艺术家委员为《著作权法》修订建言献策。

（2）行业协会开展行业自律，推进多元纠纷解决机制的完善

2018 年 4 月，中国专利保护协会调解委与北京知识产权法院建立了诉调对接机制，并于8 月开始正式接受法院委托开展面向法院受理案件的纠纷调解工作，该机制为广大会员和有关社会创新主体化解知识产权纠纷，不断深入推进多元纠纷调解机制发挥更大的作用。

行业协会、社团联盟持续深入开展行业自律行动，针对侵权现象高发的短视频领域，中国网络版权产业联盟发布《中国网络短视频版权自律公约》，中国网络视听节目服务协会发布《网络短视频平台管理规范》，规范短视频行业发展和传播秩序，促进短视频内容质量提升。

（3）互联网企业完善内部知识产权管理机制，以新技术为网络知识产权治理赋能

2018 年，电商平台利用大数据、人工智能等技术，驱动提升知产保护效率。通过优化专门治理结构、专门治理规则，采取主动防控和知识产权侵权投诉系统相结合方式，从科技维度解决电商知识产权保护问题。就中国最大的电商平台阿里巴巴而言，2018 年，96%的疑似侵权链接一上线即被封杀，因疑似侵权被平台主动删除的链接数量下降了 67%。在阿里巴巴知识产权保护平台中，96%的知识产权投诉在 24 小时内被处理，品牌权利人投诉量下降了32%。平台上被行政机关要求协查的知识产权侵权案件量比 2017 年同期下降了 64%。

网络服务商针对侵权盗版内容和侵权盗版账号开展自查整改。完善自媒体入驻协议、发布版权警示公告、封禁侵权自媒体账号 124436 个，对 19882 个违规自媒体账号进行降级等处理；建立账号信用分制度或黑名单制度；抖音短视频、快手等 15 家重点短视频平台共下架删除各类涉嫌侵权盗版短视频作品 57 万部；微信公众平台发布《微信公众平台"洗稿"投诉合议规则》等文件，共同保护权利人的合法权益。互联网企业为抵制网络转载乱象，保护媒体自身版权，通过区块链、公钥加密和可信时间戳等技术，为新闻原创作品提供权属认证，以主动防控版权侵权行为。

（4）权利人主动维权，通过多种途径保护自身合法权益

权利人通过加入"音著协""文著协"等集体管理组织"抱团"维权；凸凹等 6 位作家通过司法诉讼，对江苏凤凰教育出版社有限公司侵犯《人生之痛》《凡俗与高雅》等 10 余篇著作权案向南京市鼓楼区人民法院提起诉讼，维护了自己的合法权益。

---

[1] 文字著作权协会 2018 年年报.

17.3　总体特点

（1）前沿技术赋能行业发展，助力知识产权保护

2018 年，5G 标准基本确立，世界范围内对 5G 的研发应用加速展开。5G 与平台构建、内容分发、物联网、人工智能等的融合，将突破文化资源传播形态与空间的局限，使文化消费向虚拟式、碎片式、沉浸式发展，极大地丰富了互联网相关产业的应用场景，也从根本上改变了网络环境下知识产权保护的方法和模式，为网络环境的治理提供了新思路。2018 年，北京互联网法院实行案件审理"全程在线"，发布"天平链"电子证据平台；杭州互联网法院首次确认区块链技术存证的电子数据的法律效力，创新采用"异步审理模式"，突破时间、空间限制，为当事人诉讼提供便利的同时提高庭审效率。体现了司法机关在技术新态势下的有益探索和制度创新，降低了权利人维权成本。各大互联网企业也在积极探索和实践用技术手段对版权内容的保护方案，在大数据、区块链等技术的支撑下，主动防控盗版侵权行为，开发智能化、专业化的版权管理系统，加强对侵权行为的在线识别、实时监测、源头追溯，对侵权盗版行为实行永久封禁、注销账号等更为严厉的处理措施。

（2）综合治理成效显著，网络环境下知识产权生态不断优化

近年来知识产权保护政策体系进一步完善，行业监管愈加有力严格，促进产业规范有序发展。严格的监管政策为塑造风清气朗、保护原创的网络版权环境提供了有力保障，也使得追捧流量、内容空洞的作品大大减少，提升了用户的付费意愿。2018 年，多个互联网产业的版权付费都在显著增加，其中网络视频付费用户比例高达 53.1%。音乐、游戏等细分领域的版权销售额已经远远超过实体版权部分，内容产业正在由线下模式转变为线上模式。用户对付费产品的理性选择，加剧了内容产业的优胜劣汰，倒逼内容供给端走向优质、精品和专业化。在严格监管与市场遴选的双重推动下，我国的网络版权环境持续向好，出现了大量优质作品，《大江大海》《红海行动》《国家宝藏》等贴近人民生活、弘扬中华优秀文化和时代主旋律的优质数字内容产品得到市场追捧，我国的知识产权向高质量方向发展。

（3）平台担负社会责任，主动治理重塑行业生态

2018 年，各大互联网平台依托技术优势和资源整合能力，积极探索网络知识产权保护新路径，在网络内容治理体系中发挥重要作用。在完善平台规则方面，各大网络平台均建立了较为完善的侵权投诉流程，微信洗稿投诉合议小组评判首例洗稿案，有效地保障了权利人的合法权益与用户的良好体验。在保护手段方面，通过技术优势优化平台网络版权保护新模式，利用大数据、人工智能等技术手段检测和防御盗版行为；各类游戏防沉迷系统相继投入使用，利用人脸识别、强制公安实名校验、未成年人游戏消费提醒等技术手段对未成年用户的游戏时长和付费行为进行管理。在维权合作方面，阿里巴巴、拼多多等主要电商平台与出版社积极开展版权合作，通过事前预防、主动防控等方式合力遏制通过电商平台销售盗版图书等侵权行为，共同保护权利人的合法权益。平台主动参与包括版权保护在内的平台治理当中，体现出"主动合规""高效合规"的能力成为平台企业的重要能力与核心竞争力之一。

（4）知识产权保护助推文化技术交流，保护水平得到国际认可

随着原创、优质作品频频出现，新技术与文化产品的高度耦合，2018 年，越来越多的版

权作品走出国门，开拓海外版权市场，成为中外文化交流的纽带。《我就是演员》原创节目与美国 IOI 公司签署模式销售协议，开创了国产综艺向欧美输出的先例；热播剧《延禧攻略》版权输出到 90 个国家和地区，海外版权收益和广告收益创新高；中国自主研发的网络游戏实现海外销售收入 46.3 亿美元[1]。内容产业在海外的布局与推广，对于推动中国文化走出去、增强文化自信具有重要的意义。

世界知识产权组织发布的年度报告显示，2018 年，中国已经成为国际专利申请第二大来源国；中国华为公司以 5405 件国际专利申请位居企业专利申请量榜首。此外，世界知识产权组织等机构发布的 2018 年全球创新指数报告显示，中国首次跻身世界最具创新力经济体 20 强，排名第 17 位。中国对知识产权保护的举措也得到了美国一些专业机构、专家学者及媒体的认可。美国商会全球知识产权中心发布的《2018 年国际知识产权指数报告》显示：中国以 19.08 分位居 50 个经济体的第 25 位，较 2017 年上升了 2 位。其中，中国在改革专利、版权和努力提高人们的知识产权意识方面获得了赞扬。

知识产权引领未来。中国在实施国家知识产权战略过程中，正在把制度优势和科技优势结合起来，加快探索知识产权保护的新方法、新模式，努力为世界网络环境下知识产权保护贡献中国智慧。

（李文宇、冯哲、毕春丽、王潇）

---

[1] 中国音数协游戏工委.2018 年 1—6 月中国游戏产业报告.

第18章 2018年中国网络信息安全状况

18.1 网络安全总体形势

（1）芯片漏洞引发全球关切，关键基础设施频遭网络攻击

2018年，全球性网络安全事件持续发生，世界主要设备厂商不断爆出重大漏洞，各国关键基础设施被频繁攻击，造成重大安全隐患和经济损失。2018年年初，美国英特尔公司、美国超微半导体公司、安谋曝出重大漏洞，影响1995年之后所有的x86处理器，这些漏洞允许恶意程序从其他程序的内存空间中窃取信息，意味着包括密码、账户信息、加密密钥乃至其他一切在理论上可存储于内存中的信息均可能因此外泄。2018年6月，维萨因交换机网络交换机局部故障，导致欧洲数百万笔交易被拒绝，这一事故延续了将近10小时，引发了欧洲消费者的恐慌。2018年10月，杭州大量监控设备被曝漏洞，摄像头的漏洞很容易就会被黑客利用，只需使用默认凭证登录，任何人都能访问摄像头的转播画面。同时，摄像头存在的缓冲区溢出漏洞还使黑客能对其进行远程控制。

（2）全球大规模数据泄露事件频发，危害更加严重

2018年，大规模数据泄露事件在全球范围持续发生，仅上半年就有2300多起数据泄露事件被公开披露，约26亿条用户记录被曝光，数据安全事件问题引发国际担忧。2月底，美国知名体育运动装备品牌安德玛遭到黑客攻击，大约有1.5亿位用户受到影响。泄露的信息包括用户名、电子邮件地址及密码等。3月，英国剑桥分析公司被曝光不当利用8700万位脸书用户数据资料。5月，黑客非法入侵圆通快递公司后台，获取客户信息后再转手卖给他人谋取暴利，涉案的中国公民信息近1亿条。7月，知名大数据企业"数据堂"被查，涉嫌侵犯数百亿条公民个人信息。8月，华住旗下所有酒店的5亿位用户数据泄露。9月，英国航空的官方网站及手机应用程序遭到黑客攻击，38万位用户的支付卡信息被盗。10月，美国防部发现某供应商泄露美国军方人士及文职人员近3万条旅游记录。11月，万豪酒店数据库遭黑客入侵导致5亿位用户数据泄露，涉及客户姓名、邮寄地址、电话号码、护照号码，甚至信用卡信息。

（3）人工智能安全问题凸显，各国积极采取应对

2018年，伴随人工智能应用和产业推进，人工智能对网络空间安全的影响日益凸显，人工智能安全问题由数字域向物理域、社会域蔓延。例如，2018年3月，优步自动驾驶汽车计

算机视觉算法未能及时识别路上行人，撞人致死，引发了世界范围内的高度关注。此事例再次警示人们，自动驾驶汽车、智能服务机器人等高度自治系统的技术不成熟性或受到网络攻击，可直接导致人身伤害。美、英、欧盟等世界主要国家和组织加大重视人工智能安全，从权利、责任、透明性等方面加强伦理与法律措施建设。

（4）网络空间对抗性因素增强，美欧加强网络威慑能力建设

随着地缘政治与互联网治理的相互影响不断加深、不稳定因素逐渐增多，2018年网络空间的对抗性态势进一步增强，美国、俄罗斯、欧盟等纷纷采取行动加强网络空间的能力部署。美国国防部发布的《国家网络战略》以"大国战略竞争、向前防御、备战"为关键词，公开点名中国、俄罗斯、伊朗、朝鲜等国所谓的网络威胁；网络司令部专门成立"网络整合中心"，提高作战能力。俄罗斯军方启动了能让其情报系统"离网"运作的大型云网络建设，该"备用网络"也是俄罗斯与全球互联网中断连接或遭到攻击的预案准备。第五届联合国信息安全政府专家组无果而终后，以美俄为代表的网络空间攻防对抗风险继续提升。欧盟方面，在网络安全保障上逐步协同合作，共同应对复杂多变的网络空间局势。立陶宛等6国成立"网络快速响应小组"，首次共同处理网络事件，更多欧盟国家将陆续加入；另外，《欧盟网络安全法案》提案拟创建欧洲网络安全认证框架，欧盟网络与信息安全局或将成为永久性网络安全机构。

18.2　网络安全工作进展

（1）5G安全标准制定进入关键阶段，试验规范2019年年底完成

5G安全研究及标准制定与5G总体架构相关工作保持同步。第三代合作伙伴计划（3GPP）于2018年6月完成了第一阶段（R15）5G安全标准，重点研究5G安全需求、架构与流程等。预计2019年年底完成第二阶段（R16）5G安全标准，重点推进超可靠低时延通信（uRLLC）安全、切片安全、增强的服务化架构安全、位置业务安全增强、网络设备安全保障等。IMT-2020（5G）推进组于2018年年底完成了5G网络安全试验规范制定工作，包括网络安全技术要求和测试方法，并同步开展相关测试验证工作。

（2）工业互联网安全建设扎实推进，车联网/物联网安全转入部署实施

一是为贯彻落实国务院《关于深化"互联网+先进制造业"发展工业互联网的指导意见》要求，我国已从顶层设计、标准规范、夯实基础、技术手段、产业推进和人才培养六大方面，初步建立工业互联网安全生态，以保障工业互联网安全健康有序发展。二是伴随车联网和物联网技术的快速发展，安全事件进入多发期，在合规保障、业务刚需、技术发展三因素的推动下，相关安全工作已由基础预研状态进入企业落地实施状态，整体安全防范能力不断增强。

（3）安全产业保持快速发展，产业环境持续改善

我国网络安全产业发展态势良好。根据中国信息通信研究院统计测算，2017年我国网络安全产业规模达到439.2亿元，较2016年增长27.6%，2018年达到545.49亿元。产业政策持续利好，生态建设持续推进。中央网信办和中国证监会联合印发《关于推动资本市场服务网络强国建设的指导意见》，支持符合条件的网信企业利用资本市场做大做强。受政策利好影响，网络安全企业步入上市快车道。国家级网络安全产业园区加速建设。武汉国家网络安

全人才与创新基地进入实质性建设阶段。2018 年上半年，国家网安基地新增签约项目 12 个，协议投资 352 亿元，新增注册企业 16 家。北京国家网络安全产业园区即将挂牌。2017 年 12 月，工信部、北京市正式启动国家网络安全产业园区（北京）建设，拟打造国内领先、世界一流的网络安全高端、高新、高价值产业集聚中心。

18.3　网络安全监测

2018 年共监测网络安全威胁约 12341 万个，包括恶意 IP 地址、恶意域名等恶意网络资源约 2787 万个，木马、僵尸程序、病毒等恶意程序约 8997 万个，网络安全漏洞等安全隐患约 21 万个，主机受控、数据泄露、网页篡改等安全事件约 536 万个，网络安全威胁态势总体呈现以下几个特点。

（1）用户个人信息安全防护态势依旧严峻

2018 上半年，全球范围内共发生 945 次用户信息泄露事件，导致 45 亿条信息泄露。国内也发生不少规模较大或影响较广的信息泄露事件，涉及酒店、医疗、物流、教育、交通、金融、互联网多个行业领域，高达数亿条的用户个人信息遭泄露。近 10 万位互联网用户的邮箱账号被泄露或窃取，邮箱疑被黑客控制，严重危害用户个人信息安全。另外，监测发现通信社交、影音播放、交易支付等多类型移动程序存在过度收集用户个人信息的行为。遭泄露的数据信息中最多的是个人身份信息，包括姓名、地址、身份识别号码等，其次是用户账号数据。恶意攻击已成为用户个人信息泄露的重要原因，黑客们通过漏洞攻击等手段窃取包含个人隐私的敏感数据，这些数据在黑产市场中经多手倒卖之后为黑客谋取巨大的利益。安全管理不善也是导致个人信息泄露的主要原因，未采取有效的技术和管理防护措施、内部员工或第三方合作伙伴人为泄露的比例也在上升。

（2）安全漏洞仍然是公共互联网面临的主要威胁之一

从漏洞类型看，产品漏洞和 Web 应用漏洞是最主要的两种类型。在产品漏洞方面，2018 年 1 月初某知名处理器芯片被曝存在安全漏洞，可被攻击者利用越权读取用户敏感信息，使用该处理器芯片的服务器、个人电脑、移动终端等设备都可能受到该漏洞影响，凸显底层硬件漏洞波及范围大、修复难度大的特点。在网站和系统漏洞方面，几乎一半的 Web 应用漏洞可以被远程利用，监测发现多家互联网企业由于网站或系统的安全漏洞被利用，造成存储的用户信息泄露。同时，通过对约 2000 个政府网站及重要行业信息系统进行安全检测，共发现弱口令、Struts 2 系列漏洞、WebLogic 反序列化漏洞等近 2400 个漏洞。

（3）挖矿木马和勒索病毒是企业安全两大核心威胁

攻击者通过挖矿程序等攻击手段开展黑产活动谋取暴利，利用勒索病毒感染企业的服务器和终端，对其实施敲诈勒索。腾讯云监测发现，随着"云挖矿"的兴起，云主机成为挖取门罗币、以利币等数字货币的主要利用对象，而盗用云主机计算资源进行"挖矿"的情况也显著增多；知道创宇安全团队监测发现，"争夺矿机"已成为僵尸网络扩展的重要目的之一；360 企业安全技术团队监测发现一种新型"挖矿"病毒（挖取 XMR/门罗币），该病毒在两个月内疯狂传播，非法"挖矿"获利近百万元人民币。360 公司监测到多地发生 GlobeImposter 勒索病毒攻击事件，同时对已爆发近 17 个月的 WannaCry 勒索病毒在国内的感染情况进行了统计，平均每天仍有 6000～14000 的感染量；根据阿里云统计，阿里云平台在第三季度共拦截约 836 亿次攻击，其中利用永恒之蓝漏洞（WannaCry 勒索病毒利用的漏洞）进行攻击的数量约占 1/3。

（4）工业互联网平台和智能设备成为网络威胁的重要目标

台积电部分生产设备遭受 WannaCry 勒索病毒攻击，致三处重要生产基地停摆，是 2018 年工业互联网领域的重大网络安全突发事件。从工业控制系统看，PLC、DCS、SCADA 等工业控制系统乃至应用软件均被发现存在大量安全漏洞。从平台和设备监测结果看，全年对国内的 54 个工业互联网平台、126 个平台域名、200 余万个联网工业控制设备进行持续监测，发现疑似弱口令、SQL 注入、信息泄露等风险 17344 个，部分暴露在互联网上的工业控制系统存在已经被恶意利用的迹象，需引起高度重视。同时监测发现针对工业互联网平台的 SQL 注入、跨站脚本等网络攻击 1600 余起。

（5）移动应用程序的恶意行为表现突出

移动恶意程序数量仍居高不下，基础电信企业、网络安全专业机构、互联网企业和网络安全企业等依托自身恶意程序监控系统，在公共互联网上累计处置移动恶意程序 508 万个，约占网络安全威胁处置总数的 29%，主要涉及窃取信息、捆绑下载、诱导付费等恶意行为。部分移动应用程序存在未经明示收集使用用户信息、未履行安全保护义务等问题，危害用户信息安全，引发社会广泛关注。其中，移动应用程序"WiFi 万能钥匙"和"WiFi 钥匙"具有免费向用户提供使用他人 WiFi 网络的功能，累计下载次数高达 19 亿次，涉嫌入侵他人 WiFi 网络和窃取用户个人信息。

18.4　网络安全产业

（1）国家统筹规划、全面布局网络安全产业发展

近年来，党中央高度重视网络安全工作，习近平总书记发表系列重要讲话，强调要"积极发展网络安全产业，做到关口前移，防患于未然"，要"抓产业体系建设，在技术、产业、政策上共同发力"，明确了我国产业发展的理念、目标、路径，为网络安全产业发展指明了方向。

党的十九大报告对推进网络强国建设做出全面部署，《网络安全法》《国家网络空间安全战略》等法律法规相继制定出台，信息通信网络与信息安全"十三五"规划等政策文件不断推进实施，形成了有力的牵引。工业、金融、能源等重点行业，电商、交通等新兴行业对网络安全产品、服务的需求强劲，拉动了整体的市场需求。

习近平总书记的系列重要讲话，相关战略法律、政策法规的相继出台，体现了党中央对网络安全的高度重视，相关工作部署更加全面具体。我国网络安全工作进入"快车道"，产业发展的战略目标日益清晰、政策环境持续优化、市场需求不断增长。关键信息基础设施、工业互联网安全等领域网络安全保障投入不断增加，网络安全技术、产品、服务创新和应用部署持续推进，我国网络安全产业总体发展态势良好，综合实力持续提升。

（2）产业规模持续高速增长，产业体系日渐完善

根据中国信息通信研究院预测，2018 年我国网络安全产业规模达到 545.49 亿元，较

2014 年 237.21 亿元增长 130%，年度复合增长率超过 23%。电子政务、金融、电信、能源等重点行业领域应用领先，占据整体市场份额的半壁江山。据不完全统计，国内从事网络安全相关业务的企业数量已达 2681 家，上市安全企业达到 16 家，新三板挂牌企业超过 69 家，获得融资支持的初创企业超过 150 家。网络安全产品体系日益完备，产业活力日益增强。

（3）网络安全企业稳步发展，综合实力显著提升

一方面，我国网络安全企业营收水平和盈利能力逐步增强。2017 年，国内网络安全业务收入超过 10 亿元的企业数量超过 10 家，净利润超过 1 亿元的企业为 13 家，与 2013 年无一家企业营收突破 10 亿元、仅 2 家利润超过 1 亿元相比，成绩斐然。另一方面，我国安全企业国际影响力持续提升。安天、奇虎 360、安恒信息等 8 家企业入围 2018 年全球网络安全创新 500 强榜单，较 2015 年翻了一番。在攻防竞赛、技术认证、标准制定等领域，我国网络安全企业的参与度、认可度正逐步提升。

（4）紧跟国际安全趋势，重点领域安全技术优势逐渐成形

当前，在防火墙、漏洞挖掘、威胁监测、病毒查杀、身份认证等基础安全领域，国内骨干企业通过持续性迭代研发，积累汇聚了漏洞信息、恶意代码、攻击规则、协议行为特征等丰富资源，沉淀夯实了技术能力和攻防经验，打磨出了一批成熟的产品应用。创新企业在生物认证、智能引擎、动态防御等前沿方向开展布局，积极抢占技术制高点。

（5）产业协同日益增强，生态环境不断优化

企业间战略合作联盟日益增多，大型 IT 厂商推进商业联盟建设，16 家上市企业成立协作共同体，打造协同联动的网络安全防御生态。政府、协会、联盟等平台机构积极作为，通过试点示范评选、服务认证、产品展示等方式，积极营造创新为先、质量为先、信誉为先的发展环境。专业投资机构、产业基金等持续发力，助力工业互联网、人工智能、区块链等新兴领域网络安全创新企业培育孵化。

（6）网络安全人才培养模式持续创新，人才梯队建设取得重要进展

中国通信企业协会通信网络安全专业委员会等组织，以及企业、高校、科研机构等通过网络安全培训教育、网络安全人员能力认证、网络安全知识和技能竞赛等方式，培养了一大批实用型、复合型网络安全人才。中国互联网发展基金会网络安全专项基金设立"网络安全人才奖""网络安全优秀教师奖"等，2018 年奖金达 700 万元，激励高端人才向安全领域集聚。

18.5   区块链网络安全风险

近年来，区块链作为一种全新的数据存储、传播、管理机制，在与现有技术结合催生新业态、新模式的同时，其面临的潜在风险也给技术应用和现有网络安全监管政策带来新的挑战。

（1）区块链技术优势

区块链分布式、点对点的通信具有易连接、大协作的特点，基于哈希加密的匿名性能够很好地保护用户隐私和证明唯一性，依托公私钥的权限控制赋予数字资产丰富的管理权限。这些技术优势在为其发展应用提供大量创新空间的同时，也使得区块链逐渐成为解决网络和

数据安全存储、传播和管理问题的有效手段，在攻击发现和防御、安全认证、安全域名、信任基础设施建立、安全通信和数据安全存储方面得到了积极的探索，如图18.1所示。

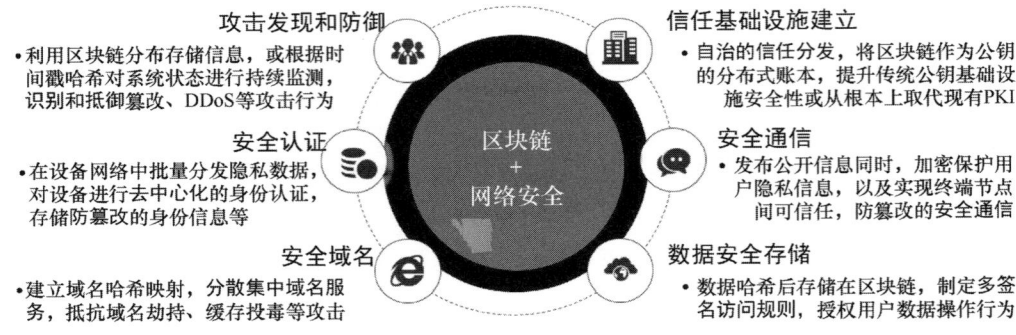

攻击发现和防御
- 利用区块链分布存储信息，或根据时间戳哈希对系统状态进行持续监测，识别和抵御篡改、DDoS等攻击行为

安全认证
- 在设备网络中批量分发隐私数据，对设备进行去中心化的身份认证，存储防篡改的身份信息等

安全域名
- 建立域名哈希映射，分散集中域名服务，抵抗域名劫持、缓存投毒等攻击

区块链
+
网络安全

信任基础设施建立
- 自治的信任分发，将区块链作为公钥的分布式账本，提升传统公钥基础设施安全性或从根本上取代现有PKI

安全通信
- 发布公开信息同时，加密保护用户隐私信息，以及实现终端节点间可信任，防篡改的安全通信

数据安全存储
- 数据哈希后存储在区块链，制定多签名访问规则，授权用户数据操作行为

图18.1　区块链在网络安全领域的典型应用

（2）区块链技术安全风险

虽然区块链的防篡改、分布式存储、用户匿名等技术优势为其发展应用提供了大量的创新空间，但目前区块链技术在各领域的应用模式仍处于大量探索阶段，其深入应用仍需漫长的整合和发展过程。区块链技术本身仍存在一些内在安全风险，去中心化、自组织的颠覆性本质也可能在技术应用过程中引发一些不容忽视的安全问题，具体如下。

一是存储层面临来源于环境的安全威胁。区块链存储层通常结合分布式数据库、关系/非关系型数据库、文件系统等存储形式，存储上层应用运行过程中产生的交易信息等各类数据。存储层可能存在的安全风险有基础设施安全风险、网络攻击威胁、数据丢失和泄露等，威胁区块链数据文件的可靠性、完整性及存储数据的安全性。例如，EOS（Enterprise Operation System，商用分布式操作系统）的IO（Input /Output，输入/输出）节点可通过原生插件，将不可逆的交易历史数据同步到外部数据库中，外联数据库数据为开发者和用户提供了便利的同时，也可能引发更多的数据丢失和泄露风险。

二是协议层存在核心机制的安全缺陷。协议层结合共识机制、P2P（Peer to Peer，点对点）网络、密码机制等，实现区块链用户网络的构建和安全机制的形成。该层安全风险主要由区块链技术核心机制中存在的潜在安全缺陷引发，包括来自协议漏洞、流量攻击及恶意节点的威胁等。例如，2016年8月，全球最大的比特币交易所之一Bitfinex因多重签名漏洞导致12万个比特币（约6800万美元）的损失；自2016年起，Krypton平台、Shift平台等区块链平台持续受到51%的算力攻击等。

三是扩展层存在成熟度不高的代码实现漏洞。目前，在区块链扩展层较典型的实现是智能合约或可编程合约，由于智能合约的应用起步较晚，大量开发人员尚缺乏对智能合约的安全编码能力，其风险主要来源于代码实现中的安全漏洞。例如，2016年6月，以太坊The DAO（The Decentralized Autonomous Organization，去中心化自治组织）智能合约递归调用漏洞被利用，导致约1.5亿美元众筹资金被劫持；2018年3月，国外学者通过对近100万份智能合约进行每份10秒的粗略自动化分析后发现，其中有34200份存在易利用的安全缺陷，并通过对其中3759份智能合约的抽样调查，以高达89%的概率确认了3686份智能合约中的漏洞存在[1]。

四是各类传统安全隐患在应用层集中显现。应用层直接面向用户，涉及不同行业领域的应用场景和用户交互，该层业务类别多样、交互频繁等特征也导致各类传统安全隐患集中，成为攻击者实施攻击、突破区块链系统的首选目标。应用层安全风险涉及私钥管理安全、账户窃取、应用软件漏洞、DDoS 攻击、环境漏洞等。例如，根据 2016 年 10 月国家互联网应急中心发布的《开源软件源代码安全漏洞分析报告——区块链专题》报告[2]，在 25 款主流区块链开源软件中存在高危漏洞 746 个、中危漏洞 3497 个，可能导致系统运行异常、崩溃，或实现越权访问、窃取私密信息等。

（3）区块链安全监管挑战

除区块链技术本身存在的安全风险之外，其去中心、自治化、难更改、强匿名等特点也给现有网络和数据安全监管手段带来了不少挑战，具体表现如下。

一是隐匿性强，增加了网络安全事件和网络犯罪的追踪溯源难度。区块链用户账户由随机数字、字母和用户公钥生成，不包含网络地址、设备地址等信息，难以识别用户的真实身份，在导致对恶意网络行为、攻击事件等追溯更加困难的同时，也助长了不法分子网络犯罪的气焰，勒索病毒、暗网交易等往往利用基于区块链技术的加密货币收取赎金、实施结算以逃避溯源。

二是无中心化特性导致威胁面扩大，技术接口难以实施。区块链中开源的共享协议可使数据在所有用户侧同步记录和存储，对攻击者来说，能够在更多的位置获取数据副本，分析区块链应用、用户、网络结构等有用信息。对监管方来说，数据的分布式存储、点对点的通信方式，导致监管数据的采集和获取困难，监管技术接口难以实施。

三是防篡改特性为有害信息形成天然技术庇护，给信息内容管理带来挑战。区块链中数据写入时，需要大部分节点通过共识机制进行裁决，决定是否同意写入，并设置了时间戳机制记录写入时间，以实现禁止对历史记录的修改。一旦暴恐、色情等有害信息被写入区块链中，扩散速度快，且难以进行修改、删除，虽然理论上可采取攻击手段制造硬分叉、回滚等，但实施代价高、难度大。

四是数据安全责任边界模糊，可能违背数据跨境、数据可删除等监管要求。区块链能作为各类应用的底层技术，实现上层应用间的交互操作，其应用过程中涉及区块链平台、应用、数据所有者等多方主体，易导致安全责任界限的模糊。

此外，当新的数据写入区块链，所有用户侧可同时更新，一旦涉及境外节点加入，这种天然自组织性将使得自发、频繁的跨境数据流动成为必然。

（中国信息通信研究院）

---

[1] Finding the greedy, prodigal, and suicidal contracts at scale.

[2] http://if.cert.org.cn/res/web_file/bug_analyze_report.pdf.

第19章　2018年中国互联网治理状况

19.1　治理概况

2018 年，我国着手构建网络综合治理体系，提升综合治理服务能力。在 4 月 20 日召开的全国网络安全和信息化工作会议上，习近平总书记强调，信息化为中华民族带来了千载难逢的机遇。我们必须敏锐抓住信息化发展的历史机遇，加强网上正面宣传，维护网络安全，推动信息领域核心技术突破，发挥信息化对经济社会发展的引领作用，加强网信领域军民融合，主动参与网络空间国际治理进程，自主创新推进网络强国建设，为决胜全面建成小康社会、夺取新时代中国特色社会主义伟大胜利、实现中华民族伟大复兴的中国梦做出新的贡献。

习近平总书记指出，要提高网络综合治理能力，形成党委领导、政府管理、企业履责、社会监督、网民自律等多主体参与，经济、法律、技术等多种手段相结合的综合治网格局。要加强网上正面宣传，旗帜鲜明坚持正确政治方向、舆论导向、价值取向，用新时代中国特色社会主义思想和党的十九大精神团结、凝聚亿万名网民，深入开展理想信念教育，深化新时代中国特色社会主义和中国梦宣传教育，积极培育和践行社会主义核心价值观，推进网上宣传理念、内容、形式、方法、手段等创新，把握好时度效，构建网上网下同心，更好凝聚社会共识，巩固全党全国人民团结奋斗的共同思想基础。要压实互联网企业的主体责任，决不能让互联网成为传播有害信息、造谣生事的平台。要加强互联网行业自律，调动网民积极性，动员各方面力量参与治理。

回顾 2018 年，《互联网视听节目服务管理规定》《网络餐饮服务食品安全监督管理办法》《电子商务法》《关于开展网贷机构合规检查工作的通知》《P2P 合规检查问题清单》等一系列互联网法律法规陆续实施，依法治理进一步推动互联网健康发展，互联网娱乐进入规范发展轨道，共享经济在阵痛中走向理性，P2P 网贷平台彻底洗牌，法治促进电子商务良性发展；与此同时个人信息保护将面临严峻挑战，关键信息基础设施的安全风险将不断攀升，平台经济创新与协同治理的需求将更加迫切。

19.2　专项行动

（1）网络游戏审查

2018 年 2 月，中宣部、教育部、文化部、国家新闻出版广电总局等多部门联合印发《关于严格规范网络游戏市场管理的意见》，以营造清朗网络空间，有效保护青少年身心健康，推动我国网络游戏健康有序发展，并迅速开展专项行动，查处了一批大案要案，曝光了一批典型案例，给违法、违规行为以有力震慑。这个意见从统一思想认识、强力监管整治、落实主体责任等 6 个方面，对集中规范行动做出了全面部署；强调各相关部门要迅速开展全面排查，重点排查用户数量多、社会影响大的网络游戏产品，对价值导向严重偏差、含有暴力色情等法律法规禁止内容的，坚决予以查处；对内容格调低俗、存在打擦边球行为的，坚决予以整改。

（2）整治淫秽色情传播专项行动

2018 年 4—11 月，全国"扫黄打非"办公室按照 2018 年"扫黄打非"行动方案和第三十一次全国"扫黄打非"工作电视电话会议部署要求，围绕打击非法有害出版活动、淫秽色情低俗信息、新闻"三假"和侵权盗版等重点任务，抓住人民群众高度关心的问题，紧盯网上网下重要传播渠道，精准发力，重拳出击，持续净化社会文化环境，全面推进"净网 2018""护苗 2018""秋风 2018"等专项行动。2018 年，全国共收缴各类非法出版物 1590 万件，文化市场环境进一步净化；共取缔关闭淫秽色情等有害信息网站 2.6 万个，网络空间进一步清朗；共查处各类案件 1.2 万起，有力打击和震慑违法犯罪活动；修订发布《"扫黄打非"工作举报奖励办法》，提高相关举报奖励标准，单笔最高可奖励 60 万元，有力调动群众参与举报的积极性；共接到群众举报 13 万余件，从中查获大批重点案件，群众参与和支持形成"扫黄打非"良好工作基础；联合公安、版权等部门挂牌督办大案要案 217 起，创历年来督办案件数量最高，案件督办查办工作取得新突破；全国共建立"扫黄打非"基层站点 51 万余个，密织基层治理网络，加强标准化和规范化建设，发挥"扫黄打非"在基层治理中的成效和作用。

5 月，全国"扫黄打非"办公室、国家新闻出版广电总局联合部署各地开展为期 3 个月的网络文学专项整治行动，取得阶段成效。各地积极组织对辖区涉及开展网络文学业务的网站、移动客户端、微信公众号等平台，进行全面排查和多轮次检查，重点整治网络文学作品导向不正确及内容低俗、传播淫秽色情信息、侵权盗版三大问题。据不完全统计，6—8月底，各地共查办网络出版行政和刑事案件 120 多起，责令整改网络文学经营单位 230 余家，封堵关闭网站及账号 4000 余个，查删屏蔽各类有害信息 14.7 万余条。

（3）禁赌安全课进校园

2018 年 6 月 11 日，由公安部治安管理局、教育部思想政治工作司共同举办的"禁赌安全课进校园"主题宣传活动在北京交通大学举行，这也标志着全国禁赌宣传周活动正式启动。知法守法、远离赌博，公安部部署全国公安机关紧紧抓住赌博问题不放松，在持续遏制实体场所涉赌问题的同时，持续深化2018打击整治跨境网络赌博犯罪"断链"行动，强力挤压赌博违法犯罪活动空间。2018 年上半年，共计查处各类赌博案件 14 万余起，全国涉赌警情同比下降了 15%。

（4）加强 WiFi 服务管理

2018 年 5 月，公安部网络安全保卫局集中约谈境内 WiFi 分享类网络应用服务企业，要求相关企业采取措施，切实加强公民个人信息保护。在部署各地公安机关对境内 WiFi 分享类网络应用服务企业开展排查，组织相关企业对涉及公民个人信息保护方面存在的安全问题进行深入研究的基础上，依据《网络安全法》等相关法律法规，向境内提供服务的 119 家企业提出了未经本人或单位授权或同意的个人用户 WiFi 网络和国家机关、企事业单位内部非公开 WiFi 网络，停止分享服务并清除相关信息；居民小区和国家机关、企事业单位周边，无法确认属于公共服务 WiFi 网络的，暂停分享服务；要通过官方网站、App 客户端公开分享服务、隐私保护和数据安全条款，接受社会和用户监督；要通过官方网站、App 客户端提供 WiFi 网络分享信息的查询和投诉渠道。对 WiFi 网络所有者要求停止分享的，经核实后应当停止分享；要建立健全用户信息保护和鉴别、防范假冒 WiFi 网络的安全管理措施，发现违法犯罪活动及时向公安机关报告的 5 项指导性措施要求。

（5）打击网络侵权盗版

2018 年 7 月，国家版权局、国家互联网信息办公室、工信部、公安部联合开展打击网络侵权盗版"剑网 2018"专项行动。专项行动期间，各级版权执法监管部门删除侵权盗版链接 185 万条，收缴侵权盗版制品 123 万件，查处网络侵权盗版案件 544 件，其中查办刑事案件 74 件、涉案金额 1.5 亿元，专项行动取得显著成效。专项行动期间，国家版权局持续加强对视频、音乐、文学网站的版权重点监管，抽查 16 家网站的 2389 部作品版权文件，责令下架侵权作品 150 部；公布 7 批 72 部作品版权预警名单，对春节联欢晚会、院线电影等作品进行重点保护。针对网络转载和短视频领域存在的突出版权问题，国家版权局集体约谈了趣头条等 13 家网络服务商和抖音等 15 家短视频平台。通过整改，相关网络企业封禁降级 14 万个侵权自媒体账号，处理 47 万余篇侵权作品，下架 57 万部侵权短视频。在国家版权局的推动下，30 多家主流财经媒体成立"中国财经媒体版权保护联盟"，阿里巴巴、拼多多等单位与京版十五社、少儿出版反盗版联盟签订图书版权保护合作协议。

（6）打击电信网络诈骗

工信部在国务院打击治理电信网络新型违法犯罪工作部际联席会议指导下，多措并举综合治理电信网络诈骗取得阶段性成果。截至 2018 年 8 月，我国已全面建成覆盖国际口和省口的诈骗电话技术防范系统，日均处置诈骗电话 400 多万次，累计 3.39 亿次；全国诈骗电话防范系统处置量与 2018 年年初比下降了 60%；工信部与公安等相关部门联动，及时劝阻受电信网络诈骗害用户 6.39 万人，挽回直接经济损失达 11.2 亿余元。多措并举综合治理初见成效。

（7）网络餐饮专项检查

9 月 23 日，市场监管总局为进一步加强网络餐饮服务食品安全监管，严厉打击违法违规行为，于 2018 年 10 月初至 2019 年 1 月底在全国范围内开展网络餐饮服务食品安全专项检查。检查重点网络餐饮服务第三方平台提供者及入网餐饮服务提供者落实《网络餐饮服务食品安全监督管理办法》要求情况。

（8）整治"网络水军"行为

2018 年，公安部组织各地公安机关针对自媒体"网络水军"敲诈勒索等违法犯罪活动突出的情况重拳出击，切实维护网络安全和人民群众合法权益，依法深入开展侦查调查，成功侦破自媒体"网络水军"团伙犯罪案件 28 起，抓获犯罪嫌疑人 67 人，关闭涉案网站 31 家，关闭各类网络大 V 账号 1100 余个，涉及被敲诈勒索的企事业单位 80 余家。

19.3　行业自律

健全行业自律机制，督促企业切实履行主体责任，推进互联网行业信用体系建设。这 3 个方面是努力维护公平有序的市场环境、共同营造清朗网络空间的重要推动力，展现了国家级行业组织的权威性与专业性。

2018 年 1 月，中国互联网协会组织 16 家签约单位开展《移动智能终端应用软件分发服务自律公约》（以下简称《自律公约》）执行情况自查互查与评议工作，3 月 9 日，在工作座谈会上通报自查互查总体情况并整理汇总 161 项互查案例进入自愿协商解决途径，51 项互查案例启动专家评议程序。4 月 2 日，内部公示专家评议意见并督促相关单位及时优化移动智能终端应用软件分发服务。《自律公约》的规范作用在实践中得以发挥，行业自律长效机制不断完善。

3 月 29 日，根据《关于促进互联网金融健康发展的指导意见》《互联网金融风险专项整治工作实施方案》《网络借贷信息中介机构业务活动管理暂行办法》《关于规范整顿"现金贷"业务的通知》提出的总体要求和监管原则，依据《中华人民共和国刑法》《中华人民共和国治安管理处罚法》《中华人民共和国民法总则》《中华人民共和国侵权责任法》《中华人民共和国网络安全法》等相关法律法规，中国互联网金融协会制定发布《互联网金融逾期债务催收自律公约（试行）》，规范互联网金融逾期债务催收行为，保护债权人、债务人、相关当事人及互联网金融从业机构合法权益，促进互联网金融行业健康发展。

6 月 14 日，依据《中华人民共和国反不正当竞争法》《中华人民共和国消费者权益保护法》《中华人民共和国广告法》《互联网广告管理暂行办法》《国务院办公厅关于加强金融消费者权益保护工作的指导意见》等相关法律法规规定，中国互联网金融协会发布《互联网金融从业机构营销和宣传活动自律公约（试行）》，强化互联网金融从业机构的营销和宣传活动自律，维护市场秩序，保障互联网金融消费者合法权益。

2018 年 9 月，受中央网信办、工信部委托，中国互联网协会积极配合开展加强个人信息和重要数据保护专项调查，对收集和掌握个人信息涉及 100 万人以上或掌握重要数据的企业组织线上填报工作，为政府相关部门的政策制定和日常工作提供支撑，促进企业加强个人信息和重要数据保护。

2018 年 10 月，中国互联网协会启动"2016—2018 年度中国互联网行业自律贡献奖"评选工作，广泛组织协会会员单位以及各省、自治区和直辖市互联网协会会员单位积极申报，12 月 26 日，评选产生"2016—2018 年度中国互联网行业自律贡献奖"获奖单位 27 家，鼓励更多互联网企业主动加强自律，践行社会责任，共同维护公平竞争的市场环境。

10 月 10 日，为贯彻落实电子商务法，推动电子商务诚信建设，中国网络社会组织联合会和中国互联网发展基金会联合主办电子商务诚信签名活动启动仪式。通过线下电商平台签署电子商务诚信公约、线上网商签署电子商务诚信商家承诺书，宣传电商企业诚信理念，营造良好的营商环境，推动网络诚信特别是电子商务领域诚信建设。

12 月 19 日，中国互联网协会举办 2018（第五届）互联网企业社会责任论坛。网信办社会局、工信部信通局领导出席会议，100 余家会员单位参会。会上，协会正式发布了《中国互联网行业社会责任报告（2017—2018 年度）》，全面总结互联网行业的社会责任现状，选编典型案例 37 个，并组织阿里巴巴、腾讯、百度、京东等 36 家企业共同签署了中国互联网协会发起的《2018 中国互联网企业履行社会责任倡议书》，倡导和鼓励互联网企业积极履行社会责任。

19.4　企业自律

2018 年 4 月 20 日，习近平主席在全国网络安全和信息化工作会议指出，要压实互联网企业的主体责任，决不能让互联网成为传播有害信息、造谣生事的平台，对互联网企业提出了新要求，进一步明确了互联网企业履行社会责任的重要性。

（1）新华网推出辟谣平台，助力网络谣言治理

2018 年 8 月，由中央网信办违法和不良信息举报中心主办、新华网承办的中国互联网联合辟谣平台在北京正式上线，该平台设立权威发布、部委发布、地方回应、媒体求证、专家视角、辟谣课堂、读图识谣等版块，具备举报谣言、查证谣言的功能，同时可获取相关部门和专家的权威辟谣信息。平台还可以起到大数据精准识谣、联盟权威辟谣、多终端立体传播、指尖即时查证、关口前移防范的作用。已整合接入全国各地 40 余家辟谣平台，辟谣数据资源 3 万余条。

（2）央广网严把宣传报道导向关，强化内容生产的审核发布操作规范

为进一步科学规范稿件编发流程，不断提高编审工作效率，2018 年，央广网在《央广网编审委员会管理制度》基础上修订编审委员会职责，制定《央广网编审委员会管理办法》，以适应业务发展和平台发展需要，科学分发稿件刊播平台，严格制度不同稿件分别执行"三审制""四审制"，把好稿件政治关、导向关，进一步规范全网内容生产流程，提高内容宣传的监督管理，确保内容生产安全。截至 2018 年 12 月，央广网通过人工审核和技术后台处理75381 条，其中 41752 条被通过，33629 条被删除。

（3）新浪黑猫投诉平台，让消费者维权更容易

黑猫投诉平台是新浪网旗下的消费者服务平台，用户可以通过该平台投诉商家的不规范行为，同时还有企业信誉榜单，帮助消费者进行消费行为抉择的参考。2018 年 1 月 30 日，黑猫投诉平台进入试运营阶段。据统计，自 1 月 30 日上线以来，截至 12 月 31 日，黑猫投诉平台累计收到消费者投诉 94599 件，其中有效投诉 75884 件，投诉回复率 74.5%。目前，黑猫投诉客户端已上线，消费者可以方便快捷地在移动终端上进行消费投诉。此外，黑猫投诉的第三方意见联盟——评审团，亦已上线，评审团成员会针对具体的投诉案例，做出分析及建议，为消费者与企业在协商处理纠纷时提供参考。

（4）360 公司严格自身监督和约束机制，保护用户个人信息

360 公司为保护个人信息，设置严格的监督和约束机制，严格要求自身产品或服务在使用用户个人信息时进行隐私保护。一是通过内部约束机制，设置隐私审核组及产品隐私专员，通过定期举办关于个人信息保护重要性培训课程，加强员工的用户个人信息保护意识；二是通过将旗下系列产品 360 安全卫士、360 杀毒软件、360 安全浏览器、360 游戏保险箱，360手机卫士等源代码交由源代码托管和检测机构托管和检测，接受外部监督；三是通过发布隐私白皮书方式，公布 360 产品如何收集、使用、存储、分享和转让用户个人信息，保证用户

个人信息的安全；四是设置投诉监督电话、邮箱等方式，并承诺 15 个工作日内予以回应。

19.5　投诉举报

2018 年，12321 举报中心共接到网络不良与垃圾信息举报 223.8 万件次。其中举报手机应用安全问题（App）53.2 万件次；骚扰电话 64.6 万件次；不良与垃圾短信息 29.2 万件次；诈骗电话 4.6 万件次；淫秽色情网站 33.7 万件次；钓鱼网站 10.3 万件次；其他举报 28.2 万件次。经过整理、去重、核查后，将符合处理条件的 100.1 万件次举报信息移交给基础运营企业、虚拟运营商、手机应用商店等相关部门处理。

针对泄露个人信息的情况，12321 举报中心督促 24 家网站对涉嫌泄露个人信息的内容进行删除处置。涉及网站即刻开展自查自纠，加强了技术筛查和人工审核的力度，及时对泄露个人信息的 33 个链接涉及姓名、身份证号、手机号码的 13015 个内容进行删除，保护了用户隐私。联合新浪、腾讯、百度对网站上出售短信电话轰炸机、呼死你和改号软件的信息进行清理，关闭涉嫌出售和介绍电话轰炸机、呼死你和改号软件相关信息的账号 369 个。

19.6　个人信息保护

近年来，我国个人信息泄露问题日渐凸显，严重影响了国家经济发展和公民合法利益。2018 年以来，国家高度重视个人信息保护和数据安全问题，开展了大量治理工作。

（1）加紧制定完善数据安全和个人信息保护相关政策

2018 年 10 月，工信部发布《关于加强基础电信企业数据安全管理　规范清理数据对外合作工作的通知》，敦促企业强化源头风险防范意识，加强数据对外使用安全管理，积极防范数据泄露、滥用等安全风险。此外，公安部出台的《公安机关互联网安全监督检查规定》于 2018 年 11 月 1 日正式施行，作为落实执法监管情况的重要依据，加大了对非法获取、出售、提供个人信息且尚不构成犯罪情形的处罚力度。上述文件结合《网络安全法》颁布前已经生效的《全国人大常委会关于加强网络信息保护的决定》《电信和互联网用户个人信息保护规定》等重要法规，共同构筑了我国当前数据安全和个人信息保护法律体系。

（2）完善数据安全和个人信息保护相关国家标准和行业标准

在国家标准方面，《个人信息安全规范》于 2018 年 5 月 1 日正式实施，另有在研的《个人信息安全影响评估指南》和《个人信息去标识化指南》等国家标准。在行业标准方面，工信部组织研究网络数据安全标准体系建设指南，推进数据安全标准体系框架建设，现阶段已出台和在研的行业标准包括电信和互联网服务用户个人信息保护系列标准、《电信行业数据分类分级指南》《电信行业重要数据识别指南》《电信网和互联网数据安全风险评估实施指南》、电信网和互联网大数据平台安全系列标准等。

（3）开展数据安全和个人信息保护监督检查

工信部组织全国 12 个地区开展 2018 年基础电信企业及相关互联网企业网络与信息安全责任考核中期检查。检查组通过实地查阅制度文件、自查报告和台账等方式，重点检查了企业数据安全和个人信息保护工作开展情况，并现场反馈了检查发现的问题，敦促企业对照考

核标准制订计划及时整改，确保各项工作落实到位。

（4）有效应对用户个人信息安全事件

针对大规模用户个人信息泄露等安全事件开展执法调查，重点检查媒体公开报道和用户投诉较为集中的"部分应用随意调取手机摄像头权限、用户订单信息泄露引发诈骗案件、用户信息过度收集和滥用"等网络数据和用户个人信息安全突出情况，约谈相关企业负责人，责令企业限期整改，并提交整改报告。同时，妥善处置一系列重大突发事件，及时做好情况通报与发布工作，消除事件的不良影响。

（5）开展网络产品和服务隐私条款专项评审工作

为落实《网络安全法》有关要求，国家相关部门联合开展个人信息保护提升行动之隐私条款专项工作，在 2018 年 9 月 5 日启动的第二次隐私条款专项工作中，以信安标委为主的专家工作组对 40 款网络产品和服务的隐私条款进行了评审，力求通过评审和宣传形成社会示范效应，带动行业整体个人信息保护水平的提升。

19.7 防范打击电信网络诈骗

近年来我国电信网络诈骗活动猖獗，危害了人民群众财产安全和合法权益，扰乱社会诚信和社会秩序。对此，党中央、国务院高度重视，中央领导同志多次做出重要指示批示。2017年年底，中央经济工作会议明确提出要着力解决网上虚假信息诈骗问题，2018 年 3 月，《政府工作报告》强调要整治电信网络诈骗等突出问题，2018 年 4 月 21 日，在全国网络安全和信息化工作会议上，习近平总书记强调要依法严厉打击电信网络诈骗。为贯彻落实中央领导的重要指示批示精神、国务院工作部署要求，各相关部门加强协作，密切配合，加大打击防范电信网络诈骗工作力度，取得了阶段性成效。

2018 年 11 月 29 日，国务院部际联席会议组织召开全国打击治理电信网络新型违法犯罪工作电视电话会议，国务委员、公安部部长、部际联席会议总召集人赵克志专门对新形势下打击治理工作做出部署。部际联席会议办公室召开重点地区整治剖析会、组织专家逐个评议挂牌整治重点地区，对 13 个重点地区的党政主要领导、13 个涉电信网络诈骗犯罪领域重点互联网企业进行了集中约谈。

公安机关紧紧围绕"两降两升"工作目标，坚持"侦查打击、重点整治、防范治理"三管齐下。2018 年，破获电信网络诈骗案件 13.1 万起，抓获违法犯罪人员 7.3 万名，劝阻疑似被骗人 3.2 万名，挽回直接经济损失 20.3 亿元；联合银监会和各金融机构利用紧急止付和快速冻结机制，成功止付被骗金额 97 亿元，先后返还群众被骗钱款 20 亿元，电信网络诈骗预警拦截机制发挥了重要作用；累计查处"黑广播"违法犯罪案件 1570 起、"伪基站"违法犯罪案件 244 起。

信息通信行业瞄准实现根本性好转的目标，深入开展电话用户实名登记、技术手段建设、重点业务整治、宣传教育等工作。2018 年 5 月，出台《关于纵深推进防范打击通信信息诈骗工作的通知》，针对用户实人认证、境外诈骗电话整治、技术手段建设等，明确了 9 方面 32项具体措施，并召开全国视频会议进行部署动员。6 月，出台《电话用户真实身份信息登记实施规范》等规范性文件，督促指导电信企业通过留存比对用户照片、在线视频实人认证、限制办卡数量等措施，不断提升登记信息准确率。7 月，中国互联网协会连续第二年举办"防范打击通信信息诈骗专题论坛"，宣传推广优秀实践案例，中国信息通信研究院组织发布《信息通信行业防范打击通信信息诈骗白皮书》。9 月，人民邮电报社连续刊发"责任催人，反诈攻坚再出发""以钉钉子的精神，筑牢打击治理责任网""以技管网，创新脚步不能慢"3 篇社论，并组织"纵深行"系列宣传活动。2018 年，从中国互联网协会 12321 举报中心数据看，用户举报量在 2017 年大幅下降的基础上，同比又下降了 33%；利用技术防范系统已累计处置诈骗电话 9.5 亿次，配合公安机关累计劝阻受害用户 47.5 万人，挽回直接经济损失 22 亿元；累计关停违规语音专线 6 万余条，"400 号码"百万余个，下架改号软件 App 和电商产品 2000 余款。

中国人民银行配合公安部建立了涉案银行账户在线紧急止付和快速冻结机制，截至 2018 年年底，成功止付被骗金额 300 多亿元。最高人民法院、最高人民检察院、公安部联合出台了《关于办理电信网络诈骗等刑事案件适用法律若干问题的意见》，最高法对伪基站、黑广播、非法买卖公民个人信息等犯罪，发布了专门的司法解释。

（杨楠、连迎、李珂、张宏宾、杨春白雪、陈湉、崔现东、王玉环、魏薇）

第20章　2018年中国互联网公益发展状况

20.1　发展概况

2018 年，互联网尤其是移动互联网作为普惠性的信息基础设施的作用，在公益慈善领域越来越显著。互联网慈善公益使人口众多、幅员辽阔的中国能够迅速推进人人公益，为解决社会问题、促进社会公平正义、促进城乡均衡发展提供了全新方案。中国的互联网+公益慈善正日益深度融合，形成了鲜活的"中国样本"，并不断走向世界。

20.2　发展特点

（1）科技向善——互联网慈善公益持续深度创新应用信息化技术

科技向善是指希望通过多方对话、研究和行动来探讨如何用科技来缓解数字化社会的阵痛。科技进步是人类发展、社会进步的第一推动力。互联网领域的科技发展已经成为推动整个公益慈善创新发展的大引擎，正在全面助推慈善工作和慈善组织的质量变革、效率变革、动力变革。一些科技公司主动把自己企业最核心的资源、技术和能力贡献出来，去推动社会公益慈善事业发展。例如，2018 年"今日头条"发起的"山货上头条"，利用其庞大的用户群体和平台技术优势，通过"官员+头条号大咖、网红主播"直播的方式，组织网红大咖前往贫困县与当地官员直播推介农产品，在线实时销售，并传播当地生态、旅游、民俗等资源。项目已落地甘肃 10 个国家级贫困县，成效显著，参与扶贫直播的网友超过 320 万人，点赞150 万次，土特产日销售量最高提升 8 倍，总销售额比平时上涨 30 余万元，为贫困地区农产品注入了强大的流量。而"蚂蚁森林"汇聚亿万普通人的力量助力绿色环保和实现生态扶贫，利用科技汇聚个体绿色行为形成了百万亩控沙面积，同时结合大数据实现卫星看树、卫星盘点、生态监控等一整套数据服务；四维图新位置大数据平台 MineData，基于"云上贵州"环境，升级改造了贵州全省"扶贫云"平台，创新性实践了"互联网+科学"的精准扶贫新模式；美团点评集团与监管部门合作开发了智能检索分析用户评价，形成负面信息线索库的"餐厅市民评价大数据系统"，美团利用技术优势为地方定制了餐厅油烟监管大数据系统，助力区域餐厅环保事业。

另外，在科技浪潮之下，需要公益慈善组织进一步提升互联网、云计算、大数据的掌握和应用能力，一些平台、技术公司也逐渐为提升公益慈善组织这方面的能力提供产品和服务。例如，颗粒公益用科技打造公益行业智库，灵析科技通过开发营销自动化体系助力高效捐赠人维护，联劝网提供完备的 O2O 体系和成熟的公益慈善活动体系。

（2）慈善风尚——互联网慈善公益文化和新风尚日益深入人心

2018 年借助互联网技术，公益慈善传播的范围日益扩大，公益慈善话题受到了广泛的关注。以新浪微博为例，在 2018 年，共有 1.8 万个公益话题通过微博传播，话题阅读增量之和达到 578 亿次，其中，阅读增量超过 1000 万次的话题数达到 551 个，阅读增量超过 1 亿次的话题数达到 100 个，阅读增量超过 10 亿次的话题数达到 6 个。例如，熊猫守护者、脱贫攻坚战星光行动、微感动等公益慈善话题阅读量超过 15 亿次，其中熊猫守护者公益话题阅读量达到 46 亿次。

2018 年互联网对公益慈善的传统运作方式的改变更加明显。人人公益、随手公益、指尖公益越来越成为公益慈善潮流，日捐、月捐、零钱捐、一对一捐、企业配捐等形式新颖的公益慈善捐款种类创新应接不暇，行走捐、阅读捐、积分捐、消费捐、虚拟游戏捐等创新方式层出不穷，社会公众体验到公益慈善的新形式和新做法。互联网慈善公益通过公众号推送、App 开屏广告、线下传单发送、自有新闻客户端报道、集团旗下 App 打包宣传等导流方式不断翻新，逐渐将公益慈善深度融入大众文化和社会风尚，逐渐将公益慈善融合进人们的日常生活。尤其需要注意的是 80 后、90 后乃至 00 后正在成为互联网慈善公益的主流群体。

2018 年互联网慈善公益领域的基础设施日益发挥更重要的作用，自 2016 年 9 月《慈善法》施行以来，民政部依法指定了包括"腾讯公益"在内的 20 家互联网公开募捐信息平台，让拥有公开募捐资格的慈善组织可以便利地连接网民与受助人，高效地开展网络募捐等公益慈善活动。仅仅 2018 年一年，这 20 家互联网募捐信息平台共为全国 1400 余家公募慈善组织发布募捐信息 2.1 万条，网民单击、关注和参与超过 84.6 亿人次，募集善款总额超过 31.7 亿元，同比 2017 年增长 26.8%。

（3）制度护航——互联网慈善公益制度化组织持续深入推进

自《中华人民共和国慈善法》施行以来，有利于慈善事业发展的社会氛围正在形成，慈善活动的规范化明显增强。2018 年，公益慈善领域一系列新的规范性文件相继出台，包括国务院办公厅印发的《关于推进社会公益事业建设领域政府信息公开的意见》，国家发展改革委、民政部等印发的《关于对慈善捐赠领域相关主体实施守信联合激励和失信联合惩戒的合作备忘录》的通知及民政部出台的《慈善组织信息公开办法》《慈善组织保值增值投资活动管理暂行办法》，民政部办公厅印发的《关于加强慈善医疗救助活动监管的通知》等。其中，《慈善组织信息公开办法》明确慈善组织信息需在民政部门提供的统一信息平台向社会公开，慈善组织在其他渠道公布的信息应当与其在统一信息平台上公布的信息一致，明确了慈善组织信息公开应当承担的保密、真实、完整、及时等义务，以及违反义务应当承担的相应责任和规制措施。慈善法和《慈善组织信息公开办法》共同构建了一个包含慈善组织基本信息、财产信息、活动信息，信息公开与隐私保护并重，明确义务与责任的制度化、精细化的慈善信息公开体系。《慈善组织保值增值投资活动管理暂行办法》则着重规范慈善组织的投资活动，防范慈善财产运用风险，促进慈善组织持续健康发展。一些新的规范性文件也在征求意见中，如 2018 年 9 月 10 日起，《互联网宗教信息服务管理办法（征求意见稿）》对外公开征求意见。征求意见稿拟规定，任何组织或个人不得在互联网上以宗教名义开展募捐。宗教团体、宗教院校和宗教活动场所发起设立的慈善组织在互联网上开展慈善募捐，应当符合《中华人民共和国慈善法》相关规定。

2018 年 9 月 3 日，民政部印发《"互联网+社会组织（社会工作、志愿服务）"行动方案（2018—2020 年）》着力解决信息化基础薄弱、信息公开不广泛问题，提出探索区块链技术在公益捐赠、善款追踪、透明管理等方面的运用，构建防篡改的慈善组织信息查询体系，增强信息发布与搜索服务的权威性、透明度与公众信任度。互联网慈善公益的政策支持和制度规范朝着精细化方向迈进。

（4）慈善助贫——互联网慈善公益深度参与精准扶贫战略效果显著

2018 年，互联网慈善公益聚焦精准扶贫、精准脱贫，聚焦各种困难群体、特殊群体的服务需求，为打赢脱贫攻坚战、消除绝对贫困现象、全面建成小康社会积极做出重要贡献。2018 年，20 家互联网募捐信息平台围绕中心、服务大局，坚持向扶贫和基层倾斜，服务精准扶贫项目数、基层慈善组织数占比均超过 80%。扶贫济困、教育助学、医疗救助、救灾救援、环境保护等领域项目全面覆盖。腾讯公益平台 2018 年开展的精准扶贫公益项目中健康扶贫类 8641 个、救灾扶贫类 1744 个、教育扶贫类 3533 个、生态扶贫类 556 个，其他 1267 个，项目年度筹款总额分别达到 7.3 亿元、2.4 亿元、5.25 亿元、0.6 亿元和 1.7 亿元，精准扶贫类项目总捐款更是达到 6389 万人次。一些平台更是与慈善公益组织合作，协力开展精准扶贫项目。如新华公益辅助中国青年创业就业基金会等开展"辅助 10 万名有志青年扎根深度贫困地区创业"项目，累计扶助 10 万名有志青年扎根深度贫困地区开展创业项目。阿里巴巴公益平台 2018 年联合爱德基金会发起 "大地新芽"项目解决建档立卡贫困户当中的女性生育及健康问题。

（5）平台公益——互联网慈善公益平台日益发挥重要作用

慈善组织通过腾讯公益募款 17.25 亿元、蚂蚁金服募款 6.7 亿元、阿里巴巴公益募款 4.4 亿元，通过新浪微公益、京东公益、公益宝、新华公益、轻松公益、联劝网、广益联募、美团公益、水滴公益等平台，募款金额均达千万元级。2018 年，各平台进一步加强规范化建设，强化信息公开、在线投诉举报功能，尝试了区块链、"冷静器"、财务披露组件等一系列技术和管理创新。相关平台立足自身特色和优势，为中小型慈善组织能力建设提供支撑，包括提供平台入驻、咨询、培训、辅导，以及技术、资金、传播等方面的支持。腾讯公益推出创益计划，首期捐出 20 亿元广告资源、2 亿元资金，推动广告从业者及广大社会公众，为公益慈善提供创意支持，助力慈善组织和慈善项目在互联网社交平台展示传播。同时，引导个人大病求助互联网平台加强规范，指导爱心筹、轻松筹、水滴筹三家平台签署发布了个人大病互联网求助行业自律公约。依法依规通过指定平台进行网络募捐，已成为广大慈善组织的共同追寻和行动自觉。

20.3 发展趋势

新时代公益慈善工作的主题，新时代公益慈善事业发展的方向，新时代公益慈善组织的使命，就是要在习近平新时代中国特色社会主义思想指引下，坚持中国共产党的领导，同党和政府的力量、同企业和市场的力量、同其他社会力量一道，为实现"两个一百年"奋斗目标、实现中华民族伟大复兴的中国梦而努力奋斗。如今，互联网慈善公益中国样本已初步形成。

2018 年 5 月 14 日，民政部发布《关于在社会组织章程增加党的建设和社会主义核心价值观有关内容的通知》，要求社会组织在章程中增加党的建设和社会主义核心价值观有关内容，各慈善组织自然也应符合该通知要求，这是从源头上确保慈善事业的正确政治方向和鲜明价值导向的举措。互联网慈善公益是传统慈善公益的创新，但创新要在法律法规基础上创新。而互联网慈善公益激发的是认同的力量，要求各方参与者加强自我约束、自我教育、自我管理、共同维护互联网公益慈善的清朗空间。2018 年 10 月 19 日，爱心筹、轻松筹和水滴筹三大网络筹款平台在北京联合发布《个人大病求助互联网服务平台自律倡议书》和《个人大病求助互联网服务平台自律公约》，承诺将对平台进行技术升级改造，包括明确告知用户大病求助不属慈善募捐、加强求助信息前置审核、建立失信筹款人黑名单等多项措施。

共治是互联网慈善公益持续健康发展的动力，需要互联网慈善公益在各方面持续加强自律。互联网公益慈善传播快、影响大，特别要所有参与者都应当强化伦理道德意识。进一步营造全社会关注慈善、企业履行社会责任、人人奉献爱心善举的良好风尚，弘扬社会主义核心价值观，推动社会文明进步，为公益慈善事业发展创造越来越好的社会氛围。当然，中国的互联网公益慈善已经驶上弯道超车的发展快轨，创新是最重要的"秘诀"，需要把信息化建设作为慈善事业发展的基础工作，进一步运用互联网工具、数字化助手实现增效提速。民政部詹成付副部长指出，实现政治、法治、自治、德治、智治"五治"融合，五力归一，这既是互联网公益慈善发展到今天的成功经验总结，也是确保今后互联网公益慈善能够固本强基的重要原则，也是互联网公益慈善砥砺拓新的重要理念。中国的互联网+公益慈善正日益深度融合，形成了鲜活的"中国样本"，并不断走向世界。

（赵文聘）

第三篇

应用与服务篇

2018 年中国网络医疗健康服务发展状况

 2018 年中国网络出行服务发展状况

 2018 年中国网络广告发展状况

 2018 年其他行业网络信息服务发展情况

第21章 2018年中国移动互联网应用与服务情况

21.1 发展概况

2018年，随着基础设施逐步完善，移动互联网已基本完成对用户诉求的多角度触及，其中涵盖社交、娱乐、生活服务、教育、医疗、金融等重点领域。与此同时，模式创新式微、行业次元壁被打破、数字用户地位上升，市场格局和竞争环境呈现出不稳定的态势，中国移动互联网市场规模与用户规模增速双双放缓，正在从"拓荒期"进入"守成期"，基于存量市场的运营和业务创新成为新的增长活力，"生态"与"连接"演化为市场发展的核心特征。

（1）移动终端人口红利枯竭，市场细分和下沉拓宽用户范畴

2018年随着一二线城市移动市场逐渐饱和，移动互联网用户规模增长放缓，人口流量增长红利消退殆尽，三四线城市的移动互联网发展态势良好，蕴含无数商机和机会。细分市场仍然存在开发空间，用户规模在100万人以上的细分领域中，增长率最高的为二次元社区（904.11%）、零售O2O（114.40%）和教育平台（97.79%），社交、视频等头部领域同比增长率仅为1.93%和2.53%；市场布局下沉则带来新的增量市场，以拼多多、趣头条、快手为代表的"下沉三巨头"，在城镇区域深度挖掘中填补了中低消费群体的消费空白和文化娱乐空白，获取新的流量。

（2）数据赋能企业数字化转型，争夺用户使用时间

数据成为企业的新能源，随着获客成本越来越高，企业在运营过程中开始进入"深挖用户"的阶段，重新形成围绕用户群落的产品和服务矩阵，并通过数字化管理，以精细化运营为目标，通过提高用户活跃度、留存率或付费指标，从而最大化用户的价值；企业通过大数据分析来精准定位用户需求，以产品矩阵焕发全盘活力，形成新形势下的竞争优势。2018年，零售、金融、旅游、内容等行业消费数字化转型动力和爆发力更为强劲，加速产业链高效互联，对百万级、千万级用户的获取时间越来越短，孵化全新业务的可能性大增。

（3）移动互联网企业扎堆上市，争夺市场

2018年迎来中国移动互联网20年发展历史中的第4次上市潮，各垂直领域巨头上市42家，爱奇艺、哔哩哔哩、优信、虎牙、拼多多、小米、美团、QQ音乐等纷纷美股或港股上市。上市潮背后是行业头部App用户重合度加剧，对存量市场的激烈争夺。

（4）市场监管从严，合法合规运营势在必行

2018 年是监管从严的一年。国家出台了一系列的政策法规，加强了对移动互联网市场的监管：3 月 20 日，《微博客信息服务管理规定》开始实施，进一步明晰了平台主体责任，促进了微博客信息服务健康有序发展；6 月 5 日，交通部等 7 个部门联合印发《关于加强网络预约出租汽车行业事中事后联合监管有关工作的通知》，进一步规范网约车管理；8 月 31 日，《电子商务法》出台，推动形成企业自治、行业自律、社会监督、政府监管的社会共治模式，我国互联网法治体系进一步完善；11 月 15 日，国家网信办和公安部联合发布《具有舆论属性或社会动员能力的互联网信息服务安全评估规定》，督促互联网信息服务提供者更好地开展安全评估。只有加强对移动互联网信息的监管、规范个人信息收集使用行为，保护好网民的个人信息，才能促进行业健康有序发展，更好地维护社会的正义和秩序。

（5）新技术新风口提供发展新动能，惠及百姓民生

2018 年 12 月 10 日，工信部向中国电信、中国移动、中国联通发放了 5G 系统中低频段试验频率使用许可，5G 规模部署迈入新阶段。移动互联网智能终端和 IoT 最先受益，将率先把 5G 应用在视频内容消费、产业互联网、远程诊断、物联网、车联网等方面变革用户使用场景。巨头开始布局小程序，终端厂商发力快应用，流量入口的竞争愈加激烈，移动互联网已进入超级 App+小程序的新时代。区块链则在提供基础设施、提高用户规模、降低社会交易成本等方面对价值互联网建设发挥重要作用，成为后移动互联网时代的首要突破口。移动互联网深刻地改变了媒体格局、舆论生态和传播方式，特别是人工智能技术已经进入媒体内容生产和传播过程。2018 年，"智媒体"继"新媒体"之后，对信息传播产生了更为广泛的影响。

21.2 移动终端

21.2.1 手机出货量

2018 年，中国手机市场总体出货量 4.14 亿部。同比下降了 15.6%，降幅较 2017 年扩大 3.4 个百分点，如图 21.1 所示。2018 年全年，上市新机型 764 款，同比下降了 27.5%，如图 21.2 所示。上市新机型中含 2G 手机 171 款、3G 手机 3 款、4G 手机 590 款。国内手机市场出货低迷主要存在三大原因：一是在用户渗透率很高的情况下，随着硬件和操作系统性能不断增强，用户体验的升级促使移动终端最佳体验年限的延长，减少了用户替换手机的需求。二是各大品牌的手机纷纷推出中高端系列，价格迈入 3000 元和 5000 元档位，无形中消耗掉了更多的购买力，延长了用户购买新手机的周期和欲望。三是受到美元汇率影响，大部分国产手机的主要零件都是从国外进口，基本也是以美元单位来计算售价的，所以美元对人民币汇率上涨就直接导致手机整体成本上涨，手机价格也水涨船高。

2018 年，智能手机出货量约 3.9 亿部，同比下降了 15.5%（见图 21.3），占同期手机出货量的 94.1%，智能手机出货量与上市新机型数量进一步下降。其中 Android 手机在智能手机中占比 89.3%。从智能手机厂商的分布情况来看，排名前 10 位的厂商合计出货量份额达 93.0%，较 2017 年同期提高了 7.9 个百分点。2018 年全年，智能手机上市新机型 587 款，同比下降

了 26.5%，占同期上市新机型数量的 76.8%，其中支持 Android 操作系统的手机 569 款。

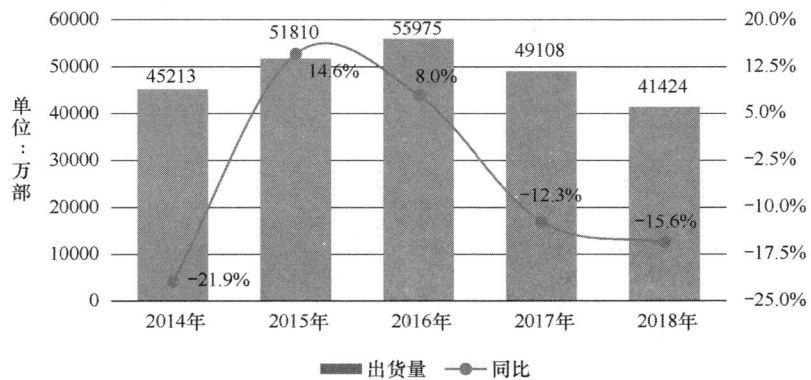

图21.1　2014—2018年中国手机市场出货份额

数据来源：中国信息通信研究院

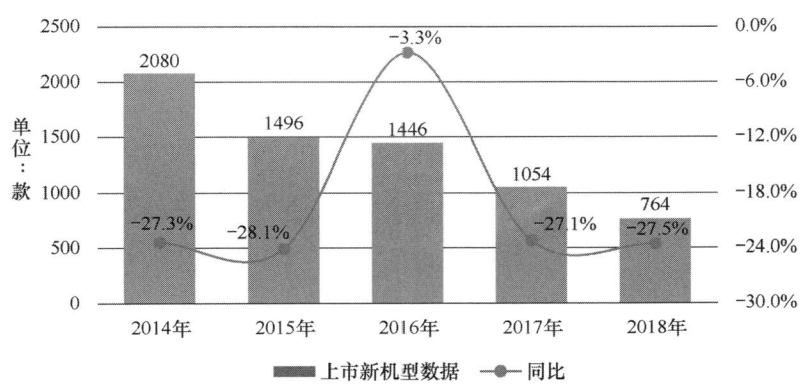

图21.2　2014—2018年中国手机市场上市新机型数量

数据来源：中国信息通信研究院

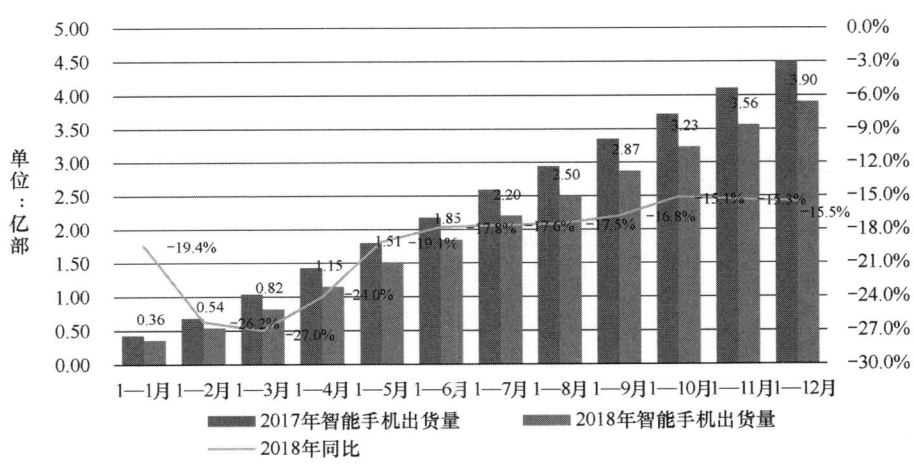

图21.3　2017—2018年中国智能手机出货量及趋势

数据来源：中国信息通信研究院

2018 年全年，国内 4G 手机出货量 3.91 亿部，同比下降了 15.3%，在同期国内手机出货量中占比 94.5%。3G 手机被 4G 手机完全替代，2G 手机面向特定市场尚存在部分需求，如图 21.4 所示。

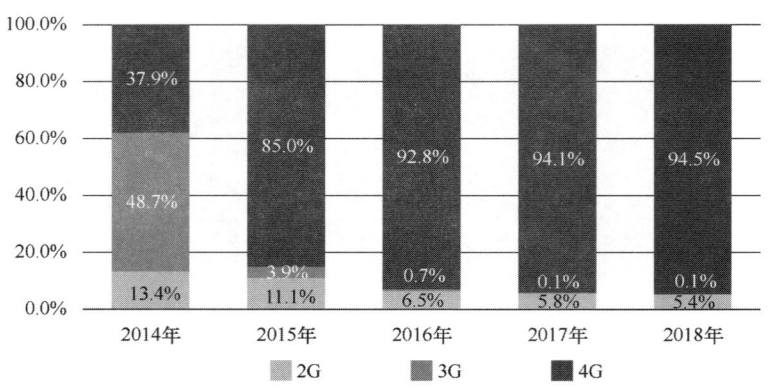

图21.4　2014—2018年中国2G/3G/4G手机出货份额

数据来源：中国信息通信研究院

21.2.2　市场格局

市场集中度持续提升，国产品牌规模优势明显。TOP5 厂商合计出货量份额提升了 13 个百分点，提高至 84%，TOP5 厂商规模逆势增长，中小企业的份额持续缩小，面临着更为严峻的竞争压力。而国产品牌手机出货量占九成份额，2018 年全年国产品牌手机出货量 3.71 亿部，同比下降了 14.9%，占同期手机出货量的 89.5%（见图 21.5），上市新机型 695 款，同比下降了 29.4%，占同期手机上市新机型数量的 91.0%。其中，中国前四大手机厂商华为、小米、OPPO、Vivo 总市占率约 80%，相比 2014 年第一季度翻了 3 倍。

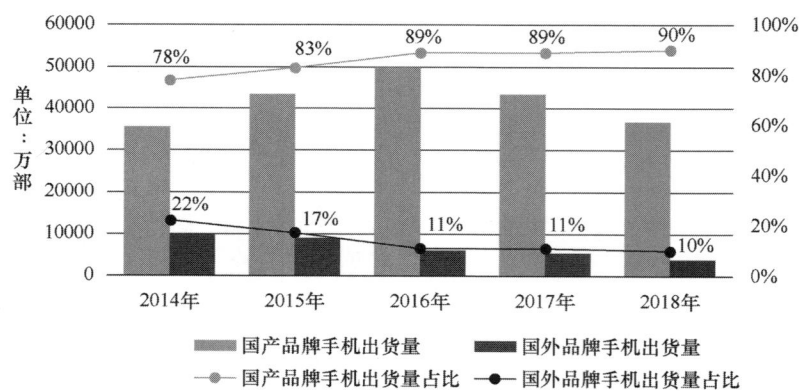

图21.5　2014—2018年国产手机品牌出货份额及增长趋势

数据来源：中国信息通信研究院

市场逐渐向高端转移，国产品牌在高端市场份额增长明显。2018 年国内市场智能手机均价 2523 元，上涨 16.8%。4000 元及以上、3000～4000 元、1000～1999 元价格区间的份额在增长。手机价格的上涨主要由部件成本上升推动，如芯片更新换代、屏幕由 LCD 升至 LED、摄像头个数从单个到多个等。其中，在 4000 元以上的智能手机中，国产品牌占比由 2016 年的 5%增长至 33%。华为、OPPO 等近 20 个国产品牌手机厂商推出 30 余款售价在 4000 元以上的旗舰机型，竞争高端市场。

平板市场领域，各类平板出货量均小幅下降。2018 年中国平板电脑市场出货量约 2212 万台，同比下降了 0.8%，降幅继续收窄。传统直板式平板电脑出货量约 2041 万台，同比下降了 0.7%；可插拔键盘平板电脑出货量约 172 万台，同比下降了 1.1%，如图 21.6 所示。

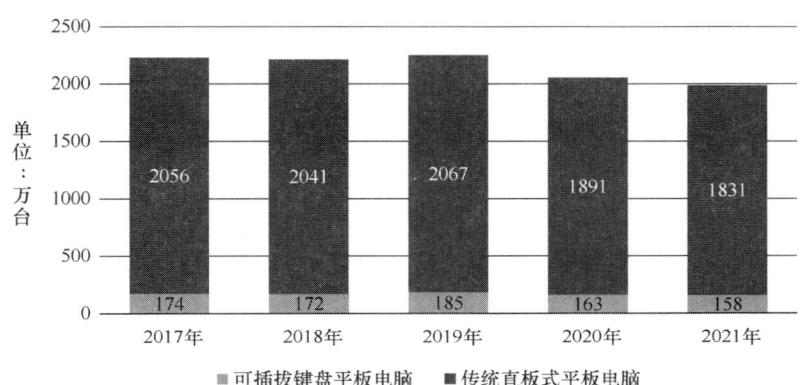

图21.6　2018年中国平板电脑出货量及趋势

数据来源：IDC

2018 年中国平板电脑市场向前 3 位头部厂商集中趋势日渐明显，苹果、华为、联想保持领先。其中，苹果出货量约 837 万台，同比下降了 6.4%；华为出货量约 626 万台，同比增长 18.9%；联想出货量约 112 万台，同比下降了 8.9%，具体如表 21.1 所示。随着主流大厂商产品线价格的不断下降，中小厂商低价竞争优势逐渐被弱化，市场份额将进一步向头部厂商集中。随着政府人口普查项目大单采购的实施、各行业无纸化办公、移动化办公需求的增长、未来办公方式的转换、国家对电子化教育发展的推进，商用市场需求会继续呈现增长趋势。

表 21.1　2018 年中国平板电脑出货量及趋势

厂商	2018 年出货量（单位：万台）	2018 年市场份额	2017 年出货量（单位：万台）	2017 年市场份额	2018 年同比增幅
1. 苹果	837	37.8%	895	40.1%	−6.4%
2. 华为	626	28.3%	527	23.6%	18.9%
3. 联想	112	5.0%	123	5.5%	−8.9%
其他	637	28.9%	684	30.8%	−7.1%
合计	2212	100.0%	2229	100.0%	−0.8%

注：数字均为四舍五入后的取值

数据来源：IDC

21.3 市场规模

2018 年，中国移动互联网市场规模达 11.39 万亿元，发展增速降至 38.35%，如图 21.7 所示。受宏观经济形势变化和网民红利触顶的双重因素影响，自 2014 年以来移动互联网市场发展迎来拐点，其发展增速开始逐年下降，已由高速发展步入平稳发展阶段。与此同时，虽然整体增速放缓，但是在部分细分领域及下沉市场仍然有发展空间，随着经营者的进一步深度挖掘，有望重新激发市场活力。

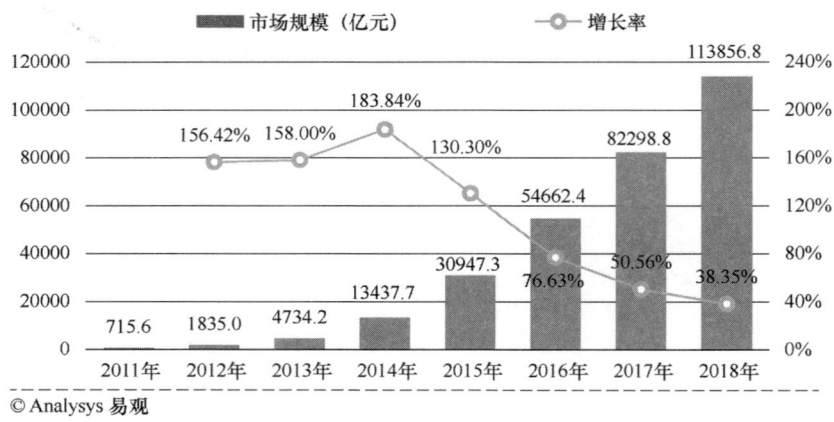

图21.7　2011—2018年中国移动互联网市场规模

在市场结构方面，移动购物在移动互联网市场结构中比例高达 77.77%，与 2017 年相比，占比增加了 4.04%，移动购物已成为移动互联网市场的绝对主角；移动生活类服务比重降至 12.38%，同比减少了 2.44%；随着各类移动应用的蓬勃发展，流量费在移动市场的结构性占比处于逐年下降的态势，已由 2011 年的 66.8%降至 2018 年的 5.32%，预计未来在 5G 商用环境的推动下，移动市场将呈现更加丰富的业态模式，而流量费的比重会进一步持续性下降，如图 21.8 所示。

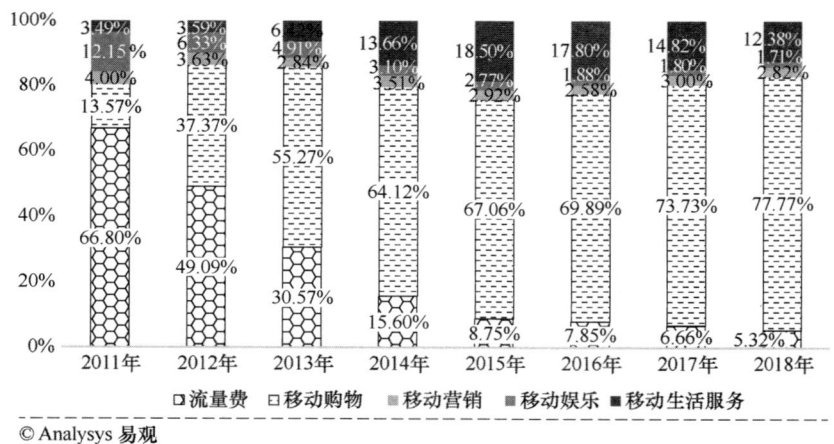

图21.8　2011—2018年中国移动互联网市场结构

21.4 细分领域市场规模

21.4.1 移动支付市场

2018 年，中国移动支付市场保持强增长趋势，市场规模增长至 170.75 万亿元，同比增长 56.55%，市场规模增速同 2017 年相比有所放缓，如图 21.9 所示。移动支付市场的高速发展得益于基础设施的不断完善和场景的持续拓展。随着二维码支付解禁和 96 费改的推进，移动支付发展速度将进一步加快。移动支付向公共交通和医疗等多种场景拓展，深入到用户生活的方方面面，同时也在加速线下商业的互联网化进程，推动新零售等新应用场景变革。2019 年，移动支付行业竞争将向 B 端升级，从支付端推动企业的数字化升级。

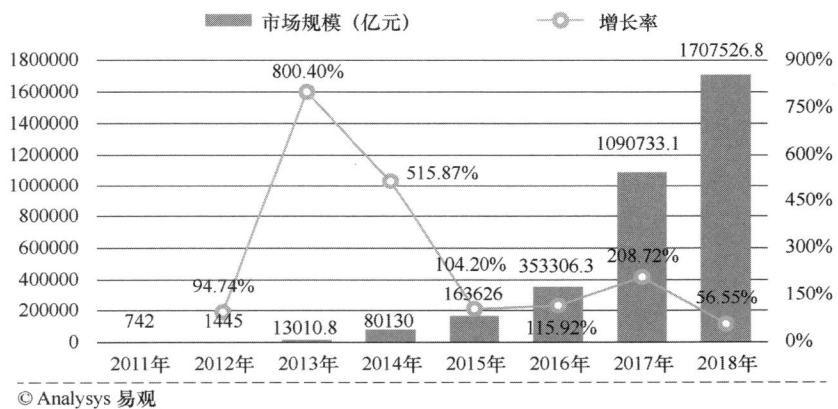

图21.9 2011—2018年中国移动支付市场规模

21.4.2 移动购物市场

2018 年，中国移动购物市场规模达到 8.85 万亿元，增速为 45.94%，较 2017 年有所放缓，如图 21.10 所示。购物场景在移动端的渗透仍在继续加强，其中社交化的电商在这种渗透中起到了非常重要的作用。依靠微信为媒介、层级分销的模式是社交电商最引人注目的元素，它们并没有复制传统主流电商的成长路径——注重全方位满足用户的需求，而是利用"免费得""能用还能赚"等少数用户的几个关注点，持续激励用户的自主行为，深化对用户的影响，取得了较高速的成长。在 2019 年，各主流电商还将进一步加强社交元素，注重内容与购物的融合，充分挖掘用户的购物潜力。另外，继续加大对下沉市场的挖掘力度，特别是对农村市场的开拓，将是各电商发展的重要方向。

21.4.3 移动旅游市场

2018 年，中国移动旅游市场规模达到 7799.4 亿元，同比增长 22.72%，如图 21.11 所示。随着智能终端普及率的提升和旅游市场的日益活跃，旅游行业与移动互联网的融合日趋成熟，旅游用户的预订、消费习惯向移动端迁移，移动旅游市场开始步入稳步增长阶段。

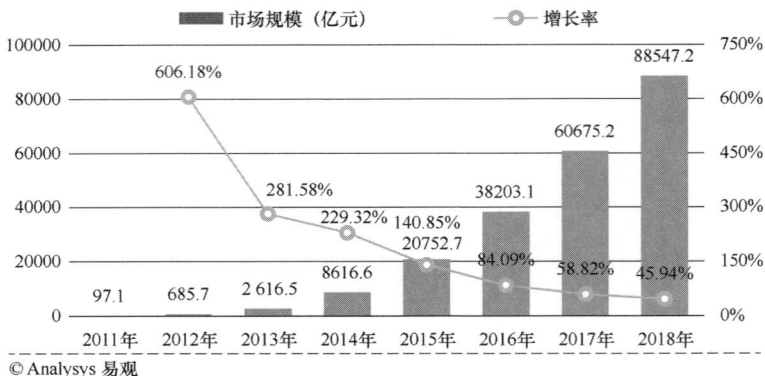

图21.10　2011—2018年中国移动购物市场规模

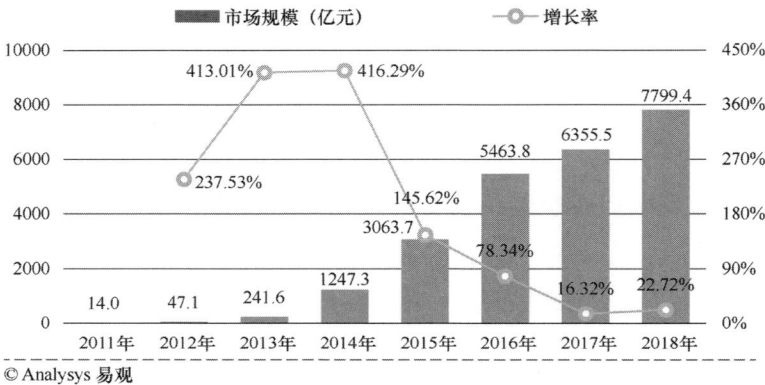

图21.11　2011—2018年中国移动旅游市场规模

从厂商格局来看，头部玩家市场集中度较高，梯队之间市场占有率差异明显。携程以37.9%的市场份额稳居第 1 位，去哪儿以 16.22%紧随其后，飞猪以 13.81%列第 3 位，如图 21.12 所示。2018 年，携程移动应用全新上线"旅拍"功能，打破酒旅版块多年来的入口地位，对移动端内容建设的决心可见一斑，显现出其瞄准新生代旅游流量的重要战略导向。而后来者美团同样不容忽视，庞大的生活流量加持，酒旅业务高速发展，致使其在移动旅游市场迅速抢占一席之地。虽然目前美团的市场份额仅占到 3.18%，但随着其在旅游领域的业务边界持续扩大，相信未来的厂商格局将产生新的变化。

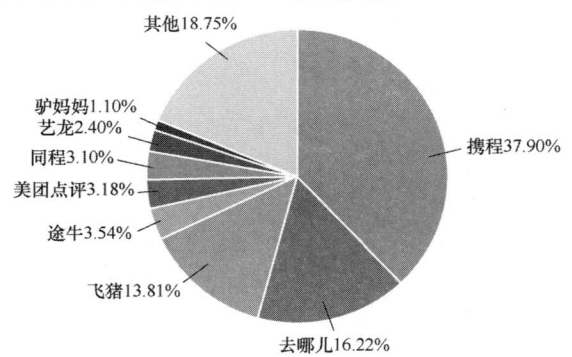

图21.12　2018年中国移动旅游市场份额

21.4.4　移动营销市场

2018 年我国移动营销市场继续保持稳步增长，市场规模达到 3210.3 亿元，同比增长 29.92%，增速较 2017 年有所放缓，如图 21.13 所示。得益于信息流广告的普及，移动端海量广告资源得到充分变现，新技术、新营销策略不断涌现，推动市场持续发展。2019 年，在人口红利消失和互联网市场增速放缓的大背景下，预计广告主在移动端广告预算将更加谨慎，未来移动营销增速或将出现下滑。

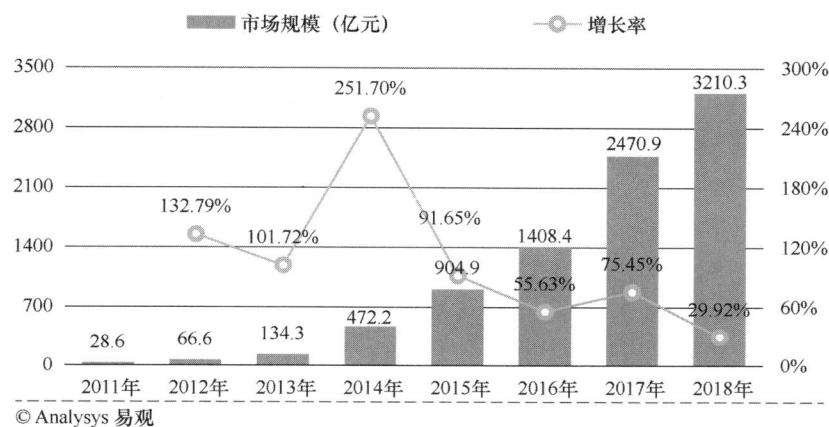

图21.13　2011—2018年中国移动营销市场规模

传统广告模式与移动端匹配度较低，随着信息流广告的出现，移动营销潜力得以释放，目前信息流广告市场规模持续攀升，已经成为最主流广告模式，预计随着信息流广告与媒体平台继续融合发展，其广告内涵将更加丰富。图 21.14 给出了 2014—2021 年中国移动营销的市场格局。

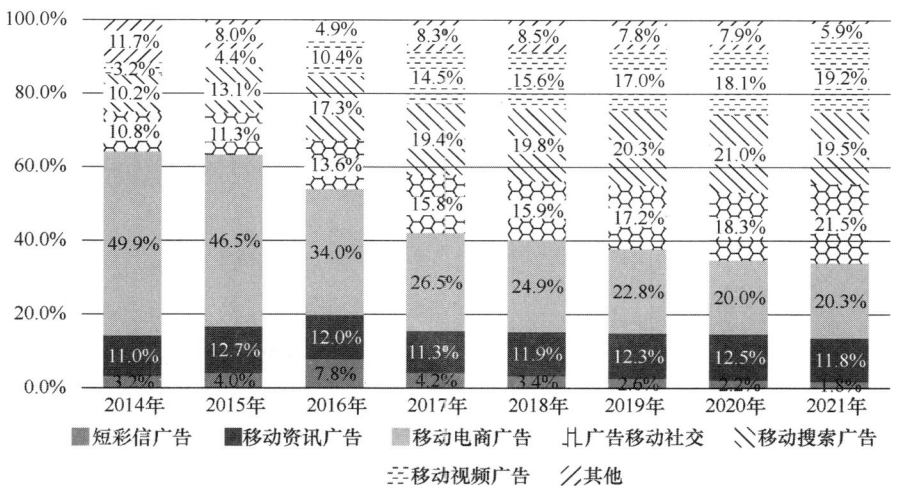

图21.14　2014—2021年中国移动营销的市场格局

21.4.5 移动出行市场

2018 年移动出行市场受安全事件及监管趋严的影响,增幅仅为 0.87%,市场规模为 2861.9 亿元,如图 21.15 所示。顺风车业务阶段性下线,不合规车辆和驾驶员开始被清退,网约车市场供给有所减少;消费者也呈现出对网约车信任不足的态势,用户需求量减少。

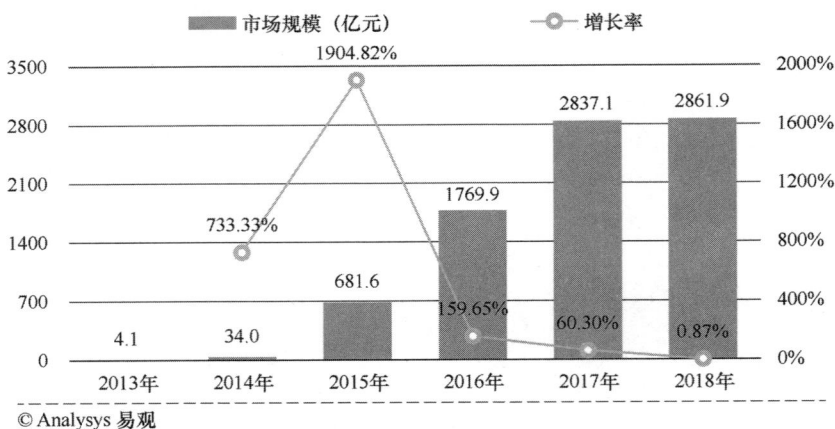

图21.15 2013—2018年中国移动出行市场规模

21.4.6 移动团购市场

2018 年,我国移动团购市场规模为 2092.08 亿元,同比下降了 1.19%,如图 21.16 所示。市场规模增长动力主要来源于生活服务商家线上化加速,从餐饮向生活服务全品类扩展,平台持续协助商家引流、拉新、增加销售额和降低成本。值得注意的是,2018 年,手机点单、智慧餐厅等新消费模式的出现,进一步优化了原有的消费流程,降低用户在点单、结算上的耗时,提升了服务效率。

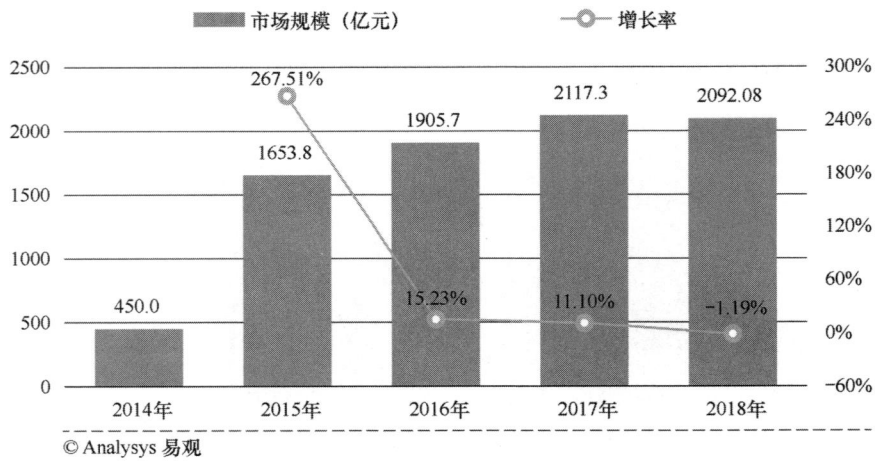

图21.16 2014—2018年中国移动团购市场规模

21.4.7　移动游戏市场

2018 年，我国移动游戏市场规模达到 1601.8 亿元，同比增长 11.71%，市场增速有所放缓，如图 21.17 所示。预计在 2020 年，我国移动游戏市场规模为 2013.9 亿元。

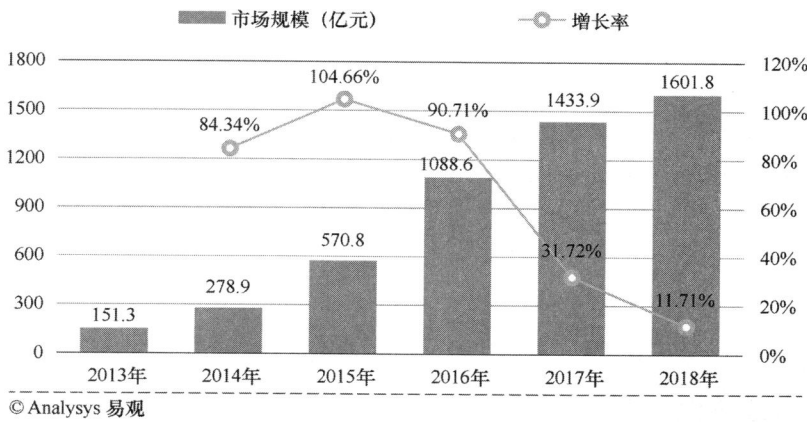

图21.17　2013—2018年中国移动游戏市场规模

我国移动游戏市场 2018 年增速放缓主要受困于政策限制和创新不足。受版号限制，2018 年新游戏上线数量相比 2017 年大幅下降。在游戏总量减少的情况下，游戏玩法和内容格局上也缺少突破和创新，没有产生爆款级游戏，缺乏相应的规模效应。除此之外，在整体用户量的增长上，由于移动互联网的人口红利期结束，移动游戏进入存量竞争阶段。在存量市场中，缺乏创新力的游戏产品无法吸引老用户消费，同时确认吸引新用户购买，导致移动游戏市场规模增长整体放缓。

21.4.8　其他移动市场

其他移动市场包括分类信息服务、家政服务和移动票务服务，2018 年市场份额为 664.9 亿元，增长率为 25.32%，如图 21.18 所示。我国国民对于招聘、房屋出租等生活服务的需求

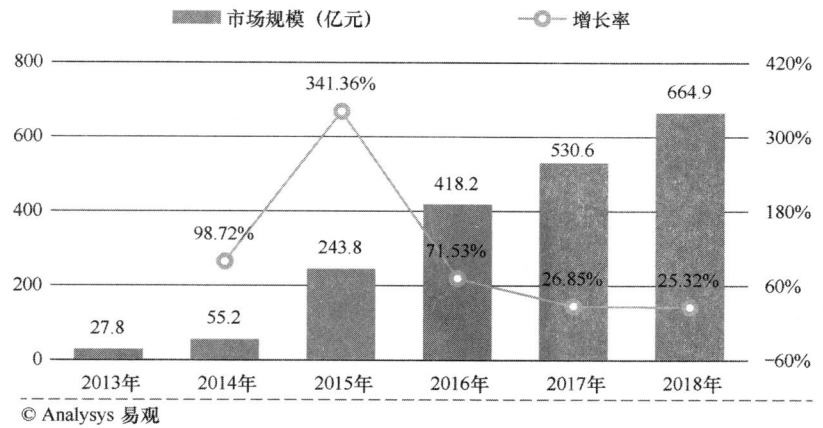

图21.18　2013—2018年中国其他移动市场规模

推动了分类信息和家政类服务市场规模的增长。另外，分类信息类市场受到商业模式和市场竞争的考验，更多垂直服务平台出现，如专门的招聘平台、房地产中介平台、二手交易平台等。对于现有品类，未来平台方将更多地对旗下品牌进行分拆，提升平台运营差异化，提高信息质量，建立保障体系，增强用户体验。

在移动票务市场，2018 年院线票房走弱，影响了移动票务市场增长。2018 年，中国票房为 609.76 亿元，同比增长 9.06%，增长率相比 2017 年下降了 4.39%。

21.4.9　移动医疗市场

受益于政策推动，2018 年中国移动医疗市场仍然保持较大的增长幅度，市场规模达到 368 亿元，同比增长 59.52%（见图 21.19）。对在线问诊和挂号行业来讲，就诊人次和在线问诊挂号服务比例的双增长是推动市场增长的主要因素。医疗机构开展在线问诊与挂号业务的比例、厂商对线下多场景的开发和服务模式创新，直接拉动在线问诊与挂号服务渗透率的提升。随着 2020 年二级以上医院普遍提供分时段预约诊疗等线上服务的政策规定节点的临近，在线问诊和挂号行业的市场规模将持续稳步增长。在医药电商行业，作为医改的重要组成部分，药品供给侧改革不断深化，推动药品零售化。在政策上，"医药分家"破除"以药补医"的行业弊端，打破行业垄断；在监管端，药品追溯体系建设和相关产业发展为"处方药外流"提供了信任保障；在供给端，主流医药电商积极加入变革浪潮，完善选品标准，帮助消费者进行产品选择，推动行业发展。

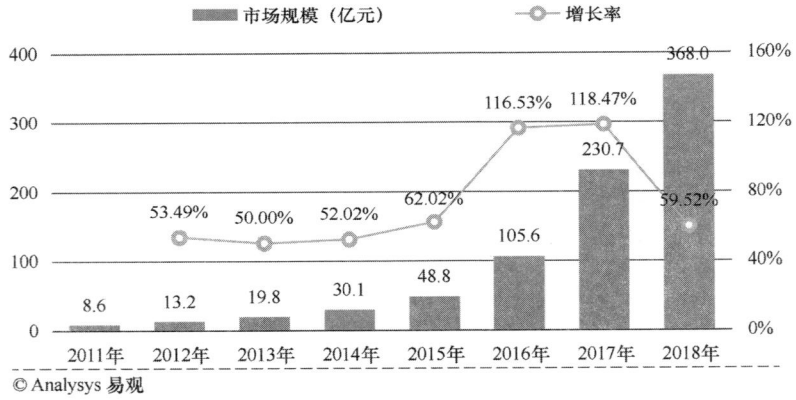

图21.19　2011—2018年中国移动医疗市场规模

目前，移动医疗行业头部厂商的商业模式已较为成熟，但由于医疗领域的大部分流量仍被封闭在线下，用户流量和渗透率增长仍然有限。行业参与者应加大线下布局力度，从线下场景吸收流量，一方面进一步拓宽互联网医疗服务的边界，通过赋能线下场景获取新增流量，释放平台的服务能力；另一方面通过开放技术能力、平台资源，以及运营能力给需求方，从而形成多样化的收入体系。

21.4.10　移动教育市场

2018 年，中国移动教育在资本和技术的推动下，市场规模进一步攀升，达到 230.9 亿元，同比增长 268.58%，如图 21.20 所示。

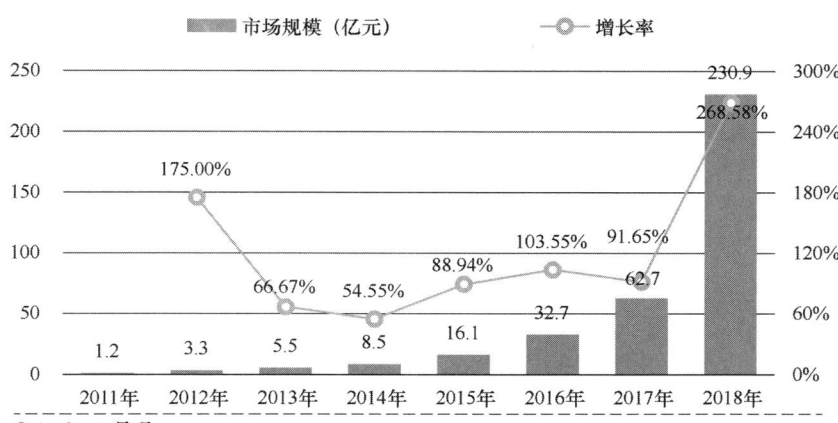

图21.20　2011—2018年中国移动教育市场规模

　　就目前来讲，相比整体教育行业，移动教育市场交易规模虽有所增长，但市场份额占比仍然较低。值得注意的是，在政策经济环境利好、技术更新迭代、用户教育需求上升的带动下，移动教育市场将加速线上、线下融合深化发展，各类落地教育场景与教育资源渠道的拓展，实现教学资源与用户需求的相互贯通，预计移动教育市场在未来 3 年内仍将维持增长态势。然而移动教育的行业特性决定了其用户留存期限较短，无法形成长远的用户累积，同时伴随着人口红利的逐渐削弱及线上、线下资源的交互流转，未来行业仍存在较大的竞争压力及商业变现考验。预计接下来市场节奏会有所放缓，未来 3 年增长率可达到 43.82%，复合平均增长率预计为 22.70%，将呈现平稳理性的发展趋势，预计到 2021 年，中国互联网教育市场交易规模有望达到 8499 亿元。

　　中国教育一直面临着投入产出失衡，教学资源分配不均，素质教育水平及教学质量不均等问题。纵观 2018 年中国移动教育市场发展，业内在理性开发多态布局基础上延续了教育形式多样、教育产品差异化及渠道多元化的发展态势，并且整体行业市场规模、企业数量、用户规模等都保持稳定高速增长。当前中国移动教育市场可以分为以下几个细分领域：学前教育、K12 教育、高等教育、留学教育、职业教育、语言教育、兴趣教育等。目前，中国移动教育细分领域众多且发展阶段差异化明显，其中，职业教育、高等教育、语言教育等细分市场优势较为突出。

21.4.11　移动音乐市场

　　2018 年，中国移动音乐市场继续维持了用户规模和市场规模的同步增长，市场规模达到 173.4 亿元，市场增速较 2017 年有了较大提升，同比增长达 54.23%（见图 21.21）。版权之争基本尘埃落定之后，内容拓展和用户运营成为移动音乐平台新的工作重点，数字音乐用户将会享受到更丰富、更优质的音乐内容服务，而在 2019 年，内容变现将成为数字音乐平台最重要的发展目标，除了全面实现用户端的内容付费，实现内容向硬件端的输出也将成为其提升收入规模的重要手段。

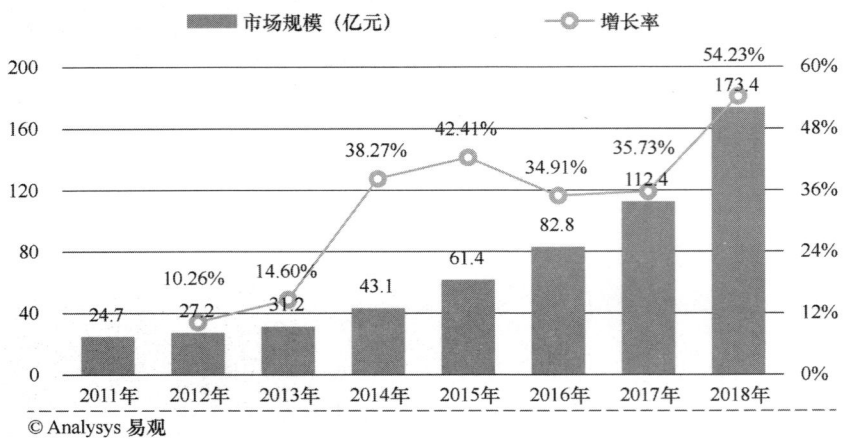

图21.21　2011—2018年中国移动医疗市场规模

21.4.12　移动阅读市场

2018 年，中国移动阅读市场规模达到 173.2 亿元，同比增长 13.06%（见图 21.22），移动阅读市场增量来自免费阅读平台对下沉市场潜力的挖掘，市场进入移动阅读 3.0 时代。2018年暑假，免费阅读模式进入市场，凭借渠道运营，快速获得用户青睐，实现用户规模的快速增长。与以内容为付费主体的 1.0 时代和以阅读时间为付费主体的 2.0 时代不同，免费模式通过广告实现盈利。以"连尚免费读书""米读小说""七猫免费小说""追书神器免费版"为代表，将平台内容免费开放给用户，在内容中加入广告，用户可以选择有广告或充 VIP 去广告模式观看，通过免费阅读内容使平台保持着高速增长态势。

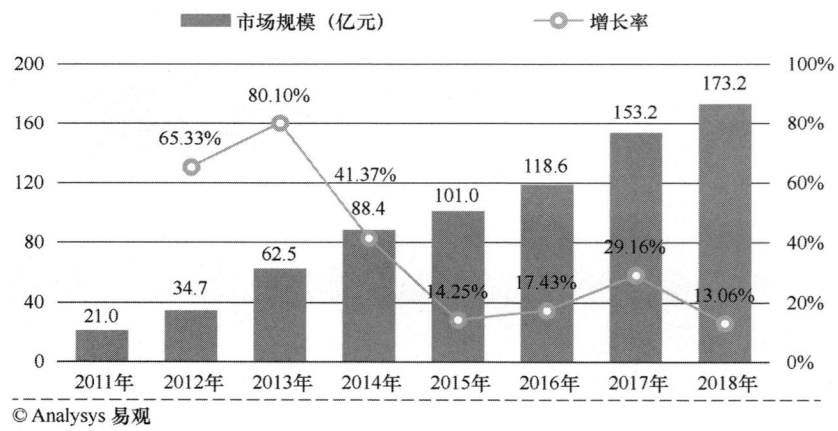

图21.22　2011—2018年中国移动阅读市场规模

目前来看，免费阅读得益于模式简单，进入门槛相对较低，同时用户规模增长较快，不断吸引新厂商进入。从 2018 年下半年至今，已上线了 10 余款 App，市场竞争愈发激烈。2019 年免费平台通过挖掘下沉市场红利，仍然能够获得较快增长，平台间在 C 端的正面冲突和 B 端对资源的抢夺上还未到来。在企业发展上，各免费平台在广告方面投入会继续加大，而长期的广告市场投入造成的成本问题，以及平台目前上线的内容质量评价较低的问题，都将被放大，免费阅读类企业需要寻找相应解决方法并完成商业闭环；同时，各付费阅读平台为应对来势汹汹的免费平台，也将通过成立新的免费阅读平台品牌加入市场竞争混战中。

除此之外，移动阅读市场用户分化现象明显，与免费阅读平台以网络文学为主不同，为迎合严肃阅读需求，主流阅读平台纷纷发力出版物电子化和有声阅读领域，满足不同用户群体的阅读需求。

21.4.13　移动招聘市场

2018 年，受整体就业人员波动和移动招聘覆盖率提升的双重影响，中国移动招聘市场保持平稳增长，市场规模达到 58.3 亿元，同比增长 45.88%（见图 21.23）。根据国家统计局数据，2018 年就业人员总量达到 7.76 亿人，同比下降了 0.07%。而移动端招聘平台的活跃用户规模则有所上升，根据易观千帆检测，移动招聘行业月活跃用户规模达到 2327.4 万人，同比增长 6.09%，全网渗透率由 2.26% 增长至 2.34%，提高了 0.08%。

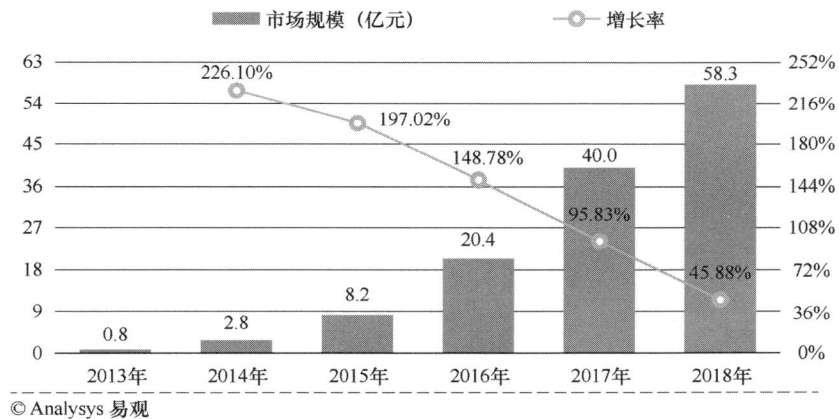

图21.23　2013—2018年中国移动招聘市场规模

在竞争格局上，前程无忧和智能招聘仍然占据绝对优势地位。值得注意的是，成立仅 7 年的年轻一代——猎聘网于 2018 年 6 月成功在香港上市，猎聘网切入互联网招聘中的猎头服务领域，抢先上市。

21.4.14　移动婚恋市场

2018 年，中国移动婚恋的市场规模达到 13.8 亿元，与 2017 年相比市场逐渐萎缩（见图 21.24）。经历了产业早期的野蛮生长阶段，产业增速放缓，品牌和营销不再成为行业的主要驱动力，追求产品和互动模式创新成为拉动产业发展的新动力。在产品创新上，两大头部平台——百合佳缘和珍爱网，分别通过打通品牌会员数据和引入外部生态体系，拓展移动婚恋的交友场景和服务范围，扩大平台服务人群和服务能力，拉动用户增长。在互动模式创新上，为迎合 95 后、00 后的触媒习惯，引入直播和视频提升婚恋社交的体验真实感和沉浸感。

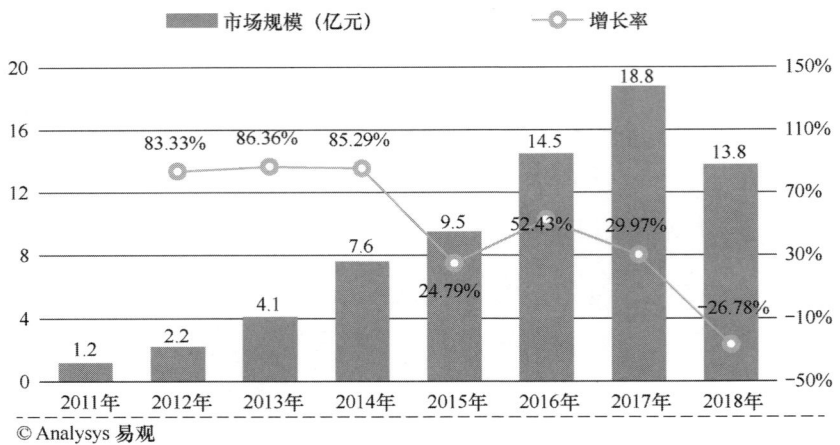

图21.24　2011—2018年中国移动婚恋市场规模

21.5　应用分发平台

截至 2018 年年底，第三方应用商店分发累计数量超过 1.8 万亿次。游戏类、系统工具类、影音播放类、社交通信类、日常工具类、生活服务类、金融类、电子商务类应用下载量均超过千亿次，分别为 3099 亿次、3037 亿次、2358 亿次、2012 亿次、1301 亿次、1189 亿次、1067 亿次和 1019 次，其中游戏类应用、系统工具类和影音播放类、社交通信类应用下载量均突破两千亿次。其余各类应用中，下载总量超过 500 亿次的应用还有资讯阅读类应用（958亿次）和主题壁纸类（801 亿次）等。从分发规模增长率看，金融、电子商务、游戏与拍照摄像领域较 2018 年年初增长较快。互联网金融应用供给数量的增加在吸引更多用户的同时，也催动单个用户下载应用数量的进一步增长。拼多多等新兴电商的崛起引发了用户下载使用规模的快速扩张。作为年轻男女消费者的两大长期偏好热点，游戏与拍照摄像领域移动应用长期快速迭代演进，下载使用规模亦多年保持领先增长。

2018 年，应用宝仍然是手机应用第一大下载渠道，月活跃用户高达 2.69 亿人，全网渗透率为 27%。值得注意的是，各大手机厂商自有应用市场月活跃用户规模具有显著上升，OPPO 作为 2018 年智能手机出货量最高的品牌，其软件商定的月活跃用户为 1.32 亿人，增长幅度高达 41.94%，成为厂商中的应用分发领头羊；华为应用商店以 1.24 亿人的月活紧随其后，增幅为 19.20%；小米应用商定的月活为 8475.7 万人，增幅为 18.69%；Vivo 应用商店日活为 7127.2 万人，增幅为 29.83%，如图 21.25 所示。

在新上架与升级应用中，游戏、生活服务、电商成为主要应用领域。2018 年 11 月，游戏类应用以超过 3 万款的新增应用数量位于第 1 位，约占整体比例的 21%。生活服务类以2 万款的新增应用数量紧随其后，约占整体比例达 14%。电子商务类新增应用数量超过 1.8万款，约占整体比例的 13%。此外，办公学习和社交通信类新增应用数量均超过整体 8%，如图 21.26 所示。

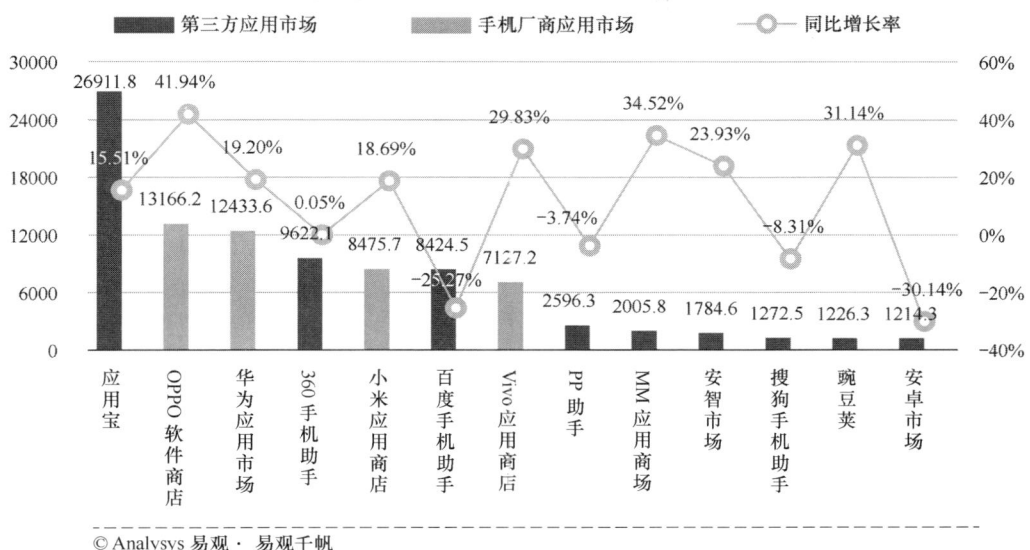

© Analysys 易观·易观千帆

图21.25　2018年中国移动应用市场月活跃用户规模

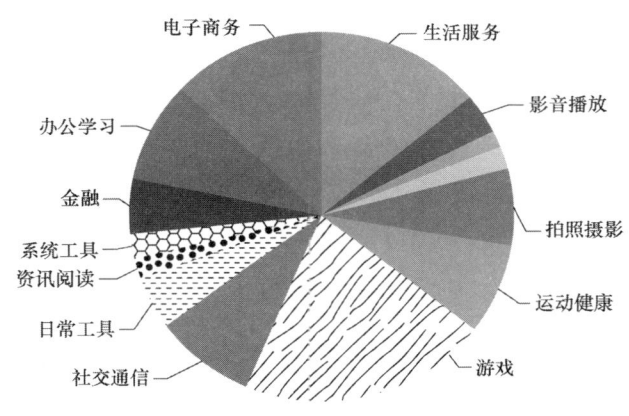

图21.26　2018年11月新上架应用类别

大型移动应用分发平台着力推进与移动 App 的深度捆绑合作，以联运形式介入 App 运营、营销环节，并实现收入分成。如腾讯应压宝强制要求全体上架 App 在支付环节使用腾讯支付系统，并重点面向大量游戏 App 推进联合运营。

21.6　移动应用市场结构

2018 年，中国移动应用市场上 TOP30 的应用领域活跃用户数均在 1 亿人以上。其中，社交、视频等头部领域用户规模已趋于饱和，增长率趋缓，相比于 2017 年活跃用户增长率仅为 2.18%；而处在第二梯队的，音频娱乐、移动购物、资讯等领域用户规模仍保持快速增长；同时，随着传统领域移动互联网化进程加速，传统领域触网用户规模增长速度远高于传统移动互联领域。除此之外，传统领域仍在持续触网，教育（23.99%）、移动阅读（21.37%）、商务办公（21.37%）、旅游（10.83%）的增长率均保持在 10%以上，如图 21.27 所示。

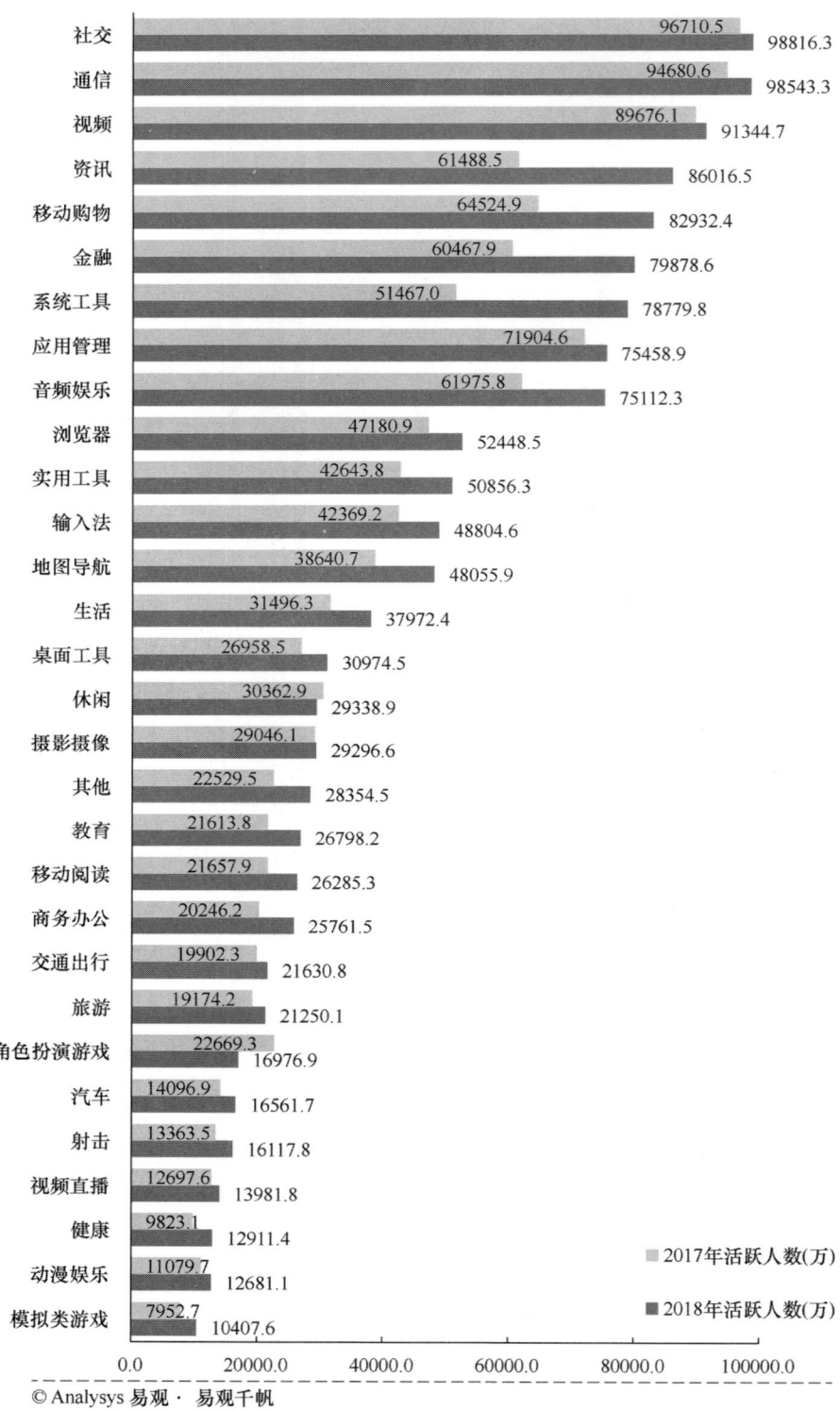

© Analysys 易观 · 易观千帆

图21.27　2018年中国移动互联网活跃用户应用领域TOP30

2018 年，移动应用市场集中度进一步提高，TOP5 的移动应用渗透率均高达 50%。在市场格局上，百度的市场份额逐渐被新平台瓜分，形成"两超多强"的格局，在 2018 年移动应用活跃用户渗透率 TOP20 中，腾讯占 7 席，阿里巴巴占 4 席。

此外，在人均使用时长上，后来者对传统巨头发起了挑战，今日头条以 28.4 小时首次超过微信，如图 21.28 所示。

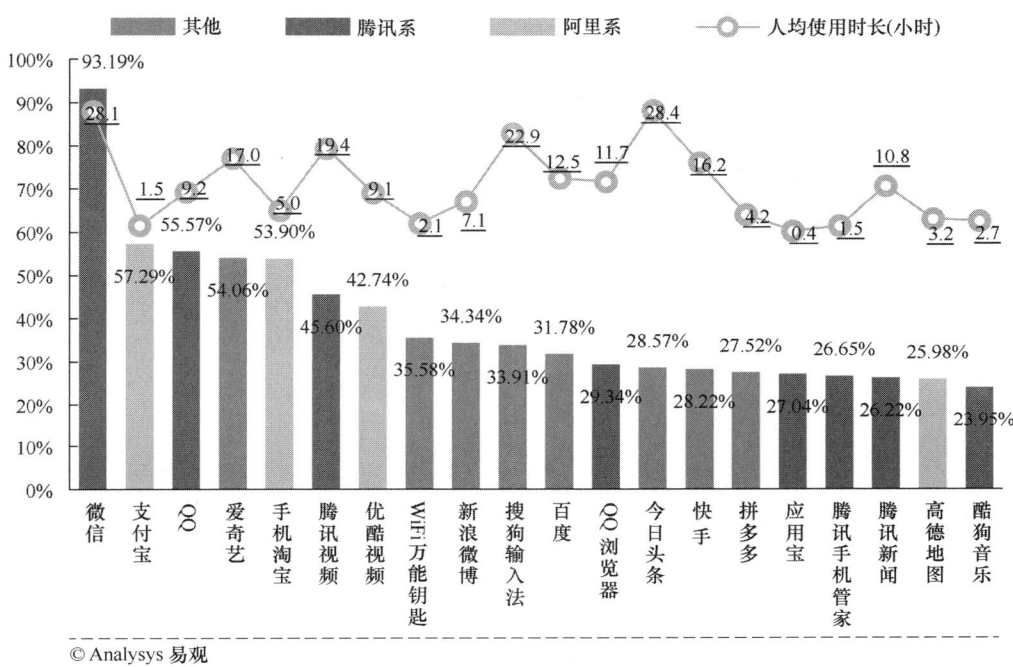

图21.28　2018年中国移动应用活跃用户渗透率TOP20

21.7　用户分析

21.7.1　性别结构及偏好

2018 年，中国移动网民男女比例为 51.6∶48.4，女性网民占比较 2017 年提升了 5 个百分点，男女网民规模差由 2017 年的 13.2% 降低到 3.2%，缩小了 10 个百分点，男女之间的比例更趋于均衡，如图 21.29 所示。

在活跃用户规模高于 1 亿人的应用类别中，不同性别移动网民的应用偏好[1]差异主要体现在金融、资讯、购物和游戏类四大领域。男性网民倾向于使用金融类和资讯类应用，金融类如证券服务、手机银行服务、银行综合服务类应用，资讯类如网络媒体、综合资讯、聚合

---

[1] 应用偏好度通过目标人群活跃人数渗透率 TGI 来表示，具体指全网安卓用户中，目标人群在该 App 的活跃占比/该 App 的总活跃占比。TGI 值越高，则该人群对于此领域的偏好度越高，不同人群对同一领域的 TGI 值差异越大，则这两类人群对于这一领域的偏好度差异越大。

资讯。而女性网民倾向于使用购物类应用，包括综合电商和社交电商。而在游戏领域，男性网民和女性网民偏好的游戏类型有所不同，男性偏好于棋牌类游戏，而女性偏好于MOBA（指多人在线战术竞技游戏），如图 21.30 所示。

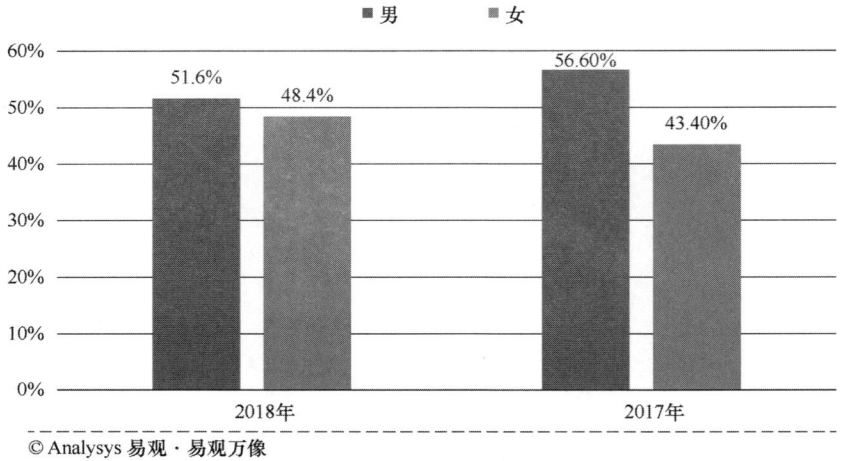

图21.29　2017—2018年中国移动互联网用户性别结构

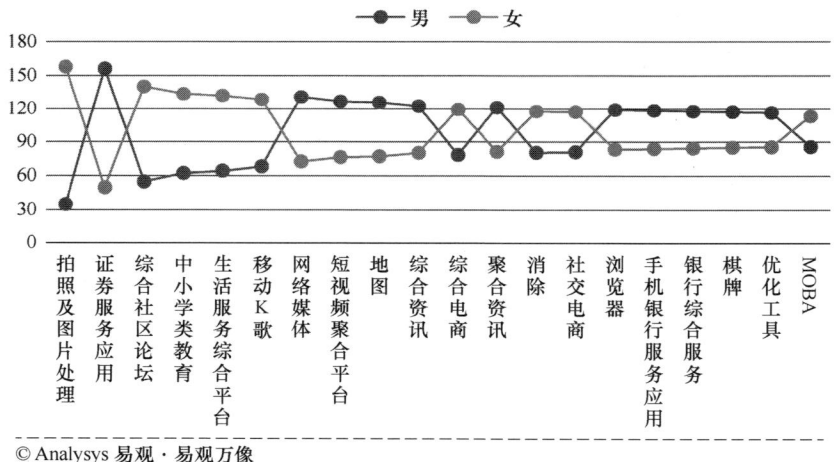

图21.30　2018年不同性别移动网民应用偏好度对比

21.7.2　年龄结构及偏好

2018 年，年轻用户和银发用户比例显著增加，青年用户仍然是移动网民主力。与 2017 年相比，24 岁以下的年轻用户比例由 14.3%增长至 23.0%，提高了 8.7%；41 岁以上银发用户比例由 12.5%增长至 20.1%，提高了 7.6%。从用户年龄分布上来说，30 岁以下青年网民仍然是移动网民主力，占比达到 49.7%；24～30 岁的移动网民占比最高，达到 26.7%，其次是 24 岁以下网民，占比 23.0%，之后是 41 岁以上用户占比 20.1%，36～40 岁以上用户占比达到 14.8%，如图 21.31 所示。

在活跃用户规模大于 1 亿人的应用领域偏好上，24 岁以下网民自我意识较强，爱自拍和 K 歌；而到了 25 岁之后，网民时间趋于碎片化，对休闲类游戏的偏好则有了显著提升，如消除、棋牌等类型游戏；30 岁后的用户购物需求主要通过社交电商来实现；36 岁以后，有车一族的比例上升，地图、移动电台和有声阅读类应用更受这一群体欢迎；40 岁以上网民喜爱使用聚合资讯和短视频聚合平台，如图 21.32 所示。

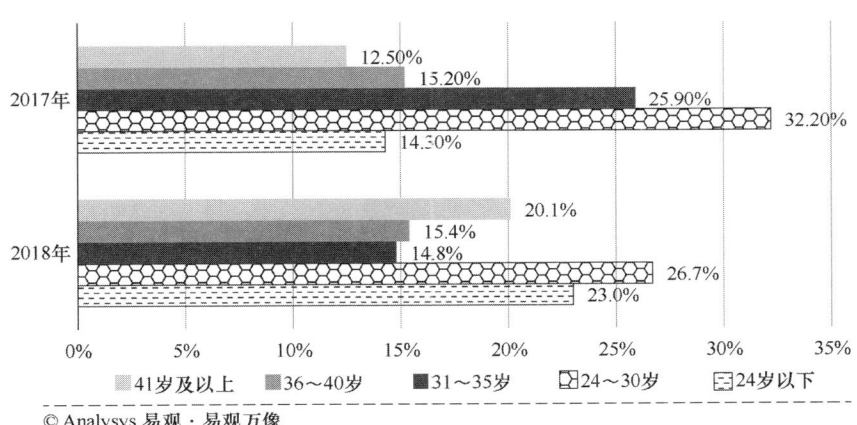

图21.31　2017—2018年中国移动互联网用户年龄结构

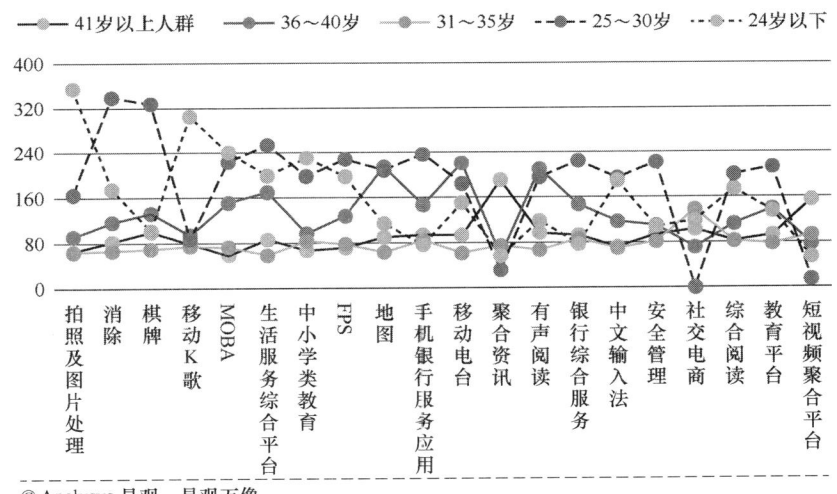

图21.32　2018年不同年龄移动网民应用偏好度对比

21.7.3　消费能力分布及偏好

2018 年，中低消费能力人群入网比例提高，成为移动互联网占比最高的用户群。得益于智能手机的低价策略和三大运营商提速降费，低消费能力网民比例增长至 13.8%，相比 2017 年增长了 7.5%。中低消费能力网民比例提高了 3%，至 30.5%；中高消费能力网民比例提高了 2.8%，至 25.8%。中等消费能力网民所占比例由 2017 年的 32.7%降低至 26.9%，下降了 5.8%；高消费能力网民所在比例由 2017 年的 10.5%降低至 3.0%，下降了 7.5%，如图 21.33

所示。

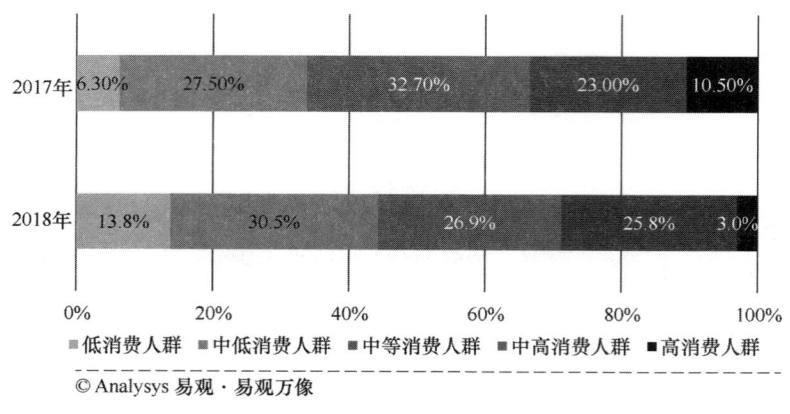

图21.33　2017—2018年中国移动互联网用户消费能力结构

　　在活跃用户规模大于 1 亿人的应用领域中，中高消费能力网民偏好综合社区论坛、购物类和金融类平台，而中低消费群体网民偏好游戏和工具，如 FPS 和 MOBA，如图 21.34 所示。

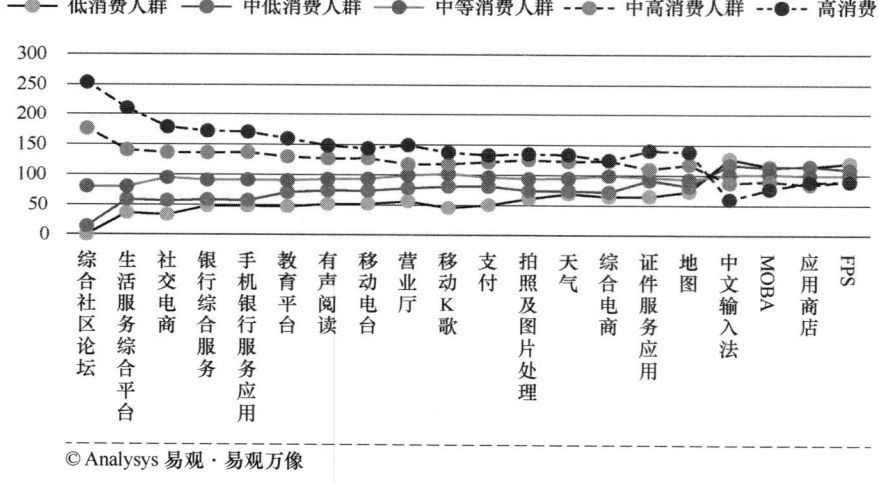

图21.34　2018年不同消费能力移动网民应用偏好度对比

21.7.4　地域分布及偏好

　　2018 年，中国移动网民主要集中在一线及以上城市，占比高达 59.8%，超一线城市比例达到 16.5%，一线城市占比为 43.3%，二线城市占比为 17.4%，三线城市占比为 15.2%，非县级城市及其他占比为 7.6%，如图 21.35 所示。

　　在活跃用户规模大于 1 亿人的应用领域中，不同地域移动网民的应用领域偏好体现在金融类应用、娱乐方式和对工具的使用上。一线及以上城市居民偏好金融类应用，对银行综合服务、银行服务、支付和证券服务类应用的偏好度远高于二线及以下城市。在娱乐领域，一线及以上城市居民喜爱使用移动电台和有声阅读；而二线及以下城市居民喜爱视频和休闲游戏，如消除类和 FPS 类游戏。除此之外，一线及以上城市居民还喜爱使用天气、地图、营业厅和生活服务平台类应用；而二线及以下城市居民中使用中小学教育和系统工具的比例更高，如图 21.36 所示。

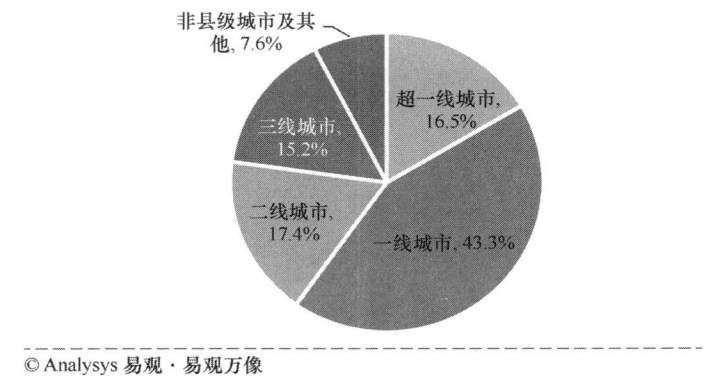

© Analysys 易观·易观万像

图21.35　2018年中国移动互联网用户地域分布

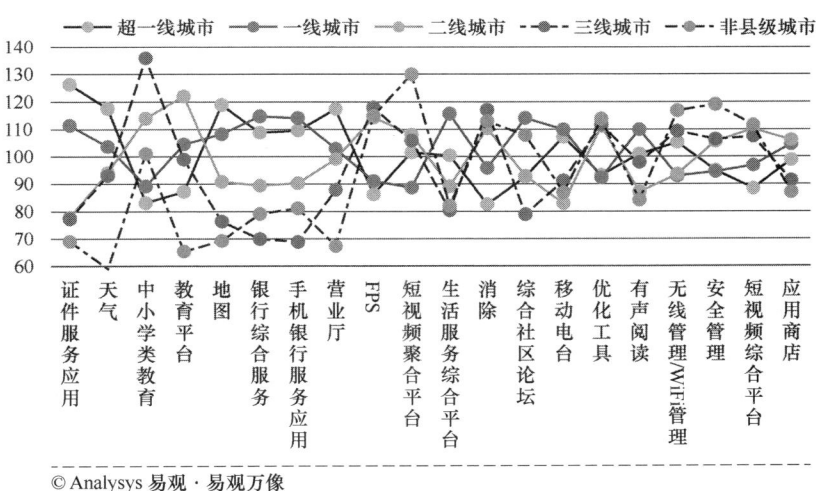

© Analysys 易观·易观万像

图21.36　2018年不同地域移动网民应用偏好度对比

21.8　发展趋势

（1）多功能融合应用成为移动市场主要形态

移动应用呈多功能融合特征显著，绝大多数移动 App 拥有超过一种的服务功能。用户围绕单一应用功能逐渐形成多样化延伸服务需求，融合类应用能够通过整合多样化服务入口，较好地满足市场需求。特别是以微信、支付宝为代表的超级融合类应用，聚合功能点超过 500 个，成为传统操作系统之上的超级 App。

（2）轻应用和原生应用将长期共存

移动互联网立足 Web 技术轻量级和标准化两大优势，打造跨操作系统的统一应用平台和支持实现免安装轻应用，是全产业链各领军企业长期着力方向。微信平台从社交切入，已成为操作系统之上的基础应用平台，衍生出超过 100 万个小程序。国内 11 家主流手机厂商聚在一起，推出统一快应用标准，目前生成快应用 200 余款，并在各大终端企业应用商店进行分发。轻应用以减少应用使用成本获取大量用户，影响用户使用习惯，对功能单一、使用频次较低的移动应用形成影响，吸引其部分用户转向轻应用使用。以微信"跳一跳"小程序为例，在微信内部进行游戏和对话传播，降低用户单独下载用、注册应用的使用成本，首日上线搜索量即达到 5 亿次，激活约 50%的微信活跃用户，成为现象级移动游戏产品。未来，原生应用形态与以小程序、快应用为代表的轻应用形态将聚焦不同应用场景、实现长期共存，而轻应用市场影响将持续规模放大，成为移动应用分发的重要新形态。

（3）移动应用用户向三线及以下城市下沉

从应用层面看，我国目前移动互联网应用发展较为完备，基本覆盖所有细分市场，产品在初期发展阶段已被一二线城市用户打磨成熟，充分满足三线及以下城市用户群体应用需求。从用户群体层面看，移动互联网的整体发展环境正逐渐从网上到网下改变社会生产和消费行为模式，倒逼三线及以下城市用户主动接触移动互联网应用。从发展环境来看，在智能移动终端价格的不断降低与提速降费行动的影响下，用户上网成本大幅降低，极大地提升了其使用移动应用的可能性。我国三线及以下城市移动互联网用户将在未来较长阶段内持续保持增长状态。三线及以下城市用户需求逐渐成为移动互联网应用发展定位重要考量。三线及以下城市用户更倾向于选择富有社交性、传播性与话题性的应用服务，典型应用如电商应用"拼多多"与短视频应用"快手"。

（4）多渠道融合分发成为应用分发通用模式

移动应用分发业务由传统以应用商店为中心，向多渠道融合分发模式演化，移动应用商店仍是当前移动应用分发主渠道，移动互联网产业链上各大企业持续在该领域激烈竞争。与此同时，各分发企业充分立足自身优势能力与产品，不断拓展边界实现多渠道融合分发，阿里巴巴打通神马搜索、九游游戏、PP 助手、UC 浏览器、UC 头条、豌豆荚六大产品形态进行渠道分发，基于社交、云盘等形态的移动应用分发市场影响同样巨大。

（5）分发平台深度介入游戏应用运营与营销环节

大型移动应用分发平台着力推进与移动 App 的深度捆绑合作，以联运形式介入 App 运营、营销环节，并实现收入分成。应用宝要求全体上架 App 在支付环节使用腾讯支付系统，并重点面向大量游戏 App 推进联合运营，与开发者以 6∶4 比例进行收入分成。

（6）工业互联网 App 应用落地未来可期

"工业 2025"提出：2020 年制造业要实现 50%的关键工序数控化，数字化研发设计工具普及率达 72%，倒推第二产业产业升级。随着互联网在消费端的渗透率提升，边际增长率递减，市场规模增速由 2017 年的 50.56%降至 27.33%，互联网产业急需寻找新的增长点，与第二产业的转型升级需求一拍即合，互联网厂商将为第二产业产业升级提供基础设施和数字化解决方案，降低了工业互联网的落地成本。随着新技术的持续推进，包括 TSN（时间敏感网络）、边缘计算等，工业互联网的移动应用落地具有更多的想象空间。

（何文倩、王跃）

第22章 2018年中国工业互联网发展状况

22.1 发展环境

2018年以来，在党中央国务院高度重视下，我国工业互联网产业发展的顶层设计不断完善，多方协同和企业引领的产业生态加速形成，为我国工业互联网产业发展营造了良好的发展环境。

政府层面，政策环境不断优化。一是完善推进机制。为进一步细化《关于"深化互联网+先进制造业"发展工业互联网的指导意见》中各项任务目标，保证各项工作顺利推进，工信部联合相关部委成立工业互联网专项工作组，统筹我国产业发展的相关工作，并遴选邀请了40余位来自产学研用各方的专家共同组成工业互联网专家咨询委员会，为我国产业发展的相关战略和重大问题提供科学决策依据。二是细化政策布局。发布《工业互联网发展行动计划（2018—2020年）》，网络、平台、安全等重点领域的指导意见已经出台或即将发布，形成我国工业互联网发展的"四梁八柱"。北京、上海、广东等20余个省、市、自治区出台本地工业互联网发展规划，结合地方产业特色，着力推进本地发展。三是优化发展环境。加大对网络、平台、安全等领域关键共性技术的研发支持，有效提升工业互联网技术产品的供给能力；通过遴选试点示范、产业示范基地等，形成一批可借鉴、可复制、可推广的最佳实践经验，积极培育应用生态；财政、税收、金融等各项优惠政策相继落地实施，政策红利不断释放，进一步降低了企业成本和负担，有效激发了企业尤其是中小企业的创新活力。

市场层面，产业生态不断壮大。一方面，形成了一批具有带动作用的龙头企业。尽管我国还缺乏类似于GE、西门子等具备全球资源整合能力的大型跨国企业，但经过数年的实践和探索，在一些关键环节和重点领域，我国已经涌现出一批能够提供综合性解决方案甚至具备国际竞争力的企业。

网络方面，华为、中国联通、中国电信等信息通信企业已经在时间敏感网络、5G、工业无源光网络等技术应用方面取得积极进展。平台方面，目前国内具有一定行业、区域影响力的工业互联网平台已超过50家。其中，航天云网、根云、阿里巴巴ET工业大脑等一批综合性平台已形成较为成熟的服务能力，业务收入合计超过50亿元。

安全层面，一批提供安全解决方案的初创企业受到资本市场的广泛青睐。另一方面，产学研用多方协同的产业生态加速形成。工业互联网产业联盟（AII）汇聚来自制造业、信息通信业、学术机构、金融机构等领域的 1000 余家企业和机构，共同推动测试床、应用案例、标准研制等相关工作，同时，还与美国、德国、日本等国的相关产业组织加强合作，优化我国工业互联网国际发展环境，成为工业互联网生态建设的重要载体。

22.2 发展特点

我国正在工业化进程的后半期，制造业处于由 2.0 向 3.0 迈进的关键阶段。在这一背景下，制造业门类齐全、种类多样、场景丰富的优势反映在工业互联网发展中直接表现为参与主体多元、发展路径多元、模式业态多元等突出特点。

（1）参与主体多元

与国外主要由大型制造企业推动工业互联网发展不同，我国制造企业、互联网企业等都积极参与相关工作，形成了推动我国工业互联网发展的两大阵营。传统的流程制造和离散制造企业从信息化建设、底层设备连接、数据采集等自身需求出发，从工厂内向工厂外以渐进的方式推动改良和升级，最终实现生产系统的智能化，如三一重工、潍柴动力等；基础电信、互联网、自动化、软件、集成商等则利用信息通信技术领域的优势，由外向内，不断变革、颠覆、重构传统的商业模式和服务模式，拓展现有的盈利模式和空间，实现商业系统的智能化，如阿里云、华为等。

（2）发展路径多元

在各方的探索实践中，我国工业互联网应用路径逐渐清晰，初步形成面向企业内部、企业外部和开放生态的三大主要路径。从企业内部看，以数据驱动的智能生产能力提升为重心，利用工业互联网打通设备、产线、生产和运营系统，实现提质增效和决策优化，打造智能工厂，电子信息、加点、汽车、钢铁等行业主要采取此类路径。从企业外部看，以数据驱动的业务创新能力提升为重心，利用工业互联网打通企业内外部价值链，实现产品、生产和服务的创新，有效拓展企业的业务范围和收益边界，在纺织、服装、家具等领域较为突出。从开放生态看，以数据驱动的生态运营能力为中心，通过汇聚协作企业、产品、用户等产业链资源，实现由产品销售向平台运营的转变，目前在装备、工程机械、航空航天等行业主要采取此类路径。

（3）模式业态多元

工业互联网以制造业为起点，不断向能源、农业、交通等多个领域拓展，催生出了智能生产、网络协同、服务延伸、个性化定制等一批新模式、新业态，为我国制造业转型发展注入了全新动力。同时，我国一些企业还结合产业发展的痛点问题，探索出了"平台+保险""平台+订单"等一系列特色应用，基于工业互联网的数据分析服务，开展特色的信贷、保险业务。例如，易联汇商打造提供订单解构分包与生产组织管理服务的"生意帮"，吸引了 1.2 万家小微工厂入驻，构建了众包智造的全新商业形态。天正股份基于平台实时分析设备运行数据，促进客户与金融机构对接，解决中小企业融资难的问题，降低坏账率 60%以上。

22.3　工业互联网网络

（1）工业互联网网络的顶层设计日趋完善

在政策方面，工信部依据《国务院关于深化"互联网+先进制造业"发展工业互联网的指导意见》，按照《工业互联网发展行动计划（2018—2020 年）》（以下简称《行动计划》）中的任务要求，出台了《工业互联网网络建设及推广指南》（以下简称《指南》）。《指南》细化了工业企业建网络用网络、建标识用标识的总体目标、实施路径和工作重点，提出以"立标准"为基础，以"建网络、用网络"为核心，以"创环境、建秩序"为保障的推进思路。围绕工业互联网标杆网络的建设、应用和生态建设，《指南》有针对性地解决企业建网、用网的突出问题，为工业互联网网络发展提供了切实可行的方向指引，对于加速工业互联网网络升级演进具有重要的现实意义。在体系架构研究方面，工业互联网产业联盟发布了《工业互联网网络连接白皮书》，制定了工业互联网网络连接体系框架（见图 22.1），形成网络体系建设的顶层设计。框架包括网络互联和数据互通两个层次，网络互联包括工厂内网络和工厂外网络。工厂内网络用于连接工厂内的各种要素，包括人员（如生产人员、设计人员、外部人员）、机器（如装备、办公设备）、材料（如原材料、在制品、制成品）、环境（如仪表、监测设备），以及企业数据中心和应用服务器等，支撑工厂内的业务应用。工厂外网络用于连接智能工厂、分支机构/协作企业、工业云数据中心、智能产品与用户等主体。工业互联网中的数据互通实现数据和信息在各要素间、各系统间的无缝传递，异构系统在数据层面实现相互"理解"，从而完成信息集成与数据互操作。

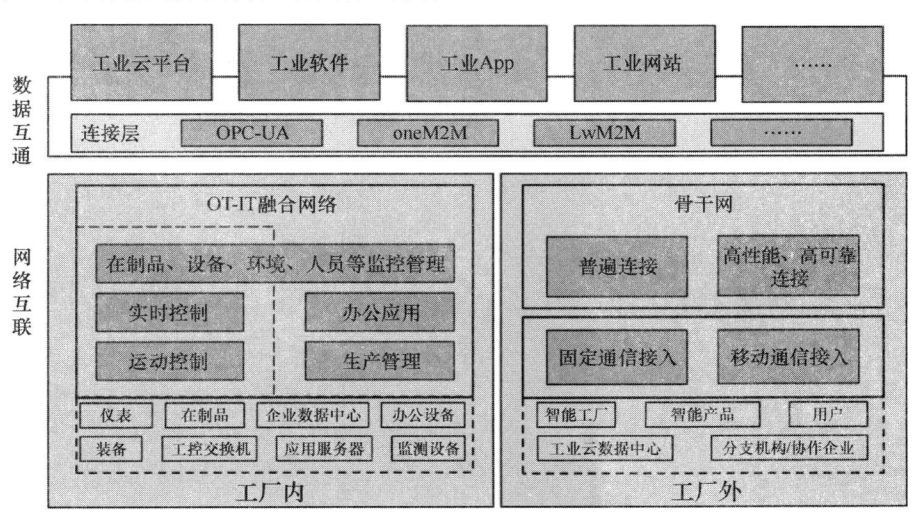

图22.1　工业互联网网络连接体系框架

（2）工业互联网网络标准体系逐步建立

在工业互联网标准体系框架下，制定了工业互联网网络连接标准子体系（见图 22.2）。国内各单位积极参加国际、国内各个标准组织活动，参与时间敏感网络（TSN）、边缘计算、工业软件定义网络（工业 SDN）、5G 等技术标准制定，在中国通信标准化协会（CCSA）工业互联网特设组（ST8）立项并开展了国家标准《工业互联网 总体网络架构》，以及《工业互联网 时间敏感网络技术要求》《工业互联网边缘计算 总体架构与要求》《工业互联网 软件定义的工业融合网络：总体架构与技术要求》等 10 多项行业标准的研制。

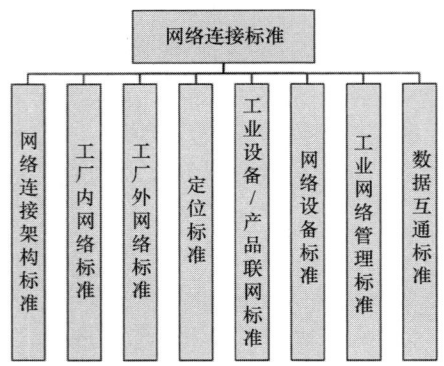

图22.2　工业互联网网络连接标准子体系

（3）工业互联网网络基础设施建设初见成效

运营商采用多种方式建设工厂外网络，通过构建高品质的物理隔离骨干网、基于现有互联网建设逻辑隔离层叠网，满足工业互联网的高质量网络需求。满足工业产品广泛覆盖的移动网络基本建成，三家运营商 NB-IoT 网络基本实现全国各县市的全面覆盖。IPv6 网络改造基本完成，运营商 4G-LTE 和固网设备全部完成 IPv6 升级改造，初步具备业务支撑能力。新型网络技术逐步开展部署，工业 PON、IPv6、边缘计算等技术已经开始在装备制造、石油开采、电子制造等领域的企业中应用部署。产业研用的协作模式初步形成，产学研用联合在工业互联网产业联盟建设了 10 多个网络测试床，涵盖 TSN、5G、SDN 等关键技术，成为技术孵化、产品研发、应用培育的重要载体。

22.4　工业互联网标识解析体系

工业互联网标识解析体系是我国工业互联网建设的重要任务，国务院发布的《关于深化"互联网+先进制造业"发展工业互联网的指导意见》（以下简称《指导意见》）中明确提出，夯实网络基础必须要推进标识解析体系建设，加强工业互联网标识解析体系顶层设计，制定整体架构，明确发展目标、路线图和时间表，构建标识解析服务体系，支持各级标识解析节点和公共递归解析节点建设。在《指导意见》和《行动计划》的指导下，标识解析体系建设围绕体系架构顶层设计、技术研究与标准研制、系统研发与节点部署、企业推广与应用落地等几个方面开展了全面的实施工作，初步形成了战略引领、技术创新、设施保障、产业推进的发展格局。

（1）体系架构顶层设计

标识解析体系架构既是统筹协调根节点、国家顶级节点、注册管理系统的建设和运营的重要依据，也是对产业界开展解析节点建设和应用探索的重要参考。2018 年，依托工业互联网产业联盟，《工业互联网标识解析体系架构白皮书》（讨论稿）发布，设计并提出了由功能视角、资源视角、角色视角、部署视角、管理视角下的五个框架组成的工业互联网标识解析体系架构。其中，功能视角是基于业务归纳出所需的功能层次；资源视角规范了工业互联网中标识资源的分配方式；角色视角梳理了参与业务的多利益相关方；部署视角描述了各利益相关方为了实现业务所需的功能，需要进行的物理部署；管理视角定义了对资源（标识）和设施（解析节点）的管理机构、管理方式。该体系架构将为构建工业互联网标识解析体系的工业企业、信息化企业以及研究机构开展规划设计、组织管理、系统建设、产业应用提供重要参考。

（2）技术研究与标准研制

我国工业互联网标识解析体系标准包括整体架构标准、编码与存储标准、采集与处理标准、解析标准、数据与交互标准、设备与中间件标准、异构互操作标准、应用支撑标准 8 个部分。当前梳理相关 51 项，已发布标准 8 项，在研和预研标准 43 项。截至 2018 年年底，在研国家标准 1 项，行业标准 20 项，团体标准 12 项。标识解析相关标准主要通过全国通信标准化技术委员会（TC485）、中国通信标准化协会（CCSA）和工业互联网产业联盟（AII）相关渠道开展标准的制修订工作。

（3）系统研发与节点部署

2018 年，由中国信通院提出了遵循 DNS、Handle 等国际标准，面向工业制造应用场景，兼容互通、统一服务的融合型标识解析技术方案，研发了具备高性能的注册和解析服务、支持高性能指标、具有隐私保护和加密认证安全能力、可部署至各个节点的标识解析系统。同时综合考虑业务需求、网络分布、地理位置等因素，选取东部（上海）、西部（重庆）、南部（广州）、北部（北京）、中部（武汉）各建设一个国家顶级节点，并与 5 地分别签署部省合作协议以落实国家顶级节点建设的政策、资金、场地、人力等保障措施，目前 5 个国家顶级节点已基本完成部署和试运行。

在国家顶级节点稳步发展的同时，各领域龙头企业也在积极发挥其领导力作用，开展二级节点的建设，当前在全国范围内已开展部署的二级节点包括北汽福田、中车四方、中天科技、航天云网、海尔、威派格、徐工集团等企业，覆盖了机器人行业、汽车行业、制造行业、家电行业、水务行业、新材料行业、机械行业等重点领域，形成了区域覆盖面广、行业代表性突出的发展形势。

（4）企业推广与应用落地

目前我国企业积极开展应用探索，进一步促进了工业互联网标识解析生态体系的完善。2018 年，通过国家和地方项目的支持及多方合作的方式，形成了一批重点行业的典型应用企业案例，如徐工智能供应链、海尔智能家电、中集透明物流、奥瑞金产品全生命周期管理等，在智能化生产、网络化协同、个性化定制、服务化延伸四类应用场景建立了切实可行的标识解析应用方案。

22.5 工业互联网平台

2018 年，我国工业互联网平台发展取得显著进展，平台应用水平得到明显提升，多层次系统化平台体系初步形成。

（1）涌现出更多知名工业互联网平台产品

全国各类型平台数量总计已有数百家之多，具有一定区域、行业影响力的平台数量也超过了 50 家。既有传统工业技术解决方案企业面向转型发展需求构建平台，除了航天云网、海尔、阿里巴巴、华为等起步较早的平台，还有华能、国网青海电力、北汽、浙江中控、朗坤等行业领先企业也纷纷推出平台产品，将工业技术能力和先进制造经验转化成高效、灵活且低成本的平台服务。也有大型制造企业孵化独立运营公司专注平台运营，如徐工、TCL、中联重科、富士康等大型集团企业剥离和整合内部相关资源，注资成立聚焦平台业务子公司，在服务好集团的基础上对外输出成果。还有各类创新企业依托自身特色打造平台，如索为、安世亚太等软件服务企业凭借技术优势推出设计仿真研发平台；优也、昆仑数据、黑湖科技等互联网技术企业则依托平台为用户提供智能数据分析或是云端管理软件服务。

（2）构筑了以连接与边缘计算、云服务、通用 PaaS、数据分析与可视化、业务 PaaS 五类平台为核心的完整平台体系，中国工业互联网平台体系如图 22.3 所示。

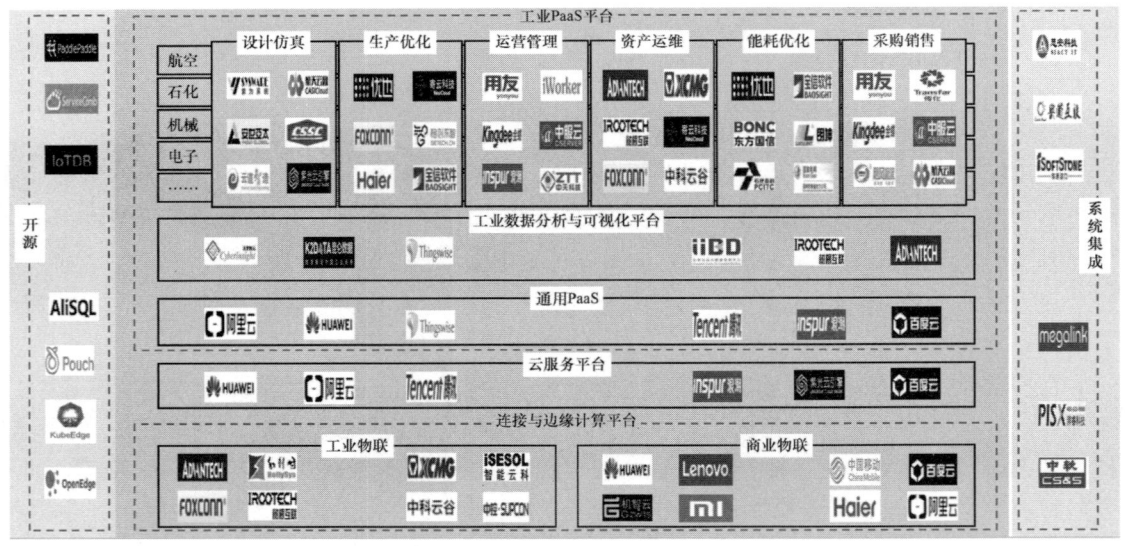

图22.3　中国工业互联网平台体系

一是研华、和利时等企业聚焦工业设备和系统的接入管理，打造连接与边缘计算平台，为其他类型平台提供"流量入口"。二是阿里巴巴、华为等企业打造"IaaS+通用 PaaS"平台，为国内多数平台企业提供良好的云服务，形成"通用底座"效应。三是天泽智云、昆仑数据等企业打造数据分析与可视化平台，并与行业场景和业务需求深度结合，为客户提供数据分析服务。四是索为、用友等企业积极构建业务 PaaS 平台，将设计仿真、运营管理等领域软件转化成平台中独立的业务 PaaS 服务模块，快速满足用户个性化应用定制需求。此外，开源技术有力支撑平台基础创新，如清华大学 IoTDB 开源技术有效支撑平台时间序列数据存储与处理；系统集成商则为平台厂商打通"最后一公里"的现场部署，如典道互联、软通动力等企业拥有多年现场实施经验，成为众多平台的系统集成商合作伙伴。

（3）形成一批创新解决方案和应用模式

围绕行业生产特点和企业痛点问题，平台企业持续创新服务能力。在研发设计方面，涌现出索为研发设计与产品运维一体化、安世亚太基于工业知识生态的先进设计等平台服务。在生产制造方面，形成了富士康 ICT 治具智能维护、紫光钣金行业企业云图等一批平台解决方案。在企业管理方面，用友、金蝶等平台利用云 ERP、云 MES、云 CRM 等服务解决企业的生产运营管理、供应链协同与客户管理问题。在产品服务方面，树根互联、徐工信息将工程机械远程管理解决方案进行推广，实现纺织机械、工业机器人、数控机床等设备产品的远程服务。在应用模式创新上，树根互联、智能云科、天正、生意帮等企业也探索出了"平台+保险""平台+金融""平台+订单"等新模式、新业态。

22.6　工业互联网安全

安全体系是工业互联网发展的前提和保障，国务院发布的《关于深化"互联网+先进制造业"发展工业互联网的指导意见》将安全作为工业互联网发展的三大体系之一协同推动，要求发展和安全同步；《工业互联网发展行动计划（2018—2020 年）》部署了包括工业互联网安全体系建设在内的三年发展规划，实施安全保障水平提升行动。

伴随工业企业数字化、网络化、智能化步伐加快，内部网络与互联网逐渐打通，同时，工业互联网标识解析、平台、设备等关键要素进一步融合联动，新技术、新模式加快应用，安全态势更加复杂，对安全防护提出更高要求。我国政府和产业界高度重视工业互联网发展，依托工业互联网产业联盟，汇聚了产学研用各方力量，全面推进工业互联网安全保障体系建设，推动顶层设计、技术能力、产品供给、人才培育以及创新支撑等方面取得明显成效。

（1）产业引导进一步强化

《关于加强工业互联网安全工作的指导意见》（征求意见稿）正在面向社会各界征求意见，将会作为工业互联网安全的纲领性指导文件发布实施，为各地方政府、行业企业提供具体指导。工业互联网产业联盟发布《工业互联网安全框架》，逐渐成为行业企业开展工业互联网安全工作的基本参照，同时，工业互联网安全标准体系框架初步形成，工业互联网安全防护总体要求等 2 项联盟标准已经发布，设备、数据等重点和急需领域多项标准正在加快研制。

（2）技术体系逐渐完善

国家、省、企业三级协同的工业互联网安全监测和态势感知平台已经初步建成，山东、江苏、吉林、湖北、浙江等地方及相关行业正在加强技术保障平台建设，加快与国家级平台间的系统对接、协同联动。专业机构及安全企业等正在协同推进技术研发和集成应用，初步建成安全试验验证、测试评估、监测处置等平台，工业互联网安全技术试验与测评工信部重点实验室研制发布了"工业互联网评测评估管理平台"，为行业企业开展安全检查和评测评估提供了专业的工具集与自动化的管理平台；同时积极联合重要工业龙头企业建设发电、航空、航天、石油、中铁、核工业及电网等多个行业分中心，加快开展试验验证、攻防演练、测试评估等基础技术和方法工具研究。

（3）产业供给稳步提升

国家财政支持不断强化产业供给，2018 年，财政资金支持了 27 个工业互联网创新发展工程安全方向项目，促进行业企业开展标准研制、新模式应用和支撑能力建设。工业企业、安全企业等自主研发的针对监测预警、设备行为分析、平台安全性检测等的一批企业自主研发产品和解决方案获得 2018 年工业互联网安全集成创新应用试点示范，同时在汽车、石化等多个行业开展应用。国家网络安全产业园加快建设，同时鼓励工业互联网安全企业入驻；上海市普陀区政府联合上海自仪院、观安信息、卡巴斯基等单位建设国内首个工业互联网安全产业示范区，加快推动工业互联网安全产业集聚发展；天津、青岛等地联合启明星辰等安全企业推动工业互联网安全前沿技术研发基地建设和解决方案研发。利用人工智能、大数据等技术自主研发的新一代工业防火墙、入侵检测产品已初步成型并迈入应用阶段。

（4）创新支撑引领带动

校企合作、联合实验室等多种形式的融合创新不断加快，中国航天科工集团联合中国信通院成立了"工业互联网设备安全创新技术中心"，推动能源、石化、冶金、交通、供水供气等领域产业化应用的设备安全防护；360 企业与深圳市政府签署战略合作协议，在深圳建设工业互联网安全研发及运营总部，建立工业互联网安全大数据监测预警平台，政企合作、研用结合等合作共享有利于协同推进技术研发、成果转化和公共服务平台建设，实现优势互补和共同提升，加快培育安全发展的"头部力量"，强化产业支撑体系建设。

（5）人才培育不断加快

联合培养、专业培训等多种方式的人才培育持续开展，工业互联网产业联盟开展工业互联网安全工程师、评估师培训，加快推动评估评测机构能力建设，中国通信企业协会等相关行业协会积极开展针对行业企业的高级研修、实操学习等培训活动。同时，工业互联网攻防演练、"护网杯"工业互联网安全大赛等安全活动等安全活动持续开展，有效推动从业人员安全意识提升和安全人才培养。

我国工业互联网安全发展加快推进得益于政产学研用各方共同努力，在融合发展的过程中，产业共识不断达成，人才、技术、产品等创新要素加快汇聚，协同发展和体系化建设能力不断提升，已经形成工业互联网安全体系建设的强劲合力。

22.7　工业互联网产业

工业互联网产业是围绕网络、平台、安全三大体系形成的综合性产业，包含工业互联网网络、工业互联网平台、工业互联网安全、工业软件、自动化等细分领域。随着工业互联网创新发展战略的深入实施，领域内市场需求旺盛，产业逐步进入快速发展阶段。

网络方面，新技术带动领域进入新一轮增长期。工业以太网、工业无线等逐渐被广泛使用，市场占有率不断提升；时间敏感网络、5G、窄带物联网等在工业领域的应用越发深入。平台方面，我国与国际同步兴起，处于初步探索阶段，产业发展初具规模。工业制造、信息通信等各类企业均积极布局，平台数量快速增长，其中，具有一定区域、行业影响力的平台超过 50 家。

安全方面，产品发展迅速，领域前景可期。当前我国以工业防火墙、工业隔离网关等边界隔离类产品为主，其他如入侵防护、安全审计、安全检测、安全管理平台等产品处于布局期，有望迎来规模扩张。工业软件方面，不同类型的产品差异较大，工业 App 成未来发展重点。我国经营管理类软件市场呈现国内企业与国际企业平分秋色的局面；生产管理类软件市场"百花齐放"，国际企业在高端市场具有优势；研发设计类软件，国内产品在技术、市场等方面均与国际领先水平有较大差距；而面向特定场景、轻量化的工业 App 正成为领域内关注焦点，发展迅速。自动化方面，我国企业不断缩小与国际领先水平差距，在多个产品上已具备一定竞争力，并积极布局边缘计算新兴领域。

工业互联网产业的发展以企业为主体，包含信息通信企业、工业解决方案企业、工业制造企业等多类型。其中，信息通信企业主要提供数字化转型中所必需的 ICT 技术与产品，既有传统的 ICT 头部企业，也催生了一些聚焦数据创新的初创企业。工业解决方案企业主要提供自动化、工业软件等产品和服务，种类繁多。工业制造企业主要提供应用场景和需求，同时结合自身在数字化转型中形成的技术能力向外输出，涵盖了高端装备、电子信息、能源电力、轻工家电等众多垂直领域。

与此同时，高校、科研院所、金融机构也积极参与工业互联网发展，形成了产学研用协同合作的良好生态。高校、科研院所与企业积极联动，通过科研创新和技术攻关，为产业发展提供创新资源。金融机构为产业发展提供资金支持和保障，同时积极试水产融结合新模式，助力中小企业发展和新兴领域壮大。

在各类主体跨界合作、协同突破的局面中，工业互联网产业联盟是重要载体与桥梁，目前联盟会员数已经突破千家，汇聚了技术、人才、资金等跨界资源，加快了产业培育、应用推广等各项工作，推动形成跨界融新、跨界合作、开放包容、协同创新的产业生态。

22.8　工业互联网应用

近年来，我国工业互联网的应用实践取得了积极的成效。

一是应用范围不断扩展，行业覆盖持续延伸。航天、石化、钢铁、高端装备、家电等行业积极开展典型应用，2018 年评选出 72 家工业互联网试点示范项目，覆盖超过 15 个行业，应用范围从制造业向非制造业延伸。

二是应用呈现出典型鲜明发展路径和特色。由于工业的行业特点，业务需求存在差异，现阶段工业互联网在各行业的应用水平和侧重点各不相同。总体而言，高端装备、电子信息、电力等行业信息化水平较高，应用主要聚焦在降低成本、提高生产效率等方面；家电、汽车、制药、食品等行业市场竞争激烈、需求放缓，利用工业互联网开展服务化转型及经营管理优化的步伐加快；钢铁、石化等流程行业资产价值高、能耗排放高、生产安全风险大，通过工业互联网加强资产管理优化、能耗、排放与安全管理是主要需求。

三是应用成效初步显现，提质降本增效成为主要目标。例如，富士康基于平台打造电子表面贴装无人工厂，实现人力节省 88%，效率提升了 2.5 倍；徐工信息为泰隆减速机利用工业互联网平台提供数字模型和大数据分析算法，提高一次成品率 2.1%，企业可避免 500 多台设备的返工，每年节省成本 300 万元；用友为天瑞水泥开展智能工厂、社会化物流等应用，人力成本每年减少 2000 万元，货物损失每年减少 1000 万元。

四是新模式、新业态加速涌现。我国率先探索并实践平台服务与金融、租赁、供应链结合的新模式、新业态，通过应用创新优化产融资源配置，有效激发制造业转型升级活力。如基于工业互联网平台形成的"平台+信贷""平台+保险"等创新模式为中小企业解决了订单、贷款等迫在眉睫的问题。如树根互联与久隆保险合作，通过设备物联数据与保险理赔报案情况进行风险分析，久隆保险每月可减少约 300 万元的保险理赔损失。

五是大中小企业融通发展。通过工业互联网的建设和应用，我国企业实现了信息深度共享、资源灵活调配和生产实时协作，形成了大企业深度优化、中小企业上云协同的局面。大企业通常聚焦高价值应用，结合行业特点，形成智能化生产、网络化协同、个性化定制、服务化延伸等应用。中小企业应用需求主要聚焦在低成本的信息化工具使用，借助工业互联网加快数字化能力补课，形成中小企业上云等应用。

22.9 发展趋势

工业互联网作为新一代信息技术与制造业深度融合的产物，是第四次工业革命的关键支撑，不仅将形成新技术、新产品、新业态、新模式，培育发展新动能；还将对未来工业发展产生全方位、深层次、革命性影响。我国具有突出的体制优势和市场优势，随着国家和地方工业互联网政策措施的相继出台，工业互联网将不断开创新的发展局面，有力促进我国制造业提质增效、优化升级及新型生态体系发展。

（1）工业互联网技术产业将迎来更为广阔的发展空间

网络方面，升级换代的需求为新型网络基础设施建设和自主产业发展提供了契机，时间敏感网络和边缘计算产业正在逐步成熟，新的网络架构、产业体系将重塑工业网络产业生态，5G 临时牌照的发放还将使工业互联网成为 5G 的重要应用场景。围绕工业互联网标识解析体系的创新加速探索，国家顶级节点成为我国标识解析第一入口并逐步实现与全球多个标识解析体系对接，越来越多的二级节点上线运行开始提供标识服务，标识解析生态体系逐步建立并逐步规范化发展。平台方面，工业互联网平台对制造业转型的驱动能力进一步凸显，平台将与工业智能、工业区块链、标识解析等进一步融合创新发展，微服务等新型架构和地代码开发等技术，将大幅度降低开发难度与创新成本，基于平台的"模型+深度数据分析"将应用于设备运维、资产管理、能耗管理、质量管控等场景，基于平台的"软件上云+简单数据分析"将在客户关系管理、供应链管理等领域获得应用，工业 App 将以云化软件为雏形逐渐向多样化、智能化演进。安全方面，传统的安全防御技术已无法抗衡新的安全威胁，工业互联网安全防护理念正在从被动防护专项主动防御，态势感知、内生安全防御、智能化安全防护、工业互联网数据安全保护等将成为发展的重点，相关安全技术产品将迎来新突破，涵盖设备安全、控制安全、网络安全、平台安全和数据安全的工业互联网多层次安全保障体系和安全责任体系将加速构建。

（2）制造业和生产性服务业将迎来新的发展机遇

通过实现人、机、物的全面互联，全要素、全产业链、全价值链的全面连接，将推动企业从封闭式创新走向开放式创新，促进研发资源、设备等制造资源或能力跨企业、跨区域高效整合与配置，大幅提升全要素生产率，促使制造企业实现生产成本下降、产品质量优化和绿色低碳发展，并催生网络化协同、服务型制造、个性化定制等新模式、新业态，培育形成新的增长点。此外，还将带动共享经济、平台经济等向工业及其他产业更大范围、更深层面拓展，为工业电子商务、工业大数据分析、供应链金融等生产性服务业提供更坚实的支撑和更广阔的市场。各领域领先企业及系统集成商加速跨界发展与融合创新，围绕工业互联网整体及重点领域将逐步形成一批解决方案提供商，大力提升工业互联网一体化解决方案能力。随着工业互联网创新示范基地、工业互联网园区等建设，工业互联网加速集群化创新发展。

（肖荣美、张恒升、刘阳、刘棣斐、马娟、袁林、陈丽坤、李海花）

第 23 章　2018 年中国农业互联网发展状况

23.1　发展概况

（1）政策持续支持现代化农业发展

农业信息化、智慧化是现代化农业进程中重要组成部分，是农业现代化发展的必然趋势。党和国家高度重视农业互联网的发展。2018 年以来，国务院、农业农村部、国家发改委等多个部委陆续出台了十余项相关政策文件。其中 2018 年中央一号文件指出："大力发展数字农业，实施智慧农业、林业、水利工程，推进物联网试验示范和遥感技术应用，大力建设具有广泛性的促进农村电子商务发展的基础设施，鼓励支持各类市场主体创新发展基于互联网的新型农业产业模式，深入实施电子商务进农村综合示范，加快推进农村流通现代化。"

（2）农业互联网竞争更为激烈

经过这几年的发展，农业互联网领域产生了一大批专业化的农业大数据技术类公司及产业平台，对这些企业而言，经过了最初的野蛮生长阶段，接下来如何提升涉农数据的整合和应用程度，提高应用的效果是构筑核心竞争力的关键。各企业在单一专业农业领域或某个区域的数据采集和服务能力上各有优势，缺少一个统一集成利用，在一定程度上造成了信息资源的极大浪费，头部企业可能会对相关的专业性、区域性的公司进行整合兼并，增强自身的数据生产能力，以提高企业在未来大数据商业竞争中的竞争力。

（3）资本注入助力农业互联网企业发展提速

近年来，农业互联网领域一直是各方资本青睐的领域。各方资本力量的介入，进一步推动了农业互联网的蓬勃发展。在农业大数据、电子商务、农业服务、农业物联网、人工智能、农业互联网金融等细分领域频频有投融资事件发生。特别需要指出的是，2018 年 9 月，农信互联以投前估值 70 亿元跻身独角兽，成为农业互联网领域首家独角兽企业。

23.2　农村信息服务

从早年间的"村村通"工程，到后来的信息进村入户、信息服务站建设，以及现在的"物联网"下乡工程，我国农村基层群众获取信息服务的手段实现了跨越式的发展，农村信息化设施建设进一步增强。截至 2018 年年底，农村网民规模达 2.22 亿人，占整体网民的 26.7%，较 2017 年年底增加 1291 万人，增长率为 6.2%；农村地区互联网普及率为 38.4%，较 2017 年年底提升了 3.0 个百分点。农村信息化服务的基础"土壤"建设持续向好。

（1）移动客户端的应用更为普及

区别于现代都市中多种设备终端的应用，智能手机成为农民手中"知天下"的主要手段。手机为其提供了包括时事了解、休闲娱乐、聊天交际和获取农业资讯等多种信息，而农业信息方面，农产品价格行情、气象信息、生产资料价格、新品种和新技术应用多次出现在信息搜索的前列。

（2）生产智能化已见雏形

信息技术在农业生产中得到更多应用，涉农企业有针对性地开发各自领域的智能设备和信息管理系统，推进了数字农业建设。在大田种植上，遥感监测、病虫害远程诊断、水稻智能催芽、农机精准作业等开始大面积应用；在设施农业上，温室环境自动监测与控制、水肥药智能管理等加快推广应用；在畜禽养殖上，精准饲喂、猪脸识别、发情监测、自动挤奶等在规模养殖场实现广泛应用；在水产养殖上，水体监控、饵料自动投喂等得到快速集成应用。

（3）信息服务深入农村生活

农村信息服务站点快速发展，越来越多的政务服务及水电气缴费、买票、教育、医疗、金融等公益服务、便民服务实现了在线化办理，让农民不出村就可以享受到与城市居民一样的各类服务。农业农村部开展的信息进村入户工程，作为发展现代农业的重大基础性工程，也是重大民生工程，已经实现了基本全覆盖。各种农业服务供应商在推广产品的同时，积极引导首批使用者成为其在线下的推广人员，有的企业则发展当地农资店成为"服务小站"，利用其影响力加大辐射范围，覆盖更广泛的人群。

（4）信息革命成为农村信息化服务的重大机遇

当前信息化发展已从数字化、网络化阶段进入到以数据深度挖掘与融合应用为特征的智能化、智慧化阶段。大数据、人工智能、5G 等新技术正在引领发展理念、生产要素、经济模式等方面的重大创新。这场信息革命也正在深入到农业的各个环节和农村的各个角落，必将为农业、农村的发展带来一场深刻变革。

（5）乡村振兴战略的实施为农村信息化提供了政策保障

2018 年中央一号文件和乡村振兴战略规划均指出，要大力发展数字农业，实施数字乡村战略，利用互联网思维和信息化手段，构建现代农业产销体系，推动农村产业效率和竞争力的提升。农村地区的信息网络基础设施建设势必再次加速，开发更多适应农村特点的信息技术产品和服务，将会出现多种业态数据融合的趋势。

23.3　涉农电商

（1）农村电商持续获得较大发展

得益于各方政策的支持、农村网民规模持续增长等有利条件，我国农村电商持续获得较大发展。据商务部统计，2018 年中国农村网络零售额 1.37 万亿元，同比增长 30.4%（见图 23.1），全国农产品网络零售额达到 2305 亿元，同比增长 33.8%，农村电商迅猛发展。

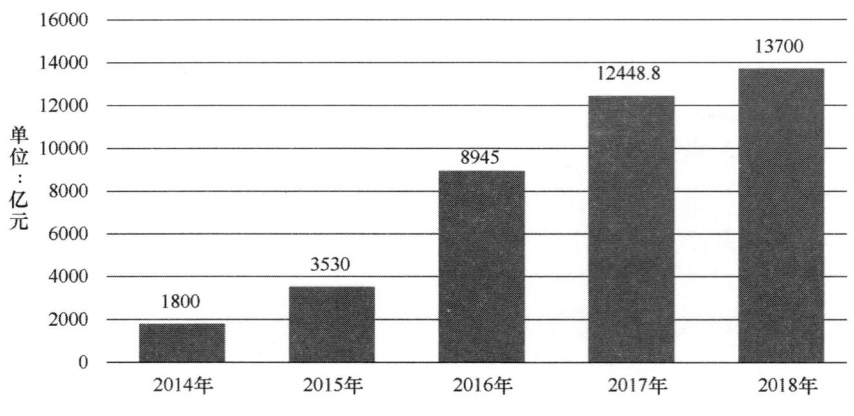

图23.1　2014—2018年我国农村网络零售额

（2）农村电商日益成为脱贫攻坚的重要手段

电商扶贫日益成为扶贫重要手段，同时更加精准化。商务部电商扶贫工作全面推进，2018年电子商务进农村综合示范新增238个国家级贫困县，覆盖率达88.6%。2018年8月由商务部指导，29家单位成立的中国电商扶贫联盟，帮扶对象覆盖351个贫困县，推动企业为贫困地区农产品开展"三品一标"认证，提升品牌化、标准化水平，促进农产品上行取得新进展。同时各大电商平台依托自身资源优势，探索各具特色的电商扶贫模式。

（3）农村电商生态体系不断完善

随着消费升级，人们对农产品品质的要求提升有更加强烈的需求，为广大农村电商带来了巨大的市场；与此同时，政府在冷链设施、农产品质量、供应链建设等方面不断加强政策引导与投入。与农产品电商相配套的冷链物流、智能仓储、可追溯体系等领域得到较大发展，推动整个农村电商服务体系的不断升级完善，并将逐渐进化形成一个全新的农村电商生态体系。

（4）农产品电商是农村电商的重点方向

"农产品上行"在很长一段时间内将成为农村电商发展的重点方向。在我国大部分地区，农产品上行的比例仍比较低，对农产品电商的认识不够清楚透彻。农产品上行同时面临着农村物流基础设施薄弱、成本居高不下、缺乏专业人才、农村物流企业资金不足等问题，大力加强农产品供应链、人才体系建设刻不容缓。

（5）农村电商模式进一步演化

农村电商模式主要表现是零售与批发并重、社交电商与社区电商异军突起。随着农村电商市场规模的扩大，模式不断演化，由单一的网络零售向网络零售、网络批发并重转变，从传统电商向社交电商、社区电商并重转变。

（6）农村电商将进一步推动农业产业结构升级与供应链重塑

诸多电商企业开始向农业产业链深度进军，进一步推动农业标准生产、品牌销售、产业经营；农村电商助推农业产业和市场需求更对称，从而倒逼农业结构调整、提升农产品品质；农民角色发生变化，改变农民单独生产、原材料供应的角色，向加工、储藏、物流、销售及与电商服务配套的产业延伸，促进农村一、二、三产业融合发展。

23.4　农业物联网

（1）种植领域：植保无人机、遥感技术发展迅速

根据大疆公布的数据，2018 年我国植保无人机保有量突破 3 万架，粗略统计全年"无人机植保"的累积作业面积超 3 亿亩。但面对国内近 18 亿亩的耕地植保市场，飞防植保占比仍不足 5%，而日本和美国的农业航空作业面积占比都在 50% 左右，因此无人机植保仍有很大的市场空间。龙头企业在产品研发上都有新动作，新发布的机型从作业效率、喷洒效果与电力效能上，实现了多方位的性能突破，同时针对操控方式与维养便捷性，进行了多项改进，在节省劳动力的同时，赋予农业生产更多创新可能。

遥感现已成为农业农村生产和宏观管理的重要信息数据源。得益于中国自主遥感卫星、无人机遥感和物联网等技术的发展，中国农业遥感研究与应用在过去 30 年取得了显著进步，农业遥感信息获取呈现出天地网一体化的态势，农业定量遥感在关键参数遥感反演技术方法与应用方面取得进展，作物面积、长势、产量、灾害遥感监测的理论与技术方法取得突破，农业遥感技术应用领域不断拓展。2018 年 6 月发射成功的高分六号卫星，是我国第一颗真正意义上的农业遥感卫星，号称"中国农业一号卫星"，其数据将在农业农村领域发挥重要作用，有效扭转了目前我国农业遥感业务运行系统中高分辨率遥感数据要依赖外国卫星的局面。

（2）养殖领域：智能养殖蓬勃发展

2018 年被业内成为智能养殖元年，这并不是说业内对智能养殖的探索始于 2018 年，而是说智能养殖特别是智能养猪在这一年迎来了蓬勃发展。各类行业主体纷纷入局，包括以农信互联为代表的生猪产业综合服务平台，以阿里巴巴、京东为代表的传统互联网巨头，以温氏、牧原、扬翔为代表的优秀养殖企业，以普立兹、睿畜科技、小龙潜行为代表的技术服务商，中国畜牧业协会也适时启动了智能畜牧分会的发起工作。但必须看到，目前的智能养猪整体上处于初级智能阶段，多数产品和技术还停留在数据采集、简单分析层面，缺乏更为关键的多维数据互联互通、模型构建、自主决策、精准执行乃至自我学习环节。2018 年下半年以来非洲猪瘟肆虐为智能养猪的普及、推广带来了空前的机遇，让在线化、网络化、智能化养猪深入人心。

（3）智能化是植保无人机的发展方向

国内农机装备的设计理念、制造工艺相对较为滞后，植保无人机产品性能也有待加快提升。无人机的智能化程度和联网程度还将持续升级，借助人工智能技术，通过升级自动识别、机器算法，配置先进传感器等方式，让无人机在充当"农药喷洒工具"的同时，成为广大农田一线的数据采集器，为更广泛的数据收集、决策、研究提供依据。

（4）农业遥感的商业潜力仍待挖掘

未来我国会发射更多的卫星，这些卫星将具有更好的空间和光谱分辨率，遥感数据交付给客户的效率将会大大改善。现在，农业用遥感仍处于商业发展的早期，未来会更加重视从科研机构到商业农业企业的技术转移，遥感数据将为农民真正带来价值，同时遥感数据和与精准农业相关的其他系统的成本将下降到符合农民收益的水平。

（5）智能养殖平台的优势将不断凸显

随着技术的不断成熟和技术与产业的深度融合，农信互联这类智能养殖平台化的优势会更加突出。一方面，平台拥有庞大的用户群体，能够提供广泛的应用场景和海量的行业数据，为技术的发展提供丰富的分析、训练与应用资源；另一方面，平台能够整合软件服务商、技术服务商、设备提供商等各类行业主体，提供优质高效、低成本的运算能力和服务。通过海量优质的多维数据结合大规模计算力的投入，以应用场景为接口，平台将构建起覆盖全产业链生态的商业模式，满足用户复杂多变的实际需求。

23.5 农村互联网金融

随着互联网及移动互联网技术的发展，金融不断触网，金融科技得到不断发展，拓展至农村金融领域，促使诸多新型平台及模式出现，为农村金融需求主体提供资金融通服务，同时行业基础设施（如支付结算、征信体系等）也正在技术支撑下快速发展。

（1）农村互联网金融参与主体多元

当前农村互联网金融参与主体主要包括农业产业链龙头企业、涉农电商平台、涉农互联网金融平台等。产业链龙头企业凭借其在农业领域的客户和数据资源的积累，与互联网技术结合，打通自有供应链关系，建立起农村互联网金融生态圈。涉农电商平台依托已有业务逐渐孵化出新兴金融服务集团，不断发展涉农农资交易、农产品交易等环节的金融业务，其中既有传统电商如阿里巴巴、京东等，也有如农信互联、美菜等产业 B2B 平台。涉农互联网金融平台发展迅速，涉及网贷平台、众筹平台、助贷平台等多种类型，其中宜信、翼龙贷等在涉农服务方面开展较为深入。

（2）农村互联网金融发展仍面临挑战

一是信用基础设施落后，掣肘了农村金融业务发展。农村信用体系的建设进程尚且不足，预计只有不到一半的农村人口建立了信用档案，信用体系的不完善制约了借贷等金融业务的发展。此外，农民信用观念需要教育转变，失信惩罚制度也需逐步完善。因此，加快农业农村信息化体系建设，尤其是生产与消费信息化体系建设，基于互联网大数据形成信用体系并开展金融服务，将是在更大范围内开展农村普惠金融业务的重要前提。二是农户教育依旧任重道远，农民对互联网金融、农村电商、物流等新技术和新方法的认识度还不高，真正体验过的人较少，因此需要被培训和教育，金融服务尤其如此。

（3）涉农金融服务平台与金融机构服务将更加紧密

在农村金融业务开展中，服务涉农企业、规模化种植农场的涉农金融服务平台较为主流且提供的借款额度也较大。但涉农金融服务平台在资金利率、资源来源等方面有先天劣势，因此未来这类平台通过将更多通过输出其金融科技和客户资源等方式，与大型银行机构等进行资金合作。

（4）涉农互联网金融仍需借助线下渠道开展

农村金融的开展受到基础设施不完善、农业生产资源变化较大等因素的影响，很长一段时间内还需采取线下铺设人员的方式进行获客、风控、贷后管理等各环节工作。农业农村信息化的不断普及和加速，将会加速改变这个状态。

（5）综合性金融服务将不断完善

当前，围绕消费和生产的农村供应链金融是最主流的农村金融类型。农村金融服务在创新发展过程中，除为供应链条涉及的主体提供借贷服务外，很多金融服务机构也将提供其他的如支付、理财、保险等金融服务。

（于莹）

第 24 章　2018 年中国电子政务发展状况

24.1　发展概况

近年来，党中央、国务院高度重视电子政务工作。习近平总书记在党的十九大报告中指出："转变政府职能，深化简政放权，创新监管方式，增强政府公信力和执行力，建设人民满意的服务型政府"；在 2017 年 12 月中央政治局第二次集体学习时，习近平进一步强调："要建立健全大数据辅助科学决策和社会治理的机制，推进政府管理和社会治理模式创新，实现政府决策科学化、社会治理精准化、公共服务高效化。要以推进电子政务、建设智慧城市等为抓手，推动技术融合、业务融合、数据融合，实现跨层级、跨地域、跨系统、跨部门、跨业务的协同管理和服务"，从战略和全局高度为未来电子政务发展指明了方向，提供了根本遵循。

作为国家信息化建设体系的核心，电子政务直接体现了创新、协调、绿色、开放、共享的发展理念，是简政放权、放管结合、优化服务改革等决策部署的关键环节。一年以来，在各方的共同努力下，我国电子政务发展成效显著，政策支持、标准规范、技术创新、产业发展、安全保障、应用提升的良性局面初步形成，互联网政务大厅、政务云平台、政务大数据等新业态快速演进，催生了新的经济增长点，一批年均营收超过 50 亿元的骨干企业正在引领产业发展，并为网络强国战略实施提供有力支撑。电子政务已成为带动信息化发展的引擎，成为拉动数字经济、数字中国建设的动力和示范。

2018 年我国从"互联网+政务服务""政府网站集约化试点""政府网站的规范化管理""政务公开""公共信息资源开放试点""建设国家互联网+监管系统""一体化在线政务服务平台建设"等方面对实质性推进我国电子政务发展提出了明确的目标和要求，各地区各部门采取各种措施落实国家的政策精神，我国电子政务建设和应用取得新突破、新成绩。电子政务在线服务指数排名继续处于全球前列。目前，我国电子政务统筹协调机制日趋完善，产业支撑能力持续提升，电子政务云平台国家标准体系基本建立，政务云平台建设稳步推进，"互联网+政务服务"已形成良好的工作格局，政府网站集约化试点工作有序推进，政府网站工作基本形成较为完善的常态化监管体系，政务公开工作进一步深化，国家"互联网+监管"系统建设全面开展，信息惠民服务体系初具规模，基本公共服务信息化进入服务和技术深度融合发展阶段，省级统筹的一体化政务服务平台建设进度和效果显著提升。我国电子政务国际排名稳步上升[1]（位列全球第 65 位，电子政务发展水平处于全球中等偏上水平）。

24.2 电子政务统筹协调机制

电子政务事关国家治理体系和治理能力现代化。习近平总书记强调，电子政务要适应人民期待和需求，让亿万人民在共享互联网发展成果上有更多获得感。在推动电子政务工作体系化、系统化的过程中，中央网信办发挥了重要作用，日益成为电子政务统筹协调机制的核心。

（1）建立国家电子政务工作统筹协调会议制度

2016 年 8 月，中央网信办会同中央办公厅、国务院办公厅、国家发展改革委等有关部门建立了国家电子政务工作统筹协调会议制度、重大事项会商和重大事项报告等制度，明确了各部门职责分工，厘清了中央各有关部门在电子政务建设、管理、运行和标准化方面的职能与职责，提高了国家电子政务重大政策的一致性和协调性。同时，中央网信办还要求各地网信领导小组根据当地实际情况建立当地的电子政务统筹协调机制。目前，大部分省市已经成立了由网信部门牵头的电子政务统筹协调机制，以此加强对电子政务工作的统筹。以福建省为例，2018 年 4 月，福建出台《福建省电子政务综合试点实施方案》，指出要依托数字福建建设领导小组协调机制，加大对政务数据汇聚共享、政务数据资源开放开发、数据中心整合、"互联网+政务服务"等应用深化和资源整合共享方面的全省性重大工程的统筹协调力度。

（2）开展国家电子政务综合试点

2017 年 12 月，中央网信办、国家发展改革委会同有关部门联合印发《关于开展国家电子政务综合试点的通知》，确定在北京、上海、浙江、福建、陕西等基础条件较好的省（自治区、直辖市），开展为期二年的国家电子政务综合试点。通知明确要求针对当前地方电子政务存在的统筹规划不足、业务协同水平不高、政务服务不到位等问题开展综合试点，探索形成可借鉴推广的电子政务发展经验。通知提出，试点地区要在建立统筹推进机制、提高基础设施集约化水平、促进政务信息资源共享、推动"互联网+政务服务"、推进电子文件在重点领域的规范应用五大方面进行重点探索，要开展组织建立省级电子政务工作统筹推进机制；构建逻辑集中的区域性电子政务平台；编制本地区政务信息资源目录；推进 OFD（OpenFixed-Layout Document，电子文件存储与交换格式）版式文档、电子证照、电子交易凭证的试点应用等十三项具体工作。通知要求，到 2019 年年底，试点地区电子政务统筹能力显著增强，基础设施集约化水平明显提高，政务信息资源基本实现按需有序共享，政务服务便捷化水平大幅提升，探索出一套符合本地实际的电子政务发展模式，形成一批可借鉴的电子政务发展成果，为统筹推进国家电子政务发展积累了经验。

（3）成立国家电子政务专家委员会

为贯彻落实党中央、国务院关于电子政务工作的有关部署，推进国家电子政务健康协调发展，2018 年 3 月，中央网信办会同国家发展改革委、工信部、国家标准委等有关部门联合成立国家电子政务专家委员会。根据有关决策部署，国家电子政务专家委员会的主要任务是

---

[1] 联合国. 2018 电子政务发展报告. 2018-7.

研判国际电子政务发展态势，研究国家电子政务建设和管理中的重大问题，指导各地开展电子政务综合试点，为制定国家电子政务发展战略规划和重大工程建设提供咨询意见，为中央网络安全和信息化委员会提供电子政务领域的政策建议。这一专家委员会的成立将推动我国电子政务建设和管理工作专业化、科学化、民主化和规范化，推进国家电子政务健康协调可持续发展，促进国家治理体系和治理能力的现代化。

24.3　电子政务基础设施建设

全国超九成省级行政区和七成地市级行政区均已建成或正在建设政务云平台，政务云用云量增长迅猛，超过了传统产业、金融、互联网等行业[1]。北京市完成市级政务云布局和建设，为全市 52 个部门的 224 个业务系统提供云计算服务，全面推进电子政务集约化发展；浙江省率先搭建了省市两级架构、分域管理、安全可靠的政务云平台功能，全面实施电子政务建设"云优先"战略；天津市建成统一的政务云平台，形成 IaaS（基础设施）层服务；山东省搭建了省级电子政务云平台，有序推进地市电子政务云平台建设，建立了云服务和政府购买服务体系，目前山东省已逐步形成了较为系统的政务平台。

在工信部、国家标准化管理委员会、中央网信办信息化发展局、全国通信标准化技术委员会（TC485）的领导和指导下，中国信息通信研究院组织业界专家开展了基于云计算的电子政务公共平台国家标准的编制工作。目前已经完成了 5 个系列 24 项国家标准（见表 24.1）的编制工作。这 24 项国家标准的编制完成标志着我国已经初步建立了面向服务的电子政务云平台总体架构，基本确定了电子政务云平台安全体系和信息安全保障机制，首次提出电子政务云平台信息资源安全保护分类方法，基本形成电子政务云平台服务质量评估机制和服务度量计价方法。基于云计算的电子政务公共平台系列标准在各地电子政务云平台建设中起到了积极的支撑作用。

表 24.1　基于云计算的电子政务公共平台系列标准一览表

总体规范 GB/T 34078	技术规范 GB/T 33780	服务规范 GB/T 34079	安全规范 GB/T 34080	管理规范 GB/T 34077
第1部分：术语和定义	第1部分：系统架构	第1部分：应用分类	第1部分：总体要求	第1部分：服务质量评估
第2部分：顶层设计导则	第2部分：功能和性能	第2部分：应用部署和数据迁移	第2部分：信息资源安全	第2部分：服务度量计价
第3部分：服务管理	第3部分：系统和数据接口	第3部分：数据管理	第3部分：服务安全	第3部分：运行保障管理
第4部分：服务实施	第4部分：操作系统	第4部分：应用服务	第4部分：应用安全	第4部分：平台管理导则
—	第5部分：信息资源开放共享系统架构	第5部分：移动服务	—	第5部分：技术服务体系
—	第6部分：服务测试	—	—	—

---

[1] 中国信息通信研究院. 云计算发展白皮书（2018 年）. 2018-8.

24.4　电子政务产业支撑能力

工信部高度重视电子政务产业能力建设,在政策、技术、产业等方面已经全面布局,着力抓好产业体系建设的各项任务落实。一是夯实产业技术基础,面向党政办公应用需求,加大对骨干企业的培育、支持力度,持续推进安全可靠联合攻关,体系化地提升整机、操作系统、中间件、数据库、办公套件等产品的质量和可靠性,达到万人用户规模应用的支撑水平,实现了基本"可用"的重大突破。二是开展新技术、新模式的创新。与有关部门联合实施云计算重大工程,支持政务云平台的研发和应用示范,开展云服务能力评估,落实大数据发展新动能,遴选政务大数据解决方案等优秀案例,并向全国推广应用。三是加快制定标准并推广应用,以信息技术服务标准、云计算标准体系、电子政务云平台标准体系为抓手,制定咨询设计、集成实施、运行维护、服务交付、平台运营等标准,组织开展宣贯培训,有效地解决了政府信息化建设过程的技术和产品的管理问题。国家重点研发计划"云计算与大数据"支持了"面向国产处理器的虚拟化技术与系统"项目,开展面向国产单核/多核/众核处理器的虚拟化架构、虚拟化技术、容器技术等研究,并在关键行业的云计算系统中开展应用验证;支持了"私有云环境下服务化智能办公系统平台"项目,研究基于私有云环境构建办公系统(如政务办公等)的典型需求,提出适用于私有办公云建设的基础架构、技术体系与规范,提出基于国产基础软硬件系统的云端配置解决方案,并开展示范应用。

24.5　政府网站建设

2018 年省级政府网站各类指标总体表现如图 24.1 所示[1]。统计结果显示,信息公开和政务服务指标的得分率相对较高,均在 0.75 以上,传播应用的得分率较低,不足 0.4。这表明,随着国家对政府信息公开、互联网+政务服务的深入推进,政府网站信息公开和政务服务受到更多关注,公开和服务能力相对较高,但与国家相关要求对比仍有较大差距。此外,政府网站传播应用水平明显低于其他指标,政府网站的使用率、影响力和满意度亟待提升。

2018 年中国政府网站绩效评估中,根据各网站在展现设计、信息公开、政策解读、政务服务、互动交流、监督管理、传播应用和优秀案例等方面的综合指数,将其划分为 5 个层级,并分别用"卓越、优秀、良好、中等、待改进"进行标识。

部委网站、省级政府门户网站、地市级政府门户网站以及区县级政府门户网站梯度分布情况分别如图 24.2～图 24.5 所示。

---

[1] 清华大学国家治理研究院,清华大学公共管理学院.2018 年政府网站绩效评估报告.2018-12.

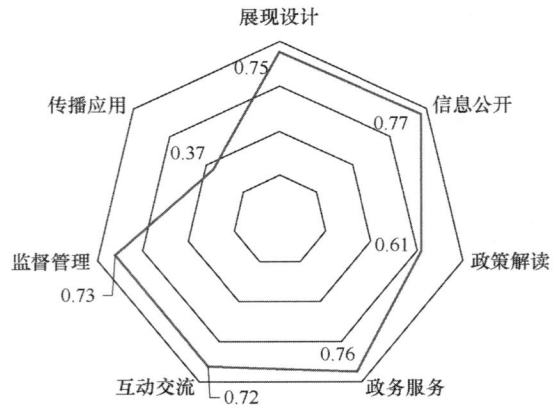

图24.1 2018年省级政府网站各类指标总体表现

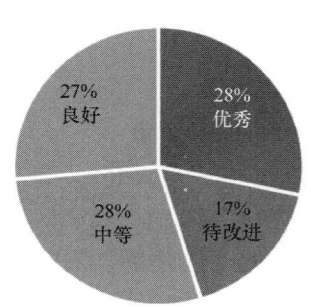

图24.2 2018年部委网站梯度分布情况

资料来源：2018年政府网站绩效评估报告

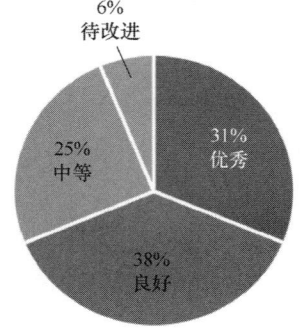

图24.3 2018年省级政府门户网站梯度分布情况

资料来源：2018年政府网站绩效评估报告

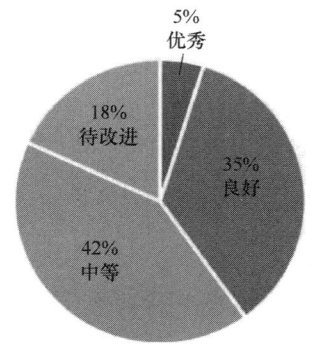

图24.4 2018年地市级政府门户网站梯度分布情况

资料来源：2018年政府网站绩效评估报告

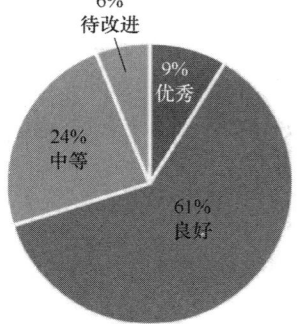

图24.5 2018年区县级政府门户网站梯度分布情况

资料来源：2018年政府网站绩效评估报告

评估结果显示，副省级和省会城市、区县级网站"信息公开"指标得分率相对较高，地市级网站得分率相对较低。省级网站"政务服务"指标得分率相对较高，地市级网站得分率相对较低。副省级和省会城市"互动交流"得分率相对较高，部委、省级和区县级的得分率均较低。仅省级网站"政策解读"指标得分率超过 0.7，地市级网站的得分率相对较低，在 0.6 以下。副省级和省会城市、区县级"展现设计"指标得分率相对较高，部委网站得分率相对较低。总体来看，监督管理得分率相对较好。传播应用指标的得分率普遍偏低。

2018 年 6 月，国务院办公厅印发《进一步深化"互联网+政务服务"推进政务服务"一网、一门、一次"改革实施方案》（国办发〔2018〕45 号），互联网+政务服务确立了"一网、一门、一次"的应用目标，并且按照全面实现"一网通办"的要求，在完善顶层设计的基础上，进一步从服务目标的导向出发，明确了深化"互联网+政务服务"建设任务。

截至 2018 年 8 月，国务院办公厅共发布 3 期政府网站抽查情况通报（包括 2017 年第四季度通报），从国办通报情况来看，全国政府网站合格率保持在 95%以上，北京、天津、江苏、浙江、山东、湖南、海南、四川、贵州、云南、陕西、甘肃、青海等省（市）国办抽查连续多个季度保持 100%合格率。随着网站内容不断丰富实用，网民对政府网站的关注度和使用度也不断提高，全国统一的"我为政府网站找错"平台所接收的用户投诉和反映问题的信件日均约 160 封。用户所反映的问题得到绝大多数部门的重视，影响应用体验的细节缺陷被及时纠正，用户留言的整体办结率超过 99%，不断加强的社会监督已成为驱动政府网站发展的重要力量。被通报的政府网站问题主要集中在管理制度未能严格执行、域名标识不够规范、内容质量和实用性存在严重偏差以及网站功能不易用四个方面。

国务院办公厅还印发了《关于做好政府网站年度报表发布工作的通知》（国办函〔2018〕12 号），明确了政府网站主管部门对站群规模、安全检查、用户纠错信息处理、人员培训等监督管理信息数据的报送要求，明确了政府网站主办单位对自身网站建设管理规范性、内容维护、安全防护、政务新媒体维护、创新发展等工作情况的信息报送要求。通过近几年的管理实践，当前政府网站工作已经基本形成了较为完善的常态化监管体系，其重要的监管点体现在总体工作情况的公开、域名管理、内容管理、平台集约程度以及网站安全检查监督和考核问责的制度机制落实情况 6 个方面。

2018 年 11 月国务院办公厅印发了《政府网站集约化试点工作方案》（国办函〔2018〕71 号），确立了"12345"的工作框架，即一个目标，以建设整体联动、高效惠民的网上政府为目标；两种模式，省级统建模式，或省级、地市级分建模式；三个维度，集约化工作要向数据融通、服务融通、应用融通三个方向延伸；四个原则：问题导向、开放融合、集约节约、平稳有序；五个任务：建设集约化平台、形成标准规范、构建信息资源库、提供一体化服务、强化安全保障。集约化试点工作将重点解决两个层面的问题。基本层面是要解决建设分散、使用不便的问题，通过完善站群管理、内容管理、用户共性应用、运维监管四个方面的平台功能，提高工作效率，减少重复投入。核心层面是要解决数据不通的问题，通过全平台统一信息资源库，汇聚沉淀本地区各级各类政府网站信息发布、便民办事。国务院办公厅选择 11 个地区部署政府网站集约化试点工作。

24.6　政务信息公开

2018 年 1 月，中央网络安全和信息化办公室、发展改革委、工信部联合印发了《公共信息资源开放试点工作方案》，确定在北京、上海、浙江、福建、贵州开展公共信息资源开放试点。这是我国第一次开展政府数据开放的试点。

国务院办公厅自 2012 年起，每年制定文件部署推进政府信息公开和政务公开的重点工作。《2018 年政务公开工作要点的通知》（国办发〔2018〕23 号）主要任务包括：一是着力加强公开解读回应工作，二是着力提升政务服务工作实效，三是着力推进政务公开平台建设，四是着力推进政务公开制度化规范化。一些业务主管部门进一步细化政务公开要求，使得重点领域的政务公开工作与业务结合更加紧密，如围绕重大建设项目批准和实施、公共资源配置领域、社会公益事业建设领域的治理要求，专门制定印发文件推进公开。

当前绝大多数政府门户网站建设了信息公开目录，实现了：①基本信息（机构职能、领导信息、政策文件、政务动态、规划计划）公开；②重点领域（财政资金、重大建设项目、公共资源配置等）信息公开；③信息公开目录建设。

2018 年中国政府网站绩效评估[1]结果显示，当前绝大多数政府门户网站建设了信息公开目录，实现了目录与网站栏目的融合，且能及时更新维护。重点领域信息和数据发布依然是政府门户网站信息公开的短板。信息公开二级指标表现如图 24.6 所示。

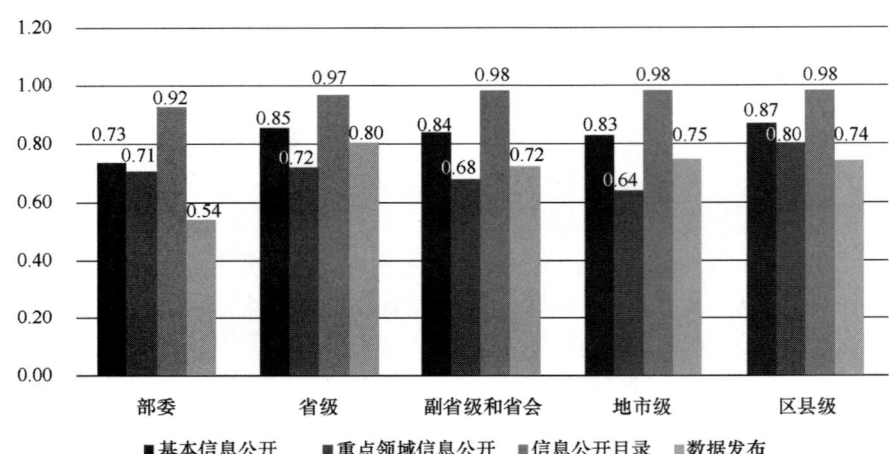

图24.6　信息公开二级指标表现情况

数据来源：2018 年政府网站绩效评估报告

24.7　信息惠民建设

2018 年，国务院制定印发了《全国深化"放管服"改革转变政府职能电视电话会议重点任务分工方案的通知》（国办发〔2018〕79 号）、《关于聚焦企业关切进一步推动优化营商环境政策落实的通知》（国办发〔2018〕104 号）等系列文件，深化细化投资项目审批改革等措施，探索推行承诺制审批，大力推广并联审批、联合勘验、联合测绘、联合审图、联合验收以及区域评估；压缩企业开办时间，实施"证照分离"改革，重点是"照后减证"；治理各种面向企业的不合理收费，并且降低企业融资、物流、用能成本。整体营商环境随着许可审批事项的精简、审批条件的标准化规范化而得到极大改善优化。政策环境的变化为改善营商环境创造了巨大的上升空间，但真正解决企业和群众反映强烈的办事难、办事慢、办事繁的

---

[1] 清华大学国家治理研究院，清华大学公共管理学院. 2018 年政府网站绩效评估报告. 2018-12.

问题还离不开信息化手段，实施互联网+政务服务已成为优化服务和便捷服务的重要支撑，目标是全面实现"一网通办"，从"线下跑"向"网上办"转变，从"分头办"向"协同办"转变。

除此之外，各地方因地制宜，在发展电子政务的同时带动多个行业的信息化，提供各具特色的便民服务。北京市以"北京通"为代表的惠民服务体系初具规模，北京通 App 上线运行，以用户实名认证为基础，已整合交通违章缴、生活缴费、公积金查询、图书查询等共 10 大类 130 项便民服务，覆盖与百姓生活密切相关的政府部门、公共事业单位。浙江省医疗健康、城市管理、交通出行、能源管理、环境保护等领域，开展 20 项省级智慧城市示范试点项目建设，成效明显。天津市小客车调控管理系统实现了车辆指标管理的公平、公正、公开，智能交通管理实现了对交通流量的监控和预测、实时人口分布显示和分析，居民健康档案系统实现建档率 70%以上，电子病历覆盖全部三甲医院，初步建成全市就业服务信息系统，建成水、煤气等公共服务事项集成化便民服务查询系统。

2018 年首届数字中国建设峰会上发布展示了 30 个电子政务的最佳实践，为实现"数据多跑路、群众少跑腿"提供了宝贵的经验，是政务治理创新和产业供给创新交汇融合的优秀范例。

24.8　基本公共服务信息技术体系建设

党的十九大报告提出了到 2035 年基本公共服务均等化基本实现的战略目标，2017 年 3 月国务院印发了《"十三五"推进基本公共服务均等化规划的通知》（国发〔2017〕9 号），就 8 个领域 81 项基本公共服务的均等化发展做出部署，并将信息化作为推进基本公共服务均等化的保障措施。

根据国务院的部署，教育部、人社部分别牵头承担的 8 项基本公共教育服务和 17 项基本劳动就业创业和基本社会保险领域的基本公共服务均已经实现了信息化支撑。原国家计生委牵头承担的 20 项基本医疗卫生领域的基本公共服务事项中的大部分已经建立了全国性的信息系统。民政部牵头承担的 12 项基本公共服务中的一部分服务也建立了信息管理系统。基本住房保障、基本公共文化体育、残疾人基本公共服务等领域的信息化建设和应用也广泛开展。

"十三五"国家基本公共服务清单所列出的 8 个领域 81 项基本公共服务中，一部分基本公共服务如免费义务教育、结核病患者健康管理等国家有统一的规定，同时还涉及安全保密的相关要求。针对该类服务相应领域的牵头部委已经组织建设了覆盖全国相应的信息化系统，提供统一的服务，各省、市县均作为相应系统的使用机构向所辖地区的服务对象提供服务。部分基本公共服务事项需要省级管理和协调，需要组建省级统一信息系统，部分基本公共服务事项具有属地特色，需要各地根据各自需求自建信息化系统。

在基本公共服务信息化系统建设方面，采用国家或省统一部署与省县两级部署信息系统三种方式进行：一是直接使用国家级系统：对于国家卫健委特别要求的、信息填报和安全保密级别较高的直接使用国家级系统，如传染病直报、出生和死亡报告、严重精神障碍患者管理等系统，所采用的技术体系由原国家卫计委统一建设；二是省、县两级部署：对于业务复杂度高、应用覆盖面广、数据存储量大、需要与基本医疗系统进行业务协同的十三大类 46 项基本公共卫生服务，陕西省以国家项目为依托，遵循国家基本公共卫生服务规范（第三版）要求，采取"五统一"思路进行建设，即统一软件功能、统一数据标准、统一技术架构、统一部署实施、统一升级维护，国家要求直报的除外，其他均由卫健委自主完成统一基层软件的研发，已获得国家版权局颁发的 12 项计算机软件著作权，所采用的信息技术体系由陕西省卫健委组织建设，通过统一基层软件的实施，全面提升了基层医疗卫生机构和公共卫生计生专业机构的信息化建设和应用水平，规范了服务流程，提高了服务效率。目前基本公共服务信息化系统通常是以国务院牵头部委或省牵头厅局为主进行各领域各服务项的信息系统的技术体系建设，所选择的技术路线、产品、标准规范和解决方案各具特色，相互独立。加强国家层面的信息技术体系建设的顶层设计，能够针对相应的公共服务制定统一的标准规范，促进不同领域基本公共服务信息系统之间及基本公共服务系统与政府的信息系统之间的互通和信息共享。

24.9 政务信息互联互通

2018 年 7 月，国务院印发《国务院关于加快推进全国一体化在线政务服务平台建设的指导意见》（以下简称《指导意见》）。《指导意见》明确了如下的工作目标：加快建设全国一体化在线政务服务平台，推进各地区各部门政务服务平台规范化、标准化、集约化建设和互联互通，形成全国政务服务"一张网"。政务服务流程不断优化，全过程留痕、全流程监管，政务服务数据资源有效汇聚、充分共享，大数据服务能力显著增强。政务服务线上、线下融合互通，跨地区、跨部门、跨层级协同办理，全城通办、就近能办、异地可办，服务效能大幅提升，全面实现全国"一网通办"，为持续推进"放管服"改革、推动政府治理现代化提供强有力支撑。

截至 2018 年年底，国家政务服务平台主体功能建设基本完成，通过试点示范实现部分省（自治区、直辖市）和国务院部门政务服务平台与国家政务服务平台对接。制定国家政务服务平台政务服务事项编码、统一身份认证、统一电子印章、统一电子证照等标准规范，各省（自治区、直辖市）和国务院有关部门按照全国一体化在线政务服务平台要求对本地区本部门政务服务平台进行优化完善，为全面构建全国一体化在线政务服务平台奠定基础。

计划于 2019 年年底，国家政务服务平台上线运行，各省（自治区、直辖市）和国务院有关部门政务服务平台与国家政务服务平台对接，全国一体化在线政务服务平台标准规范体系、安全保障体系和运营管理体系基本建立，国务院部门垂直业务办理系统为地方政务服务需求提供数据共享服务的水平显著提升，全国一体化在线政务服务平台框架初步形成。

计划于 2020 年年底前，国家政务服务平台功能进一步强化，各省（自治区、直辖市）和国务院部门政务服务平台与国家政务服务平台应接尽接、政务服务事项应上尽上，全国一体化在线政务服务平台标准规范体系、安全保障体系和运营管理体系不断完善，国务院部门数据实现共享，满足地方普遍性政务需求，"一网通办"能力显著增强，全国一体化在线政务服务平台基本建成。

计划于 2022 年年底前，以国家政务服务平台为总枢纽的全国一体化在线政务服务平台更加完善，全国范围内政务服务事项基本做到标准统一、整体联动、业务协同，除法律法规另有规定或涉及国家秘密等外，政务服务事项全部纳入平台办理，全面实现"一网通办"。

当前，各地区各部门积极推进网上政务服务平台建设，开展网上办事，有效优化了政府服务，方便了企业和群众，为推进政府治理创新提供了有力支撑和保障。截至2018年10月，31个省级政府已经建成省级网上政务服务平台，其中29个已建成省、市、县三级以上的网上政务服务体系，"互联网+政务服务"成为政府公共服务的重要方式。全面优化网上服务成为深化行政审批制度改革的亮点，31个已建成的省级网上政务服务平台提供的22152项省本级行政许可事项中，其中16168项已经具备网上在线预约预审功能，占比达72.98%，平均办理时限压缩24.96%。"应上尽上、一网服务"成为规范行政权力运行的重要抓手，31个已建成的省级网上政务服务平台可以提供1403个省本级部门的54440项政务服务事项办事指南服务信息。"一次认证，全网通办"成为发展亮点，27个地区面向自然人和法人构建了省级统一身份认证体系，已认证1.07亿个人实名用户和3071万企业实名用户。政务系统互联互通和信息共享成为提升网上政务服务能力的核心，21个省级网上政务服务平台已经构建电子证照库，汇集了552个省本级部门6830类的2.61亿项相关证照信息。以福建省为例，福建已全面建成全省网上办事大厅，接入省、市、县、乡、村五级行政审批和公共服务事项16.3万项，其中实现"一趟不用跑"4.7万项，"最多跑一趟"9.9万项。上线闽政通App，积极打造"马上就办"掌上便民服务平台。福建实现政务服务"像网购一样"方便快捷，给群众和企业更方便、更快捷的服务体验，创造出营商环境新优势，为深入推进放管服改革提供了有力支撑。

（石友康、聂秀英、丁艺）

第 25 章　2018 年中国电子商务发展状况

25.1　发展概况

（1）网络零售市场总体平稳发展

随着国内居民消费能力的持续提升与网上购物习惯的逐步养成，2018 年中国网络零售市场交易规模保持持续增长。2018 年，线上、线下融合加速落地：基于消费体验重构的融合、供应链效率提升与渠道下沉及消费场景延伸是线上、线下融合的三类突出表现形式。线上、线下融合的新业态模式不仅是对实体零售的赋能，也是对线上零售结构的重新调整，更多精准高质量的流量导入使网络零售焕发出新的活力。从垂直领域发展来看，生鲜、跨境、母婴依然是高速增长的热门品类。

（2）消费升级，需求端倒逼上游供应链重塑

随着居民可支配收入持续增长，消费升级趋势日益显现：以高品质、高性价比、重体验为发展方向。传统电商中商品质量良莠不齐的问题突出，对用户而言信息甄别成本极高；在此背景下，品质电商应运而生并迅速发展：一方面，通过传递"优选""甄选"的品牌形象获得持续增长的消费受众，迎合消费升级的趋势；另一方面，通过需求端逆向传导重塑上游供应链，品控和成本控制同步提升，在更好满足用户消费需求的同时，为传统制造业转型升级提供内在驱动。

（3）大数据与云计算孵化电商新业态

大数据与云计算的应用落地，为零售新业态的产生提供了技术上的可能。在渠道融合背景下，线上、线下消费行为产生的零售大数据同步至数据仓库，经由维度建模、机器学习等方式提取有效信息，并运用至个性化推荐、全链路营销、智能补货、销量预测等实际运营环节，从而提升行业效率。

（4）电商渠道下沉，触达地域鸿沟日益弥合

主流电商平台已经完成了在传统一、二线城市的"跑马圈地"。低线城市人口规模庞大，随着持续的城镇化发展和低线城市消费水平的进一步提高，这些城市蕴藏着的巨大消费潜力得以日益显现，逐渐被视为电商发展的蓝海。

（5）消费升级背景下品质化趋势日益显现

2018 年全国人均可支配收入实际增长 6.5%，高于人均 GDP6.1% 的增速。伴随着经济的

稳定发展，收入的提升直接驱使中国居民对更高层次消费的追求。中等收入阶层人群逐步壮大，高购买力人群及潮流人群对消费产生双向驱动，带动消费升级变革。在消费升级趋势下，消费者对于品质与服务的关注日益提升，带来品类、品质和体验三大层面的结构性变化。

25.2　市场规模

25.2.1　总体市场规模

国家统计局数据显示，2018 年中国电子商务交易额达 31.63 万亿元，同比增长 8.5%，增速较 2017 年下降了 3.2 个百分点，市场增长略有放缓（见图 25.1）。其中，商品、服务类电子商务交易额为 30.61 万亿元，同比增长 14.5%。

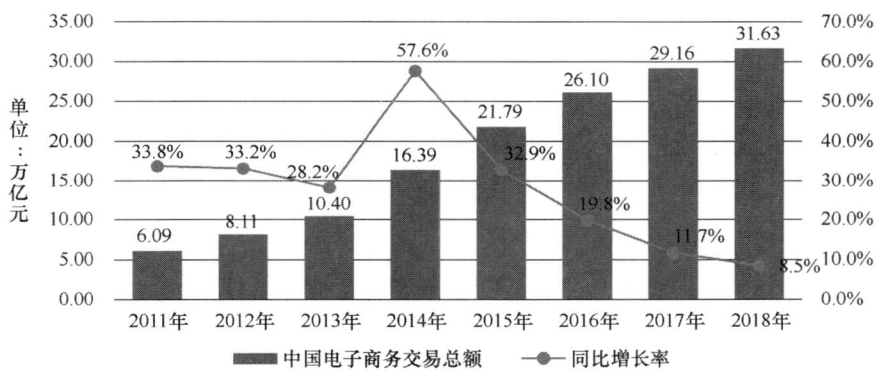

图25.1　2011—2018年中国电子商务交易额

数据来源：国家统计局

25.2.2　网络零售

2018 年中国网络零售额达 9.01 万亿元，同比增长 23.9%，增速较 2017 年下降了 8.3 个百分点，市场增长有所放缓（见图 25.2）。其中，实物商品网上零售额为 7.02 万亿元，同比增长 25.4%，占社会消费品零售总额的比重提升至 18.4%。

网络零售在社会消费品零售总额中的占比持续提升。尽管网络零售的规模仍在持续不断的增长中，但各大电商平台线上获客成本日益上涨也是不争的事实。众多电商行业的玩家也在纷纷探寻新的增量市场：一方面丰富玩法，通过营销社交化、内容化；界面内容化、定制化来吸引更多消费者的注意力；另一方面通过全品类、全渠道、全场景，探寻线下流量入口。

25.2.3　市场结构

2018 年，我国电子商务 B2C 零售额占全国网络零售额的 62.8%，较 2017 年提升了 4.4 个百分点；B2C 零售额同比增长 34.6%，增速高于 C2C 零售额 22.1 个百分点（见图 25.3）。

在消费升级的浪潮下，消费者对于品质和服务的需求不断升级，电商卖家的品牌化规模化仍然是大势所趋，可以预期在未来几年，B2C 仍是网络零售市场的主角。

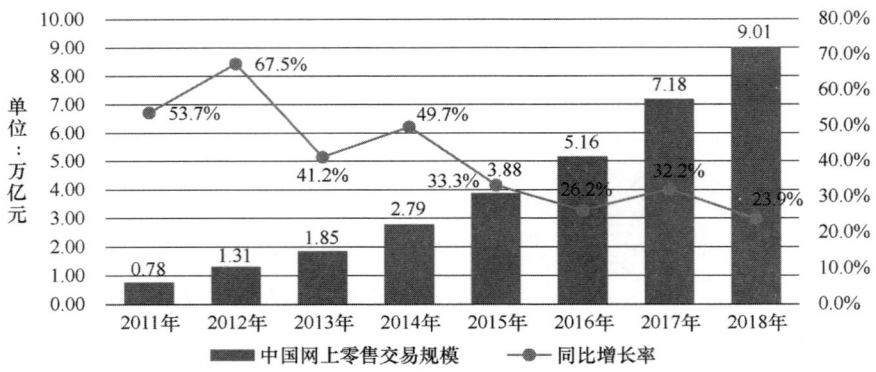

图25.2　2011—2018年中国网络零售交易额

数据来源：国家统计局

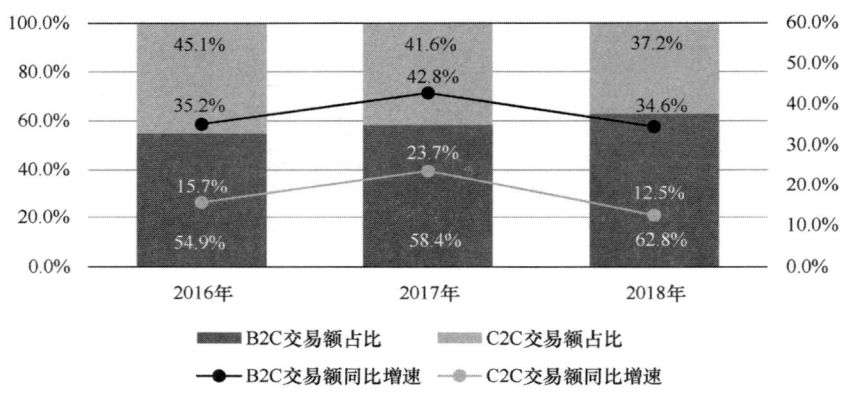

图25.3　2016—2018年中国网络零售交易额及结构

数据来源：商务大数据

25.2.4　农村网络零售

2018 年，中国农村网络零售额达 1.37 万亿元，同比增长 30.4%，增速较 2017 年下降了 8.7 个百分点，市场增长有所放缓（见图 25.4）。全国农产品网络零售额达 2305 亿元，同比增长 33.8%。

25.2.5　电子商务服务业

2018 年，中国电子商务服务业市场规模达 3.52 万亿元，同比增长 20.3%，增速较 2017 年上涨 1 个百分点（见图 25.5）。其中，电子商务交易平台服务营业收入规模达 6626 亿元，增长 31.8%。

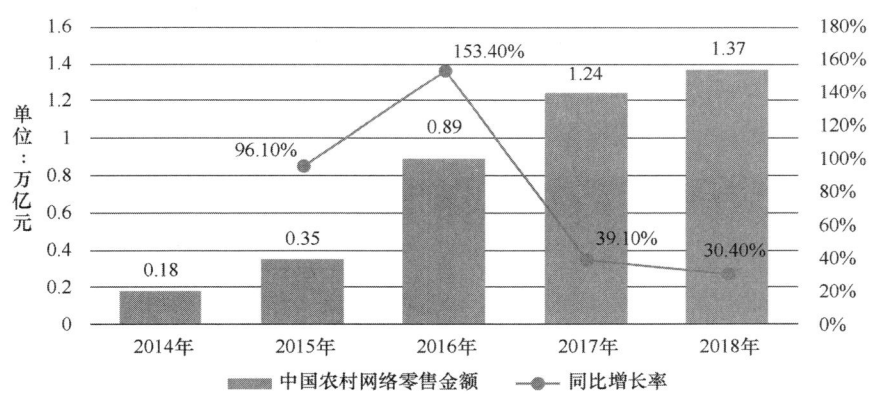

图25.4　2014—2018年中国农村网络零售额

数据来源：商务部

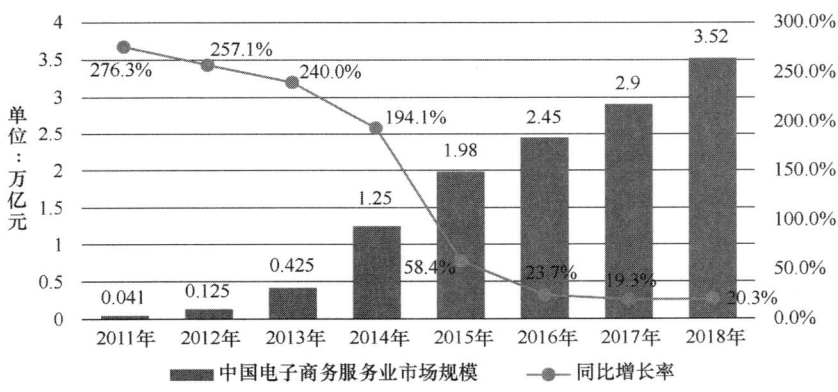

图25.5　2011—2018年中国电子商务服务业营收规模

25.3　细分领域

25.3.1　跨境电商

2018 年，中国跨境电商市场规模为 1613.3 亿元，同比增长 44.9%，增速较 2017 年下降了 4.7 个百分点。预计未来几年，在政策基本面保持利好的情况下，进口电商零售市场仍将保持平稳增长。预计至 2021 年，中国跨境电商的市场规模将突破 3000 亿元，如图 25.6 所示。

25.3.2　生鲜电商

2018 年，中国生鲜电商市场规模为 1810.8 亿元，同比增长 38.6%，增速较 2017 年下降了 8.4 个百分点（见图 25.7）。生鲜电商虽然在 2016—2017 年迎来洗牌期，大量中小型生鲜电商或倒闭或被并购，市场遇冷；但随着阿里巴巴、京东等电商巨头入局，不断加码供应链及物流等基础建设投资，并带来了一系列创新模式，使得生鲜电商市场重振活力。未来随着技术成熟、政策支持及生鲜电商供应链的升级，生鲜电商行业仍将保持快速发展。

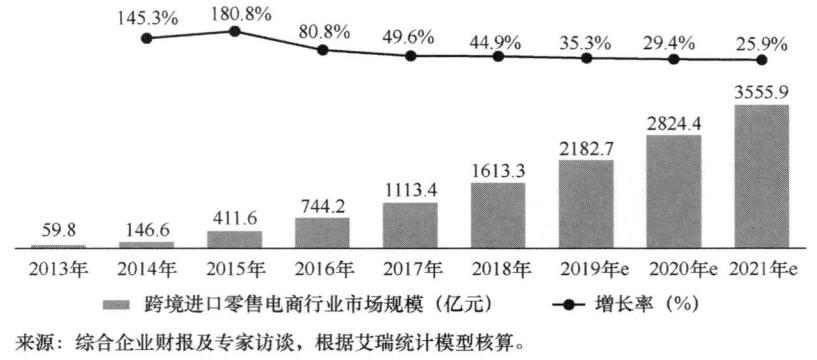

来源：综合企业财报及专家访谈，根据艾瑞统计模型核算。

© 2019.1 iRsesarch Inc   www.irsesarch.com.cn

图25.6　2013—2021年中国跨境电商市场规模

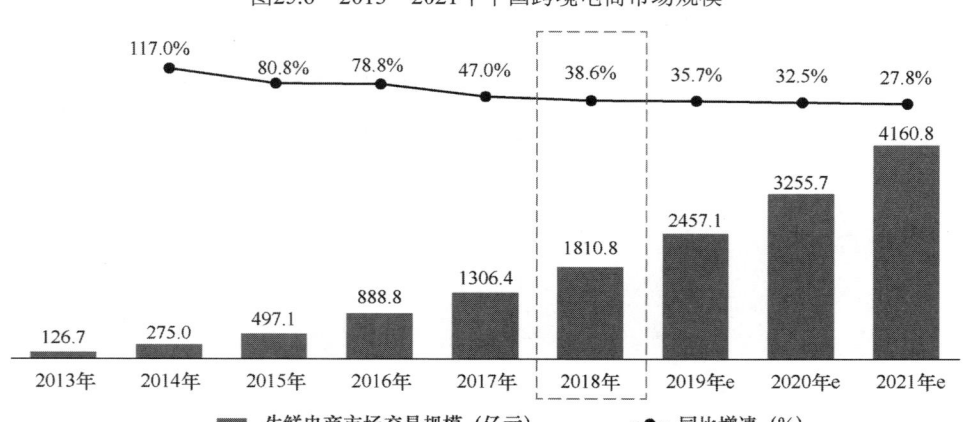

来源：根据艾瑞统计模型核算。

© 2019.1 iRsesarch Inc   www.irsesarch.com.cn

图25.7　2013—2021年中国生鲜电商市场规模

25.3.3　生活服务类电商

2018 年，中国生活服务类电商市场规模为 14063.9 亿元，同比增长 42.7%，增速较 2017 年下降了 29.8 个百分点（见图 25.8）。在旺盛的消费需求、互联网对居民生活的不断渗透、基础设施的不断完善及服务内容和生态快速扩充等多重因素的助推下，我国本地生活行业线上化进程高速推进。

2018 年美团上市，饿了么与口碑合并成立本地生活服务公司，两大综合本地生活服务巨头开始全面对垒竞争，行业进入双寡头阶段。补贴换流量的效应有所减弱，行业野蛮生长期已过，两大巨头也开始加速商业化进程：近期，多家媒体报道美团佣金上涨，口碑也宣布将从 2019 年 3 月开始面向全平台、全范围商家收取服务费用，生活服务类电商行业的竞争已进入新的阶段。

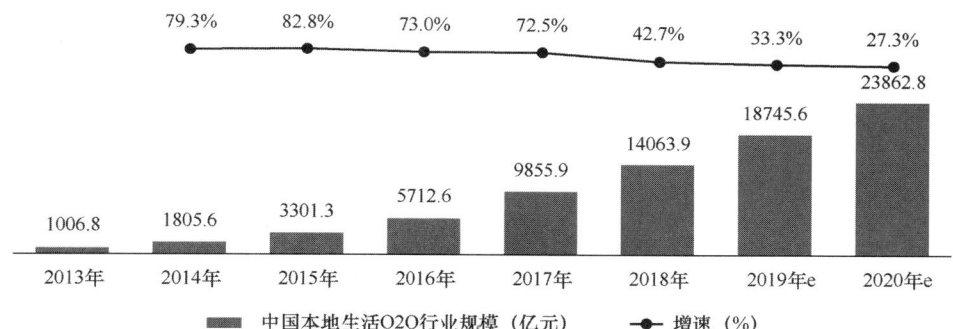

注释：包括统计的本地生活O2O市场规模指在线餐饮（包括外卖及到店）、商超宅配、线上美容美护、线上婚庆、线上亲子、在线票务（包括电影及现场娱乐）、在线家政、在线KTV、在线送洗、其他在线休闲娱乐共计10个行业的交易规模总和。与2017年数据相比，本次报告对本地生活规模口径进行了调整，不再包含在线教育行业规模。艾瑞根据最新获取到的信息对历史数据进行了调整。
来源：综合公开信息、企业财报季专家访谈，艾瑞咨询研究院自主研究及绘制。

© 2019.1 iRsesarch Inc　　　　　　　　　　　　　　　　www.irsesarch.com.cn

图25.8　2013—2021年中国生活服务类电商市场规模

25.4　发展趋势

（1）线上获客成本激增，纯电商模式待转型

随着国内互联网流量红利衰退，纯电商模式的边际获客成本持续上涨；以 2014 年为基期，国内典型电商平台的边际获客成本均呈现上涨态势。纯电商模式的获客成本压力促使电商平台相继试水线上、线下融合的商业模式，上述转变对于国内零售业格局的演变将产生深远影响。

商务部数据监测显示：2016 年 6 月至今，全国 3000 家重点零售企业零售指数呈波动性上升趋势，考虑到季节性波动的影响，实体零售行业回暖趋势初现。对电商而言，线上获客成本激增与实体零售回暖双重因素进一步强化了其向线下市场渗透：经历了国内零售电商的高速增长期，但国内零售市场的线上渗透率仍未超过 20%，加之线上获客成本与物流成本的上涨，零售业线上、线下成本的剪刀差逐步弥合，借由线上、线下融合模式，渗透线下超过80% 的零售市场份额，成为国内电商平台的共识。

（2）数字基础设施普及，核心技术应用落地促进融合

数字基础设施及终端的普及，为线上、线下融合提供了基础设施和硬件层面的基础；以大数据为代表的底层技术与应用层技术突破，则从核心技术层面确保了线上、线下融合实现的可行性；伴随技术设施普及与核心技术突破，零售业线上、线下融合的应用场景不断拓展，为定位服务、个性化推荐、移动支付及会员管理等各场景和应用环节的实现提供了支持。

（3）从后端供应链到前端客户体验，覆盖全价值链多场景

就实现形式而言，线上、线下融合主要有三种形式（见图 25.9），第一类是基于消费体验重构的融合，该类融合侧重通过结合互联网运营模式实现消费者到店体验的优化；第二类是基于消费场景延伸的融合，主要体现为"最后一公里"配送及线上预约门店自提，其意义主要在于打破消费者进行交易与取得商品空间限制的同时，满足了消费者对于即时性的需

求；第三类是基于供应链效率提升与渠道下沉的融合，主要体现在对传统线下门店的零售赋能及与对品牌商的零售赋能。

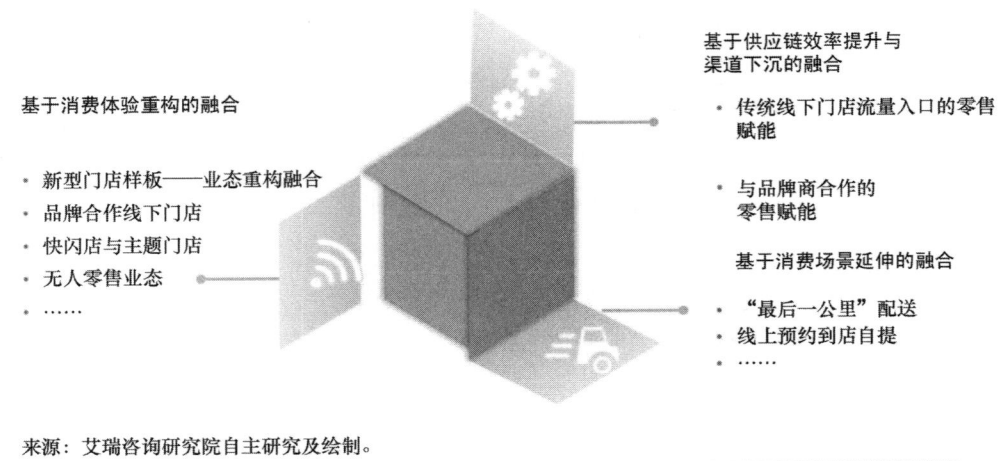

图25.9　零售业线上、线下融合模式

（4）供应链效率提升是线上、线下融合的重要基础

线上、线下融合的主要目的是实现信息流、资金流、物流之间的有效衔接与融合，使得整个商品的生产、流通、服务等过程更加高效。为更好地将"人、场、货"相匹配，实现人在其场、货在其位、人货相匹配的供应效果，供应链的全方位融合提升是重要的基础，供应链将不仅仅是传统意义上的供应链，它将依托大数据和信息系统把客户综合感知、智慧指挥协同、客户精准服务、职能全维协同、重点聚焦保障等要素集成于一体，使各个系统在信息主导下协调一致地行动，最大限度地凝聚服务能量、有序释放服务能力，这样最终会使服务变得精准，使供应链变得透明、柔性和敏捷，使各个职能更加协同。

供应链效率提升维度示意如图 25.10 所示。

图25.10　供应链效率提升维度示意

（5）开放平台与即时物流助力"最后一公里"消费需求满足

作为线上、线下融合的重要功能之一，"最后一公里"消费需求的满足意味着将消费场景的进一步延伸。开放平台赋能与即时物流体系的支持是实现上述功能的必要条件：通过将空间布局分散的线下商超入驻开放平台，结合即时物流平台的调拨和运力支持，以实现特定时间和空间范围内消费者需求与线下商品资源供给的匹配，将消费场景有效延伸。

（6）社交电商发展迅速，全面提升运营效率

互联网行业发展历程中，社交流量与电商结合的变现模式一度被视为无解之题，拼购模式和内容电商的出现实现了社交流量变现的破局；而对电商平台而言，通过引入社交玩法突破获客与转化瓶颈，也成为主流电商平台纷纷尝试的内容。就内在逻辑而言，社交电商模式在拉新、转化与留存各环节中均有其独特优势：首先，通过社交平台引流获客，可以显著降低用户拉新的成本；其次，无论是基于强关系的熟人社交，还是弱关系的兴趣社交，不同社交关系产生的信任背书对于提升用户转化具有重要作用；最后，通过内容运营和社群运营还可有效提升用户黏性。社交电商运转逻辑如图 25.11 所示。

用户拉新　　　　　　　　　用户转化　　　　　　　　　用户留存
拼购模式降低边际获客成本　基于关系的信任背书　　　　内容运营提升用户黏性
　　　　　　　　　　　　　有效提升用户转化

来源：艾瑞咨询研究院自主研究及绘制。

图25.11　社交电商运转逻辑

（7）产品至服务、标品到非标的延伸

从网络购物的发展历程来看，品类的延伸经历了从产品到服务、从标品到非标品的延伸。第一阶段，标准化程度最高、轻服务的品类，如图书、日化用品等得以线上化；第二阶段，生鲜等非标准化、轻服务品类的线上销售开始高速增长。随着互联网对居民生活渗透的持续深入，一些非标准化的、重服务的品类开始得到越来越快速的发展。众多电商平台也开始了横纵双向的品类扩充：横向上不断拓展更多泛零售的商品品类，纵向上逐步开始"服务+"的升级。

（8）商品呈现横向扩充趋势，非传统零售实体商品品类不断增加

事实上，综合电商平台对于众多非传统零售类别的实体商品品类的拓展和布局均已经有多年的历史。早在 2014 年京东就成立了医药健康事业部，2010 年淘宝就已经推出了自己的房产频道。但在很长一段时间内，这些品类在综合电商平台的发展都一直处于不温不火的状态。随着互联网、移动支付与网络购物的不断发展，这些当前线上渗透率还处于相对较低水平的非传统零售，尤其是大额交易的品类开始逐渐被各大电商平台视作发展的新蓝海，综合电商平台开始进一步拓展自身电商服务的宽度。

（9）服务呈现纵向延伸趋势，服务型商品日益丰富

从宏观经济环境来看，我国正处于以物质消费为主向服务消费转变的过程中，服务型消费增势强劲。居民收入不断提高、中等收入群体不断扩大为服务业发展注入了活力和动力。在居民消费结构中，服务和享受型消费的占比进一步增加。在新的消费形势下，除实物商品的拓展以外，电商平台也开始服务类商品的延伸。一方面，越来越多的电商平台开始为销售的实物商品提供附加服务，如汽车的维修保养服务、家电的安装清洁服务等；另一方面，在实物产品之外，电商平台也开始提供更多的服务类商品，如宠物服务、旅游度假等。

（10）主流消费群体发生变化，80、90 后消费行为特征及消费观念有所不同

90 后是个性张扬的一代人，消费习惯上也与先前代际群体大有不同；80 后基本已经成为职场主力，他们有能力也更有意愿去提升个人的消费水平。从总体上讲，80 后、90 后的消费特征可以总结为四大特征：颜值即正义、我有我的群体、自我提升的紧迫性、个性张扬的需求。颜值即正义：体现在对化妆品、护理用品、服装、饰品的追逐；我有我的群体：体现在社交需求印记在消费的方方面面；自我提升的紧迫性：表现在对各类学习产品的自主性消费；个性张扬的需求：表现在消费的个性化、定制化的特点。

（11）网购消费离差缩小，消费观点逐渐稳固成型

随着网购消费习惯的养成，网购用户在消费观念上日趋成熟和理性，在形成定式的消费原则之后，在消费支出结构上也表现出日益稳定的特征。根据 2018 年 6 月财新传媒、BBD、京东联合发布的《消费升级指数观察：成熟消费者报告》：消费者在进行网购一段时间后，消费结构和消费支出就会趋于稳定，平均消费离差收敛；同时，不同消费群体在经历相同的过程之后，消费也开始趋同，人群和人群之间的差异，要远远小于人群内部随时间变化的差异，如图 25.12 所示。消费者消费进程都是相似的，最终都会通向"成熟的消费者"。

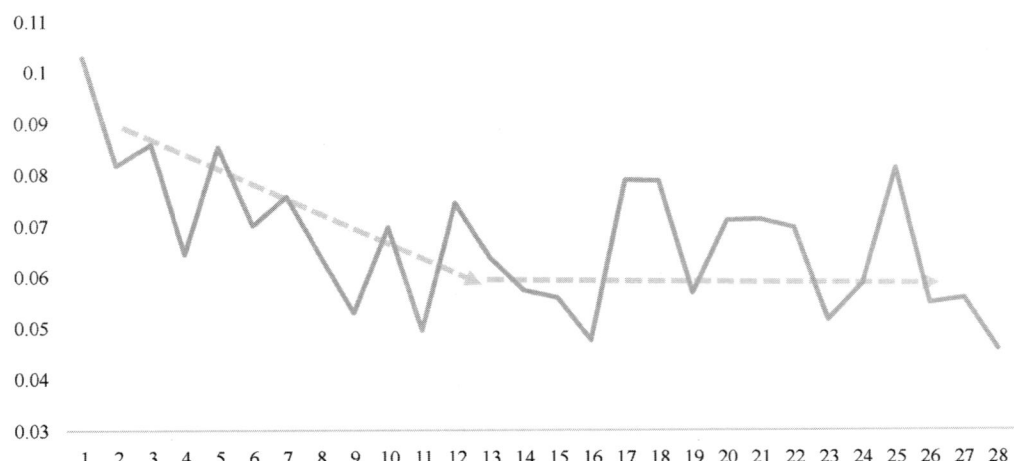

注释：平均消费离差代表消费者在一定时间内购买商品品类的离散程度。
来源：京东大数据、财新传媒、BBD。艾瑞咨询研究院绘制。

© 2018.7 iRsesarch Inc　　　　　　　　　　　　　　　　　www.irsesarch.com.cn

图25.12　2018年网购用户平均消费离差变化

（12）低线城市高端消费客单价与高线城市差异不断缩小

相较于一、二线城市居民面临着高房价、高生活成本的压力，低线城市消费者随着收入的不断增长，与一、二线城市在购买力上的差距逐步缩小，消费升级逐步向低线城市传导。从数据来看，2018 年第一季度京东四、五、六线城市中高端商品销量占比与一、二线城市的差距已处于较小的状态，低线城市与一、二线城市中高端商品的客单价之间的差距也在逐步缩小，低线城市网络购物市场进一步打开，与一、二线城市之间的差距不断缩小。

（殷红）

第 26 章　2018 年中国网络金融发展状况

从狭义上讲，网络金融是指在互联网上开展的金融业务，包括网络银行、网络证券、网络保险等金融服务及相关内容；从广义上讲，网络金融就是以网络技术为支撑，全球范围内所有金融活动的总称，它不仅包括狭义的内容，还包括网络金融安全、网络金融监管等诸多方面。在央行划定的网络金融范围中，网络支付、基金销售、P2P 网络借贷、众筹融资和金融机构的创新性互联网平台都属于该行列。

26.1　发展环境

1. 政策环境

2015 年中国人民银行等十部委提出《促进网络金融健康发展的指导意见》，确立了网络支付、网络借贷、股权众筹融资、互联网基金销售、互联网保险、互联网信托和互联网消费金融等网络金融主要业态的监管职责分工，落实了监管责任，明确了业务边界，建立了中国的网络金融监管的总体框架，主要监管主体包括中央监管层、地方监管层及行业自律体系，如图 26.1 所示。

图26.1　网络金融监管框架

2018 年，加强监管是网络金融的主旋律，"合规"和"备案"是网络金融行业发展的核心内容。各级监管部门先后出台了互联网资管新规、网贷备案规定、银行存管白名单等政策和规定，对网络支付、网络借贷及其他网络金融业务加强监管，防范金融风险。根据《中国网络金融安全发展报告 2018》，2018 年影响中国网络金融安全发展的十大政策法规如表 26.1 所示。

表 26.1   2018 年影响中国网络金融安全发展的十大政策法规[1]

发布时间	政策名称	发布机构	主要内容
2018.03.08	《关于加大通过互联网开展资产管理业务整治力度及开展验收工作的通知》	网络金融风险专项整治工作领导小组	明确互联网资管业务属于特许经营业务
2018.04.16	《关于规范民间借贷行为维护经济金融秩序有关事项的通知》	中国银保监会等四部门	未经批准，任何单位和个人不得设立从事或主要从事发放贷款业务的机构或以发放贷款为日常业务活动
2018.04.19	《关于加强非金融企业投资金融机构监管的指导意见》	中国人民银行等三部门	对金融机构的不同类型股东实施差异化监管，强化股东资质要求
2018.04.27	《关于规范金融机构资产管理业务的指导意见》	中国人民银行等多部门	细化了标准化债权资产的定义，对资管业务制定了监管标准
2018.05.30	《关于进一步规范货币市场基金互联网销售、赎回相关服务的指导意见》	中国证监会、中国人民银行	明确开展货币市场基金互联网销售业务应遵循的规定，以及非银支付机构在为基金管理人、基金销售机构提供基金销售支付结算业务过程中应遵循的规定
2018.07.11	《加强跨境金融网络与信息服务管理的通知》	中国人民银行	对境外提供人和境内使用人的合规义务、行业自律、审慎管理职责进行了规定
2018.08.31	《中国证监会监管科技总体建设方案》	中国证监会	明确监管科技信息化建设工作需求和工作内容
2018.10.11	《网络金融从业机构反洗钱和反恐怖融资管理办法》	中国人民银行、银保监会、证监会	明确由人民银行牵头负责对从业机构履行反洗钱义务进行监管，并制定相关监管细则
2018.10.22	《北京市促进金融科技发展规划（2018—2022 年）》	北京市金融工作局	推动金融科技底层技术创新和应用，加快培育金融科技产业链、拓展金融科技应用场景
2018.11.27	《关于完善系统重要性金融机构监管的指导意见》	中国人民银行、银保监会、证监会	明确系统重要性金融机构监管的政策导向，弥补金融监管短板，引导大型金融机构稳健经营，防范系统性金融风险

2. 经济环境

2018 年第四季度，GDP 和社会融资规模同比增速创近五年新低，宏观经济环境低迷。其中，中国国内生产总值 900309 亿元，较 2017 年增长 6.6%，实现了增长 6.5% 的预期目标。社会融资规模存量 200.75 万亿元，增量累计 19.26 万亿元，增量较 2017 年少了 3.14 万亿元[2]。

3. 技术环境

网络金融发展至今，底层技术逐渐明朗，主要包括大数据、云计算、区块链和人工智

---

[1] 中国网络金融安全发展报告 2018.

[2] 国家统计局.

能等。

在网络金融领域，风险评估和风险控制及市场的营销推介都可以借助大数据开展。大数据和互联网的有效结合产生了新的商业模式，如智能信贷、网络支付等。

金融云服务通过构建基础资源架构，突破异构虚拟化、分布式海量存储、大规模资源调度与管理等云计算的关键技术，可以促进企业金融创新发展，有效解决我国金融信息化建设中的发展不平衡问题。金融云通过提供科技支撑，使中小微金融机构更加专注于金融业务的创新发展，实现集约化、规模化与专业化发展，促使金融业务与信息科技合作共赢。同时，虚拟化、可扩展性、可靠性和经济性使金融云能提供更强的计算能力和服务能力，为金融创新提供技术和信息支持，降低中小微金融机构的服务门槛，推动了普惠金融的发展。

区块链的本质是一种去中心化的分布式共享记账技术，它可以记录在区块链上发生的所有交易。区块链去中心化、信息不可篡改、公开透明的特点有助于发挥加速"金融脱媒"、改善金融资源配置效率、降低金融交易成本的积极作用。区块链应用于金融领域，可以有效解决资产证券化、保险、供应链金融、大宗商品交易、资产托管等多个金融场景中由于参与主体众多、信用评估代价高昂、中介机构结算效率低下等痛点。例如，在保险领域，区块链技术可应用在保险市场的产品、渠道、理赔、反欺诈等多个环节。区块链技术作为具有颠覆性的创新科技，既存在很大的发展空间，又存在较多的不确定性；既可以给金融业发展转型带来机遇，也可能带来更大的冲击。

人工智能是指对人类智能的模拟、延伸和扩展，云计算和大数据的快速发展为人工智能提供了基础支撑，人工智能将为金融业带来颠覆性变革，具体应用包括以下几方面：一是面向客户的应用，包括信用评分、保险业和聊天机器人。近年来，银行等金融机构日益使用新型的非结构化与半结构化的数据来源（如社交媒体、手机和短信）来捕捉借款人的信用，并用人工智能来评估消费者行为和支付意愿等定性因素，使筛选借款人的速度更快、成本更低。在保险业中，利用人工智能分析大数据作为保险定价的基础。聊天机器人则可以帮助客户处理问题，并交互获得客户信息。二是面向运营的应用，如优化资本、模型风险管理和压力测试及市场影响分析等。三是交易执行与投资组合管理的应用。四是合规性与监管方面应用，如识别客户身份、检测交易数据及智能政策评估等。

26.2　发展特点

网络金融发展至今具有如下发展特点：一是成本低，在网络金融模式下，金融机构可以避免开设营业网点的资金投入和运营成本。资金供求双方可以通过网络平台自行完成信息甄别、匹配、定价和交易，无传统中介、无交易成本、无垄断利润。二是效率高，网络金融业务主要由计算机处理，操作流程完全标准化，客户不需要排队等候，经过数据挖掘和分析，引入风险分析和资信调查模型，商户从申请贷款到发放只需要几秒钟，业务处理速度更快，用户体验更好。三是覆盖广，网络金融模式下，客户能够突破时间和地域的约束，在互联网上寻找需要的金融资源，金融服务更直接，客户基础更广泛。四是发展快，依托于大数据和电子商务的发展，网络金融得到了快速增长。以余额宝为例，余额宝上线 18 天，累计用户数达到 250 多万，规模 500 亿元，成为规模最大的公募基金。五是管理弱，首先，网络金融还未完全纳入人民银行征信系统，也不存在信用信息共享机制，不具备类似银行的风控、合规和清收机制，容易发生各类风险问题，已有 P2P 网贷平台宣布破产或停止服务。其次表现为监管弱，网络金融在中国处于起步阶段，还没有监管和法律约束，缺乏准入门槛和行业规范，整个行业面临诸多政策和法律风险。

26.3　网络支付

网络支付[1]是指通过计算机、手机等设备，依托互联网发起支付指令、转移货币资金的服务。2018 年中国网络支付交易金额达 2126.30 万亿元，同比增长 2.47%；网络支付业务交易频次约 570.13 亿笔，同比增长 17.36%；移动支付业务交易金额达 277.39 万亿元，同比增长 36.69%；移动支付业务交易频次约 605.31 亿笔，同比增长 61.19%；移动电话支付业务交易金额 7.68 万亿元，同比下降了 12.54%；移动电话支付业务交易频次约 1.58 亿笔，同比下降了 0.99%[2]。

2018 年，非银行支付机构发生网络支付业务 5306.10 亿笔，同比增长 85.05%；支付金额达 208.07 万亿元，同比增长 45.23%。

2018 年我国网络支付用户规模达约 6.0 亿人，较 2017 年增加 6930 万人，年增长率为 13.0%，用户覆盖率由 68.8%提升至 72.5%。手机网络支付用户规模达约 5.83 亿人，年增长率为 10.7%，手机网民覆盖率由 70.0%提升至 71.4%，如图 26.2 所示。

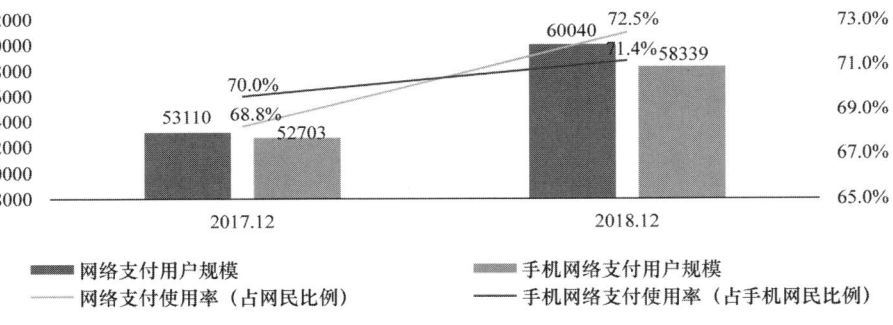

图26.2　2018年中国网络支付/手机网络支付用户规模及使用率

市场结构方面，分为涉及清算业务和支付资质与不涉及清算和支付资质业务两大类别。目前支付领域各方参与者，其主要区别在于支付工具的提供者是否具有支付资质，是否持有中国人民银行颁发的《支付业务许可证》，是否进行资金清算。以此为分类标准，当前支付市场可以分为两大类别四种主体，如表 26.2 所示。

这四类主体构成了中国的支付市场服务提供方。其中，第三方支付市场占比最高，为 81.7%。其次为银行及各银行金融机构，占比为 16.7%，如图 26.3 所示。按独立主体所占市场份额排序，支付宝、财付通、银行类占据 2018 年网络支付市场份额前三，市场比例分别为 31.5%、19.3%、16.7%。

---

[1] 中国人民银行. 关于促进网络金融健康发展的指导意见.

[2] 中国人民银行. 2018 年支付体系运行总体情况.

表 26.2　网络支付参与机构分类

类别		特点	主要参与者
涉及清算业务和支付资质	银行及各银行金融机构	客户基础好，占据支付市场主流	各大银行机构的网上银行、手机银行、电话银行等
	第三方支付	独立机构，与银行支付结算接口对接促成交易	支付宝、微信支付、百度钱包、京东支付、易宝支付、富友支付等
不涉及清算业务和支付资质	融合场景支付	依托自身客户资源优势、硬件科技优势，结合支付机构进行支付工具开发和推广	小米 MI Pay、华为 Huawei Pay 以及三星 Samsung Pay、苹果 Apple Pay 等
	第四方聚合支付	不具备支付牌照，通过聚合多种第三方支付平台、合作银行及其他服务商接口等支付工具的综合支付服务	利楚商务"扫呗"、中国耀盛"普付宝"、智付科技"智付"、八立方科技"付钱拉"、简米网络 Ping++、顺维无限科技 Paymax 等

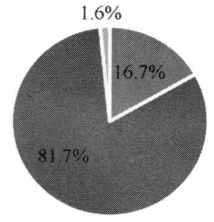

■ 银行及银行金融机构　■ 第三方支付　▨ 融合场景支付+第四方聚合支付

图26.3　2018年中国网络支付市场结构

以整个网络支付市场为研究对象，2018 年我国网络支付市场竞争依然激烈，支付宝以 31.5% 的市场占比位列网络支付市场第一名，财付通以 19.3% 的市场占比位列第二，银联商务以 16.7% 的市场占比位列第三。前三家机构共占据市场份额的 67.5%，如图 26.4 所示。

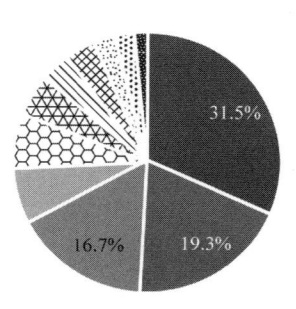

■ 支付宝31.5%
■ 财付通19.3%
■ 银联商务16.7%
▨ 快钱6.8%
⋎ 汇付天下6.7%
✳ 中金支付5%
⟍ 宝付3.7%
⤬ 易宝支付3.7%
▦ 京东支付2.7%
⋮ 苏宁支付2.3%
■ 其他1.6%

图26.4　2018年网络支付市场企业格局

数据来源：观研天下

2018 年中国网络支付市场发展呈现以下特点。

（1）移动支付已成为农村地区的主要网络支付方式

央行数据显示,2018 年非银行支付机构为农村地区提供网络支付业务共计 2898.02 亿笔、金额 76.99 万亿元；分别增长 104.4%、71.11%。其中，移动支付 2748.83 亿笔、金额 74.42

万亿元，分别增长 112.25%、73.48%，占网络支付份额分别为 94.85%、96.66%。

（2）支付牌照管控严格，支付场景不断延伸

网络支付应用在公共交通、医疗健康等领域形成突破，当前我国绝大多数三线及以上城市公共交通系统引入手机网络支付应用。

（3）行业竞争依旧激烈

银联、商业银行加大支付业务布局力度，在不断优化自身产品体验的基础上，与第三方支付企业展开正面争夺，其中银联的"云闪付"产品上线一年内用户量突破 1 亿。

（4）支付方式更为多元

继扫码支付普及后，基于车牌识别、人脸识别的无感支付进入成熟商用期；基于生物识别技术的指纹识别支付得到广泛应用，网络支付更加高效、便捷。

（5）加速布局国际市场

支付宝、微信、银联等支付机构均加速国际市场布局。据不完全统计，银联卡目前受理网络已经覆盖全球 160 个国家和地区的 3600 万家线下商家；支付宝的境外线下支付目前已经覆盖超过 40 个国家和地区，服务全球 8.7 亿活跃用户；相对支付宝而言，微信支付的国际化布局时间较晚，但近年扩张速度也非常快，在网络支付服务领域已经拓展到国际市场。

26.4　供应链金融

供应链金融是以核心企业为依托，以真实贸易背景为前提，运用自偿性贸易融资的方式，通过应收账款质押登记、第三方监管等专业手段封闭资金流或控制物权，对供应链上下游企业提供的综合性金融产品和服务。

国家统计局数据显示，2018 年，我国规模以上工业企业应收账款 14.3 万亿元，比 2017 年增长 8.6%；较 2005 年的 3 万亿元增加了 4.7 倍。但 2018 年我国商业保理业务量仅有 1.4 万亿元[1]。可见我国供应链金融具有很大的发展空间。结合普华永道、易宝研究院、中商产业研究院的数据估算，2018 年我国供应链金融业务规模约 15 万亿元，到 2020 年，供应链金融市场规模将达到约 19 万亿元，如图 26.5 所示。

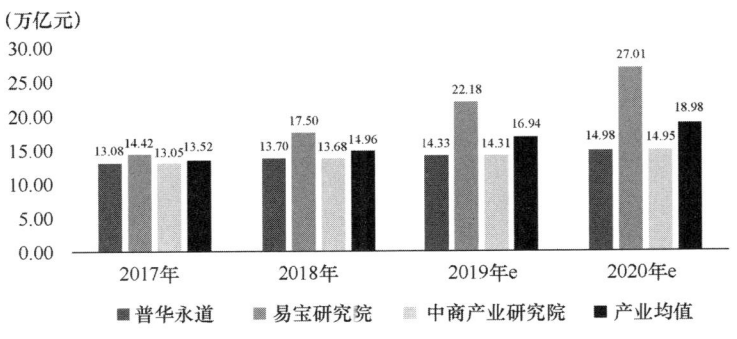

图26.5　2017—2020年中国供应链金融业务规模

---

[1] 天逸金融研究院. 中国商业保理行业 2018 年发展情况与趋势评估研究报告.

供应链金融产品主要可分为四大类：应收类业务、预付类业务、存货类业务和信用类业务，如表 26.3 所示。

表 26.3　供应链金融产品分类

产品类别	金融产品	抵押物	主导方	风控点
应收类	保理、订单融资、应收租赁款质押融资、票据类融资等	应收账款	核心企业	下游核心企业的反担保作用
预付类	保兑仓融资、先票后贷业务、信用证业务、担保提货业务等	预付账款	核心企业	上游核心承诺对未被提取的货物回购，并将提货权交由金融机构控制，第三方仓储监管
存货类	标准仓单融资、现货质押融资等	存货	物流企业	历史交易记录和供应链运作情况，第三方物流对质押物验收、价值评估与监管
信用类	信用贷	企业数据	电商、ERP、第三方服务平台	长期的真实交易数据跟踪，大数据征信

2018 年中国供应链金融信用类业务占比 67%，业务规模约 10.02 万亿元，如图 26.6 所示。应收类、预付类、存货类业务规模合计约 4.94 万亿元[1]。这意味着中国供应链金融业务规模虽然庞大，但其中包含大量基于核心企业的信用类业务，中小微企业融资难题依旧存在。

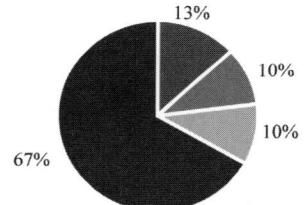

图26.6　2018中国供应链金融市场结构

数据来源：根据小米金融科技研究中心数据估算

供应链金融未来发展趋势将呈现以下特点。

在业务模式方面，供应链金融将从金融服务升级为包含金融服务在内的综合供应链服务，未来将实现信息流、物流和资金流的统一。在新技术应用方面，随着信息通信技术对供应链运营的变革推动，供应链金融与技术高度融合。如物联网、大数据、云计算、人工智能以及区块链等技术将广泛应用于供应链金融领域。在数据变现方面，供应链金融是基于真实贸易背景的，对于很多电商平台或者核心企业，由于可以监测企业贸易数据，所以它们在供应链中占据优势，能够布局金融业务实现数据变现。在风险防控方面，目前整个供应链金融很多环节还面临风险，通过大数据分析，对融资方进行多维立体画像，将定性分析与定量分析相结合，建立综合实时的金融风险评估模型，将成为未来供应链金融的主要风险防控手段。

---

[1] 小米金融科技研究中心. 中国供应链金融行业研究报告.

26.5　金融服务创新与发展

26.5.1　P2P

P2P 是英文 peer to peer lending 的缩写，又称点对点网络借款，属于网络金融的一种，是一种将小额资金聚集起来借贷给有资金需求人群的借贷模式。

截至 2018 年年底，我国 P2P 正常运营平台数 1073 家，相比 2017 年 12 月底的 2408 家，减少了 1335 家，如图 26.7 所示。从全年 12 个月的正常运营平台数走势来看，正常运营平台数连续下降。出现该现象的主要原因在于：首先，新上线平台数量下降，据不完全数据统计，2018 年累计新增平台数为 66 家，7 月以后再无新增平台。其次，随着监管趋严，爆雷问题平台数增多。

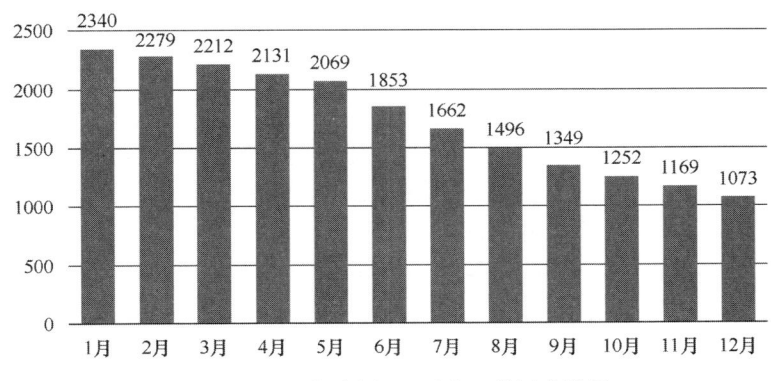

图26.7　2018年中国P2P平台正常运营数量

数据来源：网贷之家

2018 年 P2P 网贷行业成交额整体下降，全年累计成交 17948.01 亿元，年均综合利率 9.87%。其中，1 月成交额最高，为 2081.99 亿元，10 月成交额最低，为 1022.67 亿元。成交额综合利率方面，9 月综合利率最高为 10.30%；1 月份综合利率最低为 9.58%，如图 26.8 所示。

以网贷之家监测的 P2P 平台为对象，根据 2018 年 12 月 P2P 网贷行业贷款余额排序，陆金服、人人贷、宜信惠民、爱钱进、拍拍贷、红岭创投、恒易融、微贷网、小赢网金、有利网位列 TOP10。其中，陆金服以 1454.23 亿元的贷款余额稳居榜首，如表 26.4 所示。此外，根据地区划分，排名靠前的机构中 90% 位于北上广地区。从成交量来看，由于年底资金面较为紧张，成交量出现下滑，部分平台贷款余额也出现下降。

2018 年中国 P2P 行业发展呈现以下特点。

（1）P2P 行业出现问题潮

据不完全统计，2018 年 12 月，全国累计问题平台达到 2683 家，爆雷平台集中出现在 7 月和 8 月，新增问题平台分别为 200 家、112 家。累计涉及出借人约 215.4 万人，涉及贷款余额 1766.5 亿元[1]，如图 26.9 所示。

---

[1] 网贷之家.

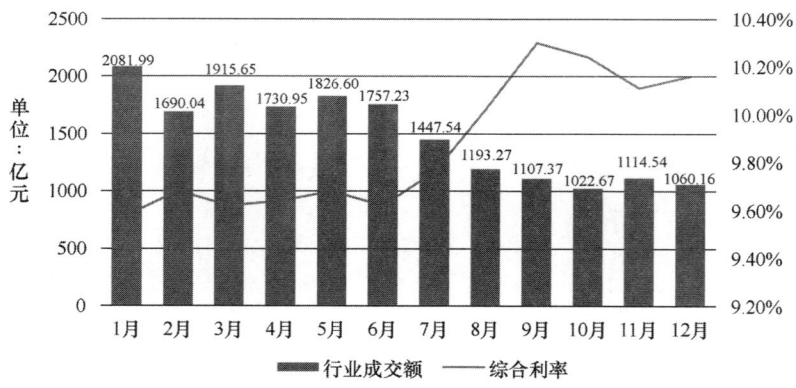

图26.8　2018年中国P2P行业月度成交额

数据来源：网贷之家

表 26.4　2018 年 12 月 P2P 网贷行业贷款余额 TOP10 平台运营数据

序号	平台名称	省市	贷款余额（亿元）	环比变化（%）	成交量（亿元）	综合收益率（%）
1	陆金服	上海	1454.23	−3.21	约100	8.34
2	人人贷	北京	384.7	0.25	34.93	9.85
3	宜信惠民	北京	380.8	—	18.29	—
4	爱钱进	北京	332.54	0.71	41.63	11.55
5	拍拍贷	上海	205.01	0.11	47.91	11.15
6	红岭创投	广东	186.94	—	44.41	7.41
7	恒易融	北京	179.38	0.4	11.51	11.41
8	微贷网	浙江	170.74	2.91	43.31	4.7
9	小赢网金	广东	158.22	−0.45	45.08	7.61
10	有利网	北京	157.98	−4.35	24.57	9.85

数据来源：网贷之家

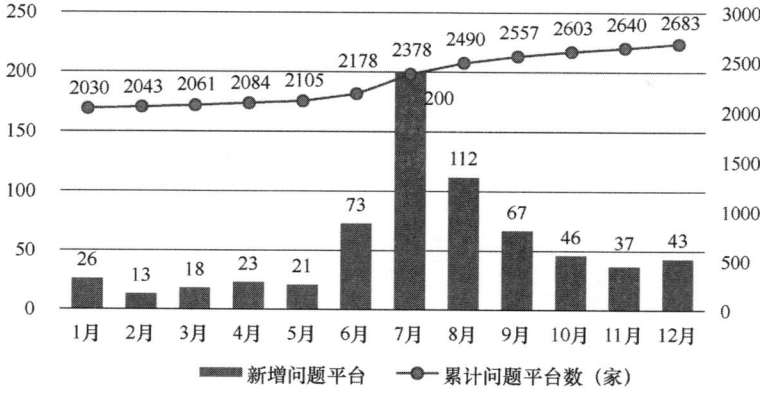

图26.9　2018年P2P行业问题平台数量

数据来源：网贷之家

（2）P2P 机构积极上市融资

2018 年共有 4 家 P2P 网贷机构在海外成功上市，另有 4 家提交招股书。从市场表现看，9 家已上市 P2P 网贷机构股价较年初（或上市首日）均有所下跌，跌幅最高的是信而富、宜人贷和和信贷，除宜人贷和点牛金融外，均跌破发行价。截至 2018 年 12 月 31 日，市值最高的是乐信（P2P 网贷并非最主要的业务）、拍拍贷，其余公司市值均不高于 6.52 亿美元。

（3）合规监管更加严格规范

包括银行存管、ICP 认证、存量资产的处置、信息披露等各项硬性规定，为行业合规发展打好了坚实基础。

26.5.2　众筹

众筹来自英文 Crowd funding 一词，即大众筹资。互联网众筹是网络金融的一个分支，是指发起人通过众筹平台展示需要筹集资金的项目从而吸引投资人提供资金支持的行为。

2018 年我国众筹运营平台数量呈现逐月下降趋势。2018 年 11 月在运营中众筹平台数量为 185 家，与 2017 年年底在运营平台数量 260 家相比，跌幅达 40.54%[1]，如图 26.10 所示。

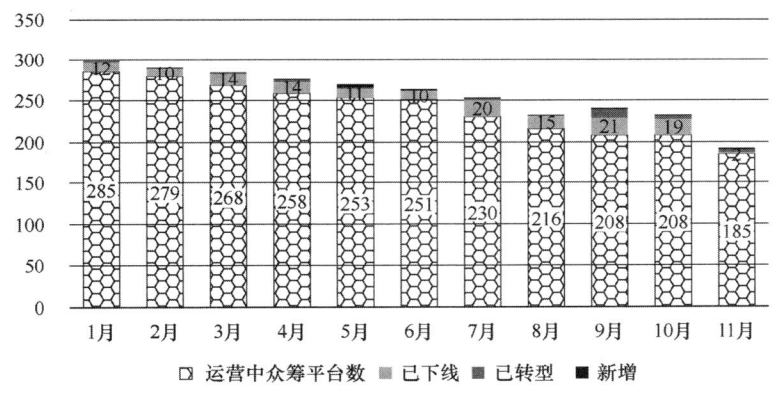

图26.10　2018年中国运营中众筹平台数量

数据来源：众筹家

2018 上半年众筹成功项目数少量增加，实际融资额较 2017 年下半年有所下降。2018 年上半年，我国众筹平台共获取项目 48935 个，成功项目数为 40274 个，成功项目融资额达到 137.11 亿元，与 2017 年同期成功项目融资总额 110.16 亿元相比增长了 24.46%，成功项目支持人次约为 1618.06 万人次，如图 26.11 所示。

众筹平台按其回报模式划分，可分为股权型、权益型、物权型、公益型和综合型。股权型众筹主要是指互联网非公开股权融资。2018 年上半年，物权型项目有 28010 个，成功项目 27976 个，成功项目融资额达 69.13 亿元；权益型项目 12171 个，成功项目 7169 个，成功项目融资额达 53.14 亿元；股权型项目 875 个，成功项目 253 个，成功项目融资额约 12.99 亿元；公益型项目 7879 个，成功项目 4876 个，成功项目融资额达 1.86 亿元，如表 26.5 所示。

---

[1] 众筹家.

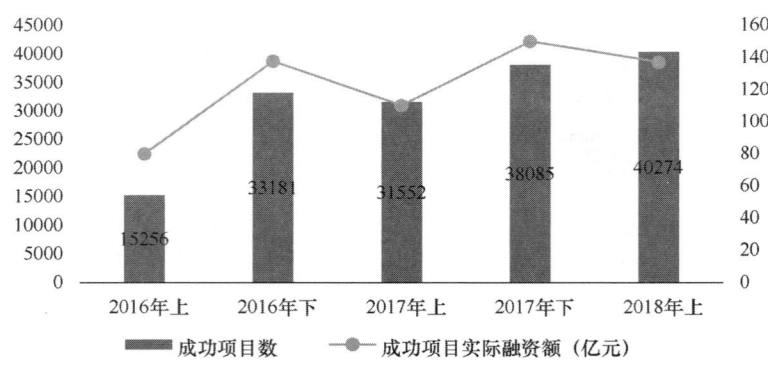

图26.11 2016—2018年中国众筹成功项目数及完成融资额

数据来源：众筹家

表 26.5 2018 年上半年中国众筹项目类型情况

项目类型	总项目数（个）	成功项目数（个）	成功项目预期融资额（亿元）	成功项目已筹金额（亿元）	成功项目支持人次（万）
物权型	28010	27976	69.13	69.13	38.48
权益型	12171	7169	12.74	53.14	688.28
股权型	875	253	9.53	12.99	1.52
公益型	7879	4876	9.76	1.86	889.78
总计	48935	40274	101.16	137.11	1618.06

数据来源：众筹家

　　根据不同类型众筹平台成功项目总融资额进行统计，2018 年上半年，物权型众筹平台中有 3 家平台总融资额超过 10 亿元，其中维 C 物权排名第一，成功项目融资额约为 11.91 亿元，占全部物权型成功项目总融资额的 17.23%；智仁科总融资额约 11.46 亿元，占比 16.58%，排名第二。权益型众筹平台中，多彩投和开始吧位列前两名，且融资额与位列其后的京东众筹存在较大差距。股权型众筹平台中，2018 年上半年有 4 家超过亿元，多彩投位列第一，如表 26.6 所示。

表 26.6 2018 年上半年分类众筹总融资额排名

众筹类型	排名	平台名称	成功项目融资额（万元）	总项目数（个）	成功项目数（个）
物权型众筹平台	1	维 C 物权	119086.10	6365	6365
	2	智仁科	114643.10	7140	7140
	3	中 e 众筹	111157.58	3053	3053
	4	融车网	98774.50	1255	1255
	5	迅销众筹	29444.43	588	588
权益型众筹平台	1	多彩投	155933.97	145	145
	2	开始吧	144682.93	398	352
	3	京东众筹	74158.62	1598	1165
	4	淘宝众筹	48994.06	1080	936
	5	小米众筹	31708.04	73	66

续表

众筹类型	排名	平台名称	成功项目融资额（万元）	总项目数（个）	成功项目数（个）
股权型众筹平台	1	多彩投	38255.00	11	11
	2	分分投	12799.00	24	23
	3	青春梦	10583.00	4	4
	4	云投汇	10505.00	2	2
	5	第五创	8556.71	30	26

数据来源：人创咨询

2018 年中国众筹行业还有以下事件值得关注。

一是国务院再提"众包众筹众创"，股权众筹试点指日可待。通过开展股权众筹试点，建立小额投融资制度，缓解小微初创企业融资难问题，推动创新创业高质量发展。二是制定《股权众筹试点管理办法》，纳入证监会年度立法工作计划。股权众筹作为直接融资模式，与实体经济的关系密不可分。作为多层次资本市场的底层，股权众筹有着互联网非公开股权融资和 ICO 均不能够长期替代的对于中小企业的投融资两端的价值。三是失信被执行人未来将不能通过众筹融资。这意味着切断失信被执行人在网络金融领域的融资渠道，对于网络金融的健康发展具有里程碑式意义。虽然互联网众筹有较好的发展局面和机遇，但在发展过程中也面临许多潜在风险，如项目风险、法律风险、信用风险等。未来，随着监管部门制定相关法律制度，建立健全风险防控机制，披露真实的项目信息，互联网众筹行业将继续为推动社会经济贡献力量。

26.6　互联网理财与保险

26.6.1　互联网理财

目前对互联网理财的理解有狭义与广义之分，狭义的互联网理财是指结合互联网特性进行了产品创新，这种创新理财打破了原有理财产品门槛高、期限长的限制，适合大量中低收入人群。广义的互联网理财指利用互联网销售基金、信托、保险等传统意义的理财产品，与传统理财相比，只是借助互联网工具进行销售渠道的创新，而理财产品本质并无变化。本文有关内容使用广义的互联网理财定义。

截至 2018 年年底，我国购买互联网理财产品的网民规模达 1.51 亿，同比增长 17.5%；互联网理财使用率达 18.3%，较 2017 年年底增长 1.6%；互联网理财业务规模为 5.36 万亿，如图 26.12 所示。资金规模方面，2013—2017 年我国互联网理财规模由 2152.97 亿元增加至 3.15 万亿元，其中 2017 年互联网理财规模同比增幅达到 52.39%。根据目前增速，2018 年互联网理财规模为 5.36 万亿，以此类推，预计到 2020 年，中国互联网理财规模将达到 15.5 万亿[1]。

---

[1] 国家金融与发展实验室，腾讯金融. 互联网理财指数报告.

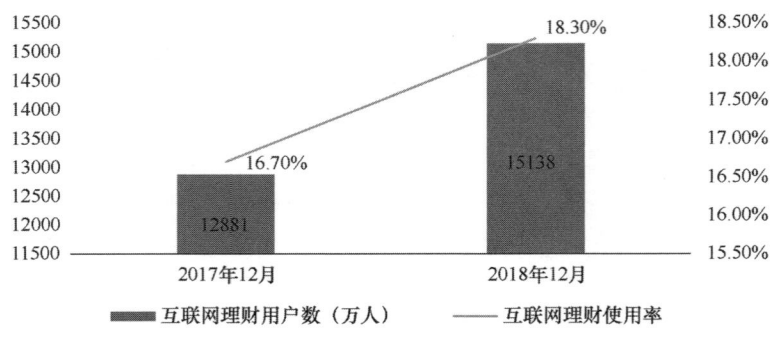

图26.12　2017—2018年中国互联网理财用户数

数据来源：CNNIC

　　2018 年，央行、银监会、证监会等单位联合发布了《关于规范金融机构资产管理业务的指导意见》和《关于进一步规范货币市场基金互联网销售、赎回相关服务的指导意见》等多个指导性文件，提出打破金融机构刚性兑付、收紧货币基金"T+0"赎回额度、降低银行理财投资门槛等多项政策。在此背景下，互联网理财市场形成新的发展趋势：一是"宝宝类"货币基金理财产品规模得到有效控制。货币基金发行规模、交易规模持续降低，余额宝等超大型理财产品接入多个货币基金产品，通过分流实现"瘦身"。二是银行理财投资门槛明显降低。结合流动性和收益率优势，"T+0"银行理财逐步成为"宝宝类"基金的有力替代。三是互联网理财行业逐步朝稳健、规范的方向发展。一方面降低了理财市场规模过大带来的金融风险；另一方面降低了金融机构融资成本，促进了资金回流银行，有效地提升了资金的社会利用效率。

26.6.2　互联网保险

　　互联网保险业务，是指保险机构依托互联网和移动通信等技术，通过自营网络平台、第三方网络平台等订立保险合同、提供保险服务的业务。具体来看，互联网保险是将传统保险模式中销售、核保、承保、理赔等运营环节迁移至线上，并使用大数据、物联网、人工智能、区块链等前沿科技进行业务赋能，实现简化运营流程和增强产品创新等效用。

　　2018 年我国保险公司数为 231 家，其中经营互联网保险的公司数为 155 家，占比为 67.1%，如图 26.13 所示。

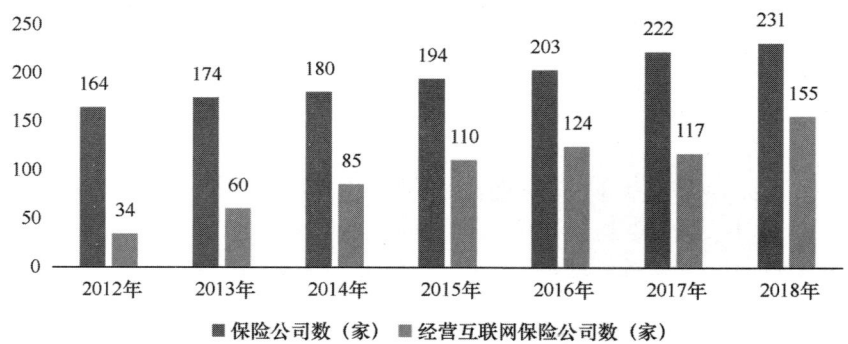

图26.13　2012—2018年中国保险公司及经营互联网保险公司数量

数据来源：银保监会、中国保险业协会、华泰证券研究所从保费规模看，互联网保险蓬勃发展后呈边际收缩趋势。2011—2016 年互联网保险保费收入逐年上涨，金额从 2011 年的 32 亿元增长 71 倍至 2016 年的峰值 2347 亿元，年均复合增长率达 135%。互联网保险渗透率也一路走高，从 2011 年的 0.2% 上升至 2016 年的 7.43%，峰值于 2015 年达 9.2%。2018 年中国互联网保费收入为 2108 亿元，总保费收入为 38016.62 亿元，渗透率为 5.54%，如图 26.14 所示。2018 年互联网保民数量约为 2.22 亿，相比 8.29 亿的总网民数量，互联网保险还有很大的提升空间。

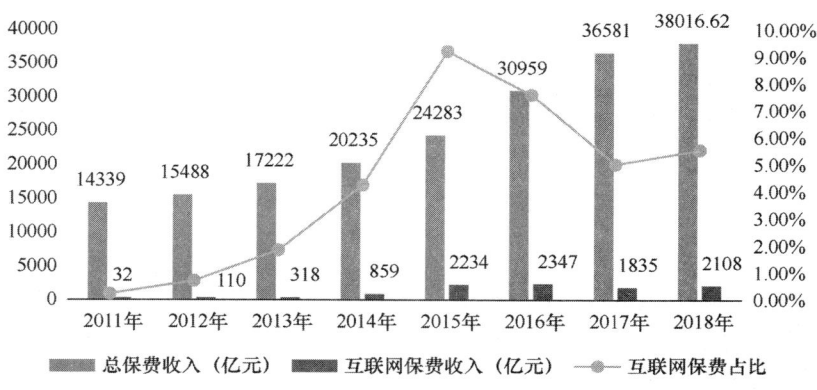

图26.14　2011—2018年互联网保费趋势图

数据来源：银保监会、中国保险行业协会

从行业格局看，人身险占据优势，行业集中特征明显。人身险保费收入自 2012 年以来占比逐年上升，最高达 78%。2017 全年和 2018 年上半年分别实现保费 1383 亿元和 853 亿元，占比分别处于 74% 和 78% 的高位，如图 26.15 所示。银行系保险公司规模保费领跑，根据中保协对 2018 年上半年互联网人身保险累计规模保费的统计，建信人寿以 270.52 亿元位列首位[1]。

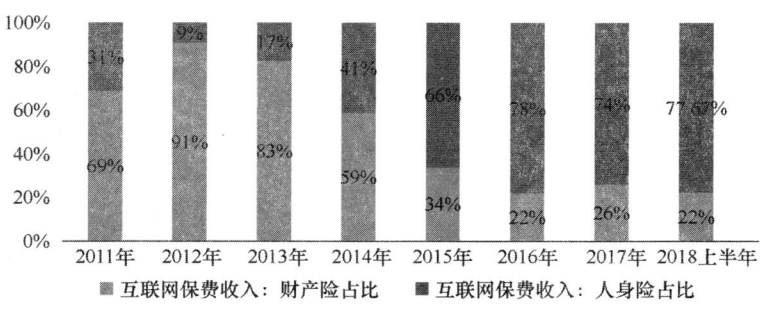

图26.15　2011—2018年中国互联网保险保费收入结构

数据来源：中国保险行业协会

2018 年中国互联网保险行业未来发展趋势如下。

一是互联网保险市场份额将进一步加大。随着我国居民商业保险普及度的加大、新型技

---

[1] 中国保险业协会.

术（互联网、云计算、大数据、人工智能、区块链等）商业化应用的普及以及保险从业机构对该业务领域的重视，份额进一步扩大。二是保险跨界合作增加。随着"互联网+"快速蔓延，保险作为风险管理的工具之一，适用于各行各业，保险将成为连接企业和用户、打造生态圈的中间环节。三是创新产品涌现。随着金融科技发展，场景化保险深入人心，如"相互宝"等创新类保险将会更多。

26.7 互联网银行创新与发展

互联网银行是指借助现代数字通信、互联网、移动通信及物联网等技术通过云计算、大数据等方式为客户提供存款、贷款、支付、结算、汇转、电子票证、电子信用、账户管理、货币互换、P2P金融、投资理财、金融信息等全方位无缝、快捷、安全和高效的网络金融服务机构。我国互联网银行的模式有两种，分别是电子银行模式（E-banking）、直销银行模式（D-banking）。

电子银行模式是商业银行利用面向社会公众开放的通信通道或开放型公众网络，以及银行为特定自助服务设施或客户建立的专用网络，向客户提供的银行服务。以"一网通"为代表的网上银行开启了我国电子银行发展的序幕，开展网上支付、自助转账和网上缴费等业务，初步实现了银行互联网化。

直销银行模式是当前我国商业银行互联网化的主流模式。它是在经济下行、利率市场化及互联网科技巨头、互联网民营银行等冲击下，商业银行开始主动拥抱"ABC"技术和网络金融的产物。商业银行不再以实体网点和物理柜台为基础，通过ATM、互联网、电话等远程通信渠道为客户提供银行产品和服务，该模式具有获客半径更广、经营成本和服务门槛更低、不受地域限制、敏捷直达等优势。

银保监会公布数据显示，目前已批准设立17家民营银行，该类民营银行多基于互联网模式运营，如表26.7所示。

表 26.7　中国互联网民营银行

	银行	开业时间	注册资本	参与的互联网公司
首批民营银行	深圳前海微众银行	2014.12.28	42亿元	腾讯30%股权
	上海华瑞银行	2015.01.28	30亿元	均瑶集团、上海美特斯邦威
	温州民商银行	2015.03.23	20亿元	正泰集团、华峰氨纶
	天津金城银行	2015.04.16	30亿元	天津华北集团、麦购集团
	网商银行	2015.06.25	40亿元	蚂蚁金服30%股权
其他已获批民营银行	重庆富民银行	2016.05.03	30亿元	瀚华金控30%股权
	四川新网银行	2016.12.28	30亿元	小米29.5%股权，与新希望、红旗连锁共同设立
	湖南三湘银行	2016.07.26	30亿元	三一集团30%股权
	安徽新安银行	筹建中	20亿元	安徽省南翔贸易30%股权
	福建华通银行	2017.01.16	24亿元	永辉超市22%股权
	武汉众邦银行	2017.05.18	20亿元	卓尔控股30%股权
	江苏苏宁银行	2017.06.16	40亿元	苏宁云商30%股权

	银行	开业时间	注册资本	参与的互联网公司
其他已获批民营银行	威海蓝海银行	筹建中	20 亿元	威高集团 30% 股权
	吉林亿联银行	2017.05.16	20 亿元	美团点评关联方 28.5% 股权
	辽宁振兴银行	筹建中	20 亿元	沈阳荣盛中天实业 30% 股权
	中关村银行	2017.07.16	40 亿元	用友网络 29.8% 股权
	梅州客商银行	筹建中	20 亿元	广东宝丽华信新能源股份有限公司

数据来源：银保监会

　　民营银行牌照落地 5 年来，经过几年的探索，借助金融科技手段，基于互联网模式运营的民营银行在创新传统业务模式方面发挥了积极作用。

　　一是创新银行运营模式。互联网银行采用"没有网点，没有现金柜台，全面在线化、数字化获客及展业"的模式。通过输出数字金融能力提升资金融通效率。二是有效降低融资门槛。互联网银行借助移动互联网、大数据挖掘、人工智能等技术，帮助众多缺乏信用记录和抵质押品的客户获得信贷支持，有效降低了融资门槛，服务那些主流银行服务不到、服务不好的"长尾客群"，扩大普惠金融服务半径。三是创新风控提速降本。以数据化的风控系统替代传统银行人工处理，实现了自动化、批量化、低成本的流水线式信贷放款，有效地减少了贷款客户申请和银行审核的时间。

26.8　金融征信与风控

　　征信原指独立的第三方专业机构依法收集和加工自然人、法人及其他组织的信用信息，并对外提供信用报告、信用评估、信用信息咨询等服务，帮助客户判断、控制信用风险和进行信用管理的活动。征信为授信机构提供了专业化的信用信息共享平台。随着大数据的发展，征信信息所包含的范围越来越广，由于互联网上产生了大量与个人或企业征信相关的数据，大数据征信的出现有效地解决了没有进入征信范畴但同时又需要借贷的人群的借贷问题。此外也满足了网络借贷的征信需求。因此在大数据时代，征信的定义和范围也在不断拓宽。

　　我国征信目前已经形成以中国人民银行的公共信用信息征集系统为主、市场化征信机构为辅的多元化格局。我国征信业最早诞生于 1932 年，以"中华征信所"为开端，至今已有 80 多年历史。随着市场经济和信用经济发展，商业领域征信开始建立，2006 年 7 月中国人民银行征信系统（包括企业信用信息基础数据库和个人信用信息基础数据库）实现全国联网查询，标志着中国征信体系的建立。

　　2018 年，首家个人征信公司百行征信获央行许可。百行征信与央行征信中心有所不同，呈互补关系，如图 26.16 所示。有些央行征信中心没有收集到的信息可能会纳入百行征信。百行征信由中国网络金融协会与芝麻信用、腾讯征信、前海征信、考拉征信、鹏元征信、中诚信征信、中智诚征信、华道征信等 8 家市场机构共同发起组建。之后，芝麻信用、腾讯征信等 8 家试点机构将不再单独从事个人征信业务。百行征信中，中国网络金融协会占股 36%，其余 8 家机构分别占股 8%，如图 26.17 所示。

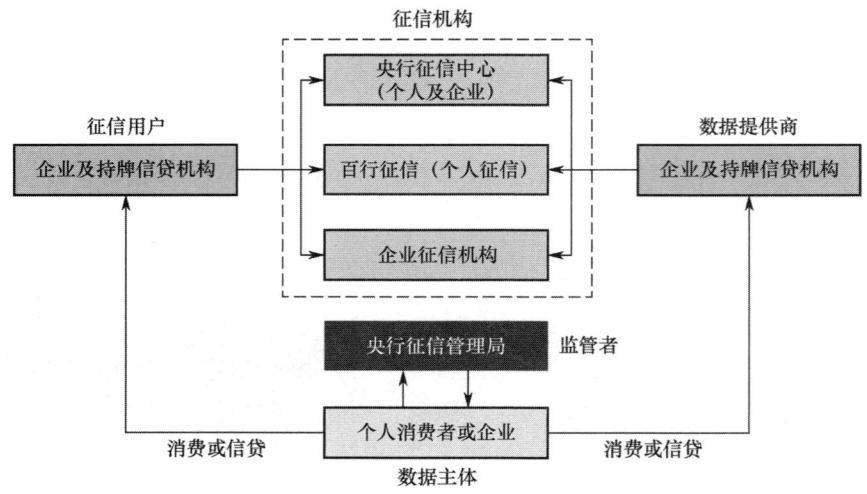

图26.16　2018年中国征信体系

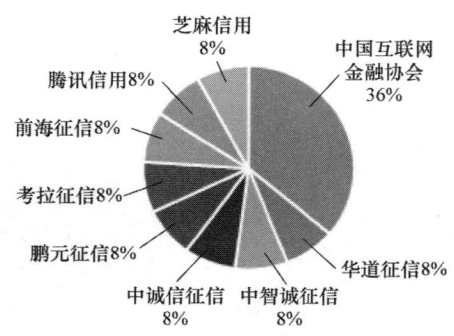

图26.17　2018年百行征信股权结构

　　截至 2018 年 9 月底，百行征信已与 241 家机构签署了信用信息共享合作协议，涵盖网络借贷信息中介机构（P2P）、网络小额贷款公司、消费金融公司、汽车金融公司、融资租赁公司、民营银行、助贷机构、金融科技公司等。

　　征信机构间同质化竞争激烈，可持续性盈利模式尚未形成。目前，中国征信行业仍然处于初创期。2018 年，在市场需求继续高速增长的同时，适应市场需求的征信产品开始大量面世，部分机构逐渐形成持续的盈利模式，开始扭亏为盈或实现利润的增长。

　　此外，我国对于企业的征信机构主要分为两类：一类是为公司做债券评级的评级机构，另一类是给中小企业做信用评级的评级机构。部分征信机构已与国际评级机构建立战略合作关系，但由于评级标准尚不统一、缺乏国际认同性。

　　目前，中国征信行业仍然处于初创期。征信机构间同质化竞争激烈，持续的盈利模式尚未形成，普遍很难实现盈利。2018 年，在市场需求继续高速增长的同时，适应市场需求的征信产品开始大量面世，部分机构逐渐形成持续的盈利模式，开始扭亏为盈或实现利润的增长。

　　征信和金融风控的重要联系体现在征信的作用之一是为授信机构的风控活动提供信息服务。征信和风控都涉及信息的采集和使用，但二者之间又存在较大的差异。对征信机构来说，采集、加工和使用信息是用于信息共享，使授信机构掌握贷款申请人的历史贷款申请、批准、使用和归还情况。对授信机构来说，征信只是风险控制的一部分，并不是等同关系。金融活动的风险控制存在于很多场景，从贷前—贷中—贷后，大致包括反欺诈、审批、合规审查、风险定价、信用评分、催收等场景，征信在整个贷款流程中甚至不是主要风控手段。由于贷前的风险管理在整个风险管理中起到了预警和防护的作用，因此征信的发展已经在逐渐成为是否能把握风险的关键。

26.9　网络金融信息安全与监管

当前，网络金融已经逐渐渗透到大众日常生活中，大量用户数据沉淀在网络上，信息安全与监管已成为行业和大众不可忽视的问题。早在 2016 年，《中国人民银行金融消费者权益保护实施办法》就对信息保护做出规定，金融机构需采取有效措施确保信息安全。2017 年 6 月，《中华人民共和国网络安全法》施行，明确了运营者的数据保护义务和信息泄露的法律责任。

进入 2018 年，加强监管是网络金融的主旋律。

首先，在政策方面，各级监管部门先后出台了互联网资管新规、网贷备案规定、银行存管白名单等政策和规定，对网络支付、网络借贷及其他网络金融业务加强监管，防范金融风险。2018 年 3 月，国家网络金融风险整治工作领导小组办公室下发《关于加大通过互联网开展资产管理业务整治力度及开展验收工作的通知》，强调互联网资管业务必须持牌经营，且各地监管机构与互金协会也展开了互联网资管业务专项检查工作。2018 年 7 月 9 日，中国人民银行官方网站发布了"人民银行同相关成员单位召开网络金融风险专项整治下一阶段工作部署委员会"，提出用 1～2 年时间完成网络金融风险专项整治目标。网络支付方面，随着网联上线运行，截至 2018 年 11 月，已有超过 90% 的跨机构业务通过网联处理。网联平台的建设提高了清算效率，更加有利于保护客户数据与资金安全，也有利于监管部门对社会资金流向的实时监测。网贷方面，随着 2018 年 8 月份网贷行业雷潮爆发，监管层相继展开了整改验收、P2P 逃废债对接征信、AMC 进场化解风险等举措稳定市场，给予支持。

其次，监管体制与监管方式也在探索与改革中前进。2018 年 3 月，银监会与保监会合并为"银保监会"，统一监管体系正式形成。监管方式方面，随着以大数据、云计算、人工智能、区块链为代表的新兴技术的发展，金融监管与科技逐步融合。如证监会于 2014 年开始建设的中央监管信息平台，可以应用大数据、人工智能、知识图谱等前沿监管科技技术，对公司潜在的风险进行深入挖掘，打击内幕交易，增强风险识别能力，提高监管效率。北京市金融工作局于 2016 年开始构建以区块链为底层技术的网贷风险监控系统，可帮助监管部门记录网贷平台上的数据。中国人民银行反洗钱监测中心正在建设反洗钱监测分析二代系统大数据综合分析平台等。

目前，监管科技的应用场景主要包括用户身份识别、市场交易行为监测、合规数据报送、法律法规跟踪、风险金融融合分析、金融机构压力测试六大方向。相信在多种技术的支撑下，监管科技的应用范围会越来越广。

（何阳、李京、冯橙、马聪）

第 27 章　2018 年中国网络媒体发展状况

27.1　发展环境

1. 政策环境

2018 年，国家网信办的相关政策突出风险防范，着眼新技术隐患，着力消除网络媒体不规范对社会稳定和国家安全的不良影响。2018 年，国家网信办独自或联合公安部门发布《微博客信息服务管理规定》（2 月 2 日）、《区块链信息服务管理规定（征求意见稿）》（10 月 19 日）和《具有舆论属性或社会动员能力的互联网信息服务安全评估规定》（11 月 15 日），敦促相关主体落实安全管理和信息网络安全义务，促进网络媒体的健康有序发展，对危害社会和国家安全的行为提出禁令。

国家广播电视总局（国家新闻出版广电总局）则针对网络直播、短视频出台了一系列政策，使其规范有序发展。国家广播电视总局（国家新闻出版广电总局）发布的《关于加强网络直播答题节目管理的通知》（2 月 14 日）、《关于进一步规范网络视听节目传播秩序的通知》（3 月 16 日）和《关于进一步加强广播电视和网络视听文艺节目管理的通知》（11 月 19 日），对网络直播、网络视听节目等提出严格要求，禁止传播不符合社会主义核心价值观的内容、非法抓取改变侵犯版权等行为，鼓励网络视听节目以优质内容取胜，促进行业良性发展。

2. 监管与自律

2018 年，行业主管部门大力推进行业行政执法，营造良好的行业发展空间。2018 年 1 月，国家新闻出版广电总局重拳整治"邪典动画"；1 月 27 日，北京市网信办约谈新浪微博要求整改导向错误、低俗色情等有害信息；2 月 24 日，北京市新闻出版广电局等约谈新浪微博、新浪视频、凤凰网等 6 家网站，因其未按规定提供网络视听服务责令限期整改；5 月起，全国"扫黄打非"办公室等开展为期三个月的专项整治行动，重点整治网络文学导向不正确及内容低俗、传播淫秽色情信息、侵权盗版三大问题；7 月 16 日启动的"剑网 2018"专项行动，集中整治网络转载、短视频等领域侵权盗版多发，重点规范网络直播、知识分享等平台版权传播秩序。

2018 年，视听网站成为监管重点，短视频行业几乎每个月都会有平台被约谈。2018 年 7 月，国家网信办会同工信部等五部门，开展网络短视频行业集中整治，19 家短视频平台因为放任传播低俗、恶搞、荒诞甚至色情、暴力等内容遭到不同程度的处罚。9 月 14 日，国家版权局约谈抖音短视频、快手等 15 家重点短视频平台企业，要求其进一步提高版权保护意识，切实加强版权制度建设，全面履行企业主体责任。

同时，主管部门对部分有着严重不良社会影响的自媒体、娱乐社区应用等采取强力举措。2018 年 4 月 10 日，国家广播电视总局通报，因"内涵段子"存在导向不正、格调低俗等问题，责令永久关停。5 月 12 日，浙江省网信办等就公众号"二更食堂"针对"滴滴顺风车"事件发布低俗文章约谈该公众号主要负责人，要求全面清理违规有害信息，严肃处理有关责任人。

行业自律组织也不断推进。由中国互联网协会倡导的《移动智能终端应用软件分发服务自律公约》，将可能影响应用分发服务的主体都纳入适用范围，是互联网信息服务行业的上游环节自律行动。2018 年 12 月 20 日，腾讯、新浪、爱奇艺、搜狐、快手、百度等互联网企业共同发布《短视频行业版权自律公约》，规定联盟成员在短视频版权业务运营中加强自律，尊重彼此知识产权，加强内容版权管理，积极参与社会共治，履行社会责任。

3. 经济环境

2018 年，互联网信息服务业继续保持高速增长，信息消费市场出现结构性改变。中国互联网协会 2019 年 1 月 8 日发布的《中国互联网产业发展报告（2018）》显示，2018 年我国信息消费市场规模继续扩大，信息消费的规模约 5 万亿元，同比增长 11%，占 GDP 的比例提升至 6%。信息服务消费规模首次超过信息产品消费，信息消费市场出现结构性改变。

4. 技术环境

2018 年，各种新技术已经为网络新媒体提供应用，或为网络媒体的进一步发展和演进做好铺垫。AI 技术的使用成为业界共识，新华社"媒体大脑"投入世界杯报道，31 天生产短视频 3.7 万条，最快一条视频生产仅耗时 6 秒，成为新闻生产历史上的重大突破。5G 发展成为年度热词。5G 技术在国家政策的大力推动下现出雏形，5G 系统试验频率使用许可的发放，向产业界发出了明确信号，将进一步推动我国 5G 产业链的成熟与发展。区块链技术则为网络版权、信息加密等提供了新思路。

而商业网络媒体则更为积极地运用新技术，将之作为推动自身发展的重要推手，如今日头条与英特尔合作建设了大规模数据中心。今日头条运用 AI 技术进行内容推荐的算法，运用自然语言处理分析文章内容、用户评论等，为内容推荐做支撑。此外，今日头条还用 NLP（神经语言程序学）技术做写稿机器人"Xiaomingbot"，用计算机视觉技术支撑抖音、火山、FaceU 激萌等短视频运营，用语音识别对抖音、火山、西瓜里的内容进行审核等。

27.2　发展特点

（1）红海市场触顶回落，深度挖掘增量市场

经过近些年的发展，2018 年网络媒体出现部分指标停止甚至负增长的态势，尤其是在一线城市用户、PC 端使用时长、社交媒体增长等方面，2018 年总体指标并不理想甚至出现小幅减少，信息同质化严重、内容低俗化痼疾、网红经济降温、互联网资本趋于克制等问题依

然对网络媒体发展造成不良影响。同时，互联网行业 2018 年"裁员"引发的"寒冬"争议给网络媒体的发展抹上了一层灰色。但随着中高龄网民占比不断提升和二、三线乃至农村网络普及率和网络渗透率的不断提升，流量竞争挖掘出新增量市场，且短视频、网络直播等在"新蓝海"的争夺中已经处于领先地位，移动音视频服务也已经成为网络新媒体产业新的增长点。

（2）外部环境变化促进网络媒体走向竞合发展

2018 年，网络媒体的外部发展环境及内部发展均出现一定的颠覆性发展态势。外部环境上看，人口红利见顶，网民偏好转向，媒体争夺向二、三线城市蔓延，政务媒体向基层下沉，县级融媒体中心建设加速。随着 5G、AI、AR 等技术演进并进入实际使用阶段，新的内容承载形式及场景层出不穷。外部环境及技术发展对网络媒体产业内部形成强烈刺激，短视频迅速崛起，与社交媒体争夺用户资源的同时，也互相结合，走向竞合发展的态势。社交媒体的边界逐渐清晰，核心社交媒体及衍生社交媒体继续注重挖掘自身内生动力。新闻媒体则继续向垂直领域下探，但其与短视频等的结合又拓展了其内容边界。

（3）行业集中化进一步提升，流量争夺愈发激烈

2018 年，传统媒体的内容越做越好，商业平台也越做越大。在资本、技术的推动下，用户、流量都在"中心化"，少数几个产品瓜分了大部分市场份额。这在网络资讯、即时通信、网络直播、短视频等行业均有所体现。尤其是在用户继续向移动终端流动的背景下，移动端的竞争趋于激烈，传统门户网站及传统新闻网站不断向移动终端延伸，今日头条等巨头继续巩固其优势地位，移动端的"马太效应"愈加明显。

（4）新技术重塑新媒体，由概念迈入实操阶段

从可读到可视、从静态到动态、从一维到多维，这是新媒体内容演进的一个重要方向。随着 AI、5G、云计算等新技术与网络媒体的深度融合，新技术重塑新媒体生态已经在 2018 年由早期概念加速进入产品形态。机器人写稿、智能推荐、语音识别、视频感应器等技术的应用，正在重塑信息生产和信息传播各个环节。2018 年，《人民日报》新媒体推出运用人工智能技术的"创作大脑"，具备智能推荐、智能写作、智能分发、智能语音四大功能，致力于帮助内容创作者提升内容生产和分发效率。随着 5G 时代的到来，拍摄、制作、上传的门槛大大降低，短视频将迎来爆发增长。由用户上传，将移动化和社交化相结合的社交小视频，将有可能创造增长神话。着眼这种趋势，国内主流传统媒体如《人民日报》等正在准备上线视频聚合平台。从某种意义上说，互联网媒体正在进入"下半场"，智能移动互联网时代正在蓄势待发。

27.3 网络新闻媒体

27.3.1 市场结构

目前网络新闻市场的参与主体主要包括六类：门户类、聚合类、自媒体平台、浏览器类、传统媒体和短视频平台。在多类型主体市场参与下，网络新闻媒体市场呈现出"垄断竞争"的结构态势。

其中，门户类如腾讯、搜狐、网易等，具有先发优势，凭借多年网络运营占据较大市场份额。

聚合类如今日头条、趣头条等，以大数据为支撑，挖掘用户使用习惯，为用户提供其感兴趣内容，有效提高了用户黏度，迅速占领市场。如今日头条 2018 年以来月活跃用户规模持续增长，截至 9 月，较 2017 年人均单日使用时长增长 16.4 分钟。QuestMobile 数据显示，进入 2018 年，用户对资讯聚合类媒体的使用习惯已形成。

同时，随着 2018 年资讯形式的升级，从图文到视频，再到碎片化的微视频，短视频资讯平台也在崛起。企鹅智酷的调查显示，有超过三分之一的用户表示更愿意看短视频形式的新闻资讯。

传统专业媒体与自媒体形成对比，各具优势。专业媒体机构在给用户更多的新闻科普、谣言揭穿、更准确及时和深度的新闻报道方面价值突出，凭借其专业、权威性价值赢得了优势，用户的内容满意度更高。自媒体平台在更多好玩的娱乐内容消遣方面优势明显。企鹅智酷发现自媒体资讯的阅读渠道仍主要集中在微信公众号的订阅，其次为新闻资讯类 App。

27.3.2　市场格局

网络资讯市场马太效应凸显，头部资讯厂商占据大份市场份额。2015—2018 年，腾讯新闻和今日头条用户数量呈现快速增长趋势，其用户规模远远拉开了行业竞争者的差距。截至 2018 年年底，今日头条月活跃用户数量达到了 28435.8 万人排名第一，腾讯新闻月活跃用户数量达到 26098 万人位列第二，两者占据了移动资讯市场大部分市场份额，处在第一梯队；趣头条（6899 万人）、搜狐新闻（6489.9 万人）、新浪新闻（5533.7 万人）、凤凰新闻（5042.8万人）月活跃用户在 5000 万人以上，处在第二梯队；天天快报（3482.9 万人）、一点资讯（1441.4万人）、今日十大新闻（284.3 万人）和央视新闻（162.5 万人）等分列其后，挤进前十。

27.3.3　用户分析

2018 年，我国网络新闻用户规模有所下降。截至 2018 年年底，我国网络新闻用户规模达 6.75 亿，年增长率为 4.3%，增速放缓，较 2017 年减少 1.1 个百分点。网民使用比例为 81.4%，较 2017 年减少 2.4 个百分点。伴随着网民使用行为继续向手机终端转移，手机网络新闻继续保持一定的增长态势，但也出现了内部增长疲态现象。截至 2018 年年底，我国手机网络新闻用户规模达 6.53 亿，年增长率为 5.4%，占手机网民的 79.9%，较 2017 年减少 3.4 个百分点。

用户群体出现分化，黏性有所增高。企鹅智酷的《用户分化+价值回归：2018 中国媒体消费趋势报告》显示，新闻资讯类 App 的用户中，女性和三、四线用户的占比扩大。女性用户的占比从 37.5% 增加到 41.5%，三、四线城市及以下用户的占比从 47.6% 增加到 52.5%。新闻资讯类 App 整体的用户使用黏性呈现上升，用户的月度总使用时长、人均单次使用时长均增长了约 20%。用户手机里安装的新闻资讯 App 个数也呈现上升趋势。虽然有超过一半用户手机里仅安装 1 个新闻资讯 App，但比例从 61.6% 下降到 52.2%。新闻资讯类产品对用户的吸引力和价值进一步提升。

27.3.4　代表性媒体

人民网、新华社等中央主流新闻媒体进一步推进媒体深度融合，提升内容创作水平，加快建设智能化新媒体。2018 年 6 月 12 日，《人民日报》社上线"人民号"和《人民日报》创作大脑等。"人民号"依托《人民日报》客户端，邀请媒体、党政机关、各类机构、企业、优质自媒体和个人入驻。创作大脑充分运用人工智能，具备智媒引擎、语音转写、数据魔方、视频搜索等基础功能，重点实现了智能写作、智能推荐、智能分发，以帮助《人民日报》和人民号的内容创作者提升内容生产和分发效率。新华社于 2018 年 12 月 27 日发布中国第一个短视频智能生产平台"媒体大脑·MAGIC 短视频智能生产平台"，这是人工智能技术首次在媒体领域集成化、产品化、商业化的应用，也是国家通讯社面向"5G 时代"在媒体人工智能方向上迈出的重要一步。

今日头条不断加强优质内容争夺，与视频、问答等类型网站开展合作，扩大自身在内容生态领域的分发能力，发展多元内容载体；重塑内容分发机制，主动求变，采取"算法推荐+人工干预"的新型内容分发机制。今日头条在市场拓张方面一路高歌猛进，但为了迎合用户喜好算法战略方向发生偏移，受到了主管部门的关注。2018 年 3 月 29 日，央视报道了今日头条发布虚假广告；3 月 30 日，因为广告违规问题，北京工商对今日头条行政处罚，没收广告费约 23.60 万元，罚款约 70.79 万元；4 月 1 日，因低龄妈妈事件，字节跳动旗下火山小视频被央视点名批评；4 月 4 日，国家广电总局约谈今日头条，要求停止部分功能整改；4 月 10 日，国家广播电视总局责令今日头条永久关停内涵段子客户端软件及公众号，并要求该公司举一反三，全面清理类似视听节目产品。

27.4　社交媒体

有别于以往的功能性导向格局，2018 年的社交媒体由用户关系和平台内容为基础，进一步形成核心社交媒体和衍生社交媒体为重要表现形式的双格局的社交媒体生态。

27.4.1　用户规模

2018 年，我国社交媒体市场稳步发展，用户规模和普及率实现进一步增长。截至 2018 年年底，我国即时通信用户规模达 7.92 亿人，较 2017 年年底增长 7149 万人，占整体网民的 95.6%。手机即时通信用户达 7.80 亿人，较 2017 年年底增长 8670 万人，占手机网民的 95.5%。社交媒体应用方面，微信朋友圈、QQ 空间用户使用率分别为 83.4%、58.8%，较 2017 年年底分别下降了 3.9 个和 5.6 个百分点；微博使用率为 42.3%，较 2017 年年底上升了 1.4 个百分点。

27.4.2　市场结构

当前的社交媒体，仍然是以微信、QQ、微博等传统社交媒体为主。2018 年，在互联网人口红利见顶的大背景下，社交媒体巨头不断内聚，通过挖掘内生动力实现增长。同时，它们的用户区域分布进一步下沉，通过区域下沉寻求新的增长渠道，拓展盈利模式。如 Quest Mobile 的数据显示，2017 年 9 月至 2018 年 9 月，微博 App 四线城市及以下的用户数量由 1.14

亿人增长至 1.35 亿人；三线城市用户由 0.66 亿人增长至 0.79 亿人。

"老牌"社交媒体的稳定表现，短视频等平台的社交属性正在迅速崛起。新新人类的社交需求催生了更多的社交软件，衍生社交媒体迅速崛起。随着 95 后进入工作岗位和 00 后进入大学，他们对微信的兴趣并不大，社交产品的极大丰富也促使了新用户群体的喜好转移。相比而言，他们愿意尝试更多新的社交软件。泛娱乐场景成为社交的突破口。随着动漫、轻小说、短视频等形式的火爆，目前不少平台试图通过"+社交"来在社交领域切一块蛋糕，进行市场拓张。2018 年中国短视频用户规模达 3.53 亿人，超过一半的受访在线音频用户对平台社交互动内容好感度较高。QuestMobile 则预计，2021 年社交+直播行业的月活跃用户规模将达到 1.4365 亿人。

此外，市场发展活力呈现良好态势，部分具有实力的初创企业及产品也在不断涌现。如 2018 年 5 月，小米重新上线了"米聊"，试图通过硬件和 IoT 平台聚合用户。2018 年 8 月 20 日，子弹短信上线，让被"微信"垄断多年的熟人社交领域热闹了起来。

27.4.3　市场格局

2018 年，腾讯系依然占据社交媒体的绝对优势地位。极光大数据的统计结果显示，截至 2018 年年底，社交网络霸主微信渗透率为 85.7%，日活跃用户均值达 6.27 亿人；QQ 12 月渗透率为 68.7%，12 月日活跃用户达 2.65 亿人；新浪微博渗透率为 33%，日活跃用户 1.1 亿人。此三者的渗透率在两位数以上，形成第一梯队。

第二梯队的社交媒体渗透率均低于 5%，日活跃用户均在 190 万人以上，依次为百度贴吧（渗透率 4.7%，日活跃用户 630 万人）、QQ 空间（渗透率 4%，日活跃用户 760 万人）、探探（渗透率 2.7%，日活跃用户 630 万人）、最右（渗透率 1.8%，日活跃用户 190 万人）、美篇（渗透率 1.6%，日活跃用户 190 万人）。

第三梯队的则是分身大师（渗透率 1.5%，日活跃用户 90 万人）和豆瓣（渗透率 1.3%，日活跃用户 90 万人），渗透率均低于 2%，日活跃用户也在百万以下。

27.4.4　用户分析

社交媒体已成为中国网民生活中不可或缺的一部分。根据《2018 年全球数字化报告》显示，中国社交媒体活跃用户达到 9.11 亿人，占全国总人口的 65%，平均每人每天在社交 App 上花费 88.6 分钟。

多元化是社交媒体用户 2018 年的主要特点，主要包括不同城市级别用户的不同、人群的不同等。凯度发布的《2018 中国社交媒体影响报告》显示，在三线城市里，25～34 岁的社交媒体用户所占比例较一线大城市的比例低了 9 个百分点。这是因为三线城市里的学生和退休人群所占比高于大城市，而这些人群的时间较为宽松，他们更有可能尝试较为花时间的社交媒体，如短视频 App 和社交购物 App。由此，这些 App 从下线城市起步积累用户，然后逐步渗透入大城市。抖音和拼多多的成长路径就是最好的例证。

27.4.5　代表性媒体应用

微信用户增速放缓，但用户黏度持续增高。腾讯公布的 2018 年第四季度业绩及 2018 年全年业绩显示，微信及 WeChat 合并月活跃账户数达 10.98 亿人，同比增长 11.0%，较 2017 年年中增速下降了 8.5 个百分点。用户增长已迎来市场天花板。微信官方发布的《2018 微信数据报告》显示，截至 2018 年 9 月，微信用户每天发送消息 450 亿次，同比增长 18%；每日音视频通话 4.1 亿次，同比增长 100%。社交方面，2018 年相比 2015 年，人均加好友数量增长 110%，朋友圈日发布视频数量增长 480%。

新浪微博则实现了"逆势增长"，2018 年第四季度财报显示，微博月活跃用户 4.62 亿人，连续三年增长超过 7000 万人，日活跃用户超过 2 亿人；微博垂直领域数量扩大至 60 个，月阅读量过百亿领域达 32 个。新浪微博尤其注重持续投入平台开发及社交内容生态建设。从 2018 年第三季度开始，新浪对微博在资讯领域中的竞争重心进行了调整，更加突出以热点和讨论为主的热搜、话题等产品，并针对这两种产品进行了整合，带动头部用户发表意见的积极性。

陌陌通过"+直播"获得长足发展。陌陌明显突出了"附近动态""附近的人""附近直播""聊天室"等各种模块化的娱乐社交场景，直播成为陌陌为用户找到的一种契合社交需求的形式。QuestMobile 发布的《社交+直播发展研究报告》数据显示，截至 2018 年 9 月，陌陌直播用户的月人均使用时长达到 750.8 分钟，遥遥领先于泛娱乐直播平台。

27.5 自媒体

我国目前自媒体主要平台有微信公众号、头条号、微博、百家号、搜狐号、企业号等。据统计，各类自媒体号总注册数在 3155 万左右，其中微信公众号，以超过 2000 万的注册数占据整个市场超过 60% 的份额。

（1）自媒体头部进一步集中

随着流量红利的收割殆尽，预示着新媒体之间的厮杀也会掀开帷幕。除微信公众号和小程序等微信系自媒体聚集地之外，伴随着内容创业赛道的分化和升级，微博、头条号、企鹅号等一众"流量高地"的自媒体生态也已基本完善，头部自媒体流量均达到较高水平。据 2018 年数据：微信订阅号渗透率超过 70%，占据市场主要份额。在整个 2018 年，今日头条创作者共发布了 16467 万篇文章，总字数达到 1599 亿个。而在视频方面，总数量也不落下风，创作者们共发布了 15328 万个视频，总时长达到了 42418 万分钟。头部自媒体吸引了绝大部分的行业资源，竞争格局相对固化，上升通道已较窄。

（2）传统媒体进入自媒体

在这个自媒体的新时代，"主流媒体"的声音在逐渐变弱。早在几年前，传统媒体就已经认识到这一点，并提出拥抱自媒体的观点，经过几年耕耘，传统媒体在自媒体领域的发展已全面开花。从微信公众平台的数据统计可见一斑，根据新榜统计的点赞最多的 35 个大 V 公众号的数据显示，《人民日报》成最大赢家。而排名前十的订阅号中，传统媒体占了 7 席。传统媒体人运营自媒体拥有天然的优势，当大部分自媒体还在做着复制粘贴的转载工作时，他们已经走向了"内容为王"，并且有底气声明"原创文章，欢迎分享，谢绝转载"。这些趋势的背后说明个人品牌需求正越来越旺盛，传统媒体也是如此。在这个深层次背景下，传统媒体进入自媒体的趋势在 2019 年会愈演愈烈。

（3）流量聚集，头部内容霸屏，传播效果集中

随着自媒体的不断发展，创作者和读者之间正在迎来关系迁徙，用户开始向头部作者聚拢。另外，由于 App 应用的逐渐增多，用户的注意力不断被分散，这也加剧了向头部集中的趋势。以微信公众平台为例，爆款内容传播效果集中。2018 年，微信公众平台共阅读量在 10 万以上的文章中，有一半左右来自 500 强账号，新榜排名前 0.1%的订阅号贡献了 12.9%的阅读量，排名头部的 50 个账号仅占活跃数的万分之一，提供了整个微信公众平台 2.9%的流量，阅读集中度显著。

27.6　用户分析

（1）网民结构逐步向中高龄人群渗透

随着我国老龄人口比例逐渐扩大、互联网的普及和"空巢老人"等因素影响，越来越多的老年人希望通过网络与子女建立交流平台，缓解他们的寂寞孤单感；同时，网络上丰富的内容使得其开阔视野增长见识，多度依赖网络使得老年人"网瘾"群体逐渐扩大。前瞻研究院发布的数据显示，2018 年 6 月中国网民占比中，老年网民（60 岁及以上）群体达 7.1%，整体规模已超半亿人。截至 2018 年年底，40～49 岁中年网民及 50 岁以上网民比例分别由 2017 年年底的 13.2%和 10.5%，扩大到 15.6%和 12.5%。

（2）网民继续向移动终端转移

截至 2018 年年底，我国手机网民规模达 8.17 亿，全年新增手机网民 6433 万；网民中使用手机上网的比例由 2017 年年底的 97.5%提升至 2018 年年底的 98.6%。网民对移动设备的依赖性也不断增强。截至 2018 年 7 月，PC 端、手机端及 Pad 端的阅读使用时长分别达到 101.1 亿小时、981.7 亿小时和 86.9 亿小时。与 2016 年 1 月相比，PC 端使用时长略有下滑，手机端及 Pad 端涨幅均超过 70%。2018 年 7 月，网民整体上网时长较 2017 年同期涨幅达到 25.4%，移动端单机单日上网时长接近 3 小时，为 PC 端的 2 倍。在移动网民规模趋近整体网民、网民增速持续放缓的情况下，单个网民投注在移动网络上的时长明显拉长。

（3）网民喜好向文娱领域迁移

用户使用行为由基础的社交需求向大文娱乐领域迁移。2018 年上半年，社交、视频等头部领域用户规模趋于饱和，第二梯度的音乐视频、资讯等领域用户规模保持一定增速。在网民时间分配上看，以视频为代表的大文娱乐领域增速远高于社交领域，用户时间逐步由社交等基础功能向文化娱乐领域迁移。

27.7　发展趋势

（1）市场竞争将持续推动网络媒体内容和模式创新

2019 年的中国新媒体产业将会是"八仙过海，各显神通"，一方面，BAT 三巨头的垄断格局有望被打破，今日头条、新型主流媒体将在新媒体产业中占有一席之地；另一方面，社交媒体也会在各个垂直领域深耕，规模经济与范围经济并举，竞争也会从线上延伸到线下。在此背景下，创新必然成为网络媒体发展的动力，对新兴媒体来说，如视频网站、今日头条

等，这些年的创新主要是商业创新，一直在寻找合适的商业模式的路上。2019 年，中国新媒体发展将更加注重科技创新及其应用。可以预见在 5G 和人工智能的驱动下，将会催生出更多新的传播形态、更加多元的媒介生态，更加多样的传媒业态，而科技与商业、政府与民间的结合让创新动力更强。

（2）短视频风口继续上行，行业格局逐步转变

BAT 入局佐证社交类短视频风口上行，行业格局仍未落定，中国社交类短视频市场的竞争十分火热，BAT 三大巨头纷纷入局。腾讯"复活"微视，领投快手；阿里巴巴文娱布局土豆，转型短视频社区；百度上线好看视频，360 创立快视频，无不佐证社交类短视频行业正处于风口。同时，新兴互联网企业今日头条孵化的火山小视频和抖音用户规模增长迅速。面临行业风口，产业链里所有参与者都有机会，不管是成熟的互联网巨头还是新兴企业，且巨大的机会仍未显现。而在当前竞争激烈的市场当中，头部企业用户规模不相上下，行业格局仍未落定。

（3）优质内容稀缺或将衍生出"内容+"产业链

优质内容的需求仍然很大，一方面，面对转型困难的传统媒体难以提供足够的优质内容，且部分优质内容可能会因渠道限制无法提供给用户；另一方面自媒体海量的内容整体上显得量多质低。因此，网络媒体 2019 年仍将面临优质内容与用户需求不匹配的问题。2019 年，网络媒体一方面必将想方设法发掘更多的优质内容，通过加大投入来发掘、购买、聚合更多的优质内容；另一方面内容不再是孤立的，内容成为连接器，衍生出"内容+X"的产业链，互联网企业也会把内容作为重要入口来实现其社会价值和商业价值。

（4）网络媒体自我审核监督力度将进一步加大

近几年，我国网络媒体监管不断加强，网络媒体自觉自律有所提高，但短视频、语音直播等网络媒体平台正处于野蛮生长阶段，平台对内容爆发式增长的海量内容审核和监管遭遇严峻挑战，短视频内容出现低俗不良信息和违背社会主流价值观的问题屡禁不止。为适应政策与监管环境，网络媒体平台将进一步设立完善的内容审核机制，加大对内容的审核和监管力度，减少内容乱象问题出现的概率。此外，单纯依靠算法推荐和审核而出现的内容质量问题在 2018 年仍未得到有效解决，加上 5G 等新技术在网络媒体上的加速应用，2019 年的自媒体监管与自律将有更大的变化。

（曹开研、杨彦超）

第 28 章 2018 年中国网络音视频发展状况

28.1 发展环境

网络音视频行业，是指在互联网上提供免费或者有偿音视频流播放、下载服务的行业。2013 年中国网络音视频行业市场规模突破百亿元，之后进入高速增长期，行业 5 年来的增速都保持在 50%左右，体现了强大的活力和乐观的产业前景。2018 年中国网络音视频行业市场规模已突破千亿元，成为网络文化娱乐产业乃至总体文化产业发展的重要支柱。

1. 政策环境

2018 年，行业监管总体呈现长效治理、短时监管与中期引导相结合的"辨证施治"思路，反映主流价值观，发挥社会效益、公益职能的内容生产要求贯穿全年。整体而言，管理导向逐步走向主体责任明确、专业监管机构接入、监管方案细化的更成熟监管体系。

2018 年 2 月，国家新闻出版广电总局发出通知，要求对网络视听直播答题活动加强管理，进一步规范网上传播秩序，防范社会风险。对未持有《信息网络传播视听节目许可证》的任何机构和个人，一律不得开办网络直播答题节目。

同月，国家新闻出版广电总局联合地方新闻出版广电局等重拳出击，严肃整治网上出现的歪曲演绎红色经典、恶意拼接经典卡通形象散布血腥暴力、低俗炒作明星绯闻隐私和炫富享乐类视听节目。

2018 年 3 月，国家广播电视总局发布《关于进一步规范网络视听节目传播秩序的通知》，从制作、播出、冠名等不同方面提出了要求，其中短视频内容的制作及传播要求"坚决禁止非法抓取、剪拼改编视听节目的行为；加强网上片花、预告等视听节目管理；加强各类节目接受冠名、赞助的管理"。

2018 年 4 月，针对短视频发展乱象，广电总局、国家网信办约谈了今日头条、快手两家主要负责人，要求"快手""火山小视频"暂停有关算法推荐功能。国家广播电视总局责令"今日头条"永久关停"内涵段子"客户端软件及公众号，并要求公司举一反三，全面清理类似节目产品。

2018 年 7 月，国家网信办会同工信部、公安部、文化和旅游部、广电总局、全国"扫黄打非"办公室等五部门，开展网络短视频行业集中整治，依法处置了 19 家网络短视频平台。其中，包括弹幕社区网站哔哩哔哩、洋葱视频在内的一些视频网站被暂停下架，内部整改。

2. 市场环境

经过多年的发展，网络音视频行业总体已经具有较强实力，商业模式比较成熟，平台拥有更加稳健增长的现金流，特别是短视频、直播等移动端新视频形态成为行业爆发式增长点，网络音视频行业头部平台纷纷寻求在资本市场获得更大的发展空间。

2018 年是网络音视频企业重要的上市窗口。政策监管到位促使网络音视频行业生态向好，全球资本市场回暖为企业上市提供了良好的契机。资本市场对网络音视频领域的投资主要集中在天使轮和 A 轮。头部企业纷纷上市，哔哩哔哩于 2018 年 3 月 28 日上市，被称为二次元的胜利；爱奇艺于 2018 年 3 月 29 日上市，估值一路飙升；虎牙直播于 2018 年 5 月 11 日上市，成为游戏直播第一股；映客直播于 2018 年 7 月 12 日上市，成为港股娱乐直播第一股。

3. 技术环境

新技术是推动音视频行业不断发展的动力。2018 年，网络信息基础设施建设进一步迅速发展，以人工智能为代表的新技术被应用在内容生产、分发、消费、反馈各个环节，为行业发展提供了更多的可能。

2018 年互联网基础资源保有量稳步增长，宽带用户体验速率快速提升；网络覆盖范围进一步扩大，贫困地区网络基础设施"最后一公里"逐步打通，"数字鸿沟"加快弥合；移动流量资费大幅下降，跨省"漫游"成为历史，消费成本大幅降低，刺激了网络音视频行业发展。

人工智能技术在网络音视频营销与 IP 评估中得到广泛应用，在很大程度上影响了内容领域的投资决策和导向。在内容生产及分发环节，一方面以"抖音"为代表的短视频平台，依靠强大的人工智能算法精准地为用户推送短视频内容，通过个性化推送更精准、全面地满足了用户需求；另一方面人工智能技术应用也进一步提升了内容生产效率，降低了成本。虽然目前人工智能在内容生产方面的应用还比较浅层次、单一化，但未来人工智能在网络音视频领域的全链条应用存在广阔的空间和想象。

28.2 发展特点

（1）音视频行业成为内容消费产业的核心支柱

网络音视频消费逐渐成为网民刚需，平台营收增长迅速，用户付费渐成主流。视频行业在 2018 年进入了深度差异化竞争阶段，为丰富商业模式，平台进一步加大了优质内容供给，提升了付费意愿。虽然绝大部分综合视频平台整体仍处于亏损状态，但普遍营收增长迅速且结构不断优化，营收模式正由广告等后向收入转为用户付费等前向收入，网络视频用户付费比例过半，持续保持快速增长，发展质量提升。

（2）视频内容生态圈日渐成熟

平台生态化布局加快推进，头部平台已经串联视频、文学、漫画、音乐、电商、线下娱乐、智能娱乐硬件等多个领域，构建起以影视内容为核心的内容生态布局，形成了市场竞争壁垒。平台内容自制成为重点，2018 年主要视频网站自制合制内容与购买内容体量大致相当，形成平分之势。自制内容精品化趋势进一步显现，全年自制内容上线数量与 2017 年同期相比持平或稍有下降，但播放量大幅增长。较以往鱼龙混杂的市场环境，2018 年度精品化、独播化、创新化的内容形态更受用户青睐，大量粗制滥造、低水平内容被市场抛弃。2018 年网络综艺亮点频出，高品质、高口碑的爆款综艺数量明显增多。各大平台一方面对网络综艺进行系列化开发，增强用户对平台调性的记忆度和理解度；另一方面对优质网络综艺进行多季化开发，以实现用户导流和留存。

（3）网络音视频新业态亮点频出

数据显示，2018 年上半年短视频用户使用时长占比从 2017 年同期的 2%增长到 7%，是移动互联网领域增长最为迅速的业务。互联网巨头纷纷积极布局短视频领域。网络直播进入结构调整和业务重塑期。一是在政府监管和行业转型推动下，直播行业发展趋于平稳化、规范化，行业门槛进一步提高。二是直播平台进入精细化运营阶段，游戏直播、语音直播等细分领域发展态势良好。三是直播和短视频加快跨媒介融合，直播平台设置了短视频录制功能，短视频平台也开设了直播功能，两者业务边界正日渐交融。音视频类知识付费产品进入快速增量阶段，形态更多元化而且出现向线下延伸的趋势。用户对知识内容的需求由浅入深、由表及里，从大众入门普及进阶为更专业的细分领域，其中人文历史、儿童教育、女性情感 3 个细分领域发展最快。

28.3　市场规模

网络音视频如今已成为网络娱乐产业的核心支柱产业。数据显示，2009—2017 年，中国网络音视频行业市场规模处于不断上升趋势。2009 年中国网络视频行业市场规模仅为 17.6 亿元；2013 年中国网络视频行业市场规模突破百亿元，之后进入高速增长期。2018 年视频内容行业市场规模达 2016.8 亿元，同比增长 39.1%。2014—2018 年中国网络视频内容行业市场规模如图 28.1 所示。

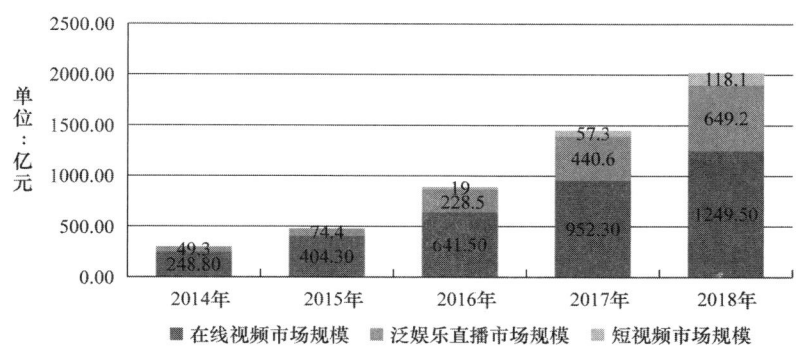

图28.1　2014—2018年中国网络视频内容行业市场规模

数据来源：中国网络视听节目服务协会综合统计

28.4 细分市场

28.4.1 综合视频

综合视频平台是网络视频市场份额占比最大的一部分，主要包括爱奇艺、优酷、腾讯视频、搜狐视频等。此类视频平台是利用母体本身拥有的较大影响力开辟的视频平台，具有丰富的内容资源和广泛的受众覆盖，品牌辨识度较高。

2018 年，综合视频平台用户、内容、流量进一步向头部平台集中。2018 年上半年，通过爱奇艺、腾讯视频和优酷视频 3 家平台收看网络视频节目的用户占网络视频用户总数的 89.6%，属于市场第一梯队。第二、第三梯队平台用户使用率进一步下降，市场格局愈加清晰。芒果 TV、哔哩哔哩、搜狐视频、咪咕视频、乐视视频等处于行业的第二梯队，正在加速联合寻求差异化竞争之路，在内容、渠道和技术方面合作，强化在垂直细分内容领域的优势，采取差异化竞争策略；风行视频、PP 视频、暴风影音、56 视频等处于第三梯队，精准针对垂直用户，市场相对小众。2018 年中国综合视频平台市场格局如图 28.2 所示。

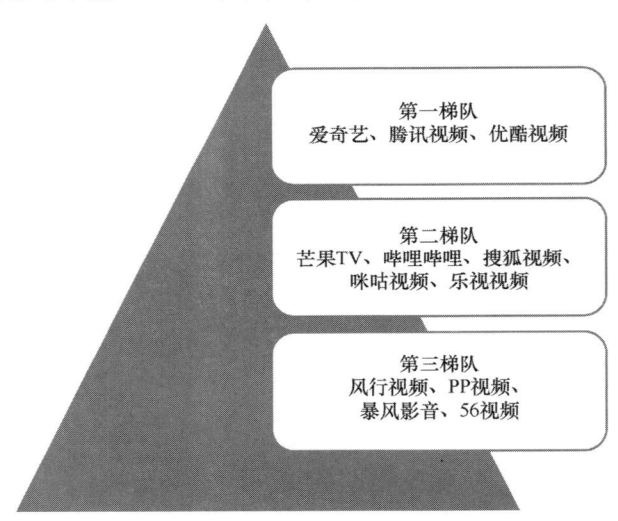

图28.2　2018年中国综合视频平台市场格局

28.4.2 短视频

短视频是指在各种新媒体平台上播放的、适合在移动状态和短时休闲状态下观看的、高频推送的视频内容，时长几秒到几分钟不等。随着移动终端的普及和网络的提速，短、平、快的大流量传播内容充分适应了碎片化、移动化、娱乐化的视频消费环境。短视频行业主要包括以快手、抖音为代表的平台企业，以二更、一条视频、梨视频为代表的短视频自媒体和以青橙为代表的 MCN 机构等。据测算，2018 年中国短视频行业市场规模达 118.1 亿元，同比增长达 106.1%。预计 2020 年短视频市场规模将超 300 亿元。2016—2020 年中国短视频行业市场规模及预测如图 28.3 所示。

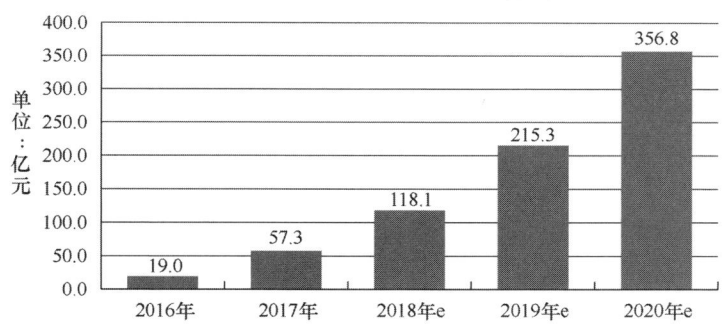

图28.3　2016—2020年中国短视频行业市场规模及预测

目前，"南抖音、北快手"的短视频平台格局已经形成，艾媒咨询数据显示，处于短视频平台第一梯队的抖音和快手用户活跃数量维持在 2 亿人左右，位居其后的西瓜视频和火山小视频用户活跃数量分别约为 6700 万人和 5000 万人。在短视频领域，以百度、腾讯、阿里巴巴为代表的互联网巨头竞相布局，腾讯大力扶持微视，百度深度布局好看视频，阿里巴巴上线了以电商为主要功能的"鹿刻"，未来短视频行业将迎来更加激烈的竞争。随着短视频行业发展日益成熟，内容生产的专业度和垂直度加深，优质内容成为各平台的核心竞争力，各大短视频平台纷纷与 MCN 机构、网红合作，打造优质 PGC（专业生产内容），带动 UGC（用户生产内容），内容生产将从单一化、粗放式进一步向精细化转变。

28.4.3　网络直播

网络直播指通过吸收和延续互联网的优势，利用视讯方式进行网络现场直播，有助于增强活动现场的推广效果，当直播完成后，还可以为用户提供重播、点播等服务，延长直播时间和空间，发挥直播内容的最大价值。2018 年，经过"千播大战"抢占流量市场时期，直播行业用户红利逐渐消退，随着监管进一步加强，行业野蛮生长乱象得到遏制，逐渐回归理性。截至 2018 年 12 月，网络直播用户规模达 3.97 亿人，较 2017 年年底减少 2533 万人，用户使用率为 47.9%，较 2017 年年底下降了 6.8%。在此形势下，网络直播行业内部逐渐分化，进入调整转型期。直播平台在体量和发展前景上的差距进一步拉大，头部平台虎牙、斗鱼等掀起上市热潮，寻求资本盈利机遇，加剧资源和流量的集中效应；二线平台通过合并或深入合作"抱团取暖"，实现资源整合、互利共赢。

2018 年，直播行业转入稳定发展下半场，平台的吸金能力依旧强劲。数据显示，2017 年中国直播行业市场规模达到 250.95 亿元，同比增长 59.3%；随着移动直播的全面普及、娱乐的消费升级，2018 年中国直播行业市场规模达到 363.30 亿元，增长率为 44.8%。财报显示，2018 年第三季度，YY 实现营收 41.01 亿元，同比增长 32.6%；陌陌营收 36.48 亿元，同比增长 51%；虎牙营收 12.76 亿元，同比增长 118.8%。2016—2020 年中国在线直播用户规模及预测如图 28.4 所示。

28.4.4　网络音频

网络音频是指通过网络传播和收听的音频内容，主要包括音频节目（博客）、有声书（广播剧）、音频直播及网络电台等实现形式。信息性、情感性、娱乐性和伴随性是网络音频的主要特征。2017 年，得益于知识付费的爆发性增长和移动阅读场景下有声书业务的普及，音频知识付费课程和节目大量涌现，网络音频迎来新一轮高速增长。如图 28.5 所示，2017 年网络音频用户达 2.6 亿人，2018 年达 3 亿人，为行业持续发展注入源源不断的活力。

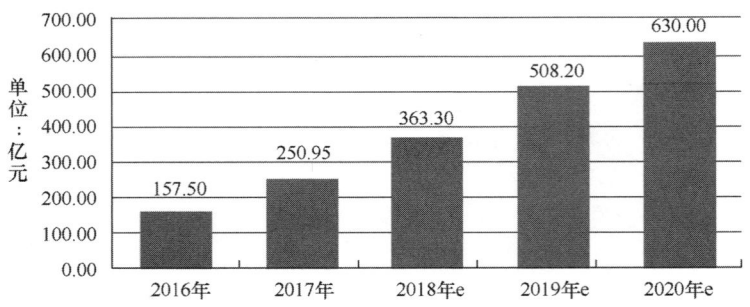

图28.4　2016—2020 年中国在线直播用户规模及预测

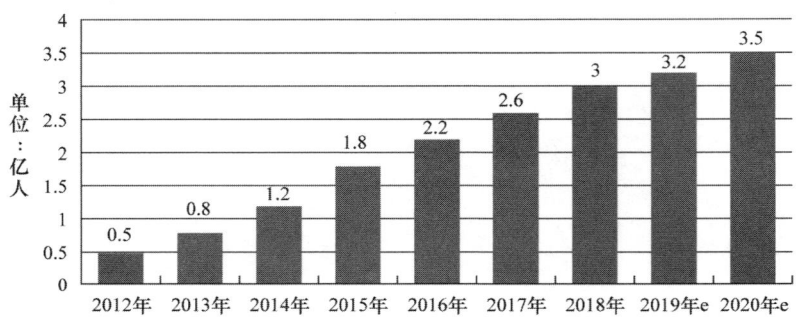

图28.5　2012—2020年中国网络音频用户规模及预测

28.5　商业模式

广告依然是网络音视频行业第一营收模式。"免费内容+商业广告"的模式还将长期存在。视频贴片广告作为商业广告主要形式是网络视频平台最基础的收入来源。从行业发展阶段看，行业依然处于用户积累和培育的阶段，流量的争夺是平台竞争的关键，"免费内容+商业广告"能够帮助视频平台尽可能争取用户流量；而目前中国的版权保护环境和用户付费习惯与发达国家相比存在一定的差距，尚未达到网络视频全面付费的条件。因此，"免费内容+商业广告"的商业模式还将长期存在，发挥重要的作用。

用户付费的商业模式进一步发力。虽然目前中国网络音视频服务尚未达到全面付费化的条件，但具有付费意愿和付费能力的用户群体在不断扩大，尤其是 VIP 会员订阅模式提供的优质影视内容和免广告、杜比音效、蓝光高清画质等功能特权，极大地提升了网络视频消费体验，受到了越来越多用户的青睐和订购。在平台不断投入资源采购和制作独家影视内容的背景下，用户付费模式已成为收入仅次于商业广告的网络视频重要商业模式，实现行业由用户原始积累到精细化运营产出的转型。未来用户付费贡献的收入规模和收入占比将进一步扩大。

与海外平台合作是版权许可和分销的发展方向。版权许可和分销曾是仅次于商业广告的视频平台主要收入，但随着近年来用户付费迅猛增长，平台纷纷保留独家影视内容作为发展付费用户的重要资本，不再授权给其他视频平台，导致该商业模式重要性迅速降低。但随着奈飞（Netflix）、亚马逊（Prime）等海外视频平台的全球化发展，采购中国视频内容成为重要一环，因此，视频版权的海外分销将成为这一商业模式的重要方向。

直播、短视频等新形态开辟了商业模式新疆域，直播有望成为继广告、电商、游戏之后的互联网第四大商业模式，具有强大的变现能力。短视频爆炸式发展则带动了用户规模的指数级增长和广告主的青睐，带动了网络视频整体市场规模的提升。随着直播、短视频内容营销质量的不断提升，平台将开放大量的商业化机会，通过"直播+""互联网+"方式赋能电商、教育、体育等产业，通过流量变现带来较大的市场规模增长。

28.6　典型企业

1. 综合视频——爱奇艺

爱奇艺目前正处于网络视频行业领军地位。财报显示，爱奇艺 2018 年总营收达到 250 亿元，同比增长 52%。会员业务继续实现强劲增长，全年净增订阅会员 3660 万人，超过 8700 万订阅会员的规模，同比增长 72%。会员规模、市场规模均创历史新高。

强劲增长主要归功于其优质内容，特别是原创爆款内容及多样化的运营策略。2018 年爱奇艺推出《延禧攻略》《偶像练习生》《热血街舞团》等爆款内容，对于会员订阅及留存的提振效果显著，"会员一次性看全集"模式也实现了规模化排播。

秉持"做一家以科技创新为驱动的伟大娱乐公司"的愿景，爱奇艺致力于大生态体系的构建，提出了苹果园发展战略，将内容生态正式扩张至整个泛娱乐领域。2018 年，爱奇艺在自制综艺内容上持续发力并取得显著成果，自制综艺在数量、质量、收益等方面全面超越版权综艺，成功推出了《中国新说唱》《演员的品格》《国风美少年》《我是唱作人》等多部爆款内容。基于"一鱼多吃"的商业模式，爱奇艺通过广告、付费、打赏、经纪、出版、发行、授权、游戏、电商九大货币化手段为行业示范了多元化的变现路径。其中，"正片+衍生节目"的模式已形成传播合力，为用户带来了多样化的内容形式，提升了广告主的营销曝光。此外，IP 链路的打通探索了演艺经纪的运营及衍生品的系列开发。这些新的模式加速了平台综艺影响力的释放，也提升了综艺内容的 IP 商业价值。

AI 技术的运用提升了内容生产效率，也助力了广告主的精准营销。在内容生产上，爱奇艺已经将 AI 技术融入智能创作、智能生产、智能标注、智能分发、智能播放、智能变现、智能交互等各领域；在选角、剪辑、语音识别、看点推荐等产业链各环节融合 AI 技术，在提升内容生产效率的同时，使娱乐内容的分发也更加精准。爱奇艺称目前 40%以上的流量来自于智能算法推荐，而不是用户的搜索或者浏览。未来这个比例会提高到 70%甚至 80%，每个用户都会有一个非常了解自己的"内容助理"，帮用户找到想看的内容。

2. 短视频——抖音

抖音是今日头条于 2016 年 9 月上线的一款短视频分享 App。抖音主要以 PGC+UGC 为运营模式，时长一般控制在 15～60 秒，遵循音乐短视频的调性，有别具特色的"魔性"背景音乐，依靠算法技术取得内容的平衡与流量的持续性，在一定程度上提升了用户的参与度，打造出抖音短视频的影响力。截至 2019 年 1 月初，抖音官方宣布日活跃用户突破 2.5 亿人，月活跃用户突破 5 亿人。抖音在 2018 年的抢眼表现和强大影响力使业界提出"两微一端一抖"的新传播矩阵说法。

在内容生产上，抖音应用人工智能技术为用户创造丰富多样的玩法，通过技术进一步降低拍摄门槛，为拍摄者赋能，用户通过视频拍摄的快慢以及原创特效、滤镜、镜头切换等"模板化"拍摄手段，让用户在生活中轻松快速产出优质短视频；同时提供电音、舞曲等音乐类型的海量配乐，制作形成节奏感、潮流感较强的视频，辨识度、流传度较高。在运营上，抖音注重通过互动活动和洗脑神曲制造爆款，策划了"你真是每个动作都是戏""你笑起来真好看"等众多挑战赛引发用户创作欲，得到积极响应；原创歌曲《学猫叫》《海草舞》等被誉为"洗脑神曲"，成为超过百万用户的选择。

2018 年，抖音的定位从适合中国年轻人的音乐短视频社区转为"记录美好生活"，从垂直音乐细分领域走向一个多元化的短视频 UCG 平台。2018 年抖音的平台用户使用人群分布呈现扩散趋势，男性用户比例增加，并且向 26 岁以上年长人群下沉。三、四线城市人群成为增长生力军。同时，抖音也开启了海外战略，2018 年上半年，包括 Tik Tok 和 Musical.ly 在内的抖音海外产品，每月活跃用户超过 1 亿人；2018 年 12 月成为美国下载次数最多的社交应用。

抖音通过不可预测的内容、不间断的循环播放、15 秒意犹未尽的时间控制等交互细节塑造了沉浸式体验，极大提高了用户黏性。得益于母公司今日头条的推荐算法，抖音在产品层面加入了算法推荐模型，以保证视频的分发效率和去中心化目标，实现向不同的用户推荐感兴趣的内容，满足个性化需求，但同时也造成了"用户上瘾""信息茧房"等问题。在多次被主管部门约谈整改后，抖音明确了"算法也有价值观"，加大了人工审核力度，力图实现算法的工具理性与人工审核价值理性的协同，并上线了针对重度用户和青少年的防沉迷系统。

3. 网络直播——虎牙

2018 年 5 月 11 日，"游戏直播第一股"虎牙成功在美国纽交所挂牌，成为中国第一家上市的游戏直播平台。上市后，虎牙直播表现出众，实现用户、营收双增长。截至 2018 年年底，虎牙直播的市场份额占比为 18.82%。财报显示，2018 年虎牙总营收达 46.634 亿元，同比增长 113.4%，全年净利润 4.609 亿元。四季度虎牙平均 MAU（月活跃用户数）达 1.166 亿人，同比增长 34.5%。

虎牙直播是欢聚时代（YY）的控股子公司，最开始是欢聚时代（YY）的游戏直播部门，2014 年正式拆分成为虎牙直播，得到了欢聚时代大量的资源、产品和技术支持。在泛娱乐直播浩大的声势下，虎牙专注于游戏直播的战略，抓住了《王者荣耀》《绝地求生》等重要热门游戏带来的发展机遇，目前主要的盈利模式是基于虚拟物品的主播打赏。先天良好资源、聚焦游戏直播、抓住热门游戏、自我造血能力，是虎牙良性发展、率先上市的关键。

上市后，虎牙利用资本展开对游戏产业上下游的探索，构建以游戏直播为核心的生态布局。2018 年 3 月，虎牙与腾讯建立了战略合作关系，通过腾讯与游戏项目组、游戏研发商的融合与合作更深入，探索出更多的商业模式。2018 年 5 月，虎牙推出了专注于海外市场的游戏直播平台 NIMO TV，增大在海外市场的投入，目标是接下来一年内成为东南亚领先的游戏直播平台之一。

游戏直播的娱乐属性与广大用户群体叠加，直指游戏直播的泛娱乐之路。虎牙"立志成为中国年轻一代最热门的科技娱乐社区"，目前正以其在内容挖掘及生态布局上的优势，在娱乐、综艺、教育、户外和体育等内容上布局。

4. 网络音频——喜马拉雅

2018 年，喜马拉雅成功把握知识付费的浪潮，实现用户和收入双增长，成长为网络音频行业独角兽。2018 年喜马拉雅激活用户总数 4.7 亿人，主播总量 500 万人，行业占有率达 70%，日均使用时长 128 分钟，平台搭载了超过一亿条音频内容。

2018 年，喜马拉雅依托优质资源，不断深化品牌 IP，音频产品持续升级，庞大的主播矩阵助力音频内容生态建设，借此形成了强大的内容竞争壁垒。2017 年喜马拉雅只有 16 个内容类目，2018 年形成了 328 个小类目及 138 万条付费内容，包括外语、情感、亲子、商业、相声、人文、历史等内容全覆盖，出现了许多非常火爆、以兴趣为导向的内容。喜马拉雅通过挖掘和培养大量音频主播，建设音频内容生态体系，形成了"深度专业人士—娱乐明星/网红达人—UGC 主播"三层级主播矩阵。深度专业人士包括顶尖作者、学者、高校教授及细分领域资深从业者，借助音频媒介传播自己的思想观点和独到见解，满足用户对知识和兴趣的获取了解；娱乐明星和网红达人自带流量，逢过粉丝效应培育更广泛的用户群体，将音频打造成为与粉丝深度交流互动的媒介桥梁；UGC 主播借助音频实现个人化分享和表达，满足用户多元化信息获取、兴趣挖掘和个性化娱乐等多方面需求，构成了音频生产的坚实基础。2018 年喜马拉雅上的知识网红由 2017 年超过 3000 个攀升到 8000 多个，此外还有新东方等相关机构入驻喜马拉雅开设课程。

"123 狂欢节"是喜马拉雅发起的年度音频内容付费促销活动，销售额从 2016 年首届的 5088 万元增长到 2018 年的 4.35 亿元，从聚焦知识付费的"知识狂欢节"拓展到以内容型消费为核心的全民"狂欢节"。"123 狂欢节"同时带动了蜻蜓 fm、得到、壹心理、京东、校长邦口袋大学等多家内容付费类平台的参与，在某种程度上已经成为内容付费行业的"双十一"。

28.7　用户分析

28.7.1　用户规模

截至 2018 年年底，我国网络综合视频用户规模达到 6.12 亿人，短视频用户 6.48 亿人，直播用户 3.97 亿人，如图 28.6 所示。2018 年网络视频类应用在中国网民各类互联网应用使用时长占比排序中位列第 2 名，达到 12.8%，仅次于即时通信，短视频、网络音频类应用使用时长分别为 8.2%、7.9%，分列第 4 名、第 5 名。手机网络视频用户规模达到 5.9 亿人，较 2017 年年底增加 7.5%。特别值得注意的是，网络短视频应用迅速崛起，2018 年下半年用户规模增长率达 9.1%，网民使用率达 78.2%。

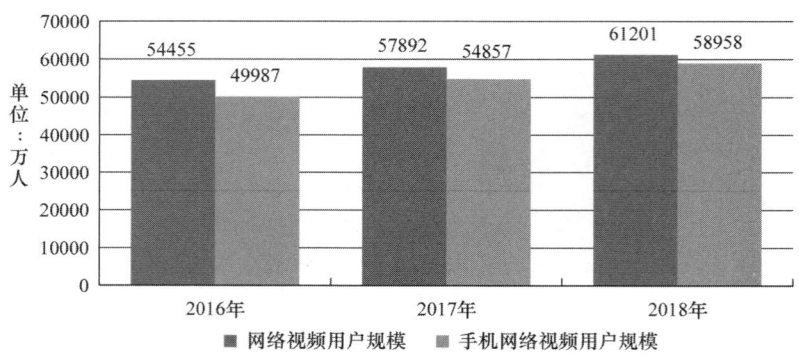

图28.6　2016—2018年中国网络视频/手机网络视频用户规模

28.7.2　用户结构

具有每天收看网络视频特征的为网络视频重度用户，主要集中于一线城市的 30～39 岁人群。从地域来看，一线城市重度用户人数占比达 46.3%，超过二线城市（42.0%）和三线城市（36.0%），如图 28.7 所示。从年龄来看，30～39 岁网络重度用户人数占比接近半数，占比最高。50 岁以上中老年用户占比超过 40%，如图 28.8 所示。

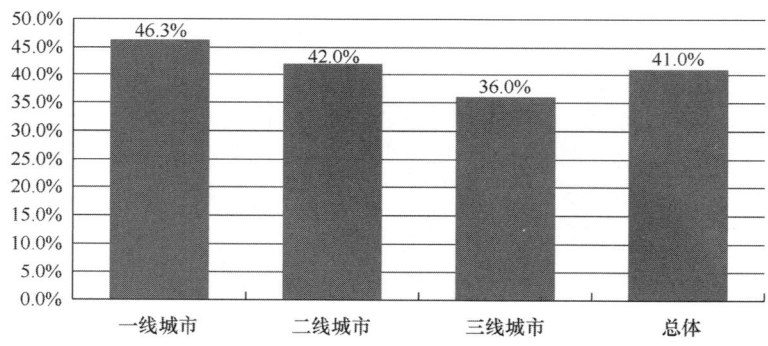

图28.7　2018年中国网络视频用户地域分布

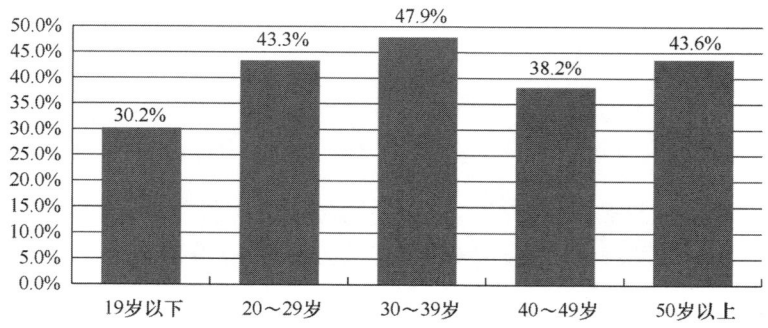

图28.8　2018年中国网络视频用户年龄结构

28.7.3　消费行为

1．用户偏好

从网络视频用户终端使用情况来看，98%的用户使用手机观看网络视频节目，智能电视使用率达 55.2%。其中一线城市用户倾向于使用笔记本电脑、平板电脑；二线城市用户倾向于使用台式电脑、智能电视；三线城市用户倾向于使用网络盒子，如图 28.9 所示。数据显示，有超过 40%的用户每天稳定使用各类视频应用，用户黏性较高。

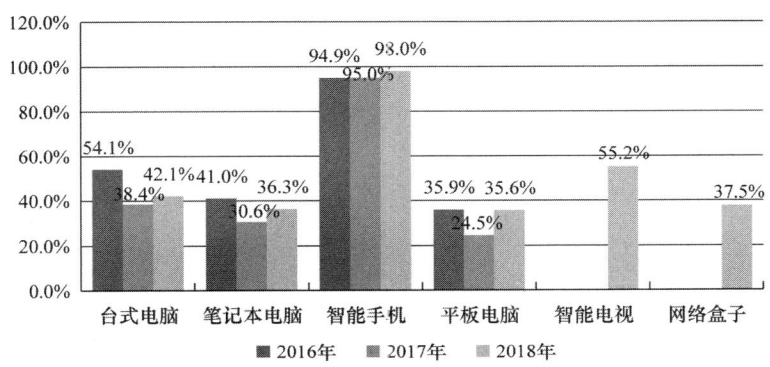

图28.9　2018年中国网络视频用户终端设备使用情况

数据来源：2018 中国网络视听发展研究报告

值得注意的是，用户短视频使用时长已接近综合视频，增速显著。短视频在 30 岁以下网民中渗透率超过 80%。

题材和口碑是影响用户收看行为的主要因素。74.7%的用户因是自己喜欢的节目类型或题材节目选择观看，58.1%的用户因节目内容评分高、口碑好选择观看，54.2%的用户因周围朋友都在看和讨论选择观看，另有半数左右的用户因喜欢的明星出演或者由喜欢的小说改编而观看。目前看来，网络视频节目正成为基于用户社交关系的内容分享产品，为进一步增强用户黏性，巩固用户收看行为，网络视频行业坚持围绕内容精品性、社交话题持续性和针对性发力。

2．付费行为

网络视频付费业务于 2010 年推出，早期受网络盗版问题影响，发展缓慢。近年来，随着监管部门进一步加大盗版打击力度，网络自制内容快速发展，推动网络视频付费用户比例逐年上升，带动了网络视频行业的整体收入。用户付费主要包括 VIP 会员订阅和付费点播等形式。2018 年，中国网络视频付费用户已经占总体网络视频用户的 50%以上，达到 53.1%，较 2017 年同期增长 23.8%，且近五年增速均在 20%以上。头部平台爱奇艺与腾讯的会员数量接近 1 亿人，付费渗透率达到 15%且还在不断增长，如图 28.10 所示。从网络视频付费用户的性别结构中可以看出，中国视频付费用户中，男性相比于女性多出 17.8%，男性用户有着更强的付费意愿，如图 28.11 所示。

用户付费的主要驱动因素。相比而言，2018 年用户网络自制综艺的付费意愿提升较快，这与 2018 年网络综艺节目内容生产题材创新产生高品质、高口碑输出密不可分。此外，用户对于付费视频课程、体育节目等其他细分领域的付费意愿有了显著提升，显示了内容付费在细分领域的发展潜力，如图 28.12 所示。

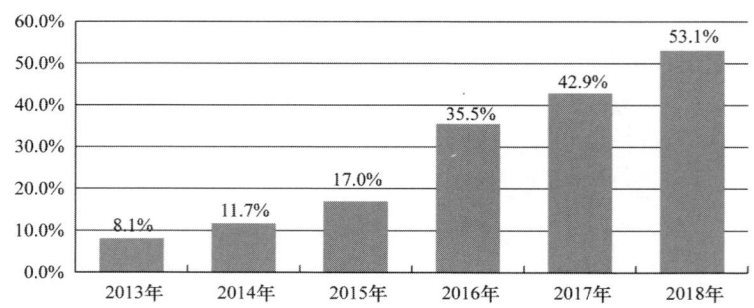

图28.10　2013—2018年中国网络视频付费用户比例

数据来源：前瞻产业研究院整理

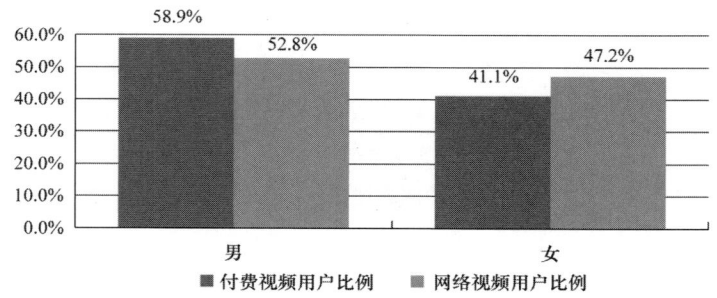

图28.11　2018年中国网络视频付费用户男女比例

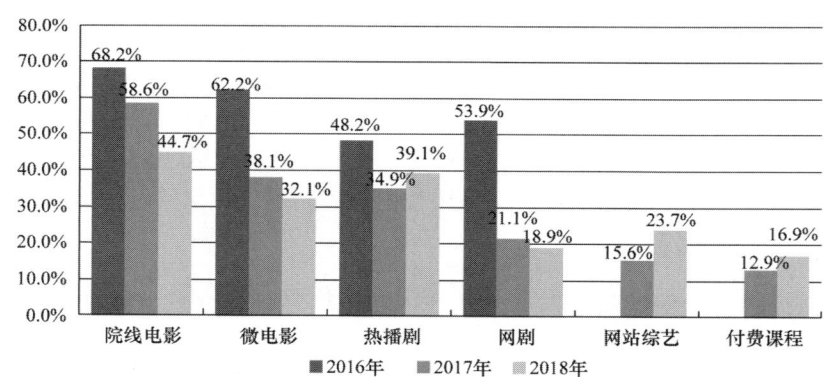

图28.12　2018年中国网络视频用户付费内容占比

数据来源：2018 中国网络视听发展研究报告

28.8　发展趋势

（1）内容消费圈层化，优质内容决胜行业竞争

2018 年我国互联网及移动互联网发展已进入存量时代，用户规模趋于饱和，流量红利日

渐萎缩。面对资本的入场、同质化的激烈竞争和体系化、常态化政策监管，音视频行业将迎来良性高速发展阶段，回归优质内容将成为获得成功的必然选择。各短视频平台纷纷加强与 MCN 机构、网红合作，打造优质 PGC（专业生产内容），带动 UGC（用户生产内容）。优质的内容是平台创收的前提，各短视频平台着力于内容产业链的布局，通过内容+平台、内容+付费等多元方式拓展。如好看视频与爱奇艺合作，实现了短视频与长视频平台的互动共赢；2018 年 11 月，NBA 与字节跳动建立合作，NBA 短视频内容将在字节跳动旗下的今日头条、西瓜视频、抖音及 Tik Tok 上分发。深受年轻人喜爱的 B 站，则打破内容的"次元壁"，从小众的二次元向泛娱乐化方向发展。

互联网发展进入下半场，人们的消费面更加多元化、圈层化，付费内容更加广泛、细分，为进一步开发内容产业价值创造了机遇。以综合视频为例，电视剧、新闻资讯、网络电影是用户最爱观看的节目类型，而用户常收看的节目因性别、代际、地域等呈现明显差异。内容生产者借助大数据实现了精准画像，向垂直领域深耕，创作思路也从"推大众爆款"向"做小众精品"转变，通过小切口大角度的内容展现以获得特定人群的高黏性观看。

（2）短视频应用范畴拓展，商业化路径需探索

2018 年，短视频行业逐渐成为"红海"市场，已有平台竞争激烈，新平台入局困难。但目前，短视频应用主要强调娱乐、社交属性，作为移动端的媒介形态，下一步短视频作为信息载体的媒介属性仍有待拓展。为顺应移动互联网时代碎片化、场景化的发展趋势，众多互联网平台已将短视频纳入自身体系，"平台+短视频"的商业模式快速崛起，如淘宝的"短视频+电商"、知乎的"短视频+知识问答社区"、唱吧的"短视频+K 歌"等。在"短视频+新闻"方面，以梨视频为代表的资讯类短视频探索出了适合自身发展的路径。世界杯期间，梨视频短视频播放量破 30 亿次，短视频总发布量 1400 条。

2018 年，短视频营销迎来快速发展期，营销市场规模达到 140.1 亿元，同比增长率高达 520.7%。自 2016 年短视频兴起以来，早期短视频平台方一直在进行各种变现探索。目前，广告、电商、用户付费是短视频商业化探索的主要路径，但整体看来，商业模式仍不够明朗，更多路径尚待开发、完善。短视频市场仍有着巨大的挖掘潜力，内容的商业价值仍待探索。

（3）5G 网络赋能视频行业，内容产业迈向智能化

5G 技术高速率、大容量、低延时的特点将支撑千亿量的连接。伴随着通信速率的提升及整体消费体量的变化，三大通信服务商的相关流量资费也必将迎来下调以贴合和刺激 5G 时代下的消费者。例如，一部 2GB 的电影，可以在 1 秒内下载完成；一部 4K 电影，下载完毕仅需 1 分钟。5G 网络还将改善 AR/VR 等新互动技术的体验，推动商业化普及，消费者对于视频、音乐和游戏等的内容需求，迎来几何式增长态势。

目前，人工智能技术已落地到音视频行业生态各个环节。在内容筹备阶段，利用机器学习，能够有效分析文学、剧本，挖掘具有潜在价值的 IP。在综艺节目制作后期，通过画面、语音识别等 AI 技术，实现视频内容的精准剪辑。人工智能技术应用于音视频行业，最

重要的是理解用户和内容。一方面通过理解用户将用户行为抽象出特征，另一方面通过理解文本、图像、语音等内容，将非结构化的信息数据转变为结构化的数据。2019 年，人工智能技术将深度嵌入音视频行业全链条。它将体量庞大、标准化程度高的工作内容整合，提升行业整体运转效率，深刻"理解"用户，提供精准化推送和服务，推动产业发展进一步向智能化方向迈进。

（郑夏育）

第29章　2018年中国网络游戏发展状况

29.1　发展环境

（1）产权保护法逐渐完善，游戏产业进一步规范

《互联网著作权行政保护法》《著作权法》第三次修订等知识产权法在不断完善，游戏知识产权得到进一步保护。《网络出版服务管理规定》《规范网络游戏运营》等相关行业法律法规出台，为游戏行业的有序健康发展提供了强有力的保障。

（2）文化娱乐市场需求不断增长，网络游戏消费规模随之提升

2014年以来，我国居民人均支配收入保持稳步增长，刺激大众消费的强烈需求，在文化娱乐需求和消费升级的刺激下，人们的文化娱乐消费支出不断增长。游戏作为文化娱乐的重要部分，人们对游戏的支出也在不断增长。

（3）主要消费群体发生转变，消费观念及用户需求随之变化

市场消费主体逐渐从70后和80后向90后及00后转移。随着用户群体的转变，其消费观念也在发生变化，新消费群体在消费内容、消费追求等方面有较大变化。新消费群体更加热衷于文化娱乐的消费，追求新鲜感和个性化体验，重视服务的内容与质量。

（4）游戏引擎技术愈发成熟，游戏可实现更加强大便捷的功能

游戏引擎发展成熟，功能越来越完善。游戏引擎普遍拥有完整的游戏功能、强大的编辑器和第三方插件、简便的SDK接口等。虚幻4引擎技术成熟并大量运用到单机游戏，同时，国内企业开始重视自有引擎开发。未来单机游戏在引擎技术上将有更多选择。

（5）版号审批收紧，网络游戏监管逐步趋严

2018年3月，监管机构暂停了游戏版号的审批，在2018年12月月底的游戏产业年会上，中宣部公布了有关游戏版号重新开放的消息。相较于往年同期，2018年获准进入网络游戏市场的新游戏有所减少。

2018年8月，教育部等八部门联合印发了《综合防控儿童青少年近视实施方案》（以下简称《方案》）。《方案》显示，国家新闻出版署将对网络游戏实施总量调控，控制新增网络游戏上网运营数量，探索符合国情的适龄提示制度，采取措施限制未成年人使用时间。手游市场规模爆发式增长，成为全球最大网游市场后，监管也面临全新的挑战。伴随着智能手机的发展与普及、手游市场规模的爆发式增长，问题日益显性化。只有消除网络游戏的负外部性，才能让玩家、产业、社会达成共赢。

29.2　市场规模

2018 年，中国网络游戏市场规模约为 2871.0 亿元，同比增长 21.9%，增速较 2017 年年底减少 9.7 个百分点，如图 29.1 所示。2018 年网络游戏市场发展增速虽然有所放缓，但超过 20%的市场增速意味着游戏市场仍然具有一定的发展空间。游戏行业的监管趋严，制定了更加严格的行业规范，虽然在短期内对游戏市场形成一定的影响，但是对游戏市场的持续性规范发展起到更好的促进作用，待政策调整完成、厂商适应之后，游戏市场仍会在很长一段时间内保持可观的增长力度，在未来几年会保持稳定增长态势。

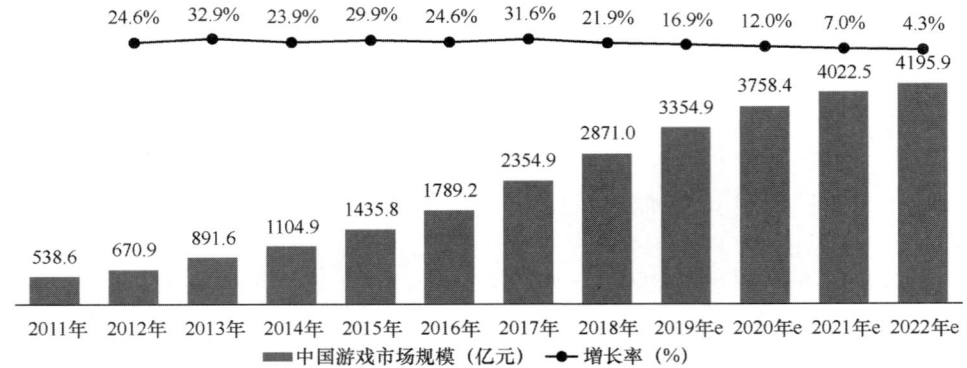

注释：1.中国网络游戏市场规模统计包括PC客户端游戏、PC浏览器端游戏、移动端游戏；2.网络游戏市场规模包含中国大陆地区网络游戏用户消费总金额，以及中国网络游戏企业在海外网络游戏市场获得的总营收；3.部分数据将在艾瑞2018年网络游戏相关报告中做出调整。

©2018.1 iResearch Inc　　　　　　　　　　　　　　　　www.iresearch.com.cn

图29.1　2011—2020年中国网络游戏市场规模及预测

2018 年，中国网络游戏产业以移动游戏占据主导地位，移动游戏市场规模进一步上升，产业结构占比也进一步攀升至 66.8%，较 2017 年年底提升了 3.6 个百分点，随着用户移动化、碎片化娱乐需求的提升，以及移动终端性能上的更新迭代，预计未来移动游戏的产业结构占比会随之进一步提升；自 2013 年以来，PC 游戏产业结构占比逐年下降，在 2016 年被移动游戏反超后，于 2018 年结构性占比仅有 27.1%，较 2017 年年底再次降低了 2.9 个百分点；网页游戏的产业结构占比为 6.1%，处于逐年下降态势，如图 29.2 所示。

29.3　细分领域

29.3.1　PC 游戏

如图 29.3 所示，2018 年，中国 PC 游戏市场规模测算为 50.6 亿元，同比增长 37.8%，增速较 2017 年年底下降了 20%，PC 游戏市场发展明显放缓。随着越来越多网游大厂的进入、核心用户数量的增长及大众正版意识的提高，预计未来中国 PC 单机游戏用户消费规模将进入新一轮的快速增长。

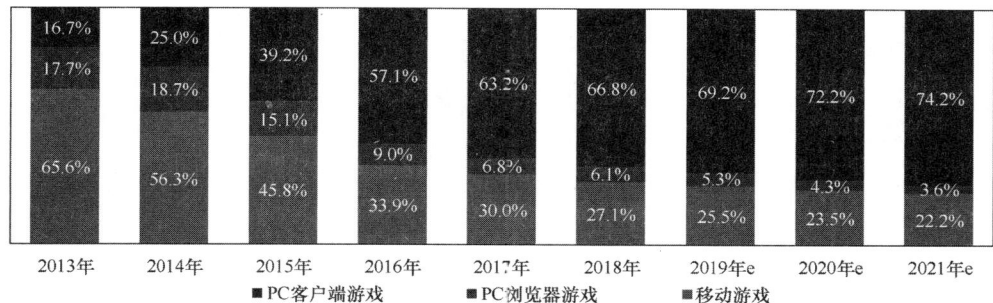

注释：中国游戏市场收入规模统计包括PC客户端游戏、PC浏览器端游戏、移动端游戏；2.中国游戏市场收入规模包含中国大陆地区网络游戏用户消费总金额，以及中国网络游戏企业在海外网络游戏市场获得的总营收；3.部分数据将在艾瑞2018年游戏行业相关报告中做出调整。
来源：中国游戏市场规模由艾瑞综合企业财报及专家访谈，根据艾瑞统计模型核算。

©2019.6 iResearch Inc   www.iresearch.com.cn

图29.2　2011—2020年网络游戏产业结果

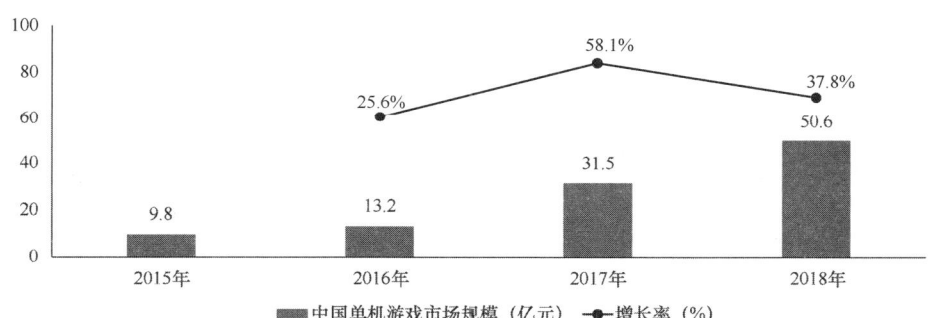

来源：主要统计中国玩家在PC单机游戏中的消费。综合企业财报、专家访谈、PC单机游戏平台/渠道销量，根据艾瑞统计模型核算，仅供参考。

©2018.12 iResearch Inc   www.iresearch.com.cn

图29.3　2015—2018年中国PC游戏市场规模

　　从中国 PC 单机游戏市场近三年的资本交易情况来看，整体交易热度较低。2017 年交易量相对较高，但进入 2018 年后资本趋于冷静，如图 29.4 所示。虽然市场上资本热情不高，但仍不乏大宗交易，有实力的 PC 单机厂商仍受资本青睐。PC 单机游戏产业链各环节活跃度较低，成本高、变现难及竞争优势不明显等原因，令游戏市场的资本运作更为谨慎。

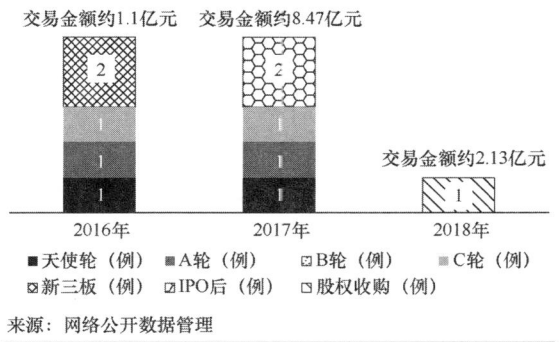

来源：网络公开数据管理

©2018.12 iResearch Inc   www.iresearch.com.cn

图29.4　2016—2018年中国PC游戏资本运作情况

29.3.2 移动游戏

如图 29.5 所示，2018 年中国移动游戏市场规模测算约为 1646.1 亿元，同比增长 10.5%，增速较 2017 年年底大幅放缓，下降了 35.1 个百分点。作为整个网络游戏市场的主角，移动游戏市场发展放缓导致整个游戏市场迎来了低谷期。

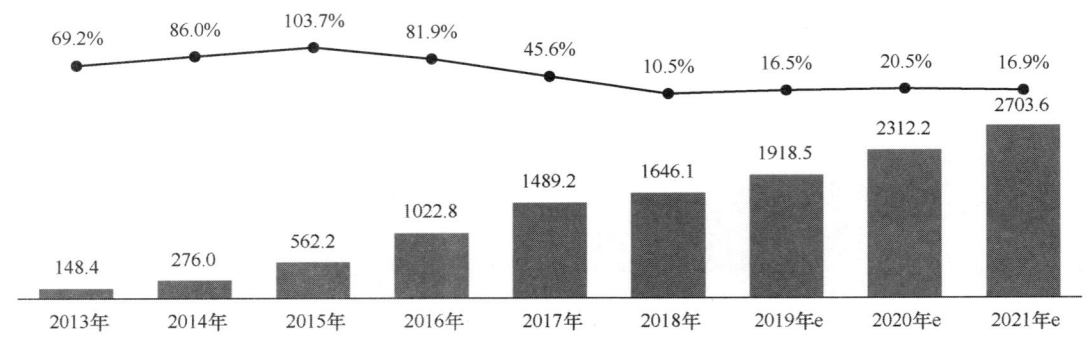

图29.5　2013—2021年中国移动游戏市场规模

注释：1.移动游戏市场规模包含中国大陆地区移动游戏用户消费总金额，以及中国移动游戏企业在海外移动游戏市场获得的总营收；2.部分数据将在艾瑞2018年移动游戏相关报告中做出调整。
来源：中国游戏市场规模由艾瑞综合企业财报及专家访谈，根据艾瑞统计模型核算。

©2019.6 iResearch Inc　　　　　　　　　　　　　　　　　　　　　www.iresearch.com.cn

如图 29.6 所示，在经历了 2015 年的上市热潮之后，移动游戏公司对于上市的追求大幅缩减。一方面是由于政策紧缩造成的上市困难，使得许多企业在筹备初期就打了退堂鼓；另一方面也是由于移动市场整体规模增速放缓，天花板效应越发明显，用户对游戏产品的要求越来越高，"靠产品说话"已成为中国乃至全球移动游戏行业的共识，通过花费大量成本用于买量来换取收益的运作模式已日渐式微。唯有高品质的产品，才能在移动游戏这片红海中闯出一片天。

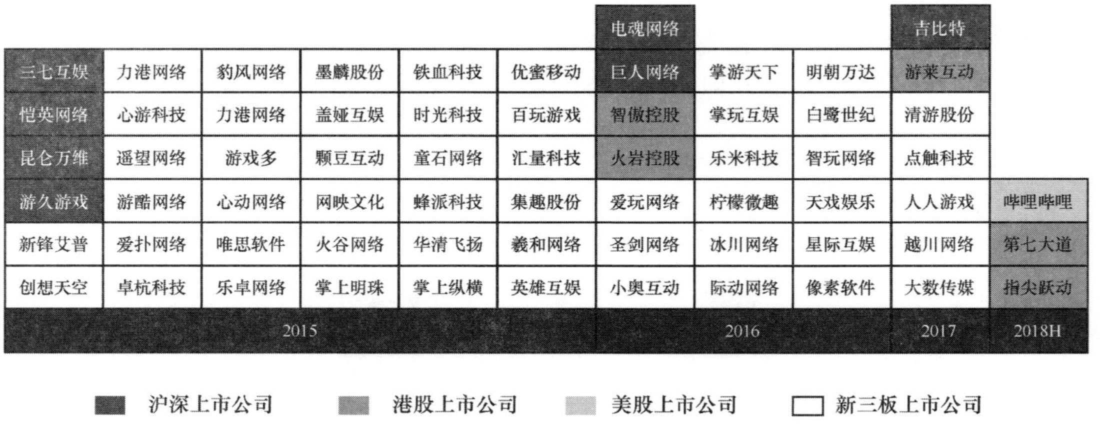

					电魂网络			吉比特	
三七互娱	力港网络	豹风网络	墨麟股份	铁血科技	优蜜移动	巨人网络	掌游天下	明朝万达	游莱互动
恺英网络	心游科技	力港网络	盖娅互娱	时光科技	百玩游戏	智傲控股	掌玩互娱	白鹭世纪	清游股份
昆仑万维	遥望网络	游戏多	颗豆互动	童石网络	汇量科技	火岩控股	乐米科技	智玩网络	点触科技
游久游戏	游酷网络	心动网络	网映文化	蜂派科技	集趣股份	爱玩网络	柠檬微趣	天戏娱乐	人人游戏	哔哩哔哩
新锋艾普	爱扑网络	唯思软件	火谷网络	华清飞扬	羲和网络	圣剑网络	冰川网络	星际互娱	越川网络	第七大道
创想天空	卓杭科技	乐卓网络	掌上明珠	掌上纵横	英雄互娱	小奥互动	际动网络	像素软件	大数传媒	指尖跃动
2015						2016		2017	2018H

■ 沪深上市公司　　■ 港股上市公司　　■ 美股上市公司　　□ 新三板上市公司

来源：艾瑞咨询研究院自主研究及绘制。

©2018.7 iResearch Inc　　　　　　　　　　　　　　　　　　　　　www.iresearch.com.cn

图29.6　中国移动游戏企业上市情况

手机是现今网络游戏市场上最主要的游戏设备，但多屏融合的发展趋势已初步显现，或对移动游戏市场形成冲击。无论是中国还是全球游戏市场，移动游戏的占比都在不断提高。使用移动设备玩游戏虽然方便，但在部分场景下，小屏也有自身的限制。随着 5G 技术的不断发展，以索尼、谷歌为首的各大厂商都已投入大量资源开展云游戏的业务，游戏设备之间的"第四面墙"有望被彻底打破。届时，玩家可自由地根据当前所处的场景，选择最合适的游戏设备，从而达成"多屏融合"的游戏体验。

29.3.3　电子竞技

2018 年，中国电子竞技整体市场规模测算约为 940.5 亿元，同比增长 33.2%，增速较 2017 年年底下降了 31.1%（见图 29.7）。随着移动竞技游戏的增速放缓及 PC 竞技游戏的触顶，中国电竞市场的未来增长主要来源于电竞生态市场。而赛事的商业化的强力推动将会进一步提升电竞生态扩张，为行业增长提供持久续航。

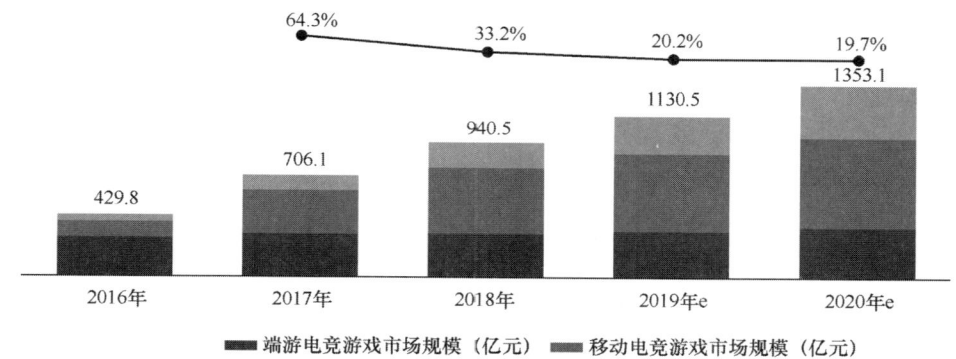

注释：中国电子竞技行业市场规模包括：1.端游电竞游戏市场规模，包括中国大陆地区用户端游电竞游戏消费总金额。2.移动电竞游戏市场规模，包括中国大陆地区用户移动电竞游戏消费总金额。3.电竞生态市场规模，包括赛事门票、周边、众筹等用户付费及赞助、广告等企业围绕赛事产生的收入，以及包括电竞俱乐部及选手、直播平台及主播等赛事之外的产业链核心环节产生的收入；不包括电竞教育与电竞地产规模。
来源：根据企业公开财报、行业访谈及艾瑞统计预测模型估算。

©2019.3 iResearch Inc　　　　　　　　　　　　　　　www.iresearch.com.cn

图29.7　2016—2020年中国电竞整体市场规模

随着新兴游戏类型的出现，移动电竞游戏在巩固原有的用户群体的同时，触及了更加细分的群体。因此，整体用户规模在互联网移动化红利逐步消退时仍然保持了一定的增长率。预计 2020 年整体移动电竞用户规模达到 4.3 亿人，如图 29.8 所示。

2018 年中国电子竞技产业链如图 29.9 所示。

29.4　用户分析

1. PC 游戏用户

中国 PC 单机游戏用户中以男性用户为主，占比为 66%，女性用户占比为 34%。用户年龄主要集中在 23～32 岁，月收入在 3001～8000 元的用户占比均超过 50%，如图 29.10 所示。

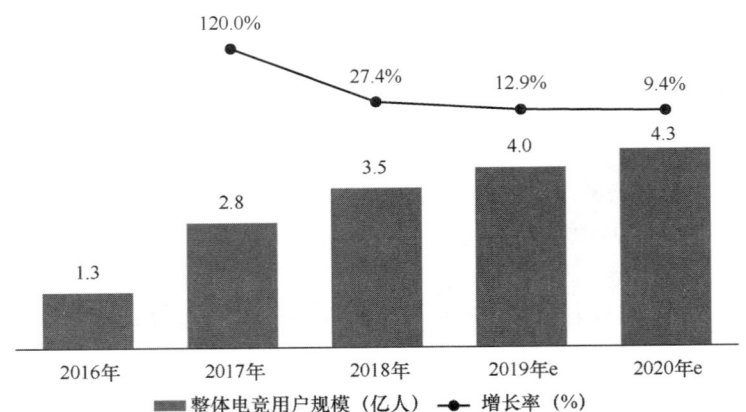

注释：本报告中的移动竞技用户指有以下一项或多项行为的用户：1.半年内至少观看过或参与过一次核心电竞游戏赛事（包括职业和非职业赛事）；2.每周频繁玩核心电竞游戏或观看相关直播。
来源：根据企业公开财报、行业访谈及艾瑞统计预测模型估算。

©2019.3 iResearch Inc   www.iresearch.com.cn

图29.8   2016—2020年中国电竞用户规模

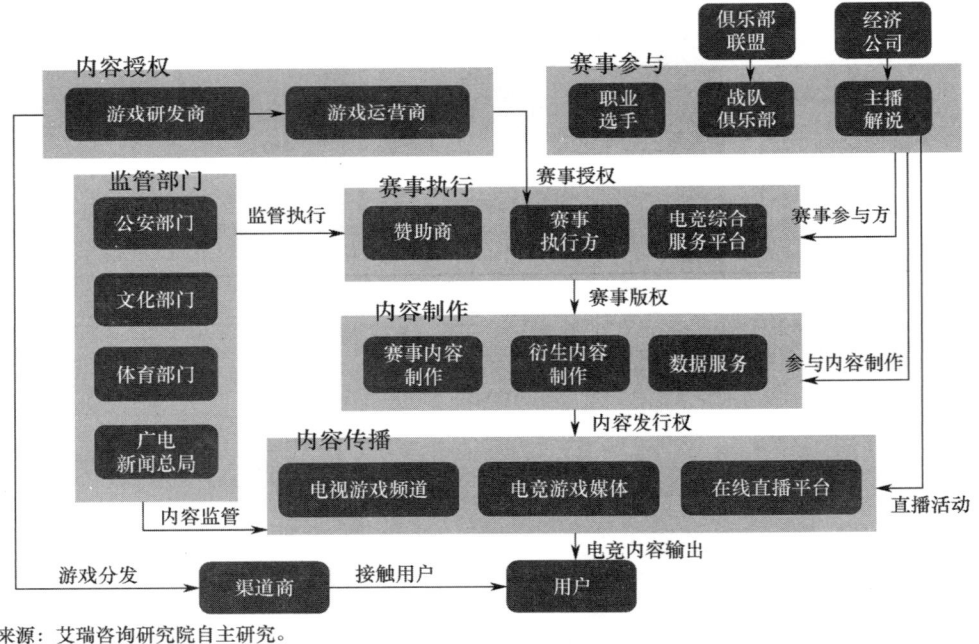

来源：艾瑞咨询研究院自主研究。

©2018.12 iResearch Inc   www.iresearch.com.cn

图29.9   2018年中国电子竞技产业链

如图 29.11 所示，中国 PC 单机游戏用户中，有89%的用户购买过正版游戏，其中21%的用户只购买正版 PC 单机游戏。游戏质量有保证、体验好、价格适中、购买安装方便是用户选择购买正版的主要原因。

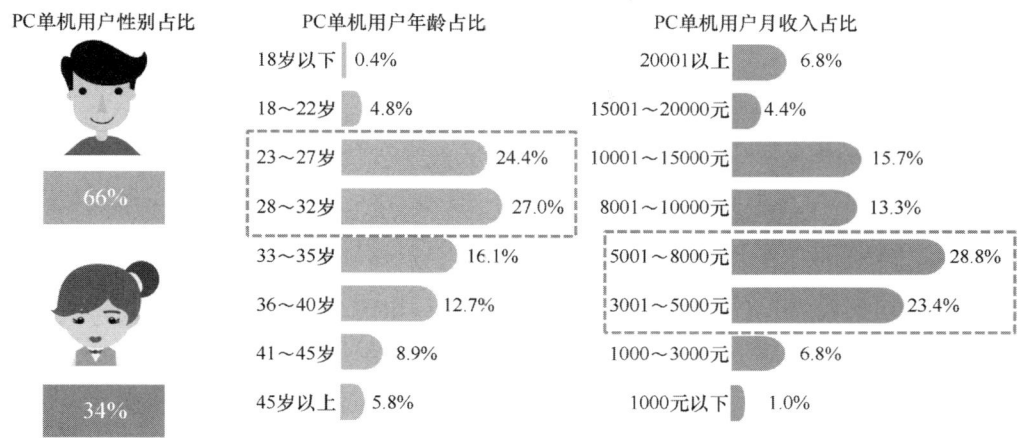

样本：*N*（PC单机用户）=504，于2018年3月通过iClick调研获得。

©2018.12 iResearch Inc　　　　　　　　　　　　　　　www.iresearch.com.cn

图29.10　2018年中国PC游戏用户结构

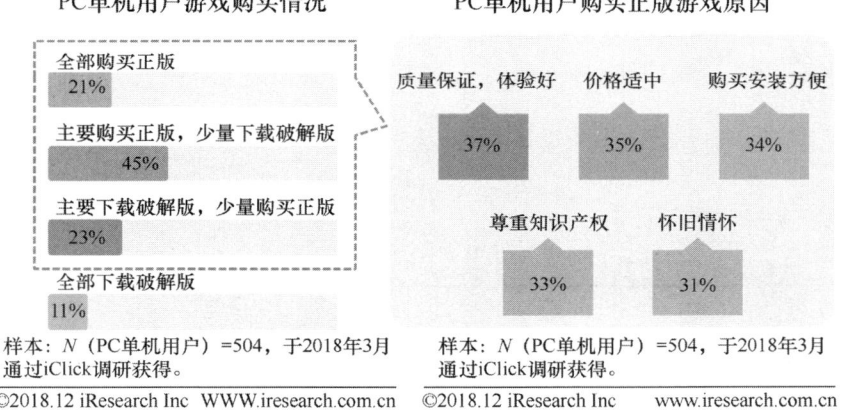

图29.11　PC游戏用户购买情况

从 PC 单机游戏用户购买正版游戏的驱动因素来看，游戏口碑、游戏类型、经典系列是用户购买的主要因素，如图 29.12 所示。由此可见，游戏的品质才是用户关注的核心，其次是喜爱类型；游戏情怀也会刺激用户购买正版。

样本：*N*（购买过正版PC单机游戏的用户）=449，于2018年3月通过iClick调研获得。

©2018.12 iResearch Inc　　　　　　　　　　　　　　　www.iresearch.com.cn

图29.12　PC游戏用户购买驱动因素

2. 移动游戏用户

在用户结构方面，学生已成为移动游戏的主要群体，高龄用户或因生活压力，或因游戏难度过高逐渐放弃。轻竞技的崛起和 MMORPG 的强势，正适合有游戏时间、能理解游戏系统、能适应游戏操作的学生用户，再加上社交性带来的传播效应，24 岁以下的用户大幅增加，成为占比最多的用户群体。而 25～30 岁的年轻人往往刚刚踏入社会，生活压力变大，导致游戏时间大幅缩减，对于需要长时间在线的游戏更是失去了兴趣。高龄用户则被移动游戏越来越高的操作门槛和越来越复杂的游戏系统拒之门外。

在用户地域分布方面，沿海城市用户覆盖率远超中西部。以广东、江苏为首的沿海城市用户依然是移动游戏的主力军，这主要得益于城市设施建设完善。而成都作为一个中部城市，移动游戏用户占比也十分突出，这与其"安逸巴适"的生活气息较为一致。"北上广深"的互联网产业整体发展较为成熟，也是移动玩家最密集的城市。当前，移动游戏推广资源远远赶不上游戏数量的增加，所以推广成本也"水涨船高"。在线上推广不负重荷的情况下，未来走向线下拓展用户资源将会是大势所趋。

如图 29.13 所示，2017 年移动游戏用户月均使用次数在 8 月（暑假）和 10 月（国庆节）增速最为明显。但 10 月份最高的使用次数，对应的却是最低的使用价值，可见带动这部分增长的用户，并不一定能真正对移动游戏行业产生实际商业价值。单次使用时长越高，意味着玩家越核心，这部分玩家的实际价值也越高。

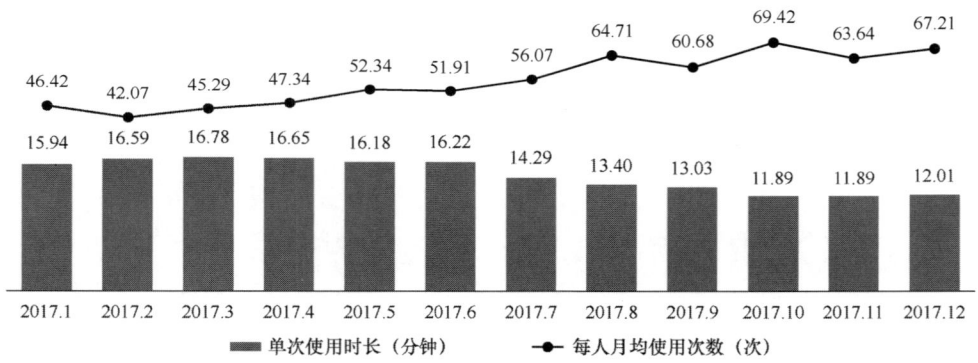

注释：单次使用时长=每人月均使用时间/每人月均使用次数。
来源：Usertracker多平台网民行为监测数据库（智能终端）。

©2018.7 iResearch Inc   www.iresearch.com.cn

图29.13　2017年中国移动游戏访问频次月度分布

3. 电子竞技用户

社交需求已成为移动电竞吸引用户的重要驱动因素。据统计，超过 75% 的移动电竞用户与家人、朋友共同游戏，而其中，朋友在游戏对象分布中占比最高，如图 29.14 所示。满足用户强烈的社交需求为移动电竞吸引用户的核心点。

超过 21% 的游戏用户认为移动电竞游戏已经成为了电竞项目；接近 27% 的用户认为移动电竞已经是体育电竞项目的一种；另外，接近 29% 的用户表示会更加关注移动电竞赛事。高认同度表明中国移动电竞渗透率高、用户理解度高。整体来看，大多数用户均对移动电竞游戏是体育项目这一议题认同度较高，表明移动电竞在这几年内通过游戏的竞技性以及赛事的成熟度获得广大用户的认可。

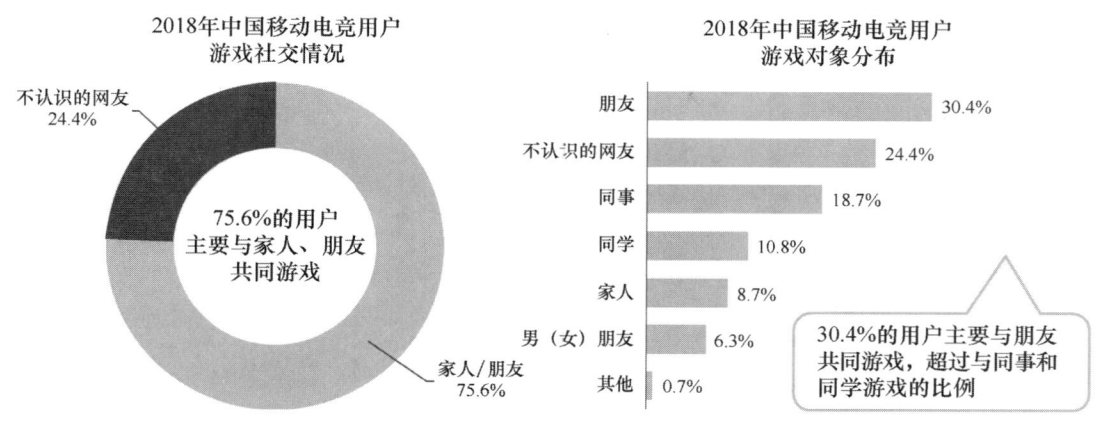

图29.14　2018年中国电子竞技用户结构

移动电竞用户主要在晚饭后及睡前等主要休息时间段玩游戏，这在一定程度上也说明了移动电竞成为一项愈加重要并被人们广泛接受的娱乐活动。据统计，中国移动电竞用户中每天都会玩游戏的用户占到了 43.07%；用户每次玩游戏时长在 1～2 小时的占比超过 50%，如图 29.15 所示。

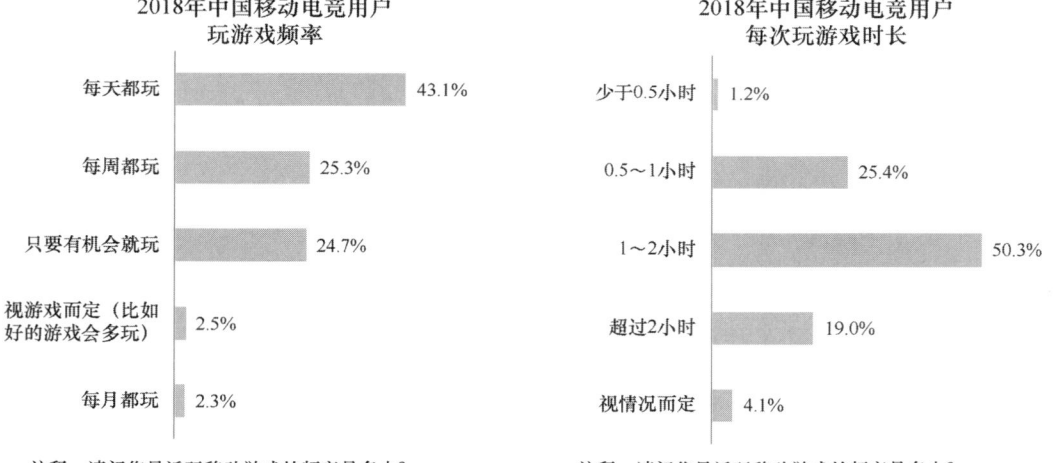

图29.15　2018年中国电子竞技用户黏性

29.5　发展趋势

（1）重视国外优质单机游戏市场，助推中国单机游戏发展
中国本土的单机游戏市场还处在起步阶段，产业链不完善、中国玩家网游属性偏重、游

戏买断制习惯较弱等因素都影响着中国 PC 单机游戏的快速发展。放眼国外，尤其欧美地区，游戏市场整体保障和监管完善且单机游戏产业链成熟。欧美玩家习惯于买断模式，注重游戏体验，追求创新与品质，对单机游戏的接受度更高。

从 STEAM 平台各个地区玩家情况来看，欧美地区玩家在单机游戏拥有量、游戏时长上优势明显。目前中国许多单机厂商将产品放在全球性游戏平台 STEAM 上发行，优质的游戏产品获得国内外玩家的喜爱，同时获得较好的销量。

中国单机游戏厂商在发展国内市场的同时，也需重视国外单机游戏市场，注重游戏的体验与创意、国外本地化、题材全球化等，推行全球性的发行战略，借助国外优质市场助推中国 PC 单机游戏的发展。

（2）精致和创意是中国单机游戏的机会

中国单机游戏研发商普遍规模较小，资金不足，大型游戏引擎的技术与人才储备有限，国内具备 3A 级游戏大作经验与能力的 PC 单机研发商太少。同时，国内玩家普遍电脑配置低、玩家可承受购买价格不高以及网游选择丰富等，都给高投入的单机游戏带来极大的成本回收压力。

在具备研发大型产品之前，中国 PC 单机游戏需找到适合自身特色与定位的发展方向，打造精致、创意与玩法独特的品质游戏，在细分品类上打造国产单机精品，给国内外玩家带来更多惊喜，如图 29.16 所示。

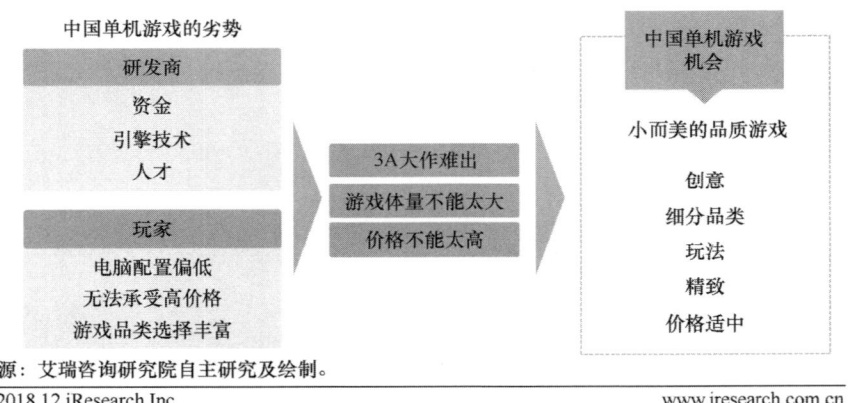

图29.16　PC游戏市场机会分析

（3）打造游戏优质 IP 品牌，泛娱乐运营提升品牌价值

PC 单机游戏产品除了游戏销售以外，可进行游戏的品牌运营与开发，通过提升游戏品牌价值获得长久的生命力。中国单片游戏研发商应以优秀的内容品质、积极的价值观为基础，以打造优质游戏 IP 为目的研发 PC 游戏产品，并通过多元化的泛娱乐运营，扩大游戏品牌影响力；注重品牌创新与差异化，进一步提升游戏品牌价值，形成良性发展，如图 29.17 所示。

（4）移动电竞从轻到重，未来提升空间巨大

移动电竞在 2017 年飞速发展，《球球大作战》《王者荣耀》《QQ 飞车》《穿越火线：枪战王者》等移动电竞赛事，都已经逐步走上专业化、体系化的正轨，在国内已形成了不小的规模。从市场层面来说，作为全民电竞的重要战略场景——线下电竞泛娱乐场馆正在逐步形成，

这将会串联起电竞从直播到赛事的每一个环节；从产品层面来说，虽然当前市场上大多数的移动电竞产品以移植、模仿端游玩法为主，但随着整体产业的不断发展，假以时日必然能产生完全属于移动电竞的产品。届时，手游生命周期短的问题不仅能因为移动电竞得到有效缓解，更能进一步打通移动电竞整体产业链，促使整个移动游戏行业产生新的爆发点。

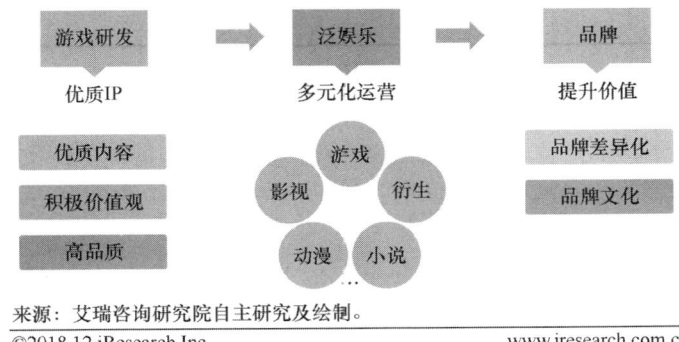

来源：艾瑞咨询研究院自主研究及绘制。

©2018.12 iResearch Inc　　　　　　　　　　　www.iresearch.com.cn

图29.17　PC游戏IP价值示意图

（5）棋牌游戏逐渐正规化，重新回归游戏本质

2017 年是棋牌游戏热潮涌动的一年，大大小小的棋牌厂商层出不穷，即便是只有几十万人口的地方棋牌也运营得风生水起。但随着 2018 年 3 月的一纸禁令，许多违规涉赌的棋牌公司一夜间销声匿迹。然而意想不到的是，棋牌游戏的活跃用户数并没有受到太大影响。由此可见，虽然棋牌游戏用户的整体年龄层偏高，但这些用户忠诚度高、消费能力强，只要有合理的释放途径，棋牌游戏市场仍存在巨大的潜力。提升用户体验、做好玩法多样性，将会是未来棋牌游戏的主要发展方向。

（6）提升用户存量价值仍是主要发展方向

依靠买量获取用户并转化为收益的模式已日渐式微，所有的厂商都开始关注用户的存量价值，将提升 APRU 值作为未来的市场规模提升的主要方向，这符合"流水=玩家数量×付费率×ARPU 值"的标准公式。但游戏是多元化产业，《王者荣耀》《旅行青蛙》等爆款游戏，让广大的游戏从业者看到用户增量仍然存在，只是需要更加精准化、跨界化、感性化地进行用户定位。唯有在用户的获取和运营上同步推进，才能将整体价值提升至最大化。

（7）相关政策出台引导电竞行业规范发展

国家出台政策引导电竞行业发展。国务院相关部门出台电子竞技相关政策，支持并规范推动引导电子竞技产业规范化发展。电竞爱好者在参与电竞运动时得到了更好的引导，电子竞技赛事体系得到了丰富，我国电子竞技运动水平得到了提高。

（8）游戏直播促进实现多元化平台收入

第三方赛事版权 IP 的成熟也使内容制作公司在向平台进行赛事直播时可以根据赛事与自身情况进行选择——选择单个平台独播或者全平台统一播出。相较于全平台播出，单平台赛事播出能够给内容制作公司更高的内容版权费与赛事推广资源；但是，全平台统一播出能够提供覆盖更多平台的不同用户，对提升商业广告合作具有一定帮助。

（殷红）

第30章　2018年中国搜索引擎发展状况

30.1　发展概况

（1）单一搜索广告模式难以支撑增长，搜索+信息流广告比重增加

PC 时代搜索的入口价值在移动时代快速下滑，移动端用户搜索行为主要转移到浏览器 App 和头部大流量应用内部，对前者来讲，搜索广告形式仍以传统关键字广告为主；对后者而言，搜索已经成为产品内部底层常规性应用，除以淘宝为代表的电商平台外，搜索已经难以产生新的广告资源，2018 年搜索行为的用户覆盖率首次出现下滑。

为进一步开发搜索广告市场资源，百度等厂商推出搜索+信息流广告模式，来应对移动端逐渐下滑的搜索需求，通过丰富产品内容形态，引入资讯、短视频等高黏性内容维持用户规模和黏性的增长。对 B 端客户来讲，可以基于用户搜索行为同时进行关键字广告和信息流广告推送，获得更加精准的投放效果；对搜索厂商来说，则是通过信息流开发更多的广告位资源，以应对移动端用户行为变化对市场的冲击。

（2）监管力度加强，医疗广告成为重点关注领域

自 2017 年年底开始，互联网监管部门开始显著加大政策监管力度，政策风险迅速提高。2018 年 6 月 30 日，北京市网信办、北京市工商局依法联合约谈抖音、搜狗，针对抖音在搜狗搜索引擎投放的广告中出现的内容问题，要求厂商自约谈之日起启动广告业务专项整改，其中搜狗暂停广告投放业务 10 天，受此影响，2018 年三季度，搜狗搜索及搜索相关的营收为 16.3 亿元，同比增长 13%，增速相较 2017 年同期出现较大下滑。

目前整体互联网市场发展进入低谷，在增长放缓的背景下，政策监管持续加强，对市场形成了双重压力，搜索广告的主要广告主为医疗、电商、游戏等，其中医疗广告是监管重点关注领域，且当前查处力度非常严厉，对搜索厂商营收影响较大。

（3）AI 技术尚未实现营收转化

2018 年搜索引擎厂商纷纷将主要研发力量投入 AI 领域，尤其是百度和搜狗，但目前来看，AI 尚未实现营收转化，对厂商来讲，AI 底层基础技术的发展可以持续优化搜索识别、内容分发、广告投放等多个环节，但尚未影响厂商营收结构。

百度 AI 研发专注于视觉识别领域，将自动驾驶作为 AI 落地场景，目前百度自动驾驶已经可以实现 L4 级路试，已经具备进入该市场的基本能力，但 2018 年下半年，百度整体发展

方向发生调整，将移动端信息流广告作为最核心发展方向，整体 AI 研发并未取得突破性成果，对营收尚未构成贡献。

搜狗专注语音识别领域，在线上，将搜狗输入法作为 AI 落地场景；在线下，则将翻译器和智能音箱作为落地场景。相比百度，搜狗在 AI 领域探索更加深入、落地，在广告形式和策略上有所创新，但在厂商营收上，同样未形成规模性贡献。

30.2　市场规模

2018 年，中国搜索引擎市场规模达到 907.1 亿元，同比增长 17.0%，增速较 2017 年提升了 9.9 个百分点，市场处于恢复性增长态势。整体上中国搜索引擎市场增长仍然由百度拉动；而搜狗受到抖音广告事件影响，搜索收入增速在三、四季度出现明显下滑；360 由于向移动搜索转型较晚，搜索营收增长接近停滞。2019 年中国搜索市场预计整体增速将出现下滑，市场规模预计为 978.0 亿元，如图 30.1 所示。

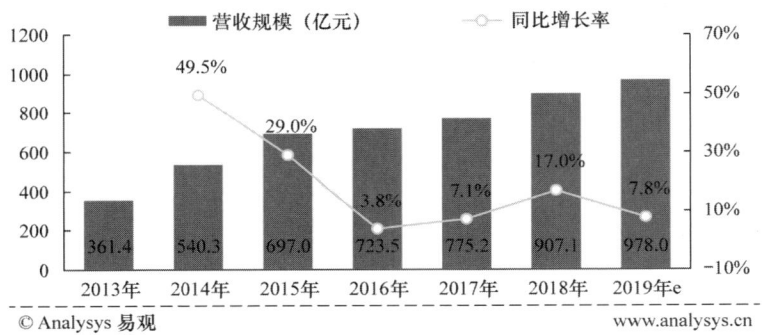

图30.1　2013—2019年中国搜索市场规模

移动搜索已经成为搜索市场的核心引擎，如图 30.2 所示，2018 年中国移动搜索市场规模达到 790.5 亿元，同比增速 17.6%，市场增速较 2017 年明显放缓。目前移动搜索广告收入占比已经稳定，预计未来增速将与搜索市场保持一致。

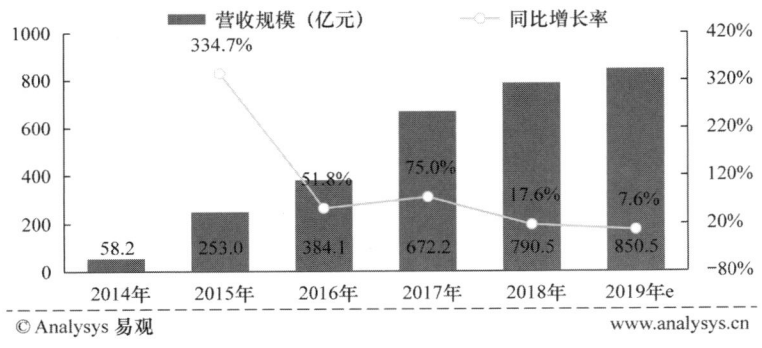

图30.2　2014—2019年中国移动搜索市场规模

在当前移动搜索占据绝对优势的情况下，整体搜索市场正面临着市场发展空间见顶问题，新生广告资源库存不足，其中百度依托手机百度开发搜索信息流广告资源，以维持营收增长；搜狗在移动端拥有超级 App——搜狗输入法并全力开发其广告资源，但由于输入法使用场景下广告空间较小，目前搜狗搜索广告收入仍然要依靠腾讯流量资源支持；360 目前在移动搜索市场落后明显，其搜索广告资源主要分布在 PC 端浏览器部分。

2018 年中国搜索引擎市场格局仍旧保持稳定，百度仍然牢牢占据市场头部位置，2018 年百度搜索收入在整个市场占比达到 78.9%；搜狗虽然受到抖音影响，但市场份额依旧有所上升，达到 7.2%；360 搜索营收占比出现下滑，达到 2.9%，如图 30.3 所示。

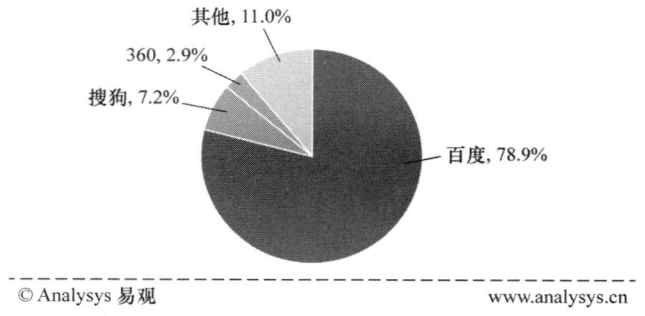

图30.3　2018年中国搜索市场份额

目前中国搜索市场正处于成熟期，广告模式和广告产品并未出现重大创新变化，而且在百度的强力垄断下，市场格局接近固化。

30.3　商业模式

搜索业务的商业模式相对比较简单，广告变现是最主要的商业化手段。目前搜索广告形式主要包括固定排名、竞价排名、搜索信息流广告等。

（1）固定排名

固定排名是广告主购买固定关键字，用户在进行相关关键字搜索时，广告主以图文品牌展示广告或以其他广告形式在买断时间内保持搜索第一展示位置。相比竞价广告，这种广告形式有广告投放费用固定、展示位置固定的特点。

（2）竞价排名

竞价排名是相对固定排名而言的，是典型效果广告，采用 CPC 付费方式，广告主购买竞价排名广告后，注册一定数量的关键词，按照付费越高排名越靠前原则，购买了同一关键词的网站按出价高低进行排名，出现在用户相应的搜索结果中。

目前竞价排名是搜索广告的最主要投放形式，整体占比超过 80%，竞价排名广告拥有成本低、时效性强、投放相对精准等特点。

（3）搜索信息流广告

搜索信息流广告是在移动终端快速发展的背景下产生的，相比传统搜索广告形式，搜索信息流广告将搜索与信息流广告结合，在用户进行搜索时，除了固定排名、竞价排名外，在第 3~4 帧位置，插入匹配用户关键的信息流广告；用户没有进行搜索时，在碎片化时间刷新的使用过程中，则结合用户数据和近期搜索数据进行分析，推送相匹配的广告。

目前百度已经开发出搜索+信息流的广告形式，通过手机百度 App 吸引用户和流量，并依托用户在移动端的搜索行为进行广告推送，保证百度整体广告营收的持续增长。

（4）搜索模式探索

单纯依靠搜索关键字广告形式已经难以适应当前广告市场的发展趋势，尤其在移动市场"超级应用"垄断流量的格局下，搜索引擎厂商在移动端整体产品布局已经落后，搜索成为产品基本功能，内容算法分发横扫市场，百度、搜狗、360 在移动端拥有上亿级 MAU 并具备变现能力的应用数量屈指可数，其中百度加大短视频平台开发力度，全力打造全民小视频、好看视频，以期贡献更多广告资源，但从广告形式来讲，已经脱离了搜索广告范畴。整体上，搜索广告市场变现模式的创新空间已经相对有限，搜索厂商更多在尝试对新兴媒体平台资源的开发。

30.4　典型案例

（1）百度：搜索+信息流广告模式获得成功，加大短视频投入力度

百度是目前国内最大的综合搜索引擎厂商，虽然近年在后来厂商的竞争下分流了部分市场份额，但仍牢牢占据绝大部分市场份额，保持市场领先位置。

如图 30.4 所示，2018 年百度重新回归正常增长阶段，搜索广告收入达到 715.7 亿元（包含信息流广告营收），同比增速达到 19.6%。在 2016—2017 年，百度受到"魏则西"事件和移动搜索需求下滑影响，营业收入出现下滑和低速增长；2018 年，百度全力打造手机百度，投入大量资金完善内容、分发、产品体验，截至 2018 年年底，手机百度 2018 年月均活跃用户达到 3.18 亿，人均单日使用时长 60.5 分钟。

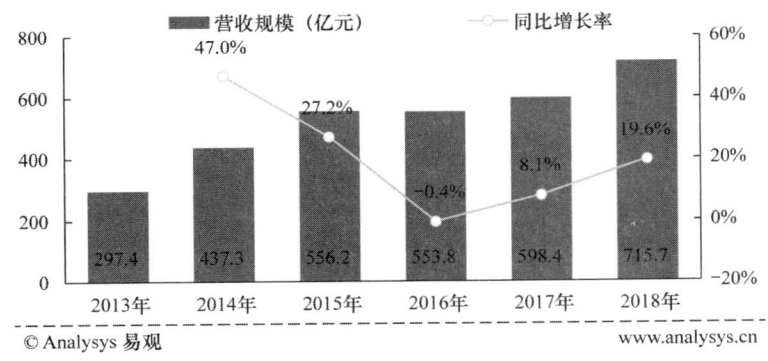

图30.4　2013—2018年百度搜索营收规模

依靠手机百度海量用户规模和较强使用黏性，百度搜索+信息流广告模式持续为百度贡献营收，尤其是基于搜索行为的信息流广告已经成为百度业务增长的主要支撑业务之一，帮助百度在整体搜索市场增速放缓的环境下，整体收入保持稳定增加。

目前在互联网广告市场，百度面对来自腾讯集团和字节跳动的直接竞争，两者均为信息流广告市场的有力竞争对手，目前百度仅有手机百度 App 流量在 3 亿以上，整体产品布局尚

不完善，在流量红利消失的今天，用户增长难度明显增加，预计未来百度仍有较大营收增长压力。

作为百度在移动搜索和信息流市场的重要布局产品，2018 年手机百度、好看视频在用户数据方面有较好表现。

依靠丰富多样的内容和大额用户补贴政策，2018 年手机百度用户规模基本保持稳定在 3.2 亿左右上下波动，在信息流广告市场占据较大优势，如图 30.5 所示；在内容方面，目前手机百度自媒体平台——百家号入驻作者已经超过 190 万人。

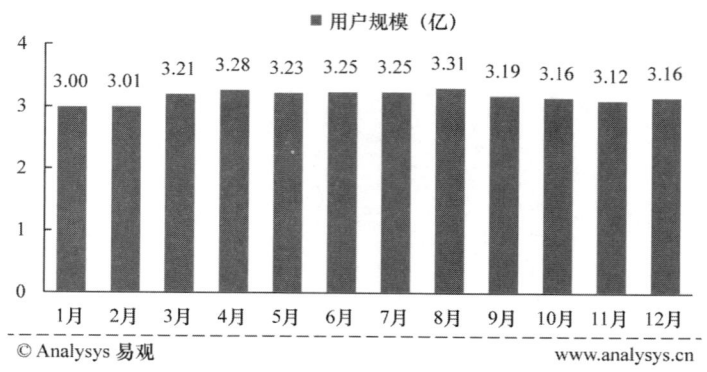

图30.5　2018年1～12月手机百度用户规模

好看视频：2018 年好看视频发展迅速，依靠百度雄厚的资金实力和手机百度的流量支持，月活跃用户规模从 1 月的 1090 万人攀升至 5755 万人，增速高达 428%，如图 30.6 所示；但目前在短视频领域，字节跳动旗下的抖音、火山小视频、西瓜视频及腾讯投资的快手已经占据市场领先地位，好看视频相比领先厂商仍有较大差距。

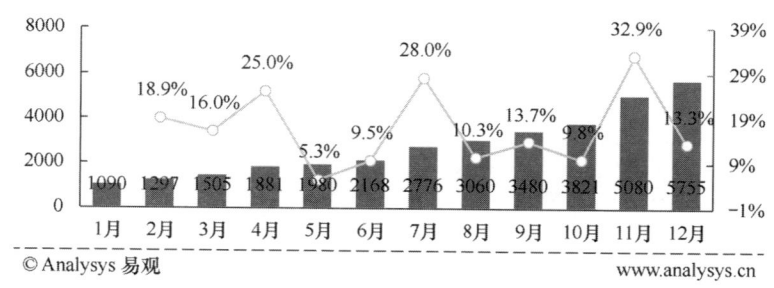

图30.6　2018年好看视频用户规模月度分布

调整企业战略，商业化成为主要方向。2017 年百度全力进军 AI 领域，以期在技术变革时期继续保持领先地位，但由于 AI 技术目前尚不能贡献营收，百度 2018 年在继续保持对 AI 研发力度的基础上，将主要力量转向商业化变现，全力支持搜索+信息流广告模式的推广销售，并重新上线医疗搜索广告。

2019 年中国互联网市场进入低潮期，百度一方面在继续加强投放平台用户运营，保证广告投放基础，另一方面则加大商业化开发力度，提高广告变现效率，保证营收持续增长是目前百度的核心目标。

积极开发新兴媒体平台，打开广告投放空间。在手机百度整体用户规模维持稳定的基础上，好看视频和全民小视频是未来百度的主要产品，主要为抢占短视频市场用户并持续优化搜索结果，2019 年百度一方面与多家 MCN 机构合作，多渠道吸引优秀短视频作者入驻；另一方面则以雄厚的资本实力为支撑，为好看视频、全民小视频内容生产者提供分发、变现、孵化上的支持。

目前百度的短视频产品仍处于流量增长阶段，预计在好看视频和全民小视频月活跃用户规模达到 1 亿~1.5 亿人时，整体百度会打通分发平台，推送全面商业化进程。

（2）搜狗：背靠腾讯巨大流量支持，输入法流量变现模式

搜狗是搜狐旗下搜索厂商，2013 年腾讯入股搜狗，并将自身搜索业务——搜搜与搜狗合并，同时提供巨大的流量支持，从此搜狗进入高速发展期，搜狗以输入法、浏览器、搜索三级业务模式迅速打开市场。2017 年 11 月，搜狗在美股上市，募资 5.85 亿美元，估值超过 50 亿美元。2013—2018 年搜狗搜索营收规模如图 30.7 所示。

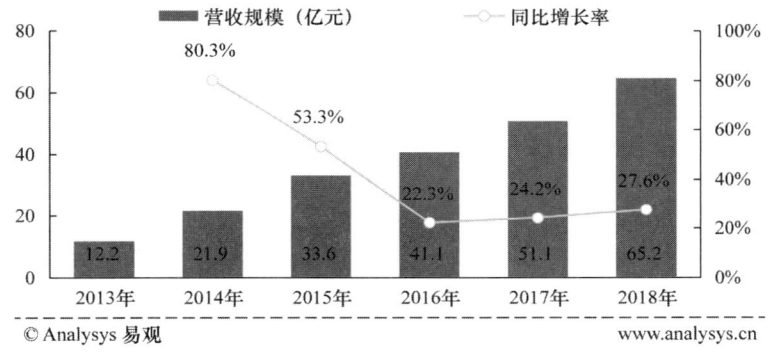

图30.7　2013—2018年搜狗搜索营收规模

在获得腾讯的搜索资源和资金入场后，再加上作为 QQ 浏览器的内嵌搜索引擎，搜狗在搜索市场拥有较好发展基础，尤其是 2017 年下半年开始，进入业务高速增长期。从 2017 年第三季度到 2018 年第二季度，搜狗搜索营收增速均保持在 40%以上，但由于抖音事件影响，搜狗广告被关停 10 天，并对整体广告业务风险进行清查，直接影响了 2018 年整体增速，其中 2018 年第三季度搜索营收同比增速仅为 13%，增速相比同期下滑 30%以上。

在网民红利逐渐见顶的今天，搜狗仍然拥有较强的外部流量支持，尤其是来自腾讯的微信和 QQ 浏览器的巨大流量；在自有流量方面，搜狗输入法优势突出，但输入法工具属性明显，广告空间较小，相比搜索关键字广告体量较小。因此，外部流量是支撑搜狗继续前进的主要动力。

相比百度，搜狗更专注 AI 领域，其未来三大发展方向为：搜索、输入法、智能硬件，后两项均与搜索相关，但目前来说，营收和利润的稳健增长已经成为主要问题。首先是搜索市场空间有限，虽然有腾讯的巨大流量支持，但搜狗的流量获取成本开始快速攀升，2019 年第一季度，其搜索流量获取成本占比达到 61%，相比 2017 年增长了 16%；其次是 AI 技术的研发并没有对营收实现实质性贡献，当前阶段 AI 技术发展较快，但对企业来讲，仍然是底

层技术，更多地是对当前产品的优化，并没有形成颠覆性效应，距离 AI 技术真正引导搜索行业未来发展还需要较长时间。另外，在输入法、翻译器及智能音箱的商业化上，搜狗尚未探索出成熟的变现模式。

（3）360 搜索

360 以安全产品起家，在谷歌退出中国后，凭借 360 安全浏览器推出自有综合搜索引擎，快速占领市场，与百度、搜狗共同占据了国内搜索市场的大部分份额。

相比百度、搜狗，360 产品模式差别较大，360 以网络安全产品为基础，浏览器搭配自有搜索引擎，在安全浏览器已经占领 PC 端大量用户的基础上，进行搜索商业化变现，迅速打开市场。

在搜索市场从 PC 转向移动的过程中，360 移动搜索由于商业化启动较晚，加之安全浏览器在移动端的用户规模相对落后，错失了移动发展良机，落后于整体市场步伐，市场份额增长停滞。

2018 年 360 浏览器在用户规模和用户黏性上均有增长，尤其是日均活跃用户和人均启动次数增速较高，但考虑目前移动端浏览器市场现状和头部厂商数据，360 浏览器用户数据绝对值仍然偏小，相比百度和 QQ 浏览器差距较大。

目前 360 整体发展方向已经发生转变，国内政企安全市场是其未来业务重点，搜索业务在 360 整体产品板块比重逐渐下降。国内搜索引擎市场格局已经稳定，加之 360 在移动端产品实力偏弱，尤其是移动搜索覆盖用户规模方面相比百度、搜狗差距较大。预计随着 360 业务的深入调整，搜索广告比重将继续下滑。

（4）神马搜索

神马搜索雏形是 2010 年 UC 推出的"搜索大全"，在 2013 年整合阿里巴巴"一搜"后，UC 和阿里巴巴联合出资成立神马搜索，并将其作为 UC 浏览器默认内嵌搜索引擎，神马搜索主要定位于移动搜索市场。

由于市场定位准确及 UC 浏览器在移动端的用户优势，神马搜索在移动搜索市场发展迅速，用户覆盖规模可观。2018 年 UC 浏览器用户规模基本保持稳定，在 1.6 亿～1.7 亿月活跃用户规模范围内波动，相比 2017 年整体用户规模增加 1000 万人左右，如图 30.8 所示。

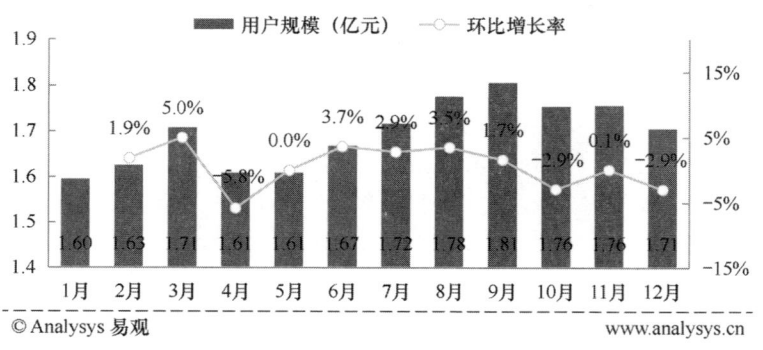

图30.8 2018年UC浏览器月活跃用户规模月度分布

神马搜索作为阿里巴巴体系一员，可以有效借助集团分发优势扩展用户规模，阿里巴巴集团拥有电商、外卖、金融、文娱等多板块业务及多款亿级用户以上 App，为神马搜索提供了丰富的分发渠道和搜索内容源，同时也为神马搜索的流量提供了保证。得益于集团化的支持也意味着神马搜索可以深入挖掘搜索的发展潜力并共享集团内部红利，但是也意味着神马搜索的工具属性将日益浓厚，未来的发展也更依赖阿里巴巴旗下的 App 的流量导入。

30.5　用户分析

（1）用户规模

如图 30.9 所示，2018 年中国搜索引擎用户规模达到 6.8 亿人，相比 2017 年，同比增加6.5%，增速微涨 0.3 个百分点。考虑目前我国互联网人口红利消失和整体市场增速下滑局面，对 2019 年搜索引擎用户规模保持谨慎态度。

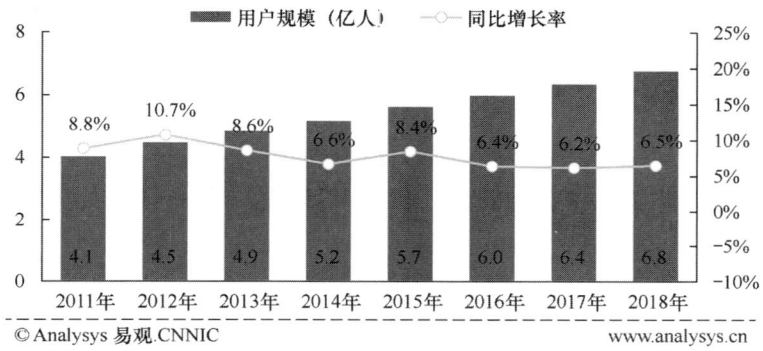

图30.9　2011—2018年中国搜索引擎用户规模

2018 年中国移动搜索用户规模整体保持稳中有升，用户覆盖达到 7.43 亿人，全网移动用户渗透率达到 74.67%，如图 30.10 所示。

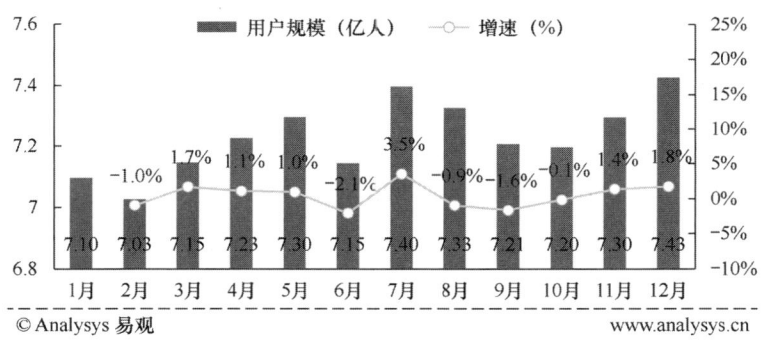

图30.10　2018年1—12月中国移动搜索覆盖用户规模

（2）用户结构

2018 年，移动搜索覆盖用户仍然主要分布在一线城市，占比为 38.73%；二线城市占比为 19.33%；三线城市占比为 19.73%；超一线城市占比为 12.13%；非线级城市及其他占比为10.08%，如图 30.11 所示。

由于中国目前人口呈现向省会级一线城市流动趋势，搜索引擎用户中超一线城市和一线城市占比相比 2017 年有所增加。

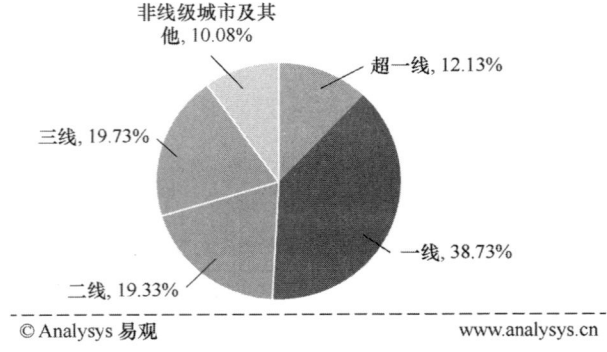

图30.11　2018年中国移动搜索覆盖用户城市分布

在移动搜索覆盖用户中，中等消费能力占比最高，达到 34.0%；中高消费能力人群占比为 28.0%；中低消费能力人群占比 24.6%；低消费能力用户占比 9.9%；高消费能力用户占比最低，为 3.5%，如图 30.12 所示。

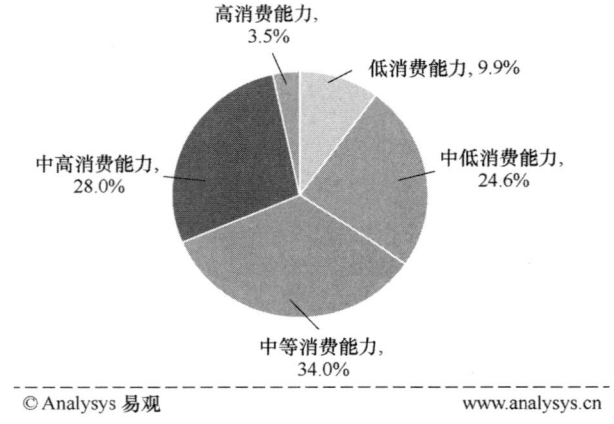

图30.12　2018年中国移动搜索覆盖用户消费能力分布

2018 年中国移动搜索覆盖人群分布中，广东省占比最高，山东、江苏、河北、河南、浙江、四川、辽宁、湖北、湖南位列其后，如图 30.13 所示。

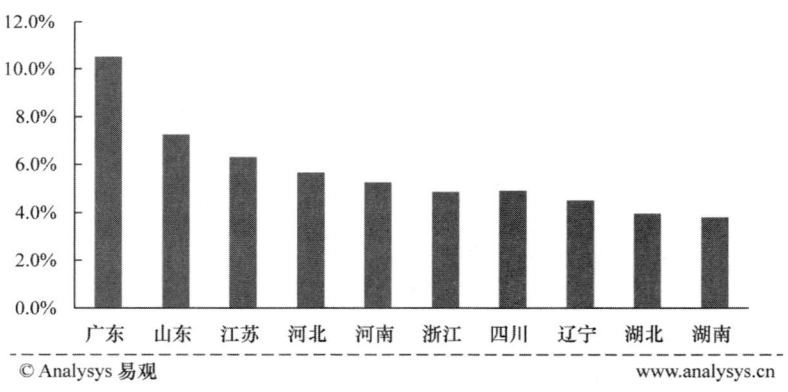

图30.13　2018年中国移动搜索覆盖人群省份分布

从具体城市来看，广州移动搜索覆盖用户占比最高，达到 3.3%；深圳、上海、成都、北京、重庆、杭州、西安、武汉、南京位列其后，如图 30.14 所示。

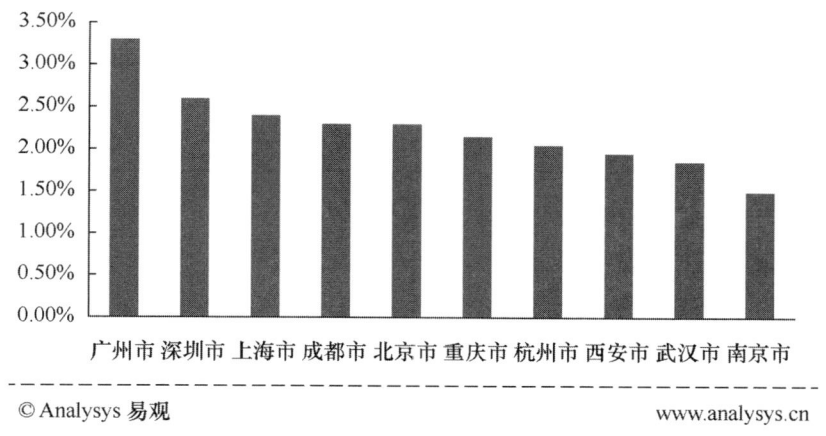

© Analysys 易观　　　　　　　　　　　　　　　　　www.analysys.cn

图30.14　2018年中国移动搜索覆盖人群城市分布

30.6　发展趋势

（1）搜索市场增速将持续放缓

在互联网市场人口红利消失和市场增速放缓的大背景下，搜索引擎市场面临更加严峻的发展环境，一方面是广告主对社交、视频广告预算开支不断增加，另一方面是整体搜索广告市场的天花板出现，从 PC 到移动，用户的搜索行为在持续下降，机器分发内容比重越来越多，虽然搜索仍然是刚性需求，但在移动互联网使用场景下，过去的搜索+网页跳转已经被"超级 App"所取代，浏览器、资讯平台同样可以实现搜索功能。

目前国内搜索市场的增长更多是依赖基于搜索行为下的信息流广告形式，其中传统的关键字广告比重在下降，广告主更青睐对用户低打扰的信息流广告，可以同时实现品销合一的广告效果。百度仍是搜索市场的绝对领头羊，信息流广告是支撑其稳定发展的主要动力，但手机百度整体用户规模整体保持稳定，广告市场空间有限，未来搜索市场的发展不容乐观。

（2）智能硬件或将支撑搜索引擎继续发展

在技术的支持下，智能硬件正处于普及阶段，其中语音识别、语音交互是智能硬件的核心功能，在物联网的基础上通过对用户自然语言的识别，可实现用户通过某单一智能硬件操控家庭内部全部智能设备的功能。

对搜索引擎厂商来讲，或将是实现转型发展的一次机遇，未来智能硬件市场前景看好。目前围绕智能硬件的商业生态尚未建立，主要厂商仍处于探索之中，营收点主要在硬件销售领域，而内容层和变现环节均未出现成熟商业模式样板，对搜索引擎厂商来讲，智能硬件或许意味着新的入口价值。

（3）搜索功能工具化属性将更加明显

目前搜索功能下沉明显，浏览器、资讯应用均将搜索功能内嵌于产品，同时基于头部厂商规模巨大的内容平台，其搜索体验和搜索结果并不逊色于搜索引擎，过去百度、搜狗所独有的搜索广告不再是稀有品，同时大部分资讯厂商在搜索功能上并未进行广告变现，用户体验更好，搜索的工具化属性将更加明显。

（付彪）

第31章 2018年中国社交网络服务发展状况

31.1 发展环境

（1）监管力度趋严调整市场发展秩序

随着互联网高速发展和网络社交市场成熟度提升，网络社交产品的监管力度逐渐趋严。尤其是部分陌生人社交产品本身为了获得快速增长会上线一些颇受争议或违法违规的产品功能。2018年以来，多个社交应用由于违法违规被下架审查甚至被勒令关停。中国社交市场已经脱离野蛮生长进入发展成熟期，市场正在接受大规模严格监管，监管层从倾向鼓励逐渐变为监管引导，市场环境趋严以营造良好的竞争环境，同时市场创新与进入门槛相对变高。

（2）细分赛道头部厂商获得更多资金支持

2018年中国社交领域共吸收投融资金额45亿元，共涉及91起投融资事件，较2017年社交领域投融资事件减少29.5%，但投融资总额增长68.2%。

受宏观经济影响，社交网络市场融资环境相对收紧，虽有若干创新厂商通过切分二次元社交市场、引入区块链等新兴技术、引入投票表达等创新玩法获得投资方青睐，但更多资金流向职场社交、知识社区、同志社交等细分赛道的头部厂商。中国社交市场始终保持高度竞争状态，既需要加强创新获得差异化竞争优势，更需要增强用户获取能力及流量变现能力实现长期健康发展。

2018年中国社交市场部分投融资案例如表31.1所示。

表31.1 2018年中国社交市场部分投融资案例

公　司	时　间	获投轮次	获投金额	投　资　方
Soul——陌生人社交	2018年1月	B轮	数千万元	DST领投
秀蛋——多人视频互动社交	2018年1月	天使轮	数千万元	五岳资本
qunqun——区块链社区	2018年1月	天使轮	数百万元	硬币资本、节点资本、执一资本、洪泰基金、时戳资本、JLAB投资
Blued——同志社交	2018年2月	D轮	1亿元	鼎晖投资、UG资本
UKI——陌生人社交	2018年3月	A轮	1000万元	见证投资
小红书——购物分享社区	2018年6月	D轮	3亿元	阿里巴巴、金沙江创投、K11、腾讯、GGV纪源资本、元生资本、天图投资、真格基金、郑志刚

续表

公 司	时 间	获投轮次	获投金额	投 资 方
脉脉——职场社交	2018 年 8 月	D 轮	2 亿美元	DST Global、DCM 资本、晨兴资本、IDG 资本
知乎——知识社区	2018 年 8 月	E 轮	2.7 亿元	尚城资本、今日资本、阳光保险、高盛集团、腾讯、光源资本
聊天宝——即时通信	2018 年 9 月	B 轮	未透露	未透露
音遇——音乐社交	2018 年 12 月	A 轮	数千万元	红杉资本中国、高榕资本、穆棉资本

（3）用户代际更迭为市场带来新活力

截至 2018 年年底，我国网民年龄结构以 10～49 岁群体为主，此年龄段用户占整体网民的 83.4%，其中 20～29 岁年龄段网民占比最高，达 26.8%。而对比 2014 年年底数据发现，10 岁以下用户占比由 1.7% 提升至 4.1%，40 岁以上用户占比则由 20.2% 提升至 28.1%。

随着互联网在人们日常生活中的渗透程度逐渐加深，低龄用户与中老年用户占比提高，一方面市场扩容带来更大的社交网络服务发展空间，另一方面也确保了针对此两类用户群体的应用创新空间，差异化的新用户需求可能带来新的社交网络服务市场结构。

（4）新兴技术研发落地将带来市场新动能

新兴技术的出现和发展不断解决并释放了用户的社交需求，用户已经不可逆地进入了数字社交时代，5G、人工智能、虚拟现实等大规模的技术创新和商业化变革将成为社交市场增长的新引擎。

例如，5G 带来的超大带宽、更低延时、稳定连接及"万物互联"使得实现用户即时性、多元化的社交需求将不再局限于文字、图片、视频等信息流形式，为用户社交体验带来更多可能。包括机器学习、自然语言处理等在内的人工智能技术，降低了内容生产审核、用户行为分析、广告植入等环节的运作成本，从而提升了产业运作效率。而随着智能化时代的到来和未来人工智能应用生态的建立，也将对社交市场各环节起到变革式的影响。

多年以来，技术在网络社交领域的应用都不是孤立的而是多元结合的，对于社交厂商来说需要追踪最新的技术趋势，在保证产品核心定位和用户体验的基础上，将新的技术应用到产品中快速迭代，利用时间窗口迅速积累用户，获得先发优势。

31.2　发展特点

（1）社交平台内容生产的短视频化程度加深，垂直化内容布局提升社交体验

头部综合社交平台继续深入垂直领域的内容和功能布局，《2018 微博用户发展报告》显示，到 2018 年年底微博垂直领域数量扩大至 60 个，月阅读量过百亿领域达 32 个，并新增了旅游、母婴、汽车等 9 大垂直内容领域。此外，2018 年 11 月腾讯 QQ 宣布以"兴趣 + 社交"策略在电竞、二次元、直播、游戏等垂直内容领域进行布局，分别推出企鹅电竞、波洞星球、NOW 直播、QQ 轻游戏等处于各自垂直领域第一阵营的产品。在"兴趣"的基础上引入社交关系链，让用户获取内容更加多元化，进一步提升了内容的价值，也将社交与内容更充分地结合在一起。

（2）短视频化降低用户社交门槛

2018 年年底，微博上线 9.0 版本，添加"视频"模块为首屏第二标签页，满足用户更多元、更集中的视频观看需求，在提升用户体验的基础上沉淀了更丰富的用户关系链。另一社交巨头微信在 2018 年推出"看一看小程序"、视频动态功能，分别从社会化媒体内容生产和熟人社交内容生产两个维度支撑社交短视频内容生产和消费。

短视频内容具备信息密度高、表达生动、用户互动强的特点，对于用户来说，流量成本下降、基础设施完善让他们对短视频这种更具视觉化的内容形态在社交过程中的应用有了更高需求，也让用户的社交门槛有所降低。而对于平台来说，对短视频的流量倾斜和内容扶持可以充实社会化媒体平台的内容生态，从而实现用户活跃度的提升和用户黏性的增长。此外，技术红利、流量红利逐渐消退带来更激烈的互联网产业竞争局面，高速发展起来的短视频平台在一定程度上瓜分了社交平台的用户时间与注意力，甚至广告主预算，由短视频开启的战略布局还将是一场持久战。

（3）挖掘差异化竞争机会，创新应用解决年轻人社交恐惧

综合社交平台的大而全发展也给垂直赛道的创新厂商带来发展机会，例如知识社区知乎、二次元视频社区哔哩哔哩、职场社交脉脉、购物分享社区小红书等，这类垂直社交平台专注于某一群体用户或用户某一场景下的社交需求，并通过功能细化和深入相关产业链构筑起竞争壁垒。

另外，移动互联网的高度渗透、基础技术的发展进步、用户代际的更新催生了大量创新社交应用在 2018 年出现。尤其是新一代年轻用户，更是逐渐习惯在不同的社交平台、不同的社交氛围中变换社交形象，创新应用产品前仆后继地通过构建新的破冰路径、社交场景帮助用户逃离线下社交场和真实生活，从而获得大量年轻用户的拥护。

Soul 在产品理念上主打"灵魂"社交，用户注册后首先需要完成"灵魂自测游戏"，通过细致的测试确定用户"属性""取向"，然后 App 根据用户"取向"推送其他相似"取向"用户，帮助用户找到灵魂伴侣；微光为陌生用户搭建了一个"一起看片"的破冰场景，包括"厅主放映""自己看房"两种模式，用户可以选择自己想看的影片，同时同一房间的用户可以实时交流，互相比心后可以成为好友；一罐作为一款匿名树洞社交 App，帮助具有"社交恐惧症"的用户，个人真实身份属性被尽量模式化，用户可以随意设置昵称，但是不允许设置头像，用户可以随意"精分"，还可以与陌生人速配闪聊，过程中对方无法查看用户的个人主页；音遇是一款 K 歌社交应用，用户需要选择偏好的歌曲类型，通过劲歌抢唱、热歌接唱、全民领唱等玩法开启娱乐化社交；Zepeto 是每个用户都可以制作自己的虚拟形象，并与其他用户在各种选择场景下同框合照，只要知道 ID 即可，对象甚至可以是喜欢的明星或者网红。

31.3　用户分析

2018 年中国移动社交市场用户规模继续保持增长趋势，根据易观千帆数据，截至 2018 年年底，中国移动社交市场活跃用户规模达到 9.882 亿人，占移动互联网全网用户的 99.3%，如图 31.1 所示。预计在 2019 年中国移动社交市场整体用户规模将突破 10 亿人。

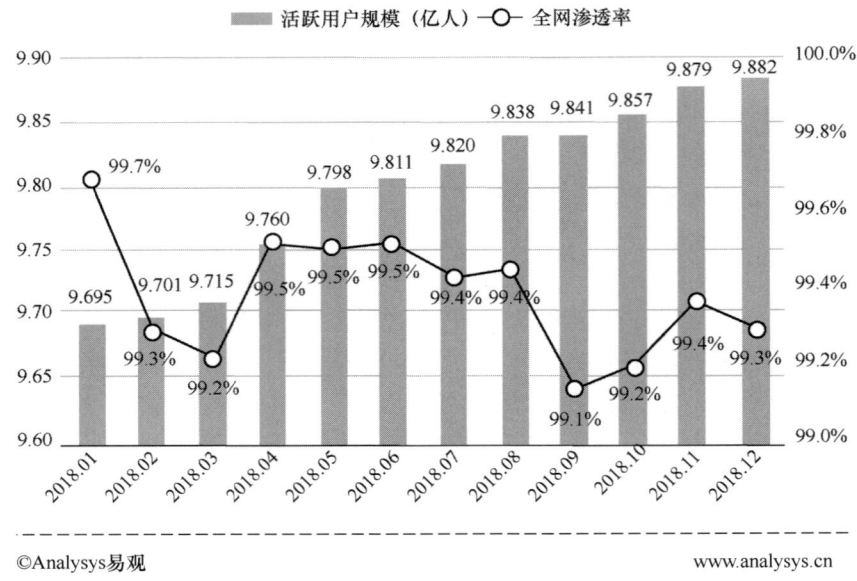

图31.1 2018年中国移动社交用户规模

从用户使用行为来看，2018 年下半年来移动社交用户人均单日启动次数和使用时长双双下降，截至 2018 年年底，中国移动社交用户人均单日启动次数为 19.1 次，人均单日使用时长为 85.5 分钟，如图 31.2 所示。面对视频、直播、音乐等泛娱乐市场应用产品的激烈竞争，社交产品对用户黏性的控制难度攀升。

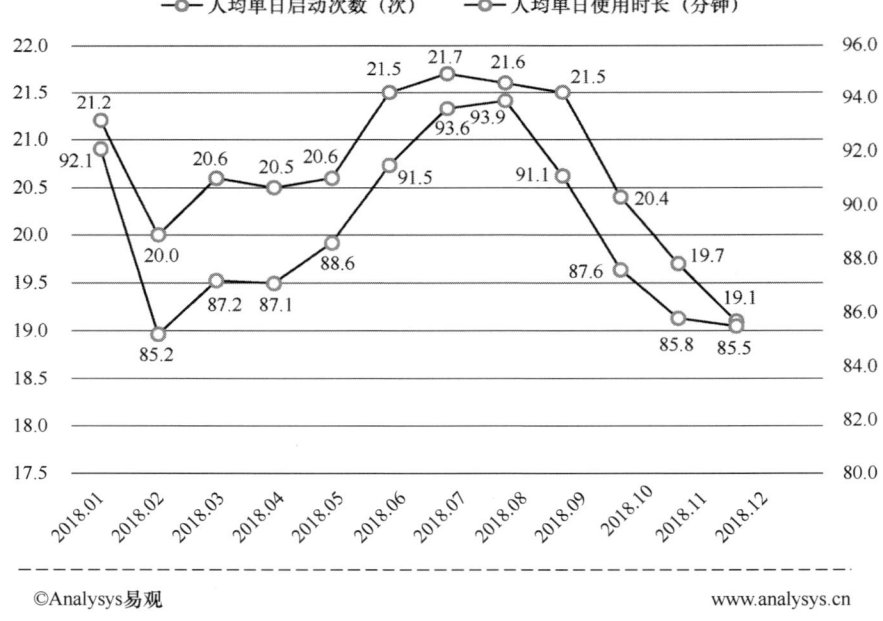

图31.2 2018年中国移动社交用户使用行为

从细分行业来看，中国移动社交市场呈现"倒 L 形"的用户分布特点。社交网络、即时通信仍然是市场领头羊，活跃用户规模都在 9.7 亿人以上，遥遥领先其他细分行业用户规模，并不断拉升整个市场的用户规模天花板。沿袭 PC 端用户积累和使用习惯的综合社区论坛活跃用户规模达到 1 亿人以上，移动社交、图片社交、婚恋交友等垂直社交平台用户规模也在千万级。情侣互动、同志交友由于本身目标人群较集中，活跃用户规模相对较低，如图 31.3 所示。

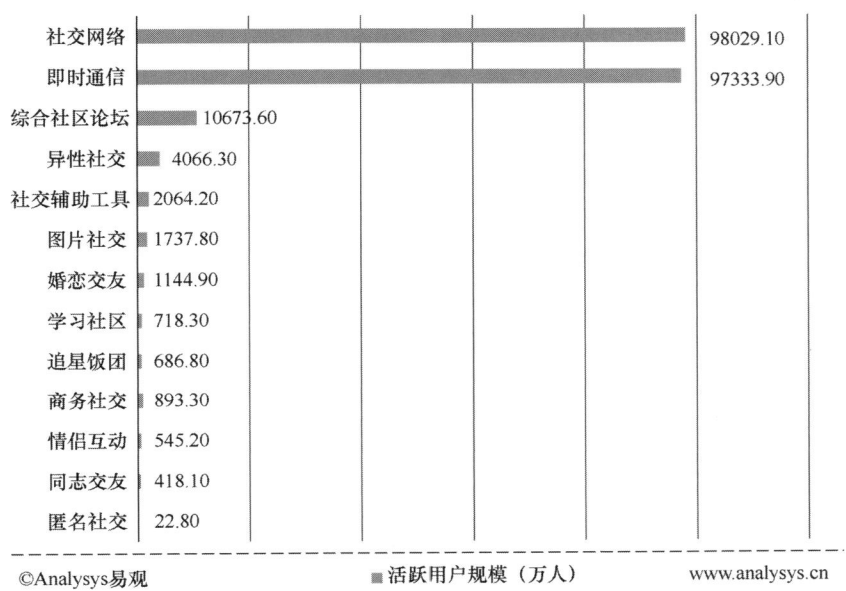

图31.3　2018年中国移动社交分行业用户规模

31.4　细分市场

31.4.1　即时通信

2018 年上半年即时通信用户规模保持积极增长，下半年相对稳定，到 2018 年年底中国移动即时通信市场活跃用户规模达到 9.73 亿人，在全网渗透率达到 97.8%，如图 31.4 所示。不断下调的资费成本和不断延展的功能场景使得移动即时通信几乎成为全部移动互联网用户的基础必备应用。

从用户使用行为来看，移动即时通信用户黏性稍有下降但仍然保持在较高数值水平，到 2018 年 12 月人均单日启动次数与人均单日使用时长分别为 18.3 次和 79.3 分钟，如图 31.5 所示。

微信、QQ 分别占据移动即时通信市场活跃用户规模前两名，尤其是微信以 9.27 亿用户规模及庞大的生态级服务成为移动互联网入口。此外，还有腾讯 TIM、QQ 国际版等官方版本提供更简约、更具针对性的沟通服务。

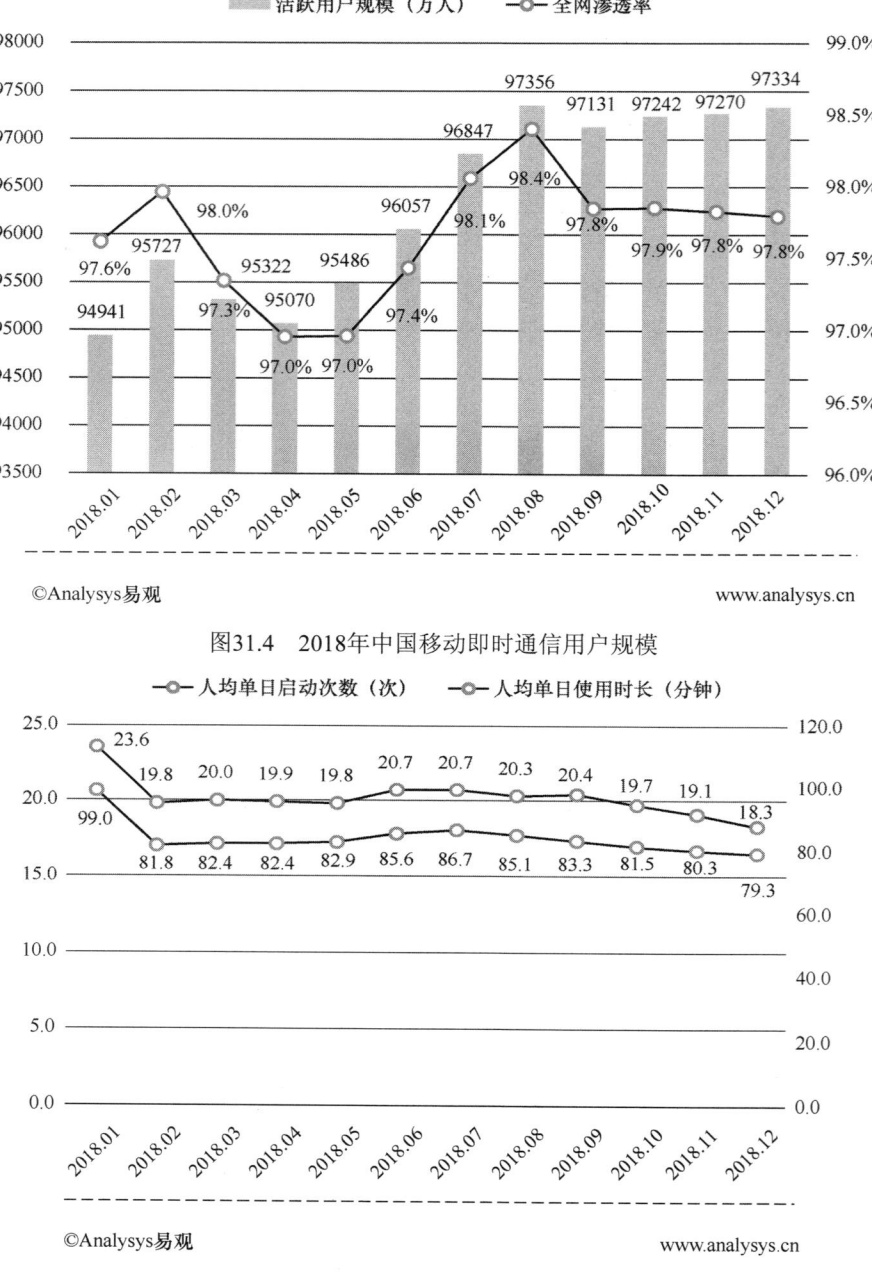

图31.4 2018年中国移动即时通信用户规模

图31.5 2018年中国移动即时通信用户使用行为

上线近 20 周年的 QQ 也在持续求新求变，2018 年 4 月 QQ 上线新功能"QQ 坦白说"，在熟人社交空间引入匿名社交互动新玩法。同时，针对 QQ 上海量的年轻用户群体，QQ 也不断扩充年轻内容生态，2018 年 11 月腾讯宣布将围绕年轻人需求打造"内容+平台"的产品"QQ 看点"，并以"兴趣+社交"的策略在电竞、二次元、直播、游戏等垂直内容领域进行布局。截至 2018 年年底，QQ 月活跃用户规模达到 5.53 亿人。

陌陌在 2018 年 5 月完成了对异性社交应用"探探"的 100%股权收购，在陌生人社交领域进一步巩固了竞争壁垒。2018 年 7 月，陌陌作为联合制作方并独家冠名的音乐真人秀节目《幻乐之城》在湖南卫视黄金档播出，大范围提升了品牌知名度与美誉度，并通过主流电视媒体推广直播元素，凸显陌陌独特的社交+直播属性。截至 2018 年年底，陌陌月活跃用户规模达到 6597.3 万人，如表 31.2 所示。

表 31.2　2018 年中国移动即时通信 App 用户规模 TOP10

App	活跃人数（万人）	人均单日启动次数（次）	人均单日使用时长（分钟）
微信	92747.8	16.4	71.8
QQ	55307.5	8.2	33.8
陌陌	6597.3	8.8	32.4
腾讯 TIM	696.1	10.8	32.5
WhatsApp	457.1	9.5	41.4
易信（im.yixin）	286.7	5.5	15.4
旺信	272.9	2.9	7.3
QQ 国际版	91.0	10.5	34.9
百电通	77.2	2.2	3.6
M 信	60.1	2.1	3.5

数据来源：易观千帆

在腾讯系+陌陌形成的市场进入壁垒的情况下，2018 年中国移动即时通信市场并未出现创新产品，行业格局固化。

31.4.2　微信

自 2011 年上线以来，微信从基础的语音沟通工具逐渐升级成为具备多元化社交功能的应用平台，并通过开放平台与第三方服务厂商一起构建起庞大的微信生态。同样，在 2018 年微信一方面优化用户核心社交体验，另一方面夯实微信生态力量，并影响着整个移动互联网的发展。

在社交服务方面，2018 年微信陆续发布的新版本更新了包括常登录账号可一键登录、未编辑完的朋友圈消息可保留、表情面板可拍摄自己表情，让用户可以更生活化、个性化地进行社交互动，而微信 7.0.0 版本上线的朋友圈视频动态功能更是将短视频这种用户接受度不断提高的媒介进一步与社交平台信息流融合，为用户记录生活、表达自我带来更好的使用体验。

在核心社交功能之外，微信强大的竞争壁垒体现在其庞大的服务生态上，而结合了引流、用户管理、销售支付等多功能，并在 2018 年开放多项新功能的微信小程序在流量获取、提升用户黏性、优化用户体验、完善变现闭环等方面都为第三方厂商助力赋能。厂商也借此机会大力布局小程序，借助微信生态流量力争在用户红利消退的移动互联网下半场快速触达近 10 亿的活跃用户群体。根据腾讯财报公开数据，到 2018 年年底微信小程序已经覆盖超过 200 个行业。

随着视频动态升级带来的用户体验优化和小程序带来的线上、线下服务生态壮大，看一看、搜一搜入口增加带来的平台内容分发效率提升，微信在海量移动互联网用户中的渗透程度还将持续提升，并将可观的流量规模、用户黏性进一步转化为收入变现。目前微信朋友圈广告位数量已增至每人每天最多两条，小程序广告位也已全量开放，微信广告位资源不断丰富，再考虑到海量数据沉淀带来的用户精准定向能力，微信商业化潜力更进一步。

如图 31.6 所示，截至 2018 年年底，微信活跃用户规模达到 9.27 亿人，保持稳定增长态势，其全网渗透率高达 93.2%，移动互联网入口地位愈发稳固。

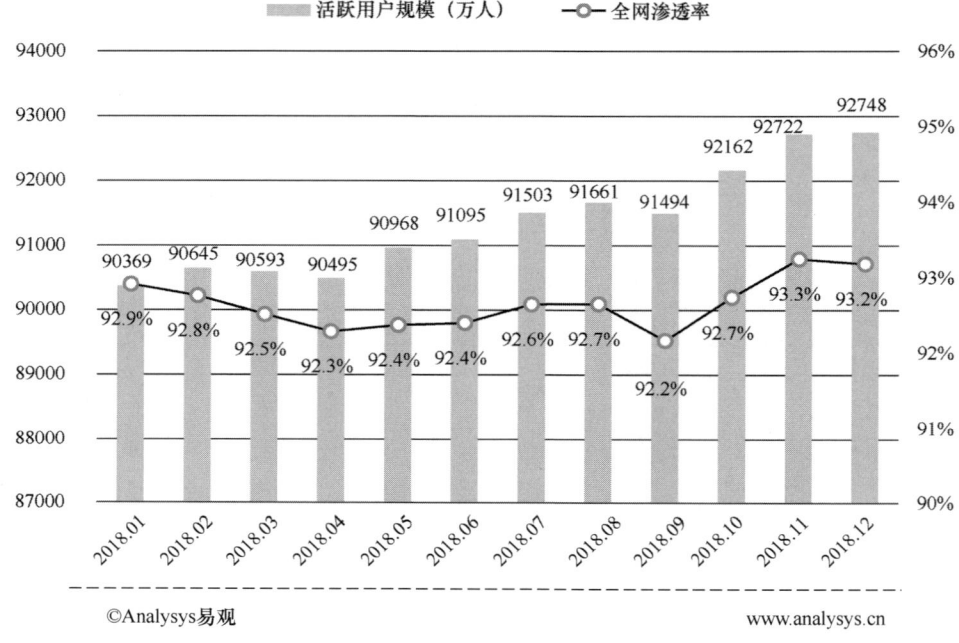

图31.6　2018年微信活跃用户规模

2018 年微信用户黏性稍有回落，到 2018 年年底人均单日启动次数和人均单日使用时长分别为 16.4 次和 71.8 分钟，如图 31.7 所示。

从微信用户性别分布情况来看，在男女比例相对均衡的情况下男性用户占比稍高，女性用户比例为 43.6%，如图 31.8 所示。

从年龄分布情况来看，微信 30 岁以下用户占比接近一半，其中 24～30 岁用户占比达到 31.6%。作为国民性应用，微信 App 中 41 岁及以上用户占比达到 14.2%，如图 31.9 所示。

从微信用户分线级城市分布情况来看，一线与超一线城市用户构成了微信近一半的用户分布，三线城市、非线级城市用户占比达到 30.8%，其中非线级城市及其他用户占比达到 10.3%，如图 31.10 所示。

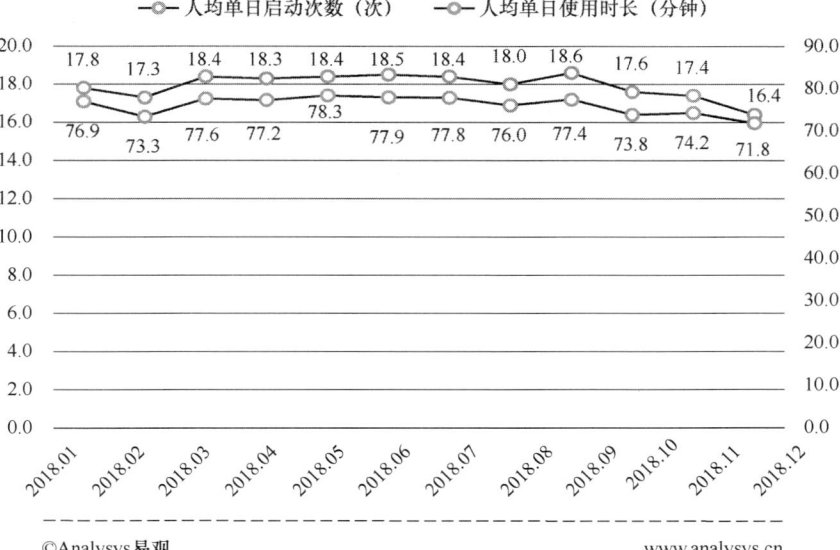

图31.7　2018年微信用户使用行为

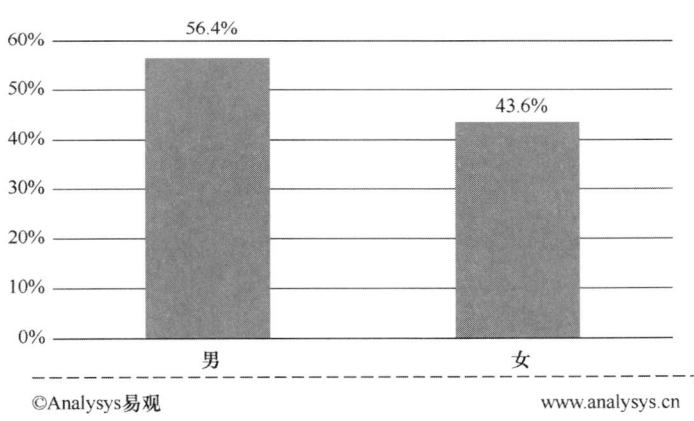

图31.8　2018年微信用户性别分布

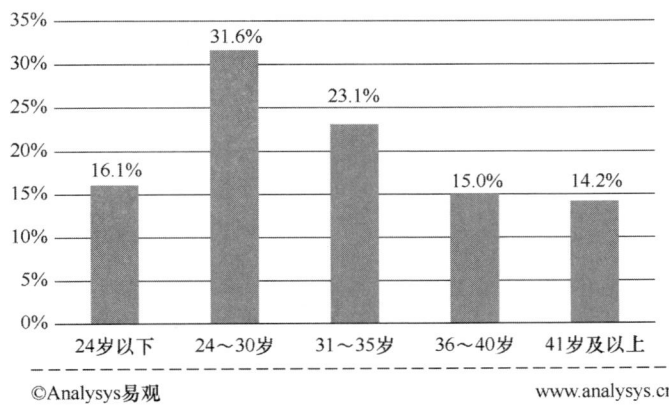

图31.9　2018年微信用户年龄分布

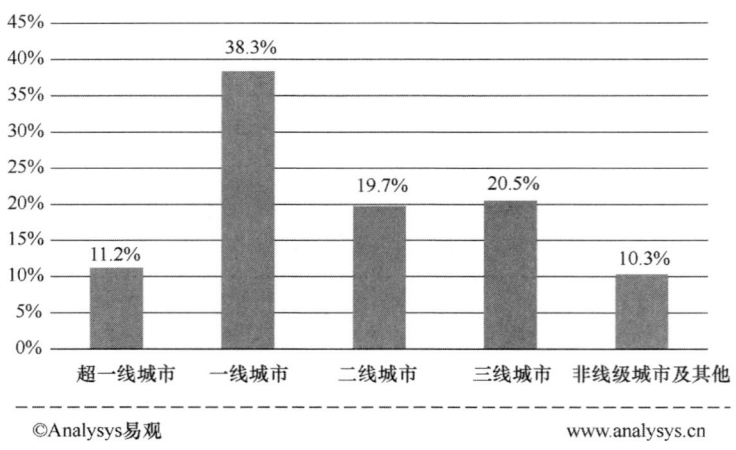

图31.10　2018年微信用户城市分布

31.4.3　社交网站

经历过寒假和春节带来的小高峰后，2018 年暑期移动社交用户增长显著，此后保持稳定发展。截至 2018 年年底，中国移动社交网络活跃用户规模达到 9.80 亿人，占移动互联网全网用户的 98.5%，如图 31.11 所示。

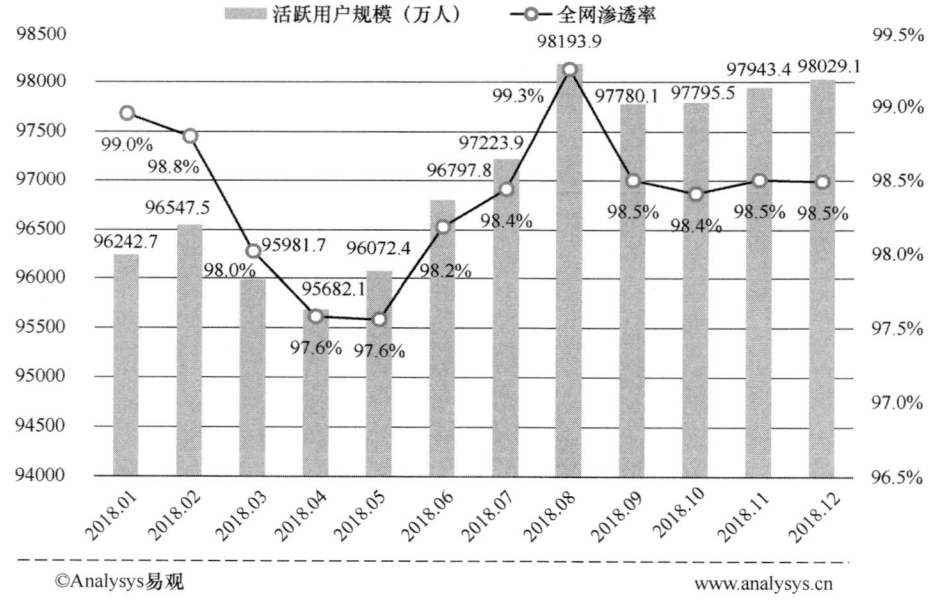

图31.11　2018年中国移动社交网络用户规模

从用户使用行为数据来看，中国移动社交网络用户黏性相对稳定，人均单日启动次数维持在 21 次左右，人均单日使用时长约为 93 分钟，如图 31.12 所示。鉴于头部应用不断平台化拓展，用户利用移动社交网络可以满足多网络社交沟通、泛娱乐内容消费、生活服务等多种使用需求，用户黏性未来将进一步增长。

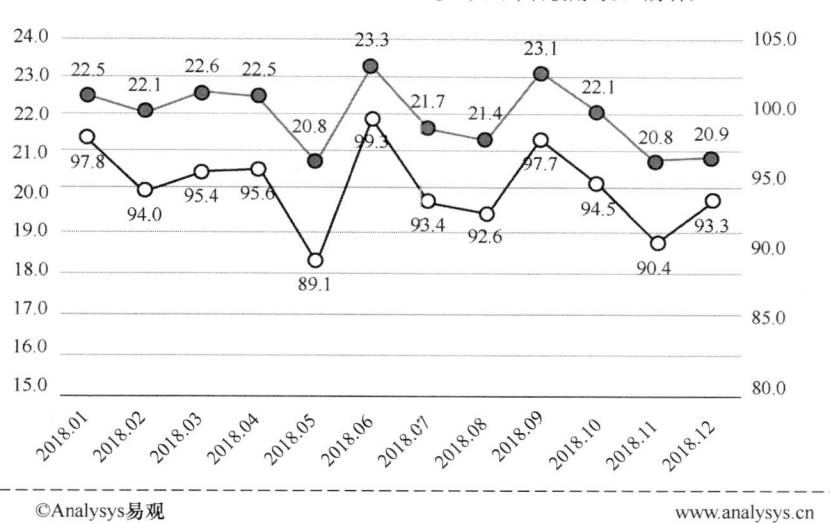

图31.12　2018年中国移动社交网络用户使用行为

相比移动即时通信市场，中国移动社交网络市场显示出更有活力的市场格局。微信、QQ仍旧保持市场领先优势，微博紧随其后，以 3.42 亿人的活跃用户规模占据市场第三位。2018年微博继续在社交内容生态建设、渠道下沉、商业化等方面进行战略布局，截至 2018 年年底，微博活跃用户规模达到 3.42 亿人。

在头部市场格局稳定的情况下，派派、最右、Soul、快手小游戏等均是针对年轻用户群体在不同场景需求下的移动社交应用，得益于年轻用户多面、娱乐化、寻求创新的社交需求，各自获取了一批长尾忠诚用户。

2018 年，"派派"在产品功能上升级了农场玩法，包括"趣味问答""你画我猜""收好友红包"等娱乐化社交功能加速了陌生人到熟人的转化过程，在人均单日启动次数和人群单日使用时长方面有较好的数据表现。

"最右"定位于面向年轻用户的兴趣社区，为满足年轻用户在泛娱乐趋势下的兴趣需求，2018年"最右"在产品功能优化方面上线了相关视频推荐，推出文字树洞、语音声控等分区板块，还上线了用户身份勋章系统，同时为保证社区内容的质量，在部分话题上线了话事人考核任务。到 2018 年 12 月"最右"活跃用户规模达到 553.0 万人，用户人均单日使用时长达到 66.5 分钟。

依靠算法为用户匹配好友的陌生人社交应用 Soul 在 2018 年增长显著，2018 年 1 月其活跃用户规模为 95.1 万人，到 2018 年 12 月其活跃用户规模增长 299.8%至 380.2 万人，人均单日启动次数也达到 11.1 次，如表 31.3 所示。Soul 强调真实表达、精神社交，并通过算法模式提高用户匹配准确度，以此帮助年轻用户减少孤独感。

表 31.3　2018 年中国移动社交 App 活跃用户规模 TOP10

App	活跃用户规模（万人）	人均单日启动次数（次）	人均单日使用时长（分钟）
微信	92747.8	16.4	71.8
QQ	55307.5	8.2	33.8

App	活跃用户规模（万人）	人均单日启动次数（次）	人均单日使用时长（分钟）
微博	34180.5	5.3	33.6
QQ 空间	3194.4	2.6	8.3
派派	1143.8	17.8	83.9
最右	553.0	8.2	66.5
Soul	380.2	11.1	39.3
快手小游戏	298.8	4.9	37.8
微博极速版	278.0	4.3	29.1
同桌游戏	255.7	4.0	31.8

数据来源：易观千帆

31.4.4　微博

微博是目前国内最大的综合性社会化媒体平台，为用户提供基于关系链的信息分享、社交互动服务，自 2009 年上线以来持续完善功能，市场地位不断巩固。

微博的核心竞争力在于长期沉淀并不断增长的围绕社交关系链的内容生产、分发和消费，同时，在基础设施不断完善的情况下，通过技术支持与运营支持强化平台富媒体内容的渗透度，如在产品功能更新方面，目前微博支持评论发布 GIF、聊天发布视频、非会员可使用免费表情包、视频支持多倍速观看、可自定义视频封面图、已发布文章支持再次编辑等。2018 年 12 月，全新上线的微博 9.0.0 版本推出了视频社区，将平台的视频内容更集中地面向用户展示，微博不断提升内容形式的多元化为用户带来更丰富的内容体验。根据微博公布数据，2018 年微博日均文字发布量为 1.3 亿，日均图片发布量超过 1.2 亿，日均视频/直播发布量超过 150 万。2018 年微博业务营收规模如图 31.13 所示。

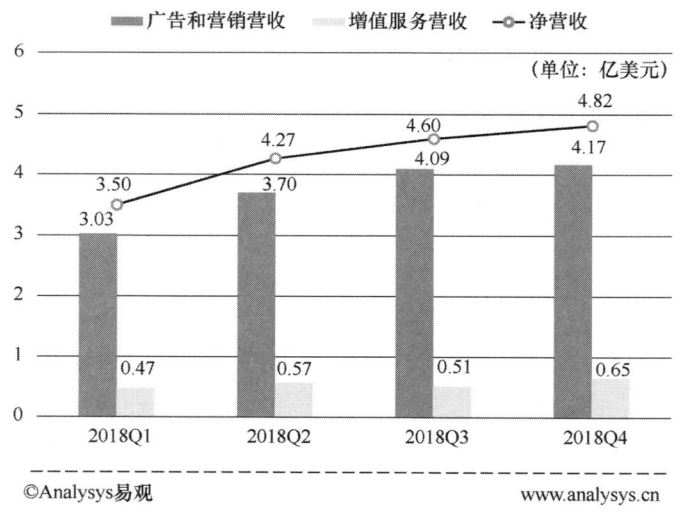

图31.13　2018年微博业务营收规模

此外，激发 UGC 短视频内容的全竖屏视频产品"微博故事"功能细节也在不断优化，包括视频清晰度提升、支持保存草稿、支持保留已发布故事、增加热门榜单等。在运营方面，除了邀请明星、KOL 拍摄微博故事带动用户习惯培养，也发起各种主题挑战引导普通用户参与。

垂直化是微博拓展平台内容生态的另一重点，根据微博公布的数据，到 2018 年微博垂直领域拓展至 60 个，月阅读量超百亿的垂直领域达到 32 个。提升内容生产效率和质量把控的 MCN 机构和账号数迅速发展，平台入驻 MCN 机构超过 2700 家，涉及账号超过 57000 个，相比 2017 年分别增长 124%和 261%。

作为中国典型社会化媒体平台，微博在热点事件中的传播能力也得到各方认可。2018 年春节期间，微博成为央视春晚新媒体社交平台独家合作伙伴，推出了"春晚答题王""段子跨界挑战赛""春晚模仿大赛"等主题活动。而在俄罗斯世界杯期间，微博覆盖全部 64 场比赛视频，推出多个世界杯自制节目，上线"球员集卡""点亮主队国旗"等互动玩法，为用户带来顶级赛事 IP 的更优社交互动体验。

微博平台的内容生产力、传播力和影响力日趋增强，不断提振微博平台商业价值，根据微博财报数据，2018 年微博全年净营收达到 17.2 亿美元，较 2017 年的 11.5 亿美元增长 49%。其中广告和营销收入成为净营收增长的主要驱动力量。微博平台的广告价值来自多元化内容形式带来的表现力，用户标签丰富带来的精准触达能力，明星、垂直大 V、KOL、机构用户、普通用户等多类传播主体共同形成的影响力，以及多种内部资源投入、营销解决方案、开放第三方合作带来的营销能力。

截至 2018 年年底，微博 App 活跃用户规模达到 3.42 亿人，占移动互联网全网用户的 34.3%，如图 31.14 所示。

图31.14　2018年微博App活跃用户规模

从用户行为来看，微博用户表现相对稳定，2018 年 12 月微博 App 人均单日启动次数和人均单日使用时长分别为 5.3 次和 33.6 分钟，如图 31.15 所示。

图31.15 2018年微博App用户使用行为

从用户性别分布情况来看，微博 App 女性用户占比明显高于男性用户，分别为 78.7%与 21.3%，如图 31.16 所示。

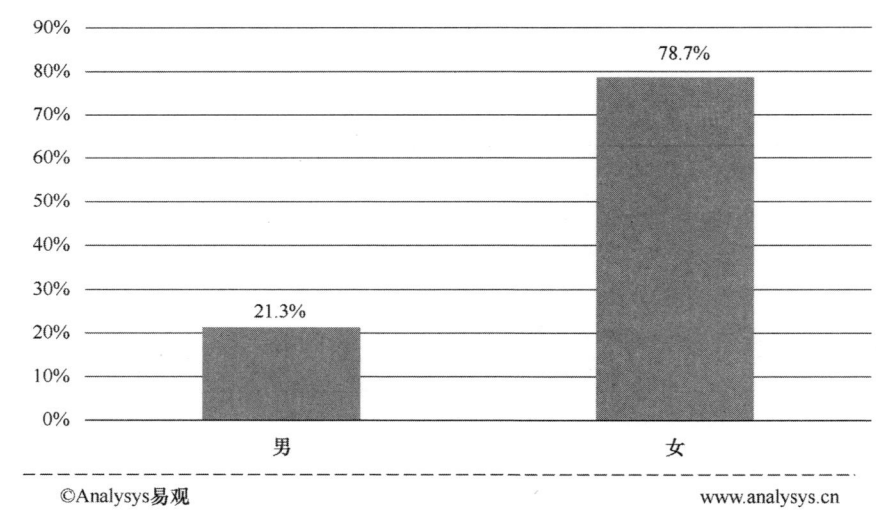

图31.16 2018年微博App用户性别分布

从用户年龄分布来看，30 岁及 30 岁以下的年轻用户是微博 App 主要用户来源，占比达到 55.7%，31～40 岁用户占比为 35.2%，40 岁以上用户占比达到 9.2%，如图 31.17 所示。

从分线级城市用户分布情况来看，一线城市用户占比达到 41.4%，而在用户下沉政策影响下，三线城市、非线级城市及其他用户占比共为 27.5%，如图 31.18 所示。

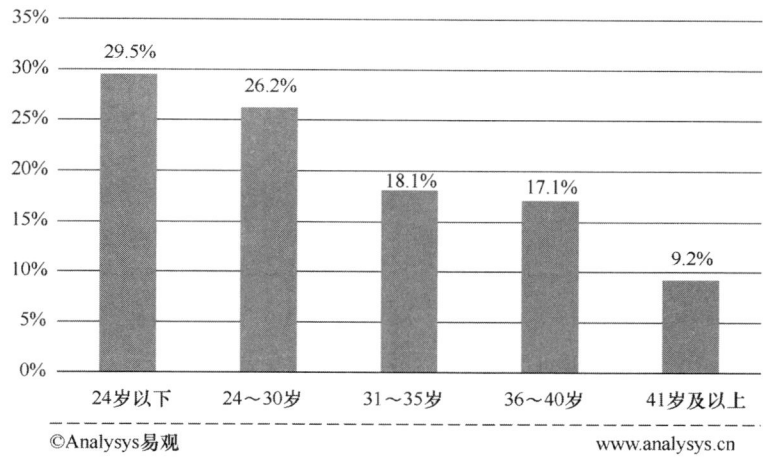

图31.17　2018年微博App用户年龄分布

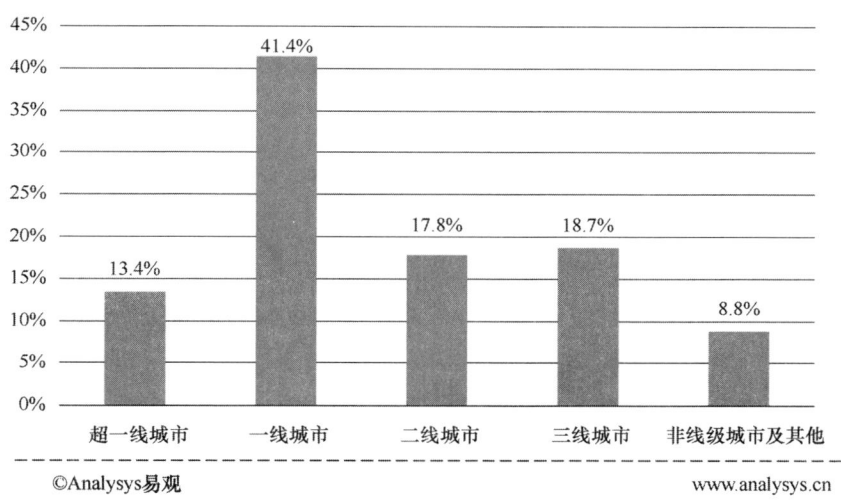

图31.18　2018年微博App用户城市分布

31.5　发展趋势

（1）竞争加剧市场壁垒筑高，中腰部厂商进入投资活跃期

以微信、QQ 为主的头部社交产品获取了海量用户，并在长期发展中沉淀积累了大量的社交关系链和完善了个人社交图谱，用户重新选择新的社交应用将面临巨大的迁移成本，或者将有用户在新社交平台构建起初步社交关系之后再回到头部社交平台继续交往。头部厂商对社交市场中的关系链这一核心经济资源的占用筑高了市场进入壁垒。

同时在存量竞争时代，厂商之间竞争范围从单个市场扩大到整个移动互联网中，包括游戏、直播、短视频等都在快速抢占用户时间与用户注意力，创新社交应用或长尾社交产品面临更大的市场考验。但考虑到社交需求的复杂性，社交市场的产业利润率、需求成长率依然可观，仍会诱发创新厂商积极进入。

而对于领先社交厂商来说，除了内部优化产品功能、孵化创新产品，以收购、并购、战略投资的方式提升企业产品的差异性并获取规模经济利益也是保持竞争优势的不错选择。2018 年除了手握大笔资金的腾讯高歌猛进积极投资布局社交领域的公司，"陌陌"完成了对"探探"的股权投资、快手收购 AcFun、哔哩哔哩二次元音频社区猫耳 FM 以及网易漫画。预计在 2019 年，用户红利消退背景下更多中腰部社交网络厂商也将进入投资并购活跃期。

（2）社交化成为互联网底层，市场边界继续扩展

在基础设施不断完善、流量成本高昂、存量竞争激烈的移动互联网时代，大部分应用产品都在不断走向社交化，通过社交化积累更多用户和用户关系链，实现用户活跃度和用户黏性的增长，移动互联网整体发展的趋势之一即是愈发社交化。

在 2018 年，电商+社交、视频+社交、资讯+社交的融合模式下出现了若干引人瞩目的新贵产品：拼多多、云集等依托社交关系发展的社交电商以个体信任为媒介，为产品厂商降低流量成本、挖掘网购存量用户价值提供了解决方案；快手、抖音等短视频社交产品尤其在内容分发层面带来了新的内容分发方式，结合人工智能技术让内容分发更精准、高效；长视频平台也积极搭建平台内社区，爱奇艺泡泡、腾讯 doki 等让用户在观看视频之后继续停留在平台内持续互动，并丰富平台的 UGC 内容，内容价值和用户价值都双双得到提升；以趣头条为代表的资讯+社交模式更是体现出通过用户自发推广来帮助新产品实现在低线级城市的快速渗透。可以说，社交化作为一个催化剂在最大程度地提升各领域平台挖掘用户价值的能力。

外部平台在不断增加社交属性，在市场内外部共同推进下社交化趋势也将不断显著，而社交网络平台也借此获得了更广阔的发展可能与商业空间，包括营销、电商、用户付费、增值服务等营收能力都将得到提升。

（马世聪）

第 32 章　2018 年中国网络教育发展状况

32.1　发展环境

2018 年，我国民办教育行业和网络教育宏观发展环境总体向好。国家推动行业规范发展的各项政策陆续发布，人工智能教育教学在各级各类教育中逐渐落地，国家财政性教育经费、居民收入和教育消费支出均有增加。

32.1.1　政策环境

网络教育作为校外培训行业的重要组成部分，整体发展受到教育培训行业规范治理政策的影响。2018 年 2 月，教育部等四部门联合印发《关于切实减轻中小学生课外负担开展校外培训机构专项治理行动的通知》，拉开了全年整治校外培训机构的序幕。8 月，国务院办公厅印发《关于规范校外培训机构发展的意见》。9 月，教育部办公厅印发《关于切实做好校外培训机构专项治理整改工作的通知》。11 月，教育部等三部门联合印发《关于健全校外培训机构专项治理整改若干工作机制的通知》，将审批重点指向学科类培训机构。

全国各地教育行政等主管部门陆续发布政策，严格落实各项整改治理要求，福建、江苏、广东、北京等地制订了民办教育培训机构办学标准。推动网络教育发展的政策陆续发布，正在发挥积极引领作用。2018 年 2 月、3 月，国家和部委层面分别印发了《关于全面深化新时代教师队伍建设改革的意见》《教师教育振兴行动计划（2018—2022 年）》，指出教师要主动适应信息化、人工智能等新技术变革，积极推进"互联网+教师教育"创新行动。3 月，政府工作报告将"发展网络教育"作为提高保障和改善民生水平、发展公平而有质量的教育的工作内容之一。4 月，教育部发布《教育信息化 2.0 行动计划》，提出要"建成'互联网+教育'大平台，努力构建'互联网+'条件下人才培养新模式、发展基于互联网的教育服务新模式"的发展目标。8 月，司法部发布《民办教育促进法实施条例（修订草案）（送审稿）》，规定了在线实施学历、非学历教育机构的开办要求，对包括在线教育行业的教育培训行业产生了较大影响。

32.1.2　产业环境

人工智能和教育融合受到"政产学研"各界持续热议和关注。2018 年年初，教育部公布《普通高中课程方案和语文等学科课程标准（2017 年版）》，人工智能、物联网、大数据处理正式被纳入《普通高中信息技术课程标准》新课标。7 月，中国教育技术协会智慧学习工作委员会人工智能实验项目组和联合国教科文组织合作的"智龙 X 计划"正式发布。该项目规划用 3 年时间，在全国 100 所学校的 300 个课堂推进三个一工程：一套教材，一个 AI 平台，一批实验校及应用案例。8 月，由中国人工智能学会、中国教育技术协会、首都师范大学、国家语委科研基地中国语言智能研究中心四家单位联合主办的首届中国智能教育大会在北京召开。各省教育行政部门围绕教育部 8 月印发的《关于做好普通高中新课程新教材实施工作的指导意见》，加紧在《信息技术》课本中增加人工智能相关内容，涵盖各学段的多个版本人工智能教材发布。2018 年年初，华东师范大学慕课中心和商汤科技合编的《人工智能基础（高中版）》正式发布。7 月，科大讯飞与西北师范大学、北师大出版社共同发布了《人工智能（初中版）》。2018 年年底，华东师范大学发布了贯通中小学的人工智能教材。

此外，据公开资料显示，"智龙 X 计划"所印发的《人工智能实验教材》合计 33 本，覆盖从幼儿到青少年全年龄段，预计人工智能将成为高校新增的热门专业学科。2018 年 4 月教育部印发的《高等学校人工智能创新行动计划》明确提出，到 2020 年建立 50 家人工智能学院、研究院或交叉研究中心，建设 100 个"人工智能+X"复合特色专业。随后一批高校申报开设了人工智能专业或学院。截止到 2018 年 7 月，共有 42 所高校向教育部申报设立人工智能本科专业并完成公示。截至 2019 年 1 月底，共有中国科学院大学、清华大学等 38 所高校建立人工智能学院。

32.1.3 社会环境

2018 年国家财政性教育经费投入持续增长，家庭教育支出处在较高水平，居民消费能力和教育消费支出稳步提升。2010 年以来我国财政性教育经费持续增长，GDP 占比稳中有升，如图 32.1 所示。2010 年国家教育经费占 GDP 比重为 3.6%；2012 年首超 4%，达到 4.3%；此后 2013—2018 年，国家财政性教育经费占 GDP 比重稳定在 4.1%～4.2%，政府对教育事业

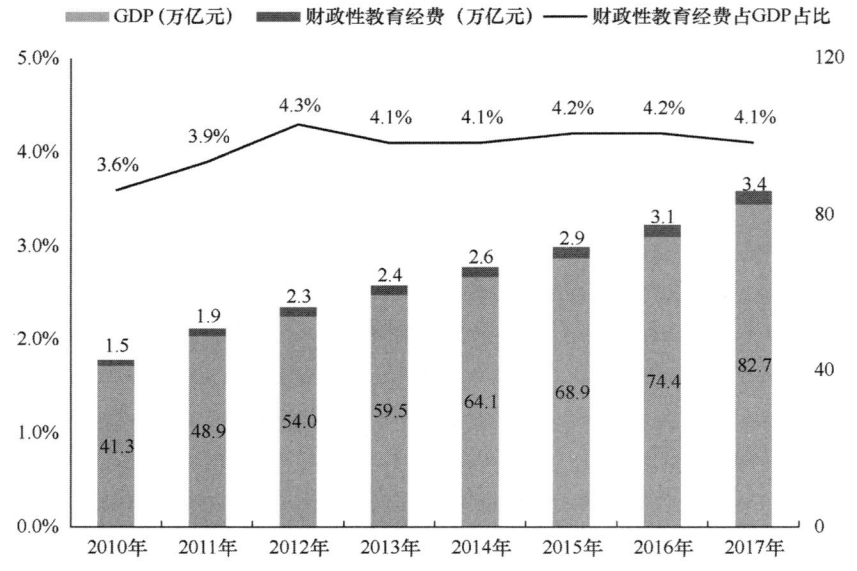

图32.1　2010—2017中国财政性教育经费投入规模及GDP占比

的投入总量持续增长。2016 年下学期和 2017 年上学期，全国基础教育阶段家庭教育支出总体规模约 19042.6 亿元，占 2016 年 GDP 比重达 2.48%，远高于 2016 年全国教育经费统计中非财政性教育经费占 GDP 比重的 1.01%。全国基础教育阶段生均家庭教育支出 8143 元，其中城镇 1.01 万元，农村 3936 元。

中国社会科学院社会学研究所《2018 中国 K12 在线英语教育调查报告》显示：家长平均每年为孩子在在线英语教育上花费金额 8220 元。国家统计局发布数据显示，2018 年我国居民消费收入、支出及教育消费支出比 2017 年均有上涨。2018 年，全国居民人均可支配收入 28228 元，比 2017 年名义增长 8.7%，扣除价格因素，实际增长 6.5%。与之相对，人均消费支出 19853 元，比 2017 年名义增长 8.4%，扣除价格因素，实际增长 6.2%。其中，人均教育文化娱乐消费支出 2226 元，增长 6.7%，占人均消费支出的比重为 11.2%。

32.2　发展特点

（1）在线教育行业迎来从严治理拐点

2018 年，在线教育相关政策持续收紧，从企业开办门槛到专项整治行动、从实体电子产品到虚拟应用程序（如 App）、从部门协作分工到信息备案公示等多个方面做出了一系列规范要求，整个行业迎来从严治理监管拐点。新年伊始，教育部联合民政部等四部委共同印发了被称为史上最严的中小学课外培训机构专项治理行动计划，吹响了全年治理的号角，意味着中小学校外培训行业即将告别宽松发展、野蛮生长的模式。

截至 2018 年年底，全国共摸排校外培训机构 401050 所，其中，存在问题机构 272842 所，已完成整改 269911 所，整改完成率 98.93%。虽然该行动计划中并未明确提出"在线教育"，但整个在线教育行业面临治理已是必然趋势。2018 年 8 月 10 日，司法部发布《民办教育促进法实施条例（修订草案）（送审稿）》，规定了在线实施学历、非学历教育机构的开办要求。8 月 22 日，国务院办公厅印发《关于规范校外培训机构发展的意见》，成为国家层面第一个规范校外培训机构发展的系统性文件。《关于规范校外培训机构发展的意见》首次针对"线上教育"提出原则性监管要求：网信、文化、工业和信息化、广电部门在各自职责范围内配合教育部门做好线上教育监管工作。8 月 30 日，教育部等八部委联合印发的《综合防控儿童青少年近视实施方案》要求：严禁学生将个人电子产品带进学校，家长应控制孩子使用电子产品，学校使用电子产品开展教学时长原则上不超过总时长的 30%，原则上采用纸质作业。这意味着，电子产品作为在线教育开展实施的重要物理载体需要满足严格的使用规范，在线教育行业随之再次迎来震荡。2018 年年底，教育部等三部门联合印发商务《关于健全校外培训机构专项治理整改若干工作机制的通知》，对在线教育监管提出更加明确具体的要求：要按照线下管理政策同步规范线上机构，开办培训班须到省级教育行政部门备案，教师关键信息须在网站显著位置公示，培训内容、培训质量须得到监管和保障。2019 年年初，教育部发布《关于严禁有害 App 进入中小学校园的通知》，要求开展全面排查，严格审查入校学习类 App 并加强监管，再次明确了移动应用程序的管理规范和要求，在线教育监管政策进一步收紧。

（2）国家重拳整治学习类 App 乱象

如果说近几年关于在线教育的负面报道是偶发的，还主要集中在学生是否直接搜题抄答案、题库质量是否有保证、教师是否过于依赖应用程序等方面，那么 2018 年则是集中爆发式的，仅央视就分别在 2018 年 6 月、10 月、2019 年 1 月进行了三次报道，问题升级为 App 内包含涉黄、低俗、交友、娱乐、广告、泄露隐私、诱导消费、嵌入与学习毫无关联、未经备案审批的游戏模块等不良信息。面对媒体曝光和公众愤怒，少数企业竟辩称游戏属于趣味性学习产品，能够防止学生学习枯燥，再或者"明修栈道暗度陈仓"，将不良信息转移到微信公众号、小程序中。个别企业连续三年被媒体曝光，却一直"带病"运营，没有丝毫改观。学习类 App 乱象将在线教育行业推上了舆论的风口浪尖，严重影响了行业形象和健康发展。

对此，中央网信办会同有关部门集中开展 App 乱象专项整治行动，对向第三方泄露学生及家庭隐私信息，或向学生提供性暗示、性诱惑等内容，危害青少年健康成长的部分学习类 App，依法从严查处。全国扫黄打非办在搜集取证后责令某款 App 停止运营、关闭问题版块，并予以有关企业经济处罚。北京、上海、宁夏、江苏、浙江、四川、云南等地有关部门迅速开展学习类 App 排查整治。据央视统计[1]，仅在苹果应用商店中就有超过 15000 个教育类 App 被下架，其中，2018 年 11 月 11 日当天的下架数达到 1004 个。在线教育企业积极配合外部监管，共同构建在线教育健康生态。

一起教育科技、科大讯飞、极课大数据等在线教育企业共同签署了《学习类 App 进校服务的行业自律倡议》，对学习类 App 监管、儿童青少年近视综合防控等要求表示坚决支持和拥护，承诺以教育价值为导向，不断提升技术防护能力，及时总结推广成功经验，逐步建立学习类 App 使用管理的长效机制。

（3）行业头部效应和产业链上游迁移趋势渐显

在政策趋严、资本谨慎的大背景下，网络教育不同赛道的头部效应日渐显著。例如，在在线少儿英语领域，2018 年年底中国精英管理杂志《商学院》公布的"10000 组家庭英语学习大调查"显示，中国家庭选择 VIPKID 平台学习英语的比例占到 56.67%。与之相呼应，2018 年年初，中科院大数据挖掘与知识管理重点实验室发布的《2017 年中国在线少儿英语教育白皮书》数据同样显示 VIPKID 占据国内市场份额过半达到 55%。在融资方面，VIPKID 也成为资本关注的热点，2018 年 6 月获得 5 亿美元 D+轮融资，不仅刷新了在线教育行业的最高融资纪录，也成为 2018 年教育行业最大金额的一笔融资，融资完成后公司估值超过 200 亿元。

校外 2C（面向用户）业务的快速增长及校内 2C 业务的政策性限制，共同驱动部分企业转型 2B（面向机构）业务或将 2B 业务作为企业发展战略。例如，好未来将公司定义为"在全球范围内服务公办教育，助力民办教育"的科技教育公司，发布了"2B"计划，提出"用科技赋能行业伙伴"。另一家"独角兽"企业一起教育科技将"进校"作为其与其他教育企业的最大不同，将"服务好中国公立系统的教师、学生，进而帮助中国家长，最终帮助孩子健康成长"作为企业愿景。此外，一起教育科技、作业盒子等企业接入中央电化教育馆主管的国家数字教育资源公共服务体系，实现了与国家级数字资源平台的互联互通。

（4）在线教育企业纷纷布局人工智能

随着国家人工智能发展战略的提出和推进，人工智能已成为推动各行各业变革升级的重要技术驱动力。在线教育领域在经历数字教学资源积累、用户习惯养成、大数据驱动等前期

---

[1] 央视网.

积累后，迎来了"人工智能+教育"从热议到落地的新的发展阶段。人工智能和各种场景的融合应用逐渐成熟，主要在线教育企业纷纷提出 AI 技术赋能在线教育的口号，投入研发力量，打造人工智能产品，推动构建教育科技新生态。

例如，掌门 1 对 1 引入情绪智能识别技术，提出 AI in All 的产品智能化理念，将 AI 技术融入在线教育诊、学、教的学习链。新东方旗下教育科技公司发布了首款"教育+AI"产品——BlingABC "AI 班主任"，该产品能够针对学生的发音进行打分及纠音，量化分析学生课堂表现和外教课堂教学表现。英语流利说经过多年的积累，构建了"中国人英语语音数据库"，研发了英语口语评测、写作打分引擎和深度自适应学习系统。VIPKID 将 AI、AR、大数据等技术应用在"教学评练测"五个环节，尝试将人脸识别、面部表情分析、语音语速识别、手势识别等人工智能技术应用在不同的教学场景。义学教育发布人工智能教育产品"松鼠 AI"系统，该系统采用知识图谱、图论用于描述和表示学科知识体系，将人工智能技术用于推荐学习内容、学习路径、教学模式。海风教育开发"好望角"AI 系统，利用人工智能技术进行多维情绪识别、专注度分析与课程质量分析。百度、网易等互联网巨头也将人工智能作为战略方向，发布了"AI+教育"产品。

2018 年是各种商业模式、各个赛道的在线教育企业针对人工智能重点投入、重点研发、重点推广，构建人工智能产品竞争力的关键之年，也是整个在线教育行业深受人工智能影响的关键之年。

32.3　市场规模

如图 32.2 所示，2018 年，中国在线教育市场规模突破 3000 亿元关口，达 3734.1 亿元，增速虽然较 2017 年有所下降，但仍然达到 49%，保持着高速增长态势。可以预见，在政策支持、需求释放、消费能力提高等多重因素驱动下，未来在线教育市场规模将持续扩大。

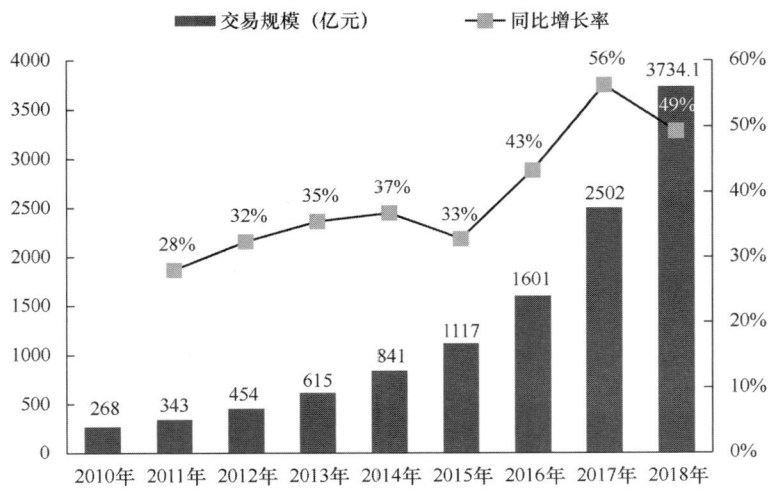

图32.2　2010—2018年中国在线教育市场规模

数据来源：易观千帆

从市场结构来看，2018 年在线教育市场仍是以高等学历教育为主体，市场结构占比达53.3%，相较 2017 年略有下降，如图 32.3 所示。与此同时，K12 教育市场延续了一直以来的稳步增长态势，较 2012 年增长近一倍，占比达到 17.6%，预计未来仍有较大的增长空间。

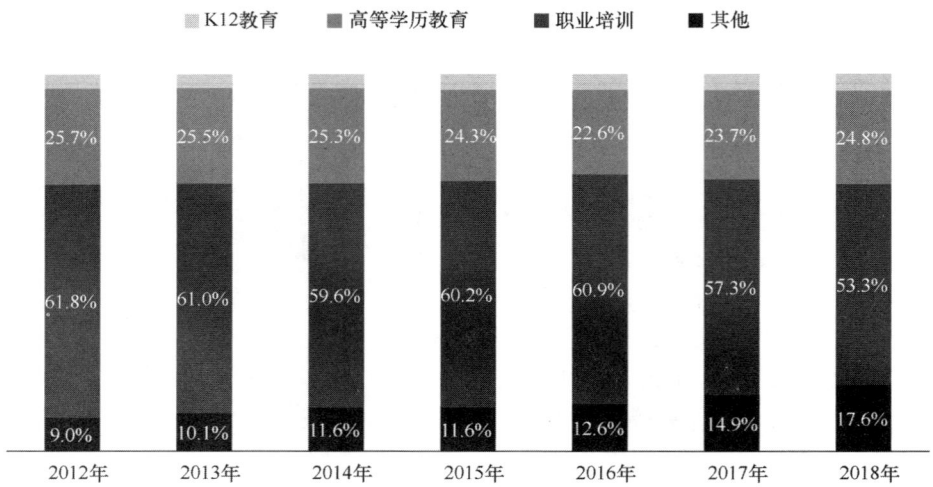

图32.3　2012—2018年中国在线教育细分市场结构

数据来源：艾瑞咨询研究院

2018 年，资本市场在互联网领域趋冷的大环境下，在线教育市场依然保持着投资热情，企业上市加速。经过前期的爆发和积淀，2018 年在线教育市场投资开始趋于理性，截至 2018 年 11 月 14 日全年投融资数量达到 200 起，与 2016 年峰值 298 起投融资数量相比有所下降，但平均单笔融资额呈显著上升趋势[1]。其中，81%的投融资项目属于前期轮次，后期投融资数量占比由 2014 年的 2%上升到 12%；获得 1 轮次以上的投资数量占比逐年提升，由 2014 年的 29%上升至 2018 年的 42%，其中 2018 年获得 4 轮次及以上的占比达到 7%，表明优质成熟标的成为资本关注热点。

2018 年投融资额度进一步扩张，并呈现向头部集中态势。洋葱数学、考虫、作业盒子、火花思维、VIPKID、海风教育、作业帮、VIP 陪练、猿辅导、嗨课堂等企业，于 2018 年共获得融资金额超 100 亿元[2]，其中，VIPKID5 亿美元 D+轮融资成为单笔最高融资额，作业帮获得两轮 8.5 亿美元融资[3]，成为全年融资额度最高的企业。

2018 年也被称为在线教育企业加速上市的一年。有 4 家在线教育公司先后上市，分别是尚德机构、精锐教育、21 世纪教育及英语流利说。此外，宝宝树、沪江教育科技、新东方在线等企业也通过了港交所上市聆讯，可能打破港股无在线教育企业的历史。根据易观国际的数据[4]，2018 年 K12 领域共有 29 笔融资，总融资金额超过 118 亿元，是教育行业融资金额

[1] 广证恒生.2018 年在线教育投融资深度分析报告.

[2] 网经社.

[3] 前瞻网.

[4] 易观. 互联网 K12 在线辅导行业分析 2018.

最多的。其中，作业帮 3.5 亿美元成为 2018 年 K12 领域最大的一笔融资。

32.4　商业模式

（1）成人市场占主体，青少年教育市场快速发展[1]

由于成人学习自控力强、学习目标明确、空闲时间固定，尤其是在提升学历、求职、考证等方面保持旺盛的学习需求，使得我国高等学历教育和职业培训教育等成人市场在线需求始终保持市场主体地位，市场占有率始终保持在 60%以上。随着新一代年轻父母教育意识的升级和消费能力的提升，他们对子女通过在线教育学习的包容度、接受度和认可度明显高于上一辈父母，K12 在线教育市场一直处于快速上涨通道，市场占比由 2012 年的 9%提升至17.6%。

（2）"一对一"和"一对多"两种模式各具优势

"一对一"模式是一个线下教师依据平台分析判断，根据学生特点制订个性化的学习计划和内容，通过互联网在约定的时间为一个孩子开展在线学习教学和辅导的教学模式。目前，采用"一对一"的企业有 51Talk、哒哒英语、VIPKID、三好网等。由于是一个教师为一个孩子提供教学服务，得到众多家长的认可，但也存在教师不固定、运营成本高、缺少共学氛围等方面的缺点。"一对多"模式是一个线下教师通过互联网在约定时间为多个孩子开展在线学习教学和辅导的教学模式。根据学生数量的多少又分为小班课和大班课，K12 领域主要以小班课教学模式为主。VIPKID、abc360、51Talk、哒哒英语、盒子鱼、酷学多纳、兰迪学科英语等公司采用"一对多"等小班授课模式，学生数量一般为 2～6 人。大班课教学模式主要以考研、考证、公务员等成人在线学习为主，如 TED、沪江网校、新东方在线。

（3）少儿编程成为在线教育行业发展的新兴热点

少儿编程是 STEAM 教育的重要组成部分，能够培养孩子的逻辑思维能力、想象力和创造力，已逐渐为教师、家长所接受认可，成为一种大众化的通识教育。日本、英国、美国、新加坡、欧盟等国家和地区已经将少儿编程作为重点发展学科，近几年我国政府也开始布局发展少儿编程。继《新一代人工智能发展规划》《教育信息化 2.0 行动计划》提及编程教育之后，浙江、北京、山东、江苏、重庆等地方教育主管部门也出台了一系列政策，包括明确编程课时要求、修订信息技术教材、纳入考试体系等。少儿编程进入起步发展阶段，行业集中度不高，尚未出现明显的头部企业，市场初具规模，具有相对广阔的发展空间。2018 年我国少儿编程行业活跃用户数约 1550 万人[2]，行业规模为 30 亿～40 亿元，随着利好政策的出现，未来行业规模将在 5 年内达到 300 亿元。多家少儿编程机构获得超千万元融资，其中编程猫、傲梦编程两家企业融资额度分别达到 3 亿元和 1.2 亿元。

（4）知识技能付费进入高速发展阶段

知识技能付费是共享经济和在线教育的交叉融合领域，在共享经济和在线教育的共同驱动下，知识技能付费扬帆而起，驶入高速增长轨道，有望成为继新闻、文娱、游戏之后的第

[1] 艾瑞咨询. 2018 中国在线教育行业发展研究报告.
[2] 艾瑞咨询. 中国少儿编程行业研究报告.

四大互联网数字内容版块。2018 年知识技能付费领域交易规模达到 2353 亿元[1]，较 2017 年增长 70.3%，全年获得融资 464 亿元，融资规模位居共享经济各领域之首。知识技能付费平台今日头条、快手、喜马拉雅分别融资 40 亿美元、14 亿美元和 4.6 亿美元，三家企业融资额占全行业融资总额的比重高达 83.7%。

从生产模式看，知识技能付费主要包括三类：一是用户生产内容模式（User Generated Content，UGC），特点主要为参与用户众多、内容海量生产、质量参差不齐，通常供用户免费浏览学习，以社区问答为主要表现方式，代表平台为"知乎"；二是专业生产内容模式[2]（Professional Generated Content，PGC），特点主要为以专家、专业团队或机构为内容生产者，内容有较高的专业性，通常向用户收费，代表平台为"得到"；三是专业用户生产内容模式（Professional User Generated Content，PUGC），是 UGC 和 PGC 结合的模式，既有 UGC 的用户广泛参与优势，又有 PGC 的专家参与和专业内容质量保证，代表平台为喜马拉雅 FM、在行等，成为知识技能付费领域的整体发展趋势。

32.5 典型案例

（1）高思教育

高思教育集团成立于 2009 年 12 月，是国内集教育产品研发、教学内容和服务输出于一体的创新型科技教育公司。高思从线下培训业务起步，逐渐融合互联网、云计算、大数据和人工智能技术，将 S2b2c 作为战略路线，基于学校线下教学、爱学习双师教学、91 好课和爱尖子的在线教学等现有资源，打造线上和线下融合互补（Online Merge Offline，OMO）全场景教学服务模式。继 2017 年 9 月宣布获得 5.5 亿元融资后，高思开始布局大数据和人工智能。2018 年，高思集团组建成立 AI Lab，着力研发智能 DIY 讲义试卷系统、纸质试卷录入题库、自适应学习系统等基础技术工具或平台。旗下爱学习、爱尖子、爱提分等多条业务线都在探索 AI 赋能教育[3]，例如"爱学习"产品为培训机构提供基于云平台的教学内容和服务，"爱提分"为 K12 领域提供"互联网+个性化"教育服务，"爱尖子"为尖子生提供在线互动教学服务。高思 2018 年在线教育营收 4 亿元，全年服务 6 万名教师和 510 万学员，累计服务了约 5000 余家机构、1200 万学员。2019 年 4 月，高思再获融资 1.4 亿美元，将基于 S2b2c 战略路线和 OMO 新教育场景，面向 K12 领域继续推进其开放连接的平台化战略[4]。

（2）编程猫

编程猫成立于 2015 年 3 月，为国内 6～16 岁青少年儿童提供少儿编程教育，是国内较早一批从事少儿编程的教育公司。据统计，编程猫已开发编程教材、图书 50 余册和编程教育工具 7 款，覆盖幼儿园到大学，以中小学为主[5]。2018 年，编程猫学员人数突破 320 万，国

---

[1] 国家信息中心. 中国共享经济发展年度报告（2019）.

[2] 艾媒咨询. 2018—2019 中国知识付费行业研究与商业投资决策分析报告.

[3] 鲸媒体.

[4] 亿欧网.

[5] 鲸媒体.

内共有 370 万开发者[1]，500 万泛开发者，入驻国内外公立校 3000 余所。编程猫与山东大学、北京邮电大学等 7 所高校的 7 个项目入选获教育部高教司第二批产学合作协同育人项目立项名单。编程猫将"有趣"作为课程设计和教研体系的原则，通过有趣的游戏化课程与语数英等各学科相结合[2]，让孩子在游戏中掌握知识点，了解编程概念，锻炼孩子的逻辑思维能力和创新实践能力。编程猫参照斯坦福计算机教学体系，从图形化入门到人工智能逐级划分成 9 级课程体系，并辅以数据结构、算法、线性代数、机器学习等计算机行业知识，以给予不同认知水平的孩子不同的内容。

32.6   用户分析

如图 32.4 所示，2018 年，我国在线教育用户数达 2.01 亿人，渗透率达 24.3%，连续多年保持快速增长，年增长率为 29.7%，在各项网络应用中增长速度位列第二，仅次于网上约车。如图 32.5 所示，2018 年，移动在线教育用户数为 1.94 亿人，移动用户渗透率 23.8%，年增长率达到 63.3%，在所有移动应用中用户规模增幅最大，远超第二名手机订购外卖 23.2% 的增长率[3]。2018 年我国在线教育付费用户数达 1.35 亿人，同比增长 23.3%。

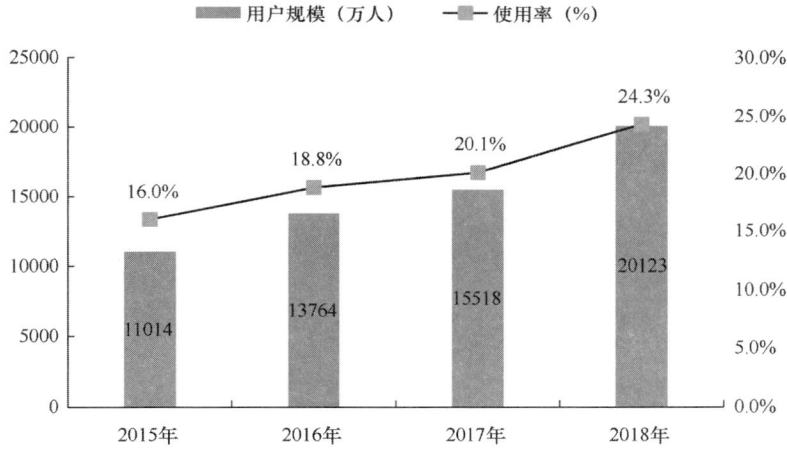

图32.4   2015—2018年中国互联网在线教育用户规模及使用率

2018 年年底我国互联网教育活跃度整体增长放缓，K12 在线教育活跃用户位居所有细分领域之首，除中小学类教育、教育平台和外语学习外，其他领域活跃用户规模较年中均发生不同程度的下降[4]。2018 年全年中小学教育（K12）、儿童教育、教育平台、外语学习用户数在各领域始终位居前四位，月度活跃用户数均超 3000 万人（见图 32.6），其中中小学教育（K12）月度活跃用户超 1 亿人、儿童教育活跃用户超 0.5 亿人（见图 32.7）。

---

[1] 北京商报.

[2] 鲸媒体.

[3] 中国互联网络信息中心（CNNIC）. 中国互联网络发展状况统计报告.

[4] 易观. 互联网教育行业数字化进程分析，2018 年第二季度中国互联网教育市场分析.

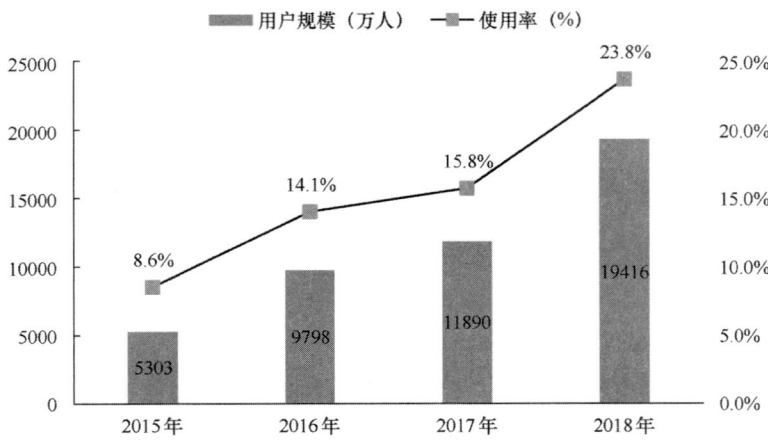

图32.5 2015—2018年中国手机在线教育用户规模及使用率

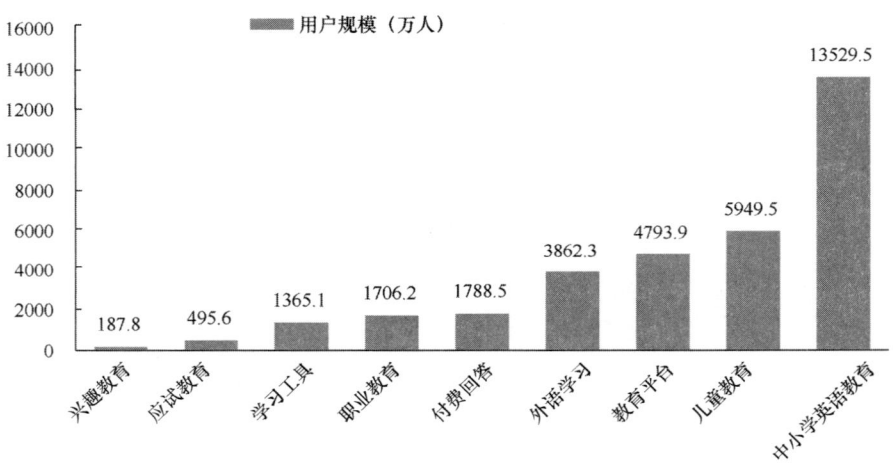

图32.6 2018年12月中国在线教育各个细分领域活跃用户规模

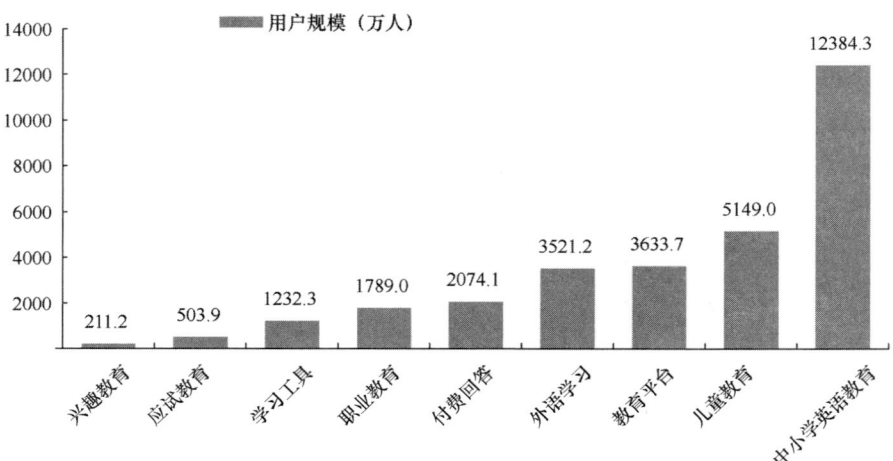

图32.7 2018年6月中国在线教育各个细分领域活跃用户规模

32.7 发展趋势

（1）合规治理成为新常态

2019 年年初，在全国教育工作会议上教育部部长陈宝生指出，2019 年将大力度、大范围开展校外培训机构专项治理。随后，《教育部 2019 年工作要点》将"加强督查督办，加快建立校外培训机构治理的长效机制"作为全年 34 项工作内容之一。"两会"期间，陈宝生部长明确教育部高度重视校外培训"线下减负，线上增负"的现象，将比照线下治理对线上的校外培训进行规范，开展线上线下综合治理。教育部印发的《2019 年教育信息化和网络安全工作要点》指出将"全面规范校园 App 的管理和使用"，治理校园 App 乱象，探索建立规范校园 App 管理的长效机制。地方层面，北京市教委表示 2019 年上半年将重点整治线上培训机构，北京、四川多地开展校园 App 摸排整改，广东省发布《面向中小学生校园学习类 App 管理暂行办法（征求意见稿）》。

（2）素质培养成为新风口

在校外学科培训治理和中小学减负的大背景下，素质教育不仅成为政府部门关注的重点，也成为在线教育行业发展的新热点、新风口。教育部在取消奥赛等多项高考加分、打击校外培训机构超前教学、组织竞赛的同时，强调推动素质教育，鼓励发展艺术培训。2018 年，在线音乐教育平台 VIP 陪练获得 1.5 亿美元融资，累计服务超过 50 万用户。中小学教育领域，还出现了以思维训练、学科核心素养培养为代表的新兴在线教育企业，如聚焦儿童数学思维培养的火花思维、海豚思维两家企业异军突起，2018 年获得两轮融资。少儿编程作为 STEAM 教育的热点，逐渐为家长所认可，也成为资本关注的热点。可以预见，编程、音乐、美术等素质培养领域将成为在线教育热门赛道，吸引众多企业参与，并逐渐产生"头部玩家"。

（3）"AI+教育"打造在线教育新模式

随着"AI+教育"相关的基础研究和应用领域有所突破，人工智能与虚拟现实、增强现实、机器学习、知识网络、大数据等技术将深度融合，以语音和图像识别、作业批改、知识测评、课程设计、知识图谱构建为基础的个性化学习体系将逐步形成，成为推动教育体系变革、加速行业洗牌、改进传统教学、重构师生关系、提升教学效果、满足师生个性化需求的重要驱动力。例如，新东方创始人俞敏洪认为"人工智能+教育"是大势所趋，人工智能将对传统教育起到一定的替代作用，新东方计划在技术+教育等方面投入 15 亿元，以促进教育升级换代和教育科技的发展。VIPKID 创始人及 CEO 米雯娟透露未来将"以人工智能、人脸识别等技术为核心竞争力，形成一套实时反馈、持续迭代、可追踪的教育产品和系统"。掌门 1 对 1 表示，未来要将产品与人工智能全面接合，构建高智能化系统，从而实现智能匹配、智能课堂、智能评测等功能。掌门陪练正在对 AI 技术与陪练课程的深度融合进行探索，以期在智能化判别的响应速度和精准度上进一步提升。

（唐亮）

第33章　2018年中国网络医疗健康服务发展状况

网络技术融入传统医疗健康领域，不仅从业务形态和运作方式上彻底改变了医疗健康行业的基础架构，还从技术角度和资源供给层面重塑了医疗健康服务的部署交付模式。例如，医疗服务与诊断的在线处理流程、有限医疗资源的跨时空配置、个体疾病与健康的预警分析等新型医疗健康服务都在具体层面上印证了这一发展趋势。

33.1　发展环境

（1）政策环境

国家政策层面，党中央、国务院高度重视"互联网+医疗健康"工作，并部署了《关于促进"互联网+医疗健康"发展的意见》（2018年4月）的顶层政策设计，强调加快发展"互联网+医疗健康"，缓解看病就医难题，提升人民健康水平。高层战略和纲领性政策的相继出台，明确了支持"互联网+医疗健康"发展的鲜明态度，突出了鼓励创新、包容审慎的政策导向，明确了融合发展的重点领域和支撑体系，也划出了监管和安全底线。最高层的政策施力点着眼于深化"放管服"和供给侧结构性改革，缓解医疗卫生事业发展不平衡不充分的矛盾，满足人民群众日益增长的多层次多样化医疗健康需求。

地方政策层面，2018年8月，甘肃省人民政府发布关于促进"互联网+医疗健康"发展的实施意见，并提出建成省市县三级全民健康信息平台，二级以上医院全部接入信息平台，支持全面健康管理和决策，提供便民惠民的健康医疗服务；2018年9月，宁夏回族自治区卫生计生委联合人社厅和食药监局正式印发了《宁夏"互联网+医疗健康"便民惠民行动计划（2018—2020）》，该计划依托宁夏的"互联网+医疗健康"示范区的已有基础，提出了推进面向基层的移动远程巡诊服务、实现全人口全覆盖的电子病历与健康档案和基于在线诊疗和支付的医药配送结算等"互联网+"的医疗体系建设；2018年9月，安徽省人民政府发布了关于促进"互联网+医疗"发展的实施意见，提出了依托互联网、人工智能、物联网、大数据分析等前沿技术，从而构建智慧就医、诊断、治疗、病房、后勤、管理一体化智慧医院体系的行动规划。

顶层的政策导向指引前瞻且明确，地方的政策配套部署细致且具体，这两种鲜明的政策体系互相配合、互为补充，从而支撑了我国2018年度网络医疗健康服务发展的政策环境特征。

（2）技术环境

5G、云计算、大数据、人工智能、物联网等为代表的新一代信息技术已形成医疗健康业务情境中的常见支撑要素。智能化医疗器械、可穿戴健康监测设备、人工智能辅助诊断系统等新产品加速普及应用，智慧医疗正在改变着传统的疾病预防、监测、治疗模式。

鉴于当前新技术快速应用的技术场景特征，2018 年 4 月，国家卫健委规划与信息司发布了《全国医院信息化建设标准与规范（试行）》，其主要针对目前医院信息化建设现状，对未来五至十年的全国医院信息化应用发展提出建设要求。这份文件的出台标志着 IT 技术介入医疗健康服务已进入标准规范的发展阶段，并对二级至三级医院临床业务、医院管理等工作环节的软硬件建设、安全保障、新兴技术应用等方面，提出了具体的建设内容、标准与要求。该标准规范专门在"第五章　新兴技术"中，将大数据技术、云计算技术、人工智能技术、物联网技术的技术应用指标做出了详细界定，并在二级医院和三级医院的不同技术场景中做出了具体的技术配置要求。可以预见，该标准规范的出台不仅可以对医疗场景中的新兴技术应用指征做出有效监督和评价，还可以对智慧养老和照护领域的新兴技术应用起到规范作用。

33.2　发展特点

2018 年 10 月，IDC 发布了《构建中国特色创新型医疗健康服务体系》的研究报告，该报告首次提出中国特色创新型医疗健康服务体系，并对其内涵、目标进行了全面阐述，具体表述为以下 8 项战略：一是地方政府开展系统思维与顶层设计；二是建立新型的医疗健康服务模式；三是打造共享医疗平台，实现医疗资源共享；四是建立运营机制，搭建信息化支撑平台，促使新服务体系落地；五是创新医疗支付，加强医疗保障；六是建立医疗机构和医护人员参与创新的激励机制；七是应用新技术建立医疗健康服务体系，建立多元共生的技术生态；八是建立多元社会资本投入机制。

例如，国家（福州）健康医疗大数据中心产业园——东南健康医疗大数据中心动工，计划总投资 30 亿元；万达信息签订西部医疗大数据中心项目战略合作协议；山东菏泽蒋健医疗大数据中心及共享平台，济南成为国家健康医疗大数据中心首个试点城市；华大基因与贵阳市、南京市合作，共建健康医疗大数据中心。同时，建设与医疗大数据中心相配套的医疗健康服务新模式、新机制、新体系也成为 2018 年乃至今后业界环境发展的重要特征。

33.2.1　互联网医疗

回顾 2018 年互联网医疗的发展与变革，我们可以梳理出以下主要特点：一是挂号少排队——互联网在线挂号使患者通过 App、微信等移动终端便捷挂号；二是检查不重复——检查与检验结果的云端化处理，其从根本上减少了转诊重复检查，大大提高了医疗业务程序步骤的运行效率；三是开药少跑腿——通过推进区域药品目录统一与采购配送统一，并实施慢病连续处方制度，使得在就医环节上极大地减少了患者往返医疗机构的次数与时间；四是缴费更便捷——依托预约诊疗服务平台、居民电子健康卡、医保卡等，通过支付宝、微信、银行卡等第三方支付平台，实现了移动终端医疗费用结算；五是异地就医实时报销——2018 年多地实现了跨省异地就医医保直接结算，而且在患者信息实现共享的基础上，报销流程更加简化；六是远程医疗塑造医疗新模式——远程医疗进一步打破了地区之间、城乡之间医疗资源分布不均衡的局面，进一步优化了医疗资源的重新整合与配置；七是人工智能辅助医师诊断——人工智能介入临床用于辅助医师诊断，在一定程度上缓解了基层卫生服务能力不足的短板。

33.2.2　健康管理

回溯 2018 年度健康管理的业界认识与理解变化，健康管理主要呈现以下发展特点。

（1）信息化助力基层健康管理

慢病管理构成了健康管理中慢病疾控的主要管理内容，现阶段社区医疗资源与需求的严重不匹配、社区医师水平的相对不适配、居家健康管理中重医轻防的错误认知和病患健康知识素养的内在落差，这些基层健康管理的现实短板，严重影响了健康管理的工作效果和业务质量，因而需要基于大数据架构的精准健康服务、"互联网+"搭建医院连接渠道和人工智能辅助提升社区医护水平等信息化助力手段，来完善基层健康管理。

（2）智能化重塑健康管理的构成要素

传统健康管理的构成要素包括专业人才、运行标准、技术架构和盈利模式，这些构成要素的运作质量普遍较低，因而需要统计分析的数据智能化改造来实现健康管理的精准运营，进而提高效率和质量。

（3）全程链式赋能健康管理

健康管理的业务操作角度需要全程链式的监测跟踪，这不仅需要患者服药用药依从性的全程管理把控，还需要社区医疗资源介入的灵活配置，如家庭医生的社区预约与病患的慢病动态变化适配，这种个体与群体的健康管理全程链式监控需要尽快切入业务操作，以提高健康管理的运作质量。

33.2.3　智慧养老

经历了居家养老服务普及、社区驿站养老建设就位和智能可穿戴监测设备等新型养老模式的陆续成型，2018 年的智慧养老经历了从数量建设到质量提升的关键阶段。2018 年 9 月，北京市民政局率先提出养老补贴改革措施，将原本严重依赖政府补贴的智慧养老行业引入到注重服务质量和效率的变革路径上。北京市民政局明确将养老服务驿站中所提供的生活照料服务、呼叫服务、助餐服务、助洁服务等 19 类服务项目的服务费用部分纳入服务流量补贴，按照不低于 50% 的比例予以支持。这项改革政策的出台，有助于防止养老驿站不积极主动开展业务而依靠运营补贴勉强生存，造成设施资源的浪费。

近几年，智慧养老依托智能化辅助设备的广泛使用和大量政府官方的财政补助实现了快速发展，但智慧养老产业发展的根本逻辑——养老需求与服务供给，始终没有得到有效激发，而且需求数量远远低于服务供给规模，并且现有的服务供给非常依赖政府财政的"输血"。2018 年可以视为智慧养老的改革"元年"，这种从数量发展模式到质量发展模式的路径转变，将彻底改变智慧养老的现有产业格局形态，因此其"智慧"不仅仅是智能化设备应用的抽象认知，更是资源有效配置的"合理性"体现。

33.2.4　分级诊疗

要破除"大医院人满为患，基层医疗机构门可罗雀"的现象，从根本上解决"看病难"问题，其关键之一便是实行分级诊疗制度。分级诊疗是根据疾病的轻重缓急及治疗的难易程度将医疗机构进行分级，使各级医疗机构分工明确，各自承担不同疾病的治疗工作，从而实现患者到基层首诊和上下级医院双向转诊的合理就医格局。

已有研究表明当前分级诊疗模式构建困难的主要原因是行政等级制度导致优质资源向高端汇集；双向转诊制度不完善；良好就医文化尚未形成。因此，必须通过改革医疗机构的薪酬制度、管理制度、转诊制度及培育合理就医文化等来实现"明分实合"的诊疗模式。2018年8月，卫健委印发了《关于进一步做好分级诊疗制度建设有关重点工作的通知》，该通知从顶层设计层面，进一步明确了分级诊疗制度建设重点工作要求，厘清了未来一段时间的工作目标和任务，针对试点工作中遇到的困难与问题明确了破解之法，有利于规范医联体建设与发展，构建分级诊疗制度。

33.3　市场规模

33.3.1　信息化建设

IDC 发布的《中国医疗行业 IT 市场预测（2016—2020）》显示，2018 年我国医疗行业信息化建设规模为 358.17 亿元，较 2017 年增长 10.3%。其中，硬件花费达到 248.85 亿元，软件花费达到 56.62 亿元，服务花费达到 52.70 亿元，而且 2015—2020 年的医疗 IT 整体市场规模年复合增长率为 11.1%，如图 33.1 所示。

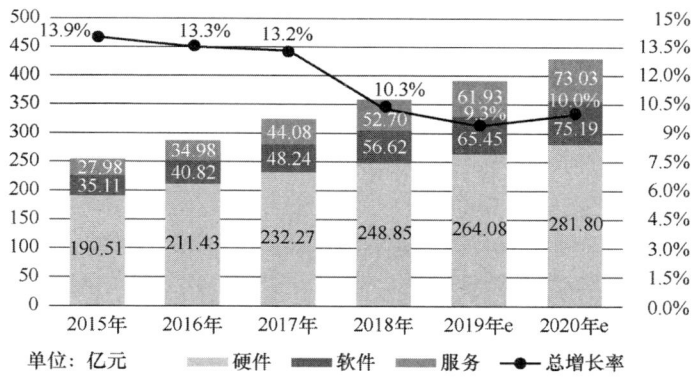

图33.1　2015—2020年中国医疗行业信息化建设规模

中国医疗改革政策持续有效地开展和依托于新兴信息化技术的新兴医疗服务模式，为医疗信息化发展带来了机会，同时也带来了挑战。一些主要的医疗改革措施，包括三医联动（医疗服务、医疗保险和医药管理联合行动）、分级诊疗推广、全科医生试点、医药分开、民营医院发展、医保支付改革尝试等措施推动了医疗服务流程再造和升级；新兴技术促进了互联网医疗发展，互联网医疗发展反向促进了新兴技术应用落地。新兴技术驱动的互联网医疗和健康管理等业务与院内医疗服务的融合正成为趋势，这也产生了医院信息系统换代升级的需求。

33.3.2　医院场景信息化建设

2018 年，我国医院信息化建设规模为 285.82 亿元，较 2017 年增长 9.7%。2018 年我国区域卫生和公共卫生信息化建设规模为 72.35 亿元，较 2017 年增长 13%。

网络医疗健康服务可分为新兴的医院外的医疗和健康服务市场，提供这种服务的企业如平安好医生、好大夫、春雨医生等。2018 年院外医疗和健康市场信息化建设支出规模为 14.37 亿元，较 2017 年增长 15.2%。

2018 年医院场景中各个系统的解决方案规模为——HIS 为 9.79 亿元，较 2017 年增长 9.2%；医院核心管理系统为 29.98 亿元，较 2017 年增长 26.2%；EMR 为 12.03 亿元，较 2017 年增长 22.8%；PACS 为 19.23 亿元，较 2017 年增长 11.5%；LIS 为 35.12 亿元，较 2017 年增长 9.1%；CDR 和医院集成平台为 41.1 亿元，较 2017 年增长 25%；MIS（包括 HRP）为 4.53 亿元，较 2017 年增长 14.4%；PHIS 为 7.09 亿元，较 2017 年增长 16.4%；RHIS 为 10.56 亿元，较 2017 年增长 21.5%。

2018 年医院院内移动终端设备市场规模为 10.03 亿元，较 2017 年增长 17.8%；2018 年移动应用解决方案（软件和服务）市场规模为 12.18 亿元，较 2017 年增长 27.8%。

智能穿戴设备将健康监测作为主流功能，其中苹果公司在 2018 年发布了支持心电图监测的 Apple Watch 4，但华米科技却较早领先苹果推出支持心电监测的米动健康手环。

33.4　商业模式

33.4.1　自诊问诊+AI

在 2018 年的互联网医疗健康服务产业圈中，人工智能成为新锐技术发力点，引领了当年的行业技术架构与服务应用发展方向。网络医疗健康服务中的骨干业务——远程医疗，其也在人工智能 AI 的影响催化下产生了新的商业模式变化。其原有的远程问诊模式在充分调动异地医疗人力资源的基础上，在技术应用角度加入 AI 医疗辅助决策分析支持，从而形成了 2018 年度"自诊问诊+AI"的新型商业模式。

目前，业界对于这种新的商业模式定位为基于人工智能的临床辅助决策支持技术（AI+CDSS），助力提升医疗服务的可及性、同质性、精确性和规范性。这种商业模式的技术架构需要构建自进化医学知识库，开发人工智能问诊、分诊、诊断和治疗的决策支持系统，同时也需要设计适应 AI 的新型医疗云服务架构，来覆盖诊前、诊中、诊后的就医全流程解决方案。

33.4.2　移动医疗+互联网医院

网络医疗健康服务的发展逻辑线为：首先推出在线问诊服务，之后陆续推出在线医患交流平台服务和电子健康档案服务等拓展应月，进而发展成为互联网诊疗与健康咨询平台。其发展逻辑线的支撑要素由入口、服务、价值三端组成，其中入口包括健康教育、医院合作、流量运营；服务即在线问诊、在线门诊和家庭医生；价值包括保险、药品、大数据、金融服务和企业服务。然而，随着发展逻辑线的不断充实完善，这种线上的三端业务已经开始边缘化。

从 2018 年起，移动医疗开始从线上走向线下，尝试构建全国性的移动医疗+互联网医院模式，开始将以用户为中心的线上互联网服务理念下沉至线下患者就诊流程，从而改善患者就医体验。可以看出，2018 年的移动医疗发展已不满足于单纯的线上运转，其发展方向已经调整为利用线上已积累的用户数据，打通线下的各个环节，使之成为互联网医疗健康服务全流程的"连接器"。由此可见，"移动医疗+互联网医院"的混合商业模式将成为当下的业务主流。

33.4.3　医药电商

《2018 年中国医药市场发展蓝皮书》显示，2018 年上半年所有获得互联网药品交易服务许可证的网上药店，药品销售额达 50 亿元，同比增长 42.5%。另外，《中国药品零售市场消费趋势报告》显示，线上药品零售市场从 2013 年的 12 亿元增长到 2017 年的 61 亿元，4 年间实现了爆发性的 4 倍增长。

网上购药在给普通消费者带来便利的过程中，也为药品用户的健康带来了不确定的潜在威胁，如非法销售的网络医药产品进入流通网络、医药电商平台的趋利本性纵容非规范药品入市。国家监管层面，在 2018 年 10 月发布《药品管理法修正草案》，明确提出药品质量安全追溯标准，要求建立与实施严格的追溯制度，保证数据真实、准确与可追溯。

为响应监管政策指示，医药电商将药品追溯流程纳入商业运营中，例如，阿里巴巴健康大药房推出了"码上放心"追溯信息，提供药品验真服务，避免物流过程药品调包的运作漏洞；萌医生构建智慧医药新零售的"追溯"体系，其保证每个产品都可以直接追溯到厂家，确保正品直供，保障用户的健康安全。

33.5　典型案例

（1）春雨医生的线下导流

2018 年，随着问诊量增加及平台交互数据、用户健康档案、检验检查报告单等数据的大量下沉，春雨医生开始探索数据加持下的"第三只手"。除了针对线上需求方推出春雨医生开放平台，春雨医生也在布局面向基础医疗服务延伸的线下"商业型健康小屋"项目。具体来说，这是一个以社区为服务半径的"小型诊所"，其可以提供包含家庭医生、健康管理等基础型医疗服务。

区别于公立的社区卫生服务中心，具备市场化特征的健康小屋具备更好的灵活性和适应性。春雨医生通过与地产企业合作，并发挥自身的医疗技术支持特点和连接平台属性，从而开展小型医疗健康服务场景的共建工作。健康小屋项目的落地实践，标志着以春雨医生为代表的网络医疗健康服务平台开始尝试转向线下导流。

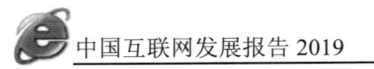

（2）微医的服务流程贯穿

微医通过实践医疗服务的流程贯穿，在 2018 年已实现 2700 多家医院和 1 亿用户的连接。微医的服务流程贯穿首先解决的是患者"挂号难"问题，其通过搭建网络线上挂号的操作流程，从而将医院窗口前移到互联网。

在此基础上，微医把连接扩展到医院、医生、患者之间，打通了医疗、医药、医保的全流程服务通道，业务涵盖微医云、微医疗、微医药、微医保四大板块。2015 年，全国首家互联网医院——乌镇互联网医院正式落地，并在 2018 年，乌镇互联网医院已连接了 2800 多家医院和 28 万名医生，组建了 7500 多个专家组，并成立了由 12 个院士领先的专科会诊中心。

2018 年年底，微医联合海西医药交易中心、易联众共建全国首个三医联动平台——"三医联"，结合三方的优势，以医保为核心，把医疗体、互联网医院、云药房、集采平台、商保打通，实现连续、动态的数据监测。

（3）平安好医生的 AI 与医疗团队整合

平安好医生 2018 年报《环境、社会及管治报告》显示，截至 2018 年年底，平安好医生的疾病信息库已收录超过 29000 种获《国家疾病分类（第十次修订版临床版）》认证的疾病，以供 AI 智能助理学习，持续提升其服务的效率及准确性。目前，平安好医生的 AI 系统不但应用在自有医疗团队全科室，更落地超 100 家三甲医院，包括解放军 303 医院、青岛眼科医院、暨南大学附属第一医院等，协助医生和医院提高诊疗效率。

截至 2018 年年底，平安好医生的自有医疗团队已发展到 1196 人，平均拥有 14 年医疗专业经验，均来自三级医院，均通过 ISO 9001 质量认证；同时签约合作 5200 多位外部名医（均为三级甲等医院副主任医师及以上职称）。

平安好医生持续投入的核心 AI 医疗技术能完成一些重复、机械化的服务流程，并对医生诊断做出辅助以提升其工作效率，这也变相降低了自有团队的营运成本。而且，在深度学习与自然语言的处理技术、知识图谱和大数据的超算平台下，AI 辅助诊疗系统能不断学习以进行持续的优化。随着平台累计的大数据越多，AI 系统能为患者提供更智能化及准确的到诊、诊断等服务，同时提高问诊效率及完善就医体验，实现高品质医疗服务长期可持续发展。从成立至今，平安好医生累计咨询量近 4.1 亿人次，而在 2018 年，日均在线咨询量达到 53.5 万，同比增长 45.4%，用户满意度达到 98%，实现对数万种医疗和健康问题做到即问即答。

33.6 用户分析

（1）移动问诊成移动医疗第一入口

2017 年第四季度移动医疗各细分领域活跃用户分布依次为问诊 47.22%、挂号 15.25%、医疗电商 11.15%、医疗学术 11.12%、导诊平台 6.23%、医疗咨询 4.36%、自诊自查 2.53%、患者自理 1.53%、疾病管理 0.61%。

2017 年第四季度移动医疗 App 活跃用户 TOP10 依次为平安好医生、微医、好大夫在线、禾连无线、春雨医生、叮当快药、39 健康、1 药网、丁香园、健康之路。

（2）移动医疗应用用户端黏性偏低

移动医疗领域 App 人均单日启动次数普遍偏低，患者端呈现低频特征，医生端应用相对使用频次较高。2017 年移动医疗领域人均单日启动次数在行业均值之上的有患者管理、医疗学术、自诊自查、疾病管理、问诊、导诊平台；在行业均值之下的有医疗资讯、医药电商、挂号。

（3）移动医疗应用医生端黏性较高

以医生为主要用户的医疗学术及患者管理 App 普遍使用时间较长，问诊及疾病管理 App 帮助患者及时获取医疗服务。2017 年移动医疗领域人均单日启动市场在行业均值之上的是：医疗学术、患者管理、问诊、疾病管理、自诊自查；在行业均值之下的是医疗资讯、导诊平台、医药电商、挂号。

（4）移动医疗用户以青中年为主

从年龄分布上来看，医疗服务用户年龄结构主要集中在 24～40 岁人群，2017 年占比达 36.56%，与 2016 年相比，31～40 岁用户占比有所增长，使用互联网获取医疗服务的意识正在提高，健康需求增加，且互联网渗透率高，未来将成为移动医疗的主要用户。从地域分布来看，用户仍集中在超一线/一线城市，占比为 52.89%。二线以下城市互联网普及度低、用户意识薄弱，基层医疗主动性低成为互联网医疗下沉推进缓慢的主要原因。

（5）移动医疗服务公信力有待提升

据调查显示，近九成人群支持互联网医疗发展，但受限于法规不健全、网络安全等问题导致公众信任度不高，对医疗服务有所期盼但却望而却步。公众不愿意选择互联网医疗的原因依次为：上当受骗、医生的专业程度不够、延误病情、怕泄露自己的隐私、在线问诊的等待时间太长。

33.7　发展趋势

（1）信息技术助力构建医疗服务大数据

随着近年来健康医疗信息化的发展，科学研究、健康医疗服务和管理实践中形成了健康医疗大数据，其采集、存储、组织、整合、挖掘、协同与互操作等技术正在酝酿突破，主要包括基于多感知器和智能终端的健康医疗数据采集、基于云平台的分布式存储与并行计算、动态大数据的实时处理及非结构化数据处理、多元异构数据的深度整合，以及海量动态数据的学习、推理、预测与知识发现等。这些新技术的突破，将为网络医疗健康服务驱动的创新应用提供强有力的技术支撑。

（2）推动个人健康管理"三化"——精细化、一体化、便捷化

汇聚个人全面健康信息、覆盖全体居民的电子健康档案云平台，能让每个人都拥有一份标准化的电子健康档案，并能及时方便地获取健康医疗数据。电子健康档案云平台的建设有助于推动慢性病、传染病、疑难复杂疾病等在线病情跟踪与咨询，减少重复检查带来的时间和经济负担，使个人健康管理更加精细化。基于电子健康档案开发的疫苗接种提醒、处方遵从性提醒、药物相互作用提醒等功能，将有助于实现集预防、治疗、康复和健康管理于一体的个人全生命周期的健康管理。同时，通过电子健康档案分析全人群健康状况、发病和患病情况，将获取异常公共卫生事件情况，提高公共卫生监控的覆盖面和处理公共卫生事件的响应速度。

（3）服务模式向个性化和智能化转变

移动互联和人工智能是创新健康医疗服务模式的重要技术支撑。例如，通过可穿戴医疗设备等收集个人健康数据，分析个体体征数据、诊治数据、行为数据等，应用自身量化算法、高维分析方法等大数据处理技术，预测个体的疾病易感性、药物敏感性等，实现对个体疾病的早发现、早治疗和个性化用药、个性化护理。

（4）人工智能的广泛应用将催生医疗健康服务新业态

移动互联网、人工智能和大数据等新时代信息技术对医疗领域的融合渗透，将催生一批健康管理及智慧医疗的新型服务业态，使居家养老、居家护理、医养结合等健康服务更加智能化和便捷化。而基于社交网络的患者交流与医患沟通将更加普及，健康医疗机构可以更多地借助社交网络平台等与患者沟通，根据患者需求推送更适宜的服务。

（王涛、许珊）

第34章 2018年中国网络出行服务发展状况

34.1 发展环境

（1）政策环境

2018 年网络出行主要领域出现的强监管态势，是网络出行健康、规范、可持续发展的必然要求，也是多种因素综合作用的结果。一是在网约车和共享单车等网络出行主要领域问题集中爆发，加之一些影响重大的恶性事件的出现，无疑是引发强监管的导火索。二是随着实践的深入发展，网络出行模式趋向成熟，发展中存在的问题暴露得越来越充分，社会各界对共享经济的理念、模式及其经济社会影响的认识不断深化，对监管的必要性、现实性及监管的目标和手段等日益形成社会共识，成为规范发展的重要认知基础。三是监管机制和监管手段不断完善。在许多领域，有关部门都建立起了多部门横向联动、中央和地方纵向联动、重点专项整治与常规化管理相结合的监管机制。四是公众和舆论压力明显加大。网络出行发展中存在的问题及涉及人身财产安全的恶性事件的发生，引发了舆论的广泛关注和公众的强烈不满，积极回应社会关注和诉求也是引发有关部门强监管的重要原因。

2018 年以来，政府相关部门主要在网约车和共享单车领域开展专项整治行动和出台相关法规。其中在网约车领域，交通部、中央政法委、网信办等 10 部门，进行进驻式联合专项检查和平台企业整改；2018 年 6 月和 9 月交通运输部分别出台了《出租汽车服务质量信誉考核办法》和《关于开展网约车品平台公司和私人小客车合乘信息服务平台专项检查工作的通知》，2018 年 9 月由交通运输部、公安部联合出台《关于进一步加强网络预约出租汽车和私人小客车合乘安全管理的紧急通知》。在共享单车领域，北京、广州、成都等多个城市的交通、城管、街道办等部门，采取了清理废弃单车、总量控制、动态监测和运营考核等专项行动。

总体来看，2018 年我国网络出行服务发展的制度环境进一步完善，规范化、制度化和法治化的监管框架开始建立，平台企业合规化水平明显提高，多方协同的安全保障和应急管理体系建设取得积极进展，社会各界对网络出行的信任和信心进一步提升，为网络出行长期更快更好发展奠定了坚实的基础。

（2）资本环境

近年来，我国网络出行市场快速发展，交通出行领域投融资活动十分活跃。从企业投资来看，2012—2018 年，我国关于汽车交通行业私募股权投融资事件约为 1276 件，其中，2015 年发生多达 321 件，其次为 2017 年为 311 件，2018 年为 248 件，如图 34.1 所示。大部分投融资事件发生在汽车租赁、网约车等领域，其中，2018 年网络出行领域融资规模 419 亿元。2012—2018 年中国汽车交通行业私募股权投融资轮次占比如图 34.2 所示。

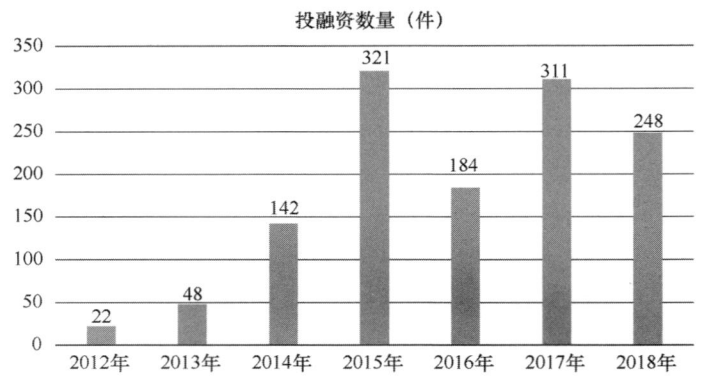

图34.1　2012—2018年中国汽车交通行业私募股权投融资事件统计

数据来源：中商产业研究院整理

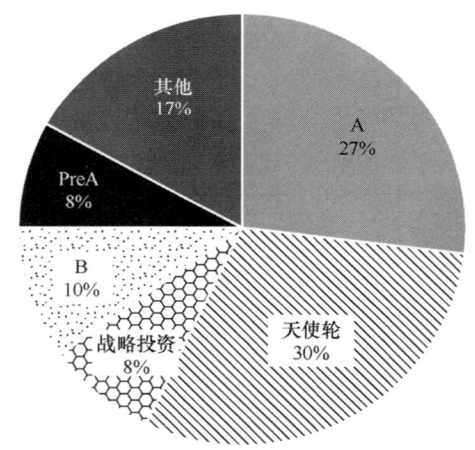

图34.2　2012—2018年中国汽车交通行业私募股权投融资轮次占比

数据来源：中商产业研究院整理

　　2018 年网络出行领域（包括网约车、共享单车和共享汽车等）融资出现大幅下降，2018 年网络出行领域融资规模从 2017 年的 1072 亿元下降到 419 亿元，规模下降了 653 亿元，降幅高达 61%。

　　2018 年资本市场对共享单车市场的态度开始变化，一级市场融资越来越难，在此背景下共享单车市场格局开始出现重大变化。2018 年 4 月，摩拜以 37 亿美元被美团全资收购，包括 12 亿美元现金、15 亿美元股权的作价与 10 亿美元的债务；在保持品牌独立和运营约 10 个月后，2019 年 1 月 23 日，美团正式宣布，摩拜将继续深度融入美团，美团 App 将成为摩拜单车国内唯一扫码入口，摩拜单车未来也将改名为美团单车。ofo 小黄车陷入经营困局和债务危机，运营规模大幅萎缩。与之形成鲜明对比的是，哈啰单车作为后入局者，采用利基市场战略，从三、四线城市开始起步，用户和规模出现快速发展，截至 2018 年年底为全国 300 多个城市中超过 2 亿用户提供共享单车骑行服务，并开始积极通过与其他领域运营商的合作和开放流量入口，探索从单一的单车服务句综合性移动出行服务的转型。

34.2　发展现状

2018 年我国网络出行服务行业总体发展态势平稳、稳中有增，同时也存在发展中的问题。一方面，网络出行服务依旧保持稳速增长，不仅成为经济增长的重要动能，也成为新型就业、弹性就业的重要方式，成为服务业快速增长和转型升级的引擎；另一方面，部分领域问题集中爆发，公众和舆论热议不断，监管力度和范围前所未有，规范发展成为共识。未来，网络出行服务将在转型中稳步发展。

34.2.1　网约车

2018 年网约车行业规模不断扩大，运营车辆向新能源升级，同时迎来了最严监管期。首先是新竞争者入局，市场竞争日趋激烈。截至 2018 年 10 月，已有 100 多家网约车平台公司在部分城市获得经营许可，继携程、高德、美团等跨界布局网约车市场后，戴姆勒、吉利等企业入局；接着，新能源汽车未来开始逐步淘汰传统网约车辆。部分城市陆续调整网约车实施细则，规定新增或更新的网约车牌照车辆必须为新能源汽车，已有专车平台按照"互联网+新能源"模式布局网约车市场。最后，随着近期发生的一系列安全事件，政府对规范行业有序健康发展的要求日益提高。2018 年，继网约车行业推行建立事中事后联合监管措施后，交通运输部联合多部委组织安全专项检查，治理网约车市场乱象。为维护乘客人身安全等合法权益，网约车企业优化产品结构强化安全保障，升级车载智能硬件系统，借助人工智能实现智能驾驶安全监测、智能乘车安全辅助等；试行多个安全保护功能和措施，包括短信报警、实时位置保护及建立线上司乘黑名单等具体安全措施。

34.2.2　共享单车

2018 年共享单车市场增速放缓并进入较为稳定的发展阶段，同时竞争格局出现重大变化，行业发展动态引发舆论广泛关注。尽管共享单车面世时间短，但发展速度快、市场竞争激烈，在资本的支持下，先行企业通过大量投放单车、高额补贴和快速扩张等途径，较短时间内完成了市场培育，形成了活跃的骑行氛围和相对稳定的用户群体，领先企业快速崛起。2017 年年底前，摩拜单车和 ofo 小黄车两家占有 90% 以上的市场，形成了两强争霸的格局。但大量的前期投入、长期的价格战使企业背上了巨额债务，盈利压力越来越大，商业模式面临巨大考验。加之 2017 年下半年以来，单车过度投放影响公共环境和秩序等问题受到广泛争议和质疑，许多城市陆续出台单车限量措施，加大对单车运维等方面的管理与考核，企业运营压力也在持续加大。

34.2.3 共享公交

2018年中国传统公共交通行业在"互联网+"推动下不断走向智能化,网约公交和实时公交查询成为亮点模式。网约公交是以绿色化、智能化和便捷化为特征的"网上预约、合乘出行"的"准门对门"公交出行服务,在南京、贵阳等城市,市民在滴滴出行App选择定制公交并输入目的地即可购票体验,并且根据市民需求,已经开通几百条定制线路。同时,主要公共交通类App为用户提供路线班次查询、买票乘车等多种服务。易观千帆统计数据显示,仅2018年4月"车来了"和"掌上公交"的月活跃用户量都已经超过千万,未来公共交通类App的商业化探索将成为重点。

34.2.4 共享汽车

2018年中国互联网汽车分时租赁从探索期向市场启动期过渡,市场集中度得到进一步提高。一方面,部分先入局企业凭借前期在资源、用户、运营等方面的积累保持较快增长;另一方面,随着互联网巨头、主机厂在内的较多企业的进入、新能源补贴政策的收紧,资源迅速向优势企业靠拢,小企业处境艰难。目前用户需求端仍有较大提升空间,企业通过加速优化营运模式提高效率,降低价格吸引用户,总体发展势头良好。随着交通部和住建部联合发布《关于促进小微型客车租赁健康发展的指导意见》,整体行业开始步入深度整合期,进入规范化运营阶段。

目前,在市场上绝大多数共享汽车以新能源车型为主,选择传统能源汽车的企业也逐渐开始纳入更多的新能源车型,以迎合市场需求。国内互联网巨头阿里巴巴、百度纷纷布局共享汽车,著名车企宝马、戴姆勒、一汽大众、东风汽车、吉利汽车均在共享汽车领域寻求新的发展机会。

34.3 发展特点

(1)合规化发展

随着2018年各项整治行动和监管措施的延续,以及《电子商务法》的正式实施,网络出行领域仍将延续强监管的态势。作为创新异常活跃和新业态不断出现的领域,网络出行必然面临各种新问题、新挑战和新要求,适时出台新的监管法规和政策是客观要求。与此同时,各级相关部门将根据《电子商务法》及其他专项法规和政策的要求,针对网约车、共享单车、共享汽车等重点共享活动领域,围绕服务者资质和许可、服务规范、安全和应急保障等,开展合规化管理。

2018年,网络出行的健康良性发展不仅推进了平台的合规化,也加强了行业自律和标准化体系建设。网络出行在经历了多年发展之后,全面推进标准化体系建设的条件基本具备。一方面,虽然传统的线下业态服务标准已经比较完善,但这些标准很难直接应用到线上平台,急需制定适应网络出行的各项服务标准;另一方面,许多发展较快的领域和龙头企业,在实践过程中积累了大量的经验,其商业和运营模式也趋于成熟,为制定行业标准提供了坚实的基础。未来,网络出行将越来越走向合规化和行业自律、标准化道路。

（2）科技化出行

2018 年网络出行服务行业加强技术创新，滴滴出行、哈啰出行、摩拜单车和首汽约车等企业共同引领未来出行行业变革。2018 年，滴滴出行成立了人工智能实验室（DiDiAILabs），主要探索 AI 领域技术难题，重点发力机器学习、自然语言处理、计算器视觉、运筹学、统计学等领域的前沿技术研究及应用，积极布局下一代技术，用技术构建智能出行新生态。在技术创新基础上，滴滴出行发布了兼备云计算、AI 技术、交通大数据和交通工程的智慧交通战略产品——"交通大脑"。

在网络出行领域，人工智能技术的创新应用将围绕各类出行场景展开，无人驾驶成为最重要的发展方向和技术应用场景。基于大数据和人工智能算法分析，无人驾驶的发展将推动网络出行从"人找车"变为"车找人"，也有助于城市交通部门更精准地进行路况预测和疏导，提升城市出行系统效率，改善人们的出行质量。在共享单车领域，北斗带来的精准定位更是一种科技革新，北斗导航定位技术的定位精准度远超 GPS，并且有更好的用户体验，目前已广泛使用。2018 年各大网络出行企业持续加大科技投入，共同引领汽车和交通行业变革，不断加大前沿技术、创新业务等方面的战略布局。

（3）精细化运营

网络出行进入新赛道，精细化运营是核心竞争力。2019 年 2 月，人民日报刊文《共享单车须精细运营》指出，树立以消费者为中心的运营理念，提升运行效率、改善消费体验，这是网络出行企业的必修课。2018 年以来，网络出行企业通过科技和精细化运维为用户提供安全、规范和有序服务的同时，也在凭借禁停区、信用体系等直接或间接手段引导用户文明用车。

2018 年网络出行企业由于连年亏损而面临着"过冬"，主要是由于近年来投入的巨额补贴引起的。滴滴出行曝光 2018 年亏损金额达到 109 亿元，其中对于司机补贴的金额达到 113 亿元之高。因此，2018 年网络出行行业开始走向更为健康的运营模式。共享单车领域也是如此，由于前期投入大，维护成本高，盈利模式并不清晰，亏损较为严重。2018 年单车行业正在回归商业理性，重新定位业务性质，并按市场规律出牌，并且以提升管理水平为发展重点，精细化运营成为主旋律。

34.4　市场规模

中国网络出行市场包括网约车（快车、专车）、出租车（App 端）、顺风车、租车（App 端租车、分时租赁）及共享单车和共享公交市场。

如图 34.3 所示，截至 2018 年年底，中国网络出行市场规模达 2478 亿元，相较 2017 年年底增长 468 亿元，同比增速达 23.3%，预计在未来几年内稳定保持在 25%左右的发展增速。

网约车业务因为占比最高同时发展迅速，成为市场增长的主要动力。出租车市场和传统租车市场的 App 端渗透率不断提升，传统市场出行不断实现互联网化。顺风车和分时租赁业务占比较小但增长迅速，分时租赁市场进入市场启动阶段。共享单车在 2017 年经历了爆发式增长和市场洗牌后，在 2018 年增速放缓并进入较为稳定的发展阶段。

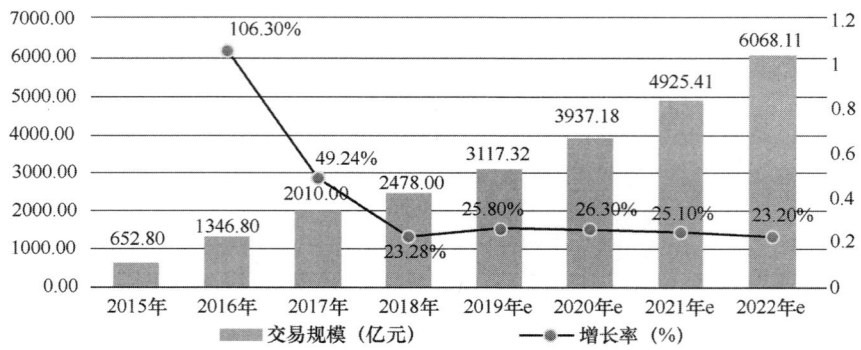

图34.3　2015—2022年中国网络出行市场交易规模及预测

2018 年中国网络出行用户规模近 5 亿人,较 2017 年年底增加 6400 万人,增长率为 14.7%。网络出行用户规模也进入平稳增长阶段,预计 2020 年达到 6.23 亿人,增长率将保持在 11% 左右, 如图 34.4 所示。

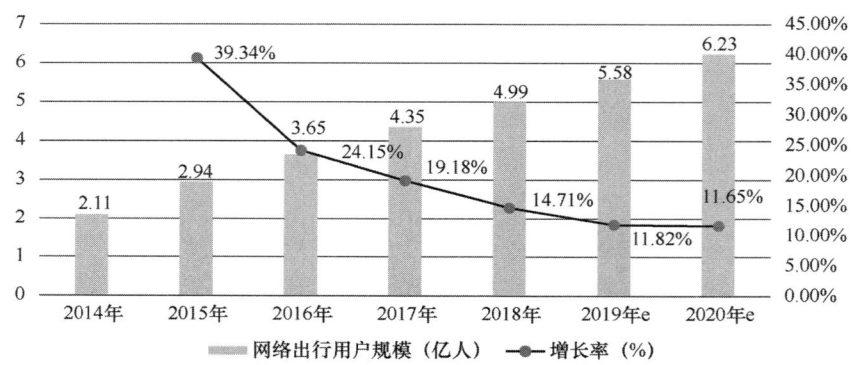

图34.4　2014—2020年中国网络出行用户规模及预测

34.4.1　网约车

《中国共享经济年度报告（2019）》数据显示,截至 2018 年年底,我国网约出租车用户规模达 3.3 亿人次,较 2017 年年底增加 4337 万人次,增长率为 15.1%。网约专车或快车用户规模达 3.33 亿人次,增长率为 40.9%,用户使用比例由 30.6% 提升至 40.2%。

从 2018 年 6 月开始,网约车 App 用户规模呈现先增后降的趋势,用户规模的峰值出现在 8 月和 9 月,达 1.97 亿人;12 月用户规模回落至 1.9 亿人,同期渗透率为 17.25%;整体来看,用户规模的变化趋势与监管加强和行业整顿趋势吻合。

新兴的网约出租车服务是出行领域的一场产业革命,带来了出行业态与服务方式的重大变化,最显著的一个标志就是网约出租车客运量和服务支出大幅提高。

如表 34.1 所示,从出租车客运量结构变化来看,2018 年我国网约出租车完成客运量约 200 亿人次,占出租车客运总量的 36.3%,相当于每 3 个打车的人中,至少有 1 人使用网约出租车。这一比例较 2015 年有明显提升,增长了 26.8 个百分点,网约出租车成为城市居民出行服务体系中越来越重要的组成部分。

表 34.1 2015—2018 年中国网约出租车客运量同租车客运总量的占比

年份	网约出租车		巡游出租车	出租车客运总量（亿人次）	网约出租车客运量占比（%）
	订单量（订单）	客运量（亿人次）	客运量（亿人次）		
2018	100	200	350.7	550.7	36.3
2017	78.5	157	365.4	522.4	30.1
2016	37.6	75.2	377.4	452.6	16.6
2015	20.9	41.8	396.7	438.5	9.5

数据来源：中国共享经济发展年度报告（2019）

网约车的发展使得大量闲置的社会车辆资源得到更加充分的利用，为城镇居民出行提供了更多新的选择和更好的体验，从而使网约车服务的增速大大高于巡游出租车服务的增速。2015—2018 年网约车服务收入年均增速为 35.3%，是巡游出租车服务的 2.7 倍，如图 34.5 所示。

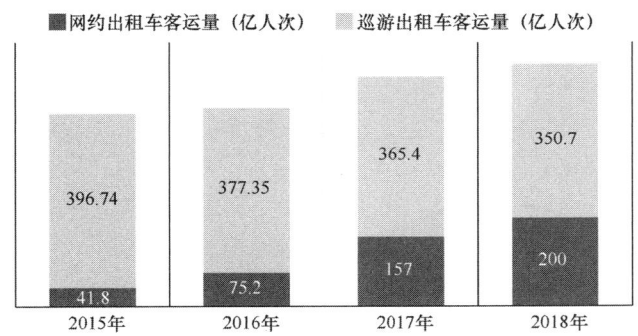

图34.5 2015—2018年中国网约出租车与巡游出租车客运量对比

数据来源：中国共享经济发展年度报告（2019）

2018 年，中国网约车交易规模已进入高速发展阶段。截至 2018 年年底，中国网约车交易规模达 1888.52 亿元。预计 2019 年中国网约车交易规模将增至 2914.3 亿元，而后恢复平稳增长，并预计在 2022 年中国网约车交易规模将达突破 5000 亿元，如图 34.6 所示。

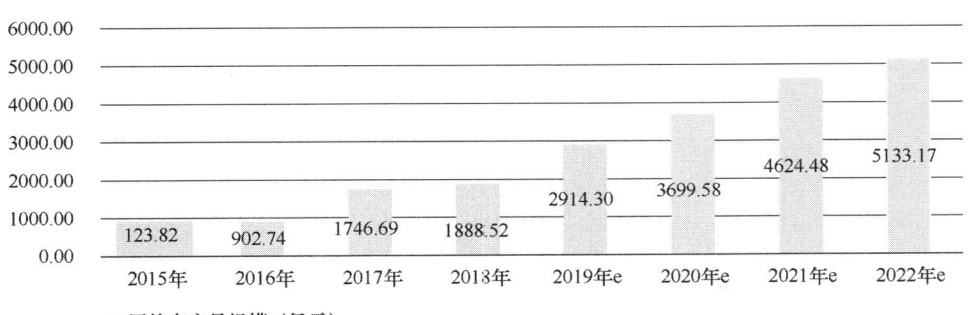

图34.6 2015—2022年中国城市用车各细分市场及预测

数据来源：Analysys 易观

网约车市场是占比最高且增长迅速的细分市场，预计未来更多用户将选择专车出行。出租车市场中使用 App 预订的人群不断提升，预计 2020 年出租车市场 App 端渗透率将达到 35% 以上。顺风车业务符合共享出行的理念，在政策推动下同样保持稳定发展。

34.4.2 共享单车

继 2017 年共享单车行业出现爆发式增长后，2018 年单车市场交易规模平稳上涨。截至 2018 年年底，中国共享单车市场规模为 132.96 亿元，2019 年市场规模预计将达 154.71 亿元，到 2020 年预计市场规模将达到 169.9 亿元，如图 34.7 所示。

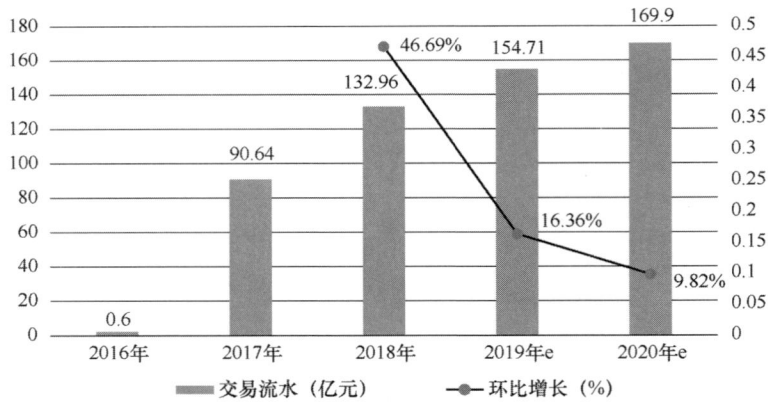

图34.7 2016—2020年中国共享单车市场交易规模及预测

数据来源：Analysys 易观

2017 年是中国共享单车行业用户增长最为迅猛的一年，增长率达到了 632.14%，在 2018 年增长率将急剧减缓至 14.63%，共享单车用户规模在 2018 年达到 2.35 亿人，如图 34.8 所示。2018 年由于共享单车市场逐步饱和，进入成熟期，市场交易规模增长率出现大幅下滑。但随着行业内部陆续上调单车使用资费，以及考虑到用户对共享骑行的较强需求，市场规模平稳上涨。

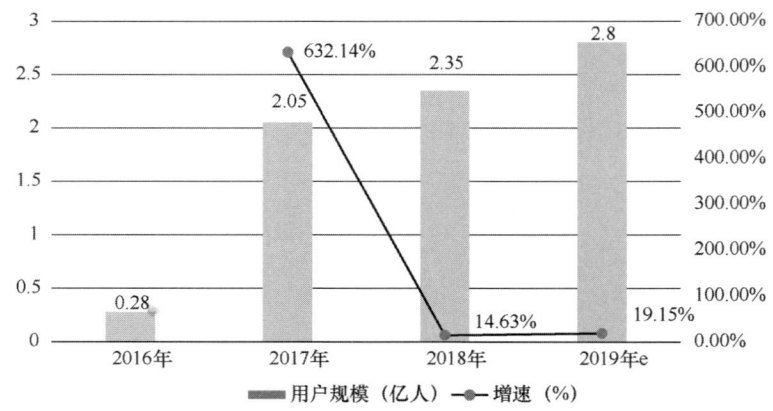

图34.8 2016—2019年中国共享单车用户规模及预测

数据来源：前瞻产业研究院

34.4.3　共享汽车

共享汽车即互联网汽车分时租赁，是指基于互联网的、通常以使用时长计费、随订即用的自助式汽车租赁服务方式。截至 2018 年年底，中国网络汽车分时租赁市场规模为 36.48 亿元，较 2017 年年底增长 19.2 亿元，预计到 2020 年年底市场规模将达到 117.90 亿元，如图 34.9 所示。整体市场规模发展增速由 2016 年的 596.15%降至 2018 年的 110.99%，预计在未来几年将由高速增长转向稳定增长。

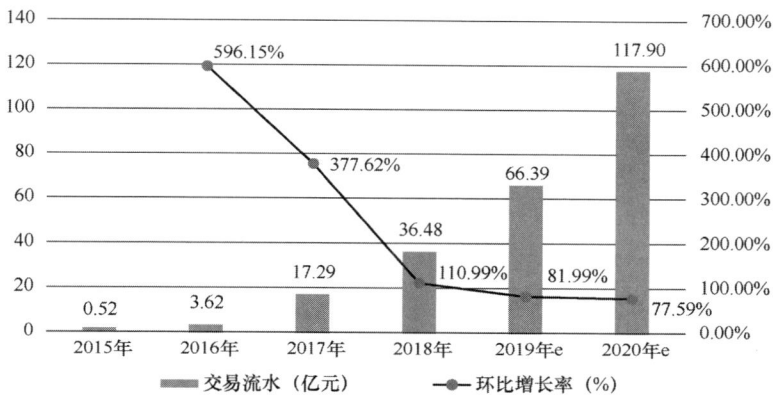

图34.9　2015—2020年中国汽车分时租赁市场交易规模及预测

数据来源：Analysys 易观

网络汽车分时租赁市场集中度显著提高，截至 2018 年 9 月，GoFun 出行活跃用户数排名第一，为 151.03 万人；EVCARD 排名第二，活跃用户数为 76.77 万人；一度用车马上出行排名第三，活跃用户数量为 20.25 万人，如图 34.10 所示。前三名间的差距较大，GoFun 超过了 EVCARD 和一度用车的活跃用户数之和。但因 GoFun 出行背靠首汽集团，在供应链关系及资金整合能力等方面有较大优势。

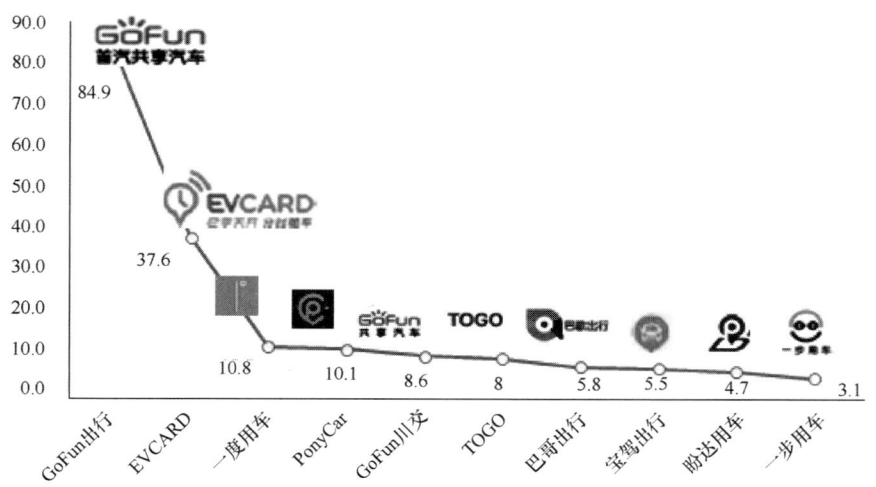

图34.10　2018年3月中国共享汽车分时租赁App活跃用户数

34.4.4　共享公交

2018 年以来，网约公交车一经推出，很快就获得了市场的认可。以北京南站发车的车辆为例，现在每日最高接待乘客量为 100～200 人，平均几十人/天，暂时尚未充分释放出解决相应乘客群体出行需求的效果；深圳的"e 巴士"运营两年来，仅通勤线路已开行 807 条，累计乘车人数已达 1562 万人次，有的网约公交车平台已有 50 万注册量，每天通过预约方式通勤的用户接近 5 万人次。南京定制的网约公交两个月总客流近 4 万人，成功开行的 69 条线路上座率都达到了 50%以上，其中约 30%的网约公交车的上座率已接近 80%。

34.5　商业模式

34.5.1　网约车

目前在中国的网约车市场存在两种主流商业模式：一种是以滴滴出行为代表的平台 C2C 模式，即专车公司仅提供平台，车辆和司机来源于汽车租赁公司或私家车辆接入（私家车挂靠）；另一种以曹操专车为代表的 B2C 重资产模式，由专车公司自备车辆和专业驾驶员为用户服务；除此之外，部分企业重资产的 B2C 及轻资产的 C2C 模式兼而有之，目前包括滴滴出行、神州专车、首汽约车和易到，该模式是网约车平台发展进程中市场参与方由单一模式向两种模式双向融合及渗透的结果。

C2C 模式，秉承共享经济理念，公司提供独立的第三方商务车服务平台，通过网站或移动端 App 将有用车需求的用户和汽车服务提供商（如私家车拥有者、汽车租赁公司等）进行匹配并形成交易。公司扮演中介角色，只负责供需信息的匹配，不提供车辆资源也不承担车辆的维护成本，不拥有车辆的所有权和使用权。

B2C 模式，类似于出租车公司自营，本质是城市交通体系的一环，专车公司自己购置车辆并聘请专车司机，为用户提供专车服务。

两者核心区别在于网约车公司的车辆与司机来源。未来能够对网约车市场格局产生决定性影响的因素首推商业模式，其核心在于专车公司的车辆与司机来源，即《网络预约出租汽车经营服务管理暂行办法》为专车行业设置的两道门槛，也成为区分 B2C 和 C2C 商业模式的核心要素。

具体来看 C2C 模式，司机及车辆并不归平台所有，轻资产下较易扩张，然而监管门槛、体量扩张、用户体验和安全品质等问题终究会成为难以跨越的障碍。

神州专车、首汽约车背靠母公司，主营 B2C 模式，汽车为自有或直接从神州租车、首汽集团租赁，司机均经过专业的培训与聘用，B2C 模式的优势在于，一是在车辆和司机管理上更为高效，并能够通过标准化、高品质的服务从而提升用户黏度；二是相较 C2C 模式而言具有更低的政策风险。

34.5.2　共享单车

共享单车是采用自主研发或半自主研发的方式，驱动自行车行业上游生产商大规模标准化地生产单车，并以重资产的方式选择重点城市投放出去来运营。此外，通过智能锁（或机械锁+客户端），创造性地解决了异地还车的难题，在收取用户押金后，提供单车分时租赁服务，同时组织本地后勤团队维护单车的损耗。

共享单车的盈利模式不仅依靠收取用户押金和租金，更是依靠基于大数据的增值服务。一方面，基于"最后一公里"的骑行数据背后，正是用户的生活圈，因而共享单车平台可以与贴近用户生活的产品与服务进行整合，形成完善的生态系统，进而为系统内的其他商家与企业提供大量的潜在客户并加以变现；另一方面，通过数据挖掘，可以整理出能够反映城市公共交通管理、绿色出行、空间规划等领域有价值的参考报告，以此来寻求与政府部门合作的机会。

34.5.3　共享汽车

分时租赁模式诞生的时间点与中国新能源汽车的起步发展期不谋而合，随着新能源汽车企业的蓬勃发展，车辆续航里程、公共充电站的增加，为分时租赁领域提供了良好的发展机遇。目前共享汽车公司商业模式主要分为三类。

第一类，车企直接投资并运营的共享汽车。重庆力帆控股旗下的盼达用车、奔驰旗下的 CAR2GO、上汽推出的 EVCARD 以及北汽投资的多家分时租赁平台皆属此类。利用自有产品可以直接控制车辆成本，同时背靠汽车销售这一现金奶牛，公司只需承担较低的维护成本，拥有很强的抗风险能力。汽车制造商进入的很大一部分原因是恐惧沦为运营平台的供应商而积极打通出行服务，实验性质大于盈利需求。

第二类，创业型运营平台。途歌 TOGO、GoFun、LIKE 等是该群体的代表。这类企业突出的是自身的管理水平和风险控制，致力于通过更好的客户体验来占领市场。

第三类，传统汽车租赁企业的疆界扩展。以中国最大的汽车租赁企业神州租车在 2018 年 3 月底正式推出的分时租赁产品——神州共享车（iCAR）为代表，因其低价策略直接搅局市场，推动了汽车分时租赁产品的普遍降价。

34.6　典型案例

（1）技术与管理联动，安全攻坚

2018 年网约车行业迎来安全方面的冲击，对此网络出行行业多维出击，主动升级行业安全保障水平，通过整合多方资源，借助互联网及大数据技术，对司机和乘客的行程信息进行记录，保证平台订单全程可追溯。警企联动，与公安机关深度合作，共同保障司乘安全。

行程前，严格准入标准。司机、车辆的准入把关是安全保障的源头管理环节，网络出行企业严格把关，确保平台运力安全可靠，准入标准为三证验真、背景审核和人像认证。行程中，严格守护安全。科技是保障出行安全的必由之路，网络出行企业借助技术产品、大数据等手段，保驾护航每一次安全出行，包括车型一致、号码保护、分享行程、紧急求助、滴滴护航、警企合作。行程后，重视精准教育。网络出行企业重视平台车主的教育和管控，通过线上线下多重方式，加强车主的安全素养、驾驶技能和违规违纪的"红线"意识。以滴滴出行为例，推出了百川教育平台，充分利用"互联网+"和大数据手段对安全教育模式加以创新。平台车主可通过车主端 App 内的"滴滴课堂"，在线学习接单技巧、处罚条例与服务规范、安全细则等内容，并通过考试来提升自身安全水平。事故发生后，完善的安全保障体系——"关怀宝"。除港澳台以外，全国范围内的滴滴专车、快车用户，只要在订单服务时间内，都受到滴滴"关怀宝"九大服务的保障，包括 7×24 小时应急响应、平台主动补充保障、车险拒赔协助处理、医疗费用先行垫付、住院探望关怀慰问、司乘纠纷伤害补偿、意外伤害人道援助、车主猝死公益帮扶和司乘财物被抢保障。

（2）科技驱动，共迎共享单车 2.0 时代

2018 年共享单车行业增速放缓，同时公共环境和秩序等问题受到广泛争议和质疑。在这种形势下，共享单车企业以科技驱动，助力绿色出行可持续发展。

以青桔单车为例，首次尝试采用智能中控+分体锁的技术方案，探索共享单车的精准定位技术功能。同时，青桔单车在工业设计中将分体锁集成于车轮内，免遭恶意损坏，降低了故障维修比率。使用 5G 带宽信号传输，实现低功耗、大连接。在定位技术方面，使用北斗 CORS 高精导航，理想情况下定位精度可达厘米级别，定位更精准，布设更灵活。使用自建差分服务平台与城市网格化数据管理技术，不仅保障信息安全，将用户和单车的轨迹信息保护在自建平台之内，有效避免信息外泄，而且高效管理，以更稳定的区域网格为单位与第三方进行结算，减少调整次数和相应的成本支出。

对政府而言，有助于有效管理城市中共享单车的规范运营问题，通过技术创新实现减量发展；对企业来说，有效追踪单车，降低了资产运营损失，减少了运维找车的支出成本，实现了智能调度管理，精确到点位管理。对共享单车使用者来说，使停放点位更确定，更容易找车；对非共享单车使用者而言，保持路面整洁规范，方便步行和机动车等其他方式出行。

（3）智慧公交，赋能雄安建设

为改变公共交通现状，更好地服务和适应新区发展，雄安新区联合众多互联网科技企业运用大数据、机器学习和云计算等技术，推出了若干智慧出行方式。其中，"雄安智慧公交"突破了公共交通规划传统模式，打造了全新的一站式出行服务体验；构建了实时感知、瞬时响应、智能决策的新型智能公共交通体系。

针对雄安新区建设者的出行需求分析，"雄安智慧公交"已完成"中小巴结合、按需匹配、云端调度"的初步架构，推出"智慧小巴"和"智慧中巴"两种出行产品。随着新区交通基础设施的完善，"雄安智慧公交"将逐步搭建"干线互通、枢纽锚定、支系动调"的智能化公交线网，辅以对出行需求的精准研判，保证运力服务供给实现出行效率的最优化。随着新区建设的逐步推进，众多互联网科技企业深度参与雄安新区交通建设与规划，联手地方政府打造"安全、高效、绿色"的公共出行新生态，在智慧城市建设、创新型城市交通规划等多个层面贡献出科技赋予的新动能。

34.7 发展趋势

（1）监管规范化仍是主旋律

自 2018 年以来，在大规模资本的运作下，网络出行行业初期的快速野蛮发展带来了一系列社会问题，目前仍处于相对无序状态。国家及各地方纷纷推出了多项关于网络出行领域的监

管文件，行业在监管下规范化前进已成为必然趋势。其中，信用监管作为一种有效手段将进一步加强。由于目前中国网络出行存在较大信用问题，如网约车服务质量，共享汽车、共享单车遭破坏，并且近年来中国第三方征信机构信用评级技术渐趋成熟，在信用评级日益重要的背景下，用户将更重视自身信用。共享单车和共享汽车行业中的企业通过与中国第三方征信机构合作推广信用免押服务成为今后共享出行领域的必然趋势，以此可约束消费者各种不良出行行为。在加强监管的同时，政府部门将坚持采用包容审慎原则呵护网络出行行业发展。

（2）稳就业、促消费作用更加凸显

2018 年相关部门出台的关于稳定和扩大就业、激发居民消费潜力等政策文件中，都提出要进一步发展共享经济，通过发展新业态新动能来稳就业和促消费的政策导向已经明确。网络出行推动的消费方式转型，既是共享消费模式对传统消费模式逐步替代的结果，也是二者融合发展的结果。以网约车为例，网约车的发展对传统出租车既形成了一定的竞争和替代关系，同时也促进了其向网络化服务的转型，传统出租车也成为网约车平台上重要的服务提供者。共享模式与传统消费模式既相互替代又相互融合的结果，源自共享模式在解决传统服务模式"痛点"的同时，也给消费者带来了便捷化、个性化消费体验。网约车既满足了不同市民的出行需求，也缓解了长期以来存在的出行高峰时期"打车难"的问题。

在稳定和扩大就业方面，网络出行的快速发展不仅创造了大量新的就业岗位，还在改变着传统的就业方式，创造了庞大的灵活就业机会，人们可以根据自己的兴趣、技能、时间和拥有的资源，以自雇型劳动者身份参与到其中。例如，滴滴平台的网约车司机中有 6.7% 是建档立卡的贫困人员，12.0% 是退役军人，超过21%的司机是家里唯一的就业人员，新就业形态为全国百万家庭带来了较为稳定的收入来源。灵活就业机会和收入渠道将随着共享经济的发展而显著增加，网络出行在就业方面的"蓄水池"和"稳定器"的作用将日益凸显。

（3）绿色化、智能化出行潮流不可逆转

从发展趋势来看，电动汽车愈加普及、智能化及 5G 智能出行将成为行业发展的重要趋势。共享单车行业增长速度放缓，格局基本稳定；网约车行业资本走向集中，进入巨头垄断；共享汽车行业融资量居首，或成网络出行行业下一风口。

目前我国新能源汽车推广情况良好，新能源汽车产销量保持快速增长。2019 年 1—2 月新能源汽车产销分别完成 15 万辆和 14.8 万辆，比 2018 年同期分别增长 83.5% 和 98.9%。从保有量来看，2018 年新能源汽车保有量达 261 万辆，占汽车总量的 1.09%，与 2017 年相比，增加 107 万辆，增长 70.00%。从统计情况看，近五年新能源汽车保有量年均增加 50 万辆，呈加快增长趋势。在这个背景下，网络出行市场无论是网约车还是共享汽车都将进一步电动化，新能源汽车的使用率将更加普及。

与此同时，我国积极发展智能网联汽车，无人驾驶技术进一步推动。2016 年全球无人驾驶汽车规模约达 40 亿美元，市场发展空间还很大。到 2021 年，预计全球无人驾驶汽车市场规模将达 70.3 亿美元；到 2035 年，预计全球无人驾驶汽车销量将达 2100 万辆。目前，国内无人驾驶汽车仍处于起步阶段，在构建的未来蓝图中已布局到多个适用领域，中国有望成为最大的无人驾驶市场。随着技术的推进，智能化将成为网络出行方式的重要发展趋势之一。

（庞基敏、西京京、殷骏）

第 35 章　2018 年中国网络广告发展状况

35.1　发展环境

（1）新人群特征带来新消费环境

从整体消费环境来看，消费者对质量要求更高，对消费升级的理解更深刻。2018 年"00后"成年，新生代消费理念逐渐占据主流，同时"银发""小镇青年"群体也纷纷形成了自己特有的消费需求和习惯。随着用户消费理念和行为的进化，新消费环境为整个网络营销的创新带来新的方向。

2018 年，中国广告市场的发展出现诸多结构性变化，市场监管也更加精细化和具有针对性，新兴广告形式也在监管不断完善的情况下迅速成长，监管力度与市场创新正在逐渐形成默契。

（2）资源、技术、内容、渠道、数据助推网络广告品效合一

2018 年，中国网络广告市场各产业环节不断完善和成熟，逐渐完成了从品牌或效果广告向"品效合一"为主流的转变。能够形成这样的转变，除广告主需求驱动之外，广告技术、内容与渠道的多方配合、新广告评估标准的逐步建立及广告投放背后多元数据与产品的打通，都是其主要的推动力。

当前中国网络广告市场的核心要素有五个：资源、渠道、内容、技术和数据。在 2017年之前，这五大要素中有 1～2 个要素非常突出，即有可能达到非常理想的广告效果，但在2017—2018 年，这五大要素互相融合渗透，互相借力发挥叠加、倍加效应，从而实现要求更高的营销目标。对广告主和代理商来说，遵循这五大要素，结合自身的需求和特点，选择更加合适的营销方式和组合，则比将目光完全集中于头部媒体渠道更为重要。

（3）数据反馈修正营销策略，广告营销形成数据闭环

在全新的营销传播环境下，企业已经开始做以数据为驱动增长的战略调整，贯穿到用户全生命周期的运营策略被企业采取和尝试。同时，整合营销依然是趋势，将技术、数据和过去营销行业多年沉淀下来的方法论进行有效的整合。

35.2　发展特点

（1）策划+内容+形式，创意在营销中深度细化与落地

2018 年，营销内容的质量和风格重新回归到重要位置，讲好故事成为广告影响消费者决

策的重要途径。如图 35.1 所示，在广告投放的痛点调研中，讲好故事和品牌定位、整合营销和情感共鸣的需求格外突出，这也印证了创意在营销活动中的重要性。

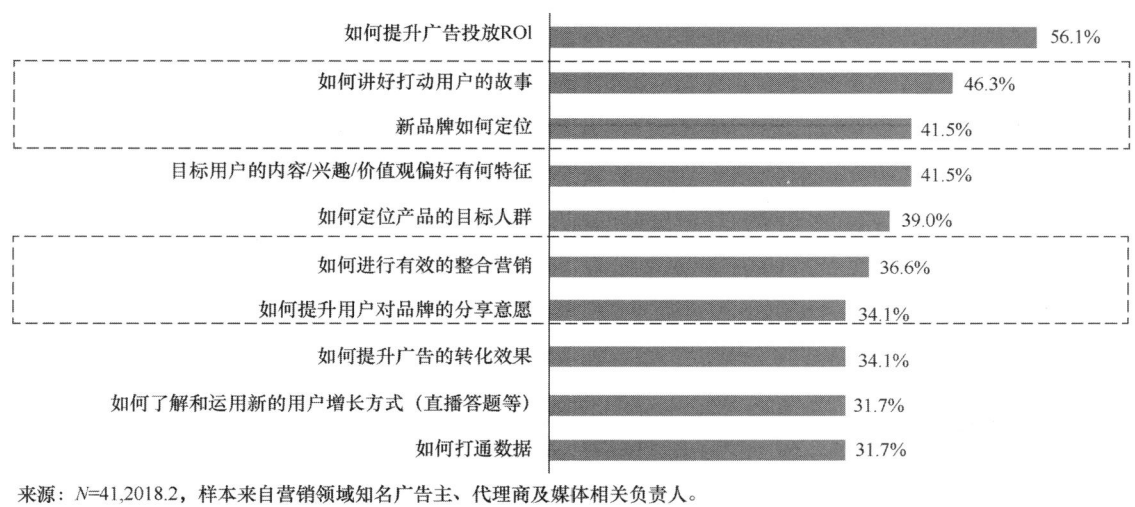

如何提升广告投放ROI 56.1%
如何讲好打动用户的故事 46.3%
新品牌如何定位 41.5%
目标用户的内容/兴趣/价值观偏好有何特征 41.5%
如何定位产品的目标人群 39.0%
如何进行有效的整合营销 36.6%
如何提升用户对品牌的分享意愿 34.1%
如何提升广告的转化效果 34.1%
如何了解和运用新的用户增长方式（直播答题等） 31.7%
如何打通数据 31.7%

来源：*N*=41,2018.2，样本来自营销领域知名广告主、代理商及媒体相关负责人。

图35.1　广告主最主要的营销痛点TOP10

基于这一理念和需求，2018 年出现了很多具有创意的整合营销案例，这些案例成功的关键在于，不仅仅将营销局限于单一的媒介或形式，而是通过统一和谐的故事线，结合多种创意形式和内容承载方式进行完整的营销策划与落地。在这个过程中，创新贯穿于每一个营销环节中，又因为有了整体的规划而毫无违和感。

（2）多渠道投放成为标配，新入口不断扩展"媒体"定义

2018 年，网络广告对于用户注意力的关注程度显著拔高，广告的发展跟随着用户注意力的转移而变化。从形式上看，广告样式更为丰富，互动玩法与广告等多种形式正在走向智能融合，新颖有趣的广告带给用户更有价值的体验，数据和算法应用也更为成熟，广告投放更具有针对性。从场景上看，以 OTT、户外大屏、智能音箱等为代表的万物互联的新兴广告更加深度地融入用户的多元生活场景中。从载体上看，"媒体"的定义不断被拓宽，小程序、短视频+等拓展广告载体形式，移动厂商布局网络服务、工具、电商等企业布局内容，纷纷瞄准广告市场。

（3）广告投放优化需求提升，驱动系统及服务升级

人工智能技术在营销中的应用主要在于精准投放，技术对于广告业的革新将是全方位的，既作用于决策、素材生产、投放、监测等营销流程的各个环节，又通过对各环节的影响和反馈，提升数字营销生态系统的整体运转效率。

这一趋势首先体现在效果类广告投放中。如图 35.2 所示，2018 年，智能营销服务商与媒体智能营销平台纷纷上线，oCPC、oCPM 系统借助人工智能技术帮助企业在实际投放中不断优化出价规则和流程，帮助广告主逐渐从以 CPC 或 CPM 方式投放向真正按照目标和实际效果投放。而随着广告投放成本的精细化，广告主对专业广告优化师的需求也大大增加，不断

催生系统与服务的升级。

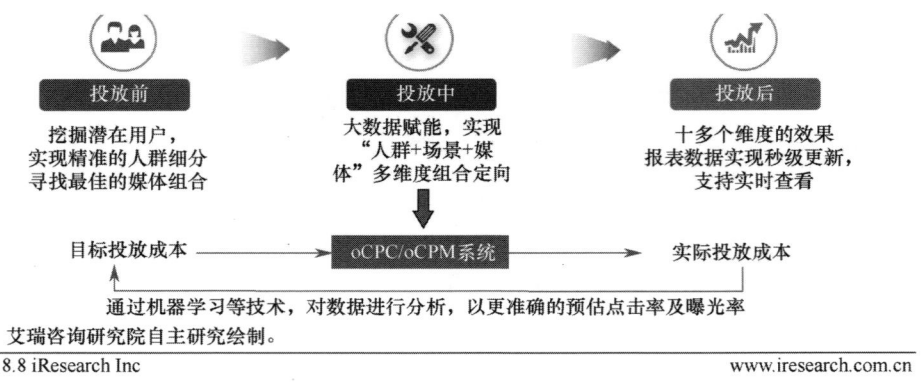

来源：艾瑞咨询研究院自主研究绘制。

©2018.8 iResearch Inc   www.iresearch.com.cn

图35.2　广告投放过程优化环节

35.3　市场规模

35.3.1　整体市场规模

艾瑞统计数据显示，2018 年中国网络广告市场规模为 4914.0 亿元，同比增长 31.0%，增速仍保持在 30% 以上。从绝对值来看，中国网络广告发展仍显示出较为良好的生命力，预计在 2020 年市场规模将接近 8000 亿元，如图 35.3 所示。

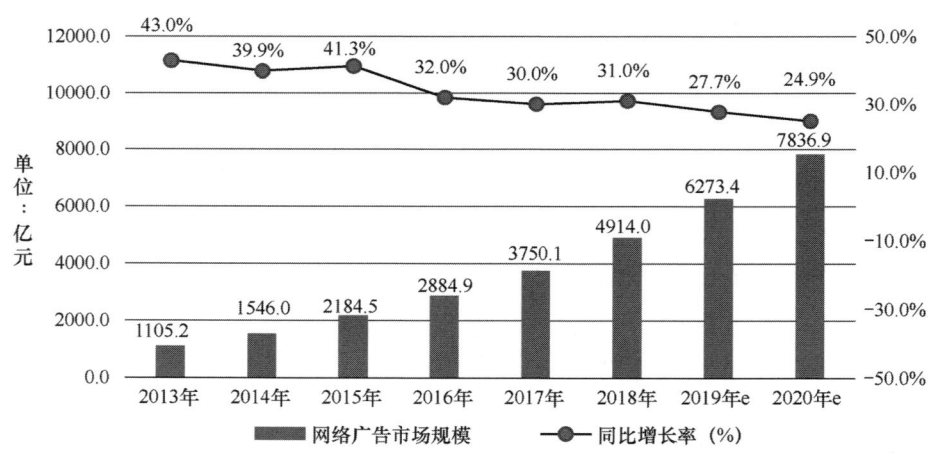

图35.3　2013—2020年中国网络广告市场规模及预测

中国网络广告市场仍旧是互联网产业重要的商业模式，并且市场随着互联网企业形态和格局的变化而变化。随着互联网产业经历人口红利期、移动风口期，近年来进入精细化运营期，网络广告市场也在各阶段不断打破原有的天花板限制，拓展形式和边界。未来5～10 年，网络广告将继续跟随互联网产业发展，进入以互联网作为连接点，以技术为驱动，打通多种渠道和资源进行精细化管理，以内容创意和基于数据分析的优化能力作为核心竞争力的阶段。

35.3.2　移动广告市场规模

如图 35.4 所示，2018 年中国移动广告市场规模为 3814.4 亿元，同比增长 49.6%，依然保持高速增长。移动广告的整体市场增速远远高于网络广告市场增速。预计到 2020 年，中国移动广告市场规模将接近 5000 亿元。

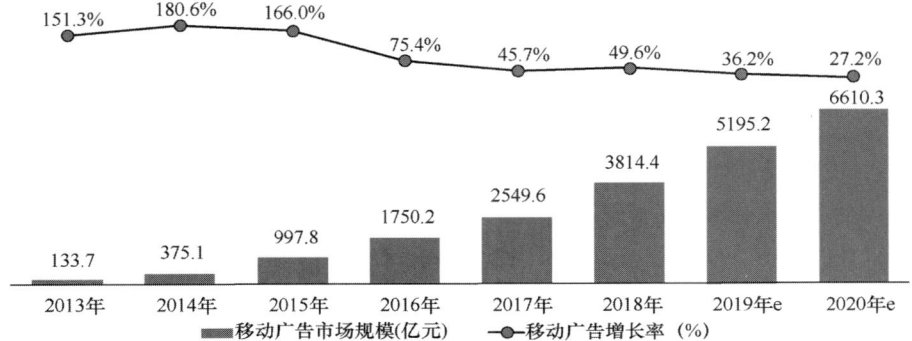

图35.4　2013—2020年中国移动广告市场规模及预测

基于移动互联网环境的不断改善，用户使用行为的进一步迁移，针对小屏进行内容承载的形式不断迭代，信息流内容逐渐上升成为社交、视频等内容的主要展现形式，信息流广告伴随而生，并成为移动广告快速增长的重要驱动力。移动端不断催生符合用户碎片使用行为的网络服务，迅速吸引用户注意，为移动广告创造了新的成长空间。

35.4　不同形式广告

35.4.1　各形式网络广告市场份额

2018 年，中国网络广告在细分领域的市场份额变化仍在继续，传统搜索广告整体发展低于行业水平，市场份额持续降低；电商广告占比达 31.7%，与 2017 年基本持平，随着消费者线上商品选择的增多，电商广告收入呈现增长趋势，份额继续保持在份额首位，如图 35.5 所示。信息流广告于 2018 年表现突出，其市场份额超过 20%，份额快速增长或将超过搜索成为第二广告市场，信息流广告统计口径除包含社交、新闻、视频等之外，计入了以搜索等工具类平台及短视频平台为主要载体的信息流广告。

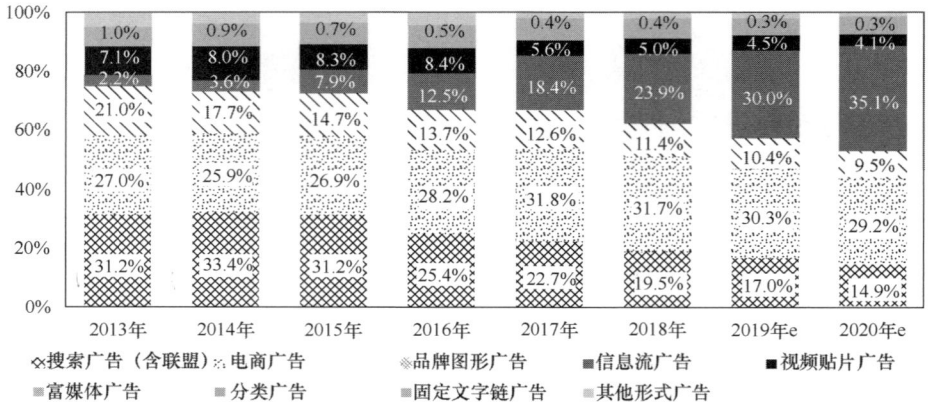

注释：1. 搜索广告包括关键字广告及联盟广告；2. 电商广告包括垂直搜索类广告以展示类广告、如淘宝，去哪儿及导购类网站；3. 分类广告从2014年开始核算、仅包括58同城、赶集网等分类网站的广告营收、不包含搜索房等垂直网站的分类广告营收；4.信息流广告从2016年开始独立核算，主要包括社交、新闻资讯、视频网站中的信息流效果广告等；其他形式广告包括导航广告、电子邮件广告等。

来源：根据企业公开财报、行业访谈及艾瑞统计预测模型估算。

图35.5　2013—2020年中国不同形式广告市场份额及预测

35.4.2　原生广告

原生广告的形式，从最初的搜索广告不断发展，融入更多内容和丰富玩法。2018 年中国原生广告市场规模达到 2419.9 亿元，占总体网络广告的比例超过 40%，如图 35.6 所示。预计在 2022 年，随着更多广告形式的原生化程度加深，原生广告规模将占网络广告近 60% 的份额。

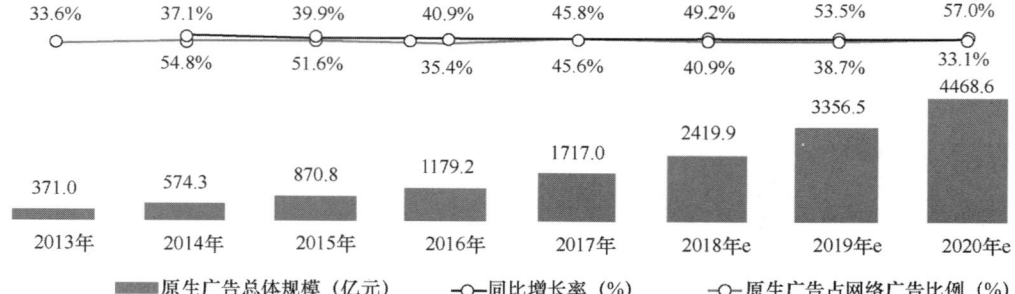

注释：1. 原生广告市场规模包含搜索广告、信息流广告（社交、视频、短视频、资讯、搜索及工具等媒体类型）、视频原生广告（创意中播、压屏条等）、推荐广告、锁屏广告以形式原生广告；2. 原生广告市场规模以媒体口径统计，以媒体原生广告的实际收入为准，未考虑企业财报因财务口径的季节性波动而导致的收入误差；3. 原声广告规模为包含以内容原生为主的广告形式，如口播、深度植入、软文、自媒体推广、道具植入等

来源：根据企业公开财报、行业访谈及艾瑞统计预测模型估算。

图35.6　2013—2020年中国原生广告市场规模及预测

00 后用户涌现和用户区域下沉所形成的新消费特征打破了营销原有的套路，随着用户接收信息习惯及购买决策影响因素的改变，内容创意与原生营销成为当前最为有效的营销手段之一。"种草"与"拔草"成为日常，小众与个性潮牌也能够带来爆款。而大品牌更需要紧随用户习惯不断迭代营销方式，在新主流人群中树立起更加亲切、有趣、有质感的形象，才能够有效吸引新用户群体的关注。

35.4.3　搜索引擎广告

如图 35.7 所示，2018 年搜索广告市场规模为 1352 亿元，环比增长达到 21%，自 2016 年网络广告规定施行，搜索广告市场进入结构性调整以来，2017 年广告主数量及广告主投放预算双双恢复增长，搜索广告增速触底反弹，进入平稳增长阶段。从用户端看，搜索服务用户在已有较高使用率的情况下，仍然保持一定增长。

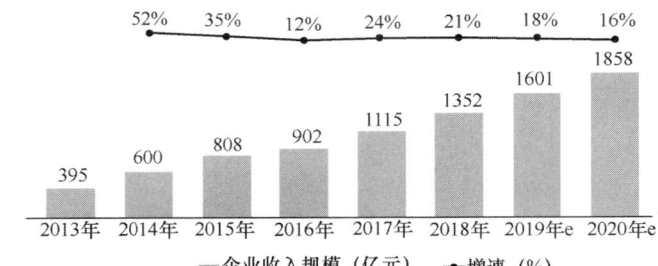

注释：搜索引擎企业收入规模为搜索引擎运营商营收总和，不包括搜索引擎渠道代理商营收。其中，计入奇虎360关键字广告营收，但不计收入其他营收。
来源：综合企业财报及专家访谈，根据艾瑞统计模型核算，仅供参考

©2018.1 iResearch Inc　　　　　　　　　　www.iresearch.com.cn

图35.7　2013—2020年中国搜索引擎企业收入规模及趋势

35.4.4　信息流广告

从增速来看，信息流广告在 2016 年、2017 年和 2018 年增速分别为 109.3%、91.5%、70.4%，预计到 2020 年仍将保持 45% 以上的增长率。从绝对值来看，2018 年信息流广告市场规模达 1173.5 亿元，预计 2020 年将超过 2700 亿元，占网络广告总体的 35% 以上，如图 35.8 所示。

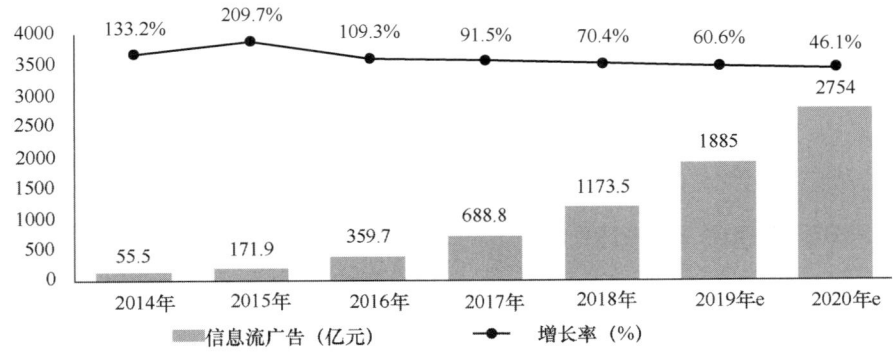

注释：网络广告统计口径包括各个网络媒体的广告营收，不包括渠道和代理商收入。信息流广告从2016年开始独立核算，主要包括社交、新闻资讯、视频网站中的信息流效果广告等。
来源：根据企业公开财报、行业访谈及艾瑞统计预测模型估算。

©2018.8 iResearch Inc　　　　　　　　　　www.ircscarch.com.cn

图35.8　2014—2020年中国信息流广告市场规模及预测

2018 年，信息流广告在形式和内容方面都有较大的突破，预计未来 5 年内，网络广告的诸多广告形式将会逐渐呈现信息流化。

35.4.5 社交广告

艾瑞数据显示，2018 年中国社交广告规模约为 613.5 亿元，预计到 2020 年将超过 1100 亿元，如图 35.9 所示。社交平台在展现营销创意、建立品牌共鸣、产生互动和转化方面具有优势，随着内容营销与原生营销的爆发，社交广告在未来仍具有较大的发展空间。

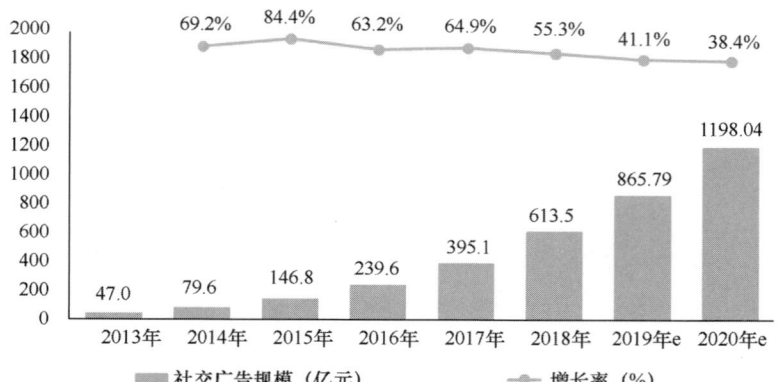

注释：社交网络广告包括SNS社交网站、传统社区、博客等类型，传包括门户旗下的网络社区及微博、微信等也包括门户旗下的网络社区及微博、微信等。
来源：根据企业公开财报，行业访读及艾瑞统计预算模型估算

©2018 iResech Inc   www.iresearch.com.cn

图35.9　2013—2020年中国社交广告市场规模及预测

35.4.6 在线视频广告

如图 35.10 所示，2018 年在线视频行业市场规模约为 1033.6 亿元，随着用户规模持续扩大，用户使用黏性不断提升，在线视频所衍生的商业资源也在不断升值。

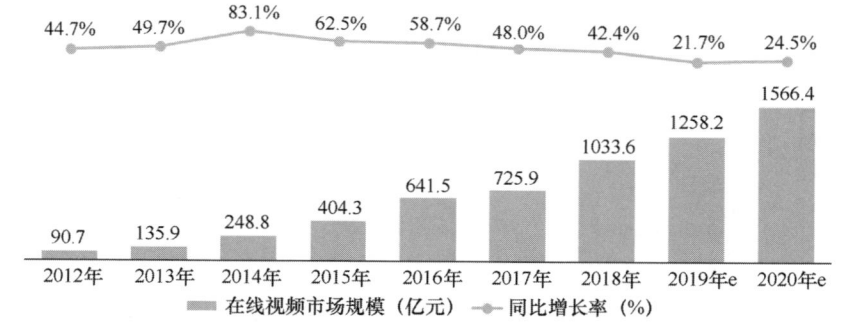

来源：综合企业财报及专家访谈，根据艾瑞统计模型核算，仅供参考

©2018.8 iResearch Inc   www.iesearch.com.cn

图35.10　2012—2020年中国在线视频行业市场规模及预测

在线视频平台不断提高自身对内容的主导权，将头部版权内容与优质自制内容作为战略发展核心，未来将提供更多、更丰富、更符合用户需求的优质内容，进一步聚集用户。

35.4.7　门户资讯广告

门户及资讯平台在移动端主要呈现三种形态，即以专业媒体资讯为核心的综合资讯平台、以原创新闻为主体的专业新闻媒体及以聚合类资讯为主体的资讯平台。各平台类型在 2018 年均着重进行内容布局，并通过对不同目标用户的精细化运营呈现出差异化的发展特点，体现了不同的营销价值。2013—2020 年中国网络广告门户资讯广告规模如图 35.11 所示。

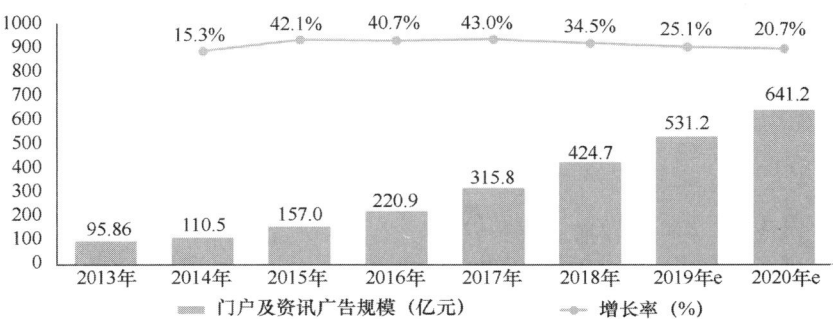

注释：门户及资讯广告包含五大门户及其客户端、独立新闻资讯客户端等媒体平台中纯门户业务的广告收入，不包含门户旗下其他业务，如视频、社交、搜索等的广告收入。
来源：根据企业公开财报，行业访谈及艾瑞统计预测，模型估算。

©2018. 8 iResech Inc　　　　　　　　　　　　　　　　www.iresearch.com.cn

图35.11　2013—2020年中国网络广告门户资讯广告规模

35.5　发展趋势

（1）短视频营销价值凸显，变现模式受到市场认可

随着短视频渠道营销价值凸显，短视频营销的变现模式逐渐受到认可。2018 年短视频营销迎来快速发展期，市场规模达到 140.1 亿元，同比增长高达 520.7%。短视频营销市场规模的大幅增长，除 2017 年和 2018 年头部短视频媒体平台方在短视频营销上的商业平台搭建，提供了大量的短视频营销变现机会外，广告主预算的逐渐倾斜，内容方、MCN 和营销服务商不断推动短视频营销能力的专业化，都是推动短视频营销市场规模增长的主要原因。2018 年中国广告社会化营销投放意向如图 35.12 所示。

（2）媒介环境愈发丰富复杂，媒介选择在 KOL 营销中愈加关键

传统 KOL 营销的关键在于 KOL 本身，选对 KOL 也就等于找到了其背后的受众群体，而随着新兴媒介不断涌现，KOL 营销策略变得愈加复杂，即使是同一个 KOL 在不同媒介上的特征和受众也不尽相同。WEIQ 新媒体营销云平台数据显示，2017 年 IMS（天下秀）合作媒体在直播、短视频、内容电商等新兴媒体类别的订单量占比仅为 3%，而 2018 年该占比上升到 11%。因此，未来品牌方在展开 KOL 营销的过程中，选对 KOL 也只成功了一半，媒介选择将成为另一半成功关键因素，在整个营销决策中发挥着更加重要的作用。而品牌方在 KOL 营销中将面临更加复杂的环境，除要针对 KOL 的人设和特征去定制营销形式和内容外，

还要充分考虑媒介的特征及 KOL 在不同媒介下的差异化特征等因素，如图 35.13 所示。

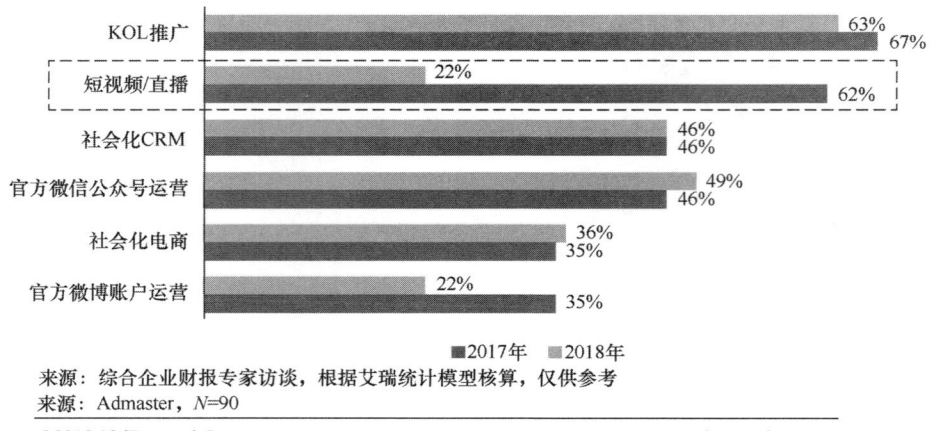

来源：综合企业财报专家访谈，根据艾瑞统计模型核算，仅供参考
来源：Admaster，*N*=90
©2018.12 iResearch Inc.　　　　　　　　　　　www.iresearch.com.cn

图35.12　2018年中国广告社会化营销投放意向

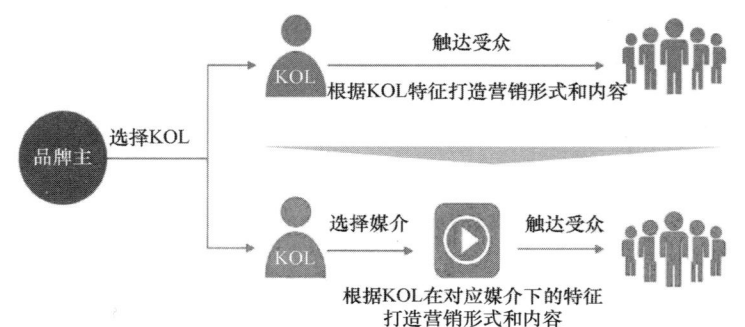

来源：（IMS）WEIQ新媒体营销云平台，艾瑞咨询研究院绘制。
©2019.3 iResearch Inc.　　　　　　　　　　　www.iresearch.com.cn

图35.13　KOL营销复杂化策略趋势解读

（3）AI 营销助推网络广告迭代升级

AI 营销不仅仅是技术在 Adtech 上的应用深化，更是 Martech 发展和渗透的重要驱动力，而广告主积极拥抱 AI 营销的价值不仅仅在于通过技术优化营销效率和效果，更是在整个营销产业的变革升级中重新抓住市场和用户的机遇。因此，广告主拥抱 AI+营销的关键，在于从观念上由 Adtech 时代的用户流量思维向 Martech 时代的用户经营思维转变，进而通过数据、技术和组织架构的优化，提高自身的 Martech 程度，实现企业数据资产化和用户资产化，发挥 AI 营销更深层次的价值和作用，如图 35.14 所示。

（4）知识型营销崛起，以专业内容连接专业消费者

过去营销中最有效的方式，可以概括为故事型内容营销，其作用下的品牌转化是一种情绪型的购物，多是因为一个广告片或一句 Slogan 产生共鸣而形成好感度和忠诚度。同时，还有一股由专业消费者引领的知识型内容营销，知识型营销是基于优质内容基础上的有计划的整合知识传播，通过向行业、领域内爱好者传达知识性信息，以提升消费者对品牌的文化品位认知。无论哪种方式，品牌都在试图打造一种内容的感染力。

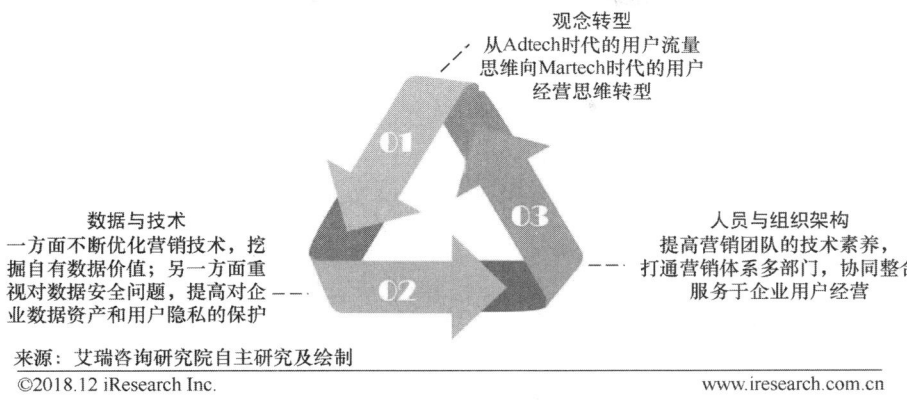

图35.14 广告主拥抱AI营销的主要途径

知识营销的本质在于用知识引发用户的兴趣，促进用户主动搜索和分享，进而达成深度的交流和互动，品牌想要连接的是专业消费者。在日本电通提出的 AISAS 中，两个具备网络特质的"S"——Search（搜索）和 Share（分享），既指出了互联网时代下搜索和分享的重要性，它恰恰也是专业消费者的两个特点。中国知识付费网民行为特征如图 35.15 所示。

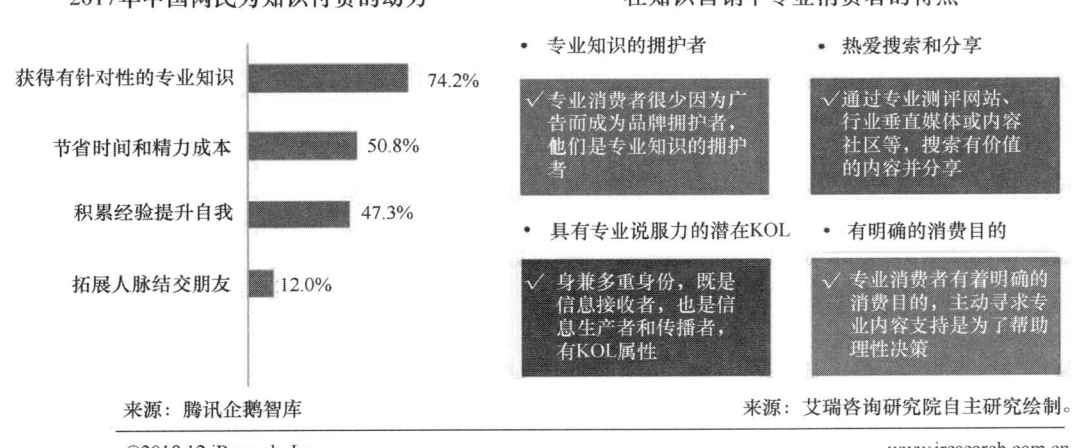

图35.15 中国知识付费网民行为特征

（5）文案智能化、视频内容化将成新趋势

智能化早已对广告业进行重构：以内容制作为例，在大数据及人工智能技术的辅助下，文案广告正从人工创意向机器创意过渡，智能化凸显。例如，京东的莎士比亚、阿里巴巴的鲁班等人工智能文案系统，已经具备类似人类记忆的"神经元"功能，用户使用过程中最终选定的文案，系统会自动"存储记忆"。与此相对的是视频广告的内容化，不同于文案的创作，视频创造需要音乐和画面等多重要素的结合，而音乐和画面本身就是由多个丰富的个体组成的，更需要感情去打造故事性，这也正是视频广告吸引人的原因之一。

（殷红）

第36章 2018年其他行业网络信息服务发展情况

36.1 房地产信息服务

36.1.1 政策环境

2018年房地产业调控政策趋严,打击炒房力度加大。在十九大报告中,习近平总书记强调,坚持房子是用来住的,不是用来炒的定位,加快建立多主体供给、多渠道保障、租购并举的住房制度,让全体人民住有所居。2017年12月中央经济工作会议指出,要加快建立多主体供应、多渠道保障、租购并举的住房制度。要发展住房租赁市场特别是长期租赁,保护租赁利益相关方合法权益,支持专业化、机构化住房租赁企业发展。2018年12月中央经济工作会议指出,要构建房地产市场健康发展长效机制,坚持房子是用来住的,不是用来炒的定位,因城施策、分类指导,夯实城市政府主体责任,完善住房市场体系和住房保障体系。

2018年,房地产调控政策在"房住不炒"和"租购并举"的基调下继续构建长短结合的制度体系,住房租赁市场的建设继续提速,调控政策更加强调"因城施策、分类调控",地方政府适机出台调控政策的主动性明显增强。中央层面上,更加注重深化基础性关键制度改革,强化金融监管和风险防控,加快住房租赁体系建设,加强对市场秩序的监管。各部委积极部署房地产市场调控、长效机制构建任务,深化基础性关键制度改革。各地房地产政策调控较密集,强化与扩围并存,市场监管力度持续加强。

36.1.2 市场情况

国家统计局数据显示,2018年商品房销售面积171654万平方米,较2017年增长1.3%,其中,住宅销售面积增长2.2%;商品房销售额149973亿元,较2017年增长12.2%,其中住宅销售额增长14.7%。2018年,房地产开发投资120264亿元,增长9.5%,其中住宅投资85192亿元,增长13.4%,住宅投资占房地产开发投资比重达70.8%。房地产开发企业土地购置面积29142万平方米,增长14.2%。土地成交价款16102亿元,增长18%。房屋新开工面积209342亿元,增长17.2%。住宅新开工面积153353亿元,增长19.7%。房地产开发企业到位资金165963亿元,增长6.4%,其中自筹资金、定金及预收款部分分别增长9.7%和13.8%,国内贷款、利用外资、个人按揭贷款部分分别下降了4.9%、35.8%、0.8%。人均居住消费指数达4647

元，比 2017 年增长 13.1%，占人均消费支出的比重为 23.4%。2018 年中国房地产市场仍处在高位，但快速增长势头基本结束，如图 36.1 所示。全国新房、二手房交易量与 2017 年相比基本持平，下半年市场开始转冷降温。

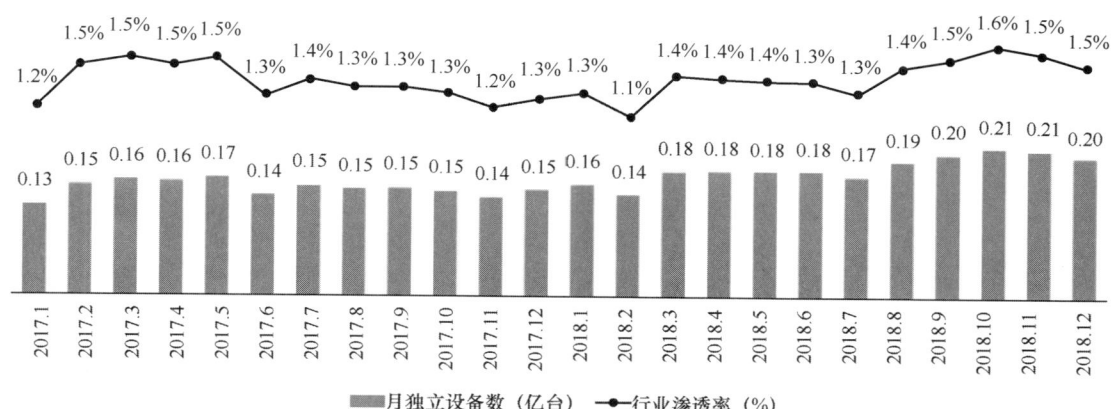

数据来源：mUserTracker. 2018.12，基于日均400万手机，平板移动设备软件监测数据，与超过1亿移动设备的通信监测数据，联合计算研究获得

图36.1　2018年移动互联网房产行业月独立设备数与行业渗透率

相较于房屋销售，租赁服务和需求大幅上升。2018 年购房热潮以 4 个月或 5 个月为一个周期，周期内行业活跃用户数量先升后降。受 2017 年房产税、价格调控等因素影响，行业渗透率和用户数达到最低值。2018 年之后，房产市场一度回暖，不排除是租房需求驱动效应的增加。总体来看，在核心城市，由于购房资金等高房价因素和城市限购限贷等政策门槛，使租房成为年轻群体的重要选择。

一线、二线城市市场依旧保持较高状态，特别是二线以上的城市在互联网上的房产信息更加快捷、便利、规范。总体来看，一线、二线城市的房产行业用户占比超过八成，且保持总体上升状态，如图 36.2 所示。

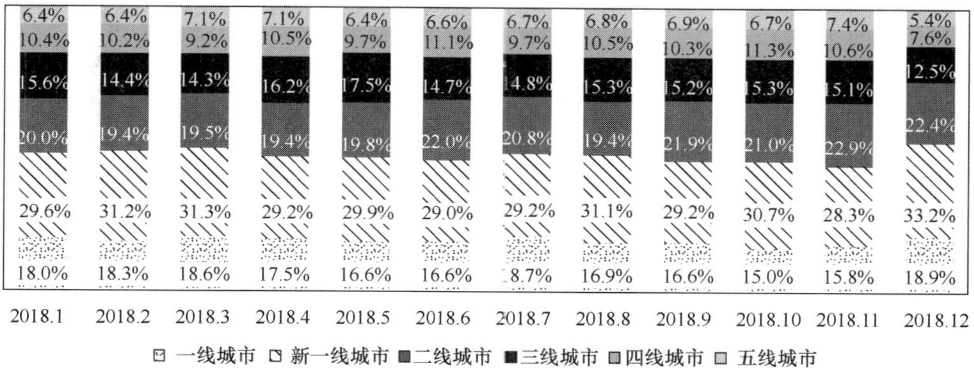

	2018.1	2018.2	2018.3	2018.4	2018.5	2018.6	2018.7	2018.8	2018.9	2018.10	2018.11	2018.12
6.4%	6.4%	7.1%	7.1%	6.4%	6.6%	6.7%	6.8%	6.9%	6.7%	7.4%	5.4%
10.4%	10.2%	9.2%	10.5%	9.7%	11.1%	9.7%	10.5%	10.3%	11.3%	10.6%	7.6%
15.6%	14.4%	14.3%	16.2%	17.5%	14.7%	14.8%	15.3%	15.2%	15.3%	15.1%	12.5%
20.0%	19.4%	19.5%	19.4%	19.8%	22.0%	20.8%	19.4%	21.9%	21.0%	22.9%	22.4%
29.6%	31.2%	31.3%	29.2%	29.9%	29.0%	29.2%	31.1%	29.2%	30.7%	28.3%	33.2%
18.0%	18.3%	18.6%	17.5%	16.6%	16.6%	18.7%	16.9%	16.6%	15.0%	15.8%	18.9%

☒ 一线城市　☐ 新一线城市　■ 二线城市　■ 三线城市　▨ 四线城市　░ 五线城市

数据来源：mUserTracker.2018.12，基于日均400万手机，平板移动设备软件监测数据，与超过1亿移动设备的通信监测数据，联合计算研究获得

图36.2　2018年中国移动互联网房产行业城市分布

36.1.3 房地产长租行业

2018 年中国长租行业市场规模达 1.57 亿元，同比增长 9.6%。得利于政策利好和互联网+的大背景，互联网赋能传统长租行业，提高租住信息供需匹配程度、提升房源管理水平、创新用户服务方式，如图 36.3 所示。

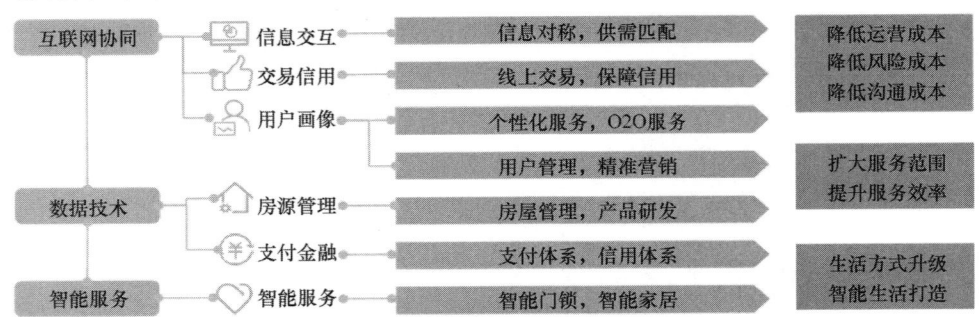

数据来源：艾瑞研究院自主研究绘制

图36.3 中国长租行业的互联网技术驱动力

互联网长租信息网站和平台是链接房源端和用户端的重要载体，在行业中的作用日益凸显，总体来看分为综合分类信息网站租房板块、房产中介网站租房板块、综合房产信息网站租房板块、个人和机构房东直租平台，如图 36.4 所示。

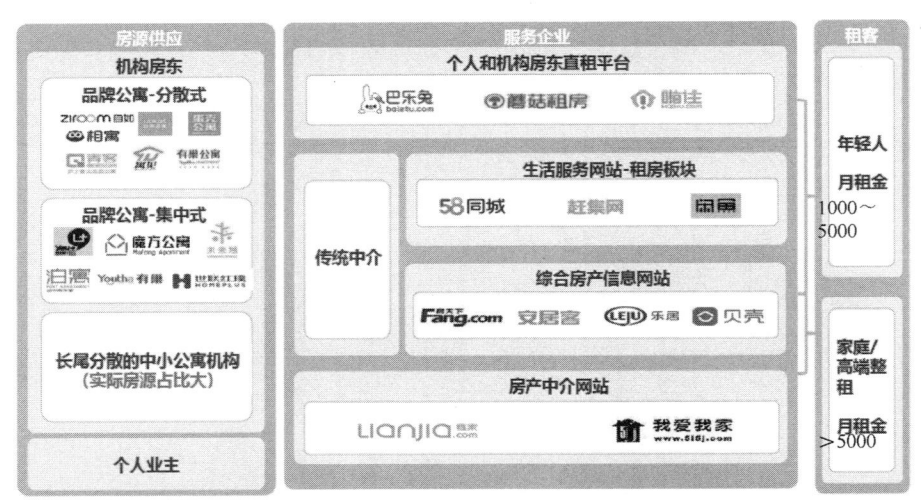

数据来源：艾瑞研究院自主研究绘制

图36.4 2018年中国长租服务行业产业链及典型企业

2018 年我国出租房屋的整体规模在 7500 万间左右，其中，B2C 模式的机构房东房屋持有量约在 2500 万间，占比 1/3，头部规模性品牌公寓占比约 2%，与发达国家租住市场中机构房源 70%的占比相比，我国机构房东租赁市场有待继续开发。

36.1.4　商业模式

（1）分类信息网站的租房服务

该类服务以信息聚合为主要功能，以房产中介为主，现阶段开始出现服务于个人房东、机构房东的平台，流量大且有一定用户规模基础，以端口费为主要商业模式。典型代表为 58 同城、赶集网、支付宝和闲鱼（租房板块）。例如，58 同城租房板块，打造标准化服务平台，广泛覆盖多元房源，提供更加精细化服务。

（2）房产中介网站的租房服务

该类服务主要是房产中介自主搭建的长足平台，以信息聚合与呈现作为业务功能。目前依托房产中介机构自主开发的个人业主房源与品牌公寓业主，但缺少对房源信息的维护，盈利主要来源于租房服务费用。典型代表为链家、我爱我家。以链家为例，经过多年发展，链家目前正逐步对事业群进行优化重组，其长足权块已经剥离到自如品牌，在网络服务方面，打造了贝壳找房网。我爱我家以线下门店作为入口，打造了网站、门店、呼叫中心三网合一的发展模式。

（3）综合房产信息网站的租房服务

该类服务主要功能为信息聚合、撮合服务，服务房产中介、机构房东等，具有互联网或地产中介背景、多渠道房源的特点。商业模式主要为端口费，提供咨询、研究等服务。典型代表为房天下、安居客、贝壳、乐居。如房天下，定位精准租客，实现移动端看房、签约、支付等，不断降低交易成本。贝壳则继承和升级了链家的数据优势，进一步精准匹配租客需求。

（4）个人和机构房东直租服务

主要实现撮合服务，提供标准化交易流程，规范租住服务。主要服务于房东特别是机构房东。重视服务路线，以需求为切入，服务模式多样。商业模式也较为丰富，包括流量、装修、金融等。典型代表为八乐兔、蘑菇租房、海链。

36.1.5　用户分析

互联网房地产交易服务平台在整个行业中发挥的作用越来越大，更多的消费者通过互联网房产信息服务平台，进行信息获取、交流沟通、在线交易等行为，产业互联网特点日趋凸显。

总体来看，信息平台上提供的信息越真实、越丰富、越及时，流程越便捷，安全越有保障，交易效率越高，就更加容易获得用户青睐，提升用户的消费体验。中国质量万里行促进会的调查结果显示，广大消费者在使用房产信息平台时，89.27%的受访者认为可靠的房产信息服务，要保证房源真实存在；73.75%的受访者认为房源信息发布的真实性是选择互联网房产交易服务平台的重要因素；70.79%的受访者认为房源信息丰富性是重要因素；73.91%的受访者关注真实的房源信息及交易信息透明化，如图 36.5 所示。

中国质量万里行促进会"2018 年互联网房地产交易服务平台认知及满意度调查"显示：53.26%的受访者在接触互联网房产交易服务平台中遇到了房源信息作假，其中 33.64%的受访者遇到过委托虚假；42.14%的受访者遭遇过面积不符；47.5%的受访者遭遇过价格虚假；

17.53%的受访者在接触互联网房产交易服务平台中遇到了拒绝开发票的问题；42.91%的受访者在接触互联网房产交易服务平台中遭遇泄露客户隐私的问题；29.02%的受访者在接触互联网房产交易服务平台中遇到未按规定退还佣金的问题。

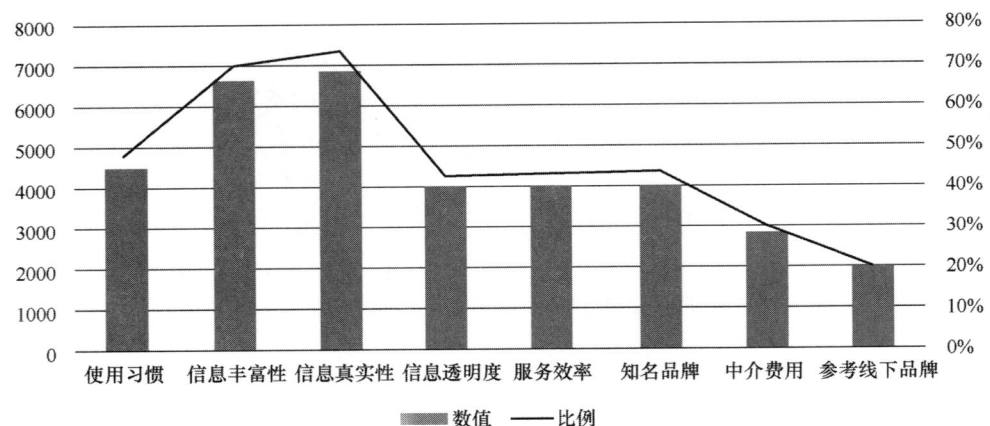

图36.5　消费者选择平台时的优先考虑因素[1]

36.2　在线旅游

36.2.1　发展概况

2018 年国内旅游市场持续高速增长，入境旅游市场稳步进入缓慢回升阶段，出境旅游市场平稳发展。2018 年国内旅游人数 55.39 亿，比 2017 年同期增长 10.8%；入出境旅游总人数 2.91 亿，同比增长 7.8%；全年实现旅游总收入 5.97 万亿元，同比增长 10.5%。全国旅游业对 GDP 的综合贡献为 9.94 万亿元，占 GDP 总量的 11.04%。旅游业的直接就业人数 2826 万，直接和间接就业人数 7991 万，占全国就业总人口的 10.29%。

总体来看，目前国内下沉市场旅游消费意愿逐渐增强，观光旅游市场有所增长，周边旅游市场显著拓展。同时，行业市场供给端探索不断加强，培养出新的消费增长点，特别是在当前经济面临一定下行压力的情况下，旅游消费方式也会受到一定程度的影响。

36.2.2　市场情况

随着旅游产业收入规模的快速增长，行业互联网化程度逐渐加深，在线旅游市场也快速增长。2008—2017 年，中国在线旅游交易规模逐年递增，2017 年交易规模达 8923.3 亿元；2018 年前三季度中国在线旅游交易规模为 7342.62 亿元，预计 2018 年全年中国在线旅游交易规模将达 9900 亿元。

随着供给需求互联网化程度的迅速提升，旅游的在线率也将显著提升，特别是在细分市场中，票务市场在线化程度水平较高，住宿、度假仍有较为广阔的发展空间。此外，在线旅

---

[1] 2018 年互联网房地产交易服务平台认知及满意度调查.

游行业的独立设备数逐月攀升，市场渗透率达 15%。每年 1 月、2 月、8 月、9 月、10 月，渗透率整体较高，属于黄金时期。3 月、4 月、5 月，渗透率有所降低，淡季现象较为明显。在线旅游企业资源方与渠道方融合趋势越来越明显，在线旅游行业的渗透率不断攀升；2018 年上半年，在线旅游行业渗透率增至 18.68%，如图 36.6 所示。

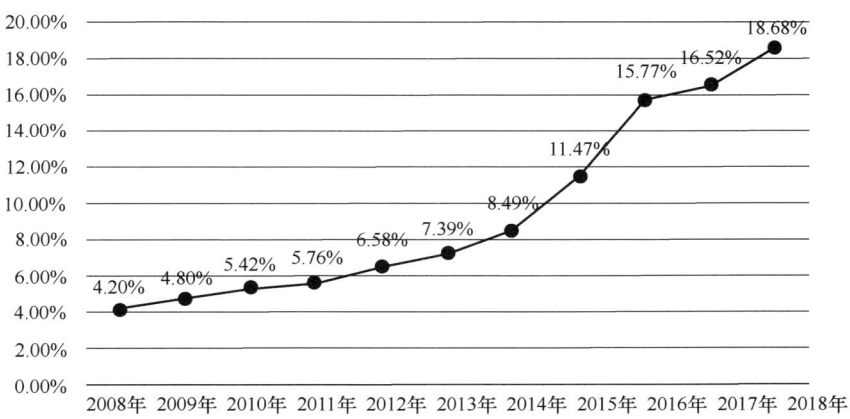

图36.6　2008—2018年中国在线旅游行业渗透率

从 2009—2018 年在线旅行预订用户规模变化情况看，用户规模逐年递增，通过线上渠道进行旅游预订的用户数量越来越多。如图 36.7 所示，截至 2018 年 6 月，在线旅行预订用户规模达到 3.93 亿人，较 2017 年年末增长 1707 万人，增长率为 4.50%；约一半的网民会通过在线业务进行旅行预订。网上预订机票、酒店、火车票和旅游度假产品的网民比例分别为 23.8%、25.7%、40.1%和 12.1%，其中，预订旅游度假产品的用户规模增速最快，半年度增长率为 9.7%。

图36.7　2009—2018年中国在线旅游行业用户规模

中国在线旅游行业 PC 端月度覆盖人数波动呈现淡旺季分布的状态，其中 1 月前后的春运阶段为高峰，2018 年的暑运与同期相比则优势不足。从移动端覆盖来看，春运和暑运增长

幅度较大，较 PC 端相比涨跌幅度相对较小。

36.2.3 细分市场

目前，在线旅游行业主要包括在线票务预订、在线住宿预订、在线度假预订、其他旅游产品和服务。行业初步形成了上游资源供应、中游产品组合及分销、下游产品分销的产业链条。

在线机票领域，国内行业发展较为成熟。除直销和 OTA 分销的在线渠道之外，小程序预订渠道对在线率提升也有较大影响。在线火车票领域，由于在线渗透率提升和高铁出行的便利性，交易量大幅增加，市场交易规模显著提升。以火车票为例，每天除夕前三天、初八后四天为购票高峰，午后 1 点左右为用户最为活跃时间。在线住宿市场领域，随着酒店等住宿业态在线销售渠道的拓展及出行人群规模的扩大，在线住宿市场交易规模预计在 2022 年将达到 3876 亿元。由于分销成本上升，使不少酒店开始加强直销渠道的建设工作。艾瑞咨询统计结果显示，自 2016 年至今，酒店集团的月度独立设备数及月度总使用次数显著增长，在一定程度上体现了酒店在直销渠道建设上的成效。在线度假市场领域，预计在 2020 年，自营类交易规模将超过 1800 亿元。

36.2.4 市场格局

目前在线旅游的产业链条主要包括上游、中游、下游三个部分。上游主要为空运、铁路、酒店等供应商。2018 年，上游整体发展较快，出行市场比较成熟，度假市场酒店住宿等也迎来了显著发展。虽然上游整体发展稳中有进，但在中游 OTA 市场环境并不乐观。目前，国内 OTA 市场主要为四个方阵：同程艺龙、携程去哪儿、阿里巴巴飞猪、美团旅行。同程艺龙借助微信小程序，迅速发展壮大。同程艺龙以"火车票机票"和"酒店"入驻微信九宫格、小程序，来自腾讯平台的活跃用户从 2017 年的 7960 万增长到了 2018 年上半年的 1.23 亿和三季度的 1.68 亿。携程去哪儿方面，则面临一定的财报压力，第三季度财报显示虽然其营业收入不断增加，但净利润则出现亏损。受国内航空"提直降代"等政策的影响，以机票业务作为重要支撑的携程去哪儿，面临着利润空间受挤压的风险。此外，阿里巴巴飞猪、美团旅行也迅速发展壮大。艾瑞咨询分析称，以酒店业务为例，美团凭借自身的团购优势，在中低端酒店市场占有率较高，恰好填充了携程的空白领域。下游方面，2018 年出现了点评数据造假、抄袭同行等热点事件，对行业产生了一定程度的负面影响。

36.2.5 用户分析

中国旅游研究院报告显示，当前国内在线旅游用户以 70 后、80 后、90 后为主力群体。其中，90 后用户占 18.60%，80 后用户占 18.72%，70 后用户占 16.13%。通过在线平台选择住宿时，用户偏好呈现出豪华型、经济型两极分化的现象。选择高端豪华住宿设施的，90 后群体、一线及二线城市群体的占比较多。2018 年上半年，在全国线上预订量排名前 50 的景区中，42% 为休闲娱乐型，36% 为自然生态型，22% 为人文历史型。

在节假日前后特别是国庆黄金周期间，使用在线旅游移动客户端的用户量显著增加。2018 年的数据显示，国庆黄金周前后的用户量同比增长较多，如图 36.8 所示。超过 80% 的用户安装了一个在线旅行移动客户端，使用习惯基本稳定。但在节假日期间，受综合比价影响，用户同时使用多个移动客户端的现象较为明显。

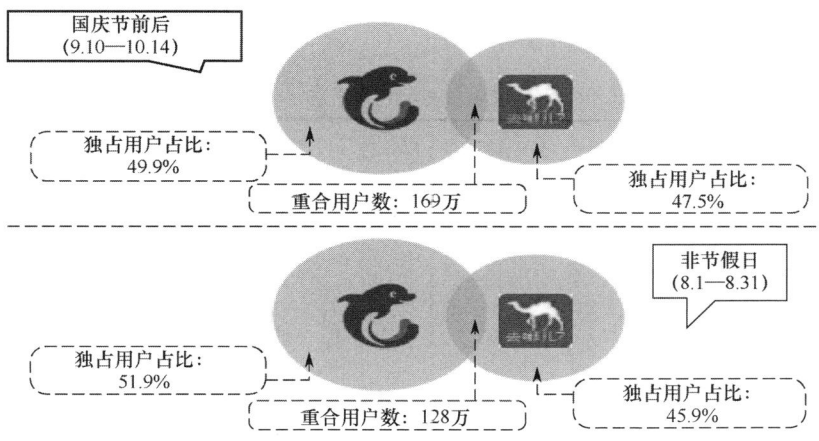

数据来源：mUserTracker.2018.12，基于日均400万手机、平板移动设备软件监测数据，与超过1亿移动设备的通信检测数据，联合计算研究获得

图36.8　2018年在线旅游App用户重合分析[1]

36.3　网络文学

36.3.1　市场情况

近年来，网络文学快速发展，在耗尽移动流量红利后，进入到 IP 产业链发展时期。随着移动流量红利耗尽，无论从手机出货量还是手机网民规模比重的角度看，中国移动互联网用户基础在短期内不会再有爆发式增长。网络文学市场的发展重点，从争夺"流量红利"向存量用户博弈及提高付费用户渗透方向转变。

《2017—2018 中国数字出版产业年度报告》显示，2017 年国内数字出版产业的整体收入规模突破 7000 亿元，达 7071.93 亿元。其中移动出版收入 1796.3 亿元，占比高达 25.4%，仅次于互联网广告收入。2017 年中国网络文学市场规模达 130.2 亿元，较 2016 年增长 44.2%。《2017 年中国网络文学发展报告》显示，截至 2017 年年底，中国网络文学用户规模为 4.06 亿人，其中网络文学作品累计达 1647 万部，网络文学作者数量为 1400 万人。

当前，网络文学 IP 迅速升值，泛娱乐产业蓬勃发展。网络文学内容改变已经成为成熟的产业链。中金公司估算，网文付费和 IP 运营有望在远期合计达到 500 亿元的市场空间，而根据国信证券预测，到 2020 年网络文学版权改编市场将达到 21 亿～85 亿元。如图 36.9 所示，包括网络文学在内的中国在线泛娱乐市场 2018 年不断扩大，已经达到 4642.6 亿元的规模，文学 IP 的动能进一步释放。

---

[1] 艾瑞咨询.2018 年中国互联网流量年度数据报告.

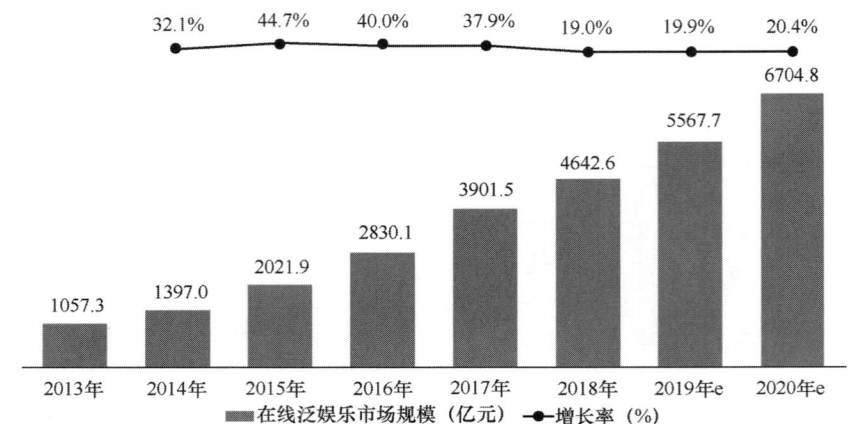

注释:中国的互联网泛娱乐行业包括网络游戏、网络视频、网络直播、短视频、在线阅读、在线音乐和娱乐化网络动漫市场。

来源:综合企业财报及专家访谈,根据艾瑞统计模型核算,仅供参考

图36.9　2013—2020年中国在线泛娱乐市场规模及预测

　　网络文学处在整个泛娱乐产业的最上游,提供丰富优质的内容是提升影响力的重要途径。以网络文学为牵引的多业态泛娱乐化产业模式发展日益成熟,将影视、游戏、动漫等不同内容形式串联起来,以多元化的表现形式及开发方式满足不同用户的个性化需求,促使泛娱乐生态链上各环节产生联动效应。

　　2018 年,中国网络文学行业收入中版权运营收入占比达到 11.1%,同比增长 70.8%,如图 36.10 所示。版权运营收入是指企业向阅读服务提供商、影视制作公司、游戏研发公司,以买断或分成方式提供文学作品的版权或改编权等方式获取的收入。近年来,整个泛娱乐市场的火热带动了 IP 改编的蓬勃发展,多部文学作品被成功改编,成功拓宽了 IP 的衍生价值。

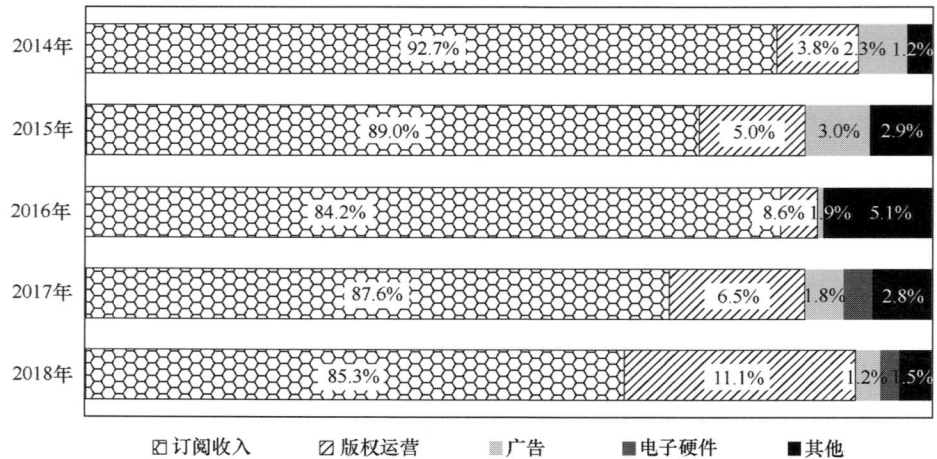

注释:1.中国网络文学市场规模统计包括订阅收入、版权收入及其他收入等;2.部分数据将在艾瑞2018年网络文学相关报告中做出调整。

来源:综合企业财报及专家访谈,根据艾瑞统计模型核算,仅供参考

图36.10　2014—2018年中国网络文学行业各业务营收占比

36.3.2　产权保护

网络文学的蓬勃发展，特别是网络文学 IP 的不断壮大，对于知识产权的把控日益严格。网络文学作为创意经济的一部分，其盗版侵权的严重程度，将直接影响着行业的发展动向，对行业的发展、引导、走势起着重要的作用。总体来看，多年来侵权盗版的问题一直存在，但近年来得到了一定程度上的转变，侵权盗版的问题也有所缓解。

艾瑞咨询数据显示，2018 年中国 PC 端网络文学盗版损失规模为 22.7 亿元，相比 2017 年降低了 28.2%，达到了 2014 年中国 PC 端网络文学盗版损失一半的水平。2018 年中国移动端网络文学盗版损失规模为 35.6 亿元，相比 2017 年降低了 16.8%，基本接近 2014 年的损失水平。2018 年中国网络文学整体盗版损失规模为 58.3 亿元，相比 2017 年降低了 21.6%，如图 36.11 所示。中国网络文学盗版损失已经实现了连续两年的下滑，且下降幅度不断拉大，这是中国网络文学正版化进程迈入新时期新阶段的力证之一。出现上述现象主要是由于大量盗版网文网站的关停和流量的持续下滑，移动端盗版 App 的收缩，助推了 PC 端网络文学盗版损失的下降。

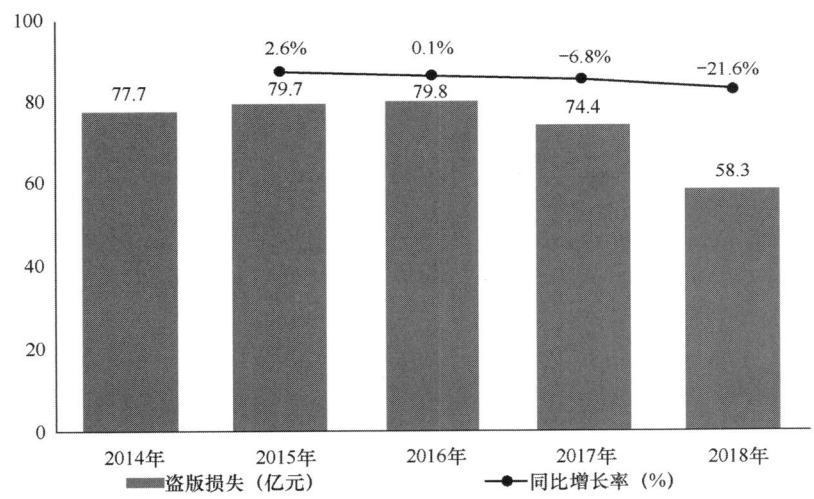

数据来源：根据艾瑞Usertracher多平台网民行为监测数据库（桌面及智能终端）和iClick用户调研数据进行艾瑞中国网络文学损失模型估算得出，仅供参考

图36.11　2014—2018年中国网络文学盗版损失规模

36.3.3　商业模式

文学 IP 开发是一个全流程、全链条的模式。在作品创作环节，通过联合作家、编辑、运营、管理、策划等主体，形成专业团队，打造优质 IP。在 IP 开发阶段，结合内容创造，打造影视、动漫、游戏、音乐、周边等各类衍生配套产品。在品牌推广阶段，主要着力强化发行渠道和推广渠道。在盈利变现方面，围绕目标群体，打造粉丝经济，促使粉丝群体开展实物消费等。

对粉丝的吸引力而言，主要聚焦于 IP 的影响力和消费力。从影响力来说，原 IP 粉丝中的衍生品中的潜在用户演化成 IP 衍生品用户，原严守品泛用户衍化为可转化的泛用户。上述两个群体共同构成衍生品付费用户，从而通过原 IP 影响力获得衍生品付费收入来实现消费力的提升。

在评估文学 IP 开发价值的过程中，应着重考虑作品属性、作品表现、关注程度、作品内容、合作平台、作者表现等。而粉丝效应、产品实力、版权保护、市场需求、原创供给则是文学 IP 竞争力的主要要素。

文学 IP 改编近年来一直呈现快速发展态势，在影视、动漫、游戏等方面表现不俗。艾瑞咨询分析称，2018 年，视频网站自制剧创意来源中文学改编占比高达 58.3%，如图 36.12 所示。此外，在电视剧网络覆盖人数榜单中，五成热播剧来自网上平台的任期作品。电影方面，《流浪地球》《西游伏妖篇》《芳华》《盗墓笔记》等均收获高票房，取得了较高的回报率。手游方面，2018 年文学 IP 占比为 11.1%，未来还会有更加广阔的发展潜力和空间。

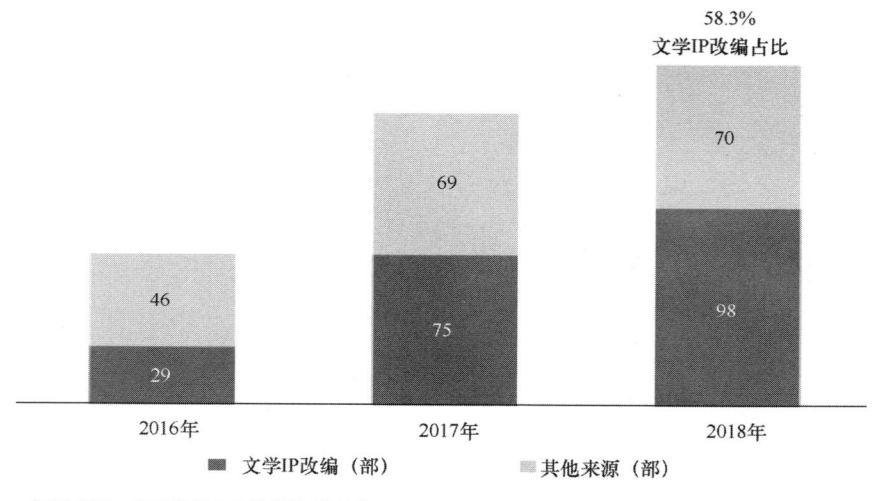

图36.12　2016—2018年中国视频网站自制剧创意来源

36.3.4　用户分析

网络文学行业在 2018 年持续健康发展，用户规模和上市企业营收均实现进一步增长。截至 2018 年年底，中国网络文学用户规模达到 43201 万人，同比增长 14.37%，较 2017 年增加 5427 万人，占网民总体的 52.1%。手机网络文学用户规模达 4.10 亿人，较 2017 年年底增加 6666 万人，占手机网民的 50.2%。

易观千帆数据显示，上线不久的爱奇艺阅读，其月活跃用户数只用了 8 个多月就增长到了 900 多万，并且在 2018 年 6～9 月涨势非常惊人，3 个月增长了 500 多万用户。而米读和连尚免费阅读的成长速度更胜于爱奇艺阅读，截至 2019 年 1 月，米读和连尚免费阅读的月活跃用户数已经达到了 2000 万和 1900 万。艾瑞咨询分析称，在互联网流量褪尽的背景下，三线及以下城市同样是文学行业的新增量市场。2018 年中国小镇青年人口规模约 1.12 亿人，此类人群休闲娱乐 App 的偏好中，阅读占比 25%，仅次于视频。弗若斯沙利文咨询公司

（Frost&Sullivan）数据显示，2016 年中国网络文学用户规模已达到 3.33 亿人，其中移动设备阅读的人数为 3.04 亿人，占比 91%；预计 2020 年将达到 4.21 亿人，移动设备阅读的人数将达到 4.09 亿人，占比 97%。

36.3.5　典型案例

以阅文集团为例，该公司作为行业领军企业，不断拓展其盈利模式，积极推动版权运营业务，并不断强化内容资源的储备，通过内容培育、全链开发、投资布局的运作策略，在 IP 内容生产体系上日益完善。目前，阅文集团拥有 730 位作家，作品总数达到 1070 部，并收购新丽传媒，投资上海福煦影视文化投资有限公司、娃娃鱼动画工作室等。2018 年，阅文集团版权运营收入达 10 亿元，增长 159.8%。

咪咕阅读致力于全 IP 运营，将内容孵化和渠道合作结合，打造新媒体融合、数字内容聚合、版权交易、内容创业创新等平台。目前，该公司采用优质 IP 自循环、线上线下结合、深化战略合作，不断优化运作策略。例如，打造咪咕杯比赛，充实内容创新；主办 IP 版权峰会，推出阅读咖活动等；与华谊兄弟、华云文化郑和资源，以工作室模式孵化 IP 内容。

36.4　网络招聘

36.4.1　发展概况

从总体环境来看，2018 年在经济面临一定下行压力、中美出现贸易摩擦的大背景下，人才招聘与就业总体上在保持稳定的同时，也面临着一些挑战。从政策方面来看，全国范围内"人才争夺"态势显著，特别是一线、二线城市纷纷推出优惠政策吸引人才。地方政策主要围绕落户问题、住房补贴等方面，释放利好信号。在一定程度上，不同区域、不同城市之间，存在人才失衡的问题。特别是面临着全面深化改革、产业结构调整、发展方式转型的发展趋势，中国经济结构不断转型升级，第三产业增加值在中国 GDP 总量的比重持续增加，2018 年上升至 52.2%。除对 GDP 贡献率提升外，第三产业在吸纳就业能力方面也进一步增强。不同领域的人员流动有所显现，不同行业之间的人才供需也处于动态调整中。因此，经济下行压力会进一步倒逼中国经济结构转型升级，就业总量压力仍会持续增加，就业结构性矛盾也将日益突出，互联网招聘服务质量要求趋于提升。

2018 年中国劳动力人数近 9 亿，其中受过高等教育或具有各类专业技能的人数约为 1.7 亿，占 18.9%。随着信息化技术在各行业的加速推广，企业对人才的要求逐渐提升，不同领域之间人才专业能力切换的速度显著加快，运用信息化手段针对性开展技能培训，更加具有现实的意义。

36.4.2　业务模式

当前，网络招聘行业主要分为五大类模式。一是综合招聘，以 PC 端网站为主要平台，成立时间久，涉及领域广，覆盖人群和行业较为广泛。典型代表如智联招聘、前程无忧等。二是分类平台，基于所在地域的本地化生活服务信息，进而细分出来的招聘业务板块。典型代表如赶集网、58 同城等。三是垂直招聘，聚焦细分行业、细分地域、细分人群的招聘服务。典型代表如猎聘、拉勾等。四是社交招聘，基于社交网络而提供的人脉推荐和招聘服务。五是新兴招聘，典型代表如 BOSS 直聘、斗米等。

36.4.3　用户分析

如图 36.13 所示，2018 年中国互联网招聘用户规模接近 2 亿人，增长率为 15.0%，预计用户规模仍将继续保持稳定增长的趋势。2019 年 1 月，前程无忧以超过 1000 万人的活跃用户数排在招聘类 App 首位；其次是智联招聘，月活跃用户数约为 685.1 万人；BOSS 直聘和斗米这类新兴招聘模式的平台成长较快，月活跃数量均超过 300 万人；定位于中高端人群的猎聘网，App 月活跃数量仅有 154.9 万人，排名较靠后。

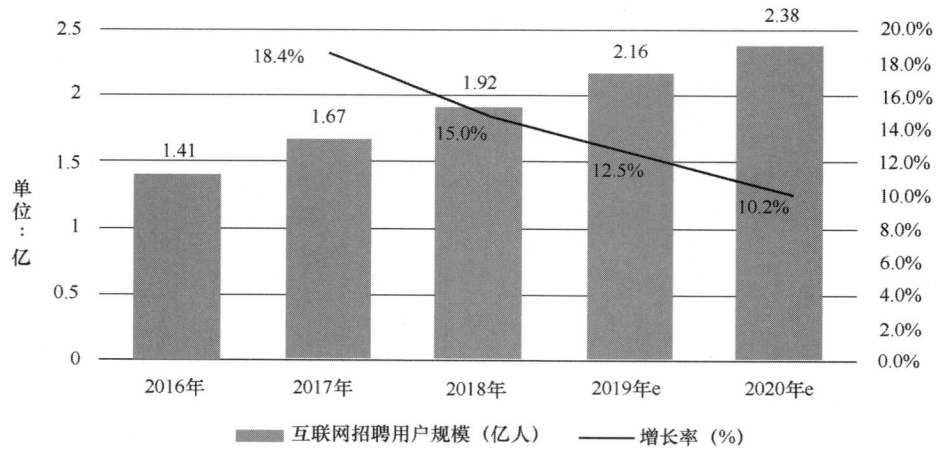

图36.13　2016—2020年中国互联网招聘用户规模及预测

近 80%的求职者偏好利用多个网络招聘平台来拓宽其应聘渠道，其中 52.1%的求职者会使用 2～3 个招聘平台进行求职，使用 4～5 个平台的人数占 17.8%，选用 5 个以上平台的人数占 8.6%；而使用单平台的求职者占比仅为 21.5%，如图 36.14 所示。当前多个互联网招聘平台之间既有竞争关系也有补充关系，它们为求职者提供了多种选择。在当前主要的五种互联网招聘平台模式当中，综合信息招聘平台是众多求职者的首选，占比达 48.5%；其次是分类信息招聘平台，占比为 33.4%；垂直类招聘平台排在第三位，占比为 28.7%；社交招聘平台与新型招聘平台比例相差不大，约为 20%。

求职者在选择网络招聘平台时优先考虑的五大因素分别为求职成功率高、职位匹配精准、企业信息真实、职位信息丰富、信息更新及时，其中求职成功率是首要考虑因素，占比达 29.5%，如图 36.15 所示。在网络招聘平台的各种不良体验中，求职者最介意企业信息不真实，占比达 34.8%；其次是个人信息遭泄露，占比为 31.8%；介意求职耗时长的占 28.1%，信息更新不及时也是求职者较为介意的因素，占比 27.2%。求职者的付费习惯正在形成，仅有 28.7%的调查对象没有使用过招聘平台的付费服务，使用较多的服务主要集中在简历、职业咨询与规划、课程培训等方面。

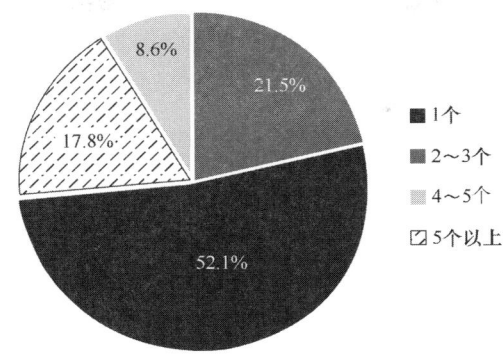

图36.14　2018年中国网络招聘平台使用数量调查

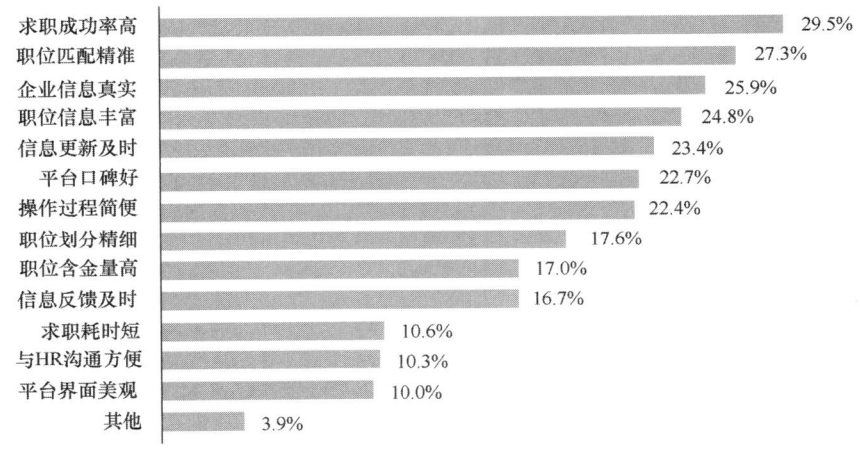

图36.15　2018年网络求职者选择招聘平台时主要考虑因素调查

36.4.4　典型案例

BOSS 直聘上线于 2014 年 7 月，以一种云中介化的模式缩短招聘流程，快速完成招聘。其优势在于，去中介化有利于缩短招聘流程减少中间环节，从而提高效率；有助于减少求职者海投、重复劳动的状况；移动产品属性强，功能和界面设计符合年轻用户使用习惯。其劣势在于，企业老板工作负担加重；审核筛选不严格、岗位不匹配、资源难以有效精准对接；填写个人资料环节流程过于冗长。艾媒咨询分析认为，一方面，企业老板缺乏足够的精力与众多求职者进行直接沟通；另一方面，求职者无法避免个人信息与企业不匹配带来的信息骚扰。由于沟通门槛降低而带来的信息泛滥，让企业老板和求职者都疲于应对，业内也纷纷质疑其模式更趋向于营销噱头而非创新。

斗米成立于 2015 年，隶属于 58 赶集集团，最早定位于兼职平台。2018 年，斗米进行战略调整，由"斗米兼职"升级为"斗米"，品牌定位从兼职平台转变为灵活用工平台。该平台的优势是，依托较大平台，具有良好的发展起步；定位基层岗位，有较大的用户群体；强调灵活用工，扩大服务范畴；覆盖人力资源服务多个环节，有助于提升企业用工效率。其劣势在于，当前国内灵活用工市场仍处在发展初期，市场格局未定；求职者识别、抵抗风险能力较弱；多环节服务对平台的专业服务能力是一种考验。因此，该平台还面临着标准化程度低、供需不稳定、竞争对手多、需求小而散、意见能力弱等问题。

36.5 婚恋交友

36.5.1 市场情况

网络婚恋交友线下服务是线上服务商业链条的延续，用户主要源于线上用户转化，虽然线下用户规模不及线上，但却具有个性化定制、服务灵活度高的特点。线上服务主要包括会员服务、功能特权、增值服务等，线下服务主要包括一对一服务、电话红娘、联谊活动、婚庆服务等。目前，随着大数据、人工智能、云计算等新技术新应用的普及，以婚恋服务为核心的衍生服务拓展和智能化服务提升将是行业发展的主旋律。

如图 36.16 所示，2018 年中国网络婚恋交友行业市场营收为 49.9 亿元，网络婚恋行业在整体婚恋市场中渗透率为 54.4%，预计到 2021 年网络婚恋市场将保持稳定增长态势，总营收将超 70 亿元，渗透率将进一步提升。2018 年，网络婚恋交友 PC 端阅读覆盖人数持续小幅降低，但与此相对，移动端月独立设备数呈小幅波动增长，2018 年整体稳定在 2000 万台左右，月独立设备数整体趋向稳定。造成 PC 端用户减少的原因主要是，用户流量红利效应有所减弱，直播、短视频等对部分用户进行分流，此外移动端服务不断提升也使一些 PC 端用户转移。

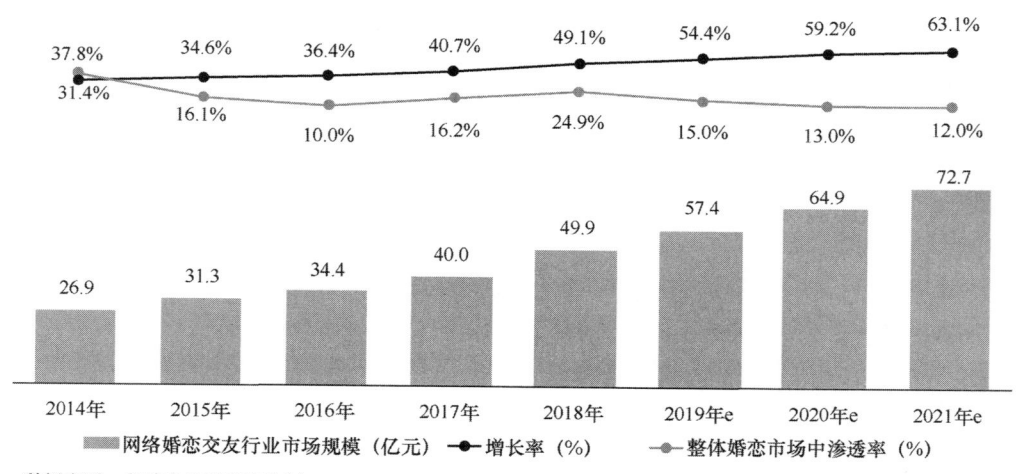

数据来源：艾瑞自助研究及绘制

图36.16 2014—2021年中国整体婚恋与网络婚恋市场规模

36.5.2 商业模式

从产业链来看，通过网络婚恋交友服务平台，整合产业资源，通过婚庆服务、婚姻咨询、蜜月旅行、投资理财等，丰富服务范畴。在提高产业影响力上，一是线上推广，如细分网站广告、导航网站推荐、搜索引擎广告、应用商店广告等；二是活动推广，如线上互动活动、线下互动活动等；三是社会化传播，如微博转发、论坛讨论、新闻报道、朋友圈等；四是线下广告，如电视广告、楼宇广告等。

在盈利模式上，主要分为企业端和用户端盈利模式。一是企业端盈利，一方面包括网络广告展示、网站导流等线上收入，另一方面包括合作商特许经营费、合作商销售分成、直营店营收等线下收入。二是用户端盈利，一方面包括会员费、增值服务费等线上收入，另一方面包括一对一服务、电话红娘、线下活动等线下收入，其中会员费以月度、季度、年度形式收取。

36.5.3　用户分析

2018 年网络婚恋交友行业用户中，男性占比 54.6%，女性占比 45.4%。月收入在 5000 元以上的占比 84.9%，在 1 万元以上占比 34.9%。年龄以 26～34 岁为主体。学历方面，84.9% 为本科以上学历。多数用户重视家庭和事业，对生活品质有一定的追求。

用户当中，年龄偏大、高学历高收入、偏重事业的事业精英占比 18.4%，收入水平中上等、内心向往家庭、注重生活品质感的用户占比 36.1%，年龄较小、收入一般但花销较高、追求新鲜时尚的用户占比 19.8%，最为年轻、生活节省、缺少对品质追求、价格敏感度高的用户占比 25.7%。

总体来看，无论是 PC 端还是移动端，世纪佳缘、百合网、珍爱网处于第一梯队，其中世纪佳缘是受众使用最多的品牌，PC 端占比 39.5%，移动端占比 38.5%。品牌属性、口碑传播、用户体验、数据安全、网站信息是用户选择网站品牌的主要因素。用户目的性整体较为聚焦，以恋爱和结婚为直接目标。世纪佳缘和珍爱网在用户中品牌知名度高，App 下载量较大。百合婚恋网站主要是其网站会员向移动端进行迁移。

61.6% 的用户是为了寻找合适的恋爱对象，58.8% 的用户是为了寻找合适的结婚对象，52.1% 的用户是为了认识约会的对象，48.5% 的用户是为了结交更多的朋友，48.3% 的用户是为了锻炼与异性相处的技巧，如图 36.17 所示。

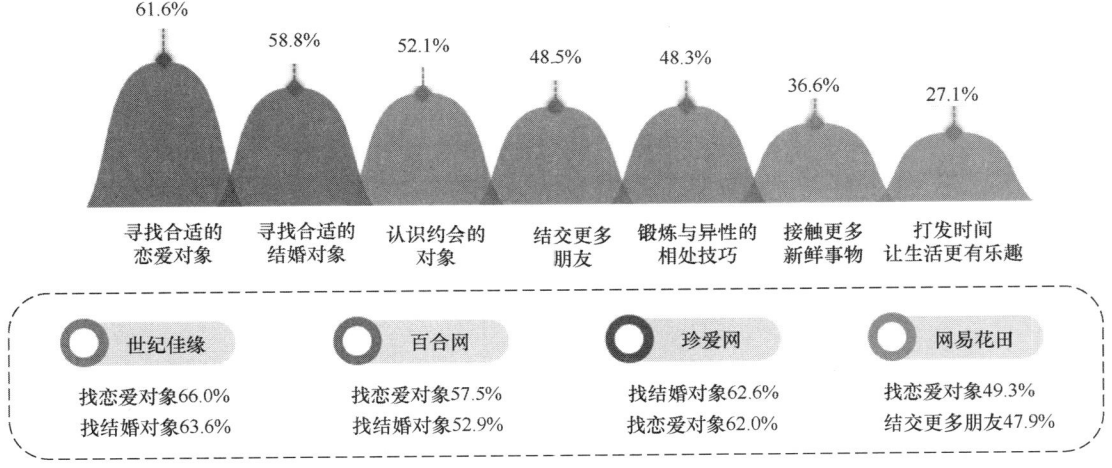

数据来源：N=1500，于2018年12月通过艾瑞iClick社区调研获得

图36.17　2018年中国网络婚恋网站品牌使用目的

随着移动化趋势的不断加深，只使用 PC 端浏览婚恋交友信息的用户日益减少，目前只剩 3.2%；仅使用移动端的用户占比 38.4%，交叉使用 PC 端和移动端的用户占比 58.4%。对用户而言，朋友圈、电视广告、视频网站广告、品牌合作更加具有吸引力。但与此同时，随着新兴社交渠道的竞争及对象匹配度不合适等问题，导致一部分客户的流失。

从应用使用时间段来说，晚上 18 时至 24 时，是用户使用网络婚恋交友服务的高峰时段。62.5%的用户每天使用网络婚恋交友服务 5 次以下，平均单日使用次数为 5.3 次；72.9%的用户每天使用 10～60 分钟，平均单日使用时长达 35.8 分钟，如图 36.18 所示。

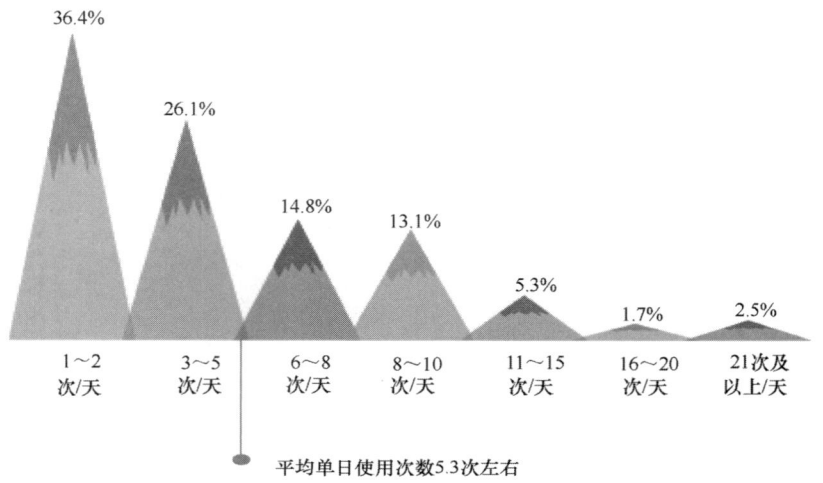

数据来源：N=1500，于2018年12月通过艾瑞iClick社区调研获得

图36.18　2018年中国网络婚恋交友服务用户单日使用次数

在付费方面，调查显示 78.7%的用户曾经使用过线上服务。此外，从付费金额来看，在 100～200 元区间的用户占比最高，达到了 25.5%。从付费动机来看，44%的用户希望获得更加严格的资料审核，39.5%的用户希望获取更多的资料权限，38.9%的用户是为了获得人工服务，37.7%和 36.6%的用户则分别是为了资料置顶和高级隐私保护。仅有 20.9%的用户是为了装扮个人主页。另外，44.5%的用户表示收费水平合理在自己的支付能力以内，39.8%的用户表示付费能获得更让人放心的服务，39.5%的用户表示可以享受更多增值服务。但与此同时，还有一些用户不愿意付费，只愿意享受免费服务。39.2%的用户表示，免费的模式已经能够满足其需求，35.7%的用户表示收费太高，还有 34.2%的用户表示付费功能不够吸引人。此外，有 93.7%的用户表示曾参与过线下付费服务，其中线下相亲会和线下一对一服务最受欢迎。

（申涛林）

第四篇

回顾篇

 中国互联网发展 25 周年回顾

第 37 章　　中国互联网发展 25 周年回顾

37.1　中国全功能接入互联网

1986 年，北京市计算机应用技术研究所实施的国际联网项目——中国学术网（Chinese Academic Network，CANET）启动。1987 年 9 月，CANET 在北京计算机应用技术研究所内正式建成中国第一个国际互联网电子邮件节点，并于 9 月 14 日发出了中国第一封电子邮件："Across the Great Wall we can reach every corner in the world.（越过长城，走向世界）"，揭开了中国人使用互联网的序幕。这封电子邮件是通过意大利公用分组网 ITAPAC 设在北京侧的 PAD 机，经由意大利 ITAPAC 和德国 DATEX-P 分组网，实现了和德国卡尔斯鲁厄大学的连接，通信速率最初为 300bps。

1988 年 12 月，清华大学校园网采用胡道元教授从加拿大 UBC 大学（University of British Columbia）引进的采用 X400 协议的电子邮件软件包，通过 X.25 网与加拿大 UBC 大学相连，开通了电子邮件应用。 同年，中国科学院高能物理研究所采用 X.25 协议使该单位的 DECnet 成为西欧中心 DECnet 的延伸，实现了计算机国际远程联网以及与欧洲和北美地区的电子邮件通信。1991 年，中科院高能所又连入美国斯坦福线性加速器中心（SLAC）的 LIVEMORE 实验室，并开通电子邮件应用。

1990 年 11 月 28 日，钱天白教授代表中国正式在 SRI-NIC（Stanford Research Institute's Network Information Center）注册登记了中国的顶级域名 CN，并且从此开通了使用中国顶级域名 CN 的国际电子邮件服务，从此中国的网络有了自己的身份标识。由于当时中国尚未实现与国际互联网的全功能连接，中国 CN 顶级域名服务器暂时建在了德国卡尔斯鲁厄大学。直到 1994 年 5 月 21 日，在钱天白教授和德国卡尔斯鲁厄大学的协助下，中国科学院计算机网络信息中心完成了中国国家顶级域名（CN）服务器的设置，由钱天白、钱华林分别担任中国互联网的行政联络员和技术联络员，改变了中国的 CN 顶级域名服务器一直放在国外的历史。

1994 年 4 月 20 日发生了足以载入互联网史册的重要历史性事件。NCFC 工程通过美国 Sprint 公司连入互联网的 64K 国际专线开通，实现了与互联网的全功能连接，从此中国被国际上正式被承认为有互联网的国家。一个月后，中国科学院高能物理研究所设立了国内第一个 Web 服务器，推出中国第一套网页，内容除介绍中国高科技发展外，还有一个栏目叫"Tour in China"。此后，该栏目开始提供包括新闻、经济、文化、商贸等更为广泛的图文并茂的信息，并改名为《中国之窗》。

同时，为建设与互联网发展所需的基础设施，中国开始部署、筹建全国性骨干网络。

1993 年 3 月，国家公用经济信息通信网（简称"金桥工程"）作为国民经济信息化的一项重要措施，启动部署建设，于 1995 年 8 月初步建成，在 24 省市开通联网（卫星网），并与国际网络实现互联。

1995 年 4 月，中国科学院启动京外单位联网工程（简称"百所联网"工程）。其目标是在北京地区已经入网的 30 多个研究所的基础上把网络扩展到全国 24 个城市，实现国内各学术机构的计算机互联并和互联网相连。到 1995 年年底，完成了 12 个分院到北京的连接，使京外的 80 多个研究所进入了互联网。在此基础上，网络不断扩展，逐步连接了中国科学院以外的一批科研院所和科技单位，成为一个面向科技用户、科技管理部门及与科技有关的政府部门服务的全国性网络，取名"中国科技网"（CSTNet）。

1994 年年初，国务院发文批准组建中国联合通信有限公司，在基础电信业务领域引入有限竞争；1998 年 3 月，全国人大批准国务院机构改革方案，国家成立信息产业部，实现彻底的政企分开，启动电信业的重组；1999 年 2 月，国务院通过中国电信重组方案，此后分别批复组建中国移动通信集团公司、中国电信集团公司和中国卫星通信集团公司，三大集团公司陆续挂牌。1999 年 4 月，中国网络通信有限公司成立。2000 年 12 月，铁道通信信息有限责任公司成立。2002 年 5 月 16 日，重组后的中国电信集团公司和中国网络通信集团公司挂牌成立。经过改革重组，中国基础电信市场竞争格局初步形成。这些电信运营商分别运营带有独立国际出入口的互联网络，2002 年中国共有 9 家网络运营商（即 9 大互联网络单位），它们分别是中国公用计算机互联网（CHINANET）、中国科技网（CSTNET）、中国教育和科研计算机网（CERNET）、中国联通互联网（UNINET）、中国网通公用互联网（CNCNET）、中国移动互联网（CMNET）、中国国际经济贸易互联网（CIETNET）、中国长城互联网（CGWNET）和中国卫星集团互联网（CSNET）。这 9 大互联网络单位通过大力发展电信基础设施建设和不断提高电信服务质量，极大地推动着中国互联网的发展，中国互联网开始进入一个高速发展阶段。

37.2　电信业重组

自 1994 年至今，我国由早期的电报语音部署至移动数据通信领域，再建设至如今的宽带基础网络设施，提供了高速的互联网骨干和接入网络，为互联网行业飞跃式发展提供了坚实的网络基础。为满足经济发展战略的方针和政策，按照当期国民经济发展的整体布局，我国电信产业经历了数次演进和变革。

中国电信业改革始于 1994 年，当时中国电信拥有员工 100 万，固定资产 6000 亿元，同年中国联通成立，中国电信业的坚冰被正式打破。1998 年，电信业实现政企分开。如图 37.1 所示，1999 年，原中国电信一分为四，将寻呼、移动、卫星业务分离。原中国电信拆分成新中国电信、中国移动和中国卫星通信 3 个公司，寻呼业务并入联通，同时为符合全球电信发展大趋势，在通信领域实现市场化竞争，网通公司、吉通公司和铁通公司获得了电信运营许可证。2000 年全国电信市场形成了中国电信、中国移动、中国联通、中国卫通、吉通通信、中国网通与中国铁通 7 家群雄逐鹿的格局。

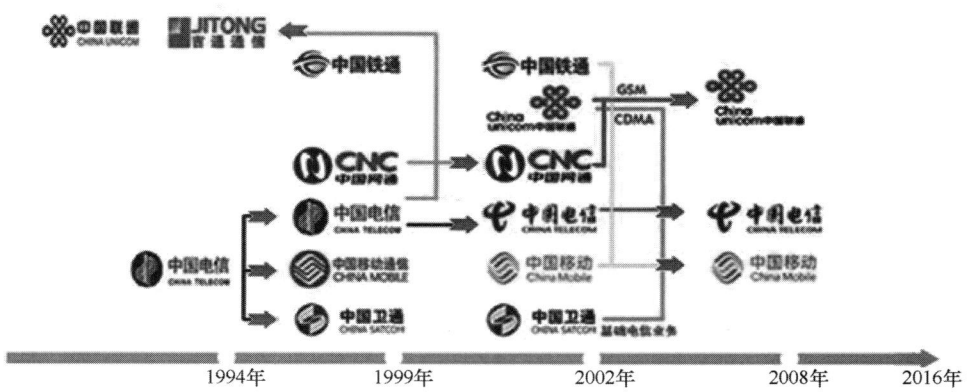

图37.1　中国电信业重组示意图

2001 年，中国电信南北分家，再次拆分重组后形成新的 5+1 格局，包括了中国电信、中国网通、中国移动、中国联通、中国铁通以及中国卫星通信集团公司。拆分原则有二：一是中国电信长途骨干网将按照光纤数和信道容量进行分家，其中北方 10 省与网通、吉通合并后的中国网络通信集团公司占有 30%，南方和西部 21 省组成新的中国电信占有 70%；二是本地接入网将按照属地原则划分，即北方 10 省的本地网资源归中国网通，南方和西部 21 省的本地网归新的中国电信。另现网通在南方的分公司将继续存续，而新中国电信被允许到北方发展业务，此次重组不涉及移动业务，在重组过程中吉通公司消失。

如图 37.2 所示，2008 年，工信部按照存量用户营收规模及属地化原则，通过拆分合并，最终形成中国移动、中国电信和中国联通三足鼎立之势。2009 年 1 月，工信部向三家基础电信运营商发放第三代移动通信（3G）牌照，自此，三家基础电信运营商都成为全业务牌照运营商，在通信网络和市场领域展开了充分竞争，通信新技术、新业务迅速拓展，国家通信产业得到长足发展，公众享受到高带宽低资费多应用的通信福利，标志着我国电信产业发展步入一个新时代。

重组前	用户数 （2008年4月）	营收	新用户规模	重组后
中国电信 CHINA TELECOM	固话：2.1629亿元 宽带：3836万元	营业额：438.46亿元 净利润：62.51亿元	宽带：3836万 移动：4309.8万 固话：2.1629亿	中国电信 CHINA TELECOM
CNC 中国网通	固话：1.087亿元 宽带：2212万元	营业额：202.17亿元	宽带：2212万 移动：1.25434亿 固话：1.087亿 无线市话：2868万	China UNICOM中国联通
中国移动通信 CHINA MOBILE	移动：3.995亿元	营业额：930.24亿元 净利润：6241.02亿元		
China UNICOM中国联通	移动：1.6853亿元	主营业务：254.8亿元 净利润：20.22亿元	移动：3995亿 固话：2079万 宽带：283万	中国移动通信 CHINA MOBILE
中国铁通 CHINATIETONG	固话：2079万元 宽带：283万元	主营收入：166亿元		
中国卫通 CHINA SATCOM	卫星通信数字集群			中国卫通 CHINA SATCOM

图37.2　2008年中国电信业重组存量数据变化图

37.3 互联网基础设施建设

为适应互联网业务的快速发展，25 年来基础电信企业和互联网企业积极布局互联网基础设施建设，加快实现由骨干网向城域网延伸，通信局房、管道、基站铁塔等配套设施建设力度不断加大，有效保障宽带网络快速发展，为网络强国的实现提供了强有力的保障。

回顾 25 年的发展历程，我国互联网普及率的持续提升和充沛的互联网基础资源保有量，为互联网蓬勃发展提供了土壤。

（1）国家级骨干网建设

2001 年投入使用的国家互联网骨干直联点有北京、上海、广州 3 个，2014 年新增成都、武汉、西安、沈阳、南京、重庆和郑州骨干直联点，建成后网间互联能力达 6676G，全国互联总带宽增幅约为 50%，达到 2450G。新增试点地区的网络访问速率平均提高了 1～2 倍，时延和丢包率降低 60% 以上。2016 年 11 月，增设杭州、贵阳贵安、福州国家级互联网骨干直联点，至此我国互联网骨干直联点从 3 个增加到 13 个。我国网间互联互通总体时延性能从 2014 年的开通前的 68.18ms 降至 2018 年的 46.15ms，降幅达 32.31%。

（2）光缆线路铺设

1997 年，全国光缆线路长度 55.69 万千米。2002 年光缆线路长度增至 224.6 万千米，比 2001 年增加 42.7 万千米，骨干传输网步入 10G 时代，带宽接入网正在深入到主要城市中的居民社区，2007 年以 35% 的同比增速达到历史峰值。2009 年，全国光缆线路长度净增 148.8 万千米，达到 826.7 万千米，较 1997 年增幅达 14.8 倍。

2013 年"宽带中国"战略发布，基础电信运营商全力推动"光进铜退"战略，2013 年年底全国光缆线路长度净增 264.8 万千米，达到 1745.37 万千米。2017 年新建光缆线路长度达历史峰值 738 万千米，至 2018 年全国光缆线路总长度达 4358 万千米，同比增长 15.4%。

（3）宽带网络覆盖

2009 年，在完成"村村通"工程基础上，国家加大弱覆盖区域宽带建设，宽带通行政村覆盖率从 70% 逐步提升，2012 年光纤和 3G 网络已覆盖全国所有城镇，全年新增 1.93 万个行政村通宽带，行政村通宽带比例从年初的 84% 提高到 87.9%，新增 1 万余个自然村通电话，20 户以上自然村通电话比例从年初的 94.7% 提高到 95.2%。2013 年国家实施"宽带中国"战略，至 2015 年年底，中国实现 100% 的行政村通电话、100% 的乡镇通宽带，农村地区互联网宽带接入端口超过 1.3 亿个，我国行政村通宽带比例超过 94%。2018 年 10 月，国家行政村通宽带的比例超过 96%，贫困村宽带的覆盖率达到 86%。

（4）宽带接入端口

2003 年，我国互联网宽带接入端口数量为 1802.3 万个。2010 年，基础电信企业互联网宽带接入端口为 18781.1 万个，是 2003 年的 10.4 倍。2012 年，互联网宽带接入端口数量达 3.2 亿个，比 2011 年净增 8869 万个，并以 38.2% 的同比增幅达到历史峰值。受"光进铜退"战略影响，xDSL 端口逐年减少。截至 2018 年年底，互联网宽带接入端口数量达 8.86 亿个，比 2017 年净增 1.1 亿个。其中，光纤接入端口数量达 7.8 亿个，占互联网接入端口的比重提升至 88%；xDSL 端口总数降至 1646 万个，占互联网接入端口的比重下降至 1.9%。

（5）网络速率

近年来，网络速率逐年提升，"提速降费"战略效果显著。2014 年 3 月，固定宽带网络平均下载速率为 3.71Mbps。2015 年，国家大力推进"提速降费"工作，网速实现翻番式增长，提速成效显著。2016 年 9 月，4G 网络平均下载速率为 11.83 Mbps，2018 年 6 月，我国固定宽带和 4G 网络用户下载速率双双超越 20Mbps，2018 年 12 月，移动宽带网络平均下载速率为 22.05Mbps，同比提升了 21.3%。固定宽带网络评价可下载速率为 28.06Mbps，同比提升了 47.6%，是 2014 年 3 月的 7.58 倍。

2015 年光纤宽带用户数增速明显，同比增加 117%，2016 年光纤宽带用户数达到 2012 年的 11.2 倍，截至 2018 年 12 月三家基础电信企业的固定互联网宽带接入用户总数达 4.07 亿户，全年净增 5884 万户。其中，光纤接入（FTTH/O）用户 3.68 亿户，占固定互联网宽带接入用户总数的 90.4%，较 2017 年年末提高了 6.1 个百分点。100Mbps 及以上接入速率的固定互联网宽带接入用户总数达 2.86 亿户，占固定宽带用户总数的 70.3%，占比较 2017 年年末提高了 31.4 个百分点。

（6）移动数据流量

智能终端的普及和移动网民的增加，为移动互联网发展带来了较高的流量需求。2009 年我国移动互联网流量达到 1.17 亿 GB，2013 年移动互联网流量增至 13.21 亿 GB，是 2009 年的 11 倍，手机上网在移动互联网接入流量中的比重达到 71.7%。2017 年移动互联网接入流量消费达 246 亿 GB，同比增长 162.7%，全年移动互联网接入月户均流量（DOU）达到 1775MB，同比增长 130%。截至 2018 年年底，移动互联网接入流量消费达 711 亿 GB，比 2017 年增长 189.1%，增速较 2017 年提高了 26.9 个百分点，DOU 达 4.42GB/月/户，是 2017 年的 2.6 倍；12 月当月 DOU 高达 6.25GB/月/户。其中，手机上网流量达 702 亿 GB，比 2017 年增长 198.7%，在总流量中占 98.7%。

（7）2G—3G—4G—5G

1995 年我国开通了 2G 网络 GSM 运营，1999 年移动电话普及率达到 3.50 部/百人，是 1995 年的 11.7 倍。2002 年开通了 2G 网络 CDMA 运营，至 2009 年，全年净增 2G 用户 1.06 亿户，达到 7.47 亿户。2009 年 3 月份净增移动电话用户 1055.1 万户，刷新单月增长纪录，移动电话普及率达到 56.3 部/百人。

2010 年我国正式启用 3G 网络商用服务，2012 年全国移动电话用户达到 11.12 亿户。其中 3G 年净增用户首次突破 1 亿户，达到 2.32 亿户，占净增移动用户的 93.8%。2013 年，2G 移动电话用户减少 5185 万户，在移动电话用户的占比降至 67.3%。同年，新增 3G 移动电话用户 1.69 亿户，总规模突破 4 亿户，在移动用户中的渗透率达到 32.7%，同比提高了 11.8 个百分点。

2015 年我国正式启用 4G 网络商用服务，2G 手机用户减少 1.83 亿户，是 2014 年净减数的 1.5 倍，占比降至 39.9%。4G 新增用户约为 2.89 亿户，总数达 3.86 亿户，手机用户渗透率达 29.6%。由于边远地区 3G 和 4G 网络覆盖率较低，2G 仍具有一定的用户规模。2018 年我国移动电话用户总数达到 15.7 亿户，4G 用户总数达 11.7 亿户。移动宽带用户（3G 和 4G 用户）总数占到移动电话用户的 83.4%。移动电话用户普及率达到 112.2 部/百人，是 1995 年的 374 倍。全国已有 24 个省市的移动电话普及率超过 100 部/百人。

从 2010 年 3G 商用以来，2G 基站占比逐年下降。2017 年我国 2G 基站数为 157 万个，占比为 25.36%；3G 基站数为 134 万个，占比为 21.65%；4G 基站数净增加 65 万个，达 328 万个，占比为 52.99%；2018 年，全国净增移动通信基站 29 万个，总数达 648 万个。其中 4G 基站净增 43.9 万个，总数达到 372 万个。

2018 年 12 月，5G 网络中低频段试验频率使用许可颁发，全国 5G 试验规模展开，2019 年 6 月 5G 商用牌照正式颁发，我国 5G 时代正式开启。

（8）下一代互联网建设

目前，中国电信、中国移动、中国联通、中国广电、教育网等互联网骨干网单位已经完成北京、上海、广州、郑州、成都 5 个互联网骨干直联点的 IPv6 改造，累计开通 IPv6 网间带宽 3.5Tbps，截至 2018 年 12 月，我国 IPv6 地址数量为 41079 块/32，年增长率为 75.3%；域名总数 3792.8 万个，其中 ".CN" 域名总数为 2124.3 万个，占域名总数的 56.0%。主要电信运营企业 IPv6 网内平均时延达到 34.37ms，已接近 IPv4 网内时延，网内平均丢包率为 0.4%，相比 IPv4 还有一定差距。

我国正在继续推动 IPv6 大规模部署，进一步规范 IPv6 地址分配与追溯机制，有效提升 IPv6 安全保障能力，推动 IPv6 的全面应用。在域名方面，2018 年我国域名高性能解析技术不断发展，自主知识产权软件研发取得新突破，域名服务安全策略本地化定制能力进一步增强。

37.4　网民情况

（1）网民

1997 年，我国上网用户数约为 62 万人，而 1999 年当年即增加 680 万人，同比增速 323.8%，增速达历史峰值。在此之后，网民规模保持高速增长态势。到 2008 年年底，我国网民规模达 2.98 亿人，普及率为 22.6%，超过全球平均水平。

2010 年，中国网民规模突破 4 亿人大关，达到 4.2 亿人，是 1997 年网民规模的 677 倍，互联网普及率随之攀升至 31.8%。在此之后，我国网民规模虽然保持持续性增长，但其增速却已开始逐渐放缓，网民增长速率迎来历史性拐点。截至 2018 年年底，我国网民规模已达 8.29 亿人，互联网普及率为 59.6%，超过全球平均水平 2.6%。

（2）移动网民

2006 年，我国使用手机上网用户数约为 1700 万，手机作为重要上网终端迅速崛起。2012 年 6 月，我国手机上网网民规模达到 3.88 亿人，相比之下台式计算机网民规模为 3.80 亿人，笔记本电脑网民规模为 2.42 亿人，手机成为我国网民的第一大上网设备终端。

2014 年，移动网民规模达 5.27 亿人，网民覆盖率提升至 83.4%，首次超越传统 PC 网民规模。截至 2018 年年底，我国移动网民规模达 8.17 亿人，全年新增 6433 万人，占比 98.6%；使用台式计算机、笔记本电脑和平板电脑上网的网民规模占比分别为 48.0%、35.9% 和 29.8%。

（3）城乡网民

多年以来，我国农村网民规模虽然基数较低，但其增长十分迅速，增速远远超过城镇。2007 年，我国农村网民规模达 5262 万人，同比增速 127.7%，远高于城镇网民 38.2% 的增速。

到 2013 年年底,我国农村网民规模达到 1.77 亿人,较 2012 年年底增加 2101 万人,增速 13.5%,同时城镇网民规模增速为 8.0%,城乡网民规模的差距继续缩小,农村网民在整体网民中的占比增加。截至 2015 年年底,我国农村网民规模达 1.95 亿人,较 2014 年增加 1694 万人,增速为 9.5%,城镇网民规模增速为 4.8%,农村网民规模增速是城镇的 2 倍。

（4）计算机用户

1999 年,我国上网计算机总数为 350 万台,较 1998 年年底增加 273.5 万台,增幅达到 368.5%。此后我国上网计算机总数呈现高速增长态势,到 2007 年,我国上网计算机数达到 6710 万台,较 2006 年年底半年增长 770 万台,是 1997 年计算机总数的 224.4 倍。

（5）国际对比

2008 年,我国网民规模达 2.98 亿人,增速为 41.9%,互联网普及率 22.6%,超过了世界平均水平,网民规模超越美国稳居世界第一。2010 年,全球网民规模突破 20 亿人大关,达 20.8 亿人,我国网民规模占全球网民规模的 23.2%,占亚洲网民规模的 55.4%。2012 年,全球网民规模突破新高攀升至 25 亿人,欧洲网民规模突破 5 亿人大关,亚洲则突破 10 亿人大关,我国网民数量占全球网民总量的 22.2%,占亚洲网民总数的 52.5%。2016 年,我国网民规模首超 7 亿人,连续 9 年位居全球第一;其互联网普及率为 53.2%,较 2015 年年底提升了 2.9 个百分点,超过全球平均水平 3.1 个百分点,超过亚洲平均水平 7.6 个百分点。

（6）上网方式

2000 年,我国 70.18% 的网民通过拨号上网,拨号上网是当时网民的主要上网方式。到 2005 年年底,拨号上网的网民占比降至 45.9%,降幅为 13.7%;专线上网网民数占比降至 26.2%,降幅 4.6%;通过宽带上网的网民数占比增至 57.9%,增幅 50.2%,相比宽带上网网民人数迅速增长的态势,拨号上网网民人数和专线上网网民人数首次出现了负增长。到 2008 年年底,已有 2.7 亿的网民通过宽带接入互联网,较 2007 年增长一个多亿,占比达 90.6%,宽带上网已经成为绝对主流。

（7）上网地点

1997 年,选择在家上网的网民比例为 25.3%,到 2007 年增至 67.3%,同比增幅为 35.7%;选择网吧上网网民占比为 33.9%,增幅 60.9%。此后,随着个人电脑价格愈发亲民,宽带入户普及率逐步提升,选择在家上网的网民规模持续提升。到 2012 年年底,我国有 91.7% 的网民在家上网,较 2011 年提升了 2.9 个百分点;在单位上网的网民占比 32.4%,与往年基本保持一致;在网吧上网的网民占 22.4%,较 2011 年下降了 5 个百分点。

（8）上网目的

从网民的访问目的来看,在 1998 年,我国网民上网主要是为了查询信息和收发邮件,占比分别为 95% 和 94%;其次是为了下载软件或沟通交流,占比分别为 77% 和 42%。到 2004 年年底,只有 39.1% 的用户上网是为了获取信息,较 1998 年同比减少 55.9%;其次是为了休闲娱乐,占比 35.7%,较 2003 年年底增加了 3.5 个百分点。2010 年年底,54% 网民的首选上网目的是获取资讯,较 2009 年年底减少了 3 个百分点;为了休闲娱乐、与人沟通及网上新闻的用户占比分别为 42%、38% 和 30%,与 2009 年年底基本保持一致。

（9）上网时长

2001 年,我国网民人均每周上网时长为 8.5 小时。2010 年,我国网民人均每周上网时长增至 18.3 小时，10 年间增加 9.8 小时。2013 年，人均每周上网时长达 25.0 小时，同比增幅最高，达到 4.5 个小时。2013—2018 年，我国网民人均上网时长均在 25 小时以上，其中 2018 年的人均周上网时长为 27.6 小时。

（10）非网民

2004 年，我国非网民数量约为 12.11 亿人，占我国人口总人数的 92.8%。到 2007 年年底，我国非网民数量降至 11.03 亿人，较 2006 年年底减少了 8200 万人，占比减少了 6 个百分点，达到历年降幅峰值。截至 2017 年年底，我国非网民数量为 6.42 亿人，较 2016 年年底减少了 4900 万人，减幅 4.5%，占比减少了 2.6 个百分点。

2002 年，非网民不上网的最主要原因是"不懂电脑/网络"，占比 40.8%；其次是"没有上网设备"和"没有时间"，占比分别为 27.7% 和 18.7%；在未来是否可能上网的问题上，6.4% 的非网民表示一年内有可能上网。到 2007 年年底，"不懂电脑/网络"仍是非网民不上网的最主要原因，占比 48.9%；"没有时间"和"没有上网设备"占比分别为 25.5% 和 20.8%；15% 的非网民表示半年内有可能上网。到 2018 年年底，我国非网民规模为 5.62 亿人，"不懂电脑/网络"仍是非网民不上网的主要原因，占比 54%；文化程度成为限制非网民不上网的次要原因，占比为 33.4%；"没有上网设备"和"没时间上网"影响越来越小，占比分别为 10.0% 和 8.8%。

37.5　基础资源

（1）网站

1997 年，我国 WWW 站点数约为 1500 个，到 1999 年年底我国 WWW 站点数扩增至 15153 个，是 1997 年站点数的 10 倍。2000 年年底，我国 WWW 站点数达到 26.5 万个，一年时间我国 WWW 站点数增加了 16.5 倍，达到历年站点数增幅峰值。2000 年以来，我国网站数量保持快速增长，到 2008 年年底，我国网站数达到 287.8 万个，增幅 91.4%，较 2007 年年底增加 138 万个，是历年网站数增加数量最大的一年。

（2）网页

2003—2010 年，我国网页规模保持每年翻番式增长，年均复合增长率 113%。在 2005 年，我国网页数量约为 26 亿个，增幅达到 198.9%，是 2003 年以来网页规模增幅最大的一年。到 2014 年年底，我国网页数量已达到 1899 亿个，较 2017 年年底增加 399 亿个，增幅 11.8%，达到历年网页数量的增幅峰值。

（3）域名

我国域名数量长期保持快速增长势头，到 2007 年年底，我国域名总数达到 1193 万个，较 2006 年年底增加 782 万个，增幅达到 190.4%，达到历年增幅峰值，数量较 2006 年年底增加了 2.9 倍。到 2015 年年底，我国域名总数增至 3102 万个，较 2014 年年底增加了 1042 万个，增幅 50.6%。

（4）".CN"域名

2001 年我国各类顶级域名中，".CN"的结构占比仅有 16%，经过多年发展，".CN"域名得到快速发展，仅 2007 年一年，".CN"域名数增加了 4 倍，达到 900 万个，在域名总数中占比达 75.4%，第一次全面超过境内用户注册的通用顶级域名，并且与其他国家顶级域名相比，世界排名仅次于德国，居于第二。到 2015 年年底，我国 ".CN" 域名数达 1636 万，年增长 47.6%，占我国域名总数的 52.8%，超越德国成为全球国家域名第一。

（5）中文域名

2012 年，".中国" 域名总数为 28 万个，在我国域名总量中占比约 2.1%。到 2017 年年底，".中国" 域名数量增长至 190 万，增幅达 299.8%，达历年增幅峰值，占比较 2016 年年底提高了 3.8%。

（6）IPv4 地址

2002 年，我国拥有 IPv4 地址数量为 2900 万个。自 2003 年开始，我国 IPv4 地址数量保持快速增长。到 2008 年 6 月，我国拥有 IPv4 数量为 1.58 亿个，增幅为 33.7%，位居世界第二。随后 IPv4 数量增速放缓，2011 年 2 月，全球 IPv4 地址数分配完毕，此后我国 IPv4 地址总量基本维持不变，截至 2013 年年底，我国 IPv4 地址数量共计 3.30 亿个。

（7）IPv6 地址

2011 年 6 月，我国拥有 IPv6 地址 429 块/32，排名世界十五位。到 2011 年年底，我国拥有 IPv6 地址 9398 块/32，较 2011 年同期大幅增长。到 2012 年 6 月底，我国拥有 IPv6 地址数量为 12499 块/32，较 2012 年年底增幅 33.0%，在全球的排名由 2011 年 6 月的第十五位迅速提升至第三位，仅次于巴西和美国。到 2013 年年底，我国 IPv6 地址数量为 16670 块/32，较 2012 年增幅 33.0%，全球排名第二。

（8）国际出口带宽

2000 年，我国国际出口带宽为 2799Mbps，是 1999 年年底我国国际带宽的 8 倍。2001—2008 年，我国国际出口带宽呈现持续性稳定增长态势。到 2008 年年底，我国国际出口带宽达到 640287 Mbps，较 2007 年年底增幅 73.6%，是 1997 年的 25.408Mbps 的 2.5 万倍。到 2013 年年底，我国国际出口带宽为 3406824Mbps，增幅达到 79.3%。截至 2018 年年底，我国国际出口带宽达到 8946570Mbps，这一数字是 10 年前的 14 倍，是 20 年前的 35 万倍。

37.6　电子商务

电子商务作为中国互联网发展的主流应用之一，经历了很长的发展时间，到目前已经成为中国互联网产业最大的一部分，它提升了中国人的消费品质，并且为发展中国经济做出了巨大的贡献。从互联网进入中国开始，通过互联网来进行创业，就一直引发了大量的探索与实践，可将其分成以下几个阶段。

（1）1993—1999 年：起步期

1993 年，政府领导组织开展 "三金工程" 阶段，为电子商务发展打下坚实的基础。1993 年成立了以时任国务院副总理邹家华为主席的国民经济信息化联席会议及其办公室，相继组织了金关、金卡、金税等 "三金工程"，取得重大进展。

（2）1998—2000 年：雏形期

1998 年 3 月，中国第一笔互联网网上交易成功。

1998 年 10 月，国家经贸委与信息产业部联合宣布启动以电子贸易为主要内容的 "金贸工程"，它是一项推广网络化应用、开发电子商务在经贸流通领域的大型应用试点工程。

1999 年 3 月，8848 等 B2C 网站正式开通，网上购物进入实际应用阶段，8848 成为第一个电子商务公司。

（3）1999—2009 年：高速发展期

1999 年 5 月，中国第一家电子商务 C2C 平台 8848 成立，同年 8 月，易趣在上海成立，一个月以后，马云创办的阿里巴巴出现在市场上，而同样属于 C2C 的淘宝网于 2003 年正式诞生。到后来，曾经被誉为"中国电子商务领头羊"的 8848 逐渐没落，而易趣也卖给了美国的 eBay。在成长过程中，淘宝愈发贴合国内中小卖家的需求，在随后的竞争中击败 eBay 易趣，成为中国电子商务 C2C 领域的领头羊，并在 2008 年启动 B2C 业务，成立淘宝商城，随后在 2012 年将淘宝商城更名为天猫商城。2003 年，刘强东复制国美、苏宁的模式尝试开展线下业务，却因为非典的流行而关闭了全部线下业务，进而转战线上，于 2007 年更名为京东商城。亚马逊在收购了卓越商城后，也正式进入了中国。与此同时，苏宁和国美等传统企业也积极布局电子商务，一时间各大互联网企业纷纷开展了电子商务业务，以各自所属的垂直领域优势整合资源，拓展电子商务市场。

这一时期，我国陆续出台了一系列重要的法律法规和政策，支持了电商的稳步发展。在"十一五"规划中，提出要"积极发展电子商务"，强调"建立健全电子商务基础设施、法律环境、信用和安全认证体系，建设安全、便捷的在线支付服务平台"，为我国电子商务的发展明确了指导方向。2007 年 3 月，商务部发布了《关于网上交易的指导意见（暂行）》，提出要推动网上交易健康发展，逐步规范网上交易行为，帮助和鼓励网上交易各参与方开展网上交易，警惕和防范交易风险，进一步规范了电子商务市场秩序。

（4）2009 年至今：成熟期

淘宝商城于 2009 年 11 月 11 日举办了名为"双十一网购狂欢节"的促销活动，取得了良好的效果，之后各家电商平台纷纷效仿，从此每年的"双十一"作为网购狂欢节逐渐固化下来。2018 年的"双十一"再次刷新纪录，全网销售额达 3143 亿元，同比增长 23.8%。

2014 年国内消费市场全年实现社会消费品零售总额 26.2 万亿元，其中电子商务交易额（包括 B2B 和网络零售）达到约 13 万亿元，同比增长 25%，电子商务业务已占消费品零售业的半壁江山。

随着移动互联网的快速发展，电子商务的发展重心逐渐从 PC 端向移动端转移。各种各样的新模式也纷纷涌现，包括聚美优品这样定位于垂直的电商、限时特卖的唯品会、跨境电商的洋码头、母婴电商的蜜芽、社交电商的拼多多等。跨境电商集中出现于 2014 年。截至 2018 年年底，跨境电商进出口商品总额达 1347 亿元，同比增长 50%，同年社交电商市场规模据估算突破万亿元。

这一期间，国家大力支持电子商务发展，2015 年 6 月 20 日，国务院办公厅印发了《关于促进跨境电子商务健康快速发展的指导意见》，对于如何在新形势下促进跨境电子商务的良性发展提出了指导意见。

2008 年中国电子商务交易总额仅仅达 3.4 万亿元，2010 年交易总额超 4 万亿元，到了 2013 年中国电子商务交易总额一举突破 10 万亿元。截至 2018 年年底，中国电子商务交易总额已突破 30 万亿元，达到了 31.63 万亿元。2008—2018 年，电子商务市场规模增长了近 10

倍。而在网络零售方面，中国网络零售交易规模从 2008 年的 0.13 万亿元猛增至 2018 年的 9 万亿元。中国已成为全球第一的网络零售大国。

2017 年，线上线下结合成为新的发展趋势，互联网巨头都开始发力线上线下的资源整合，通过"大智移云物"等信息技术推动电子商务转型。同时，全球化电商初见雏形，阿里巴巴和苏宁等企业大力发展全球买、全球卖，电子商务行业的巨头开始迈步走出国门。

电子商务快速发展后，行业监管也在努力跟上。2018 年 8 月 31 日，《中华人民共和国电子商务法》正式颁布实施，明确了电子商务经营者的责任界定，进一步规范了电子商务市场秩序，促进了电子商务持续健康发展。

37.7　社交网络服务

社交网络服务泛指具有社交功能的互联网应用，围绕着展现自我、认识他人、交流互动三大社交主需求衍生出了越来越丰富的应用类型。

中国社交网络走过三个发展阶段：第一阶段是本土互联网产品从边缘走向中心、从小众走向大众，如各类论坛社区等；第二阶段是受国际互联网应用启发，实现本土化应用，如借鉴 ICQ 发展出的 QQ 等；第三阶段是社交网络在本土崛起、走向海外的故事，中国互联网产业的世界级创新获得国际社会瞩目。

（1）1994—2005 年：BBS 时代

中国社交媒体发展可以溯源至"BBS 时代"。1994 年 5 月，中国第一个网络论坛（BBS）——曙光 BBS 成立，实现用户在线发帖、与陌生人互动。这一时代的典型产品还包括猫扑（1997）、西祠胡同（1998）、天涯（1999）等论坛，由此网络生活逐渐成为社会生活的一部分。时至千禧年，博客空间推进了网络文化的普及。2002 年，博客中国成立；2003 年，天涯博客试行推出、百度贴吧开放；2005 年开始，以新浪为代表的门户网站推出一系列博客产品，极大地促进了网络文学、新闻评论、知识分享的线上分发。

（2）1999—2009 年：社交网络时代

受国际社交网络发展趋势影响，即时通信、聊天室、网络社区等社交形态破茧而生。1999 年，即时通信软件 QQ 上线，用户量很快突破 1 亿；2005 年 QQ 空间向社交网络转型，到 2010 年用户超过 4.8 亿，到 2013 年 QQ 空间成为世界第三、中国第一的社交网站；此外，人人网（2005）、开心网（2008）分别在校园和白领人群中风靡一时，代表着线上社交模式在中国的成功落地。

2007 年，中国第一家带有微型博客色彩的饭否网建立，2009 年用户规模即突破 100 万，但由于对帖子的监管不到位，于 2019 年下半年被关停。2009 年，曾经被业界和学界很多人称为是改变网络社交工具的产物——新浪微博诞生，主打"大众传播"的社交模式，迅速聚集了海量用户，将中国社交媒体带入大众视野，并于 2011 年 4 月，新浪微博的注册用户数突破了 1 亿大关。随后，网易、腾讯等门户网站相继推出微型博客产品，但尤以新浪微博发展脚步最快速、稳定。2013 年 4 月，新浪正式宣布新浪微博与阿里巴巴签署战略合作协议，双方在用户账户互通、数据交换、在线支付、网络营销等领域进行了深度合作，此举措在 Web3.0 时代可谓双赢。随着政府和企业机构的大范围入驻，微博打开了"人人都有麦克风"

的中国网络话语局面，强化了对网民的个体赋权。

（3）2010年至今：移动社交时代

2010年智能手机普及的东风吹起，移动互联网时代到来，社交网络服务走进移动客户端。此时新浪微博延续增长势头，用户量达到1亿；截至2018年，新浪月活跃用户达到4.62亿。2011年微信诞生，随着"朋友圈""公众平台""微信红包"等功能的上线，社交网络服务发展重心成功由PC端转移至综合移动平台，完成了社交网络服务的转型升级，从此移动社交网络成为人们不可或缺的生活方式。2017年微信"小程序"上线，补齐了线上生活的微信生态链，连接了更大的互联网产业能量。

1998年，我国网民进行网上聊天等社交行为的用户规模约为88.2万人；发展至2008年，我国即时通信用户规模达2.24亿人；截至2018年年底，仅微信一款产品的月活跃用户就已达到10.8亿人，这一数据是10年前的4.82倍，是20年前的1224倍。

如今，深度垂直社交平台百花齐放，游戏、电子商务、职业招聘、直播、问答、视频、音乐等元素融入社交平台，带来新的增长活力，最直观的表现是更偏向于小众传播的社交平台、更多细分市场和更丰富的媒介形态和技术应用。

37.8 互联网教育

信息技术的不断发展推动着教育行业变革，互联网帮助教育突破了时空的限制，让教与学都变得可以随时随地进行。之于教师，可以借助互联网让一堂课覆盖成千上万人；之于学生，可以借助互联网随时随地获取海量的教育资源。互联网教育将互联网的思想和技术与教育相结合，从而提升和改进教育教学、教育管理、教育培训的效率和过程，最终实现教育的现代化和教育公平。

（1）1994—2002年：萌芽探索期

以中国教育和科研计算机网示范工程启动为标志，我国网络教育实现了零的突破，并以中小学网校、现代远程教育试点、在线职业网校等多种形式提供教育服务。

1994年，中国教育和科研计算机网示范工程启动，成为我国网络教育发展的原点。

1996年，第一家中小学远程教育网校101网校成立，拉开网校发展的序幕。

1998年，清华大学、北京邮电大学、浙江大学和湖南大学4所高校和中央广播电视大学成为国家现代远程教育第一批试点院校。

2000年，31所高校成为全国现代远程教育试点院校，被准许颁发网络教育文凭。新东方网校正式上线，成为第一家涉足线上教育的规模型线下培训机构。

2000年，中华会计网校成立，成为在线职业培训第一批拓荒者。此后，外语、IT、财会、公考等网络教育培训细分领域持续火爆。

（2）2003—2010年：快速发展期

抗击"非典"为网络教育快速发展带来机遇，政府、社会、公众对网络教育的认识、接受和重视程度显著提升。

2003年，为抗击"非典"，以"空中课堂"等形式为代表的网络教育在补充替代传统教学方面发挥重要作用，迎来快速发展。

2005 年，我国网络教育市场规模超百亿元。"发展现代远程教育"写入国民经济和社会发展"十一五"规划建议。

2007 年，网络教育用户规模突破 1000 万人。"发展远程教育和继续教育"首次被写入党代会报告。

2008 年，研究表明网络高等教育已经成为我国科技人力资源培养的新生力量。

2009 年，网络教育类站点成为综合增幅最大的站点类型。全国高校网络教育资源免费开放计划正式启动。

（3）2013—2017 年：井喷式发展期

移动互联网的普及为网络教育注入活力，资本的参与推动了网络教育的爆发壮大，各类在线教育产品、教育服务模式全面开花。

2011 年，伴随移动互联网的普及，移动在线教育产品出现并快速发展。首批"中国大学视频公开课"上线。

2012 年，移动学习浪潮席卷中国，受到企业界及教育者广泛关注，被称为移动学习元年。

2013 年，在线教育井喷式发展，数十亿元资金投入在线教育行业，全年新增近千家在线教育机构，答疑类、题库类、视频类产品全面开花。MOOC 模式自此兴起，国内高校纷纷加入或自建 MOOC 平台。

2014 年，百度、阿里巴巴和腾讯等巨头纷纷布局在线教育。梯子网倒闭引发反思，业内着眼梳理盈利模式，提升运营能力。

2015 年，首届国际教育信息化大会在青岛召开。网络教育市场规模突破 1000 亿元，用户规模突破 1 亿人。家教 O2O 模式兴起。

2016 年，知识付费平台产品集中涌现，教育直播成为新兴模式。"双师"模式成为新热点。

2017 年，市场规模突破 2000 亿元，融资数量和规模达到历史高值。

（4）2018 年至今：规范化发展期

人工智能等新兴技术和市场需求推动着网络教育市场持续繁荣，网络教育"乱象"引发媒体曝光和政府治理。

2018 年，市场规模突破 3000 亿元，用户规模突破 2 亿人。企业纷纷布局人工智能，"AI+教育"迎来技术融合与应用创新。涉黄涉赌、窃取隐私、违规游戏等不良学习类 App 屡遭曝光。教育部等三部委联合发文，要求按照线下政策同步规范线上培训机构。

2019 年，国际人工智能与教育大会在北京召开。教育部与网信部门联合治理校园 App 乱象。港股在线教育第一股新东方在线成功上市。

37.9　互联网医疗

近年来，国内医疗健康产业一直保持着罕见的高增长，根据"健康中国 2030 战略规划"：到 2020 年，我国健康服务业的规模将超过 8 万亿，2030 年则将达到 16 万亿。在互联网浪潮之下，在线医疗服务、可穿戴医疗设备、医药电商、互联网医院、医疗大数据、医疗人工智能等理念正裹挟着医疗产业发生重大变革。

（1）1995—2010 年：医院信息化建设阶段

1995 年，国家卫生健康委员会正式下发《关于建设"金卫工程"的几点意见》，明确着手建设国家卫生信息网，互联网医疗的信息化体系就此诞生。

1995 年 11 月 6 日，首届"中国医院信息网络大会"在北京召开，会议由国家卫生健康委员会计算机领导小组和医院管理研究所共同主办，就医院的信息化进程建设问题进行了探索式交流，初步凝聚行业发展共识。

1997 年 12 月，国家卫生健康委员会首次聚焦医疗信息化的纲要文件《卫生系统信息化建设"九五"规划及 2010 年远景目标（纲要）》提出医院信息化建设量化目标，明确了信息化发展的战略演进路径。

1999 年 1 月 4 日，国家卫生健康委员会下发《关于加强远程会诊管理的通知》，明确远程医疗会诊属于医疗行为，为未来的互联网医疗发展提供了关键性借鉴与参考。

2000 年 7 月 23 日，李天天创办了国内最大的医学知识分享网站——丁香园医学文献检索网，互联网医疗行业的信息化进程迈上新台阶。

2006 年，中国领先的互联网医疗平台——好大夫在线成立，综合性互联网医疗平台正式在市场上亮相。

2011 年，移动医疗龙头企业——春雨掌上医生正式上线，互联网医疗行业由此开启了移动医疗时代。

（2）2013—2015 年：移动互联网医疗阶段

2013 年，在国家政策的倡导与支持下，"医联体"的概念正式提出，着力于医疗资源优化再分配，推动医疗资源下沉。

2013 年 11 月 12 日，河北慧眼医药科技有限公司 95095 医药平台获批中国第一个第三方网上药品交易资格证。

2014 年，互联网医疗产业在这一年呈爆发式成长。5 月，北大人民医院获得医疗信息化最高等级 HIMSS7 证书；8 月，春雨医生宣布获得 5000 万美元 C 轮融资；10 月，广东省网络医院上线，成为全国重要的互联网医院代表。

2015 年 3 月，由政府主导、市场化运作、多方参与的全国首家"云医院"——宁波云医院正式运营；9 月挂号网更名微医后，获得 3.94 亿美元融资；12 月，互联网预约挂号龙头企业——就医 160 成为首家新三板挂牌的互联网医疗企业。

2016 年 1 月，一段怒斥广安门中医院号贩子的短视频热传，随后主流电视台对黄牛利用互联网医疗平台兜售号源的行为进行集中曝光；2 月 24 日，北京市卫计委印发《北京市卫生计生委关于开展对医务人员通过商业公司预约挂号加号谋取不正当利益的清理工作的通知》，大批加号谋利的互联网医疗企业相继更名、关停或转换赛道。

2016 年 4 月 12 日，魏则西事件引起社会强烈反响，医院、医疗服务平台及互联网服务提供方反思并着手整顿乱象，医疗行业营销开始转向规范式发展。

（3）2017 年至今："互联网+医疗健康"持续探索落地

2017 年，国务院宣布取消互联网药品交易 B 证和 C 证审批，前置审批转为备案监察，意味着医药电商市场正式放开。同年，国家卫生计生委发布《关于开展医疗联合体建设试点工作的指导意见》，从国家层面推广以中日友好医院远程医疗网络为代表的远程医疗协作网。

2018 年 4 月 25 日，国务院办公厅正式发布《关于促进"互联网+医疗健康"发展的意见》，促进互联网医疗进入合法化、规范化管理。

2018 年 5 月 4 日，被称为全球互联网医疗第一股的平安好医生在港交所挂牌上市。

2018 年，经国家卫生健康委员会批准，宁夏回族自治区成为我国首个"互联网+医疗健康"示范省（区）。

2018 年 8 月，国家食品药品监督管理总局发布的新版《医疗器械分类目录》正式施行。在《医疗器械分类目录》22 大类医疗器械中特设"医用软件"一类，多家人工智能医疗影像识别与诊断企业获得第二类医疗器械经营许可资质。

2019 年 6 月，国家卫生健康委员会发布《关于促进"互联网+医疗健康"发展情况的报告》，并与天津、江苏、浙江、安徽、福建、山东、湖北、广东、四川、贵州共 10 个省份签署了《共建互联网医疗健康示范省》战略合作协议，进一步推进了示范省的建设。

37.10　互联网政策法规

（1）1994 年之前

在 1994 年接入全球互联网以前，互联网在我国的发展仅限于科研领域，出台的专门性法律较少，主要有两部，均以计算机系统安全为核心内容。第一部是 1991 年由劳动部出台的《全国劳动管理信息计算机系统病毒防治规定》，第二部是 1994 年发布的《计算机信息系统安全保护条例》）。

（2）1994—2001 年：起步期

该时期的互联网发展主要以信息的单项传播为主，同时也是以新浪、网易、搜狐等为代表的门户网站时代。1996 年 2 月 1 日，国务院第 195 号令发布《中华人民共和国计算机信息网络国际联网管理暂行规定》，这是在中国接入国际互联网后，国家首次出台的较为全面的规范性文件，为互联网产业的良性发展打下了基础。这个时期的相关立法偏重于以计算机病毒防治和软件保护为要点的计算机信息系统保护，如 1996 年发布的《计算机信息网络国际联网管理暂行规定》、1997 年批准的《计算机信息网络国际联网安全保护管理办法》、2000 年出台的《互联网信息服务管理办法》、2001 年公布的《计算机软件保护条例》等。尤其是《互联网信息服务管理办法》，该办法是我国互联网监管的基础性法规，它的出台标志着我国互联网监管从早期的渠道层向应用层深化。它作为重要的上位法，为各部委开展规章立法、确立更为详细的监管规范提供了法律依据。期间共颁布了有关互联网的法律 1 部，行政法规 7 部，部门规章 4 部，相关司法解释 2 条。

（3）2001—2008 年：探索期

在这个时期，互联网发展呈现出去中心化、开放和共享的特征，互联网的信息传播呈现出双向传播特征，互联网博客开始出现，互联网媒体影响力与日俱增，电子商务开始发展。

这个时期的立法主要围绕着网络知识产权、网络文化市场整治和网络经营场所管理等方面开展，如 2002 年公布的《互联网上网服务营业场所管理条例》、2004 年通过的《电子签名法》和《互联网药品信息服务管理办法》、2005 年发布的《互联网新闻信息服务管理规定》、2006 年公布的《信息网络传播权保护条例》和《互联网等信息网络传播视听节目管理办法》

等，都是此时期的经典立法。相关法规及制度性文件的出台，为我国建立了相对全面的互联网内容监管制度：一是对新闻、出版、教育等互联网信息服务实行前后置审批的双重许可制度（即有关管理部门的前置审批加电信管理部门的许可或备案）；二是明确规定了9种违法信息；三是建立了完善的互联网内容监管机制，包括合法经营主体公示制度、上网信息记录制度、违法信息保存与报告制度、协同配合制度。全面引入了事前（以许可为主），事中（以企业监测为主），事后（以关闭网站、吊销许可为主）的全流程管理手段。同时，有关网络的行业自律性规章也不断出台。期间共出台了1部法律，2部行政法规，11部部门规章。

（4）2009—2014年：建设期

在这个时期，人工智能、关联数据和语义网络构建等技术提高了人与人之间沟通的便利性，使得网络对用户信息的掌握和理解更加深入。该时期颁布的部门规章涉及了工信部、国家卫生健康委员会、商务部、文化部、国家工商行政总局、国务院新闻办公室等十几个部门，涉及部门之广前所未有，足以见互联网发展已全面铺开。这个时期的立法侧重于信息保护、电子商务和知识产权保护方面。

2010年9月，中央外宣办、工信部、公安部组建工作小组，制定工作方案，启动《互联网信息服务管理办法》的修订工作。通过立法确认新的监管体制，并以此为契机，对互联网监管制度做出进一步完善；2011年，文化部修订2003年制定的《互联网文化管理暂行规定》，补充对网游行业管理的新规定；2012年通过的《全国人大常委会关于加强网络信息保护的决定》以法律形式保护公民个人及法人信息安全，确立网络身份管理制度，明确网络服务提供者的义务和责任，并赋予政府主管部门必要的监管手段，重点解决了我国网络信息安全立法滞后的问题；2013年2月我国首个个人信息保护国家标准《信息安全技术公用及商用服务信息系统个人信息保护指南》实施；同年7月工信部发布《电信和互联网用户个人信息保护规定》；2014年发布的《国务院关于授权国家互联网信息办公室负责互联网信息内容管理工作的通知》，为国家网信部门对互联网内容进行监管提供了法律依据。期间共颁布了法律1部，部门规章13部，最高人民法院司法解释5条。

（5）2015年至今：完善期

在这个时期，"大数据、物联网、云计算"等词汇不断映入眼帘，这些新技术的应用同时也推动着网络空间成为大国间进行政治、经济、外交、安全博弈的新空间和新战场，将国家之间的博弈维度从海、陆、空、太空进一步扩展到了网络空间这个第五维度。这个时期，中央各部门及地方，不断出台涉及互联网的新立法、新规定，或者对传统立法进行修订，以适应"互联网+"发展中出现的新业态、新模式，以填补现有的法律空白。

最具代表性的是2016年11月7日发布的《中华人民共和国网络安全法》，该法的出台具有里程碑式的意义，是我国第一部网络安全的专门性综合性立法，提出了应对网络安全挑战这一全球性问题的中国方案。此次立法进程的迅速推进，显示了党和国家对网络安全问题的高度重视，是我国网络安全法治建设的一个重大战略契机。网络安全有法可依，信息安全行业将由合规性驱动过渡到合规性和强制性驱动并重。这个阶段同样具有重大意义的立法，是2018年8月31日《中华人民共和国电子商务法》的正式颁布，该法作为我国电子商务领域首部综合性的法律，对规范电商领域各主体行为、维护电商行业市场秩序、引导电商行业持续健康发展都有重要意义。期间不同位阶的立法机构围绕《中华人民共和国网络安全法》、互联网行业发展及监管等出台了一系列法规、规章，为我国互联网行业的规范化发展指明了方向。

此外，在互联网产业发展方面，国务院密集出台了相关政策，仅 2015 年一年间，国务院就密集出台了 12 份促进互联网发展的相关文件。如 2015 年 3 月，李克强总理在十二届全国人民代表大会三次会议的政府工作报告中首次提出制定"互联网+"行动计划，推动移动互联网、云计算、大数据、物联网等与现代制造业的结合，促进电子商务、工业互联网和互联网金融的健康发展，引导互联网企业拓展国际市场；2015 年 7 月 4 日，国务院印发了《国务院关于积极推行"互联网+"行动的指导意见》。自 2015 年开始，中央各部门及地方，不断出台新立法、新规定，或者对传统立法进行修订，以适应"互联网+"发展中出现的新业态、新模式，以填补现有的法律空白。

近一年，具体领域的个人信息保护立法得到重视，有关部门陆续发布了多个相关立法，如 2019 年 5 月 5 日发布的《App 违法违规收集使用个人信息行为认定方法（征求意见稿）》与 5 月 31 日发布的《儿童个人信息网络保护规定（征求意见稿）》等。此外，国家网信办就《数据安全管理办法（征求意见稿）》于 5 月 28 日面向社会公开征求意见，该管理办法对于如何保障个人信息和重要数据安全提出细节性规范，引发互联网企业乃至社会各界的广泛探讨。随着互联网产业的发展，个人信息保护将越来越受到社会的关注，也将伴随着越来越多的争议纠纷，急需我国出台统一的个人信息保护立法，以整合和规范现行的相对冗乱的立法体系。

37.11　互联网治理

（1）反垃圾邮件

截至 2003 年 7 月，我国网民每周收到电子邮件 7.2 封（不含垃圾邮件），垃圾邮件数为 8.9 封，垃圾邮件的占比超过了正常邮件。由于在垃圾邮件管理上尚存在法律、管理的空白点，大量垃圾邮件通过中国的邮件服务器转发国外，还有一些国内的企业和个人也经常向国外发送垃圾邮件，导致国外反垃圾邮件组织封杀来自中国的电子邮件，影响了我国互联网业务的正常发展。

经过信息产业部等主管部门的监督指导，中国互联网协会反垃圾邮件工作委员会搭建反垃圾邮件联动机制，以及白名单等技术手段建设，我国反垃圾邮件事业取得了令人瞩目的成果。

我国互联网用户收到的垃圾邮件占其邮件总量的比例从 2006 年年初的 63.97％下降到 2014 年第一季度的 38.2％。中国在全球所占垃圾邮件比例排名在 2006 年年初时位于第 2 名，至 2014 年第一季度排名在第 5 位，占全球垃圾邮件的比例最低时仅有 1.9%。我国垃圾邮件的大量减少，有效地维护了网络信息安全，为维护国家稳定、保障互联网行业健康发展做出了贡献。

（2）反网络与不良垃圾信息

在 2000 年年初，手机应用的普及促使短信成为人们的主要通信方式。与此同时，许多商家也将利用这一现象，将短信作为一种廉价快捷有效的营销途径，导致用户平均每周收到的垃圾短信数量迅猛增加，严重损害了消费者权益。

截至 2007 年年底，中国垃圾短信的总体规模突破 3500 亿条，相比 2006 年增加了 1702 亿条，增幅高达 92.7%。手机用户人均每周收到的垃圾短信数量已达 12.44 条，与 2006 年同期结果相比增幅达 50%，创下 7 年来的最大增幅。截至 2008 年年底，12321 举报受理中心共收到网络不良与垃圾信息举报 80 余万起，至 2018 年年底，举报数量逐渐增至 220 万起。

2013 年，工信部及运营商提高对于垃圾短信的重视，从完善法律规范、强化技术支撑、落实工作机制、切断利益链条四个方面入手，在全国范围内深入开展垃圾短信息治理专项行动。利用行政手段，运营商及终端安全厂商技术手段加强对垃圾短信的发现打击，垃圾短信数量逐步走低，2017 年垃圾短信数量为 98.5 亿条，而至 2018 年，全国垃圾短信数量为 84 亿条，进一步下降。

（3）防范打击电信网络诈骗

1997 年，诈骗电话首次在我国台湾地区出现，早期诈骗形式为利用六合彩等中奖信息或谎称被害人亲属事故或帮腔的信息诈骗。2000 年后，假冒线上购物的诈骗模式成为主流，我国台湾省内诈骗案件高发。2003 年，随着我国台湾当局打击力度不断加强，诈骗电话逐步转移到大陆，并在全国范围内蔓延。2015 年我国提高对于电话诈骗的处置力度，公安部、工信部、运营商在多个层面构建了诈骗电话技术防控打击能力，并强化民众教育。2015—2018 年，全国共破获电信诈骗案件 31.5 万起，打掉犯罪团伙 1.6 万个，捣毁犯罪窝点 1.7 万个；共查处电信诈骗违法犯罪人员 14.6 万人，检察机关批准逮捕 7.9 万人，起诉 7.7 万人；共缴获涉案银行卡 28.7 万张、手机卡 32.2 万张，缴获赃款赃物折合人民币 47.4 亿元。

2015—2018 年以来，公安部会同人民银行建立了涉案银行账户在线紧急止付和快速冻结机制，成功止付被骗资金 300 多亿元；会同银保监会制定出台了电信诈骗犯罪冻结资金返还规定及实施细则，组织各地公安机关陆续返还受害人被骗资金。工信部和中国电信、中国联通、中国移动已经建设完成了国际和省际出入口诈骗电话防范拦截系统，拦截诈骗电话 8.7 亿次，关停诈骗电话 80.4 万个，联合公安机关劝阻客户 45.2 万人，直接挽回经济损失 20.3 亿元。

（王朔、尹艳鹏、邢新、向坤、李思明、王磊、唐亮、苏博川、董宏伟、张震）

第五篇

附录篇

附录 A　2018 年中国互联网产业发展综述

2018 年，习近平总书记在全国网络安全和信息化工作会议上强调："敏锐抓住信息化发展历史机遇，自主创新推进网络强国建设。"总书记的讲话为加强网络安全和信息化工作，加快推进网络强国建设明确了前进方向，提供了根本遵循。

在这一年里，中国持续深入开展"互联网+"行动，实行包容、审慎、监管，推动大数据、云计算、物联网广泛应用，使新兴产业蓬勃发展，传统产业深刻重塑；"互联网+"融入产业优化升级、结构调整、机制创新之中，实现了网络与现实经济社会的一体化深度融合；出台现代服务业改革发展举措，服务新业态新模式异军突起，促进了各行业融合升级；互联网新技术、新业态加快了新旧发展动能接续转换，中国数字经济随之扬帆起航。

2018 年中国互联网产业呈现出如下发展态势和特点。

A.1　基础设施建设夯实互联网发展之基

（1）网络基础设施建设扎实推进，宽带普及率稳步提升

2018 年我国进一步加快网络基础设施建设，着力增强自主创新能力，推动产业技术革新。加快信息基础设施优化升级，深化宽带中国战略，组织实施 5G 规模组网建设及应用示范工程，加快实施 IPv6 规模部署行动计划，构建高速率、广普及、全覆盖、智能化的下一代互联网，促进了我国产业向价值链的中高端迈进。

截至 2018 年第三季度，我国固定宽带家庭用户数累计达 38203.9 万户，固定宽带家庭普及率达 85.4%，环比 2018 年第二季度提升了 3.4 个百分点，同比 2017 年同期提升了 12.9%；移动宽带用户数累计达 129407.0 万户，移动宽带用户普及率达 93.1%，环比 2018 年第二季度提升了 2.7 个百分点，同比 2017 年同期提升了 18.1%。宽带普及率的稳步提升，有助于加速信息传递，提高社会经济运转效率，提振产业链上下游，影响并带动更多相关产业发展，对宏观经济产生了促进作用。

（2）5G 第三阶段测试完成，运营商组网测试全面展开

2018 年国内 5G 测试进入第三阶段关键时期，中国移动、中国电信、中国联通分别于试点城市进行了 5G 规模及预商用实验，设立开放实验室并开展垂直领域研究，涵盖了工业互联网、智慧城市建设、智慧冬奥、智慧医疗、智慧安防、5G 车联网、智能制造、智慧教育等众多 5G 创新领域。

2018 年 12 月 10 日，工信部向中国电信、中国移动、中国联通发放 5G 系统中低频段试验频率使用许可，有力地保障了各基础电信运营企业开展 5G 系统试验所必需的频率资源。各基础电信运营企业将进行 5G 系统试验的基站部署，开展 5G 系统基站与同频段、邻频段卫星地球站等其他无线电台站的干扰协调工作，确保各类无线电业务兼容共存，促进我国 5G 产业的健康快速发展。

（3）数据中心能效水平总体提升，绿色节能成为重要发展方向

截至 2018 年 10 月，互联网企业完成互联网数据中心业务收入 117 亿元，同比增长 4.4%；部署的服务器数量达 131.8 万台，同比增长 30.2%。数据中心能效水平总体提升，优秀绿色数据中心案例不断涌现。工信部在 2018 年发布了《绿色数据中心先进适用技术产品目录（第二批）》，遴选出第二批绿色数据中心先进适用技术产品目录，涉及能源效率提升、废弃设备及电池回收利用、可再生能源和清洁能源应用、运维管理 4 个领域 28 项技术产品，引导数据中心积极采用先进绿色技术，进一步推动数据中心绿色化改造。同时，多个数据中心获得 TGG（绿色网格）与开放数据中心委员会联合认证的 5A 级绿色数据中心。数据中心总体布局不断优化，并呈现数量减、体量增的趋势，旧厂房改造成为一线城市数据中心建设新模式，运维管理逐渐成为产业关注热点，示范评优引领数据中心产业进步，绿色节能成为数据中心的重要发展方向。

（4）手机流量漫游费全面取消，提速降费降低企业信息服务使用成本

手机流量漫游费于 2018 年 7 月 1 日起全面取消。运营商一系列资费相比 2017 年持续降低。中国移动通过多样化资费产品满足需求，继续推动流量单价下调；中国电信大幅降低部分套外语音和流量资费，光纤覆盖小区 20M 以下的宽带无条件提升至 20M；中国联通针对贫困人群、老年群体的基本通信需求，推出等品质、低门槛的宽带服务产品。2018 年提速降费举措逐渐落到实处，取得阶段性成效。

网络提速降费可以降低企业的信息服务使用成本，促进"大众创业、万众创新"，孕育新产业、新业态、新模式，拓展就业新空间；可以普惠民生，为老百姓提供用得上、用得起、用得好的信息服务，激发信息消费的潜力，扩大内需市场；可以缩小城乡数字化鸿沟，促进互联网在农村的发展，为农民脱贫、农民增收起到重要作用；可以促进信息技术的普及应用，推动互联网和实体经济深度融合发展，加快传统产业转型升级，助力新动能成长。

（5）IPv6 规模部署落地，基础设施改造取得阶段性成果

基础电信企业以 LTE 网络端到端 IPv6 升级为主攻方向，加快网络、终端和自营业务的改造，已经取得了初步成效。支撑 IPv6 发展的产业环境趋于成熟，通信设备制造企业、移动智能终端厂商加快产品迭代升级，网络设备和终端设备的 IPv6 支持度大幅提升，终端对于 IPv6 发展的瓶颈性制约得到了改变。

截至 2018 年 6 月底，已完成北京、上海、广州、郑州、成都 5 个互联网骨干直联点的 IPv6 改造，累计开通 IPv6 网间带宽 3.5Tbps，标志着"东中西布局、全国覆盖"的 IPv6 骨干网网间互联体系初步建立，极大地推动了我国固定网络基础设施的整体改造，加速了我国 IPv6 规模部署进程，为互联网应用服务升级、技术产业创新提供了有力的基础支撑。

A.2　科技成果转化助推产业升级

（1）人工智能创新生态链逐渐形成

人工智能是引领未来的战略性技术，是新一轮科技革命和产业变革的重要驱动力量，已成为国际竞争的新焦点和经济发展的新引擎，在支撑供给侧结构性改革、打造高质量现代经济体系、促进社会进步等方面发挥着越来越重要的作用。

2018 年人工智能由虚向实进行探索式发展，在底层硬件、通用 AI 技术和 AI 应用创新等方面都取得了阶段性成果。国内企业相继在 AI 芯片领域发力：寒武纪发布了国内首款云端 AI 芯片 Cambricon MLU100；华为发布了 7nm 工艺制程的昇腾 910 和 12nm 工艺制程的昇腾 310 芯片，主打终端低功耗 AI 场景；阿里巴巴成立平头哥半导体公司，宣布研发 Ali-NPU 布局 AI 芯片；地平线机器人发布旭日 2.0 边缘计算平台和征程 2.0 自动驾驶计算平台，继续打造终端 AI 芯片。AI 芯片拥有巨大的产业价值和战略地位，但目前尚处于初级阶段，科研和产业应用都有巨大的创新空间。

人工智能技术的广泛应用，不仅需要深耕技术，更需要构建完善的创新生态。科技部等多部门经充分调研论证，确定了分别依托百度、阿里云、腾讯、科大讯飞、商汤科技建设自动驾驶、城市大脑、医疗影像、智能语音、智能视觉的五大国家新一代人工智能开放创新平台，汇聚创新资源，构建开放协同的人工智能科技创新体系，培育高端高效的智能经济，打造具有针对性的人工智能应用场景研发创新生态。

（2）大数据共享融合成为产业发展关键生产要素

计算能力的提高和成本的下降，加上数据传输、存储和分析成本的降低，促进了大数据技术的蓬勃发展。大数据推动了制造业数字化转型，推动了各产业商业应用和业务洞察力的提高，已成为产业发展的关键生产要素。大数据的融合渗透效应向更深层次延伸，延伸方向既包括经济运行、社会生活等应用领域，也包括物联网、人工智能等关联技术。大数据综合试验区建设不断深入，一批省级大数据产业集聚区进一步优化资源配置、形成集聚效应、发挥辐射带动作用，产业生态体系逐步迈入成熟阶段。

（3）物联网海陆空天全域化发展

我国物联网的发展实现了海陆空天全域化发展。在海基物联网领域，优化军民融合发展，打破国外垄断技术，实现了物联网磁探测技术应用于国家海防安全领域的监测与防控，使我国在该领域达到世界领先的地位；在陆基物联网领域，电信、移动、联通三大运营商争先启动全国范围数百万个物联网基站的采购和建设，华为、中兴、阿里巴巴等科技巨头积极融合全国创新型科技企业，打造完善的物联网生态链体系，实现了物联网领域"共识共建、共建共产、共产共享"的可持续性发展；在空基物联网领域，我国多个省市着手建设"'一带一路'国际空港智慧物流园"项目，以国际机场为主要支点构建国家空运物流的物联网追踪溯源体系；在天基物联网领域，航天行云科技有限公司于 2018 年 3 月启动代号"行云工程"计划发射 80 颗卫星，正式拉开我国首个低轨窄带通信卫星星座的建设，打造最终覆盖全球的天基物联网。

（4）区块链信息服务走向有序发展

2018 年 10 月 19 日，国家互联网信息办公室向社会公开征求有关《区块链信息服务管理规定（征求意见稿）》，旨在规范区块链信息服务活动，促进区块链技术及相关服务的健康有序发展。2018 年 4 月，中国信通院牵头联合 158 家企业，正式启动了可信区块链推进计划，加快构建可信区块链标准体系。2018 年 8 月，深圳国贸旋转餐厅开出全国首张区块链电子发票，实现了"交易即开票，开票即报销"。2018 年 10 月底，中国信通院、腾讯金融、联易融联合组织编写了《区块链与供应链金融白皮书（2018 年）》，旨在推动区块链技术在供应链金融领域场景的落地。2018 年 11 月，央行网站发布了工作论文《区块链能做什么、不能做什么》，对区块链落地应用具有很好的启示。

随着各类机构和企业陆续开展的探索式应用，区块链的技术特点及实用价值逐渐显现：一是防篡改，没有任何一个区块链用户具有数据操作的主导权，恶意的数据篡改操作难以执行；二是可溯源，区块链各数据存储单元前后关联，能够完整地记录业务数据的演进过程；三是去中介，业务执行依赖代码化的智能合约自动实施，不需要设立中心机构完成。

A.3 产业数字化塑造互联网经济新形态

（1）工业互联网推动两化融合走向纵深发展

2018 年，在国务院《关于深化"互联网+先进制造业"发展工业互联网的指导意见》指导下，各地方政府纷纷出台实施细则和奖补措施，进一步推动通信运营商、工业互联网服务企业、工业企业以工业互联网带动企业加快数字化、网络化、智能化转型，分行业打造示范性标杆案例，实现透明化生产、供应链协同、个性定制与柔性制造等。工业互联网带来的精细化管理，打破了车间的管理黑箱，推动了两化融合走向纵深发展。

工业互联网既是满足工业智能化发展需求，具有低时延、高可靠、光覆盖特点的关键网络基础设施，也是新一代信息通信技术与工业领域深度融合所形成的新兴应用模式，更是在此基础上形成的全新工业生态体系。制造业的数字化、网络化、智能化水平在不断提高，智能制造、工业互联网的发展正在展现出巨大的潜力。

（2）共享经济亟待重塑服务运营新生态

以共享经济为商业模式的产业快速覆盖了人们的衣、食、住、行等方面，生活服务、生产能力、交通出行、知识技能、房屋住宿等各领域的共享产品纷纷进入大众生活，为人们提供了更多的便利和选择。近年来，共享经济历经了起步期、成长期、转型期等多个发展阶段，在 2018 年迎来发展瓶颈。企业在运营过程中存在着产业配套设施不够齐备、劳务关系权益保障空白、消费者维权渠道不畅通等多重问题。共享经济整体也面临着资本运作、盈利模式、安全运营、消费维权等诸多困境，限制了产业良性有序发展。

在未来，通过充分运用大数据、云计算、人工智能等技术，实时把握平台运营、资金管理、用户权益保护等因素动态，提升精细化管理能力，提高潜在风险处置能力等措施将成为共享企业合规运营的重心，通过各类信息技术提升资源调度能力、平台服务有效输出能力，增加产业附加值等措施将成为共享企业高效运营的核心。

（3）信息消费成为推动经济增长的重要力量

2018 年信息消费市场规模继续扩大，呈现结构性变化，成为创新最活跃、增长最迅速、辐射最广泛的新兴消费领域之一。信息消费已经渗透到居民衣食住行的全服务过程中，有力地推动了我国经济由高速增长转向高质量发展，促进了我国经济实现更高水平、更高层次的供需新平衡。

2018 年上半年，我国信息消费规模达 2.3 万亿元，同比增长 15%，是同期 GDP 增速的 2.2 倍。2018 年全年我国信息消费的规模约 5 万亿元，同比增长 11%，占 GDP 比例提升至 6%。2018 年信息服务消费规模首次超过信息产品消费，信息消费市场出现结构性改变。随着新兴消费群体规模不断壮大、消费能力持续增强、消费习惯逐渐改变、消费需求转型升级，我国信息消费市场各个细分领域与新技术持续深度融合，新模式、新业态、新产业不断涌现，信息消费成为推动我国经济增长的重要力量。

（4）数字丝绸之路助力共同繁荣

数字经济已成为各国优化经济结构、提升经济发展的重要引擎。在经济全球化浪潮的推动下，全球经贸对信息互联互通高度依赖，各国普遍意识到提高自身数据共享能力的重要性与必要性。"一带一路"建设凭借数字技术来实现精细化反映"一带一路"经济、社会环境变化现状，通过大数据来支撑"一带一路"的可持续发展，服务科学决策。本着将"一带一路"建成一条创新之路的理念，中国与"一带一路"相关国家共促科技与产业、科技与金融的深度融合，为互联网时代的各国青年打造创业空间。中国发展创新经济的成果和经验，为"一带一路"相关国家提供了可资借鉴的"中国方案"。

2018 年 9 月，首届数字经济暨数字丝绸之路国际会议开幕。此次会议围绕跨境电商、智慧物流、人工智能与大数据、智慧城市、智能制造等前沿热点议题进行交流，推动了各国之间数字经济领域项目的对接与合作。

A.4 信息技术融合惠及公共服务

（1）电子政务促进信息惠民

随着"互联网+政务服务"的持续推进，打通信息壁垒、精耕服务品质已成为电子政务建设的关键。从"最多跑一次"到"不见面审批"，让数据多跑路、办事少跑腿，更通畅的信息共享带来了更优质的服务体验。主管部门和地方政府积极探索，深入推进"互联网+政务服务"，加强信息共享，优化政务流程，同地通办、异地可办，群众办事将不必纠结空间距离，堵点难点问题得到初步解决，服务创新典型案例不断涌现，引领政务服务创新改革不断取得新成效。

截至 2018 年 6 月，我国在线政务服务用户达 4.7 亿人，占网民总数的 58.6%。主管部门积极出台政策推动政务线上发展，打通信息壁垒，构建全流程一体化在线服务平台；各级政府网站集约化程度明显提升，全国政府网站总数达 19868 个，较 2015 年第一次普查时缩减了 70.1%；各级党政机关和群团组织积极运用微博、微信、客户端等"两微一端"新媒体，发布政务信息、回应社会关切、推动协同治理，不断提升地方政府信息公开化、服务线上化水平。截至 2018 年年底，"一网、一门、一次"改革初见成效，省级政务服务事项网上可办率超 80%，市县级政务服务事项进驻综合性实体政务大厅比例低于 70%，省市县各级 30 个高频事项实现了"最多跑一次"。

（2）农村电商助力网络扶贫攻坚战

在积极推进乡村振兴战略和网络强国战略的过程中，农村电商市场保持高速增长态势。农村电商网络零售额占全网网络零售额的比例不断飙升，农村经济在电商高速发展下有了相当程度的发展。在国务院扶贫办、国家发改委、中央网信办、商务部等中央国家机关的倡导推动下，电商扶贫已经发展成一项颇具规模的社会活动。各级政府及其职能部门、电商平台企业、中小电商企业、各类社会组织及贫困村、贫困人口对此投入了极大热情。中国邮政推出了农业农村部电子商务重点实验室、滞销农产品帮扶中心、名优农产品孵化中心三大平台，打造扶贫产业链；京东推动陕西宁陕、河北阜平等国家级贫困县的"互联网+扶贫"示范区建设，为 127 个国家级贫困县设立地方特产馆，累计帮扶 10 万户建档立卡贫困家庭超过 30 万贫困群体实现增收。

电商扶贫逐渐由产品销售拓展为提供技术支撑、帮助贫困户创业、培养脱贫带头人、开展培训等方式，从单纯帮助贫困地区增收拓展到扶智和扶志。电商扶贫逐渐由公益性事业发展到与产业扶贫紧密结合，打造贫困地区特色产业，帮助贫困地区在旅游业、农业、教育业等领域实现脱贫，激发贫困户内生动力，带动贫困地区创业就业，增加贫困户收入，助力精准扶贫。

（3）互联网医疗融合逐步打通医疗产业链

随着我国医疗刚性需求不断提升，医疗资源呈现供需失衡态势，这已成为医疗行业与互联网融合发展的主要着力点。互联网医疗的融合可以大幅缓解信息不对称问题，提高资源调配效率，减少资源浪费，优化用户体验，增强优质医疗资源的可及性与充分利用。

随着互联网医疗政策的出台，相关企业在业务内容、市场拓展和商业路径等方面重新进行审视，调整企业发展定位：微医推出微医疗、微医药、微医云、微医保四大战略，为用户提供"线上、线下、全科、专科"的医疗服务，推动医疗场景云化，帮助用户在家中就能满足医疗健康服务需求；平安好医生推出家庭医生、消费型医疗、健康商城、健康管理和互动四个核心业务，打造"一分钟接诊+一小时送药"的高效医疗服务；医联深耕与医生、医院、医药相关的融合业务，逐步建立起以智慧互联网医院解决方案为轴心的全产业链，率先走通了"单病种 HMO 模式"，打通了医、药、支付的全服务链条；丁香园提出"数据驱动、服务医患"，参与开发了中国首个皮肤病人工智能辅助诊疗综合平台——"智能皮肤"，进一步提升医疗服务效率。

（4）智慧养老运营模式不断涌现

2018 年，中国智慧养老服务产业在政策扶持、服务模式、智能产品创新等方面取得新的进展。"政府主导、企业参与、市场化运用、社会化服务"的新型养老模式已逐渐形成。工信部、民政部、国家卫生健康委员会先后发布了《智慧健康养老产品及服务推广目录（2018年版）》和《关于开展第二批智慧健康养老应用试点示范的通知》，促进智慧健康养老优秀产品和服务推广应用，推动智慧养老产业发展。各地政府积极探索与社会资本合作模式，引导社会资本参与智慧养老产业布局，"智慧养老平台""智慧养老驿站""智慧养老体验馆""智慧养老院"多种智慧养老运营模式不断涌现。智能健康手环、自助健康检测设备、AI 监护系统、服务机器人等低功耗、微型化、智能化的智能健康养老终端设备不断推出，有效地提升了老年人自主养老、自主管理能力。

（5）在线教育市场规模保持高速增长

随着信息技术的进步、数据积累和用户接受程度的提高，在线教育产业市场规模保持高速增长，线上、线下教育服务融合程度进一步加深。截至 2018 年 6 月，中国在线教育用户达 1.72 亿人，较 2017 年增加 1668 万人，增长率达 10.7%。其中，手机在线教育用户达 1.42 亿人，年增长 2331 万人，增长率为 19.6%。

受在线教育用户数量增长、网民教育消费需求提升、新技术与教育融合不断深入、二胎政策等利好等因素影响，以 AI 为代表的教育科技被广泛应用于各种教学场景：英语流利说借"AI+教育"概念赴美上市，标志着"AI 老师"从理论走向实践；K12 在线教育作为最大细分市场，在新东方、好未来等行业龙头带领下，积极探索班课直播、在线一对一、双师、私播课等多种新模式；直播技术的成熟促进了在线外教一对一产品的扩张，以 VIPKID 为代表的独角兽将教育服务连接扩展到全球。越来越多的优质教育资源通过双师课堂、直播互动、翻转课堂等模式，被输送和应用到三、四线城市甚至偏远的农村地区，使得薄弱校与优质校共享教学资源，实现跨区域异地同步教学、同步教研、互动答疑，促进了教育公平和均衡发展，有效提升了我国教育质量。

A.5　综合治理保障网络空间健康有序发展

（1）互联网法治体系逐步完善

《中华人民共和国电子商务法》《具有舆论属性或社会动员能力的互联网信息服务安全评估规定》《关于推动资本市场服务网络强国建设的指导意见》《公安机关互联网安全监督检查规定（征求意见稿）》等一系列法律法规及管理规范的颁布实施，进一步完善了我国互联网领域法治体系顶层设计，立法内容由单一的互联网管理向网络信息服务、网络平台管理安全保护、网络社会管理等各领域扩展，在网络信息服务、网络安全保护、网络社会管理等方面持续稳步推进。《电子商务法》的颁布成为我国网络与信息领域立法成果的里程碑，是加强网络空间管理的重要举措，是建立网络综合治理体系的重要组成部分，进一步推动了我国互联网法治化进程。

（2）网络内容管理落实主体责任

2018 年，我国加强网络乱象整治，以"重基本规范、重基础管理，强化属地管理责任、强化网站主体责任"为遵循，全面加强网站基础建设，不断提升网站管理的制度化、规范化水平。

2018 年 2 月 2 日，国家互联网信息办公室发布了《微博客信息服务管理规定》。《微博客信息服务管理规定》明确，国家互联网信息办公室负责全国微博客信息服务的监督管理执法工作。地方互联网信息办公室依据职责负责本行政区域内的微博客信息服务的监督管理执法工作。微博客服务提供者应当落实信息内容安全管理主体责任，建立健全各项管理制度，具有安全可控的技术保障和防范措施，配备与服务规模相适应的管理人员。各级党政机关、企事业单位、人民团体和新闻媒体等组织机构对所开设的前台实名认证账号发布的信息内容及其跟帖评论负有管理责任。

国家对互联网内容管理、平台管理、安全管理提出的明确要求，规范了互联网信息服务活动，维护了国家安全、社会秩序和公共利益，构建了风清气正的网络空间，确立了相关互联网信息服务单位和管理部门的职责义务范围，明确了安全评估内容、过程、规范和机制建设要求等，充分体现了依法治网的理念精神。

（3）安全形势多变促进防护体系实时更新

2018年，我国网络安全态势呈现复杂化、多变化、高对抗性等特点。随着APT威胁的不断加深，国内网络安全防护能力日渐加强，逐渐形成新的防护体系。针对攻击变化次数频率逐步增大，DDoS攻击逐渐向平台化、自动化的方向发展，国内逐步部署具备快速的预警监测能力，实现事中事后环节的监测能力。

中央网信办、工信部等多部门强化网络安全要求，推动企业形成优秀的产品强化网络安全能力。随着Facebook等国内外知名企业出现的数据泄露问题，网络安全领域更加注重数据安全防护。工信部组织严查用户数据安全风险问题，并推动网络安全企业在用户数据保护方面形成产品化的用户数据保护能力，针对用户数据泄露形成了风险评估、监测发现等系统化手段，用户数据安全保护能力日趋加强。此外，混合产业网络安全领域逐渐形成新的防护体系，2018年工业互联网、互联网金融、物联网等领域快速发展，针对工业设施、虚拟货币等开展的攻击逐渐显现出高度威胁，针对这一状况，国内推出了多款安全产品，针对融合新业态的网络安全威胁进行风险监测、及时预警，逐渐形成了体系化、层次化的融合产业网络安全防护能力。

（4）构建防范打击通信信息诈骗协同联动机制

为防范和打击通信信息诈骗，政府各部门、互联网运营商、银行和互联网企业间形成协同联动机制，共建共享共治，针对通信信息诈骗犯罪形成一套实用高效的防范打击协同联动机制。

各地公安、通信、金融等部门进行多方面协调配合与联动，探索解决通信信息诈骗犯罪问题，对辖区内发现的违法违规行为依法进行查处，推动实现通信信息诈骗社会化治理的良性发展。公安部门通过与银行对接，在堵截诈骗"资金流"方面建立紧急冻结账户与迅速停止支付模式。

通信管理局推动通信运营商正视互联网电话管理，提高与核实相关企业租借市场准入门槛，加强手机黑卡治理，要求通信运营商筛查甄别电信诈骗电话与短信内容，建立封堵短信、关停号码机制，建立完善公安部门与各商业银行、三大运营商间的电信诈骗线索收集积累与大数据共享，形成制度化交流模式。

中国信通院通过开展制度规范性研究，健全检测手段，为完善网间垃圾短信联动处理平台功能等方面提供支撑。国家互联网应急中心发挥技术优势，在通信信息诈骗技术防范及手段建设等方面进行支撑。中国互联网协会组织开展网络不良与垃圾信息的举报受理工作，积极开展行业自律，倡导互联网企业主动承担社会责任，共同参与通信信息诈骗协同治理，携手净化网络环境。

A.6 中国互联网产业发展趋势

迈进新时代，踏向新征程，2019年中国互联网产业发展有如下趋势值得关注。

1. 新技术支撑新应用

（1）人工智能有望赋能各行各业

我国互联网用户规模庞大，消费能力稳步提升，各领域的应用服务需求也在不断攀升，智慧城市、智能交通、智慧医疗、智慧教育等应用场景都有着较高的市场需求与实践机会。受此影响，人工智能技术将有望作为一项基础性技术进行支撑，赋能于各行各业，形成新的一波高速发展浪潮。

人工智能将更加深刻地与产业相结合，如视频理解和编辑技术的进一步成熟将推动整个视频产业的长足发展，视频生成和交易将日趋正规化和品质化；新零售场景以视觉为核心的智能技术将得到广泛应用，带来全新的购物体验；智能机器人将以多种形态走入家庭，改变人们的生活方式。

未来人工智能将面临更加复杂的任务和挑战。数据是人工智能培育的关键要素，受益于互联网、物联网的快速发展，我国有较大的数据积累优势，如何提炼高质量的数据将是未来人工智能发展的重要课题任务。2019 年，人工智能在互联网范畴的应用将向通用化、工程化方向发展，积极化解前述问题，使人工智能算法以简克繁，以通用手段解决主要矛盾，使算法及产品更加工程化。通用性、工程化会使人工智能在不同行业与用户之间以及在同一行业与用户不同发展阶段的推广中更加顺畅，提高实施效率，降低运维成本。

（2）5G 商用部署有序推进

5G 技术将迈入商用部署新阶段，从三大运营商的 5G 部署来看，均以 2019 年预商用、2020 年正式商用为目标。2019 年，基础电信运营企业将就 5G 系统试验的基站进行部署，开展 5G 系统基站与同频段、邻频段卫星地球站等其他无线电台站的干扰协调工作，确保各类无线电业务兼容共存，促进我国 5G 产业的健康快速发展。

在终端方面，预计 2019 年上半年将发行首批 5G 预商用数据类终端、智能手机等产品；在网络建设方面，2019 年将形成端到端商用产品和预商用网络，有效支持车联网、工业互联网等垂直应用。预计 2020 年电信运营商 5G 基站将达万站级规模，实现商用产品规模部署，力争实现 5G 的大规模商用。5G 技术还将与智慧城市核心规划相结合，助力智慧城市建设。同时，借助 5G 的低时延、高带宽、广范围等特点，进一步推动互联网创新创业发展。

（3）边缘计算有望实现边云协同

多接入边缘计算（MEC）技术是 5G 架构的关键能力，目前尚处于发展初期阶段，物联网、车联网的快速发展对边缘计算提出了迫切需求。边缘计算应用十分广阔，并不局限于 5G 网络应用，在智慧城市、智慧家居、智能制造、在线直播、自动驾驶、无人机等领域已经得到初步应用，在降低延时、节省带宽方面起到关键作用。

随着 5G 的加速部署，边缘计算基础设施将会迎来迅速发展，基于 5G 的智能驾驶、工业互联网等将是边缘计算应用的热点领域。支持人工智能处理技术的芯片逐渐丰富，将为边缘计算实时处理视频等场景的海量数据提供必备的计算能力。边缘云计算、雾计算、霾计算等针对传统云计算问题进行的创新探索将不断发展，并与云计算基础设施实现协同优化，在更多应用场景将海量数据存储、计算等工作在边缘处理，降低响应时延、降低带宽成本、减轻云端压力和提升计算效率。

（4）区块链应用创新日趋活跃

未来一段时间，区块链基础技术依旧是各类企业争夺的行业高地。智能合约的形式化验证和漏洞监测技术逐步趋于成熟，将为区块链的安全应用保驾护航；并行记账技术成为研究热点之一，将有望进一步提升记账效率；零知识证明和同态加密等算法的推广应用，可更好地满足数据隐私保护需求，助推更多业务上链；基于树或图的存储结构设计，有望提升链上数据的访问效率；跨链技术可实现多链互联，有望促进多行业之间的协作。

随着区块链技术的成熟，联盟链和私有链将在多个领域有望迎来商业应用。借助区块链的防篡改特性，可支撑非标金融产品、知识产权等登记和交易，将能降低交易成本并提升资产的流通性；区块链可实现信息溯源，能清晰记录各类物品的生产、流转和交易过程，极大地便利于监管和资产证券化；促进多方互信协作是区块链的最大优势，可在不需要第三方参与的情况下实现交易结算、资源共享。

2. 新动能构建新生态

（1）产业互联网将助力高质量发展

产业互联网以云计算、大数据和人工智能等信息技术为支撑，通过互联网与传统产业的全面融合和深度应用，在设计、生产、营销、流通等各个环节进行数字化和网络化改造，提高运转效率，推动传统产业转型升级，促进产业链上下游联动式发展，实现虚拟经济为实体经济服务、供给侧结构性优化等发展目的，提升产业数字化水平，形成新的管理和服务模式。

产业互联网将重塑企业运营核心竞争力，在提高劳动生产效率的同时降低生产、运营以及交易成本，优化资源调配能力从而实现提质增效。企业创新资源的配置方式和组织流程将从以生产者为中心向以消费者为中心转变，以大数据共享融合为主要驱动力构建客户需求深度挖掘、实时感知、快速响应、及时满足的新型服务体系。产业互联网将推动企业更加精准地设计满足消费者实际需求的产品，为用户提供更加优质的服务和体验，更加快捷地实现产品的物流和销售，进一步扩大有效供给、高端供给，培育企业内生性增长新动能，帮助企业实现全价值链能力提升，从而迈入高质量发展轨道。

（2）企业上云将助推传统产业数字化转型

云计算是信息技术发展和服务模式创新的集中体现，是信息化发展的重大变革和必然趋势。企业上云将加快推动企业数字化、网络化、智能化转型，提高创新能力、业务实力和发展水平；将加快软件和信息技术服务业发展，深化供给侧结构性改革，促进互联网、大数据、人工智能与实体经济深度融合；将加快现代化经济体系建设。《云计算发展三年行动计划（2017—2019 年）》提出，2019 年云计算产业规模将达 4300 亿元，同时带动新一代信息技术产业协同发展，将出现两三家全球性的领先企业。各省市政府纷纷出台"万企上云"行动计划与补贴措施，推动企业基础设施上云、业务系统上云、设备上云，以弹性扩容、以租代买等方式减少企业 IT 运维成本、提升信息化服务水平。

云计算的应用普及优化了信息化基础设施投资、建设和运维模式，降低了设施建设和运维成本，缩短了设施建设周期，提升了设施承载能力，加快了设备接入和系统部署。预计 2020 年将有 500 亿台终端设备互联互通，未来接入工业互联网、物联网的终端数量还将以十倍、百倍的速度递增，物联网数据容量也将呈指数增加。

（3）移动互联网市场将呈现结构变化新特征

2018 年移动互联网整体发展增速放缓，市场规模也随着网民红利的变化而逐渐放缓，一、二线城市移动互联网应用的新增流量已趋于饱和。未来，互联网企业运营受获客成本持续提升的影响，将逐渐把发展目光转向低线城市和存量市场，在挖掘蓝海市场的同时，着力盘活存量经济。企业在运营过程中，通过大数据分析来精准定位用户需求，以产品矩阵焕发全盘活力，形成新形势下的竞争优势。同时，企业通过将服务能力下沉来深度挖掘各融合领域的长尾市场，实现可持续发展。

经济发展有其周期性与规律性，市场结构由增量发展转向存量变革并非意味着发展停滞，而是借此契机更好地进行结构性调整，优化资源配置，去芜存菁，提升运转效率，促使互联网企业乃至整个行业迸发增长新动能。

3. 新场景定制新体验

（1）智能家居有望黏结家庭整体智能应用

2019 年，智能家居将保持稳定的发展动力和速度，并起到黏结家庭整体智能应用、统一调控服务的核心作用，同时相关产品级服务也将进一步精细化。部分新兴服务从"个人"推广到"家庭"时，有时会存在从为"一个用户"服务到向"一组用户"服务的转变障碍，但智能家居的未来发展将以住房为布局空间，以住址为联结点，从而实现有效黏结家庭整体智能应用，为用户提供一种全新的服务模式。

（2）新型无人服务设施将陆续落地实施

2019 年，新型无人化、自动化服务设施将在各商业场景中陆续部署落地，在业务模式、盈利模式等方面更加脱虚向实。随着互联网信用管理体系、支付手段、消费习惯的培育成熟，无人商店、无人酒店、无人银行等无人服务设施已逐渐具备了较高的用户接受度和更为扎实的生态基础条件。现今的智能服务设施与人工服务相比在服务能力方面尚存一定差距，通过以高质量数据训练培育智能系统，辅以部分人工在运维二线进行远程补位来兜底，将可以有效补全这一差距。在未来，市场会自主选择有市场竞争力、供需两旺的无人服务设施，节省人力、节约成本、标准化服务等优势将有效支撑无人服务设施的持续性发展。

（3）5G 网联式自动驾驶将成为无人驾驶新趋势

随着三大运营商已经获得全国范围 5G 中低频段试验频率使用许可，5G 进程速率将超过预期，其网络切片、超低时延等特性将为智能驾驶提供可靠的网络保障。移动边缘计算将为智能汽车提供低时延使能技术，为缓解拥堵、实时调度、突发预警、车路协同等多种复杂应用场景提供实时支持。5G 网联式自动驾驶将替代单车版自动驾驶成为新趋势，全国将继续扩大无人驾驶试验路段，在重点地区、重点路段将部署 5G-V2X 试验物联专网，5G+无人驾驶、5G+无人物流等将迎来重大机遇，得到快速发展。

4. 新形势迎来新挑战

（1）自主可控的核心技术将增进网络安全防护体系建设

2019 年，随着 IoT、5G、IPv6、卫星互联网、人工智能技术的不断发展，在边缘侧、基础侧设施将成为攻击热点。随着边缘计算的逐步推进，大量的计算任务、数据交互将在用户侧设备实现，用户侧设备将成为网络攻击的重要目标。人工智能安全风险逐渐显现，网络上已经出现多种人工智能交叉作业形式，智能推荐、数据获取、舆情监测、媒体识别等多项技术应用于社会各领域，而针对人工智能算法及设备的攻击将逐渐显现并成为整个互联网的潜在威胁。

信息技术是全球研发投入最集中、应用最广泛、辐射带动作用最强劲的创新领域，是全球技术创新的战略高地。核心技术和基础设施是实现自主可控替代的关键要素。为应对新时期网络安全问题，我国将抓紧突破网络发展的前沿技术和具有国际竞争力的关键核心技术，加快推进国产自主可控替代计划，与信息产业升级和独立结合，构建安全可控的信息技术体系。

（2）个人信息保护立法规划提上日程

2018 年 8 月 27 日，民法典各分编草案首次提请十三届全国人大常委会第五次会议审议，并将个人信息和隐私保护写入其中，引起业界广泛关注。此外，个人信息保护法也列入 2018 年 9 月公布的十三届全国人大常委会立法规划。可见，无论是学术界还是行业内部，整个社会对于个人信息保护的重要性都有了充分的认识，个人信息保护立法规划提上日程，针对个人信息保护领域的立法空白现状将得到有效解决。

在未来，可以逐步通过技术性设计，完善个人信息分类保护；通过全面落实用户授权和公开透明机制，完善隐私政策文本；通过规范个人信息管理机构，实现对个人信息的安全管理。通过以上举措，我国将进一步健全完善个人信息保护制度，将用户个人信息的保护落到实处。

（3）明晰数据确权将成为数据有效流通的重要条件

2017 年 12 月 8 日，习近平总书记在中共中央政治局就实施国家大数据战略进行第二次集体学习时强调，要制定数据资源确权、开放、流通、交易相关制度，完善数据产权保护制度；推动实施国家大数据战略，加快完善数字基础设施，推进数据资源整合和开放共享，保障数据安全，加快建设数字中国，更好地服务我国经济社会发展和人民生活改善。

数据确权是数据交易制度性的根基，数据产权转让的前提是要明确权利到底属于谁，权利不清晰就无法转让。对数据权利的设定和相应的保护，要建立在准确的数据性质判定和分类的基础上。目前，数据权属的定义尚未达成共识、数据使用规则尚未明确、数据滥用的保护和救济措施不足等方面的问题亟待解决。

数据如果被滥用有可能会伤及用户权益、市场规则，甚至公共安全，然而，如果不能充分利用也会形成资源浪费，影响产业良性发展。为适应大数据和数字经济大发展的时代趋势，数据资源要素的确权，以及进行相关的体系和机制设计的紧迫性已更加凸显。

附录 B   2018 年影响中国互联网行业发展的十件大事

1. 习近平总书记系统阐述网络强国战略思想内涵，为加快推进网络强国建设明确了前进方向

2018 年 4 月 20 日至 21 日，全国网络安全和信息化工作会议在北京召开。习近平总书记高度概括了党的十八大以来网信事业取得的历史性成就，深入阐述了网络强国战略思想，系统明确了一系列方向性、全局性、根本性、战略性问题，对当前和今后一个时期网信工作做出重要战略部署。习近平总书记提出一系列新思想新观点新论断，形成了网络强国战略思想。网络强国战略思想是习近平新时代中国特色社会主义思想的重要组成部分，是网信工作的基本遵循。

2018 年 3 月 21 日，中共中央印发《深化党和国家机构改革方案》，"中央网络安全和信息化领导小组"改为"中央网络安全和信息化委员会"，负责相关领域重大工作的顶层设计、总体布局、统筹协调、整体推进、督促落实，高度凸显了网信工作在当今网络强国战略中的重要地位与核心位置。

2. 《中华人民共和国电子商务法》出台，我国互联网法治体系进一步完善

2018 年 8 月 31 日，中华人民共和国第十三届全国人民代表大会常务委员会第五次会议审议并通过了《中华人民共和国电子商务法》。《中华人民共和国电子商务法》的出台，一是使电子商务行业的发展有法可依，明确了国家要促进和鼓励电子商务发展的基调；二是使电子商务行业与实体经济的公平竞争关系进一步在法律层面得到明确，促进了线上线下的公平竞争；三是对电子商务行业发展过程中存在的销售假冒伪劣、保护消费者权益、线上线下公平竞争等问题在法律层面给予了明确。

《中华人民共和国电子商务法》的出台使电子商务发展步入法制化发展轨道，对推动我国成为电子商务强国，进一步保护消费者权益，打造平台、电商与消费者多赢共享、诚实信用、公平公正的电子商务市场生态环境等方面具有深远意义。《中华人民共和国电子商务法》运用互联网的思维，充分发挥市场在配置资源方面的决定性作用，鼓励支持电子商务各方共同参与电子商务市场治理，推动形成企业自治、行业自律、社会监督、政府监管的社会共治模式。

3. 工业互联网建设取得重要进展，实体经济与数字经济深度融合

2018 年 5 月 31 日，工信部印发《工业互联网发展行动计划（2018—2020 年）》，提出到

2020年年底我国将实现"初步建成工业互联网基础设施和产业体系"的发展目标。工信部部长苗圩在《中直党建》撰文指出，工业互联网建设取得重要进展。2018年，工业互联网技术标准、网络建设、平台培育、安全保障、融合应用等全面推进，中国自主研制的工业以太网、工业无线网络技术被纳入IEC国际标准，建设了十余个工业互联网网络新技术测试床，工业互联网平台数量快速增长，有一定行业区域影响力的平台超过50家，工业设备连接数量超过10万台套，在钢铁、航空航天、汽车、电子等多个行业，融合应用创新不断涌现。工业大数据、工业App开发、边缘采集、智能网关等平台关键软硬件产业成为发展热点。在安全保障方面，工业互联网按照监测平台初步建成，形成了一定的安全风险监测发现、预警通知以及处置支持能力。企业自主研发基于人工智能技术的新一代工业防火墙，入侵监测产品已开始迈入应用阶段。

工业化和信息化的深度融合推进了新旧动能转换，加速了传统制造业向智能制造转型，利用数字化新技术对制造业进行全方位、全角度、全链条改造，提升全要素生产率，培育融合型数字经济，是激发传统制造业升级的新动能和经济发展的新力量，推动了实体经济与数字经济深度融合。

4. "宽带网络覆盖90%以上的贫困村"目标提前完成，网络扶贫助推脱贫攻坚

2018年5月3日，工信部印发《关于推进网络扶贫的实施方案（2018—2020年）》，进一步聚焦深度贫困地区，更好发挥宽带网络优势，助力打好精准脱贫攻坚战。2018年，国家"十三五"规划纲要明确提出的"宽带网络覆盖90%以上的贫困村"目标提前完成，从而保障了建档立卡贫困人口方便快捷接入高速、低成本的网络服务，保障了各类网络应用基本网络需求，提升了我国农村及偏远地区宽带网络基础设施能力，为乡村振兴和打赢脱贫攻坚战提供了坚实的网络保障。在脱贫攻坚的关键时期，网络扶贫已成为决胜全面小康的新杠杆。

2018年6月20日，中央网信办、国家发展改革委、国务院扶贫办、工信部联合印发《2018年网络扶贫工作要点》，推动网络扶贫行动向纵深发展，进一步发挥互联网、大数据等在脱贫攻坚中的作用，着力在弥合贫困地区"数字鸿沟"、发展农村电商、网络扶智、互联网+医疗等方面不断取得新成效，为打赢脱贫攻坚战做出新的重要贡献。

5. 5G试验频率使用许可发放，规模部署迈入新阶段

2018年12月10日，工信部向中国电信、中国移动、中国联通发放了5G系统中低频段试验频率使用许可。中国电信和中国联通获得3500MHz频段试验频率使用许可，中国移动获得2600MHz和4900MHz频段试验频率使用许可。三大运营商纷纷推进5G部署，加快5G商用步伐。

5G系统试验频率使用许可的发放，有力地保障了各基础电信运营企业开展5G系统试验所必须使用的频率资源，向业界发出明确信号，将进一步推动我国5G产业链的成熟与发展。

6. IPv6规模部署持续推进，信息基础设施快速演进升级

2017年11月26日，中共中央办公厅、国务院办公厅印发《推进互联网协议第六版（IPv6）规模部署行动计划》，进一步贯彻落实党中央、国务院关于建设网络强国的战略部署，加快推进IPv6的下一代互联网规模部署，促进互联网演进升级和健康创新发展。2018年5月2

日，工信部发布关于贯彻落实《推进互联网协议第六版（IPv6）规模部署行动计划》的通知，旨在加快网络基础设施和应用基础设施升级步伐，促进下一代互联网与经济社会各领域的融合创新。

基础电信运营企业的第三张全国骨干网建设已取得阶段性成果，骨干网设备已全部支持 IPv6，开启了 IPv6 承载功能。中国电信的网络基础设施改造已全部完成，并在全国 29 个省为固网用户提供 IPv6 服务；中国移动的全部骨干网及 LTE 网络已完成改造，并积极推进终端默认双栈；中国联通完成了宽带和专线的全国开通，并在全国 26 个省为固网用户提供 IPv6 服务。IPv6 规模部署的持续推进，促进了信息基础设施建设的演进升级，有助于构建高速率、广普及、全覆盖、智能化的下一代互联网，提升我国互联网的承载能力和服务水平。

7. 国家新一代人工智能开放创新平台落地，打造科技创新新高地

2017 年国务院印发的《新一代人工智能发展规划》为发展人工智能指明了方向。科技部等多部门经充分调研论证，确定了依托百度建设自动驾驶、依托阿里云建设城市大脑、依托腾讯建设医疗影像、依托科大讯飞建设智能语音的首批 4 个国家新一代人工智能开放创新平台。2018 年 9 月 20 日，科技部正式宣布，依托商汤集团建设的智能视觉平台成为第 5 个国家新一代人工智能开放创新平台。

2018 年，AI 开放创新平台项目逐步落地，百度自动驾驶已形成完整良性循环的安全数据记录；阿里云杭州城市大脑 2.0 正式发布；腾讯医疗 AI 平台与全国 100 余家三甲医院达成合作，服务超百万患者；科大讯飞发布 4 种智能服务解决方案；商汤科技与国内外 700 多家知名高校、企业及机构建立合作。五大 AI 平台的建立，有助于构建新一代人工智能创新发展生态，推动了人工智能发展规划和重大科技项目的组织实施，打造了科技创新新高地。

8. 互联网百强企业研发投入破千亿元，战略布局产业互联网

2018 年 7 月 27 日，中国互联网协会、工信部信息中心联合发布的《2018 年中国互联网企业 100 强发展报告》显示，中国互联网百强企业的研发投入已突破千亿元，达到 1060.1 亿元，同比增长 41.4%，平均研发强度达到 9.6%，比我国研发经费投入强度高 7.48 个百分点。

互联网百强企业专注前沿技术创新，不断突破核心技术，加快推进技术创新步伐，企业创新带动产业革新。2018 年腾讯等多家互联网企业纷纷调整组织架构，企业战略重心从消费互联网向产业互联网转移。互联网龙头企业的产业互联网战略布局成为中小企业转型发展的风向标。

9. 网约车安全问题敲响警钟，平台战略重心转向合规运营

随着用户对于网络出行服务需求的稳步提升，网约车行业迅猛发展，平台运营安全问题逐渐显现，引发社会关注。2018 年 6 月 5 日，交通部等七部门联合印发《关于加强网络预约出租汽车行业事中事后联合监管有关工作的通知》，进一步规范网约车管理，明确行业联合监管工作流程，维护市场公平竞争秩序，保障乘客合法权益；在鼓励网约车发展的同时，提高安全运营意识，采取有效措施，促进网约车转向合规化运营发展。

网约车企业在遵守行业规范的同时也在加强平台自律，积极履行企业主体责任，完善内部管理，建立安全运营机制。为此，网约车企业的战略重心逐步由市场扩张转向合规运营，

顺应了网约车健康有序发展的内在要求，彰显了企业、市场和政府权责共担的发展意识。随着越来越多网约车平台"三证"齐全运营，网约车市场将逐步进入一个司机职业化、车辆定制化、平台安全可控化的合规竞争时代。

10. 网络综合治理力度加强，网络空间更加清朗

2018 年 3 月 20 日，《微博客信息服务管理规定》开始实施，进一步明晰了平台主体责任，促进了微博客信息服务健康有序发展。2018 年 10 月 20 日，国家网信办针对自媒体乱象开展专项整治行动，依法依规全网封禁 9800 多个自媒体账号，对网络直播和短视频平台进行全链条管理，积极引导和推进主流文化入驻，维护网络直播和短视频领域传播秩序，营造良好网络舆论生态。

2018 年 8 月 30 日，教育部等八部门联合印发《综合防控儿童青少年近视实施方案》，国家新闻出版总署对网络游戏实施总量调控，控制新增网络游戏上网运营数量，探索符合国情的适龄提示制度。2018 年 12 月 7 日，网络游戏道德委员会在北京成立，负责对可能或者已经产生道德争议和社会舆论的网络游戏作品及相关服务开展道德评议，从而提升网络游戏思想文化内涵，引导网络游戏企业坚持社会效益优先，向人民群众提供健康有益的文化娱乐产品。网络游戏调控力度加大，有助于消除网络游戏的负外部性，促使游戏产品向精品化发展，为青少年健康成长营造良好的网络环境。

2018 年 11 月 15 日，国家网信办和公安部联合发布《具有舆论属性或社会动员能力的互联网信息服务安全评估规定》，为依照《网络安全法》等法律法规自主开展安全风险评估提供了指导，督促互联网信息服务提供者更好地开展安全评估。

附录 C   2018 年中国互联网企业 100 强分析报告

C.1   2018 年中国互联网企业 100 强总体评述

互联网百强企业作为我国互联网企业的先锋，深入探索数字经济发展规律，不断深耕数字经济发展模式，在建设网络强国、数字中国、智慧社会等方面发挥了示范引领带动作用。2017 年，互联网百强企业坚持创新驱动发展，坚持与实体经济融合发展，经济规模持续扩大，新业态、新模式不断涌现，推动经济发展动力变革，引领我国经济高质量发展。

（1）互联网业务收入突破 1.7 万亿元，百强企业整体规模显著提升

互联网百强企业整体实力大幅提升，对信息消费的带动作用显著增强。2017 年，互联网百强企业的互联网业务总收入达到了 1.72 万亿元，占我国 2017 年信息消费的比重高达 37.78%，比 2016 年提高了 10.35 个百分点，带动信息消费增长 14.48%，贡献率比 2016 年提升了 5.74 个百分点，对经济增长的贡献进一步提升。其中，前两名的阿里巴巴集团和腾讯集团的互联网业务收入达到 4646.73 亿元，占互联网百强企业互联网业务收入超过 25%；前五名企业互联网业务收入达到 9647.68 亿元，占百强企业互联网业务收入超过 50%，如图 C.1 所示。

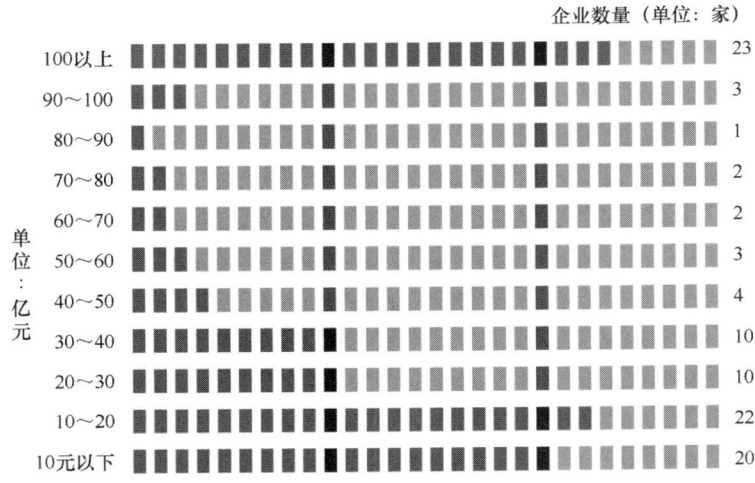

图C.1   中国互联网百强企业2017年互联网业务收入分布情况

　　互联网百强企业增长势头强劲，成为带动我国数字经济增长的新引擎。2017 年，互联网业务收入同比增长 50.6%，增速比我国规模以上互联网和相关服务企业高出 29.8 个百分点，比我国数字经济规模增速高出 30.3 个百分点，显著拉升了我国数字经济增长[1]。其中，有 64 家企业互联网业务收入增速超过了 20%，有 24 家企业实现了 100% 以上的超高增长，如图 C.2 所示。

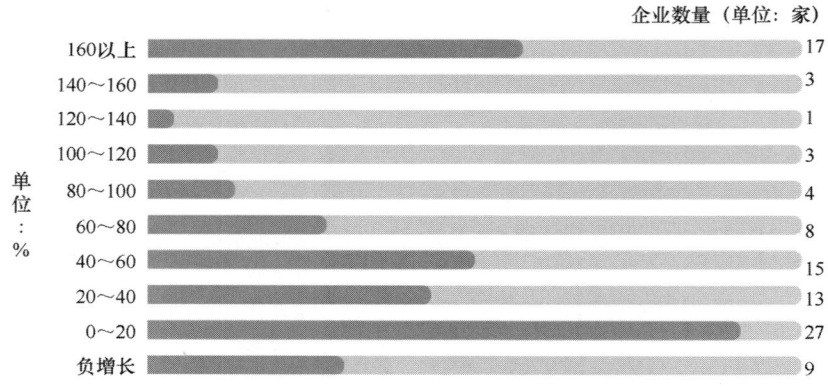

图C.2　中国互联网百强企业2017年互联网业务收入增长率分布情况

　　在规模实力不断增强的同时，互联网百强企业盈利能力也显著增强。2017 年互联网百强企业的营业利润总额为 2707.11 亿元。其中，前两名阿里巴巴集团和腾讯集团的营业利润达到 1599.27 亿元，占营业利润总额近 60%（59.1%）；前五名企业营业利润达到 1928.8 亿元，占百强企业营业利润的 71.25%。互联网百强企业的营业利润较 2016 年同比增长 82.6%，平均营业利润率达到 15.6%。83 家企业实现盈利，利润率超过 40% 的企业达到 11 家，如图 C.3 所示。中国互联网百强企业 2017 年营业利润分布和互联网业务收入占比分布分别如图 C.4 和图 C.5 所示。

图C.3　中国互联网百强企业2017年营业利润率分布

[1] 中国信息通信研究院. 中国数字经济发展与就业白皮书（2018 年）.

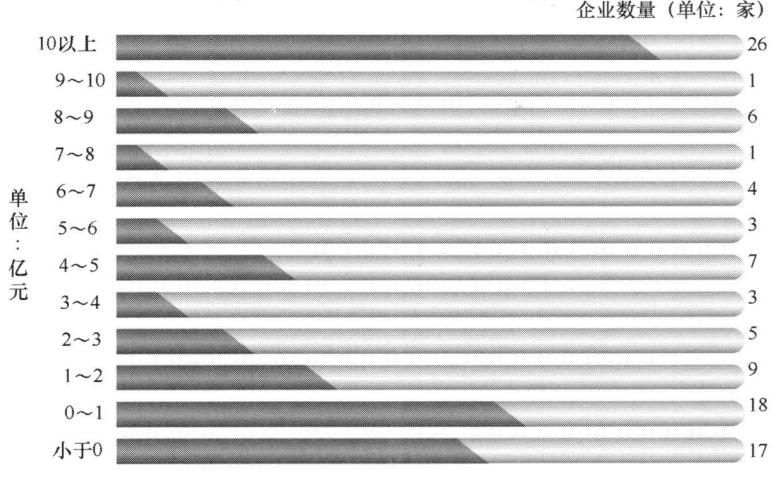

图C.4　中国互联网百强企业2017年营业利润分布

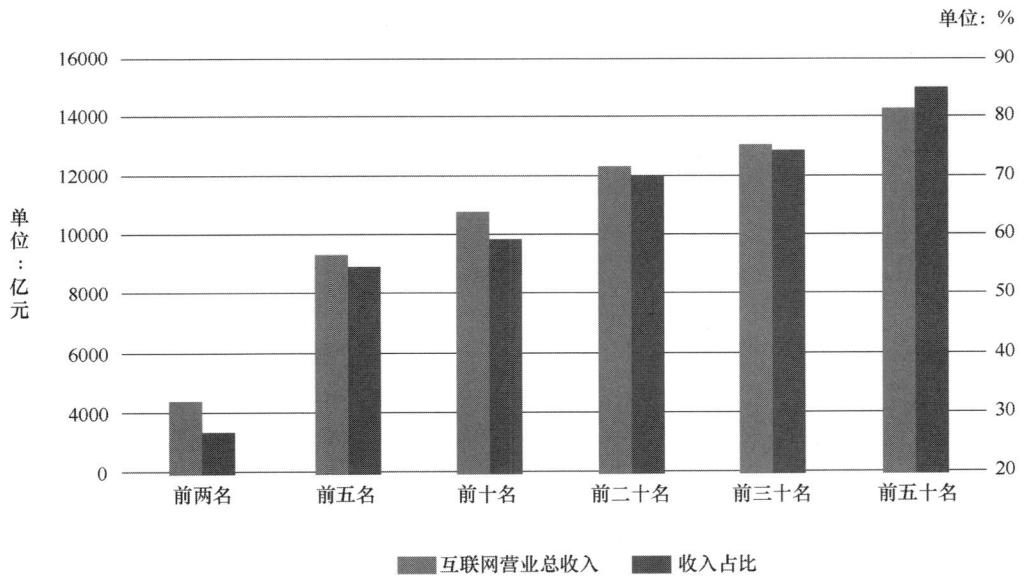

图C.5　中国互联网百强企业2017年互联网业务收入占比分布

（2）应用场景不断丰富多元，消费互联网促进生活品质提升

目前，消费升级已经成为中国经济增长转型的重要驱动力之一。消费升级的重要体现就是个人生活场景全面线上化，数以亿计老百姓的衣、食、住、行、医等日常生活场景迅速转移到了各类互联网终端上。有关数据显示，2017 年，中国网络零售额达 7.18 万亿元，同比增 32.2%，网络零售对消费的拉动作用进一步增强[1]。

互联网百强企业作为我国互联网行业的领军企业，紧密结合网络强国战略，依托互联网

---

[1] 中国新闻网. 2017 年中国网络零售额达 7.18 万亿元，同比增 32.2%.

强大的信息能力，借助消费互联网的数字化、网络化，不断提升自身发展质量和效益，创造出新业态、新模式，引领行业发展新浪潮，满足人民对美好生活的向往。2017 年，互联网百强企业业态丰富多元，覆盖领域持续变广，全面覆盖互联网行业主要业务领域，其中游戏娱乐 18 家、电商类 12 家、视频直播 10 家、生活服务 10 家、网络媒体 8 家、企业服务 7 家、出行旅游 6 家、实用工具 5 家、互联网金融 4 家、综合类 3 家、医疗健康 3 家、网络教育 3 家、网络营销 3 家、云服务 3 家、数据服务 2 家、IDC&CDN2 家、互联网接入 1 家。从互联网业务收入结构来看，电商类企业收入最高，占总体比重为 45.35%；综合类位居第二，收入占比为 31.25%，两类占百强企业互联网业务收入的比例超过了 3/4，如图 C.6 所示。

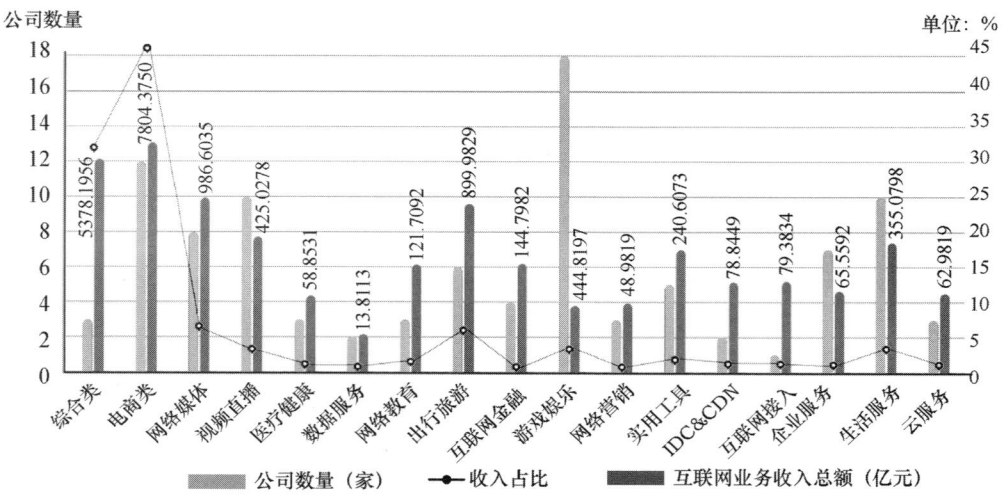

图C.6　不同领域公司数量和互联网业务收入占比分布情况

随着消费水平的不断提高，消费个性化、需求多元化、分享社交化等趋势日益凸显，不断推动消费升级和业态创新。2017 年，我国网络零售业态多元化、消费品质化趋势显现。无人零售、社交电商、优品电商、二手电商等营造消费新场景，激发消费新需求。根据商务部监测，2017 年智能穿戴、高端家电、生鲜食品、医药保健等商品品类网络销售增速均超过 70%。阿里巴巴、京东、苏宁等互联网百强企业积极探索无人零售新模式，利用云计算、大数据、物联网、人工智能等新兴智能化技术驱动无人零售创新发展，推动传统零售业和互联网实现加速融合。同时，游戏娱乐类和视频直播类企业发展较为迅速，互联网百强企业游戏娱乐达到 18 家；视频直播达到 10 家，视频直播已成为互联网企业泛娱乐生态方阵的重要组成部分。

（3）研发投入突破千亿元，企业创新带动产业革新

互联网百强企业坚持创新驱动发展战略，加大科研投入，不断提升关键核心技术创新能力。2017 年，互联网百强企业的研发投入突破千亿元，达到 1060.1 亿元，同比增长 41.4%，平均研发强度达到 9.6%（见图 C.7），比我国研发经费投入强度高出 7.48%。同时，互联网百强企业作为技术创新人才的集聚高地，汇聚了一大批优秀的科研创新人才，2017 年，互联网百强企业研发人员达到了 19.7 万人，研发人员占比 19.4%（见图 C.8），有力地带动了高新技术人才的人才培养和就业，产生了积极的社会效应。中国互联网百强企业 2017 年科研投入情况如图 C.9 所示。

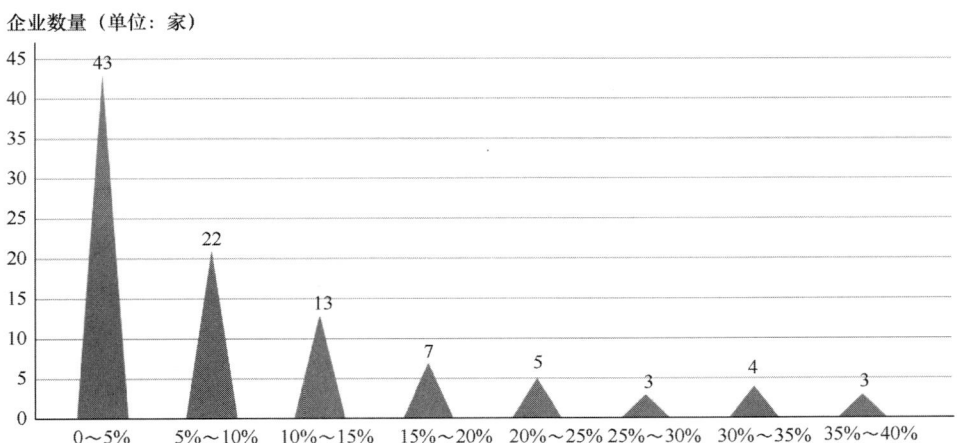

图C.7　中国互联网百强企业2017年研发强度分布情况

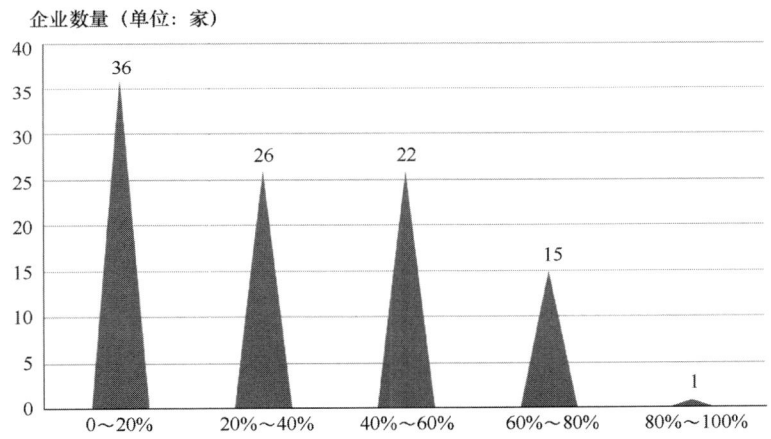

图C.8　中国互联网百强企业2017年研发人员占比分布情况

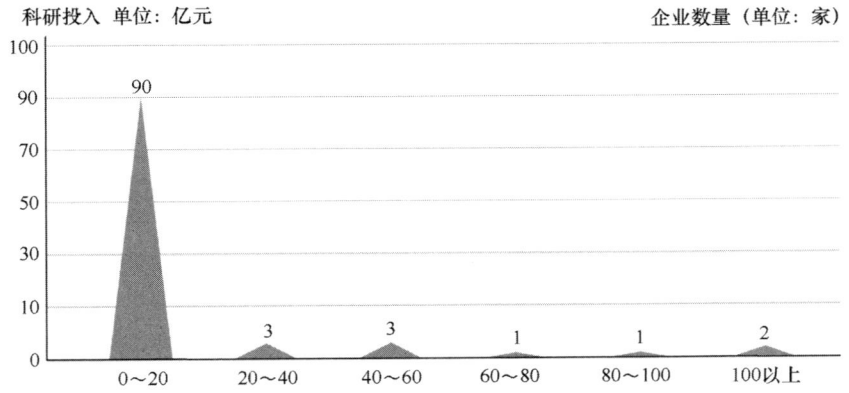

图C.9　中国互联网百强企业2017年科研投入情况

互联网百强企业专注前沿技术创新，不断突破核心技术，加快推进技术创新步伐，一批技术已进入国际市场第一方阵。2017 年，互联网百强企业拥有专利数超过 2.2 万项，其中发明专利数量超过 1.3 万项。目前，互联网百强企业在人工智能、大数据、云计算、区块链等新技术领域取得了丰硕的成果，新技术产业化步伐加速。2017 年，互联网百强企业中应用大数据技术的相关企业近 60 家，人工智能相关企业 44 家，云计算 51 家，区块链相关的企业 11 家。

人工智能在医疗、智慧物流和网络安全等领域应用取得重大进展。腾讯觅影是 AI 医学影像产品，可检测小于 3mm 的微小肺结节，准确率超过 95%，食管癌筛查准确率超过 90%。作为物流行业最早布局"智能供应链"的企业，京东物流致力于实现物流体系操作的无人化、运营的智能化和决策的智能化，以全链路智能化的物流体系，构建无界零售趋势下的全球智能供应链基础设施。京东物流已建成全球首个全流程无人仓、无人配送站等物流节点，在国内电商和物流领域首先实现无人机、配送机器人的常态化运营，实现了物流全链路的无人化。目前，京东已成功将物流成本（对比社会化物流）降低了 50% 以上，流通效率（对比社会化流通）提升了 70% 以上。三六零科技将人工智能技术应用于网络安全领域，推出了 360QVM 引擎，通过人工智能查杀与云安全的结合运用，实现了对未知病毒的快速识别。区块链技术在共享计算、信用证等领域落地应用也取得了突破。迅雷推出中国首个共享计算场景下区块链应用——玩客奖励计划，通过玩客云智能硬件和区块链技术的结合，有效降低了企业的运营成本，同时也改善了用户的互联网应用使用体验。苏宁金融牵头苏宁银行相关部门上线了区块链国内信用证信息传输系统，该系统采用 hyperledger fabric 联盟链技术，实现了严格合规、无需第三方、实时开证、全程加密的国内信用证线上开证、通知、交单、到单、承兑、付款、闭卷等功能，目前已开出国内信用证金额达 1.3 亿元。

同时，互联网百强企业高度重视党建工作，坚持党建引领创新发展，将强化党建工作与创新发展有机融合，把党的政治优势和组织优势转化为创新发展的强大动力，实现党建工作与经营管理深度融合、共同发展，不断增强企业党组织的创造力、凝聚力和战斗力。目前，已有 80 家企业建立了党组织，党员人数近 7 万人，占员工总数的 6.3%，党员占比最高的企业达到了 41%。

（4）精耕细作产业互联网，工业互联网驱动实体经济高质量发展

互联网企业充分发挥平台、人才、技术、布局上的优势，利用自身互联网技术和流量优势为传统行业赋能，以融合应用为抓手，加快向生产领域拓展，助力传统产业供给侧结构性改革，为传统行业带来发展新动能，打造出新型发展业态。互联网百强企业中以服务实体经济客户为主的产业互联网领域企业数量达到 20 家，包括企业服务 7 家、网络营销 3 家、IDC（含 CDN）2 家、B2B 电商 6 家以及数据服务 2 家，累计服务企业近 3000 万家。互联网业务收入规模达到 1843.3 亿元，占全部百强比重超过 10%。以服务企业客户的 B2B 电商为例，企业数量为 6 家，电子商务交易额达 6063.3 亿元，同比增长近 25%。

工业互联网作为新一代网络信息技术与制造业深度融合的产物，通过实现人、机、物的全面互联，将构建起全要素、全产业链、全价值链全面连接的新型工业生产制造和服务体系，成为实体经济和数字经济融合发展的重要方向。互联网百强企业积极推进工业互联网平台实现规模化商用，促进制造业向数字化、网络化和智能化转型发展，有力支撑了智

能化生产、协同化制造、个性化定制、服务化延伸的新模式、新业态的推广应用，助力实体经济提质增效。

找钢网以"工业互联网"为抓手整合驱动产业大数据，支撑多产业链共同协作，通过整合产业链不同环节的数据流、物流和资金流，实现工业产业链间的数据互通，帮助产业链上游企业实现"以销定产"，并可以对客户进行精准画像，给客户推荐合适的工业产品。金山云通过提供基于云的 AI 商业化部署方案，全方位提升企业生产效率，例如，金山云基于 AI 的产品外观瑕疵检测方案，可在不影响原有生产模式的基础上，利用 AI 对产品进行自动化甄别，极大地提高了出厂产品的合格率。深圳市思贝克集团构建了以"工业品+互联网+金融服务"为主体的全新工业品营销方式，旗下"工业品平台"为工业企业提供商品采购、营销和供应链金融等服务，大幅度降低了工业企业采购成本和交易成本。

（5）"独角兽"企业高速增长，积极发力国际化跃向世界舞台

互联网百强企业中，腾讯集团、阿里巴巴集团、百度公司稳居全球互联网公司市值前十强，京东集团、阿里巴巴集团、腾讯集团、苏宁易购等企业位列《财富》世界 500 强，百度被《财富》杂志评为人工智能四大巨头之一。互联网百强企业中，有 55 家上市或挂牌，其中境内上市或挂牌的企业有 35 家，境外 20 家，如图 C.10 所示。2017 年，互联网百强企业及下属企业涌现出蚂蚁金服、爱奇艺、京东金融、网易云音乐、猫眼电影、小米科技等 18 家独角兽企业，同比增长 38.5%，业务涉及电子商务、金融服务、交通、教育等领域。

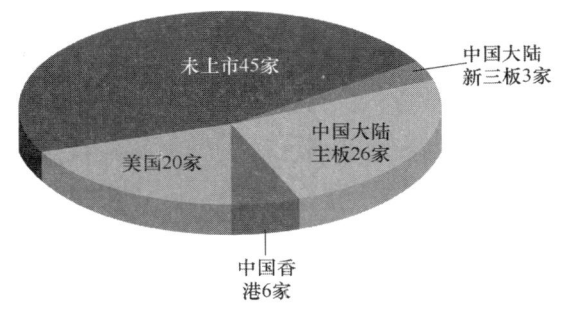

图C.10　中国互联网百强企业 2017年上市地分布情况

凭借庞大的国内市场，中国互联网企业迅速崛起，积极拓展海外市场，加快全球化布局。互联网百强企业"出海"业务的发展，有利于企业寻找新的外汇收入增长点，也能够助推中国企业输出企业文化，为全球更广泛的互联网用户提供更优质的互联网服务。互联网百强企业中有 60 家企业涉及海外业务，企业国际化步伐加快。阿里云在美国、澳大利亚等多个区域设有数十个飞天数据中心，并将在印度和印尼建设数据中心，数据中心数量将覆盖全球 17 个区域，为海内外企业提供全球一张网云计算服务。小米以其优质的智能手机产品，在欧洲、印度、东南亚等市场均有良好的表现。美图公司加快国际化运营及推广，发力抢占海外自拍市场，目前在全球 11 个国家与地区拥有了超过 1000 万的总用户，在 39 个国家及地区拥有超过百万用户。

（6）骨干企业助力精准扶贫，激发区域经济增长新动能

2017 年，互联网百强企业各省份分布数量相对稳定，已覆盖 17 个省份。其中，拥有

互联网百强企业数量最多的 3 个省市是北京、上海和广东，分别达到 32 家、19 家和 14 家，如图 C.11 所示。在区域分布上，东部地区互联网百强企业数量达到 87 家，中西部地区互联网百强企业共 13 家，与 2016 年数量相等。其中，中西部地区紧抓互联网新时代的战略机遇期，互联网企业高速发展。安徽、广西、贵州、河南、黑龙江、湖北、湖南、重庆、四川 9 个中西部地区省份有 13 家企业位列百强，互联网业务收入总额突破 300 亿元大关，达到 307 亿元，同比增长 73.45%，占百强企业互联网业务收入总额的 1.78%，相比 2016 年有一定的提升。

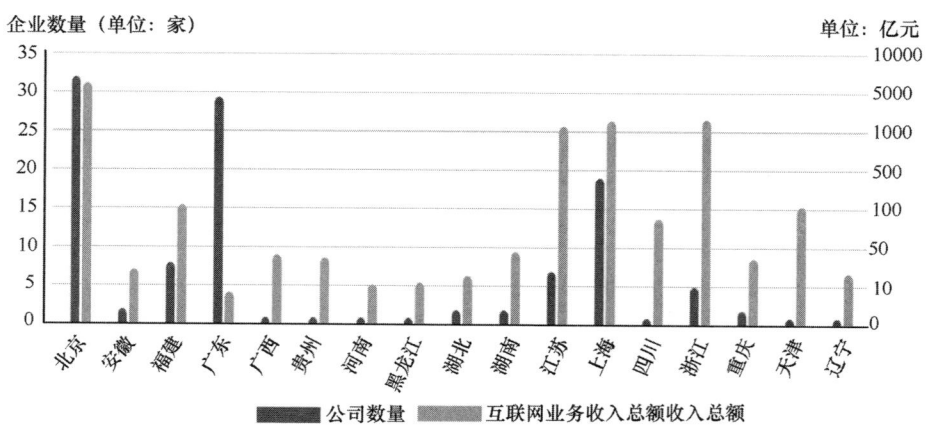

图C.11　中国互联网百强2017年企业注册地分布

　　互联网百强企业积极投身扶贫事业，探索产业化、市场化的精准扶贫路径，大力推进农村电商、信息服务、网络公益等，减少数字鸿沟，带动区域经济发展，成为精准扶贫的生力军。京东依托自营平台优势，开展产业扶贫、创业扶贫和公益扶贫等。截至目前，京东已上线 832 个贫困县的超过 300 万种富有地方特色的农特产品，实现扶贫农产品销售额超过 200 亿元。贵阳朗玛信息技术股份有限公司发挥自身优势，结合互联网医疗开展网络帮扶工作，将全贵阳市 20 个困难村村医纳入贵州互联网医院服务体系，借助贵州互联网医院全科专家的资源，对各村村医实现一对一帮扶。

C.2　中国互联网企业百强 5 年发展

（1）互联网百强企业收入规模 5 年扩张 4.5 倍，信息消费增长贡献近 15%

互联网百强企业收入规模强劲增长，信息消费增长贡献近 15%。互联网百强企业综合实力持续增强，5 年来长期保持强劲的增长势头。如图 C.12 所示，互联网百强企业的互联网业务收入规模从 2014 年的不足 4000 亿元增长至 2018 年的 1.72 万亿元，年均复合增长率高达 46.5%。互联网百强企业对我国信息消费贡献翻倍，基于互联网的新业态、新模式层出不穷，对经济发展新动能的培育和发展做出了重要贡献。互联网百强企业的互联网业务收入占我国信息消费的比重从 2014 年的 18.1% 提高至 2018 年的 37.78%，对信息消费的增长贡献由 2014 年的 7% 提升至 14.48%，如图 C.13 所示。

单位：亿元

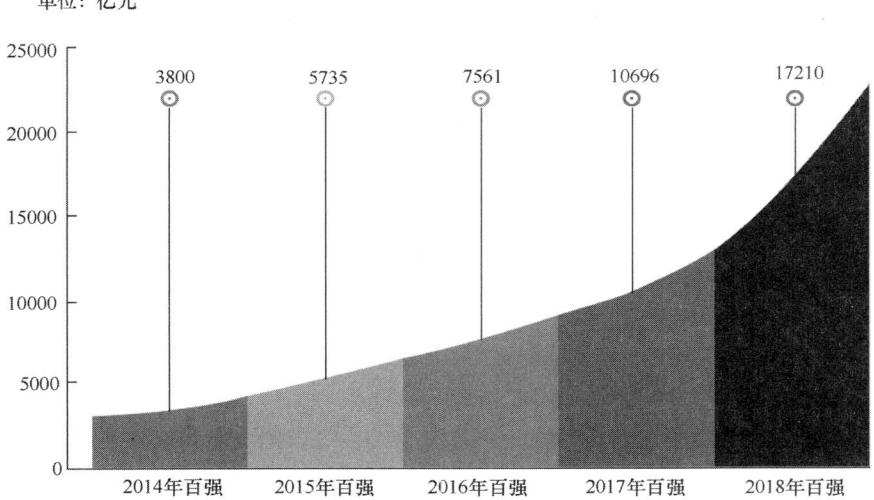

图C.12　2014—2018年中国互联网百强企业互联网业务收入总规模

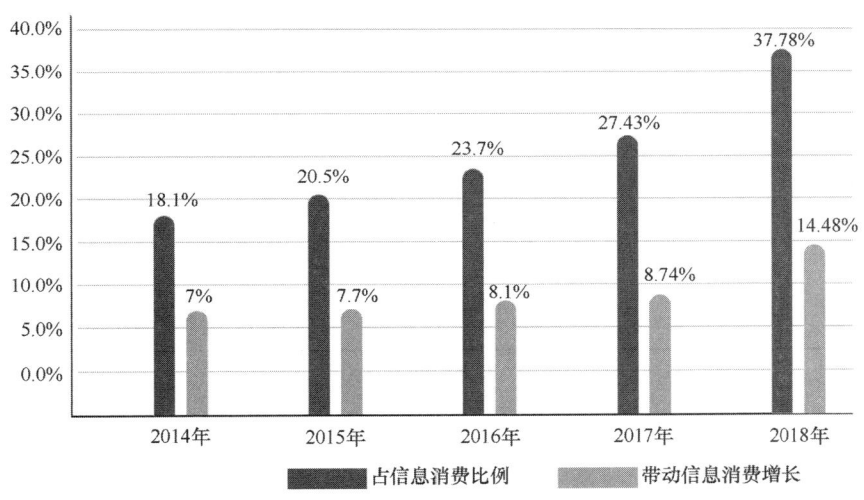

图C.13　2014—2018年中国互联网百强企业互联网收入占比及带动增长能力

互联网百强企业保持高质量发展，龙头企业国际领先地位日益稳固。互联网百强企业不断扩大收入规模的同时，发展质量保持在较高水平，百强企业普遍盈利且保持较高利润率，商业模式日益成熟完善且具有较强的持续性。互联网百强企业中盈利企业数量占比稳定在70%以上，互联网百强企业的营业利润总额从 2014 年的 621.68 亿元增长至 2018 年的 2707.1 亿元，年均复合增长率高达 33.7%，平均营业利润率均保持在 10% 左右，如图 C.14 所示。互联网百强领军企业国际领先地位进一步树立稳固。腾讯集团、阿里巴巴集团、百度公司等企业连续位列全球互联网公司市值前十强[1]，2017 年腾讯集团和阿里巴巴集团的总市值相比 2014 年增长 217.4%。

---

[1] 玛丽·米克尔. 2018 年互联网趋势报告.

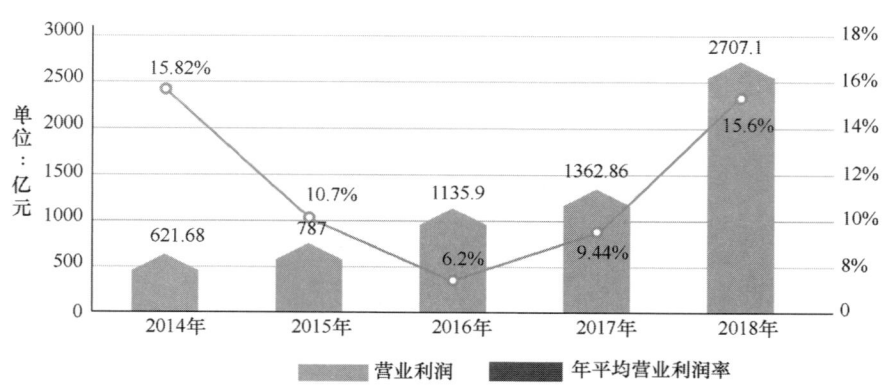

图C.14　2014—2018年中国互联网百强企业营业利润及利润率

互联网百强企业中上市企业数量比重保持在 50%以上，海外和港股上市的企业数量由 2014 年的 41 家减少至 26 家，大陆上市的企业数量则增加至 30 家左右，如图 C.15 所示。国内投资环境日趋完善，互联网企业纷纷于境内上市。

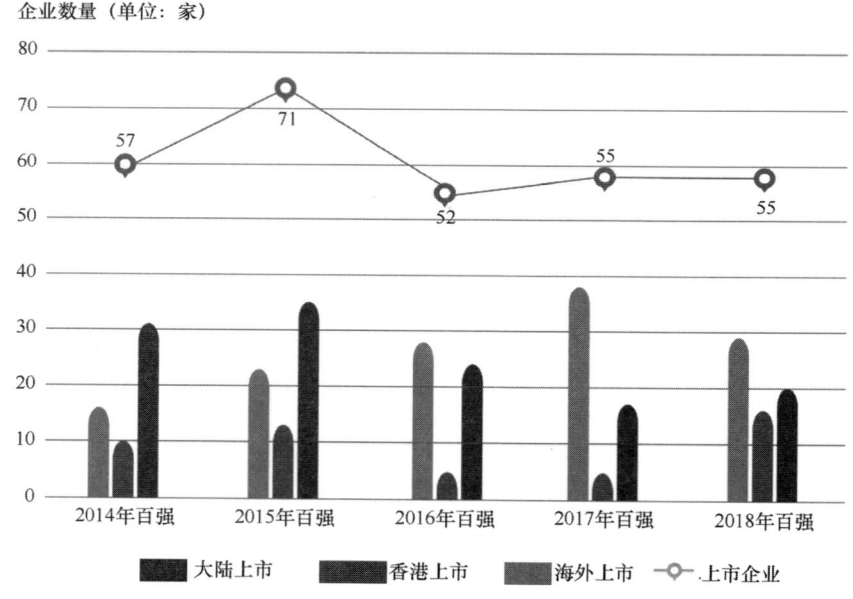

图C.15　2014—2018年中国互联网百强上市情况

（2）27 家企业连续入围互联网百强，消费互联网向产业互联网转移

互联网百强企业迭代率最高达到 45%，27 家企业连续五年入围互联网百强。互联网百强企业中领军企业强者常驻榜单，腾讯集团、阿里巴巴集团、百度等企业优势明显；新浪公司、搜狐集团、网易集团等老牌互联网公司实力依旧，新浪新闻成为综合资讯行业发展最快的新闻客户端。27 家连续入围企业主要分布在网络媒体、网络游戏、电商类、生活服务类等行业。

从近 5 年的互联网百强的变化看，互联网行业的发展格局仍然在不断变化，竞争格局并不稳定。平均每年新晋百强企业占榜单企业的 35%。5 年来，互联网百强企业以满足人们衣、食、住、行、娱、育为主的消费互联网生态日趋完善，新业态、新模式不断涌现，行业发展焕发新活力，不断为人民群众提供创新性的文化产品，满足人民日益增长的生活需求。2018 年以服务实体企业客户为主的产业互联网领域企业数量已达 20 家。2015—2018 年互联网百强企业新晋企业数量如图 C.16 所示。榜单的变化一方面说明新业态、新模式层出不穷，经济发展新动能发展迅速；另一方面也说明互联网行业存在部分"明星企业"昙花一现，被市场过度追捧的企业兴起快、衰亡也快的客观现象。

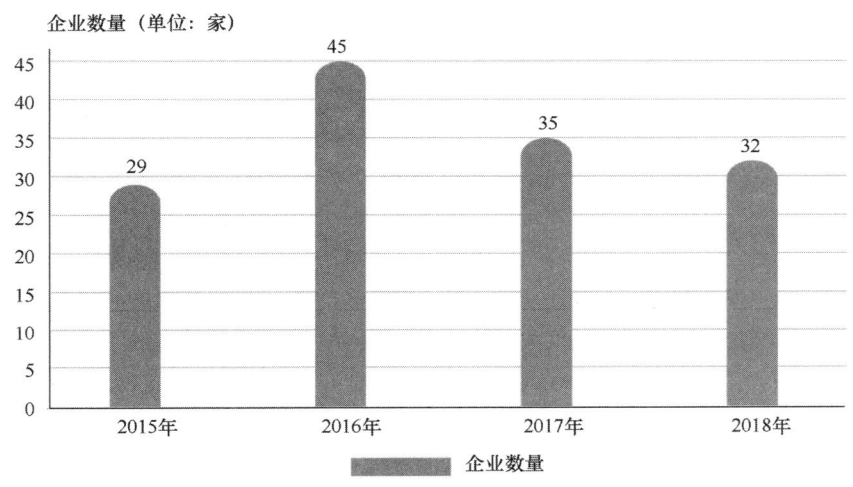

图C.16　2015—2018年互联网百强企业新晋企业数量

互联网业务由消费互联网向产业互联网转移，互联网与经济加速深度融合。互联网百强全面覆盖互联网领域的主要业务，覆盖领域日益从消费互联网向产业互联网纵深发展。随着分享经济、人工智能、网络直播等新领域快速发展，催生出诸多新模式、新业务。尚未上市的大型创业公司，互联网企业加大对垂直领域的深度拓展，在教育、医疗、交通等垂直领域形成"独角兽"企业，共享经济、互联网医疗、互联网金融等新兴业态企业异军突起，在百强企业中逐步崭露头角。

（3）研发投入加强企业核心竞争力，成立 5 年之内的企业入围占比超过 10%

由于自身和市场发展的需要，互联网百强持续加大研发投入，研发投入金额由 2014 年的 238.6 亿元增加至 2018 年的 1060.1 亿元（见图 C.17），平均研发支出比例超过 10%，支撑持续创新保持领先优势，增强自身核心竞争力，有力地带动了高技术人才的培养和就业，产生了积极的社会影响。以网络货币市场基金、P2P 为代表的互联网金融、以共享经济为代表的 O2O 和以可穿戴设备为代表的智能硬件等各类新业务蓬勃发展。

互联网企业成为互联网百强企业所花时间缓慢延长。全国互联网产业创新竞争日趋激烈，5 年中互联网百强企业平均成立时间为 11.8 年，企业成长为互联网百强的步伐逐渐放缓，从 2014 年平均企业年龄为 10.9 年增长到 2018 年的 13.2 年（见图 C.18），但仍然有占比超过 12%的企业在成立 5 年内迅速成为百强企业。

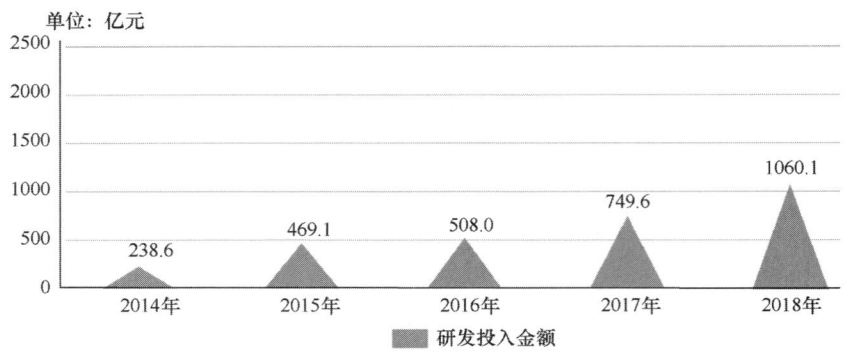

图C.17　2014—2018年互联网百强企业研发投入情况

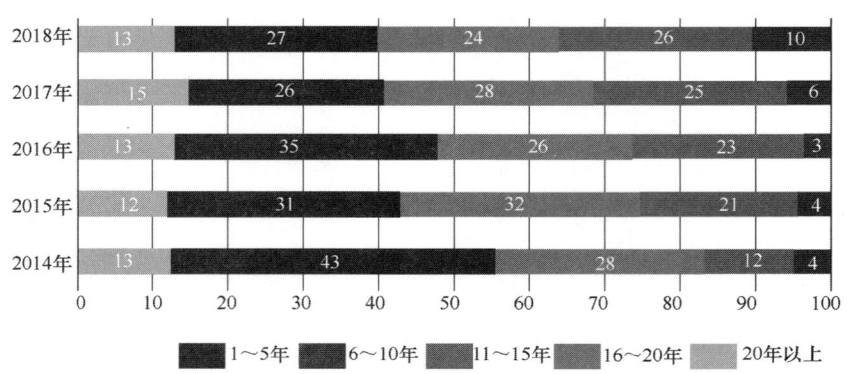

图C.18　2014—2018年中国互联网百强企业成立时间分布

（4）北上广百强企业数量占比保持在60%以上，中西部呈赶超态势

各地互联网行业快速发展并形成规模，呈现"百花齐放"的格局。2014年互联网企业分布从东部6省份、中部2省份迅速扩张到2018年的东部8个省份、中部5个省份、西部4个省份。虽然互联网百强企业仍然主要集中在北京，上海和广东省，占比在60%以上，但北京、上海和广东的互联网百强企业5年间减少18.6%，如图C.19所示。地方政府落实国家区域协调发展战略，中西部互联网企业迅速崛起，优化区域产业结构，推进中西部形成新格局，建立更加有效的区域协调发展新机制，如图C.20所示。

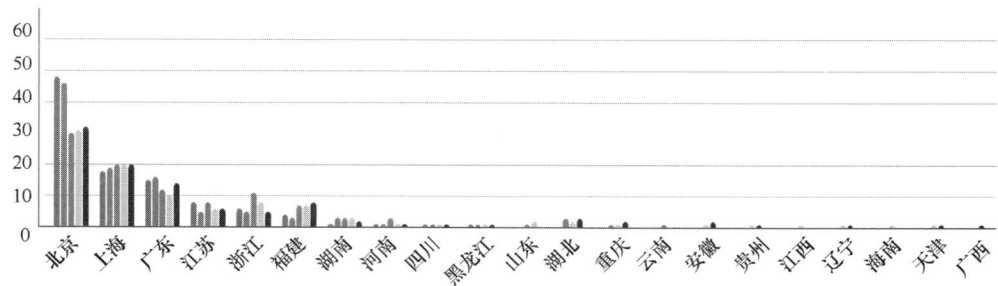

图C.19　2014—2018年互联网百强注册地分布情况

省份数量（单位：个）

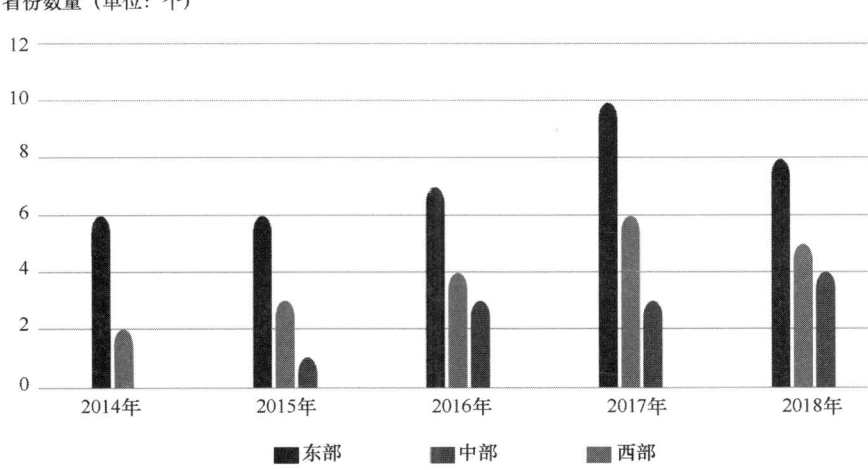

图C.20　2014—2018年互联网百强东中西部分布情况

随着国家对于互联网产业的重视程度空前提升，各地方政府扶持力度不断加大，配套政策加速落地，互联网产业快速发展并带动经济发展，拉动当地就业机会，产生极大的社会和经济价值。2017 年，各地政府高度重视互联网企业发展，不断加大扶持力度，大力发展互联网经济，打造区域经济增长新引擎。互联网百强企业作为互联网行业的领军企业，尤其受到各级政府的高度重视。据统计，截至 2017 年 12 月 31 日，全国近 20 个地方政府出台相应的政策，在资金扶持、人才扶持和政策激励等方面鼓励互联网百强企业发展（见附件 1）。例如，工信部发布《关于推进网络扶贫的实施方案（2018—2020 年）》，指出引导支持中国互联网百强、电子信息百强、软件百强企业将自身优势和地方实际相结合，与部系统定点县和片区县的深度贫困村建立"一对一"帮扶机制。福州市政府积极引进互联网百强企业落户，依据产业水平和贡献程度等情况，一次性给予 500 万元落户奖励，同时对于企业有相关政策和人才扶持。苏州市政府对首次入围全国互联网百强企业给予支持奖励，积极培育龙头企业。

C.3　中国互联网企业 100 强未来发展趋势展望

在数字经济不断更新迭代的推动下，以创意性和新技术为特征的互联网产业也表现出新的发展趋势。充分把握和认识我国互联网产业发展的新特点、新趋势，对于持续推动我国经济高质量发展具有重要意义。

（1）增长势头迅猛，新生代创新型企业超速成长将重塑行业竞争生态

2014—2018 年，中国互联网百强企业营业利润以年均增幅 33.7% 的速度增长，未来中国互联网整体快速发展的趋势还将持续，中国互联网百强企业作为互联网领军企业将继续实力领跑，位居世界前列，并带动新生代互联网企业不断涌现，带动全行业成长步伐持续加快。备受瞩目的"独角兽"企业将持续崛起壮大，努力缩小自身与龙头企业的差距，市值不断攀升，占领更多市场份额。互联网营收继续稳健增长，实现传统领域资源要素的快速流动和高

效配置，市场潜力可观。随着互联网平台走向生态化，"节奏形式多变，更新迭代快速"的动态竞争格局更加明朗，新生代企业市场竞争不断加剧，通过跨界发展、并购重组、投融资、"出海"等手段，市场竞争主体的相互依存关系持续增强，融合发展过程中的竞争边界将面临重塑。

（2）行业领域、覆盖地域更加多元广泛，互联网百强企业强力带动区域经济发展

互联网百强企业创新领域覆盖将更广更深。从企业的角度，纵横发展趋势明显。一部分企业在电子商务、网络媒体、泛娱乐、企业服务、医疗健康、互联网金融、出行旅游、在线教育等领域不断拓展，融合应用将持续深化，多点开花，形成了围绕消费的生活服务，涵盖衣、食、住、行、娱、育的产业生态。另一部分企业在原有优势领域的基础上纵向发展，不断向产业链前端延伸，优化产业结构。从应用的角度，文化、娱乐、体育、健康等新消费需求爆发，新闻媒体、在线娱乐、互联网金融、生活服务等垂直行业用户规模加速扩大，网络惠民更加触手可及。互联网百强企业在新兴产业布局、技术研发投入、融合领域信息化发展方面成效显著，聚集效应显著，将进一步发挥"骨干"引领辐射带动作用，带动其他企业的全面升级，成为撬动新经济前沿阵地和未来城市战略新优势的支点。随着中西部城市整体经济的不断发展，互联网领军企业在地域上逐渐趋向平衡，安徽、江西、四川和贵州等十余个中西部省份已培育孵化出百强企业，今后将逐步西移，中西部地区的百强企业占有率将逐步扩大，在中华大地上呈现"百花竞放""遍地开放"的格局。

（3）新技术、新业态、新产业不断涌现，技术创新加快推进数字中国和智慧社会建设

互联网百强企业将前瞻布局一批引领产业方向的未来产业，大力发展大数据、5G、人工智能等数字经济，通过城市社会治理和产业经济发展，实现数字产业化和产业数字化。云计算、大数据、人工智能、区块链等新技术被互联网百强企业广泛应用，催生了更多新产品、新业务、新模式。共享经济、互联网生态、新零售等创新的商业模式为传统服务行业注入新血液，助推实体经济向网络化、智能化、规范化的方向发展。一批工业互联网平台实现规模化商用，有力支撑着智能生产、协同制造、个性定制、服务延伸的新模式、新业态的推广应用，助力实体经济提质增效。与此同时，互联网百强企业将逐步从应用创新转向技术创新发展，抓紧突破前沿技术和关键核心技术，掌握发展"命门"。企业一方面继续加强研发投入，增强研发高端、尖端产品的信心，在核心芯片、基础软件、高端服务器、智能硬件等重点领域依靠自主创新，不断研发新品、多出优品、打造精品，推动产品、技术和服务的换代升级；另一方面在核心技术研发上探索协作机制，与科研院所、大学等强强联合，推进产学研用协同攻关，形成技术创新的"命运共同体"。互联网百强企业技术的革新及产业模式的转变，将有力地带动各行各业数字化、智能化发展，并成为数字中国、智慧社会建设的动力关键。

（4）产业互联网将推动我国制造业"品质革命"，推动制造业高质量发展

产业互联网依托大数据实现传统产业与互联网的深度融合，助推经济脱虚向实。从2017年和2018年数据来看，中国互联网百强企业中1/3涉及产业互联网业务，相比2014年、2015年、2016年数据有了明显增长。市场普遍认为，未来数十年，产业互联网将有着不可估量的市场容量，将进入推动传统产业向大规模垂直化新业态发展的阶段。聚焦工业领域，工业互联网是工业制造与信息技术的深度融合，有望成为解决中国制造业"缺乏创新平台"和"就

业人口不足"等问题的重要手段，促进中国从制造大国走向制造强国，是中国制造业升级转型的一条有效捷径。当前互联网行业与实体经济协调发展的趋势越来越明显，互联网百强企业中涉及智能硬件、解决方案、钢铁电商等服务实体经济的企业比重大幅提升，从产业链上游入手助力供给侧改革，从源头去产能，提质量。我国正在进行一场以工业互联网为抓手的中国制造的"品质革命"，加快传统产业转型升级，推进产品换代、生产换线、智能制造、绿色制造，促使制造业在生产制造、营销服务等各环节发生以智能化、绿色化、服务化为特征的群体性技术革命，大步迈入智能制造时代。

（5）以党建引领激发企业发展新活力，精准扶贫将成为践行社会责任工作"主轴"

党的十九大之后，互联网百强企业坚持示范引领、因企制宜，有 80% 的企业建立了党组织，党团建设成为互联网企业发展的"红色引擎"。下一步，互联网百强企业将作为党建示范点的"领头羊"和"助推器"，进一步坚持党建工作和业务工作双发展，坚持团队建设和企业社会责任双提升，服务企业发展，引领行业自律，践行社会责任，将党的组织优势、资源优势转化为互联网百强企业的发展优势、竞争胜势，实现有党员的互联网百强企业党组织全覆盖，并打造出一大批互联网党建工作品牌，形成"线上线下"互联互动、全覆盖的全国互联网行业党建工作新格局。同时，互联网百强企业的社会责任实践将为整个行业提供样板和示范，互联网百强企业党组织积极利用自身平台优势助力精准扶贫、践行公益，在网络扶贫、信息服务、网络公益、扶持创业、资助紧急救灾救援等方面不断开拓新路子、新模式。未来，互联网百强企业践行社会责任将转向深度贫困地区聚焦发力，瞄准特殊贫困群众精准帮扶，进一步发挥互联网、大数据、云计算、人工智能等技术在脱贫攻坚中的作用，加快网络应用普及，缩小数字鸿沟，在发展农村电商、网络扶智、互联网+医疗等方面不断取得新成效，分享"网络红利"，助力社会民生改善，为打赢脱贫攻坚战做出新的重要贡献。

附件 1：2018 年中国互联网企业 100 强

排名	中文名称	企业简称	品牌与服务
1	阿里巴巴集团	阿里巴巴	淘宝网、支付宝、蚂蚁金服、优酷
2	深圳市腾讯计算机系统有限公司	腾讯公司	微信、QQ、腾讯网、腾讯游戏
3	百度公司	百度	百度、爱奇艺
4	京东集团	京东	京东商城、京东金融、京东云
5	网易集团	网易	网易游戏、网易新闻、网易云音乐
6	新浪公司	新浪公司	新浪网、新浪微博
7	搜狐有限公司	搜狐	搜狐、搜狗、畅游
8	美团点评集团	美团点评	美团、大众点评、美团外卖、美团打车
9	三六零科技有限公司	三六零	360 安全卫士、360 杀毒、360 手机卫士
10	小米集团	小米集团	小米商城、小米手机
11	北京字节跳动科技有限公司	今日头条	今日头条、抖音短视频、火山小视频
12	网宿科技股份有限公司	网宿科技	网宿
13	58 集团	58 集团	58 同城、赶集网、安居客、转转
14	珠海金山软件有限公司	金山软件	西山居、金山云、金山办公
15	携程计算机技术（上海）有限公司	携程	携程旅行网

续表

排名	中文名称	企业简称	品牌与服务
16	上海二三四五网络控股集团股份有限公司	二三四五	2345 导航，2345 加速浏览器
17	美图公司	美图	美图秀秀、美颜相机、美拍、美图手机
18	新华网股份有限公司	新华网	新华网
19	苏宁控股集团有限公司	苏宁控股	苏宁易购、苏宁金融
20	北京车之家信息技术有限公司	汽车之家	汽车之家、二手车之家
21	用友网络科技股份有限公司	用友网络	用友云、U8C、超客营销
22	咪咕文化科技有限公司	咪咕	咪咕视讯、咪咕音乐、咪咕动漫
23	三七互娱（上海）科技有限公司	三七互娱	37 游戏、智铭网络、极光网络
24	北京天盈九州网络技术有限公司	凤凰网	凤凰网、凤凰视频、凤凰 FM
25	恺英网络股份有限公司	恺英网络	全民奇迹 MU、传奇盛世
26	东方明珠新媒体股份有限公司	东方明珠	百视通、东方购物、SITV 新视觉
27	北京昆仑万维科技股份有限公司	昆仑万维	昆仑游戏、闲徕互娱、opera 浏览器
28	广州华多网络科技有限公司	广州华多	多玩游戏网、YY 音乐、虎牙直播
29	易车公司	Bitauto	易车网
30	湖南快乐阳光互动娱乐传媒有限公司	快乐阳光	芒果 TV
31	鹏博士电信传媒集团股份有限公司	鹏博士	长城宽带、鹏博士数据、宽带通
32	唯品会（中国）有限公司	唯品会	唯品会
33	央视国际网络有限公司	央视网	中国 IPTV、中国互联网电视、央视网
34	四三九九网络股份有限公司	4399	4399 小游戏平台
35	凡普金科集团	凡普金科	爱钱进、钱站、任买、凡普信
36	福建网龙计算机网络信息技术有限公司	网龙网络	魔域、征服、英魂之刃
37	上海波克城市网络科技股份有限公司	波克城市	波克捕鱼、捕鱼达人、超级斗地主
38	上海米哈游网络科技股份有限公司	米哈游	崩坏学园 2、崩坏 3
39	贵阳朗玛信息技术股份有限公司	朗玛信息	39 互联网医院、39 健康网、贵阳互联网医院
40	上海幻电信息科技有限公司	哔哩哔哩	哔哩哔哩
41	巨人网络集团股份有限公司	巨人网络	球球大作战、征途、街篮
42	北京猎豹移动科技有限公司	猎豹移动	猎豹浏览器、猎豹安全大师
43	同程旅游集团	同程旅游	同程旅游、旅交汇
44	黑龙江龙采科技集团有限责任公司	龙采科技	龙采正元软件、龙采正和影视公司
45	科大讯飞股份有限公司	科大讯飞	讯飞输入法、讯飞听见、晓译翻译机
46	世纪龙信息网络有限责任公司	21CN	189 邮箱、天翼云盘、流量 800
47	杭州泰一指尚科技有限公司	泰一指尚	数字营销平台 AdTime、网络视频营销平台 OTV
48	北京光环新网科技股份有限公司	光环新网	光环云、AWS 云计算
49	竞技世界（北京）网络技术有限公司	竞技世界	JJ 比赛平台、5599 游戏平台
50	东方财富信息股份有限公司	东方财富	东方财富网、天天基金网、股吧
51	游族网络股份有限公司	游族网络	游族网络、游族影业、游族体育
52	武汉斗鱼网络科技有限公司	斗鱼直播	斗鱼直播
53	宜人贷公司	宜人贷	宜人财富、宜人贷借款
54	北京中钢网信息股份有限公司	中钢网	中钢网

续表

排名	中文名称	企业简称	品牌与服务
55	东软集团股份有限公司	东软集团	东软社保平台、熙康云医院
56	北京慧聪国际资讯有限公司	慧聪国际	慧聪网 B2B 电子商务平台
57	马鞍山百助网络科技有限公司	百助网络	百助智能推荐云下载器、桔梗网址导航
58	腾邦国际商业服务集团股份有限公司	腾邦国际	旅游、机票、差旅管理和金融服务
59	深圳市迅雷网络技术有限公司	迅雷网络	迅雷下载、迅雷影音、迅雷直播
60	厦门吉比特网络技术股份有限公司	吉比特	问道、斗仙、不思议迷宫
61	微贷（杭州）金融信息服务有限公司	微贷网	微贷网
62	上海连尚网络科技有限公司	连尚网络	WiFi 万能钥匙
63	上海钢银电子商务股份有限公司	钢银电商	钢银网
64	前锦网络信息技术（上海）有限公司	前程无忧	前程无忧网站
65	上海找钢网信息科技股份有限公司	找钢网	找钢网
66	北京密境和风科技有限公司	花椒直播	花椒直播
67	好未来教育集团	好未来	学而思在线
68	苏州蜗牛数字科技股份有限公司	蜗牛数字	蜗牛游戏
69	福建游龙网络科技有限公司	游龙网络	19196 手机游戏俱乐部
70	北京六间房科技有限公司	六间房	六间房秀场（石榴直播）
71	上海东方网股份有限公司	东方网	东方网、翱翔新闻、东方头条
72	北京搜房科技发展有限公司	房天下	房天下网
73	无锡艾德无线广告有限公司	艾德无线	SEM 搜索广告管理平台
74	深圳市岚悦网络科技有限公司	中手游	逃亡兔、开心打麻将、新仙剑奇侠传
75	无锡华云数据技术服务有限公司	华云数据	华云（云计算服务）
76	联动优势科技有限公司	联动优势	联动支付、联动信息、联动数据
77	东峡大通（北京）管理咨询有限公司	ofo 小黄车	ofo 小黄车
78	南京途牛科技有限公司	途牛	途牛旅游、途牛金服
79	深圳市创梦天地科技有限公司	创梦天地	乐斗游戏平台
80	深圳市思贝克集团有限公司	思贝克	思贝克工业品 O2O 电子商务交易平台
81	湖北盛天网络技术股份有限公司	盛天网络	易乐游网娱平台、易乐玩、随乐游
82	深圳市梦网科技发展有限公司	梦网科技	梦网 IM 云、梦网视频云、梦网物联云
83	重庆猪八戒网络有限公司	猪八戒网	猪八戒网
84	杭州平治信息技术股份有限公司	平治信息	超阅小说、话匣子听书
85	上海景域文化传播股份有限公司	驴妈妈	驴妈妈旅游网
86	北京当当网信息技术有限公司	当当网	当当网
87	广州趣丸网络科技有限公司	趣丸网络	TT 游戏（手游社交平台）
88	拓维信息系统股份有限公司	拓维信息	云课云宝贝智慧幼教平台
89	佳缘国际有限公司	世纪佳缘	世纪佳缘网、佳缘金融
90	深圳市房多多网络科技有限公司	房多多	房多多（移动互联网房产交易平台）
91	天鸽互动控股有限公司	天鸽互动	喵播、水晶直播、欢乐直播、疯播
92	上海创蓝文化传播有限公司	创蓝 253	创蓝 253 云通讯短信平台、创蓝万数平台
93	北京爱酷游科技股份有限公司	爱酷游	爱酷游游戏网、猫尾草电竞平台、乐市场平台

续表

排名	中文名称	企业简称	品牌与服务
94	无锡市不锈钢电子交易中心有限公司	不锈钢交易中心	Exbxg 中国不锈钢交易网
95	沪江教育科技（上海）股份有限公司	沪江	沪江网校（专业的互联网学习平台）
96	河南锐之旗网络科技有限公司	锐之旗	锐之旗、企汇网
97	北京风行在线技术有限公司	风行	风行网
98	厦门美柚信息科技有限公司	美柚	美柚、柚宝宝、柚子街
99	北京世纪互联宽带数据中心有限公司	世纪互联	世纪互联、蓝云、快网、光载无限
100	上海优刻得信息科技有限公司	优刻得	UCloud 云（中立云计算服务商）

附录 D 2018 年互联网和相关服务业经济运行情况

2018 年，我国互联网和相关服务业[1]保持平稳较快增长。在物联网、大数据、云计算等信息技术和资本力量的共同催化作用下，互联网行业业务不断创新拓展，共享经济、数字支付、跨界电商等新兴业态不断孕育发展壮大，激发居民消费需求加快升级，对经济社会发展的支撑作用不断增强。

D.1 总体运行情况

（1）互联网业务收入保持较高增速

2018 年，我国规模以上[2]互联网和相关服务企业（简称互联网企业）完成业务收入 9562 亿元，比 2017 年增长 20.3%，如图 D.1 所示。主要省份保持良好增长态势，互联网业务收入总量居前三位的广东、上海、北京互联网业务收入分别增长 26.5%、20% 和 25.2%。

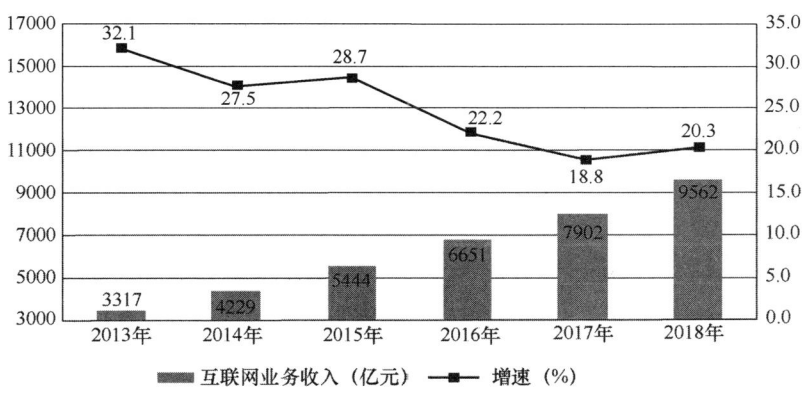

图D.1　2013—2018年互联网业务收入增长情况

（2）企业研发投入不断增强

2018 年，全行业研发投入 490 亿元，比 2017 年增长 19%。

---

[1] 统计对象是持有增值电信业务许可证的企业
[2] 指上年度互联网和相关服务收入 300 万元以上，按照 2017 年检结果核定

D.2 分领域运行情况

（1）互联网信息服务收入增长保持领先，行业创新创业活力强劲

2018 年，互联网和相关服务业企业完成信息服务收入达到 8594 亿元，比 2017 年增长 20.7%，占互联网业务收入比重为 89.4%。其中，电子商务平台收入 3667 亿元，比 2017 年增长 13.1%；网络游戏（包括客户端游戏、手机游戏、网页游戏等）业务收入 1948 亿元，比 2017 年增长 17.8%，如图 D.2 所示。

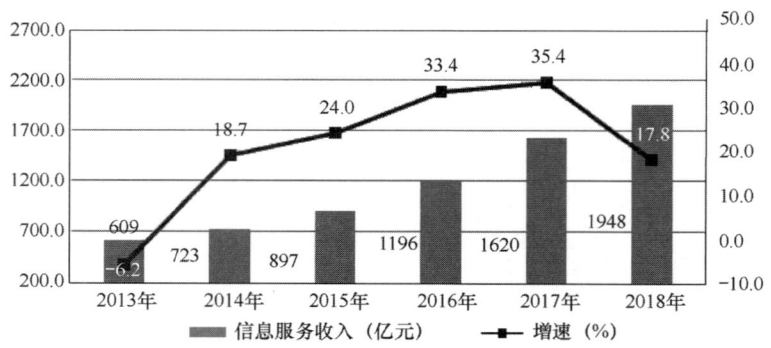

图D.2 2013—2018年网络游戏业务收入增长情况

（2）互联网数据中心业务保持稳步增长

截至 2018 年 12 月底，互联网企业部署的服务器数量达 141 万台，比 2017 年增长 31.8%。完成互联网数据中心业务收入 158 亿元，比 2017 年增长 8.0%。完成互联网接入业务收入 146 亿元，比 2017 年下降了 11.8%。

D.3 我国移动应用程序（App）数量增长情况

（1）移动互联网应用程序数量缓步增长

2018 年，我国市场上监测到的 App 数量净增 42 万款，总量达到 449 万款，如图 D.3 所示；其中我国本土第三方应用商店的 App 超过 268 万款，苹果商店（中国区）移动应用数约 181 万款。

（2）游戏类应用规模保持领先

截至 2018 年 12 月底，游戏类数量应用约 138 万款，数量规模排名第一，排名第二至第四的分别是生活服务类、电子商务类应用和主题壁纸类应用，应用规模分别为 54.2 万款、42.1 万款和 37.4 万款。金融类应用增长至约 14 万款，较年初增幅超过 20%。社交通信领域新上线应用数量占比居各领域前列，子弹短信、短视频社交、匿名社交等新业态引发了社交通信领域新一轮创新浪潮。

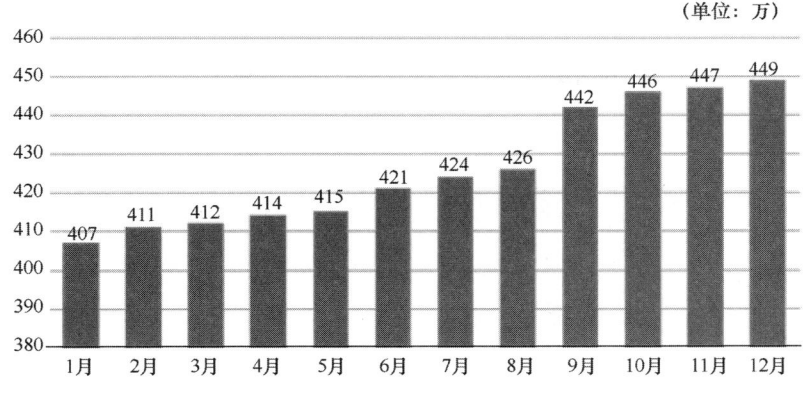

（单位：万）

图D.3　2018年我国移动应用市场规模

（3）八类应用下载量超过千亿次

截至 2018 年 12 月底，第三方应用商店分发累计数量超过 1.8 万亿次。游戏类、系统工具类、影音播放类、社交通信类应用下载量均突破两千亿次，分别达到 3099 亿次、3037 亿次、2358 亿次和 2012 亿次。日常工具类、生活服务类、互联网金融类、电子商务类应用下载量超过千亿次，分别为 1301 亿次、1189 亿次、1067 亿次和 1019 亿次，下载总量超过 500 亿次的应用还有资讯阅读类应用（958 亿次）和主题壁纸类（801 亿次）等。

注：我们将手机应用程序划分为游戏、影音播放、生活服务、资讯阅读、日常工具、社交通信、系统工具、办公学习、拍照摄影、运动与健康、电子商务、网络支付、智慧物流、互联网金融、主题、外文 16 个领域。

附录 E　2018 年通信业统计公报

2018 年，我国通信业深入贯彻落实党中央、国务院决策部署，大力推进网络强国建设，着力提升基础设施能力，助力信息消费活力释放。行业发展稳中有进，对国民经济和社会发展的支撑作用不断增强。

E.1　行业保持健康发展

（1）电信业务总量高速增长，电信收入增速保持平稳

初步核算[1]，2018 年电信业务总量达到 65556 亿元（按照 2015 年不变单价计算），比 2017 年增长 137.9%，如图 E.1 所示。电信业务收入累计完成 13010 亿元，比 2017 年增长 3.0%。

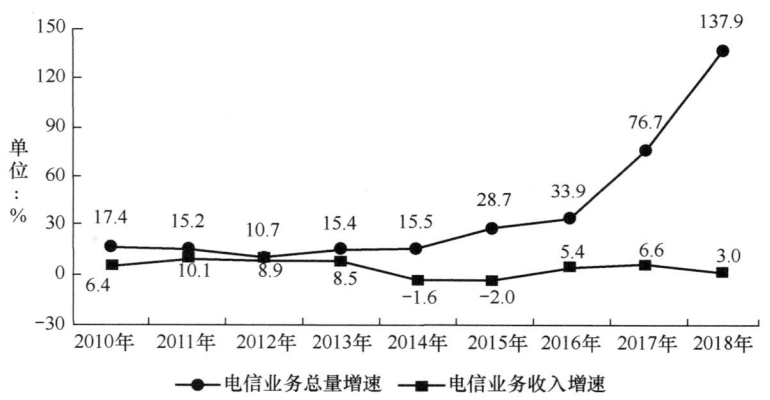

图E.1　2010—2018年电信业务总量与电信业务收入增长情况[2]

（2）固定通信业务增长加快，话音业务收入占比继续下降

2018 年，固定通信业务收入完成 3876 亿元，比 2017 年增长 9.1%，在电信业务收入中占 29.8%，占比较 2017 年提高了 1.7%；移动通信业务实现收入 9134 亿元，比 2017 年增长 0.6%，在电信业务收入中占 70.2%，如图 E.2 所示。

---

[1] 2018 年取 12 月快报初步核算数，2017 年及之前年份采用年报年终决算数据。下同

[2] 2010—2015 年电信业务总量按照 2010 年不变单价计算，2016—2018 年按照 2015 年不变单价计算

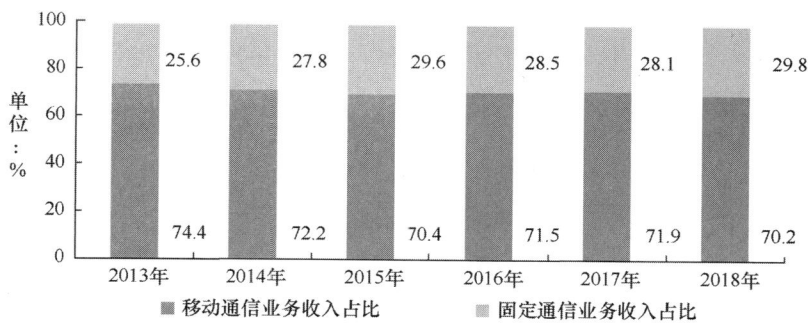

图E.2 2013—2018年移动通信业务和固定通信业务收入占比情况

在互联网应用的替代作用及取消长途漫游资费双重影响下，2018 年，话音业务收入完成 1776 亿元，比 2017 年下降了 25.7%，在电信业务收入中的占比降至 13.7%，比 2017 年下降了 4.2%，如图 E.3 所示。

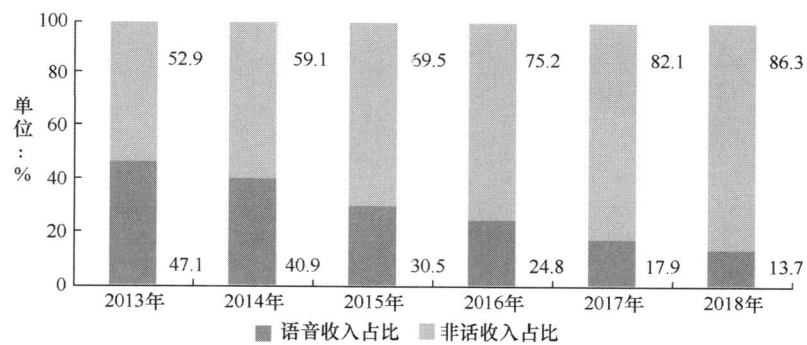

图E.3 2013—2018年电信收入结构（话音和非话音）情况

（3）融合业务快速发展，数据和互联网业务收入占比稳步提高

大力拓展光纤宽带接入业务，带动家庭智能网关、视频通话、IPTV 等融合服务加快发展，用户价值不断提升。2018 年，固定数据及互联网业务收入完成 2072 亿元，比 2017 年增长 5.1%，在电信业务收入中占比由 2017 年的 15.6%提升到 15.9%，如图 E.4 所示；移动数据及互联网业务收入 6057 亿元，比 2017 年增长 10.2%，在电信业务收入中占比从 2017 年的 43.5%提高到 46.6%，如图 E.5 所示。IPTV 业务收入比 2017 年增长 19.4%；物联网业务收入比 2017 年大幅增长 72.9%。

E.2 网络提速和普遍服务效果显著

（1）电话用户规模稳步扩大，移动电话普及率大幅提升

2018 年，全国电话用户净增 1.37 亿户，总数达到 17.5 亿户，比 2017 年年末增长 8.5%。全年净增移动电话用户达到 1.49 亿户，总数达到 15.7 亿户，移动电话用户普及率达到 112.2 部/百人，比 2017 年年末提高了 10.2 部/百人，如图 E.6 所示。全国已有 24 个省市的移动电

话普及率超过 100 部/百人，如图 E.7 所示。固定电话用户总数 1.82 亿户，比 2017 年年末减少 1151 万户，普及率为 13.1 部/百人。

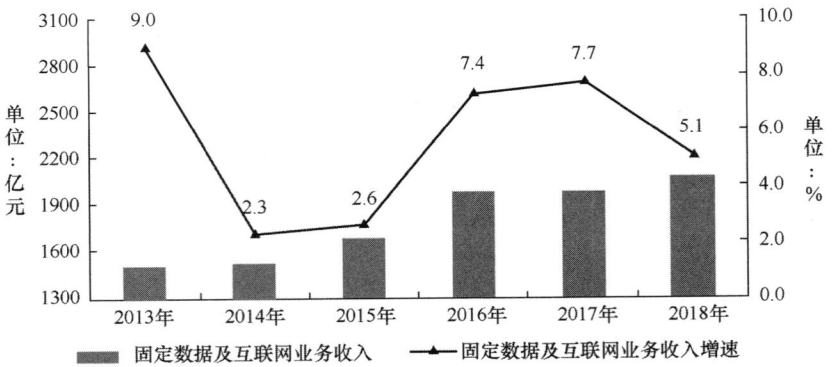

图E.4　2013—2018年固定数据及互联网业务收入发展情况

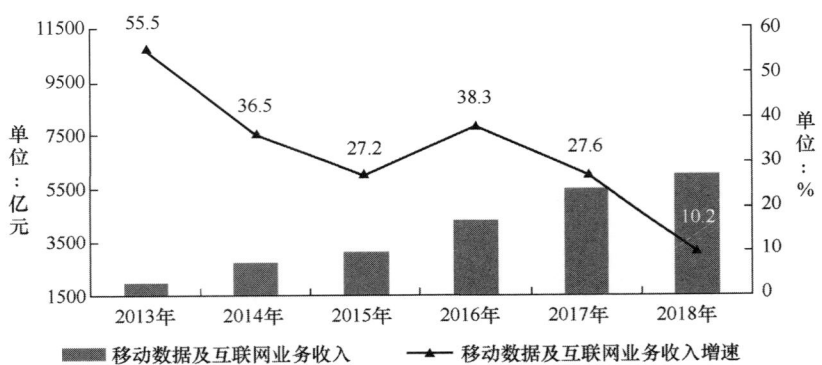

图E.5　2013—2018年移动数据及互联网业务收入发展情况

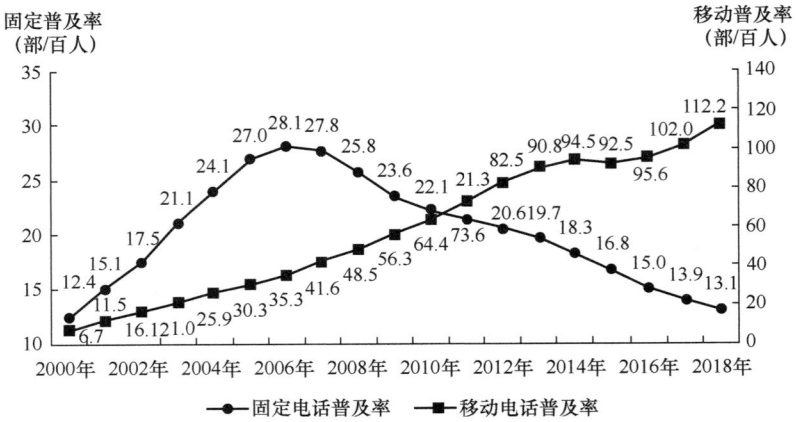

图E.6　2000—2018年固定电话及移动电话普及率发展情况

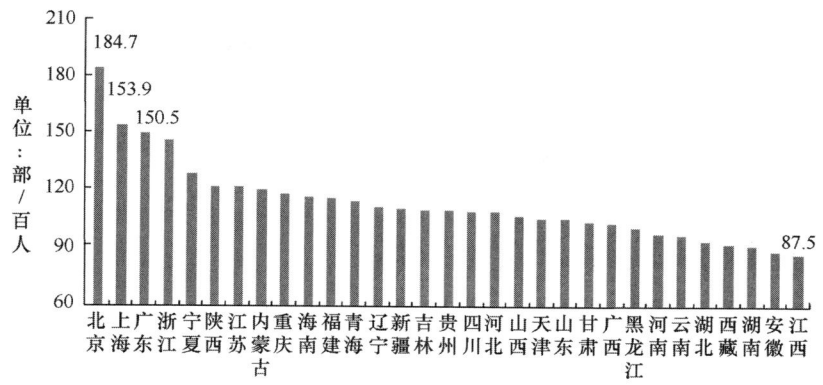

图E.7　2018年各省移动电话普及率情况

（2）网络提速加快，百兆光纤宽带接入用户占比超过 70%

继续加快光纤带宽升级，接入网络基本实现全光纤化。截至 2018 年 12 月底，移动宽带用户（即 3G 和 4G 用户）总数达 13.1 亿户，全年净增 1.74 亿户，占移动电话用户的 83.4%，如图 E.8 所示。4G 用户总数达到 11.7 亿户，全年净增 1.69 亿户。截至 2018 年 12 月底，三家基础电信企业的固定互联网宽带接入用户总数达 4.07 亿户，全年净增 5884 万户。其中，光纤接入（FTTH/O）用户 3.68 亿户，占固定互联网宽带接入用户总数的 90.4%，较 2017 年末提高了 6.1%。宽带用户持续向高速率迁移，100Mbps 及以上接入速率的固定互联网宽带接入用户总数达 2.86 亿户，占固定宽带用户总数的 70.3%，占比较 2017 年年末提高了 31.4%，如图 E.9 所示。

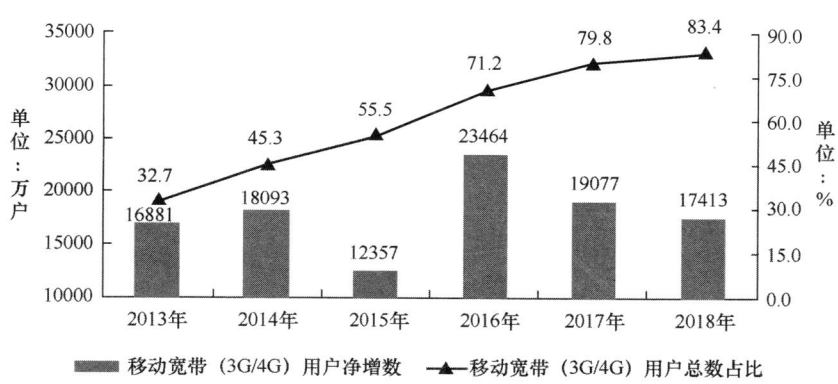

图E.8　2013—2018年移动宽带（3G/4G）用户发展情况

（3）网络扶贫继续推进，农村宽带用户增长加速

截至 2018 年 12 月底，全国农村宽带用户全年净增 2364 万户，总数达 1.17 亿户，比 2017 年年末增长 25.2%，增速较城市宽带用户高 11.4%；在固定宽带接入用户中占 28.8%，占比较 2017 年年末提高了 1.9%，如图 E.10 所示。

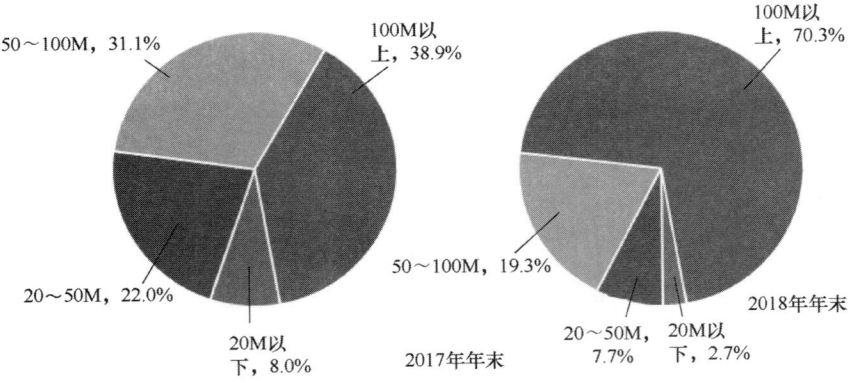

图E.9　2017—2018年固定互联网宽带各接入速率用户占比情况

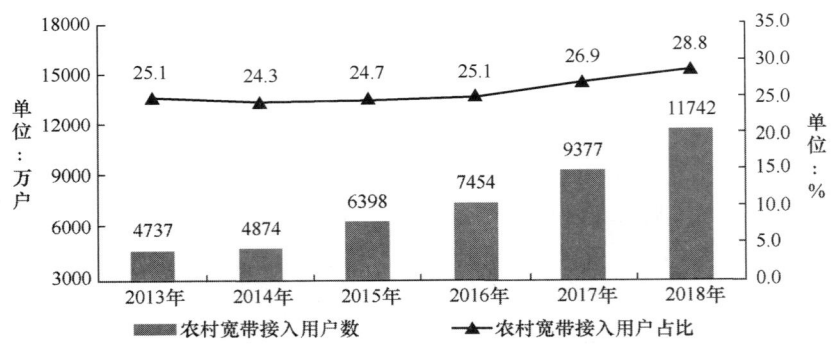

图E.10　2013—2018年农村宽带接入用户及占比情况

（4）新业务发展动能强劲，融合业务用户增长显著

加快培育新兴业务，扎实推进 IPTV、物联网及智慧家庭等新业务。截至 2018 年 12 月底，三家基础电信企业发展蜂窝物联网用户达 6.71 亿户，全年净增 4 亿户。IPTV 用户比 2017 年年末增长27.1%，全年净增 3316 万户，净增 IPTV 用户占净增光纤接入用户的 44.6%，如图 E.11 所示。

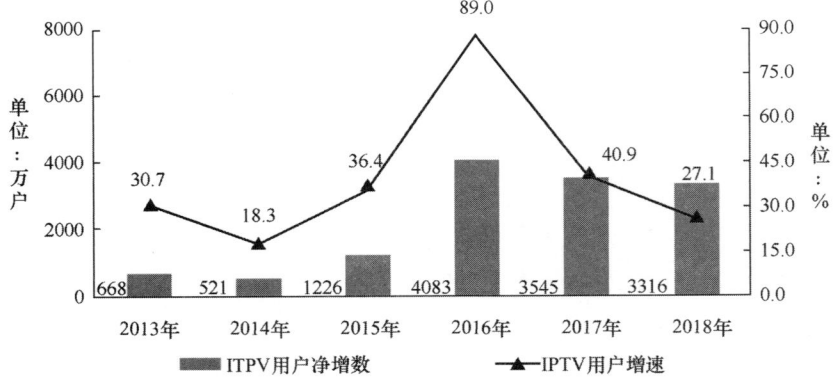

图E.11　2013—2018年IPTV用户发展情况

E.3 移动数据流量消费继续高速增长

（1）移动互联网接入月户均流量（DOU）继续呈现成倍上升态势

2018 年，各种线上线下服务加快融合，移动互联网业务创新拓展，带动移动支付、移动出行、移动视频直播、餐饮外卖等应用加快普及，刺激移动互联网接入流量消费保持高速增长。如图 E.12 所示，2018 年，移动互联网接入流量消费达 711 亿 GB[1]，比 2017 年增长 189.1%，增速较 2017 年提高了 26.9 个百分点。全年移动互联网接入月户均流量（DOU）达 4.42GB/月/户，是 2017 年的 2.6 倍；12 月当月 DOU 高达 6.25GB/月/户，如图 E.13 所示。其中，手机上网流量达到 702 亿 GB，比 2017 年增长 198.7%，在总流量中占 98.7%。

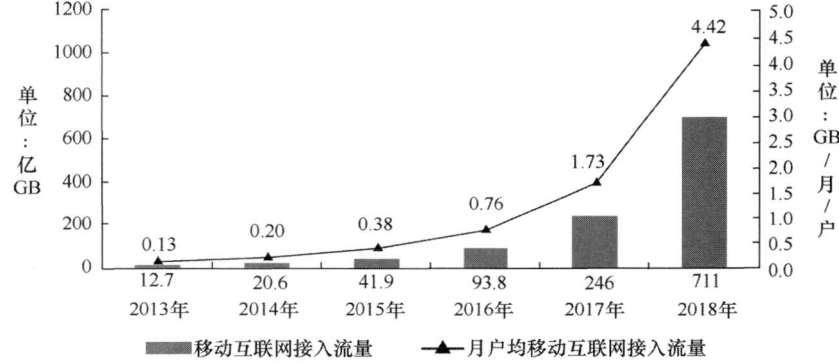

图E.12 2013—2018年移动互联网流量及月DOU增长情况

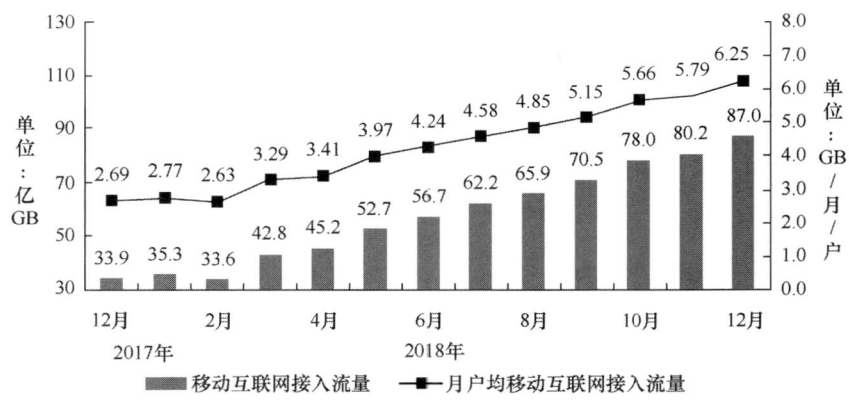

图E.13 2018年移动互联网接入当月流量及当月DOU情况

（2）移动短信业务止跌转升，话音业务量小幅下滑

在服务登录和身份认证等应用带动下，移动短信业务量大幅提升。如图 E.14 所示，2018 年，全国移动短信业务量同比增长 14%（2017 年同期同比下降了 0.4%）；收入完成 392 亿元，同比增长 9%（2017 年同期同比下降了 3.2%），增速自年初以来保持正增长态势；移动彩信

---

[1] 1GB=1024MB

业务量同比下降了 15.9%。

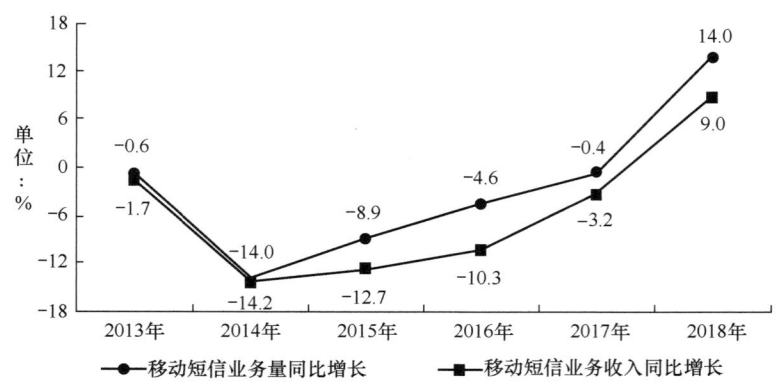

图E.14 2013—2018年移动短信业务量和收入增长情况

互联网应用对话音业务替代效应继续显现。2018 年，全国移动电话去话通话时长 2.54 万亿分钟，比 2017 年减少 5.4%，如图 E.15 所示。

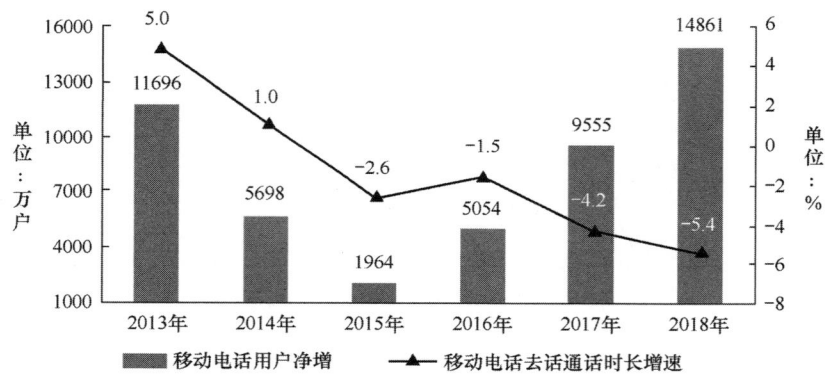

图E.15 2013—2018年移动电话用户和通话量增长情况

E.4 网络基础设施能力不断提升

光网改造工作效果显著，4G 移动网络向纵深覆盖。光纤宽带部署规模不断扩大，完成骨干网 IPv6 部署，构建云网互联平台，夯实为各行业提供服务的网络能力。4G 网络覆盖盲点不断消除，移动网络服务质量持续提升。2018 年，新建光缆线路长度 578 万千米，全国光缆线路总长度达 4358 万千米。互联网宽带接入端口"光进铜退"趋势更加明显，截至 2018 年 12 月底，互联网宽带接入端口数量达到 8.86 亿个，比 2017 年年末净增 1.1 亿个。其中，光纤接入（FTTH/O）端口比 2017 年末净增 1.25 亿个，达到 7.8 亿个，占互联网接入端口的比重由 2017 年年末的 84.4%提升至 88%。xDSL 端口比 2017 年年末减少 578 万个，总数降至 1646 万个，占互联网接入端口的比重由 2017 年年末的 2.9%下降至 1.9%，如图 E.16 所示。

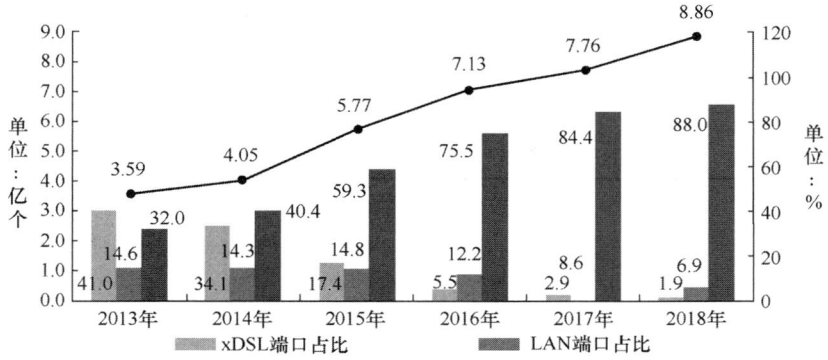

图E.16　2013—2018年互联网宽带接入端口发展情况

如图 E.17 所示，2018 年，全国净增移动通信基站 29 万个，总数达 648 万个。其中 4G 基站净增 43.9 万个，总数达到 372 万个。

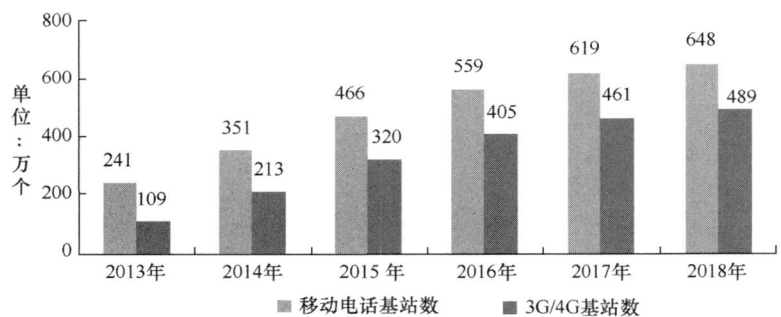

图E.17　2013—2018年移动电话基站发展情况

E.5　东中西部地区协调发展

（1）东中西部地区电信业务收入份额稳定

2018 年，东部地区实现电信业务收入 6974 亿元，占全国电信业务收入比重为 53.4%，与 2017 年持平，如图 E.18 所示。西部地区收入占 23.7%，比 2017 年提升了 0.1 个百分点。中部地区收入占 22.9%，比 2017 年下降了 0.1%。

（2）东部百兆及以上固定互联网宽带接入用户占比领先

截至 2018 年 12 月底，东、中、西部地区 100Mbps 及以上固定互联网宽带接入用户分别达到 14003 万户、7767 万户和 6871 万户，比 2017 年年末分别增长 89.9%、149.5% 和 124.7%，在本地区宽带接入用户中占比分别达到 71.7%、70.6% 和 67.4%。中部地区增速明显加快，增速比东部和西部分别快 59.6 和 24.8 个百分点；东部地区 100M 及以上宽带接入用户占比较 2017 年年末大幅提高了 36.2 个百分点，如图 E.19 所示。

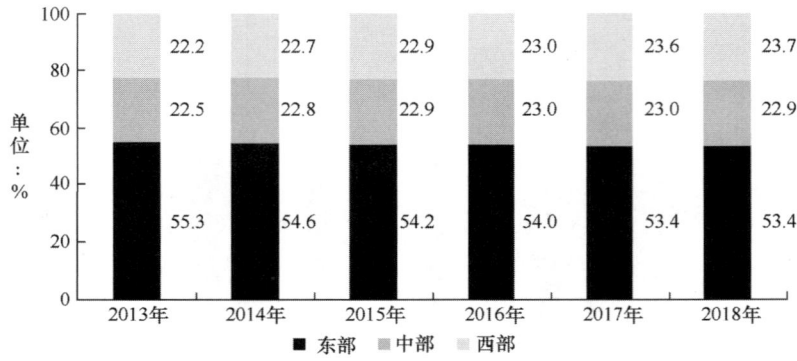

图E.18 2013—2018年东、中、西部地区电信业务收入比重

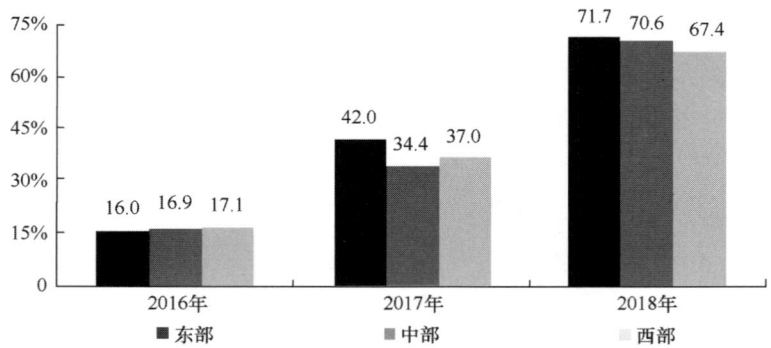

图E.19 2016—2018年东、中、西部地区100Mbps及以上固定宽带接入用户渗透率情况

（3）西部地区移动互联网流量增速全国领先

2018 年，东、中、西部地区移动互联网接入流量分别达到 335 亿 GB、175 亿 GB 和 201 亿 GB，比 2017 年分别增长 176.7%、192.2%和 209.2%，西部增速比东部、中部增速分别高 32.5、17 个百分点，如图 E.20 所示。西部地区月户均流量达到 5GB/月/户，比东部和中部分别高 854MB/月/户和 776MB/月/户。

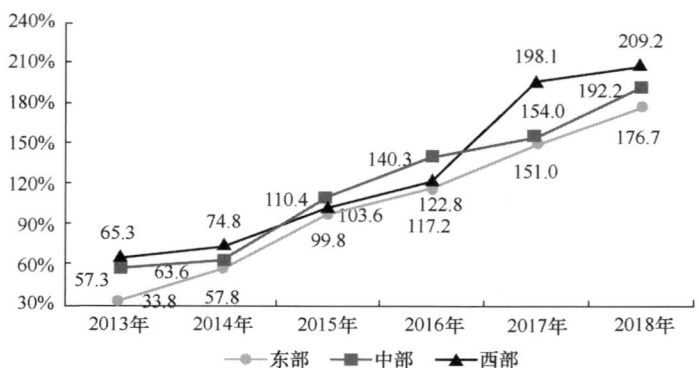

图E.20 2013—2018年东、中、西部移动互联网接入流量增速情况

附录F 2018年软件和信息技术服务业统计公报

2018 年，我国软件和信息技术服务业运行态势良好，收入和效益保持较快增长，吸纳就业人数稳步增加；产业向高质量方向发展步伐加快，结构持续调整优化，新的增长点不断涌现，服务和支撑两个强国建设能力显著增强，正在成为数字经济发展、智慧社会演进的重要驱动力量。

F.1 总体情况

（1）软件业务收入保持较快增长

2018 年，全国软件和信息技术服务业规模以上[1]企业 3.78[2]万家，累计完成软件业务收入 63061 亿元，同比增长 14.2%[3]，如图 F.1 所示。

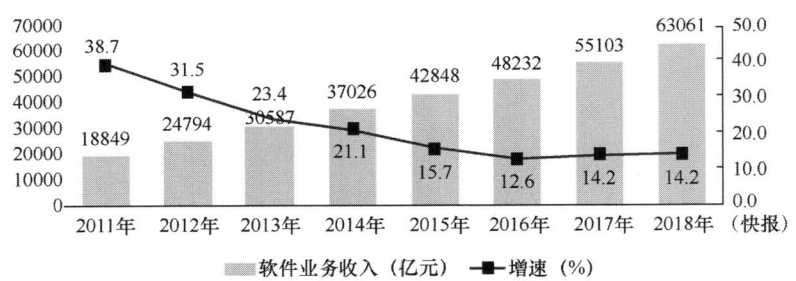

图F.1 2011—2018年软件业务收入增长情况

（2）盈利能力稳步提升

经初步统计，2018 年软件和信息技术服务业实现利润总额 8079 亿元，同比增长 9.7%；行业人均创造业务收入 98.07 万元，同比增长 9.9%，高质量发展成效初显，如图 F.2 所示。

（3）软件出口形势低迷

2018 年，全国软件和信息技术服务业实现出口 554.5 亿美元，同比增长 0.8%，如图 F.3 所示。

---

[1] 规模以上：指主营业务年收入 500 万元以上的软件和信息技术服务企业

[2] 文中 2018 年数据为快报数据，其他年份数据为年报数据

[3] 文中增速均按可比口径计算

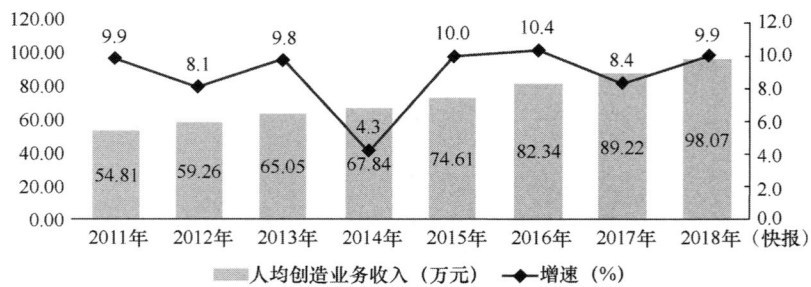

图F.2　2011—2018年软件业人均创收情况

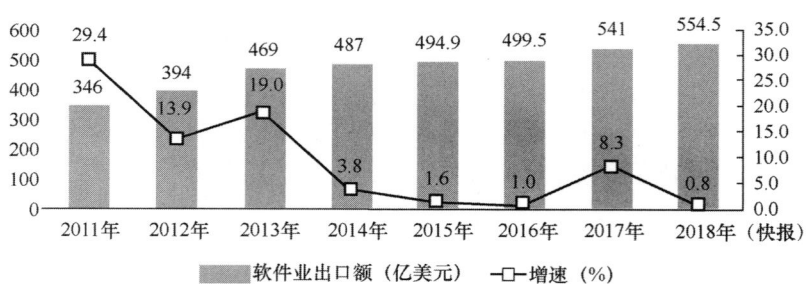

图F.3　2011—2018年软件业务出口增长情况

（4）从业人数稳步增加

2018年，全国软件和信息技术服务业从业人数643万人，比2017年增加25万人，同比增长4.2%，如图F.4所示。

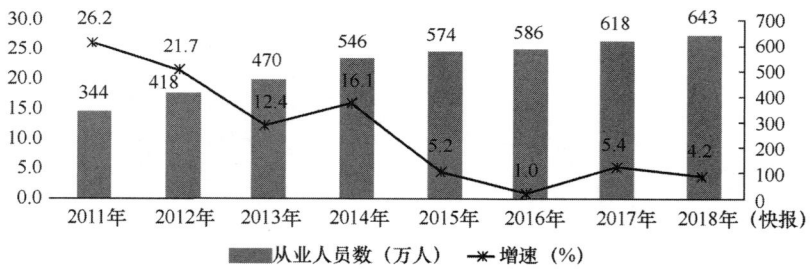

图F.4　2011—2018年软件业从业人员数变化情况

F.2　分领域情况

（1）软件产品收入实现较快增长

2018年，全行业实现软件产品收入19353亿元，同比增长12.1%，占全行业比重为30.7%。其中，信息安全和工业软件产品实现收入1698亿元和1477亿元，分别增长14.8%和14.2%，为支撑信息系统安全和工业领域的自主可控发展发挥重要作用。

（2）信息技术服务加快云化发展

2018年，全行业实现信息技术服务收入34756亿元，同比增长17.6%，增速高出全行业平均水平 3.4 个百分点，占全行业收入比重为 55.1%，如图 F.5 所示。其中，云计算相关的运营服务（包括在线软件运营服务、平台运营服务、基础设施运营服务等在内的信息技术服务）收入 10419 亿元，同比增长 21.4%，占信息技术服务收入比重达 30.0%；电子商务平台技术服务收入 4846 亿元，同比增长 21.9%。

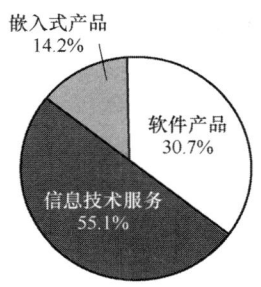

图F.5　2018年软件产业分类收入占比

（3）嵌入式系统软件收入平稳增长

2018 年，全行业实现嵌入式系统软件收入 8952 亿元，同比增长 6.8%，占全行业收入比重为 14.2%。嵌入式系统软件已成为产品和装备数字化改造、各领域智能化增值的关键性带动技术。

F.3　分地区情况

（1）东部地区稳步发展，中西部地区软件业加快增长

如图 F.6 所示，2018 年，东部地区完成软件业务收入 49795 亿元，同比增长 14.2%，占全国软件业的比重为 79.0%。中部和西部地区完成软件业务收入为 3163 亿元和 7189 亿元，分别增长 19.2%和 16.2%，高于全国增速 5.0 和 2.0 个百分点，占全国软件业的比重为 5.0%和 11.4%，同比均提高了 0.2 个百分点。东北地区完成软件业务收入 2914 亿元，同比下降了 0.4 个百分点，占全国软件业的比重为 4.6%。

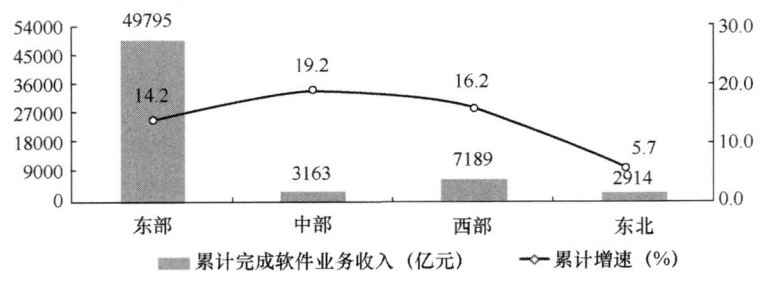

图F.6　2018年软件业分区域增长情况

（2）主要软件大省保持稳中向好，海南及部分中西部省市快速增长

如图 F.7 所示，软件业务收入居前 5 名的广东（同比增长 12.2%）、江苏（同比增长 10.7%）、北京（同比增长 16.8%）、山东（同比增长 15.9%）、浙江（同比增长 21.1%）共完成软件业

务收入 40192 亿元，占全国软件业比重的 63.7%。软件业务收入增速高于全国平均水平的省市有 19 个，其中海南省同比增长达 89.9%，西部的广西、青海、云南和贵州增长分别达 77.0%、50.3%、23.7% 和 23.4%，中部的江西、安徽增长达 37.7% 和 27.7%。

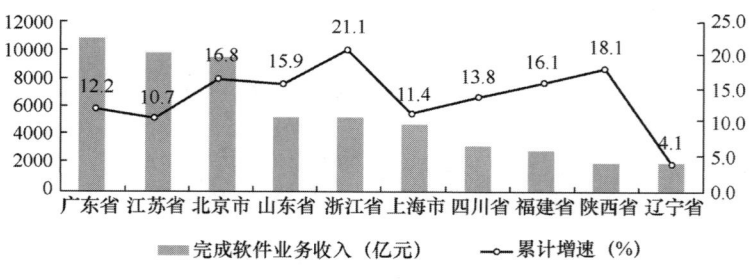

图F.7　2018年前十位省市软件业务收入增长情况

（3）重点城市软件业保持集聚发展

2018 年，全国 4 个直辖市和 15 个副省级中心城市实现软件业务收入 51237 亿元，同比增长 14.2%，占全国软件业的比重为 81.2%，如图 F.8 所示。其中，软件业务收入超过千亿元的城市包括 4 个直辖市和 11 个中心城市，合计软件业务收入占全国的比重达到 78.3%。

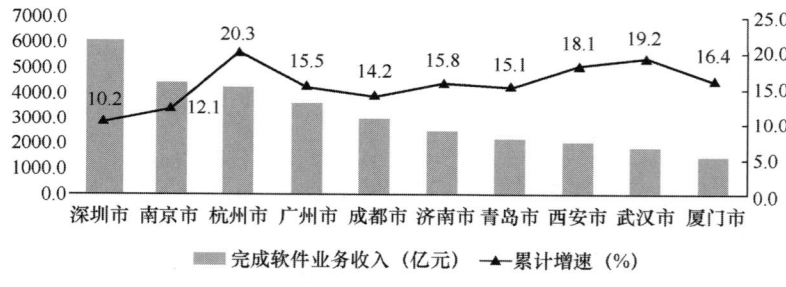

图F.8　2018年前十位中心城市软件业务收入增长情况

附录 G 2018 年电子信息制造业运行情况

2018 年，我国电子信息制造业面对错综复杂的国内外形势，按照高质量发展要求，加快结构调整和转型升级，行业运行呈现总体平稳、稳中有进态势，生产和投资增速在工业中保持领先，出口平稳增长，在经济社会发展中的支撑引领作用进一步增强。

G.1 总体情况

2018 年，规模以上电子信息制造业增加值同比增长 13.1%，快于全部规模以上工业增速 6.9%。12 月同比增长 10.5%。

2018 年，规模以上电子信息制造业实现出口交货值同比增长 9.8%，增速比 2017 年回落 4.4%。12 月同比增长 2.0%。

如图 G.1 所示，2018 年，规模以上电子信息制造业主营业务收入同比增长 9.0%，利润总额同比下降了 3.1%，主营收入利润率为 4.51%，主营业务成本同比增长 9.1%。12 月末，全行业应收账款同比增长 14.8%。

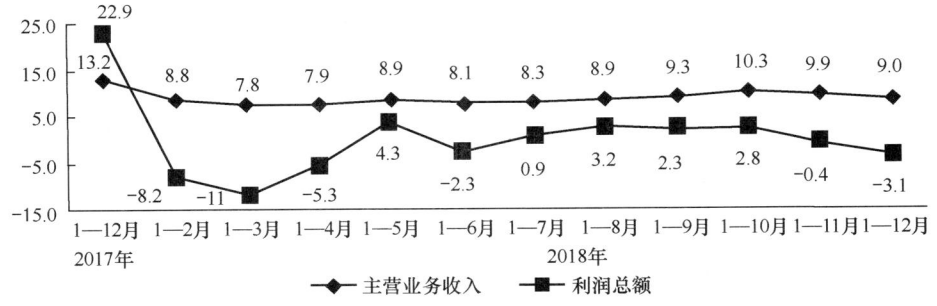

图 G.1 2017年12月以来电子信息制造业主营业务收入、利润增速变动情况（%）

2018 年，电子信息制造业生产者出厂价格同比下降了 1.4%。12 月同比增长 0.4%，环比持平，如图 G.2 所示。

2018 年，电子信息制造业固定资产投资同比增长 16.6%，高于制造业整体投资增速 7.1%。

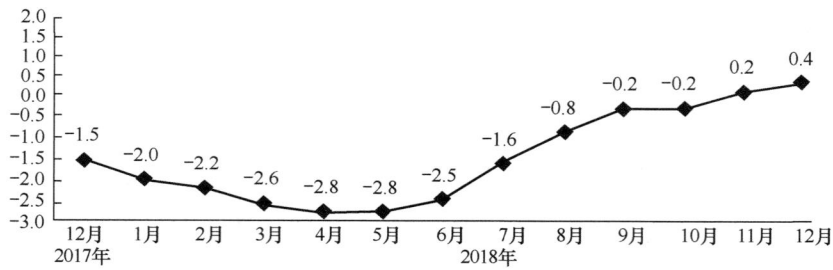

图G.2　2017年12月以来电子信息制造业PPI分月增速（%）

G.2　主要分行业情况

（1）通信设备制造业

2018 年，通信设备制造业增加值同比增长 13.8%，出口交货值同比增长 12.6%。主要产品中，手机产量同比下降了 4.1%，其中智能手机同比下降了 0.6%。

2018 年，通信设备制造业主营业务收入同比增长 9.6%，受 2017 年基数较高等因素影响利润同比下降了 11.8%（2017 年为增长 38.0%）。

（2）电子元件及电子专用材料制造业

如图 G.3 所示，2018 年，电子元件及电子专用材料制造业增加值同比增长 13.2%，出口交货值同比增长 14.0%。主要产品中，电子元件产量同比增长 12.0%。

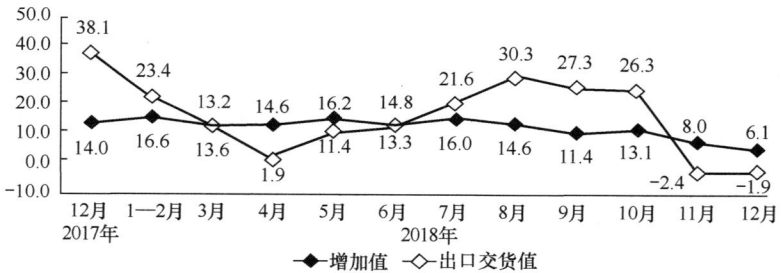

图G.3　2017年12月以来电子元件行业增加值和出口交货值分月增速（%）

2018 年，电子元件及电子专用材料制造业主营业务收入同比增长 10.9%，利润同比增长 20.6%。

（3）电子器件制造业

如图 G.4 所示，2018 年，电子器件制造业增加值同比增长 14.5%，出口交货值同比增长 7.0%。主要产品中，集成电路产量同比增长 9.7%。

2018 年，电子器件制造业主营业务收入同比增长 9.9%，利润同比下降了 9.8%（2017 年为增长 27.9%）。

（4）计算机制造业

如图 G.5 所示，2018 年，计算机制造业增加值同比增长 9.5%，出口交货值同比增长 9.4%。主要产品中，微型计算机设备产量同比下降了 1.0%；其中笔记本电脑产量同比增长 0.6%，平板电脑产量同比增长 2.8%。

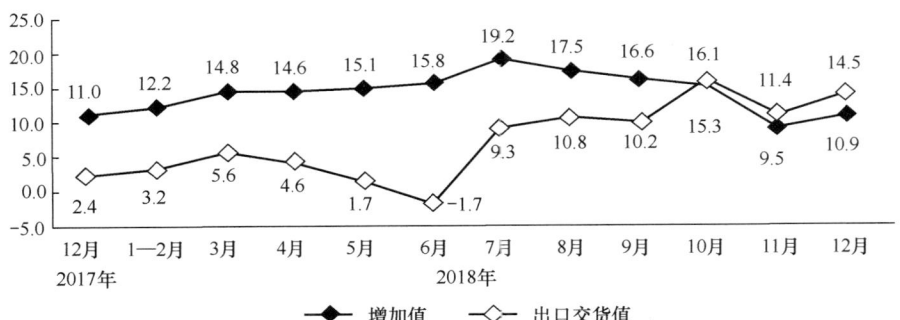

图G.4　2017年12月以来电子器件行业增加值和出口交货值分月增速（%）

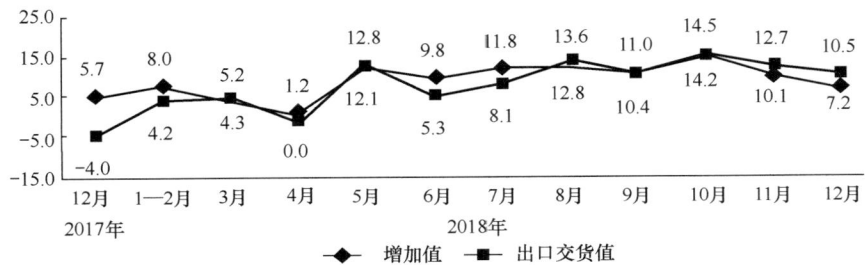

图G.5　2017年12月以来计算机制造业增加值和出口交货值分月增速（%）

2018 年，计算机制造业主营业务收入同比增长 8.7%，利润同比增长 4.7%。

鸣　谢

《中国互联网发展报告 2019》的组织编撰工作得到了政府、科研机构、互联网企业等社会各界的支持与关心，有 111 位业界专家参与了本《报告》的编写工作，这些专家文章中的分析和观点，增强了本《报告》的准确性和权威性，也使得本《报告》更具参考价值，对我国社会各界更具指导意义。

在此，谨向那些为本《报告》的编写付出辛勤劳动的各位撰稿人，向支持本《报告》编写出版工作的各有关单位和社会各界表示衷心的感谢。

中国信息通信研究院
国家互联网应急中心
中国科学院计算机网络信息中心
赛迪研究院
北京教育科学研究院
上海发展研究院
中国联通河北省分公司
深圳市腾讯计算机系统有限责任公司
新浪互联网法律研究院
北京易观智库网络科技有限公司
艾瑞咨询集团
滴滴出行科技有限公司
北京农信互联科技集团有限公司
北京纵横无双科技有限公司